HISTOIRE NATURELLE

DE LA

SANTÉ ET DE LA MALADIE

CHEZ LES VÉGÉTAUX
ET CHEZ LES ANIMAUX EN GÉNÉRAL

ET EN PARTICULIER

CHEZ L'HOMME

SUIVIE

DU FORMULAIRE POUR LA NOUVELLE MÉTHODE DU TRAITEMENT HYGIÉNIQUE ET CURATIF

PAR

F.-V. RASPAIL

Avec des figures sur bois dans le texte et dix-neuf planches gravées sur acier, d'après les
dessins originaux et les premières gravures de son fils, F.-BENJ. RASPAIL.

Αρχή τῆς αἰτίης τῶν νούσωντέ καὶ τοῦ
θανάτου. HIPP.

Metaphorica spina in archeo.
VAN HELMONT.

TROISIÈME ÉDITION CONSIDÉRABLEMENT AUGMENTÉE.

TOME PREMIER

PARIS
CHEZ L'ÉDITEUR DES OUVRAGES DE M. RASPAIL
14, rue du Temple, 14
(PRÈS DE L'HÔTEL DE VILLE)

BRUXELLES
A L'OFFICE DE PUBLICITÉ
LIBRAIRIE NOUVELLE
46, rue de la Madeleine, 46

1860

HISTOIRE NATURELLE

DE

LA SANTÉ ET DE LA MALADIE

AVIS IMPORTANT

Dans le cours de cet ouvrage, les chiffres entre parenthèses renvoient, non aux pages, mais aux alinéas. Le 2ᵉ volume commence à l'alinéa (469), et le troisième à l'alinéa (1115). Les dix-neuf planches sur acier doivent être réunies à la fin du premier volume.

PARIS. — IMPRIMERIE Vᵛᵉ P. LAROUSSE ET Cᵉ

TABLE

PAR ORDRE DE CHAPITRES

DES MATIÈRES

CONTENUES DANS LE PREMIER VOLUME.

NOTE concernant les 19 planches sur acier réunies à la fin du premier volume.

1° La première planche se rapporte au texte de la page LXXIV, et la deuxième planche au texte de la page LXXVIII de L'INTRODUCTION qui est en tête du premier volume.

2° La planche 18 se rapporte au texte des pages 457 à 459 du troisième volume, qui font partie des paragraphes 2050 à 2056.

3° Toutes les autres planches portent au bas une légende qui renvoie, par des chiffres entre deux parenthèses, à l'alinéa ou paragraphe dans lequel se trouve l'explication de la figure.

4° Sur la légende de la planche treizième, ligne 3 ; au lieu du chiffre (972,15°), *lisez :* (962,15°).

5° Ainsi que nous l'avons fait observer, à la page 220 du troisième volume, les chiffres entre parenthèses de la légende placée au bas de la planche 17 qui se rapportaient aux alinéas de la deuxième édition, ont cessé de se rapporter à ceux de la troisième, par suite de la refonte du traité des maladies qui est devenu, dans la troisième édition, un ouvrage nouveau.

On ne pouvait rectifier ces chiffres qu'en faisant planer cette partie de la planche ; mais j'ai craint d'exposer les figures à des altérations par suite des chocs. Voici comment cette légende doit être rétablie sous ce rapport :

LÉGENDE DE LA PLANCHE 17.

1. Pustules de la gale (1721). — 2. *Herpes phlycténoïdes (ibid)*. — 3. *Herpes coronoïdes (ibid).* — 4. *Herpes iris (ibid).* — 5. *Pemphigus (ibid).* — 6. *Rupia simplex* (1722). — 7. Suette miliaire (1724). — 8. *Impetigo* (1677) et *favus* (1738). — 9. *Acné* (1727). — 10. Boutons purulents (1678). — 11. Piqûre d'araignée ou d'acare (619,1718). — 12. Ecchymose (1705). — 13. Pustules de vaccine au huitième jour (1723). — 14. Cow-pox des vaches (1683, 1723, 9°). — 15. Variole discrète (1723). — 16. Variole confluente (*ibid*).—17. Morsures de punaise et de puce (796, 1731 1732). — 18. Piqûres de cousin (810, 1734). — 19. Pétéchies (1681). — 20. Taches mélanosiques (1682).—21. Syphilis (1684). 22. Maladie pédiculaire (879, 1737). — 23. Scarlatine (1726). — 24. Erésipèle.

AVIS ESSENTIEL SUR LA MANIÈRE DE SE SERVIR DE CET OUVRAGE.

On observera, en tête des alinéas principaux, une numérotation qui se continue, depuis le commencement du premier volume, non compris l'INTRODUCTION, jusqu'à la fin du troisième. C'est à l'un de ces alinéas que renvoient les chiffres entre deux parenthèses que l'on rencontre dans le texte ; par exemple, à la page 39, ligne 15 : (26) renvoie à l'alinéa qui porte en tête le chiffre 26, que l'on trouve en tête du premier alinéa du théorème XI, page 23.

Le premier volume se termine à l'alinéa 467, — le second à l'alinéa 1114, — le troisième à l'alinéa 2170, après lequel commence le *catalogue des succédanés de la nouvelle méthode* ; vient ensuite la *table générale et par ordre alphabétique des matières contenues dans l'ouvrage.*

INTRODUCTION

HISTORIQUE.

.1

I. — ORIGINE DE LA MÉDECINE.

La médecine, ou l'*art de soigner les malades* (*), a commencé du jour où l'homme a senti faiblir sa santé, c'est-à-dire, du jour qu'il y a eu des malades, et ce jour-là remonte bien haut dans l'histoire du monde.

Les animaux reconnaissent par instinct les simples qui les soulagent ; l'homme sauvage participe de l'instinct admirable des animaux.

La médecine, ou l'art de retirer profit des soins que l'on donne au malade, la profession de médecin enfin, remonte au jour où le hasard fit trouver à l'homme malade une plante pour se débarrasser de son mal, un procédé pour s'administrer la panacée. Dès ce jour cet homme eut un remède secret, dont il s'ingénia à faire argent et marchandise. Il en chercha d'autres, la première fois qu'il s'aperçut que son remède n'était pas un remède à tous maux, une panacée universelle. En suivant et ses penchants vers les découvertes et sa veine de fortune, il dut se faire peu à peu une boutique d'herboriste, et partant une officine de préparations qui se confondait avec le cabinet des consultations payantes. Il dogmatisa, il se créa à sa façon un corps de doctrine sur les causes des maladies et les moyens de les soigner. Si la plupart de ces monuments de l'intelligence des premiers âges avaient pu arriver jusqu'à nous, nous les trouverions peut-être aussi profonds au moins que les écrits d'Hippocrate, et, à vrai dire, ces théories antiques entreraient en concurrence assez facilement avec les théories modernes sur les causes du mal.

A cette époque on se payait peu de mots, vu que tout cela s'exprimait en termes ordinaires, et que l'enseignement scolastique n'avait pas encore conféré le droit de supposer des idées en forgeant des phrases. L'herboriste n'était que marchand, et non docteur ou professeur ; on pouvait discuter ses théories, les renverser et les remplacer, tout en lui achetant ses drogues et ses consultations.

(*) On a défini la médecine *l'art de guérir ;* quand le malade meurt, il n'a donc pas été traité selon les règles de l'art : l'art en effet n'est pas dans l'intention, mais dans l'exécution. Les anciens étaient plus modestes par leurs définitions : ἰατρική ne signifiait que l'art d'extraire les flèches et de panser les blessures; θεραπεία, que l'art de servir et de soigner les malades.

Chez ces premiers peuples, amis ardents et féroces de la gloire des vengeances et des combats, c'était une honte que de tomber malade (*), et la honte du malade rejaillissait un peu sur le médecin et l'embaumeur. C'était, au contraire, une belle et noble gloire que d'avoir reçu en combattant une grande et large blessure ; cette gloire rejaillissait naturellement sur l'artiste guerrier qui pansait les blessés sur le champ de bataille, et les arrachait à cette mort pour leur rendre la force de s'exposer valeureusement à une mort nouvelle. Chiron était chirurgien d'Hercule ; Podalire et Machaon étaient les deux plus grands chirurgiens de l'armée des Grecs au siége de Troie ; ils pansaient avec une admirable dextérité les blessures faites par le bras des hommes ; ils restaient les bras croisés en face des blessures faites par la colère des dieux ; ils arrachaient une flèche (**), refermaient une plaie ; mais quand la peste fondait sur l'armée, ils faisaient de la médecine respectueuse et expectante, et semblaient dire, comme plus tard notre Ambroise Paré : *Je t'ai pansé, que Dieu te guérisse*. Voyez avec quelle précision Homère se plaît à décrire une blessure ; comme il se tait sur les caractères, les prédispositions, les causes présumées d'une maladie spontanée, pour me servir du langage actuel. On a publié un long ouvrage dans le but de prouver que toutes les blessures dont Homère fait mourir ses héros étaient réellement mortelles ; on ne trouverait pas deux lignes dans son *Iliade* pour servir de frontispice à une nosologie. On connaissait bien des simples sans doute pour se soulager des maux internes ; mais quand ces simples n'étaient pas des remèdes secrets, des remèdes de vieux bergers avares de leurs trouvailles, c'étaient des remèdes de bonnes femmes que l'on se transmettait sans beaucoup de façon. L'*Odyssée* ne mentionne que l'herbe *moly* que Mercure apporte comme l'antidote des poisons de Circé. Dans l'*Iliade* il n'est parlé que de sucs, de racines amères, pour calmer la douleur des blessures et assurer la cicatrisation des plaies.

On est en général porté à croire que la chirurgie et la médecine étaient déjà deux professions du temps d'Homère, et que Podalire et Machaon n'intervenaient qu'à ce titre dans l'armée des Grecs ; c'est une erreur dont il est facile de se convaincre par le texte même d'Homère : Podalire et Machaon étaient deux guerriers conducteurs d'hommes, chefs comme le grand Agamemnon, qui n'était que le roi des rois présents au siége de Troie. Dans l'énumération des forces grecques, Podalire et Machaon figurent pour trente vaisseaux, et comme chefs du pays de Trikkès et d'Ithome (*Iliad.* B). Le *héros*

(*) Chez tous les peuples primitifs et que nous nommons sauvages, la profession médicale a été inconnue, parce que la maladie y est objet de vergogne, et que les blessures reçues dans les combats, ils les pansent avec une herbe à eux connue et qui est leur *moly*. Rien ne ressemble plus, par les mœurs et les habitudes, aux héros d'Homère que les héros de ces peuplades vierges de tout rapport avec les nations civilisées.

« La philosophie des Gallois, dit Valère Maxime, est avare et usurière ; celle des Cimbres et des Celtibères est bouillante et dévouée ; leur courage s'exalte sur le champ de bataille, dans l'espoir de sortir de la vie avec gloire et dans la plénitude de leur bonheur ; ils se lamentent de se voir malades, dans la crainte d'une mort digne de mépris ou de pitié. (Valer. Maxim., *De externis institutis*, lib. II, 11.)

Les deux professions de médecins et de chirurgiens, dit Walter Scott, considérées comme arts, étaient inconnues, au xviiᵉ siècle même, des Highlanders (montagnards d'Écosse) ; et le peu de règles qu'on observait étaient conférées à la pratique des femmes ou des vieillards, qui n'avaient que trop d'occasions d'acquérir de l'expérience dans les fréquentes guerres de clan contre clan. (*L'Officier de fortune*, ch. XX.)

Les Quakers, ces peuples régénérés de la vicieuse civilisation, n'ont ni juges ni médecins, et ils vivent aussi exempts de querelles que de maladies.

(**) Toute leur trousse se composait d'un instrument pour arracher les flèches (*beloulkos*, du grec βελος, trait, et ἕλκω, je tire), et tout leur droguet d'une plante pour le pansement.

Machaon, cet homme égal aux dieux (comme l'appelle Homère, *Iliad.* A), se bat, ainsi que Podalire, au milieu de la mêlée, comme tout autre combattant ; il finit par être blessé, comme tant d'autres, et Eurypile dit à Achille, qui boude dans sa tente : *Je crois que Machaon, blessé à son tour, est étendu dans sa tente, attendant les soins d'un habile arracheur de flèches (Iliad. M)*. Podalire et Machaon n'étaient pas les seuls qui arrachaient des flèches (car en ces sortes de guerres il n'y avait pas d'autres opérations quo celles-là, et l'on ne voit pas dans Homère qu'on s'y occupât d'autres blessures) : Patrocle arrache la flèche qui avait percé la cuisse d'Eurypile, il l'arrache en la coupant en deux près de la chair ; son bistouri, c'est son sabre ; il étanche le sang avec de l'eau pure ; il applique sur la blessure un cataplasme de racines amères qu'il broie à l'instant, de racines qui ont la propriété d'assoupir la douleur et d'arrêter l'hémorragie (*Iliad*. A). Idoménée fait porter dans sa tente un de ses compagnons sur les bras de ses amis ; il retourne au combat après l'avoir confié au soin des arracheurs de flèches (ἰητροῖς). Chez les Troyens, Agénor fait l'office accidentel de rebouteur ; là il extrait le javelot qui avait traversé la main d'Hélénus, enveloppe la plaie avec le tissu d'une fronde de laine, que son serviteur cède à ce chef des peuples, en guise de charpie. Diomède, ayant été blessé à l'épaule, prie son cocher Sthenelus (on ne soupçonnera pas celui-ci d'avoir eu son diplôme) de lui extraire la flèche, et il retourne au combat (*Iliad*. E). Ulysse extrait la flèche que Pâris avait lancée contre Diomède, et qui avait traversé le pied de ce dernier (*Iliad*. A). Que faisaient donc de plus Podalire et Machaon ? Il paraît, d'après les textes, qu'ils possédaient des secrets de pansements un peu plus prompts que les autres, secrets de famille qu'ils tenaient de leur père Esculape ('Ασκληπιοῦ παῖδες, *Iliad*. A), lequel les tenait du sage Chiron (*ibid.*) ; et c'est pour cela qu'Homère leur a consacré un vers qui a fait proverbe parmi les médecins, lesquels se complaisent beaucoup dans la synecdoque, et aiment bien à généraliser, au profit de tout le corps, les éloges et le reflet d'un seul de leurs membres : Tous les chirurgiens d'aujourd'hui prennent l'habit vert, parce que Dupuytren, qu'ils n'ont pas toujours ménagé vivant, n'en portait pas d'autre ; l'habit vert est devenu, après la mort de Dupuytren, le manteau d'Élie en chirurgie.

Les panégyristes de la médecine ne manquent jamais de citer ce vers d'Homère :

Ἰητρὸς γὰρ ἀνὴρ πολλῶν ἀντάξιος ἄλλων,

qu'ils traduisent en ces termes :

Car le médecin est un homme supérieur à tous les autres.

C'est très-flatteur pour les médecins ; mais, par malheur pour la dignité de la profession, Homère ne s'occupait nullement d'eux ; d'abord parce que ἰητρὸς ne signifie pas médecin, mais simplement arracheur de flèches ; ensuite, ainsi que le démontre le vers suivant, parce que ce vers ne s'applique qu'à Machaon : car Homère ajoute :

Ἰοῦστε ἐκτάμνειν, ἐπὶ τ' ἤπια φάρμακα πάσσειν.

Ce qui signifie, en réunissant les deux vers : *Car Machaon est un arracheur de flèches bien supérieur à tous les autres, quand il s'agit de couper la tige de la flèche, pour l'extraire avec plus de facilité, et d'appliquer sur la blessure des remèdes calmants.* Les traducteurs ont érigé le mérite de Machaon en profession ; et c'est ainsi qu'on écrit l'histoire. Cette erreur de traduction est commune à Mme Dacier et suivants,

avec Vésale et même Galien : *Homerus*, dit Vésale, *medicum virum multis præstan-
tiorem esse affirmat.*

Ainsi, en un mct, on le voit, à l'époque d'Homère la profession de médecin
n'existait pas.

La médecine ne devint un corps de doctrines que lorsque les peuples se créèrent un
corps de lois. La civilisation est une classification par principes et raisonnement ; tout
s'y change en art et en science ; la pensée ennoblit tout et perfectionne tout ; elle éga-
lise toutes les conditions, l'épée et la robe, la médecine casanière et la chirurgie des
champs de bataille.

Machaon dédaignait de soigner un mal de tête. Salomon se fit gloire de connaître
les caractères et les vertus de tous les simples, depuis l'hysope jusqu'au cèdre du Liban ;
le malade avait à choisir dans le nombre ; mais il paraît que le choix était assez difficile, car on ne guérissait pas mieux qu'auparavant.

Dans toute l'écriture du Vieux Testament, nous ne rencontrons pas de médecin de
profession ; ce mot n'apparaît qu'après le retour de la captivité de Babylone et la dis-
persion des Juifs en Syrie et en Égypte. On retrouve ce mot, pour la première fois,
dans le livre de Jésus, fils de Sirach (*Ecclesiasticus seu sapiens,* cap. 38), qui avait
habité l'Égypte vers la trentième année de Ptolomée Évergète. Dans la Vulgate il est
dit : *Honora medicum propter necessitatem ;* ce qu'on traduit par *honorez le médecin ;*
et ce qui signifie, d'après Watable, *donnez scs honoraires au médecin, à cause du besoin qu'on peut en avoir* (*). Jésus, fils de Sirach, poursuit en ces termes : « Car la médecine vient d'en haut, et le médecin reçoit des récompenses du roi. La science du
médecin lui fait porter la tête haute, et lui attire les égards respectueux même des
grands. C'est Dieu qui a créé les médicaments sur la terre, et l'homme ne doit pas les
dédaigner. » Ce passage, empreint de réminiscences égyptiennes, est certes bien plus
flatteur que celui d'Homère ; mais il nous reporte bien avant dans les temps historiques,
car à cette époque Hippocrate et Aristote avaient cessé depuis longtemps d'exister.

Les Hébreux, avant la captivité de Babylone, et encore moins les Hébreux fugitifs
d'Égypte, n'avaient ni médecins ni chirurgiens de profession ; les peuples nomades ou
conquérants comptent des combattants et non des facultés universitaires. Imaginez, si
vous pouvez, une faculté de médecine emportant ses tréteaux et ses oripeaux à la
suite d'une caravane, et fondant l'espoir d'une clientèle sur une population que le
combat décime chaque jour. Les Égyptiens, peuples autochthones, connurent, bien
avant tous les autres peuples de l'Asie et de l'Europe, les arts et les sciences, enfants
de l'économie publique, et partant les professions filles de l'industrie et de la civilisation. L'industrie s'attache à tout et fait argent de tout ; *je te donne, rends-moi ; rien
pour rien,* se dit-elle. La vie nomade ne reçoit rien que de la terre qui est à tous, et à
laquelle on ne rend que son corps, après sa mort, pour la payer de tout ce qu'elle nous
prodigue, de tout ce dont nous avons vécu. Aussi est-il un fait certain, c'est que les
Hébreux et les Grecs n'ont connu la profession de la médecine que depuis leurs excur-

---

(*) Walter Scott fait traduire, d'une non moins piquante manière, ce passage, par un médi-
castre Écossais (l'*Abbé,* ch. XXVI) : « Souvenez-vous de ce que dit l'Ecclésiaste : Faites place au
médecin, et ne souffrez pas qu'il s'éloigne de vous : car vous avez besoin de lui. » Cependant
dans le langage de ce traducteur si désintéressé, on retrouve un peu de l'influence des honoraires ; car il rappelle plus haut, avec une certaine rancune, le vieux proverbe :

Præmia cum poscit medicus, Satan est.

Tant qu'il vous soigne, on le vénère ;
C'est l'antechrist, s'il réclame salaire.

sions en Égypte. La profession médicale est une importation égyptienne, et elle a
conservé le double cachet théocratique et marchand de son origine : Honorez le médecin dont la science vient de Dieu ; mais vous l'honorez d'autant plus que vous élevez
plus haut son salaire ; la valeur de son mérite se pèse avec un trébuchet.

On eut recours aux dieux pour aider un peu la médecine ; les prêtres devinrent
dès lors médecins : Ils pansaient, ordonnaient, formulaient ; Dieu guérissait. Si le
malade venait à mourir, la responsabilité ne retombait de la sorte sur personne, et
nul n'avait le droit d'accuser le médecin d'avoir tué son malade.

Mais quand le malade guérissait, il était juste qu'il en témoignât aux dieux toute
sa reconnaissance, en déposant dans leur temple une offrande et un souvenir ; l'offrande dans la main du prêtre, le souvenir appendu en *ex-voto* contre le mur ; contri-
buant ainsi pour sa part au bien-être du médecin pontife et à la réputation de la
puissance curative du temple : les preuves de guérison ont de tout temps grossi la
clientèle. Dans ces *ex-voto,* on relatait nécessairement l'histoire du mal ainsi que
l'emploi des drogues ; l'*ex-voto* était une complète observation ; il ne fallait que classer
ces observations par ordre de cas maladifs, pour en composer des traités *ex-professo*
sur la matière, des traités spéciaux ; compose-t-on autrement aujourd'hui un traité
sur les maladies du cœur ou des voies urinaires, sur la gastrite, les fièvres, les phlegmasies, etc. ?

II. — ANALYSE DES ÉCRITS HIPPOCRATIQUES.

La postérité a tenu compte, comme d'un acte de génie, à Hippocrate, natif de l'île
de Cos, d'avoir exécuté cette idée sur une large échelle, de nous avoir transmis un
corps de doctrine avec tous les faits épars d'une observation journalière, et de les
avoir sauvés des flammes qui brûlèrent le temple d'Esculape à Cos, ainsi que le rapportent Pline et Varron. Ces deux auteurs vont même jusqu'à assurer que ce grand
homme, réparant autant qu'il était en lui ce désastre et cette calamité publique,
remplaça les consultations du temple par des consultations particulières chez lui et
au lit des malades ; lui attribuant ainsi la fondation de la *médecine clinique,* ou médecine par visites, que d'autres font avec juste raison remonter plus haut et jusqu'à
Esculape. Hippocrate était né dans le siècle encyclopédique d'Athènes et de la Grèce ; il
vécut dans le temps le plus florissant de l'atticisme du langage, dont son style rappelle l'élévation et la pureté. Hippocrate fournit son contingent au monument que la
philosophie érigeait alors à la science universelle ; il se chargea d'une noble et belle
spécialité ; il sépara la médecine de la philosophie. Il eut pour maîtres : Hérodicus, le
profond médecin, Démocrite, le sceptique, Héraclite, le philanthrope ; et pour imitateurs, Platon, ce grand classificateur des passions de l'âme, et Aristote, ce grand classificateur des fonctions de l'esprit et des caractères des corps. La philosophie recon-
naissante a recueilli la généalogie d'Hippocrate, à l'instar de celle des plus grands
rois ; elle a encore plus recherché de qui il était père que de qui il était fils, tant ses
titres de gloire datent de lui seul et ne relèvent d'aucun autre, si ce n'est peut-être
des temples des dieux. Il y avait eu des médecins avant lui, il n'y avait jamais eu de
fondateur d'un corps de doctrine de la médecine. Il généralisait ses observations
particulières, dès qu'il trouvait assez de concordance entre elles ; il préconisait une
médication, dès qu'elle lui avait réussi un assez grand nombre de fois ; ce qui lui
paraissait infaillible, il en faisait un aphorisme, espèce de règle générale réduite à sa
plus simple expression. Les livres qui portent son nom ne sont pas tous de lui ; on

dirait qu'il s'est trouvé des adeptes de ses doctrines, qui ont mis leur gloire à se faire
oublier, pourvu que leurs écrits portassent le nom du grand Hippocrate, voulant
fondre ainsi leur mémoire dans cette noble mémoire des premiers jours. Une aussi
pieuse intention n'a pas toujours été couronnée du succès qu'elle était en droit d'attendre : ces écrits apocryphes ne portent, ni dans la pensée ni dans le style, le cachet
du maître qui pensait si haut, prévoyait de si loin et parlait si bien ; on n'y rencontre
ni son élévation ni son élégance ; car Hippocrate sait relever l'aridité des descriptions
par la coupe de la phrase, et par cette heureuse combinaison des particules grecques
qui préparent si bien l'antithèse et la transition : on trouve de l'Isocrate dans la
phrase du médecin de Cos.

Mais il y a loin de là à la base fondamentale d'un système ; et les facultés scolas-
tiques qui ont érigé les livres d'Hippocrate en code et en ont fait une bible de leur
croyance, n'ont prouvé par là qu'une chose : c'est que, depuis Hippocrate, la science
de la médecine n'a pas fait de bien grands pas. Hippocrate a laissé un beau monument
des connaissances acquises de son temps ; il n'a pas véritablement composé un corps
de doctrine, un enchaînement de vérités qui puissent se déduire les unes des autres,
un système, une science enfin. Il décrit des cas de maladies et indique la médication
qui lui semble la plus convenable ; nulle part il ne faut chercher autre chose ; on l'y
supposerait, au lieu de l'y trouver. Je suis sûr que le parfum de probité dont ses
écrits sont empreints a beaucoup plus contribué au culte que l'on professe pour sa
mémoire, que la beauté de ses théories et de ses applications. Paracelse, qui ne craignit pas de faire brûler, au pied de sa chaire, Aristote et Galien, se découvrait devant
Hippocrate, dont il n'adoptait pas mieux pourtant les opinions que celles des premiers ; sous tous les autres rapports, et sans le reflet de sa haute probité, Hippocrate,
comme autorité invoquée et professée par les écoles, aurait dû encourir avec une
égale justice l'animadversion du réformateur.

En effet, la philosophie d'Hippocrate n'est pas moins nébuleuse que celle de Platon ;
elle ne reproduit pas même la hardiesse de celle de Démocrite : « Le monde n'a que
quatre éléments : l'eau, l'air, la terre et le feu. Sa physiologie se réduit à quatre qualités premières : le *chaud*, le *froid*, le *sec* et l'*humide* (*). C'est *la nature qui suffit
seule aux animaux et leur tient lieu de tout*. Les *membranes et tuniques* sont issues
du mélange confus des quatre éléments ; dans leur sein les matières s'échauffent,
fermentent et produisent les *os* par la combustion de l'humide et du gras, les *nerfs*,
tendons et *ligaments* par la combinaison du gluant et du froid, les *veines* émanant de
ce qu'il y a de plus froid et de plus gluant, les *liquides* n'ayant ni du froid ni du
gluant. Les *poils noirs* sont formés d'une surabondance de bile, etc. » Ce n'est pas qu'au
milieu de ce fatras d'hypothèses bizarres, il ne se rencontre de temps à autre quelques-uns de ces traits à grande portée, qui rappellent et reproduisent peut-être littéralement les grandes vues de Démocrite ; telle que cette belle pensée qui commence
le livre *de Locis in homine* : « Le corps humain n'offre aucune partie qui soit le point
de départ de toutes les autres ; on ne saurait dire où il commence et où il finit ; où
serait donc le commencement d'un cercle ? » Mais ce magnifique frontispice ne cache
qu'un monument fondé sur le sec et l'humide ; et la transition de cette belle pensée,
qui pourrait servir d'épigraphe à toute *la théorie spiro-vésiculaire*, ne mène qu'à quelques détails d'ostéologie et de médication.

(*) Dans Milton, la Mort frappe, de sa massue pétrifique, sur le *Froid* et le *Sec,* qui, avec le
Chaud et l'*Humide,* devenus quatre braves généraux d'armée, conduisent en bataille des em-
bryons d'atomes armés à la légère. On ne pouvait mieux ridiculiser la philosophie d'Hippocrate.

Dans un autre livre, intitulé *de Principiis* ou *de Carnibus*, deux mots qui en grec ne diffèrent presque que par une lettre initiale (περὶ ἀρχῶν ou περὶ σαρκῶν), nous n'avons pas peu été surpris de rencontrer, jetée là comme au hasard, une phrase qui résume la théorie du calorique que nous avons publiée en 1838, dans la deuxième édition de la *Chimie organique*, 4ᵉ partie, 3ᵉ vol., et à laquelle les bouts de notes académiques ont tant emprunté depuis vingt et un ans, en dissimulant la source comme toujours ; cette phrase a trop de profondeur pour n'être pas encore empruntée à Démocrite, que l'auteur du livre ne cite pas mieux que nos lecteurs académiques ne nous citent. « Je pense, dit-il, que ce que nous appelons le calorique est immortel, qu'il conçoit tout, qu'il voit et entend tout, qu'il devine tout, le présent comme l'avenir... et que c'est là le principe que les anciens ont nommé ÉTHER (*). »

L'anatomie d'Hippocrate se réduit à ce qu'avaient pu lui révéler quelques-unes de ses opérations chirurgicales. Sous ce rapport, Homère est encore plus habile anatomiste qu'Hippocrate, d'autant plus qu'Homère ne décrit que ce qu'il a vu, et qu'Hippocrate suppose tout le reste. D'après lui, les veines partent du foie, les artères du cœur ; les uretères et les nerfs sont pris par lui pour des veines ; les muscles ont tous un ventre ou une cavité (les muscles digastriques de la mâchoire tirent leur dénomination de cette idée-là ; ces muscles sont censés avoir deux ventres); les reins pour lui sont un amas de glandes, etc., etc. ; et tout le reste est presque de cette force, ou plutôt de cette obscurité. Au reste, on n'a pas besoin de prouver aujourd'hui que les dissections humaines datent d'Érasistrate et d'Hérophile, un siècle après Hippocrate.

Quant à la médecine, ce magnifique fleuron de la gloire du grand homme, on doit hautement avouer qu'Hippocrate nous a laissé l'un des plus riches monuments des connaissances pratiques, acquises soit par la tradition soit dans l'exercice de sa profession ; c'est un beau recueil de faits observés, mais non un système ou une méthodique classification. Rien ne s'y enchaîne ; et l'unité du livre de chaque livre n'implique jamais l'unité et la coordination des matières. Nulle part la démonstration ; presque partout une tendance uniforme à l'aphorisme qui résume, à la généralisation qui devance la démonstration, au lieu de la supposer.

Ses livres d'aphorismes fourmillent de sentences assez semblables aux oracles et que l'on peut entendre en deux sens contraires, quand on en trouve le sens. Ces sentences s'enchaînent si mal et se classent si peu par ordre de matières, qu'on pourrait les battre dans un chapeau et les réunir ensuite au hasard, sans que le lecteur s'aperçût d'un déplacement quelconque. Son livre des *airs*, des *eaux* et des *lieux*, est peut-être au fond une météorologie locale ; mais, par sa rédaction, il aurait l'air d'une météorologie générale ; et, sous ce rapport, tout y serait faux dans l'application. Du reste, c'est moins un traité qu'un recueil d'observations météorologiques sur les localités dans lesquelles l'auteur a séjourné, et peut-être toutes relatives au climat et à la position géographique de l'île de Cos. Tout n'est pas faux sans doute dans ces livres, mais tout n'y est pas vrai ; et, pour y démêler le vrai du faux, il faut nécessairement avoir recours à la science moderne ; donc Hippocrate ne démontre rien.

Dans presque toutes ses théories, Hippocrate manque de bases et partant de clarté ; il est peu de ses généralisations que l'application aux cas particuliers ne démente le plus grand nombre de fois.

Aristote, et après lui Sénèque, dans ses *Quæstiones naturales*, se montrent bien

(*) Démocrite a bien pu emprunter cette grande idée aux Védas ou livres sacrés des Indous ; on trouve en effet dans le premier de ces livres : « D'où vient le monde ? de l'éther. Tout vient de l'éther. L'éther est plus grand que tout ; il est infini ; il est votre âme. »

plus profonds météorologues qu'Hippocrate. Il y a, surtout dans Sénèque, dont là physique s'occupe fort peu aujourd'hui, le germe d'une foule de découvertes modernes. Rien n'est plus rationnel que ce qu'il dit du son (qui n'est que l'air agité), des couronnes solaires et lunaires (simples effets des brouillards), des étoiles filantes, des éclairs et de la foudre (trois effets de la compression des nuages). Il connaît le pouvoir grossissant des miroirs non planes et des boules de verre remplies d'eau qui amplifient les plus petites lettres. Il signale l'effet de réfraction de l'eau qui fait voir à la surface de l'eau les corps qui sont au fond du vase (*). Il aborde toutes les questions de l'air, de la pluie, de la grêle, des fleuves, de la mer, avec une supériorité d'induction et une hauteur de vues qui fait jaillir à chaque instant des aperçus ingénieux que ne désavoueraient certes pas les météorologues modernes. Nous conseillons à ceux qui s'extasient sur le traité d'Hippocrate de lire les *Questions* de Sénèque.

Notre évaluation sur Hippocrate paraîtra hardie ; mais elle est faite le livre à la main (**) ; et si jamais on prend la peine de confronter au lit du malade l'une de ses meilleures descriptions, on nous rendra la justice que nous n'avons rien exagéré, et que nous avons bien médité avant d'écrire. L'admiration pour les monuments élevés par les anciens, à l'aide de leur seul génie, ne doit pas aller jusqu'à un engouement rétrograde, qui nous porte à leur attribuer par anachronisme tout ce que les siècles suivants ont découvert de plus qu'eux. Lorsque dans un livre se rencontrent tant de lacunes et d'imperfections, n'en faisons pas une Bible et un symbole ; n'y enchaînons pas le progrès avec la cheville de la foi et de la dévotion aveugle.

Il restera à Hippocrate d'avoir beaucoup observé, d'avoir beaucoup noté et peut-être compulsé, d'avoir beaucoup décrit ; il a par là fait faire un pas à la science. Mais, sous certains points de vue, trop longtemps la médecine s'est arrêtée malheureusement à ce premier pas ; et la théorie, soit des quatre humeurs, soit du chaud, du froid, du sec et de l'humide, domine encore aujourd'hui tout notre langage nosologique. La théorie médicale, la théorie de l'entité maladive, n'a pas fait depuis lui un second pas dans nos facultés, qui ont toujours tourné dans ce premier cercle, se plaçant, tantôt à la circonférence, tantôt au centre, tantôt sur l'un ou l'autre rayon.

A ceux qui voudraient nous donner les descriptions nosologiques d'Hippocrate comme des modèles sans pareils, je rappellerai, en finissant ce point de critique, que la description de la peste d'Athènes, par Thucydide, et celle de l'épizootie, par Virgile, effacent, sous le rapport de la méthode, de l'élévation de la pensée, de la couleur locale et de la vigueur du trait, tout ce que l'on pourrait citer de moins imparfait dans les descriptions d'Hippocrate.

J'irai même plus loin, et j'avancerai qu'Hippocrate a beaucoup gagné à l'adjonction des livres apocryphes. Les livres de *Morbis* (περὶ νούσων), qui ne sont pas de lui, sont sans doute écrits d'une manière moins élégante que les vrais ouvrages hippocratiques, mais ils sont bien supérieurs à ceux-ci sous le rapport de la clarté d'exposition, de l'exactitude descriptive et du talent d'observation.

Quoi qu'il en soit, et en résumant notre appréciation critique, nous professons pour

---

(*) On doit avoir conservé, dans la chapelle du fort de Vincennes, un vase arabe du xiiᵉ siècle, que Saint Louis avait rapporté des Croisades et dont il avait fait don à l'ancienne chapelle, pour y servir de baptistère. On y verra que les Arabes, ingénieux observateurs de la nature, savaient mettre à profit cette loi d'optique dans leurs ouvrages d'art. En effet, le fond du vase est couvert de figures de petits poissons, que l'on croit voir nager à la moindre agitation de l'eau bénite.

(**) Dans une des séances de juillet 1855, en pleine académie de médecine, ces messieurs se sont accusés mutuellement de n'avoir jamais lu Hippocrate. (Voy. *Gazette hebdomadaire de médecine,* 27 juillet 1855.)

la mémoire d'Hippocrate le respect que nous professons pour celle d'Aristote et de tous les fondateurs d'une branche des connaissances humaines. Il ne faut tenir compte aux hommes que de leurs beaux efforts, et non de ce qui manque à leurs résultats. Le blâme de ma critique ne tombe donc pas sur les travaux du médecin de Cos, mais sur la paresse d'intelligence et l'impuissance virile de deux mille ans historiques qui se sont rabattus sur ce nid, tissu en passant par une seule vie d'homme, laquelle est si courte, pour n'y couver qu'un germe que le génie y avait déposé afin qu'il fructifie, et qu'on a rendu stérile et infécond en l'étouffant sous des masses de serviles imitations, et sous des commentaires sans nombre dont il serait impossible d'extraire une seule trace de nouveauté; je blâme hautement ici ces deux mille ans, y compris notre siècle, et j'en secoue la poussière qui m'en restait aux pieds. Locke, Descartes, Malebranche, Nicole, Condillac, n'ont pas juré par Platon; Tournefort, Linné, Buffon, n'ont pas juré par Aristote; il est temps que la médecine, à l'exemple de la métaphysique et de l'histoire naturelle, efface son impuissant passé, en recouvrant l'indépendance de la pensée et de l'expression, en se dépouillant de ces théories absurdes dont son langage est tout incrusté, et qui depuis des siècles la vouent à un ridicule que les autres sciences n'ont jamais encouru (*); qui s'est jamais moqué en ce monde de l'astronomie, des mathématiques, de l'histoire naturelle, etc. ?

Il y a des réputations qui agissent à la manière de l'aimant, qui attirent à elles et s'approprient toutes les réputations de même nature et de même valeur. On dirait que le nom d'Hippocrate a absorbé toutes les élucubrations et tous les souvenirs qui étaient en état de rivaliser avec lui; tout ce qu'avaient fait avant lui les Asclépiades est devenu sa propriété. On a perdu de vue comme médecins :

1° Thalès, qui le premier compara le monde au corps humain, et lui donna une âme;

2° Pythagore, ce propagateur de la frugalité hygiénique, ce trappiste du paganisme;

3° Empédocle, à qui Hippocrate a pris tout ce qu'il sait sur l'organogénésie, sur le rôle que jouent en médecine les quatre facultés et les quatre éléments; 4° Héraclite, ce philanthrope compatissant, qui soutenait, tout en professant la médecine, *qu'il n'y avait rien de plus sot que les grammairiens, si ce n'est les médecins* (**); 5° Démocrite, ce philanthrope jovial, qui composa tant de livres de médecine, dont il est arrivé jusqu'à nous quelques titres : l'un *sur la nature de l'homme ou de la chair*, l'autre *sur la peste et les maladies pestilentielles*, un autre sur la *mégalanthropogénésie* (***), et, qui

___

(*) Ce ridicule date de bien loin; car l'auteur du livre hippocratique *sur la diète dans les maladies aiguës* s'écriait déjà, en signalant les contradictions des médecins entre eux : « Voilà » pourquoi tout notre art encourt auprès du public un grand discrédit, en sorte que chacun » croit que la médecine n'existe en aucune manière. »

(**) Εἰ μὴ ἰατροὶ ἦσαν, οὐδὲν ἂν ἦν τῶν γραμματικῶν μωρότερον. Les grammairiens ou éplucheurs de lettres (de *gramma*, lettre alphabétique) étaient, en ce temps-là, l'équivalent des académiciens d'aujourd'hui; seulement ils ne mettaient pas le cinquième d'un siècle à éplucher la cinquantième fraction de la lettre A de leur dictionnaire.

(***) Claude Quillet a repris ce sujet dans un beau poëme latin intitulé : *Callipædia sive de pulchræ prolis habendæ ratione*, qu'il publia d'abord sous le pseudonyme par anagramme *Calvidius lætus* (Leyde, 1655, in-4°). Dans beaucoup de passages, à l'abri de l'anonyme, Quillet ne ménageait pas plus Mazarin qu'il n'avait ménagé Richelieu dans l'affaire d'Urbain Grandier. Mais le rusé Mazarin, à qui le vrai nom de l'auteur n'avait pas échappé, lui ayant conféré un bénéfice sous l'enveloppe d'un reproche tout amical, Claude Quillet remplaça le *contre* par le *pour* et dédia à Mazarin son poëme amendé, en y mettant cette fois-ci son vrai nom. Claude Quillet avait été d'abord médecin dans la Touraine; on dit qu'il était alors l'amant de Marion Delorme, et il ne serait pas impossible que cette circonstance n'ait pris une certaine part dans la

excellent chimiste autant qu'habile médecin, *savait amollir l'ivoire*, ce que nous avons inventé après lui, *faire des émeraudes en fondant les cailloux*, et composer des *strass* deux mille ans avant nous ; 6° Acron d'Agrigente, le chef des empiriques, c'est-à-dire de ceux qui, secouant les théories médicales déjà trop en défaut dès cette époque, ne voulaient accepter, comme règles de conduite, que les résultats des faits observés, et le premier qui ait cherché à dissiper la peste en allumant des feux pour purifier l'air ; 7° Hérodicus, inventeur de la médecine gymnastique comme moyen de maintenir et ramener la santé, et non comme un *chevalet* pour redresser la taille ; 8° Iccus qui, joignant l'exemple à la théorie d'Hérodicus, se fit médecin et athlète, et vécut dans le plus austère célibat, afin de conserver ses forces et de remporter des prix, lui dont la sobriété était devenue si proverbiale, qu'on souhaitait aux ventrus de l'époque le *repas d'Iccus*. En médecine, Hippocrate est tout cela à la fois ; et le moyen qu'il ne le fût pas, puisqu'on lui en a donné même les livres ; comme on a donné à Homère, d'après quelques auteurs, tous les chants des anciens rapsodes, et à Ossian tous les hymnes des bardes écossais ?

Quant à nous, faisons de la philosophie par usurpation tant que vous voudrez ; mais, de grâce, ne crucifions plus l'observation et l'expérience sur les stigmates de la collection hippocratique.

On voit, dès le premier siècle qui suivit Hippocrate, que son exemple avait porté malheur aux recherches médicales, et que son serment n'avait pas rendu meilleurs les médecins.

La science n'était pas plus expérimentale ; le métier n'offrait pas plus de probité ; le métier faisait toute la science ; et, comme métier, la profession médicale qui remonte chez les Grecs à une assez grande antiquité, a toujours prêté le flanc à la satire et à la moquerie de ceux qui se portent bien :

Philémon, auteur comique du temps d'Alexandre le Grand, c'est-à-dire du temps même d'Hippocrate, ne tarissait pas en lazzi contre le médecin marchand de son époque ; on retrouve dans ses fragments les types des Tomès, Desfonandrès, Sganarelle et *tutti quanti* qui semblent parler en français, tant ceux de Molière semblent parler grec ; vous en jugerez par les échantillons suivants du vieux comique :

1° *Est-il un seul médecin, je vous le demande*, fait-il dire à un de ses personnages, *qui voulût voir ses propres amis toujours bien portants ? Demandez à un garde national s'il verrait de bon œil la Cité toujours tranquille et sans émeute.*

2° *A prendre un médecin bavard*, dit un autre personnage, *c'est une maladie de plus que l'on gagne. Ce qui m'a achevé, c'est la consultation des médecins que mon médecin a voulu s'adjoindre ; je succombe sous le nombre.*

3° Dans une autre scène : *Qui va là ?* demande le maître. — *Le médecin*, répond le valet. — *Ah ! qu'un médecin va mal*, reprend le maître, *quand tout le monde va bien !*

4° Aussi le médecin, à son tour, se venge-t-il de ces lazzi en s'écriant : « *Il n'y a pas de pire ingrat que le malade qu'on a guéri.* »

Le médecin continua, sur ce ton, à être raillé et payé, avec ses petites fioles, son petit savoir-faire et son peu de savoir en anatomie ; formulant ses ordonnances comme des oracles, qu'on devait prendre et non raisonner ; se consolant des lazzi des bien portants par la crainte qu'il inspirait aux malades ; se dispensant d'être docte à force d'être ignare et docteur ; toujours fier des guérisons œuvres de la nature, et rejetant

haine qu'il portait à Richelieu. Après la condamnation de l'infortuné Urbain Grandier, dont il avait cru devoir embrasser la défense, il se réfugia à Rome, où il se mit à l'abri de toute poursuite en entrant dans les ordres ; et c'est après avoir fait vœu de célibat, qu'il entreprit d'apprendre aux autres la physiologie du mariage, dont il paraît avoir étudié à fond la pratique. Le titre qu'il a adopté est plus concis et plus doux que celui de Démocrite ; mais il est plus équivoque.

sur la nature les insuccès de ses potions ; ayant dans sa poche une bouteille pour chaque mal, et à la bouche un mot long d'une toise pour chaque réponse, ou un silence entre chaque mot, plus éloquent que le mot lui-même, quand il n'avait plus rien.à dire ; ayant toujours sur les lèvres le serment d'Hippocrate, ce qui dispense de l'avoir dans le cœur, et marmottant, à la vue du malade, comme nos docteurs pieux usent do leurs patenôtres dès qu'ils aperçoivent la sœur ou le curé. En un mot, les médecins do ce temps-là faisaient à la concurrence, même à celle des dieux, une guerre si opiniâtre qu'ils en brûlèrent le temple d'Esculape trop bien achalandé dans l'île de Cos.

III. — RÉVOLUTION OPÉRÉE PAR ÉRASISTRATE ET HÉROPHILE.

Érasistrate parut, et celui-ci fut novateur et inventeur bien plus encore que no l'avait été Hippocrate. Il pensa que, pour guérir des organes, il fallait préalablement connaître ces organes, et que, par conséquent, pour soigner les hommes vivants, il fallait disséquer les cadavres des morts. Érasistrate fut le fondateur de l'anatomie pathologique ; on l'accuse même d'avoir disséqué vivants des condamnés à mort ; cela est possible ; car, dans le seizième siècle, on ne se fit pas faute d'essayer des breuvages sur des condamnés, à qui il est vrai on promettait leur grâce, s'ils en étaient quittes pour quelques coliques et quelques *haut-le-cœur.*

Hérophile fut le rival, s'il n'est pas le devancier, d'Érasistrate dans cette innovation ; la plupart de nos termes d'anatomie, c'est de lui que nous les tenons ; tels que le *duodénum,* traduction du mot qu'il lui avait imposé, *dodecadactulon.* Il nomma *veine artérielle,* l'artère pulmonaire, et *artère veineuse,* la veine pulmonaire. La *rétine,* l'*arachnoïde,* le *pressoir,* les *parastates* ou *prostates,* etc., sont des restes de la nomenclature anatomique d'Hérophile.

C'était là une grande innovation apportée dans les études médicales ; mais la médecine en retira peu de fruits : la nécroscopie, alors comme aujourd'hui, ne surprenait que des effets ; la cause de la maladie n'était pas encore de sa compétence et à sa portée ; la maladie n'en continua pas moins à être une entité émanée du phlegme et de la bile, du froid, du chaud, du sec et de l'humide.

Le seul des disciples qui s'écarta un peu de la route battue par le maître, ce fut Prodicus, qui donna une si grande étendue à l'emploi des frictions avec les baumes, qu'il a passé pour l'inventeur de la médecine onguentaire ou *iatraleptique* (*). J'ai un faible, je l'avoue, pour ce docteur-là, qui peut-être s'était inspiré dans la méthode des athlètes et dans la cosmétique des peuples orientaux. On demandait un jour à un athlète romain d'où venait qu'il se portait si bien : *Merum intus,* répondit-il, *oleum extus ;* c'est l'épigraphe de la iatraleptique.

C'est à dater de l'influence des tentatives d'Érasistrate et d'Hérophile, deux cents ans seulement avant Jésus-Christ, que la *chirurgie* devint une profession distincte de la *médecine,* et la *pharmacie* une nouvelle branche de commerce introduite dans l'art

(*) L'usage des frictions remonte à la plus haute antiquité : Dans Homère (*Odyssée* 23), nous voyons Évrynome, servante-maîtresse de Pénélope, lotionner et frictionner Ulysse avec do l'huile balsamique. Jésus, fils de Sirach, l'auteur du livre *l'Ecclésiastique,* qui avait habité l'Égypte sous les Ptolomées, a consigné ce précepte, évidemment égyptien, dans le verset 7 du chapitre 38 de son recueil : *Unguentarius faciet pigmenta suavitatis, et unctiones conficiet sanitatis :* « Le parfumeur aura soin de composer des pommades parfumées et de pratiquer des onctions hygiéniques. »

de soigner l'homme malade ; la médecine proprement dite prit le nom de *diététique*. Cette division en trois grandes spécialités enfanta des subdivisions ou sous-spécialités : on vit s'établir des rebouteurs, ou *médecins des plaies et des ulcères; des* pharmaciens, ou *pharmaceutæ*, bien distincts et des *pharmacopes*, ou empoisonneurs, et des *pharmacopoles*, ou droguistes ambulants et marchands des remèdes qu'ils ne fabriquaient pas, charlatans et bateleurs, médecins en plein vent (*circulatores, circuitores, circumforanei, agyrtæ, cellularii medici*) ; des droguistes sédentaires et en magasin (*seplasarii, pigmentarii, catholici, pantapolæ* ou vendeurs de tout) ; des herboristes (*herbarii, rizotomi,* ou coupeurs de racines, *botanologi* ou *botanici*, ou cueilleurs d'herbes, mais non *botanistæ*, qui ne signifiait que les sarcleurs), qui avaient exprès des boutiques (*apothecæ*) ; des parfumeurs ou onguentaires, en grand renom depuis Prodicus, disciple d'Hippocrate et inventeur de la médecine onguentaire (*myrepsi, myropoli, pimentarii, pigmentarii*) ; des manœuvres (*demiourgoi*) qui saignaient, frictionnaient, appliquaient les cataplasmes et administraient les clystères ; des femmes qui faisaient profession d'assouplir la peau (*strictipellæ*) et d'autres qui épilaient et ajustaient les sourcils (*strictivellæ*).

Le malade d'alors se trouvait ainsi la proie de bien des sangsues ; et l'on voit d'ici combien là-bas il y avait de professions qui ne vivaient que de ce qui fait souffrir les hommes, et combien d'hommes étaient intéressés à ce qu'il y eût plus de malades que de gens bien portants.

La *médecine empirique*, qui remonte au berceau de la médecine, prit force et vigueur dans ce siècle, et devint le mot d'ordre de Sérapion et Philinus. Par opposition, il y eut en même temps des *médecins dogmatiques*. En médecine, une enseigne en appelle une autre ; un drapeau fait hisser un autre drapeau, dont le fond est toujours noir ; il n'y a que la couleur des lettres qui varie ; mais on se divise, on s'attaque, on se bat pour quelques teintes de couleurs. Les *empiriques* accusaient les *dogmatiques* de n'avoir pas recours à l'expérience ; les *dogmatiques* reprochaient aux *empiriques* de s'y arrêter exclusivement et de repousser le raisonnement et l'analogie. Ils se calomniaient évidemment : comment croire que l'expérience ne raisonne pas ses données, et que le raisonnement ne se base pas sur l'expérience ?

Ces deux sectes partagèrent longtemps la médecine en deux camps opposés, et la lutte dut produire bien de ces écrits de polémique qui sont le signe de la décadence de l'art, dont ils finissent par cacher le but et par encombrer et obstruer toutes les avenues. Les bons esprits, les esprits positifs se détournaient de l'étude d'une science qui devenait de plus en plus inintelligible, et où le pour et le contre étaient soutenus par un égal nombre de célébrités.

IV. — DÉBUT DE LA MÉDECINE A ROME.

Ces subtilités des Grecs inspiraient un profond mépris à ces Romains si sévères sur le fond, si positifs sur la forme, qui, à la première difficulté, savaient mettre leur épée dans le plateau de la diplomatie, et leur bon sens d'agronomes et d'administrateurs à la place des arguties verbeuses des discoureurs de profession, se moquant de la maladie autant qu'ils méprisaient la mort. Contre la maladie, ils avaient leur sobriété et leurs rudes travaux de la terre : contre la mort des batailles ils avaient leur cîmeterre et leur bouclier. Le médecin ne prit place dans les rangs militaires que lorsque les Césars eurent élevé leurs médecins esclaves à la dignité d'archiatres du palais ; dès ce moment chaque bataillon ou cohorte eut son officier de santé, son chirurgien militaire ;

c'était au temps de la décadence. Car Marcus Caton écrivait à son fils : « Je vais te dire, ô mon fils, ce que tu dois rapporter d'Athènes : Leur littérature est bonne à parcourir et non à apprendre. Quand cette nation sera parvenue à nous en inspirer le goût, elle sera parvenue à nous corrompre. Que sera-ce si elle nous expédie ses médecins? Ils ont juré de tuer tous les barbares, avec les ordonnances de leurs médecins ; et pour cela ils exigent un salaire, afin de mieux perdre le malade, sur la foi des traités... Je t'interdis souverainement les médecins. » Les médecins grecs pourtant finirent par s'établir à Rome ; mais la médecine, du temps de Pline même, était le seul des arts des Grecs dont la gravité romaine ne croyait pas pouvoir, sans déroger, exercer la profession. La médecine eut de la peine à devenir un art libéral ; les Romains la faisaient apprendre à leurs esclaves, dont ils récompensaient ensuite le service et le mérite par l'affranchissement ; témoin cet Antonius Musa, affranchi d'Auguste, qui obtint le privilége patricien de porter un anneau d'or au doigt, et à qui le sénat fit élever une statue d'airain, à côté de celle d'Esculape, pour avoir sauvé la vie à Auguste, en le faisant baigner dans l'*eau froide*.

Le portrait que Pline nous trace, deux cents ans plus tard, des médecins grecs exerçant à Rome, n'est pas flatté peut-être, mais il ne manque pas d'une certaine ressemblance, à en juger même par ce qui se passe sous nos yeux :

« Le médecin, dit-il, est le seul artiste à qui l'on se fie sur parole ; il est cru dès qu'il se dit médecin ; et pourtant il n'est pas d'art où l'imposture ait de plus graves conséquences ; nous n'y pensons pas, tant l'espoir de recouvrer la santé a pour nous de charme. Au reste, nous n'avons aucune loi pour punir son ignorance qui cause la mort, aucun exemple de vindicte publique contre sa témérité. Le médecin s'instruit à nos dépens, il expérimente en donnant la mort ; il n'y a que le médecin au monde qui puisse tuer un homme avec la plus grande impunité. Que dis-je? c'est lui qui accuse au lieu d'être accusé ; il rejette l'insuccès sur l'intempérance du malade ; le malade seul est coupable de sa propre mort. Nous marchons donc avec les pieds d'autrui ; nous ne voyons qu'avec les yeux d'autrui ; nous n'invoquons que nos souvenirs ; nous ne vivons que comme ils nous le permettent ; nous ne conservons notre libre arbitre que sur l'article de nos plaisirs..... Et pourtant quelle profession a plus commis d'empoisonnements et CAPTÉ PLUS D'HÉRITAGES? laquelle a porté plus impunément l'adultère jusque dans les palais des Césars?.... Parlerai-je ici de leurs avares exigences, de ces conditions onéreuses qu'ils imposent à l'agonie, de ces arrhes qu'ils demandent contre la mort, et de ces remèdes secrets qu'ils vendent si cher au malade?... Parlerai-je de cette thériaque composée pour le luxe, de cet antidote de Mithridate, amas confus de cinquante-quatre drogues qui y entrent chacune pour un poids différent, et quelques-unes pour une quantité infinitésimale? C'est pour vendre plus cher qu'ils mettent tant d'ostentation et qu'ils affichent une science prodigieuse, une science dont ils ignorent quelquefois les premiers éléments ; car j'ai acquis la conviction que, dans leurs formules, ils prennent fort souvent le nom d'une substance pour celui d'une substance contraire..... Voilà ce que Caton prévoyait dans sa colère, et ce qui fit que, pendant six cents ans, le sénat proscrivit une profession aussi insidieuse, et dans laquelle le médecin probe sert de couvert aux charlatans ; le sénat combattait ainsi d'avance les hallucinations de quelques esprits malades, qui pensent que rien n'est plus salutaire que ce qui coûte fort cher. »

Sous le rapport moral, la médecine, je le demande, a-t-elle beaucoup progressé depuis Pline? Que ceux qui lisent les affiches placardées sur nos murs et le compte-rendu des procès intentés aux médecins d'aujourd'hui nous répondent. Revenons sur nos pas.

V. — ASCLÉPIADE ET SES DISCIPLES A ROME.

Cent ans environ avant Jésus-Christ, nous trouvons à Rome Asclépiade se créant une célébrité et formant école, par le scandale de ses inculpations; il n'était pas de la famille des Asclépiades. Faisant table rase sur toutes les traditions de l'antiquité, il s'élevait chaque jour, dans des leçons préparées avec soin et avec une éloquence saisissante, contre l'emploi des purgatifs et des vomitifs; il ne voulait que des remèdes doux et antiphlogistiques, si je puis m'exprimer ainsi; il préconisait les promenades à pied et en voiture, les frictions et le vin, l'eau froide et les bains froids contre le flux de ventre, l'eau salée contre la jaunisse, la saignée et les larges saignées avec ventouses scarifiées, et même la laryngotomie contre l'esquinancie, la paracentèse contre l'hydropisie. Comme Asclépiade parlait haut et tonnait fort, son auditoire était nombreux, et ses disciples étaient fanatiques du maître.

Le plus célèbre d'entre eux fut Thémison, qui s'écarta de la doctrine du maître, et devint chef de la secte des *méthodiques*, encore un mot qui servit d'enseigne et rien de plus : Il réduisait toutes les maladies à trois états, soit de *resserrement*, soit de *relâchement*, soit à un état *mixte*, que l'on combattait par des remèdes *relâchants*, *resserrants*, ou *mixtes*. Thessalus, disciple de Thémison, poussa plus loin ses prétentions à la méthode et l'emphase des prétentions; et, sous le règne de Néron même, qui aimait tant à se procurer des victoires paisibles et faciles, il ne craignait pas de se faire appeler le *vainqueur des médecins* (iatronicès); Néron ne se fit jamais appeler le vainqueur des joueurs de flûte.

Après Thessalus, le plus illustre des disciples de Thémison, ce fut Soranus, dont Cœlius Aurelianus, le Numide, recueillit les doctrines qu'il partageait entièrement. Cœlius Aurelianus a enrichi la nomenclature médicale de plusieurs mots qui sont restés : l'*ascite*, la *tympanite*, l'*éléphantiase*, la *polysarcie*, la *passion céliaque*, l'*incube*, l'*éphialte*, la *passion cardiaque*, la *satyriase*, le *priapisme*, etc.

Les méthodiques n'expliquaient pas plus clairement que les autres les causes des maladies; ils ne se distinguaient qu'en prononçant un peu plus souvent que les autres le mot de méthode, *methodus sanandi*. La pensée la plus raisonnable qui leur soit échappée est renfermée dans les phrases suivantes : « Les remèdes simples sont préférables aux remèdes en vogue (Cœlius Aurelianus, *Tard.*, lib. 2, cap. 43). » « Si la médecine était exercée par des hommes rustiques et moins érudits que nous ne le sommes, formés à l'école de la nature plutôt qu'à celle de la philosophie, nos maladies seraient bien moins graves, nos remèdes plus simples et plus faciles. Mais nous sommes sortis de cette voie naturelle, mettant notre gloire dans une certaine élocution et dans une certaine facilité de disserter et d'écrire (Theodorus Priscianus, *Præf.*) »

Les *éclectiques* (de ἐκλέγω, choisir, faire un triage) surgirent des rangs des fidèles adeptes et de la secte dogmatique et de la secte empirique; c'était une secte mixte qui faisait profession de prendre, comme son bien, le bon et le vrai, partout où elle les rencontrait; secte timide et respectueuse, peu conquérante de son naturel, qui préférait la jouissance du savoir acquis au triomphe des découvertes; elle jugeait les autres, ne s'exposant jamais à se faire juger. Le berceau de l'éclectisme fut à Alexandrie; son auteur était Potamon le philosophe; la seconde édition en parut à Rome sous Trajan, et l'éditeur en fut Archigène. Les éclectiques n'aimaient pas la lutte, mais le professorat; ils préféraient la chaire à l'arène; c'étaient les médecins civilisés et à gants jaunes de ce temps-là.

Il manquait à toutes ces sectes une secte qui reflétât un peu moins le positivisme d'Hippocrate, et un peu plus le spiritualisme de Platon, dont le christianisme naissant s'appropriait les grandes vues et le langage. La secte *spirituelle* ou *pneumatique*, dont Galien fait remonter l'origine aux théories de Chrysippe, remplit à cette époque cette lacune. Arétée le Cappadocien, qui vécut, dit-on, sous Vespasien, en a été l'interprète le plus épargné par le temps. Les maladies dans cette doctrine avaient pour cause un esprit spécial, qu'Arétée confond quelquefois avec la respiration (*pneuma*).

VI. — MÉDECINE DE CELSE ET DE PLINE.

C'est à peu près sous Auguste et Tibère qu'a dû écrire Celse (*Aulus Cornelius Celsus*), auquel Quintilien a donné une belle place dans la revue qu'il fait des grands hommes qui ont pu prétendre au titre de savants universels : « Qui pourrait, s'écrie-t-il, reculer devant l'idée de tout apprendre, quand on voit que Cornélius Celsus, qui n'était pourtant doué que d'un génie ordinaire, a trouvé le temps d'écrire, non-seulement sur tout ce qui est du domaine exclusif de la littérature, mais encore sur la pratique de l'art militaire, de l'agriculture et de la médecine ; et qui, par cela seul qu'il a entrepris de le faire, mérite bien certainement d'être regardé comme ayant bien su tout ce dont il a traité. » Pline cite Celse parmi les autorités auxquelles il a le plus emprunté ; ce qui prouve qu'il n'en était pas le contemporain et que depuis long-temps Celse avait cessé d'exister ; car autrement Pline l'eût placé, en outre, au rang de ses amis, car Celse était digne de l'être. Remarquez que Pline a publié son livre l'an 73 de l'ère chrétienne.

Les auteurs divers qui ont écrit sur l'histoire de la médecine se sont complu à soulever, à l'égard de la biographie de Celse, quelques questions qui ne sont embarrassantes que par suite d'un anachronisme : ils se sont demandé si vraiment Celse a été médecin de profession. C'est comme si l'on nous demandait si Celse avait étudié à l'école de Salerne, de Montpellier ou de Paris, s'il avait passé son baccalauréat ès sciences et ès lettres, pris ses inscriptions et soutenu sa thèse en souquenille et coiffé d'un bonnet carré, pour avoir l'honneur de recevoir un diplôme, en vertu duquel on est censé savoir tout ce qu'on ignore et quelque chose de plus encore, être infaillible et impeccable, guérissant toujours ceux qui guérissent et ne tuant jamais ceux qui meurent. Rien de tout cela n'existait encore à Rome du temps de Celse ; on étudiait la nature dans la nature, et non dans les livres faits et refaits avec d'autres livres ; on pouvait être médecin bénévole et médecin de profession, sans avoir maille à partir avec la loi sur l'*exercice illégal de la médecine ;* et l'on n'y menaçait pas encore de l'amende celui qui aurait fourni gratis des médicaments à un malade, ni de la prison celui qui se serait volontairement emprisonné au pied d'un lit de douleur, nuit et jour, afin d'en arracher un parent ou une personne de sa connaissance. A l'époque de Celse, la médecine pratique n'était pas encore une profession libérale et universitaire ; c'était ou un bon office ou un métier d'esclave ; tout particulier pouvait devenir un habile médecin, et le médecin exerçant pouvait être un franc ignare s'improvisant médecin, un savetier assez hableur, comme dans la fable de Phèdre, imitée de celle d'Esope. On n'en mou-rait pas alors davantage ; mais on se garait un peu mieux. La médecine était une science ; son exercice bénévole était un acte de complaisance et de dévouement. La pratique salariée, le métier enfin de médecin était dévolu aux esclaves ; la médecine à prix d'argent sortait du cercle des arts libéraux, pour rentrer dans les attributions du commerce; Apollon la désavouait comme frayant avec Mercure. Or, Celse était évidemment homme libre, comme citoyen romain, et de plus de famille patricienne, autant il ajoutait à la gloire de son nom, en rédigeant son beau livre de médecine, qui n'était encore que le sixième volume de son grand ouvrage sur les *arts libéraux* (*) et le seul qui soit parvenu jusqu'à nous, autant il eût dérogé à sa dignité et à sa noblesse, s'il avait exercé, même à des prix honnêtes, le grand art auquel il venait d'élever cet impérissable monument.

Celse était médecin, au même titre que l'avait été Caton l'ancien; il l'était dogmatiquement pour tout le monde; il l'était pratiquement pour sa famille, ses clients, ses protégés et ses amis; et il le donne assez clairement à entendre, quand il dit : qu'*un bon médecin ne doit plus quitter son malade, ce que ne peuvent pas faire ceux qui n'exercent la médecine que pour de l'argent*. A ses yeux, la médecine n'était pas une science que l'on démontre, mais un art conjectural, un ensemble de pratiques que chacun a le droit de discuter, avant d'en faire l'application à lui ou aux siens. Il serait facile d'extraire, de chaque page de son livre, des passages bien propres à démontrer qu'en tout il parle d'après sa propre expérience, et que lorsqu'il cite des autorités, ce qu'il fait toujours à propos et en puisant aux sources les plus célèbres, c'est uniquement pour corroborer la sienne. On peut se targuer d'être médecin de profession, sans savoir écrire deux lignes de médecine; mais pour écrire le livre de Celse sur la médecine, il faut avoir été le premier médecin praticien de son époque. L'antiquité ne nous a rien transmis, avant ce temps, de plus méthodique, de plus complet, de mieux écrit et de plus sagement pensé; car nous n'avons d'Hippocrate que des dissertations et traités spéciaux sur tel ordre de maladies, et pas un abrégé même qui présente le programme d'un système complet d'enseignement. On pourrait objecter, à ce que nous avançons, que Celse aurait bien pu n'être qu'un abréviateur d'un grand ouvrage d'un médecin de l'époque et le vulgarisateur d'une doctrine classique; à cela nous répondrions que de ce médecin, Celse en eût fait mention dans l'histoire de la médecine qu'il a placée en tête de son livre, et dans laquelle il n'a omis aucun des noms des anciens ou contemporains. D'un autre côté, si Celse n'avait été qu'un abréviateur, Pline ne lui aurait pas donné une place parmi les autorités qu'il cite, à la suite de la table de chapitres de chacun des trente-huit livres dont se compose son encyclopédie.

Pour résumer la question, les Romains, pas plus que les Grecs, n'ont jamais morcelé l'étude de la nature en facultés ayant chacune le privilège de ne rien connaître de ce qui n'est pas elle. Les Romains, plus fiers ou plus grands possesseurs d'esclaves que les Grecs, distribuaient à leurs esclaves le soin de tout ce qui concernait leurs besoins, leurs caprices ou l'entretien de leur santé : Ils faisaient apprendre l'art de la cuisine à l'un, l'état de barbier à l'autre, la connaissance des simples et des préparations médicinales à celui-ci, la pratique de la médecine et de la chirurgie à celui-là; et en cas que ce dernier eût besoin d'aide, ils avaient recours à l'empirisme salarié des médecins grecs; la médecine était dévolue aux esclaves ou aux Grecs, comme, dans le moyen âge, elle fut fort longtemps le partage presque exclusif des juifs.

Celse a été médecin au même titre qu'agronome et que stratégiste. Écrivain élégant dans les sciences qu'il connaissait et pratiquait libéralement, il n'a pas été médecin à la manière des esclaves et des praticiens grecs. Le salaire, il n'en avait pas besoin; les médications ou opérations, il les prescrivait; le barbier du temps les exécutait sur ses ordres, comme esclave ou mercenaire.

(*) Dans beaucoup de manuscrits anciens, le premier livre du traité de Celse est intitulé : *A. Cornelii Celsi artium liber sextus, idem medicinæ primus.*

Après Celse, le seul auteur romain qui ait pris à tâche d'écrire sur la médecine, ce fut Caïus Plinius Secundus, ou Pline l'ancien, qui vivait sous Vespasien, dans le premier siècle de notre ère ; et encore n'a-t-il traité cette branche de nos connaissances que comme partie accessoire de son *Histoire de la nature*, ce monument encyclopédique des connaissances de cette époque, où l'on ne sait ce que l'on doit admirer davantage, de la pompe du style, de la majesté de la pensée, ou de l'inépuisable érudition de l'auteur (*).

Dans ce vaste répertoire de faits, Pline touche à tout, excepté aux doctrines médicales et aux ergoteries des sophistes. Il parle des remèdes et des vertus des plantes, mais jamais des causes assignées aux maladies ; ce qu'on en savait de son temps était trop vague ou trop absurde à ses yeux pour qu'il l'enregistrât. Qu'aurait-il fait d'une science que les médecins qui la professent ne connaissent même pas ? *Ac ne quidem illam novére.* Au lieu de la décrire, il commence son vingt-neuvième livre par le portrait dont nous avons donné ci-dessus quelques traits, et il passe outre pour exposer la matière médicale qui est de son domaine, comme œuvre de la nature, toujours la même et toujours indépendante des bizarreries de l'art : « La matière médicale, dit-il, en commençant le livre vingt-quatrième, est innombrable ; c'est d'elle qu'est issue la médecine. La nature s'est plu à ne créer que des remèdes vulgaires, faciles à trouver, que l'on se procure sans frais, et qui au besoin nous servent de nourriture. C'est la fraude et le charlatanisme qui ont inventé ensuite ces officines où l'on promet à chacun de lui rendre la vie à prix d'argent ; c'est là qu'on préconise a leur début les compositions et les mixtures, et que l'on vante les remèdes venus à grands frais de l'Arabie et de l'Inde ; on dirait qu'il n'y a que la mer Rouge qui produise les moyens de guérir le plus petit bouton, tandis que nous voyons de pauvres gens trouver de quoi se guérir dans les condiments dont ils se nourrissent. Mais la médecine ne deviendrait-elle pas le plus vil des arts, si chacun cueillait dans son jardin l'herbe ou l'arbrisseau qui doit servir de spécifique ? De là il est arrivé que la grandeur romaine a perdu de sa sévérité antique ; les vainqueurs ont été domptés par les vaincus ; le Romain obéit aux barbares, et il est un art qui exerce son empire sur nos empereurs mêmes. »

Mais rien n'est moins opiniâtre que l'orgueil du malade ; celui qui souffre et qui se croit perdu s'accroche à toutes les branches ; le Romain malade n'avait pas moins recours au médecin grec, qu'on dédaignait et persiflait, dès qu'on se portait bien ; c'est le cas du matelot qui blasphème durant le calme, et tombe à genoux au moindre grain.

Le manifeste de Pline n'empêcha pas les célébrités du temps de faire fortune, en accusant réciproquement leurs doctrines de tuer les malades ; ils furent riches et considérés pendant leur vie ; il nous en reste à peine le nom aujourd'hui ; et il faut arriver à Galien pour rencontrer une capacité littéraire en médecine.

VII. — GALIEN.

Galien (*Galenos*), natif de Pergame, fut mandé, à l'âge de trente-huit ans, par Marc-

(*) La prodigieuse érudition de Pline s'explique par l'habitude qu'il avait de faire des extraits de tout ce qu'il lisait ; il avait coutume de dire, ainsi que le rapporte Pline le jeune, qu'il n'existait pas de si mauvais livre qui ne renfermât quelque chose dont on pût tirer parti. (*C. Plinius Cæcilius, Marcello suo Epist.*).

I. 2*

Aurèle et Lucius Verus, qui se trouvaient alors à Aquilée, et il partit pour Rome avec eux. Sa célébrité date donc de l'an 170 de notre ère. La mission de Galien était de réhabiliter Hippocrate. Les six gros volumes in-folio que l'on a recueillis de lui ne sont presque que les commentaires du médecin de Cos, enrichis de faits particuliers et de notions anatomiques qu'Hippocrate ne possédait pas. Ainsi qu'Érasistrate et Hérophile, Galien disséqua des cadavres humains, et il se promettait, s'il vivait plus longtemps, de composer une anatomie comparée. Les termes d'*épiderme*, de *péritoine*, d'*épiploon*, de *pylore*, de *ventricule* (estomac), de *jejunum, ileum, cœcum, côlon, rectum, sphincter*, de *veines mésaraïques*, de *chorion, amnios, ouraque*, de *péricarde, plexus choroïde, glande pinéale, nates* et *testes, ventricule* et *entonnoir, glande pituitaire* ou *pinéale, os sphénoïde et ethmoïde, paires de nerfs*, d'*humeur vitrée, cristalline, uvée*, et presque tous les mots grecs de la nomenclature anatomique, datent de lui, qui les a inventés, quand il ne les emprunte pas à Hérophile. D'après Galien les organes sexuels de l'homme ne sont que ceux de la femme poussés et faisant saillie au dehors, idée physiologique et d'organogénie qui reste là stérile et se perd ensuite dans un commentaire diffus, ainsi que le sont en général tous les commentaires de Galien; car, en le lisant, on dirait que, comme la plupart de nos faiseurs à la solde des libraires, Galien vise à la page, tant il délaye et se reproduit souvent. Si chaque phrase de Galien était un axiome et renfermait une vérité, il faudrait toute une vie d'homme pour apprendre ses ouvrages. Mais on s'aperçoit en le lisant qu'on aurait plus à désapprendre qu'à apprendre; et à part celui qui voudra être son éditeur, je ne sache pas de médecin de l'époque actuelle qui aurait le courage de le parcourir jusqu'au bout; je le plaindrais s'il avait jamais cette patience; sa patience ne pourrait être qu'une manie couronnée d'une grande perte de temps. Car, en fait de médecine, exprimez les six volumes in-folio de Galien, il vous restera entre les mains Hippocrate avec ses quatre humeurs, le *sang*, la *pituite*, la *bile jaune* et la *bile noire* ou *mélancolie*, ces quatre grandes entités asclépiadiques; puis les *maladies aiguës* et *chroniques, bénignes* et *malignes, épidémiques, endémiques, sporadiques*, etc., plus les *tempéraments* basés sur la combinaison et la prédominance de l'une quelconque des quatre humeurs. Non pas que, de temps à autre, on ne rencontre quelques faits particuliers qui témoignent de l'exactitude de son coup d'œil et de son talent d'observation, et qui ne puissent servir dans la pratique; mais combien ces indications sont peu de chose, au prix de la perte de temps qu'elles coûtent à trouver et à déchiffrer; et combien on les trouverait plus vite, en observant la nature au lieu de feuilleter d'aussi volumineux écrits ! Tant que la médecine a juré par Galien, comme Galien avait juré par Hippocrate, elle n'a pas fait un pas en avant ; et cet état stationnaire a duré près de seize cents ans, pendant lesquels les écrits du médecin de Cos et ceux de Galien ont été les uns l'Ancien, et les autres le Nouveau Testament de la croyance médicale, les Pandectes, le *Coran* et le code des institutions médicales , le *palladium* des priviléges des médecins, et le bouclier des fautes de l'art et des oublis de l'artiste. Avant Galien il y a eu des chefs d'école et de secte qui érigeaient autel contre autel ; Galien a absorbé toutes les sectes ; il a été le pape de l'art médical, la pierre angulaire de l'unité de croyance et de profession. Les écoles et puis les facultés se sont proclamées les héritières de ses doctrines, les dépositaires de ses écrits ; on l'a commenté comme Hippocrate, comme la Bible. On a professé pour enseigner à le comprendre, mais non à le surpasser et encore moins à le réfuter. On vénéra Galien comme le plus méthodique commentateur d'Hippocrate ; et cette vénération envers un philosophe païen s'est toujours conciliée avec l'enseignement chrétien, même avec l'impitoyable et sanguinaire enseignement de la Rome papale. On aurait brûlé qui eût blasphémé

contre Galien et contre Aristote (*), tout aussi bien que qui eût professé les belles
doctrines de Wicleff, de Jean Huss et de Savonarole. Le catholicisme a, dans ses antipathies, de ces caprices qui n'appartiennent qu'à lui. Enfant de la philosophie ancienne,
juive et païenne, il est toujours prêt à brûler ou à torturer quiconque tente de rétablir
cette philosophie dans la pureté primitive de son libre examen. Il condamnera au
bûcher pour une interprétation trop savante de la Bible, le pieux, l'admirable typo-
graphe Dolet ; et il ira dire ensuite la messe le saint jour de Jupiter, *sanctâ die Jovis*
(jeudi saint), le saint jour de Vénus, *sanctâ die Veneris* (vendredi saint), le saint jour
de Saturne, *sanctâ die Saturni* (samedi saint), précédé du *lituus* (crosse des souverains
pontifes de Jupiter) et coiffé de la tiare ou *cidaris* du Juif Aaron.

VIII. — INFLUENCE DU CHRISTIANISME SUR LA PROFESSION MÉDICALE. ARCHIATRES DE L'EMPEREUR ET DU PEUPLE.

Du bien qu'a fait le christianisme, n'en tenez aucun compte au catholicisme.

Le christianisme, cette magnifique protestation de la philosophie contre la barbarie
des maîtres envers leurs esclaves, des empereurs romains envers la moralité publique,
le christianisme, ce panthéon de toutes les doctrines des sages, qui admettait Moïse,
à côté de Pythagore et de Platon, Jésus à côté de Socrate, et plaçait Sénèque et Cicéron
bien plus haut que saint Paul (**), le christianisme finit par impatroniser ses belles et
pures maximes indiennes et pythagoriciennes jusque sur le trône des Césars. A force
de persévérance et de dévouement, de ce dévouement à une belle croyance dont Socrate et Épictète avaient déjà jeté l'exemple dans la société nouvelle, le christianisme
ne pouvait manquer d'envelopper de sa prévoyance, d'épurer de sa charité, de soumettre enfin à ses règles d'organisation sociale, l'art de soigner les hommes, autant que
l'art de les moraliser ; sa mission était de vulgariser la pratique d'Hippocrate, comme
la philosophie de Platon.

Il prit un jour fantaisie à Néron de nommer son médecin Andromachus *archiatre* (***). Quand il y en eut un, il s'en offrit mille ; car les médecins d'alors, comme
ceux d'aujourd'hui, savaient bien qu'un titre vaut une clientèle. Mais de cette institution de vanité, il ne laissa pas que d'en sortir une institution de charité, à une

(*) L'université catholique de Paris ne jurait que par Aristote, comme la faculté de médecine
ne jurait que par Galien.

Un moine Paul osa soutenir, dans une thèse, que, sans Aristote, l'Église aurait manqué de
quelques articles de foi.

Ramus aurait été brûlé vif, comme hérétique, pour avoir osé attaquer Aristote dans deux de
ses ouvrages, si François I** n'avait évoqué le procès.

L'an 1614, le parlement bannit de son ressort trois citoyens, pour avoir soutenu des thèses
contre la doctrine d'Aristote.

En 1629, sur les remontrances de la Sorbonne, le parlement donna un arrêt contre les chimistes, vu qu'on ne pouvait choquer les doctrines d'Aristote sans choquer ceux de la théologie
scolastique reçue de l'Église.

(**) Dès le quatrième siècle, le germe du catholicisme commençait à se manifester ; Saint Jé-
rôme, de qui seul nous tenons comme vrais les quatre évangiles avoués par les Églises romaine
et protestante, eut, une nuit, dans un accès de fièvre chaude, un rêve où il se sentait fustigé à
grands coups de verge par un ange, qui accompagnait chaque cinglée de ces mots inquisitoriaux :
« Tu es cicéronien et non chrétien, tu consacres plus de temps à lire Cicéron que l'Évangile. »

(***) On ne sait pas encore si le mot d'archiatre fut donné à Andromachus comme *médecin du
prince*, τοῦ ἄρχ(οντος)ἰατρὸς ou comme *prince des médecins*, ἄρχ(ων, τῶν) ἰατρῶν.

époque où le christianisme se mettait à la tête du progrès humanitaire. Car les archiatres ou médecins du palais (*archiatri palatini*) durent soigner gratuitement les courtisans et les esclaves. Dès que l'archiatre en chef en eut donné l'exemple, tous les archiatres honoraires durent en faire autant ; bientôt la mode devint institution et passa dans le peuple qui finit par avoir de fait ses archiatres (*archiatri populares*) que les empereurs avaient de fait et de nom ; archiatres payés aux frais de l'État, qui se rendaient sans autre frais à la voix du malade, le soignaient sans l'épouvanter de la crainte d'une rétribution, et lui fournissaient même les remèdes gratis. L'État rémunérait largement le zèle de ces médecins du peuple, et cela par ordre d'ancienneté de service et d'éminence du talent ; les plus forts émoluments se montèrent jusqu'à la valeur de 25,000 de nos francs ; on leur donnait des titres de comtes, ducs et vicaires (*), comme Napoléon créait barons de l'empire les célébrités médicales de son temps, qui ne se contentaient pas des dotations pécuniaires de sa munificence, et ne négligeaient pas l'obole des clients. Le moyen âge alla plus loin : il établit et des hôpitaux, qu'on nommait lazarets, pour les pauvres et pour ceux qui n'avaient pas de chez soi, avec des gardes-malades (*parabolani*), et des hospices même pour les enfants trouvés (*brephostrophium*, Code Justinien). Le corps de médecins, ainsi hiérarchiquement organisé, eut une faculté (*schola medicorum, consistorium medicorum*) dans laquelle on n'était pas admis sans examen préalable. Le *temple de la Paix* en était l'académie ; les *gymnases* ou *auditoires particuliers* en étaient les succursales ou écoles secondaires.

La médecine, cet art dévolu aux esclaves, devint dès lors un art noble et libéral. La religion, qui ennoblissait la souffrance, ne devait pas laisser dans le mépris l'art qui a pour but de soigner ceux qui sont appelés à souffrir. Il fallut être probe autant que charitable, pour obtenir place dans ce corps d'hospitaliers, chargés de porter à domicile les soins désintéressés que l'on rencontre dans nos hôpitaux.

Le moyen âge n'a conservé des archiatres que le pédantisme universitaire ; et la paille de la rue du *Fouare* a servi d'engrais au charlatanisme, qui a préféré l'impôt avilissant de la clientèle à la noble rétribution de l'État ; tous les maux qui affligent aujourd'hui les institutions médicales sont sortis de ce bouge universitaire, dont le Pré-aux-Clercs était la récréation. Le mendiant écolier s'est fait millionnaire, plus dur au pauvre que jamais. La réforme s'est transformée en abus ; l'anarchie a pris la place de la hiérarchie ; la médecine est devenue un fief dont le malade est le vassal, taillable et corvéable à volonté, souffre-douleur de la nécroscopie dans les hôpitaux et de la cupidité médicale en ville, payant et battu, et n'ayant pas même le droit de se plaindre, crainte de ne pouvoir plus être battu et de n'avoir plus à payer personne (**).

_____

(*) Code Théodosien, liv. 13, tit. 5 ; code Justinien, liv. 10, tit. 52, etc.

(**) Cette influence alla si loin en fait de réformes que, pour être professeur de l'école de médecine de Paris, il fallait entrer dans la cléricature et faire vœu de célibat ; ce ne fut qu'en 1452 que les professeurs obtinrent la permission de se marier. Ce vieil usage était encore en vigueur dans la Sicile, au temps où le P. Labat écrivait son *Voyage en Espagne et en Italie,* vers 1728 : « Il faut, dit ce religieux, que l'homicide ne produise pas l'irrégularité dans les prêtres qui le commettent en Sicile, puisque tous les médecins y sont prêtres ; car de s'imaginer qu'ils sont plus heureux ou plus habiles que dans les autres pays du monde, et qu'ils ne tuent personne, ce serait donner dans une erreur des plus grossières... Ils sont tous riches, ne font leurs visites qu'en carrosse et savent fort bien se faire payer. Leur temps est si précieux qu'ils disent leur bréviaire chemin faisant... Au bout du compte, il y a de l'économie à n'employer que le même homme pour tuer, pour prier Dieu et pour enterrer ceux qu'il a envoyés dans l'autre monde. » (Tom. V, pag. 202). De là vient sans doute que, pendant bien longtemps, la vue du médecin a partagé, avec celle du prêtre, le privilége d'inspirer au peuple la crainte d'un

Quant aux hôpitaux si riches qu'ils fussent de la bienfaisance publique et de la munificence impériale, le pauvre malade n'en retira que le triste avantage d'aller y mourir de jeûnes et de prières. La fortune des donateurs, destinée à soulager l'indigence, ne servait qu'à enrichir l'administrateur et l'aumônier. Les plaintes des médecins et chirurgiens étaient chaque fois étouffées, les abus sanctionnés chaque fois par l'autorité du clergé, qui avait droit d'y torturer les croyances sur de pauvres affligés déjà si cruellement torturés par les étreintes du mal. On y voyait les malades, faute de lits, condamnés à coucher trois et même quatre ensemble sur de la paille, pendant que les directeurs dormaient sur l'édredon ; et si l'un des camarades venait à mourir, son cadavre dormait deux ou trois jours entre les autres qui vivaient encore. Fanatisme est frère de gaspillage et de rapine ; on rapinait au détriment de la santé ; on torturait l'âme après le corps jusqu'à ce que le délire eût triomphé de l'opiniâtreté des convictions ou que le malade eût accordé une simagrée pour qu'on le laissât mourir plus tranquillement. Cet état de choses avait paru de tout temps si scandaleux que Jacques Laroque, ayant fondé, en 1519, un hôpital (Hôtel-Dieu) à Aix (Provence), il inséra dans la charte de fondation la clause suivante : « On admettra, dans cet hospice tout homme souffrant, quelle que soit sa croyance, *fût-il le diable ;* et on exclura du nombre des administrateurs tout ecclésiastique, quelque rang qu'il ait dans l'Église, fût-il pape. » En Provence, pays de coutumes et de souveraineté des parlements, on pouvait impunément se permettre de ces nobles vérités, qui, à Paris, pays alors de rois imbéciles et de clercs débauchés, auraient fait confisquer la fortune et brûler le corps du donateur.

IX. — INFLUENCE DE L'INVASION DES BARBARES. — MÉDECINE ARABE.

L'invasion des barbares vint prêter main-forte au papisme du temps pour suspendre les heureuses innovations que le platonisme organisé par le christianisme avait introduites dans l'exercice de la médecine ; mauvais service que cette révolution racheta, en coupant court à l'ergotisme de la médecine scolastique. Comme les héros d'Homère, les guerriers du Nord attachaient peu d'importance à la clinique ; ils n'avaient besoin que de vétérinaires et de *rebouteurs ;* ils prisaient Machaon et dédaignaient Hippocrate.

Les galénistes se réfugièrent, avec tout leur bagage, et sains et saufs, chez les Arabes, ces brillants héritiers de la science et des arts des Grecs et de la valeur romaine.

Le plus ancien auteur arabe qui ait écrit sur la médecine est *Isaac Israélite,* fils adoptif de Salomon, roi d'Arabie, qui vivait dans le septième siècle. Sérapion vécut dans le huitième, et Avenzoar (*voy.* t. II, p. 484) dans le neuvième. Rhazès, auteur du dixième siècle, dont la faculté de Paris ne voulut prêter que sur gage le *Continens totum* à monseigneur Louis XI, ce tyran superstitieux et farouche, qui fit si peu de cas de la vie des autres, tout en s'occupant avec tant de soin de sa santé ; Avicenne, qui vint après Rhazès, qui reproduisit Galien dans son *Canon de la Médecine,* et fut surnommé le prince des médecins ; Averrhoës, grand controversiste et homme peu positif ; Al Bucasis, l'honneur de la chirurgie arabe, et une foule d'auteurs moins

mauvais sort. Encore aujourd'hui dans toute l'Italie, dès qu'on aperçoit de loin un prêtre, on fait les cornes avec l'*index* et le *medius,* pour détourner le mauvais sort. De même, du temps de Sainte-Foix, il y avait des hommes assez superstitieux pour faire leur testament, quand ils avaient vu un médecin en songe (*Essais sur Paris.* tom. I, pag. 73, édit. de 1765).

connus, furent importés en France et en Europe par les croisés qui revenaient de la Palestine.

La traduction de leurs ouvrages servit de texte aux leçons de nos professeurs du moyen âge, qui ne savaient pas assez de grec pour lire Hippocrate et Galien. La vogue ne fut rendue à ces deux derniers auteurs et à la médecine grecque qu'à la Renaissance, lorsque la découverte de l'imprimerie vint exhumer les trésors enfouis dans les bibliothèques des moines et mettre les copies à la portée des bourses les plus vulgaires, en les illustrant par des gravures sur bois, art qui est né avec l'imprimerie. On cessa enfin de commenter les traductions latines des auteurs arabes, dès qu'on s'aperçut que les Arabes n'avaient fait le plus souvent que traduire et commenter Hippocrate et Galien. Siècle révolutionnaire et réformateur, qui proclama, en fait de sciences et de lettres au moins, le suffrage universel, la liberté de la pensée et la compétence de tous!

X. — SIÈCLE DE LA RENAISSANCE.

Mais après ce premier pas, la Faculté sut arrêter le torrent qui se faisait jour par toutes les fissures de ses portes, et menaçait d'engloutir ses vieux us et coutumes, et tout, jusqu'à son autorité. L'université se ligua contre le progrès des lumières; elle se dit fille de nos rois, afin d'emprunter à la royauté son caractère inviolable et son droit divin; elle monopolisa ce que l'imprimerie avait vulgarisé; elle établit, en tout et partout, la censure préventive, dans la médecine comme dans le dogme; rien ne fut plus publié qu'avec un *imprimatur;* on ne pouvait plus inventer qu'en répétant. Les religions se montrèrent plus libérales, plus progressives, plus indépendantes que la médecine; et la santé de l'âme s'en trouva mieux que la santé du corps. Nos facultés n'ont jamais rien possédé en propre; tous leurs usages sont de vieux usages; des choses usées jusqu'à la corde par le savoir-faire qui modifie et vicie les meilleures institutions, pour en faire concorder la sévérité avec le relâchement de l'égoïsme. La profession du médecin n'est qu'une dégénérescence des institutions et des archiatres et de l'école de Salerne réformée par Frédéric II. Une loi de ce dernier empereur, promulguée en 1140 (*), règle le mode des examens, pour passer *magister, magister artium, physices doctor* et *professor:* « Elle exige que l'élève, avant de passer maître, ait fait un stage de sept ans dans l'étude de la médecine. Le médecin jurait, le jour de sa réception, d'observer les règles de pratique de la Faculté, de dénoncer les falsifications des médicaments, de traiter gratuitement les pauvres. Il était obligé de voir deux fois par jour le malade; le malade avait le droit de l'appeler une fois dans la nuit; le prix de la visite était un demi-*tarenus* (50 centimes) par jour, et de trois *tareni* (3 fr.) si le malade était hors la ville. Il était expressément défendu au médecin de prendre des arrangements avec des apothicaires pour le prix des médicaments, ou de tenir une pharmacie. Quant aux pharmaciens, ils prêtaient serment de ne préparer les médicaments que d'après l'*Antidotarium,* qui était le *Codex* de Salerne approuvé par l'État. Ils ne pouvaient prétendre qu'à trois *tareni* de bénéfice, par once, pour les médicaments qui ne se conservaient pas plus d'un an, et à 6 *tareni,* par once, pour les médicaments qui se conservent plus d'un an. Deux notables de la ville avaient la charge de surveiller soigneusement la pharmacie. » Cette disposition de la loi de Frédéric rappelle l'institution des archiatres du Bas-Empire, qui étaient nommés juges

(*) Leidenbrog, *Cod. leg. antiqu.*, pag. 806.

ou remplacés par le suffrage libre et souverain de leurs concitoyens. La médecine moderne a conservé, de ces vieilles institutions, tout ce qui est capable de maintenir son autorité, mais rien de ce qui peut servir à donner des garanties de sa responsabilité : les priviléges et non les charges, les droits et non les devoirs. N'a-t-elle pas la prétention même de ne se faire justiciable que d'elle-même et de s'assurer ainsi un brevet d'impunité devant nos lois? Il a fallu aux facultés bien des efforts, bien des combats, bien des actes de bravoure et de courage, pour ressaisir ainsi le sceptre de la conservation et du mouvement rétrograde. Que de belles choses n'auraient-elles pas produites et créées, si elles avaient laissé libre carrière à quiconque se sentait une force virile, et si elles avaient consacré tant de ressources d'intrigue et d'esprit à l'observation et à l'expérience! Il est vrai qu'alors elles n'auraient pas été quelques-uns, mais tout le monde; et les quelques-uns ne sont jamais de cet avis-là.

Ces masses de quelques-uns ne font jamais un pas de plus que lorsqu'un homme de génie survient pour les attaquer de front ou par derrière, et les couche un instant par terre, afin de les forcer à s'échapper en courant; elles fuient à l'approche, mais elles vont planter le drapeau qui leur sert de cheville, un peu plus loin, sur la route du progrès; elles ont ainsi avancé par la fuite, et puis elles font là, en s'endormant, un nouveau temps d'arrêt.

XI. — PARACELSE, OU RÉFORME DE LA MÉDECINE PAR LA CHIMIE.

Dans le seizième siècle, les facultés eurent à leurs trousses un homme de cette trempe, dans la personne de PARACELSE-AURÉOLE-PHILIPPE-THÉOPHRASTE BOMBAST DE HOHEINHEIM; esprit hardi, novateur et révolutionnaire, de la trempe de ceux qui font école dès qu'ils professent, et qui passent maîtres sans jamais avoir consenti à se dire écoliers. Il y a du Luther plutôt que du Bacon dans Paracelse; ses papes à renverser sont Aristote, et surtout Galien. Ce médecin, si obscur quand il s'explique, devient éloquent quand il cite ces illustres morts à sa barre; il est plein d'esprit et de causticité dans sa critique, de véhémence dans ses inculpations; il est fort dès qu'il attaque, il a trouvé le défaut de la cuirasse, et il se plaît à y retourner le fer. Il faut le lire à travers tout son fatras, pour se faire une idée de la verve intarissable que lui inspirent les quatre humeurs de Galien; il triomphe, il terrasse, il jugule son adversaire qui ne dit mot; il me semble voir ce pape déterré que son successeur fit comparaître à son tribunal, en os plutôt qu'en chair, afin d'avoir à rendre compte des actes de sa vie (*). Mais quand le vainqueur rentre au camp pour y jouir de son triomphe et y organiser la victoire, il semble que l'âme de Galien le saisisse à la gorge et l'imprègne de ses inspirations; il se perd alors en explications qu'il veut substituer aux théories de Galien, et qui sont si baroques, si obscures, si inintelligibles dans le fond et dans

(*) Le pape Formose avait pris parti pour l'empereur Arnould, contre Lambert qui disputait la couronne à Arnould. Son successeur Étienne VI, qui embrassa le parti de Lambert, à la faveur duquel il avait été élu pape, fait déterrer le corps de Formose et lui intente un procès devant un concile. On ne pouvait pas avouer le vrai motif, qui était d'invalider le sacre de l'empereur Arnould au profit de Lambert; le concile, dévoué à Lambert, condamna le mort à ne plus reposer dans son tombeau, parce que Formose avait été transféré d'un évéché à la papauté : quel crime! A la mort d'Étienne VI, son successeur Jean IX flétrit un pareil jugement et parvint à réhabiliter la mémoire du pape Formose, dans un concile tenu par des évéques qui voulaient tous être du bois dont on fait des papes et ne trouvèrent pas qu'il y eût incompatibilité entre la mitre et la tiare. On croit rêver dans l'enfer, quand on lit l'histoire ecclésiastique.

la forme, qu'on regrette la doctrine galénique, et qu'en désespoir de cause on médite une restauration contre l'usurpateur. Tout cela est d'un fantastique, d'un délirant, d'un nébuleux, d'une incohérence telle, qu'on ne sait plus où cette absence complète d'idées a pu trouver à son service tant de mots et de phrases différentes. C'est que l'homme de génie qui ne sait manier que le marteau devient bien ridicule dès l'instant qu'il entreprend de saisir la truelle, et qu'il veut reconstruire après avoir abattu.

Ce qui me semble le plus clairement exprimé dans le fatras de ses volumes, c'est l'exposition de sa doctrine sur les causes des maladies; et, comme ici l'auteur est clair et net, ce n'est pas l'endroit où il paraît le moins absurde. « Il y a, dit-il (de Entibus morborum, num. 8, prol. 4), cinq entités qui engendrent toutes les maladies. Ces entités signifient cinq origines, comprenez-le bien. Il y a cinq origines ou causes, dont une seule cause surgit, assez efficace pour engendrer toutes les maladies qui ont jamais existé, qui existent aujourd'hui et qui existeront un jour. C'est à ces entités, ô médecins! qu'il fallait faire attention, si vous ne vouliez pas croire que tous les maux émanent d'une seule entité et d'une seule origine... Vous le comprendrez par un exemple; posons en thèse générale l'une de ces maladies, la peste; on demande d'où elle vient. Vous répondez : De la dissolution de la nature. Vous parlez donc comme les physiciens. L'astronome ne dit-il pas que le mouvement et le cours des astres sont la cause des phénomènes célestes? Lequel des deux est vrai? Je conclus que l'un et l'autre est vrai à dire; il n'y a qu'une opération et qu'une origine qui viennent de la nature, une des astres, et en outre de ces deux-là, de trois autres; car la nature est une entité, l'astre est une autre entité. Vous devez donc savoir qu'il y a cinq pestes, non sous le rapport des genres, essences, formes et espèces; mais sous celui des origines d'où elles procèdent, de quelque forme que ce soit. Nous dirons donc que notre corps est sujet à cinq entités, qu'une seule entité contient en elle toutes les maladies, et avec elles une certaine puissance sur notre corps; car il y a cinq genres d'hydropisies, tout autant de jaunisses ou maladies royales, tout autant de fièvres, tout autant d'espèces de cancer; et cela est vrai de toutes les autres maladies... L'influence des astres, c'est l'entité des astres; la seconde influence est l'entité du poison; la troisième, qui affaiblit notre corps et le mine par une mauvaise complexion, c'est l'entité naturelle; la quatrième, c'est l'entité des esprits surnaturels qui ont puissance sur notre corps pour le violer et l'épuiser; la cinquième entité c'est Dieu. »

Et il est fort heureux que Dieu soit arrivé là le cinquième, pour empêcher l'auteur d'aller plus loin.

Dans un autre endroit, il se lance dans les grandes analogies, et nous apprend que « le monde est une matrice de tout ce qui y naît, qu'ainsi la matrice de la femme doit être regardée comme participant de la même anatomie. Dans la création, l'eau est la matrice; la matrice n'est que le monde fermé de toutes parts, et qui n'a avec les autres corps aucune affinité; et cependant il est monde en tout; car le monde en était la première créature; l'autre monde c'est l'homme, le troisième c'est la femme. Le premier est le plus grand, l'homme est le moyen, la femme est le plus petit et le dernier par ordre. Le monde a sa philosophie et sa science ; de même l'homme, de même la femme. »

Ces deux échantillons de la manière de ce novateur suffiront pour permettre d'apprécier tous les autres; ils sont tous de la même force et de la même clarté.

Cependant Paracelse eut une grande vogue en Allemagne et en Suisse; les élèves, fatigués du joug des facultés, accouraient en foule au pied de la chaire de l'homme libre; les souverains et les hommes d'esprit de l'époque le consultaient de loin sur leurs maladies ; Erasme lui-même, le plus grand frondeur de ce siècle essentiellement frondeur et sceptique, ne craignit pas de compromettre sa reputation de bon goût, en lui exposant ses maux et lui demandant une réponse, dont, il est vrai, il ne se trouva pas mieux. Au milieu donc de tout son fatras théorique, il fallait bien que Paracelse fût enfin un homme pratique et que sa méthode curative obtînt quelque succès; car on n'a jamais tenu compte au médecin de ses théories, mais de sa pratique ; le plus illustre de tout temps a été, non pas celui qui sait le mieux dire, mais celui qui sait le mieux guérir. Or, c'est dans sa pratique que Paracelse fut véritablement novateur; il inventa des médications et des remèdes ; il les préconisa avec opiniâtreté ; il imposa ses ordonnances comme des articles de foi, et l'expérience des siècles a confirmé beaucoup de ses prétentions. On a dit que ses remèdes, il les avait recueillis dans ses longues pérégrinations par l'Europe. Mais qu'importe où il ait pris ses remèdes ! ne sont-ils pas tous dans la nature? Pour les choisir, il faut les expérimenter ; Jenner a-t-il inventé autrement la vaccine? C'est Paracelse qui mit le plus en faveur les remèdes minéraux, qu'il appelait chimiques, le mercure surtout et l'arsenic ; et il obtint des cures qui tinrent du merveilleux tant qu'on ne s'occupa point des récidives. Il était obscur dans l'exposition de la théorie de leur action, mais hardi et précis dans leur application, il guérissait ainsi ou il tuait vite ; ce qui faisait qu'on parlait longtemps de ses cures et très peu de ses insuccès ; le guéri devenait son apôtre ; quant au mort, un peu de terre effaçait à jamais l'accident ; tout allait ainsi pour le mieux dans l'intérêt de la réputation du maître. Il possédait, pour les opérations chirurgicales, des méthodes manuelles et de pansement, auxquelles la chirurgie revient encore avec avantage ; ses baumes et ses liniments assuraient le succès de la guérison, et il ne les ménageait pas en ces circonstances ; ce qu'on n'a pas toujours fait depuis.

Les universités, on le conçoit bien, ne partagèrent par l'engouement de son auditoire ; elles ne l'attaquèrent pas non plus ouvertement ; les universités sont trop diplomates pour être aussi braves. Elles firent contre Paracelse ce que les jésuites en robe courte ou longue firent contre Jean-Jacques Rousseau ; elles l'abreuvèrent de dégoûts, l'entourèrent d'espions chargés de le rendre ridicule. Son secrétaire m'a tout l'air d'un homme de cette trempe-là ; il ne nous a dépeint son maître qu'à la manière d'un valet de chambre, aux yeux duquel nul n'est héros de ceux qu'il sert et qu'il voit en déshabillé. Jean Oporinus, l'homme dont nous parlons, auteur de *la Vie et des écrits de Paracelse* son maître, a pris plaisir à nous montrer ce grand homme cuvant une petite orgie allemande, ou en proie à quelque cauchemar ; il a gardé un profond silence sur la filière des observations qui ont dû amener l'alchimiste à bouleverser toutes les idées nosologiques du temps. Jean Oporinus sembla écrire pour la Sorbonne d'alors, et pour l'université de Bâle, où il devint plus tard professeur de littérature grecque et ensuite un célèbre imprimeur, plutôt que pour l'Allemagne, où le peuple, les princes et les écoliers sont si indulgents pour quiconque tient un verre noblement et sait boire sans tricherie. J'ai un faible, moi, pour le caractère allemand, dont le mysticisme se soutient et se raisonne jusqu'au dernier coup de l'orgie, moment où il s'enterre douze heures dans un avant-goût de l'éternité. L'Allemand trinque d'esprit et de cœur, en choquant son verre ; il s'inspire en buvant ; il ne boit jamais avec arrière-pensée : l'art de boire est une partie sacrée de son éducation, c'est celle qu'il apprend à l'école mutuelle de ses bons et loyaux camarades ; il aime le vin comme nous le café ; c'est un nectar exotique. Paracelse, né à Bade, était d'esprit et de cœur Allemand ; la Sorbonne lui en fit un vice ; il passa pour un impie, un sorcier, pour un homme adonné à la magie et qui entretenait commerce avec les démons. Si nos secrétaires ou nos valets rapportaient tout ce que nous disons, quand nous causons seuls

dans un moment de violente préoccupation, et que la Sorbonne eût encore le privilége
de l'estrapade, nous passerions souvent pour sorciers, au même titre que Paracelse.
Mais tandis que l'ultramontanisme français lançait ses foudres impuissantes contre
un libre penseur à qui le Rhin servait de bouclier, Paracelse finissait par le poison,
dit-on, une vie courte, mais longuement agitée; et un pauvre prêtre lui érigeait un
modeste cénotaphe dans l'église de Saint-Sébastien, à Saltzbourg en Autriche, le ven-
geant ainsi, après sa mort, de toutes les accusations de libertinage et de sorcellerie
qui l'avaient poursuivi pendant tous ses triomphes, comme à Rome les soldats pour-
suivaient, de leurs quolibets et de leurs propos joyeux, le char du général à qui le
sénat et le peuple avaient décerné les honneurs de l'ovation triomphale.

XII. — RÉFORME DE LA MÉDECINE PAR LES ANATOMISTES.

Mais pendant que Paracelse démolissait les quatre humeurs universitaires de Galien,
les anatomistes faisaient une guerre plus solide et plus positive à la routine de nos
facultés. Vésale, médecin de Bruxelles, recommençait l'anatomie, le scalpel à la main;
et l'exactitude de ses descriptions était rehaussée par des illustrations sur bois d'après
les dessins de Jean Van Kalcker, élève du Titien (*), qui puisait, dans ces études arides
et de détail, les secrets de la pureté du dessin et de la vérité du coloris que l'on remarque
dans ses moindres œuvres; il apprenait, en disséquant, l'art de peindre, comme le Titien
son maître, avec de la chair. Ces dessins de squelettes et d'écorchés se distinguent
par l'originalité et la variété des poses, par le naturel de l'expression, et même par la
concordance de la nature des paysages qui les accompagnent avec l'état de spoliation
de chaque sujet de dissection. Tous les anatomistes qui vinrent après Vésale se com-
plurent à donner ainsi de l'expression au cadavre et du sentiment au squelette décharné.
Vésale se plaint que l'exécution des gravures sur bois n'ait pas rendu toute la finesse et
la pureté des dessins qu'il avait pris tant de soin de surveiller à Padoue, où il professait
alors; les lointains ne sont pas ménagés dans le paysage, parce que les graveurs sur
bois d'alors ne savaient pas encore abaisser les surfaces, pour que l'impression prît
moins en certains endroits qu'en certains autres. Les proportions sont quelquefois
manquées dans les figures des os des membres vus en détail, sans doute par la négligence
des raccourcis et des déliés. On a prétendu que Vésale avait fait dessiner le cœur d'un
chien à la place de celui de l'homme; cela ne saurait être admissible; seulement le
manque de raccourci rend un peu la figure du cœur défectueuse. À part ces défauts
qu'il faut attribuer à l'exécution des gravures sur bois, je n'ai pas trouvé un connaisseur
qui n'ait admiré la composition et le dessin de ces figures. L'exécution typographique
trop serrée, et l'absence de nos subdivisions analytiques qui délassent l'attention et
facilitent la mémoire, peut-être enfin la rédaction un peu traînante du texte, rendent

(*) Jean Van Kalcker, natif de Kalcker dans le pays de Clèves, passa de bonne heure à Venise,
où il s'attacha au Titien; il s'identifia tellement à la manière et au coloris du Titien que Goltzius
et même Vasari, son intime ami, ont souvent pris ses tableaux pour ceux de son maître; San-
drart ajoute même que certains de ses tableaux furent attribués à Raphaël. « On ne peut qu'admirer, dit Vasari (*Vie des peintres*), les onze morceaux anatomiques dessinés pour Vésale par le
Flamand Jean de Calcar, et ensuite réduits à de moindres dimensions et gravés sur cuivre par
Valverda qui écrivit sur l'anatomie. » C'est d'après ces cuivres qu'ont été faits les dessins sur bois
du grand ouvrage de Vésale. Quelque beaux qu'ils nous paraissent, Vésale se plaint de leur
imperfection et déplore de les voir si peu dignes des modèles.

la lecture des démonstrations fatigante. Mais jamais on n'a porté plus loin que Vésale l'exactitude minutieuse de la description des parties du corps humain. Il suit pas à pas Galien, soit pour l'expliquer, soit pour le réfuter. Ainsi que Galien l'avait fait, en anatomie comparée, il ne sort pas des analogies qu'offre l'anatomie du singe et du chien. Quant à ses inductions physiologiques, elles ne dépassent pas la portée de celles de son temps ; elles ne sortent pas du cercle des causes finales ; en voici un exemple tiré de la page 62 : « En thèse générale, dit-il, tous les animaux qui respirent par les poumons ont un cou, ce qui n'arrive pas à ceux qui respirent par des branchies. » Vésale s'élève hautement contre la séparation de la médecine, de la pharmacie et de la chirurgie ; il blâme les médecins qui croiraient déroger, et se voir traités de barbiers, s'ils exécutaient la moindre opération chirurgicale, pensant qu'il est de leur dignité de ne faire qu'ordonner des potions qu'ils seraient incapables de composer eux-mêmes.

Il rapporte que c'est à Paris, et à la grande surprise des auditeurs (*), qu'il a donné les premières démonstrations d'anatomie ; et son frontispice in-folio représente, de la manière la plus grandiose, l'une de ces séances où la foule des auditeurs débordait de toutes parts. Il s'était formé à la dissection des animaux sous le célèbre Jacob Sylvius qui poussa plus tard jusqu'à la folie (**) l'envie envers son élève devenu maître. Les guerres de la France le forcèrent à quitter Paris pour se réfugier à Louvain, où il démontra en présence d'un auditoire de professeurs. Plus tard il fut nommé professeur à Padoue et professa même à Bologne ; et c'est là qu'il composa son livre, sous le titre de *Andreæ Vesalii Bruxellensis scholæ medicorum patavinæ professoris, de humani corporis Fabrica, libri septem*. Son livre parut in-folio, à Bâle, en 1542, par les soins de son ami Jean Oporinus, célèbre professeur de littérature grecque dont nous avons parlé plus haut ; Vésale avait alors vingt-huit ans. La meilleure édition de cet ouvrage est celle de 1542 ; les beaux exemplaires sont à filets, avec toutes les majuscules coloriées de jaune, en tête de chaque phrase du texte.

Vésale avait l'indépendance de l'homme de génie ; il ne professait pas grande estime pour le métier de médecin et encore moins pour celui de théologien. On rencontre dans son ouvrage, si sérieux du reste, des traits par où perce le cas qu'il faisait et des uns et des autres. « Les théologiens, dit-il dans un endroit, se plaisent, encore plus que les médecins, à discourir sur le chapitre des organes génitaux et sur le rapport des sexes ; et nous n'avons pas d'auditeurs plus assidus qu'eux, lorsque, dans nos leçons publiques, nous en venons à la dissection des organes de la génération (liv. 5, chap. 15, pag. 531 de l'édition de Basle, 1543).

Il écrivait ce trait d'observation, alors qu'il professait dans la libre Vénétie, à Padoue. Il le paya cher, quand, à la voix de son souverain Charles-Quint, il dut quitter sa chaire pour un titre, son enseignement de professeur dans une université libre pour le vasselage de premier chirurgien ; et que l'abdication de Charles-Quint le laissa à la disposition du farouche Philippe II, d'exécrable mémoire. Il se vit dès lors en butte

(*) Cette innovation universitaire à Paris n'en était rien moins qu'une en Italie. Car, en 1315, Mondini de Luzzi avait disséqué en public deux cadavres de femme ; il publia plus tard la description anatomique de ses leçons. Depuis ce temps, on établit, dans presque toutes les universités, l'usage de disséquer publiquement, une ou deux fois l'année, dos cadavres humains ; on en trouve un exemple à Montpellier en 1376. Mais la faculté de Paris avait trop le sentiment de sa dignité, pour se salir ainsi les doigts dans les débris du cadavre. Guy de Chauliac, qui est le père de la chirurgie en France, et qui précéda de près de deux cents ans notre Ambroise Paré, écrivait à Avignon, pays italien, et non à Paris ; il était médecin particulier du pape Urbain V, et non celui du roi de France ; son ouvrage parut à Avignon en 1363.

(**) Voy. *Revue élémentaire de méd. et de pharm.*, tom. I, pag. 201.

au double fanatisme des deux genres de sots les plus rusés du monde, des médecins et
des moines, qui le suivaient à la piste. Il faisait un jour l'autopsie du corps d'un gentilhomme Espagnol; il n'avait pas fini de plonger le scalpel dans le corps, que ces deux
catégories de buses se mirent à s'écrier tous à l'unisson que le cadavre n'était pas
mort, qu'ils avaient vu la chair se mouvoir sous les doigts de Vésale et palpiter encore
alors qu'il avait retiré le scalpel de la chair. O buses! fléaux de l'intelligence humaine,
vampires du génie, pestes de la civilisation, vous serez donc de tous les siècles, que
vous vous nommiez Zoïles, Midas, Anytus, Judas, Barrabas, Loyola, Orfila, *****, etc.!
à la place de chaque astérisque mettez les noms que vous savez et dont je ne veux pas
salir mon papier. L'inquisition n'osa pas brûler Vésale, ce qui n'aurait pas mal convenu
à la tourbe des médicastres de ce temps; la Harpie le condamna à faire un pèlerinage
à Jérusalem; et Vésale a disparu dans la traversée, on ne sait pas encore comment.
Vésale n'a pas eu de tombe; Bruxelles, qui l'a vu naître, lui a dressé une statue; l'Académie de médecine de Paris, ville où Vésale se fit si grand, avait pris pour son portrait
celui de quelque niais de l'époque; tant il est vrai qu'elle n'avait jamais feuilleté
son livre, en tête duquel se trouve la gravure sur bois du beau portrait peint par le
Titien.

A la même époque Fallope, en Italie, continuait l'œuvre de Vésale, son maître.
Eustache, à Rome, s'attirait le titre de *prince des anatomistes*, qu'on a tant prodigué
depuis. Puis vinrent Albinus, Fabrice d'Aquapendente, Botal, de la Torre, Ingras-
sias, Varole, qui donna son nom au *pont de Varole*, Spigelius, etc.; tous étrangers à
la France et à l'Angleterre, deux pays où l'université a été toujours rétrograde, stationnaire et conservatrice des vieux us, fussent-ils de vieux oripeaux ou de vieilles erreurs.
En France et en Angleterre, c'est toujours la minorité qui va en avant, en émettant des
principes, tout étouffée qu'elle est, dans l'action, par le poids de la majorité. Tous les
cinquante ans, la minorité est forcée de donner un croc-en-jambe, pour faire avancer d'un
pas la majorité, qui se remet sur ses pieds après la panique, et se surveille quelque
temps un peu mieux.

A la même époque, notre Ambroise Paré réformait la chirurgie, hardiment, librement, à couvert sous son titre de barbier, ce vil métier en tout pour l'hermine universitaire. Car le médecin universitaire discourait doctement sur Hippocrate et Galien,
sur lesquels il motivait son ordonnance; et il mandait ensuite le barbier pour opérer;
et le pauvre barbier riait bien souvent sous cape, se confiant dans l'avenir, qui
n'échappe jamais à l'homme de génie; car son royaume n'est pas dans notre présent.
Molière s'est moqué du médecin de son temps, qui était encore le vieux médecin de la
Renaissance; il n'a jamais plaisanté les barbiers, hommes de sens, de goût et d'esprit
comme lui, hommes de ce peuple au sein duquel il s'inspirait, pour stigmatiser tout
bourgeois gentilhomme.

XIII. — VAN HELMONT, OU RÉFORME, PAR LA LOGIQUE ET L'OBSERVATION DES
FAITS, DE LA MÉDECINE ÉGARÉE PAR LA CHIMIE DE PARACELSE.

Un autre démolisseur de la doctrine galénique des écoles s'élevait en même temps,
dans la patrie de Vésale, en Belgique, pays où la religion laissait toute liberté de penser à tout ce qui n'était pas elle; tandis qu'en France la théologie avait la prétention
de tout étreindre et de tout enlacer dans le filet que saint Pierre lui avait légué. Van
Helmont apprit à douter de la médecine, en fréquentant les médecins et les consultant

pour son propre compte ; un doute était bien permis, quand Paracelse fulminait avec tant d'assurance. Van Helmont appartenait à la plus haute noblesse des Pays-Bas : il était Seigneur de Mérode, de Stassart, van Mons, etc. (*). Il abdiqua tous ses titres pour ne s'enorgueillir que d'un seul : *medicus per ignem*, médecin par le feu du génie; et plus tard, en se voyant confondu avec cette tourbe de médicastres qui s'acharnaient après sa gloire, il leur laissa ce titre à la gueule, pour ne plus accepter que celui de chimiste universel que la postérité lui a conservé. Il était riche, il lui était facile de se faire savant indépendant ; il était pieux, il lui fut facile de donner l'exemple du désintéressement, en s'indignant contre la sordide avarice des médecins de l'époque ; il leur reprocha de vendre leurs bavardages un peu trop cher, et il prouva que toute leur science n'était qu'un verbiage. Chimiste habile et esprit novateur, il dominait la médecine d'alors de toute la supériorité que donne l'étude positive d'une science accessoire qui ne marche que par poids et par mesure, qui contrôle la synthèse par l'analyse et réci-

---

(*) Bien des gens, sur la foi de Descamps (*Histoire des peintres*), sont portés à croire que le peintre Mathieu Van Helmont, également né à Bruxelles, a été le frère de notre illustre Jean-Baptiste Van Helmont. Ce qui semblerait au premier abord militer en faveur de cette opinion, c'est que le talent de Mathieu s'est spécialement signalé par la représentation des intérieurs de laboratoires, où il ne manque jamais de mettre en évidence, d'un côté un alchimiste qu'on prend pour Jean-Baptiste, et, dans le fond, le portrait de son fils à lui Mathieu, Jacques Sègres Van Helmont, qui fut un peintre célèbre d'histoire. Nous avons dans notre collection un de ces intérieurs, où les détails, les fours, les poteries, les alambics, bocaux et autres ustensiles, entassés pêle-mêle par terre, sont exécutés avec une perfection que Miéris seul pouvait atteindre, et qui serait un tableau accompli, si la couleur du fond n'avait pas tourné au fauve. Ce qui frappera tout chimiste, dans l'inventaire des ustensiles de cet intérieur, c'est de n'y trouver ni porcelaine, ni verre blanc ; on n'y voit que des poteries grossières vernies ou non et des bocaux, matras, flacons, alambics, etc., en verre noir ou verre de bouteille; ce tableau date de la fin du dix-septième siècle.

Quoique Mathieu ait peint souvent de ces intérieurs avec des variantes, il n'était rien moins que de la famille de Van Helmont. D'abord, son nom s'écrit souvent par Van Hellemont; ensuite, nulle part dans sa vie ou dans celle de son fils, on ne rencontre la moindre circonstance qui fasse allusion à cette origine noble ; les deux peintres père et fils ont toujours fait de la peinture pour vivre.

Ensuite, Jean-Baptiste le chimiste, né en 1577, est mort en 1644. Mathieu, le peintre de laboratoires, est né en 1643, un an avant la mort de Jean-Baptiste qui avait atteint l'âge de soixante-sept ans ; on n'a pas de frère nouveau-né à cet âge.

J.-B. Van Helmont le chimiste, dans un bel élan vers l'indépendance de la science, fit, par acte entre-vifs, donation pleine et entière de son immense fortune à sa sœur ; si le peintre avait été son neveu ou petit-neveu, il n'eût pas été condamné à faire de la peinture pour vivre.

J.-B. Van Helmont n'a eu qu'un fils, François-Mercure Van Helmont, héritier de ses instincts de novateur et qui mérita les mêmes insultes de la part des Sganarelles du temps et les mêmes éloges de la part des sages et de Leibnitz lui-même. On l'accusa d'avoir trouvé la pierre philosophale, sans vouloir en faire part au public et à ses connaissances; on ne pouvait pas expliquer autrement ses grandes dépenses avec si peu de ressources apparentes ; comme s'il n'était pas plus facile de s'en rendre compte par la fortune dont la tante pouvait lui faire au jour le jour la restitution. Je ne sais pas ce qui a pu donner lieu à Guy-Patin d'écrire à son ami le docteur Belin (13 mai 1662) que « l'électeur de Mayence avait fait arrêter prisonnier le fils de Van Helmont pour ses hérésies et impostures, et qu'il l'avait envoyé pieds et mains liés à Rome pour en répondre devant l'inquisition. » Je ne nie pas que cette buse épiscopale n'eût été capable d'une pareille insulte à la mémoire d'un grand homme ; mais si le fond de l'histoire est vrai, il ne saurait s'appliquer qu'à un autre personnage, du nom du baron Van Helmont, qui était le prince de la secte des Trembleurs.

proquement; son traité d'analyse chimique de la pierre est un chef-d'œuvre pour ce temps-là, et renferme des faits d'observation que ne dédaignerait pas l'exactitude de notre époque.

Écrivain d'une grande pureté de style et plein de goût dans le choix des mots et des pensées, il ne déclame pas, mais il démontre à la manière de Socrate, à l'aide de l'ironie et d'un ingénieux persiflage (*voy.* page 209 du 2ᵉ volume). Il a de l'atticisme dans le langage, une grande sobriété dans la rédaction. Il découpe ses pensées en alinéa et comme en aphorismes, pour éviter la tentation des développements oiseux et des divagations. On le comprend, quand il attaque; on le soupçonne de ne pas tout dire, quand il s'enveloppe d'un peu d'obscurité; on sent alors qu'il garde en réserve des arcanes que son siècle lui impose l'obligation de ne pas divulguer. Son mysticisme, c'est un retour de piété vers Dieu; sa superstition a un certain reflet d'alchimie. Il emprunte à la nomenclature de Paracelse beaucoup de mots, le *duelech*, pour désigner les calculs; l'*iliadus*, ou matière matrice; le *lili tinctura*; le *reloleum*, ou qualités élémentaires des corps; l'*alkohest*, ou menstrue universel; l'*azoth*, ou panacée mercurielle. Il en a inventé d'autres, dont les plus célèbres sont : 1° son *archée*, principe de la santé et de la maladie qui produit et soutient tout, que Van Helmont suppose sans cesse et qu'il ne définit clairement nulle part, si ce n'est par l'allégorie de l'épine qui nous blesse et nous donne la fièvre, synonyme de l'*impetum faciens* d'Hippocrate; 2° le *blas* qui constitue la puissance impulsive de l'archée; 3° le *gas* qui est resté en chimie, pour désigner les vapeurs permanentes, mais invisibles, ainsi que le seraient des esprits follets; 4° il a découvert sous un autre nom le gaz acide carbonique et ses combinaisons avec les corps qui le fixent.

Mais il ne ménage pas les médecins docteurs doctissimes de son temps et qui sont restés de notre temps tout ce qu'ils étaient à cette époque :

« Depuis Hippocrate jusqu'à nous, dit-il, la médecine n'a pas fait un pas de plus; Galien lui a même imprimé une impulsion rétrograde, la faisant tourner dans un cercle vicieux, ce qui a causé le vertige aux écoles. Les hallucinations de Galien, comme le chant du coucou, en reviennent toujours à la même note. Depuis que l'étude de la médecine s'est tournée vers le lucre, le médecin s'est attaché en esclave à la meule... J'ai lu deux fois les volumes de Galien avec la plus grande attention, et je me suis convaincu ainsi de la pauvreté de Galien, de son ignorance qui le dispute à sa témérité. Galien n'a de bon que ce qu'il emprunte; il est pauvre de son propre fonds. Ses livres ne sont que le reflet et le mélange des écrits d'Hippocrate et de Platon. »

Van Helmont, élevé à l'université de Louvain, que commençaient à envahir, dès 1580, les jésuites, se ressentit de cet esprit d'envahissement d'une société qui levait l'étendard de l'indépendance contre toutes les autorités qui n'étaient pas elle. Il toucha à toutes les sciences, et vit le vide de toutes; mais surtout le ridicule des études médicales d'alors, de cette science qui a toujours puisé, dans le langage scolastique, la manie de s'enfler de son propre vide, et d'affecter des prétentions d'autant plus grandes à l'infaillibilité, qu'elle arrive à se comprendre moins; c'est la médecine qu'il stigmatise avec le plus de vigueur. Il prend souvent des titres qui ont la forme caustique du calembour : Il intitule un de ses traités : *de la Gale et des ulcères des écoles;* un autre porte en tête : *Quiétisme, déception des écoles humoristes;* et là il les ménage peu, comme on s'y attend bien. Dans un autre livre intitulé : *Arcana Paracelsi* (des Arcanes de Paracelse), il venge ce grand novateur de toutes les calomnies qui ont laissé de lui, après sa mort, une idée enveloppée de tant de nuages, une réputation si équivoque de conduite et de savoir. En tête d'un autre traité, il inscrit : *le Tombeau de la peste;* il le dédie à un prince supposé, en lui promettant, s'il continue à écouter les médecins, de lui consacrer l'épitaphe suivante :

> . . . . . Jacet hic dux optimus, in quem
> Nil potuit Mars, dum corpore sanguis erat.
> Quod Mars non potuit, medici potuère secando ;
> Sic mavors ipso fit minor Hippocrate.

> Ci-gît un guerrier qui, tant qu'il eut tout son sang,
> Affronta mille fois la mort et la défaite.
> Ce que ne put sur lui le dieu de la conquête,
> Le médecin l'a fait un jour en le saignant.
> Que la lance de Mars le cède à la lancette.

Puis vient l'épitaphe de la peste qui a succombé enfin, dit l'auteur, sous le coup de sa propre analyse. Ce traité a pour but de démontrer que l'archée de la peste est surtout dans l'imagination du malade, idée qu'on a renouvelée depuis de Van Helmont.

Mais à la place de toutes ces autorités renversées, foulées aux pieds à jamais, qu'a su mettre Van Helmont? Un mot seulement qui semble quelquefois gros de bien des choses, mais dont il a pris soin de cacher le sens et la portée ; en sorte que le démolisseur a confessé encore, comme Paracelse, son impuissance en qualité de réformateur.

Aussi, après sa mort, les facultés se contentèrent de secouer la poussière de leur vieille perruque, de rajuster les plis de leur robe, et de refaire un peu leur toilette tant compromise par les coups que leur avait portés Van Helmont, avec cet excès d'audace et de malignité ; et elles remontèrent de nouveau dans leurs chaires plus triomphantes que jamais. Van Helmont n'avait pas fait secte ; car, à la place de l'*x* médical de Galien, il n'avait pas pu placer un autre signe de l'inconnue ; on garda donc le signe dont on était en possession depuis si longtemps.

Les grands hommes ne sont souvent imités que par leurs défauts. A la suite de Van Helmont et plus tard à la suite de Stahl et de Boerhaave, nous voyons paraître les médecins fermentateurs, les coagulateurs, les triturants, les mécanistes, les spasmodistes, etc. ; comme avant lui, il avait paru les stercoraires, qui faisaient entrer dans leurs prescriptions l'*Album græcum* (crottes de chien qu'on nourrissait avec des os de mouton et qu'on privait de boire), et l'*Album nigrum* (crottes de souris).

XIV. — INFLUENCES DES INVENTIONS PHYSIQUES SUR LES PROGRÈS DE LA MÉDECINE.

Mais, vers cette époque, la dioptrique dotait l'étude de la physique et de l'histoire naturelle d'un instrument destiné à en étendre le champ bien au delà des bornes de notre vue, et à faire toucher toutes les sciences par tous les bouts ; je veux parler du microscope, dont l'usage prenait un si grand développement dès le milieu du dix-septième siècle. En même temps que le télescope, ce microscope renversé, rapprochait l'infiniment loin de notre point visuel, le microscope, ce télescope des atomes, rendait accessible à notre vue, sous des dimensions gigantesques, ce que les yeux du lynx n'auraient pas même pu soupçonner. Or, quand, à l'aide de ce sixième sens, l'observateur vit grouiller de vers tous les liquides organiques que l'on expose à l'action de l'air et de la lumière ; qu'il découvrit, dans nos humeurs et dans nos tissus, des êtres animés d'une structure fort compliquée et d'une petitesse telle que la pointe du scalpel les aurait recouverts tout entiers, une idée lumineuse vint éclairer, dans son esprit, tout le champ si obscur des entités morbides. Cette cause inconnue, se demanda-t-il, qui tourmente l'école et lui impose l'obligation de tant d'absurdités, cette cause inconnue qui nous dévore, nous donne la fièvre et la mort, ne la vois-je pas dans ces êtres animés qui vivent en nous, s'engraissent de notre sang, pullulent dans nos tissus vivants, grouillent dans nos tissus morts, apparaissent dans tout ce dont nous vivons, dans nos breuvages, dans nos mets, dans notre air ; parasites de notre corps, comme nous le sommes du corps des autres animaux et de la nature entière ? Cette idée prit racine dans le monde des observateurs ; on l'avait poussée déjà fort loin, que le monde médical ne s'en doutait guère et continuait à sacrifier aux entités galéniques selon la formule. Les médecins d'alors, comme ceux d'aujourd'hui, mettaient un peu le nez pendant quatre ans dans les études accessoires ; et une fois reçus docteurs, ils faisaient du commerce et n'avaient plus le temps d'étudier. C'étaient les religieux, c'étaient les seigneurs amis des arts et des sciences, tous ceux enfin à qui leur position sociale procurait une certaine indépendance, qu'ils tenaient du bienfait de l'association ou de celui de la naissance, c'étaient ces hommes libres d'esprit et de corps qui observaient la nature et révolutionnaient la science, un petit tube à la main. Leurs découvertes se glissaient ensuite une à une dans la science médicale, et venaient se caser pêle-mêle au milieu du fatras de Galien, dont les humeurs leur faisaient un peu de place, à condition qu'elles restassent sur l'un des derniers plans, ainsi que les barbiers et les baigneurs. Car il faut bien le dire aussi, parmi ces observateurs bénévoles et non coiffés du bonnet doctoral, nul ne cherchait trop à coordonner les résultats de l'observation microscopique avec ceux de tout autre genre d'observation ; la plupart d'entre eux n'avaient qu'une idée, avec laquelle ils voulaient tout expliquer ; et dans l'application, il se présentait bien des cas non-seulement inexplicables à la faveur de cette idée, mais encore qui renversaient la généralité de la théorie. Quand ils virent que telle maladie pouvait être l'effet de la présence d'une cause animée qu'ils avaient sous les yeux, ils en conclurent qu'il en était ainsi de toutes les maladies ; la fausseté de la conclusion enveloppa dans sa disgrâce toute la justesse des observations. Les galénistes, un moment déconcertés, se remirent sur leurs pieds, plus victorieux que jamais, dès qu'ils eurent encore une fois trouvé le défaut de la cuirasse des observations physiques ; ils conservèrent leurs toutes bonnes petites humeurs dont ils connaissaient les formules, ce qui les dispensait d'apprendre autre chose ; et, à la faveur de leur clientèle, il ne leur fut pas difficile de faire rentrer toutes ces nouvelles idées dans le silence du cabinet. Si nos astronomes couraient le cachet, disais-je, il y a 14 ans, croyez bien qu'aujourd'hui 8 mai 1846, nul ne croirait plus à l'apparition d'une comète qui les déconcerte dans leurs calculs, et qui est venue montrer le bout de sa queue, à l'instant où nos observatoires l'attendaient le moins.

Quoi qu'il en soit, ces travaux accessoires à la médecine des écoles restent encore dans nos bibliothèques, tandis que les intrigues de la Faculté ont passé depuis longtemps par le creuset de la métempsycose.

La science, qui jusque-là ne s'était propagée que par les publications isolées de chaque auteur, commençait à cette époque à se répandre périodiquement par le concours des savants dispersés sur toute la surface du globe. Les académies devenaient des tribunaux qui appelaient à leur barre les lettrés, les savants et les médecins, comme les autres hommes. La discussion frappait au cœur l'outrecuidance doctorale ; les barbiers pouvaient prendre la plume comme les médecins, ils devenaient leurs égaux devant l'opinion publique. L'homme du monde avait droit d'écrire sur la médecine ; il fallait dès lors que la médecine n'eût plus d'arcanes, et qu'elle s'humanisât jusqu'à se faire comprendre de tout le monde.

Le seizième siècle avait impatronisé la liberté de discussion sur le passé ; le dix-septième ouvrit à deux battants la porte à l'avenir de la science et de l'étude de la nature, cette grande manifestation de Dieu. Or juste à ce moment il venait de naître une nouvelle puissance sur la terre, la presse périodique, où toutes les discussions et découvertes se donnèrent rendez-vous.

Théophraste Renaudot, docteur médecin de Montpellier, importa, en 1631, de Venise en France, l'usage de publier chaque jour les nouvelles du temps, dans une feuille imprimée qu'il intitula *Gazette de France* (*), feuille qui dure encore, avec les mêmes tendances, les mêmes aspirations surannées vers la bonne tyrannie de Richelieu et les mêmes déceptions ; bonne vieille fille âgée de 229 ans, à qui il faut tenir un peu compte de son âge. Renaudot était un homme entreprenant et à idées : Grâce à la protection de Richelieu, il put cumuler, avec le titre de docteur, ceux de commissaire général des pauvres du royaume, charge très-lucrative, de maître général du bureau d'adresses, de maître des prêts sur gages (origine du mont-de-piété) ; et il ne se faisait pas scrupule de vendre des remèdes secrets. Il fut en butte toute sa vie aux poursuites, et de la faculté qui, par antichrèse, l'appelait le beau médecin, et du parlement de Paris qui, par esprit d'opposition, ne lui donnait jamais gain de cause ; affaire de concurrence et de boutique ; il s'en moqua, il avait le pouvoir pour lui.

Mais quand les rivalités sont aux prises, le progrès survient qui leur prend l'objet en litige ; et il le fait avancer de quelques pas. La *Gazette de France* avait fait naître la passion des communications et de la publicité :

En 1635, Richelieu fonda l'Académie française, afin de rendre publiques les réunions littéraires que Godeau, Gombault, Chapelain et autres, tenaient hebdomadairement chez leur confrère Conrart.

En 1640 Descartes, Pascal, Gassendi, etc., préparaient l'Académie des sciences, par leurs réunions intimes.

En 1656 Casteleyn fondait, en Hollande, une *Gazette* sur les traces de Renaudot.

En 1657 Léopold, grand-duc de Toscane, organisait à Florence l'*Accademia del Cimento* pour le progrès de la physique expérimentale.

En 1664 Bausch, médecin allemand, imagina de servir de trait d'union entre tous les savants de la terre, et de composer une académie par correspondance et sans les astreindre à résidence. Cette académie, qui s'intitula plus tard *Académie Césaréo-Léopoldine*, publia ses premiers mémoires, en 1670, sous le titre d'*Éphémérides de l'Académie des curieux de la nature de l'Allemagne*. Cette académie existe encore sans doute ; mais depuis la chute du *Bulletin universel des sciences*, qui formait le lien des nations lettrées, chacun se demande où siège la noble fille des empereurs.

Vers la même époque, Charles II imita Richelieu et transforma en Académie, sous le nom de *Société royale*, une réunion de savants qui s'était formée à Oxford. Cette société publie encore aujourd'hui ses mémoires sous le nom de *Transactions philosophiques*.

L'inquisition était débordée de toutes parts par la science, qui échappait à son contrôle et pulvérisait les croyances avec le principe de la démonstration. Ne rien croire et tout observer ; se rapprocher de Dieu par l'étude des œuvres de sa Toute-Puissance, au lieu de l'insulter en lui prêtant le ridicule de nos folles aberrations et l'odieux de nos vices, tel fut le programme et l'objet de la lutte, et la science a triomphé ;

_____

(*) Chaque numéro coûtait à Venise *una gazzetta;* le prix a laissé son nom à la marchandise. Voy. *Revue complémentaire des sciences*, tom. 1, 1855 ; pag. 321.

tout ce que peut obtenir aujourd'hui le fanatisme, c'est de la faire exploiter par les siens et de la rendre inabordable aux autres ; cette prétention, ne vous en impatientez pas, nous la pulvériserons encore, et nous renverrons cette vieille friperie du moyen âge dans le garde-meuble de l'humanité. Enfants du dix-neuvième siècle ! relevez la tête ! Ne voyez-vous pas combien le monde marche vite ; laissez l'absurde, en avant le progrès ! On voudrait vous faire recommencer l'œuvre du seizième siècle ; laissez là ces fous du passé et souvenons-nous au dix-neuvième siècle que nous sommes les fils de l'immortel dix-huitième. Souriez et passez outre ; ces retardataires ne sont plus aujourd'hui que des gens avinés. La science, la science ! fille impérissable de Dieu ! et non la croyance, une des mille aberrations mentales de l'homme ! Arrière le fanatisme, tout autant en médecine qu'en religion.

Je viens de dire, qu'en se voyant à la remorque des sciences d'observation, nos vieilles facultés avaient pris le parti de mettre la main au gouvernail ; elles se jetèrent donc à corps perdu dans le mouvement de cette nouvelle veine d'études ; la religion comme la médecine, deux professions aussi lucratives et aussi retardataires l'une que l'autre.

XV. — PATHOLOGIE ANIMÉE EN ITALIE ET EN ALLEMAGNE.

En 1658, le père Kircher, de la société de Jésus, publiait, sur la peste, un traité *ex professo*, destiné à démontrer que la peste est causée en grande partie par une pullulation contagieuse de vermine, variable d'espèces et de formes à chaque invasion. Il est vrai qu'il n'en décrit aucune d'une manière qui puisse nous permettre de leur donner une place dans le cadre de nos classifications (*).

Avant l'apparition de cet ouvrage, Aug. Hauptmann, à Dresde, avait publié une espèce de prospectus sous forme de lettre adressée à P. Jean Fabre, docteur-médecin et chimiste de la faculté de Montpellier, dans laquelle il donnait l'esquisse d'un ouvrage sous presse, devant avoir pour titre : *Tractatus de viva mortis imagine.* Ce petit prospectus de vingt-deux pages a eu toute la célébrité du traité qui n'a jamais paru (**). On comprend, en lisant ces quelques pages, que l'auteur n'avait pas encore arrêté l'ensemble de ses idées, et, d'un autre côté, qu'il n'osait pas tout dire ; mais qu'il se proposait de prouver que la mort ne nous arrive jamais que sous une forme déterminable en histoire naturelle.

En 1685, Christ.-Franç. Paullini, dans une monographie complète sur le genre *canis*(***), exposait hardiment ses idées sur l'origine vermineuse des maladies, mais avec beaucoup plus d'érudition que d'originalité d'observation. En traitant de *la rage*, qui forme le sujet de la section quatrième de l'ouvrage, l'auteur se livre à des recherches philosophiques sur les causes animées de cette maladie et de toutes les autres ; ses pages sont effrayantes de citations à déchiffrer, mais dénuées de toute observation

---

(*) Athan. Kircherii, *Scrutinium physico-medicum contagiosæ luis quæ pestis dicitur.* Romæ, 1658, in-4°. — L'ouvrage est terminé par une énumération chronologique de toutes les contagions dont l'histoire nous a conservé le souvenir.

(**) Nous l'avons vainement demandé dans nos bibliothèques, quoique Kircher semble le citer comme ayant paru. Paullini, du reste, dans l'ouvrage que nous allons analyser, ne l'a pas plus vu que nous : *In libello peculiari*, dit-il (*quem tamen nunquam vidi*). Cynogr. cur., pag 180, § 6.

(***) *Cynographia curiosa, seu canis descriptio*, etc., à Chr. Fr. Paullini. Nuremberg, 1685, in-4°.

personnelle. Là, Kircher est son guide; il l'appelle *errantium medicorum Hermes, qui mihi totus hæret in medullis*, le Trismégiste qui ramène les médecins dans la bonne voie, et dont je suis la chair de la chair, les os des os. Il a un chapitre intitulé : *de Vermibus ubique in microcosmo;* un quatrième sur la nature vermineuse des feux follets : *Paradoxon de igne fatuo verminoso ;* un septième, *de Vermibus justissimi Dei flagellis ;* un huitième, *de abstrusis Morbis à vermibus ortis ;* un neuvième, *de Lue venereâ verè verminosâ ;* un dixième, *de Jobo verminoso*, etc.

Paullini, Hauptmann, Hanneman, et bien d'autres, publiaient en outre, dans les *Éphémérides des curieux de la nature,* toutes les observations qui, dans leur pratique, venaient à l'appui de leur théorie, à laquelle ils avaient donné le nom de *pathologie animée.* Sans doute tout n'est pas soumis à une critique de bon aloi dans ces observations particulières ; mais il s'en faut de beaucoup que tout y soit à rejeter ; et l'expérience de chaque jour confirme, à nos yeux, les résultats qui, aux yeux des esprits timides et routiniers, pourraient passer pour les plus extraordinaires.

La médecine allemande secouait le joug de l'infaillibilité galénique , alors que la nôtre osait à peine remuer les pieds dans les langes où l'avait emmaillottée la faculté de Paris, aidée de son austère sœur la Sorbonne. Cependant il y avait, dans les innovations envahissantes des observateurs étrangers, un point qui devait frapper l'attention des anatomistes les plus dévoués aux doctrines de l'école : c'était la question des vers intestinaux.

Redi, en 1686, imprimait, à cette branche de nos connaissances, une impulsion plus heureuse, en s'appuyant sur l'expérience directe, et en négligeant, comme non avenu, tout ce qui était du domaine de l'érudition. Il donna alors le mot de l'énigme de bien des fables populaires que les savants avaient adoptées de confiance. Il renversa de fond en comble le système des générations spontanées, et établit en principe que tout animal vient d'un œuf, comme toute plante d'une graine. La publication de son livre contre les *générations spontanées,* et de celui *sur les animaux vivants dans les animaux vivants,* remua vivement le monde des observateurs.

Ces deux traités de Redi ont été deux fois traduits en latin, à Amsterdam ; la *Collection académique* en a publié une traduction française, avec une série de lettres de lui ou adressées à lui, entre autres celles de Cestoni. (*Coll. acad.*, tom. 4ᵉ de la partie étrangère, pag. 173, 445, 588, ann. 1757).

Cestoni, sous le pseudonyme de *Giovan Cosimo Bonomo,* en décrivant et figurant l'insecte de la gale, que les femmes du peuple ont de tout temps connu, alors que les médecins à diplôme ne s'en doutaient même pas, Cestoni réduisit aux dimensions d'un *acarus* la cause immédiate de la gale, et décocha en passant, contre les doctrines humorales, un trait qui leur est resté au cœur. (Voy. tom. II, pag. 483.)

XVI. — IMPORTATION DE LA PATHOLOGIE ANIMÉE EN FRANCE. ANDRY.

Mais notre faculté faisait la sourde oreille, alors que tout le monde au delà du Rhin, de la Manche et des Alpes, commençait à douter que tout ce que l'on professait sous peine d'exclusion fût de la plus exacte vérité. Cependant un docteur régent de la faculté de Paris se montra plus hardi que tous les autres ensemble ; ce fut Andry, ancien doyen. Dès 1669, il publiait un livre, qui eut plusieurs éditions, *sur la génération des vers dans le corps de l'homme, sur la nature et les espèces de cette maladie, sur les moyens de s'en préserver et de la guérir ;* ouvrage fondé sur des observations particulières au ténia, à l'occasion desquelles Andry prend occasion de classer tous les autres parasites de l'homme (*). Mais, sur ce point, l'auteur est forcé de recourir au témoignage des auteurs, et il ne fait pas preuve de beaucoup de connaissances personnelles sur l'histoire naturelle; car il admet des vers *encéphales, rhinaires* ou du nez, *ophthalmiques, péricardiaires, cardiaires spléniques, hépatiques, dentaires, pulmonaires, sanguins, vésiculaires* ou urinaires, *cutanés;* comme si le cerveau, le nez, l'œil, le péricarde, le cœur, la rate, le foie, les dents, les poumons, les vaisseaux sanguins, la vessie, la peau, n'affectaient chacun qu'un seul genre de parasites; ce que l'auteur dément du reste à chaque pas, en décrivant, par exemple, sous le même titre, des espèces aussi différentes que les crinons, le dragonneau et l'insecte de la gale.

La Faculté accueillit cet ouvrage à sa manière; elle prit l'offensive, parce qu'Andry, plus novateur que révolutionnaire, avait eu la précaution de ne pas dépasser les limites de la défensive. Il eut à se défendre, dans les éditions subséquentes, d'avoir été plus loin que ne l'avait voulu l'*alma universitas;* il modifia ce qui avait l'air d'une opinion trop tranchée; il fit du juste milieu afin de rester tranquille; et la Faculté admit en principe, ce qu'elle professe encore de nos jours, sous peine de faire perdre une inscription, que la présence des vers intestinaux est tout au plus une coïncidence, une complication de la maladie. C'est ainsi que Galien donne droit de bourgeoisie aux observations qu'il ne peut pas tout à fait exclure: il les emprisonne et les dénature dans la trame de ses entités.

Partout ailleurs, le rôle que jouent les helminthes dans le cadre de nos maux prenait une étendue insolite; la médecine étrangère se rapprochait de l'observation populaire: « Si nous savions reconnaître, disait Kircher, la présence et les effets de ces ennemis cachés, peut-être arriverions-nous plus promptement à faire toucher au malade le port du salut par des remèdes appropriés à la circonstance. » — « Que de fois n'ai-je pas vu, s'écriait Borellus, les maladies dont le médecin allait chercher la cause bien loin, se dissiper subitement par une déjection vermineuse! » — « Les vers sont, disait Ramsez, une maladie épidémique qui nous tue plus souvent que la peste. » — D'après Bonnet, ce grand penseur qui fut tout sans titre, « souvent nous nous perdons dans le labyrinthe de la classification, pour déterminer une maladie; et quand nous l'observons, en ouvrant un peu plus les yeux, tout se réduit aux vers intestinaux et aux lombrics; l'obscurité des symptômes trompe les médecins les plus exercés. » — « Je conseille donc aux praticiens, écrivait Heister, le célèbre anatomiste, de ne jamais perdre de vue l'influence des vers dans les cas de convulsions, et d'employer alors les vermifuges, qui m'ont toujours bien plus servi que les antispasmodiques... Car j'ai souvent réussi à guérir, par les anthelminthiques seuls, les convulsions et l'épilepsie des enfants et des jeunes personnes. » En province, les bonnes femmes voyaient l'action des vers dans toutes les maladies où la Faculté ne voyait

---

(*) L'ouvrage avait paru in-12 sans figures. En 1701, Andry publia à part un atlas, in-4° oblong, où sont représentées les diverses formes de vers solitaires qu'avaient rendus les personnes dont il cite les noms en toutes lettres. La faculté de médecine de ce temps était encore si arriérée sur ce point, que, sans cette précaution, Andry, tout docteur coiffé régent qu'il était, aurait passé pour un hérésiarque. Ce premier point établi sans conteste, Andry, en 1718, se hasarda de joindre à son traité un autre atlas in-4°, où les figures de tous les parasites dont il parle sont reproduites d'après les auteurs dont il transcrit les passages. L'atlas se compose de 44 pages qui ne sont consacrées qu'à l'explication des figures; il est intitulé: *Vers solitaires et autres de diverses espèces, dont il est traité dans le livre de la génération des vers, représentés en plusieurs planches.* Plus tard, il intercala ces figures de l'atlas dans le texte de son livre, dont la meilleure édition est celle de 1741, en 2 volumes petit in-12, formant en tout XXX-864 pages, plus 16 feuillets non paginés.

que la présence de la bile et des saburres ; et elles guérissaient leurs enfants d'une manière toute contraire aux ordonnances de la Faculté. Les docteurs de province refaisaient leur instruction à l'école de l'observation populaire, et ils y désapprenaient leur thèse d'inauguration. Mais la Faculté n'en rompait pas d'une semelle. Les apothicaires devenaient de plus en plus chimistes ; les barbiers de plus en plus anatomistes et chirurgiens; mais le médecin galénique s'enveloppait de plus fort dans les plis de sa ridicule simarre, comme pour se défendre de la contagion du progrès en histoire naturelle.

XVII. — LINNÉ ET SON ÉCOLE EN MÉDECINE.

Linné survint dans la mêlée, plébéien de la science, qui s'arrogea, de par son génie d'observation, le droit de toucher à tout ce qui se présenterait tour à tour à son travail infatigable. Il commence par la botanique et y opère une révolution dans l'art de classer les plantes ; là il se révèle classificateur précis et ingénieux. Puis, fort de la conscience intime de son aptitude naturelle, il se met à classer successivement les insectes, les poissons, les mammifères, les minéraux et la maladie même. Il paraît qu'en Suède on pouvait s'arroger impunément ce droit, et qu'on n'y était pas empêché par les délimitations des priviléges et des prébendes qui, en France, mettaient des entraves à toute tentative d'innovation. Mais dès que Linné se vit à la tête de l'instruction publique et qu'il eut à faire subir des examens, il me semble qu'il devint un tant soit peu moins porté vers les goûts de réforme ; il se mit à prendre le bon partout où il le rencontrait, mais il n'y ajouta plus grand'chose. On trouve, dans le recueil de thèses qu'il publiait chaque année, sous le titre d'*Aménités académiques*, un travail de l'un de ses élèves, Nysander, travail qui, de même que toutes les thèses en général, ne saurait être considéré que comme l'ébauche d'un projet pour ramener la médecine dans le giron de l'histoire naturelle ; cette thèse a pour titre : *Exanthemata viva* (*), et aurait pu être intitulée : *Exanthemata animata*, qu'avaient, plus de cent ans avant lui, adoptée les rédacteurs des *Ephémérides des curieux de la nature*. Car cette thèse est le reflet le plus pur des idées de Cestoni, d'Hauptmann, de Kircher, de Paullini, d'Andry, sur le rôle presque universel que jouent les insectes dans les maladies, le reflet même de cette grande idée de notre le Cat, de Rouen, qui admettait qu'en général toutes les maladies des muqueuses sont des maladies exanthémateuses, comme les maladies de la peau. Enfin, Nysander proclame hautement, d'un bout à l'autre de sa thèse, que les infiniment petits, les acares, sont les auteurs immédiats des mille et mille maux qui affligent l'espèce humaine.

Ce n'était là qu'un aperçu à vol d'oiseau ; l'auteur généralisait beaucoup trop et ne démontrait pas du tout. Mais on y rencontre çà et là des vues et des applications qui renfermaient le germe d'une révolution médicale, si une circonstance heureuse était survenue pour le féconder.

Il s'élève contre l'usage des lavements chargés de substances nutritives, plus propres encore à nourrir, dit-il, les lombrics et les ascarides, qu'à nourrir l'homme lui-même. —Il rapporte, sur le témoignage de Linné, que les Néerlandais préservent leurs enfants de la petite vérole en leur entourant le cou d'un collier de musc, et les Russes orientaux, des maladies contagieuses, en plaçant du musc dans leurs vêtements. Le musc étant éminemment propre à chasser les insectes, Nysander en conclut que, puisqu'il préserve des maladies ci-dessus, ces maladies sont dues à l'action et à la contagion des insectes, — Le paroxysme des maladies, d'après Nysander, s'explique fort bien par

(*) *Amœnit academicœ*, tome 4, 1757.

les habitudes et les intermittences de la nutrition, des amours, de la multiplication, du sommeil et de la digestion des insectes auteurs des maladies.

Mais ces principes restèrent tellement dans l'oubli, que nous ne les avons connus qu'en nous livrant, après les premières publications de nos découvertes, à des recherches d'érudition sur cette matière. Ils furent si peu goûtés, que les autres disciples de Linné professèrent souvent des doctrines diamétralement opposées et qui ont été publiées, côte à côte, dans les *Aménités académiques.* Ainsi, trois ans auparavant, Isaac Palmerus avait soutenu, sur la gale des moutons, une thèse où il ne fait pas la moindre mention de l'insecte de la gale. La médecine du temps laissa de côté cette tentative ébauchée et renouvelée des observateurs de la fin du dix-septième siècle, et ne prit de Linné que sa tendance à la classification des objets de détail.

Sauvages fut novateur en classant les maladies, comme Linné avait groupé les êtres de la nature, par classes, ordres, genres, espèces, variétés et sous-variétés. Il recueillit dans les auteurs toutes les descriptions complètes des maladies ; et à chacune il imposa un nom spécifique et une place numérotée sous la rubrique d'une classe et d'un genre. De cette manière la nomenclature, déjà si riche de son propre fonds, se hérissa de termes de nouvelle fabrique. L'ouvrage de Sauvages fit fureur ; et c'est de cette époque que date la manie, qui saisit les descripteurs, d'imposer un nouveau nom spécifique à chaque cas dont ils avaient noté une circonstance qui n'avait pas été mentionnée par les auteurs précédents. La *Nosologie méthodique* de Sauvages ne semblait plus qu'un cadre, dont chacun s'empressait de remplir une case vide.

La *Pathologie animée* était donc tout à fait déchue ; et il faut bien l'avouer, parce que cette idée n'était tombée dans aucun cerveau organisé pour la féconder, pour en faire l'idée de toute sa vie, la pensée intime de ses veilles et de ses travaux. Elle n'avait apparu dans le monde qu'enveloppée d'hypothèses, au lieu de s'entourer de faits observés.

XVIII. — THÉORIES DE STAHL ET DE BOERHAAVE.; PRATIQUE DE STOLL.

Cependant, comme tous les grands esprits comprenaient que la médecine se laissait un peu trop traîner à la remorque, dans ce siècle éminemment inventeur et progressif, on demanda à la chimie ce que l'histoire naturelle n'avait pu réaliser. Dès le commencement du dix-huitième siècle, Stahl entreprenait de changer la face des théories existantes, et il en trouvait le point de contact dans le phlogistique, au moyen duquel il expliquait, et la combustion des corps inertes, et l'inflammation des êtres vivants. Il y avait là-dessous une idée, mais non un système complet. Aussi vit-on ce grand génie descendre de cette hauteur dans les détails de la science, par des chemins entrecoupés de mille lacunes et enveloppés de mille obscurités. Il admet une âme gubernatrice, une nature dont il faut étudier la marche dans la maladie, et l'étudier les bras croisés, sauf souvent à n'en être qu'un spectateur bénévole. C'est lui qui donna la plus grande vogue au mot de *médecine expectante* qui a tant consolé les médecins de l'embarras du diagnostic, en publiant, avec notes, une nouvelle édition du livre de Gédéon Harvey : *Ars sanandi morbos expectatione,* dont la première édition d'Amsterdam est de 1695 ; et dont le titre pourrait être traduit par celui-ci : *Art de guérir sans les ressources de l'art, et d'assister les bras croisés les malades.*

Boerhaave, de son côté, faisait une trouée dans les mathématiques ; et il entreprit d'expliquer la maladie par les principes de la mécanique. Ici encore en théorie tout allait bien ; mais dans l'application tout retombait dans l'ancienne médecine et dans l'ancienne nomenclature. Quels principes mécaniques rencontre-t-on dans ses *Aphorismes*, que Stoll de Vienne augmenta des siens, et que Corvisart traduisit sans les rendre plus intelligibles? Aphorismes qui rappellent tous ceux d'Hippocrate, moins la concision; même désordre dans la distribution, même obscurité dans la rédaction, même manière de généraliser quelques caractères particuliers.

Quant à Stoll lui-même, qui a fait époque comme praticien, quoiqu'il n'ait eu le temps de publier que peu de livres, nous avons vainement cherché, dans ce qu'il a laissé, les bases de la grande autorité qu'il exerce sur le diagnostic en médecine. Stoll s'appliquait à décrire minutieusement toutes les circonstances de la maladie; il prenait note de tout indistinctement et sans avoir rien d'arrêté d'avance : méthode que M. Louis a remise en vogue de notre temps, et qui consiste à remplir des cadres d'observation médicale, comme on remplit les cadres des observations météorologiques; ce qui exige un esprit posé, patient, consciencieux, mais nullement un génie inventif. En un mot, les livres de Stoll ressemblent exactement aux premières venues de nos *gazettes de médecine*, des *gazettes cliniques des hôpitaux*, que les médecins mêmes ont fini par ne plus lire du tout, et dont on trouve les numéros sous bande, huit jours après, sur le bureau. Maximilien Stoll, mort à Vienne, en 1788, à l'âge de quarante-cinq ans, outre l'édition augmentée des *Aphorismes* de Boerhaave, a consigné le fruit de ses observations dans son *Ars medendi* et dans son petit traité intitulé : *Ratio medendi*, deux livres dont P.-A.-O. Mahon a donné la traduction, avec notes de Pinel, Baudelocque, etc., en 3 vol. in-8°, l'an 9 de la république, sous les titres de *Médecine pratique*, et de *Matière médicale pratique* de Maximilien Stoll. La manière de Stoll et de ses imitateurs finirait par exiger, en médecine, un hôtel des archives médicales, qu'on serait réduit à brûler tous les vingt ans, faute d'emplacement.

C'est à cette époque surtout que le champ clos médical s'ouvrit aux deux théories des solidistes et des humoristes. « Vous me demandez la cause d'une maladie? Elle est dans les humeurs, dit l'un. Elle est dans les solides, dit l'autre. Ce sont les solides qui souffrent et qui s'altèrent; les humeurs ne sont là que pour mémoire et par manière d'acquit. » Comme si l'altération des solides ne se résolvait pas en liquide; comme si leur développement ne s'alimentait pas dans le triage des liquides, comme si tout solide n'avait pas commencé par être liquide; comme si enfin le sang n'était pas, ainsi qu'on l'a dit, une chair coulante. Sans doute c'est par les nerfs qui sont solides que nous percevons la souffrance; mais d'abord la cause qui fait souffrir les nerfs, la cause de la maladie peut se trouver dans un liquide altéré. Qu'on injecte de l'acide sulfurique dans le sang; qu'est-ce qui causera donc les souffrances qui en seront la conséquence, si ce n'est le sang véhicule de ce poison liquide?

Quand vous voyez qu'une dispute se prolonge un peu plus que d'habitude, soyez sûr que les deux opinions contraires restent l'une et l'autre à côté de la vérité; et souvent alors il en survient une troisième qui, en les mettant d'accord, ne fait que les associer ensemble; la vérité se trouve dans la réunion des deux. Nous remplirons ce rôle dans la suite de cet ouvrage, en prouvant que la cause de nos maladies peut se trouver autant dans les solides que dans les liquides du corps humain; mais que les conséquences réagissent toujours immanquablement et à la fois sur les uns et sur les autres.

XIX. — BROWN ET RASORI.

Brown, novateur anglais, crut trouver, dans le mot *excitabilité*, un succédané plus heureux de la théorie de Thémison et autres. D'après lui, toutes les maladies auraient dépendu de l'augmentation ou de la diminution de l'excitabilité, de la *sthénie* ou *asthénie* des organes, comme Thémison les faisait dépendre du *strictum* et *laxum.* Cette doctrine eut en Italie pour principal propagateur Rasori. Les médicaments, employés pour combattre l'une ou l'autre cause de maladies, furent dits, non plus *échauffants* et *rafraîchissants, resserrants* et *relâchants,* mais *hypersthéniants* et *hyposthéniants,* deux mots nouveaux qui avaient, par le sens au moins, près de seize cents ans de date. Dans l'application, Brown et Rasori ont reçu de temps à autre des démentis qui font frémir : qu'importe? n'avaient-ils pas leur diplôme! Lorsqu'il faut combattre, avec des poids et des mesures, une ou deux entités qu'on s'est posées dans son imagination, on s'expose à sacrifier bien des hétacombes humaines à une chimère.

XX. — INFLUENCE DE LA RÉVOLUTION DE 89 SUR LES PROGRÈS DE LA MÉDECINE.

La Faculté de Paris faisait la morte et se tenait coite, au milieu de cet esprit de bouleversement et de démolition qui, depuis cent ans, s'était mis à travailler toute l'Europe. Elle se distinguait par toutes les qualités du courtisan ; elle se défendait de l'esprit des encyclopédistes. Mais le grand tocsin de 89 sonna sur toutes ces vieilles têtes, et leur défrisa leurs perruques à marteau d'abord, puis leur rasa complétement la chevelure, afin de leur donner quelque chose de semblable au peuple qui venait de grandir, après avoir brisé ses entraves. La médecine se retrempa, et dans les vicissitudes de l'exil, et dans les eaux du torrent révolutionnaire. L'émigration abandonna les hôpitaux aux infirmiers, et les malades ne s'aperçurent pas de la différence ; elle ouvrit, à la foule des élèves sans diplôme et sans maîtres, les champs de bataille pour y apprendre à disséquer et à panser les blessures, pour y apprendre enfin la médecine sans professeurs. Les officiers de santé devinrent des chirurgiens et des médecins de génie; et si Napoléon n'avait pas repétri ces éléments nouveaux avec le vieux levain de la médecine universitaire, s'il n'avait pas emmaillotté le progrès dans les oripeaux de la rue du Fouarre, il y a peut-être quarante ans que la société serait débarrassée, comme elle le sera un jour, d'une institution rétrograde qui l'entrave et la démoralise par tous les points de contact, qui repousse souvent la portion la plus active de sa population, pour n'admettre que la portion la plus débile, distribuant la science comme une faveur, et les titres comme des priviléges. Le mal est fait, mais il n'est pas incurable; malheur à tous les efforts combinés de cette coterie occulte organisée par Fouché et Loyola! malheur à toutes ses prévisions, si elle laisse échapper, à travers le crible de ses épurations, un seul homme de la trempe révolutionnaire! En trois ans, cet homme est majeur et s'émancipe, et il troublera alors d'une belle manière le sommeil de ses impotents tuteurs.

XXI. — CABANIS, BICHAT ET PINEL.

Cabanis et Bichat commencèrent la série de ces novateurs de l'ère nouvelle et révolutionnaire ; Cabanis, ramenant les études psychologiques à l'histoire naturelle, et démontrant les influences réciproques du physique et du moral ; Bichat, cherchant a analyser, par l'expérience et par les études d'anatomie générale et comparée, la théorie de la vie et de la mort. Il y avait dans les écrits de ces deux hommes un travail subversif de toute la doctrine humorale et galénique. L'université impériale, occupée à ramener la révolution dans l'ornière de l'ancien régime, se hâta bien vite de confier l'enseignement médical à des têtes moins portées vers les innovations de tout genre ; elle semblait craindre qu'à force d'innover on n'inventât ; ce qui aurait donné à la France une trop grande prépondérance. Quand, par la force irrésistible des choses, Dupuytren se fit jour au milieu de ces momies professorales : « Eh ! grand Dieu, s'écria-t-il, ce n'est donc là qu'une *machine à docteurs !* » Et il s'isola d'eux, en se fortifiant dans son immortelle clinique, d'où la mort seule a pu le déloger ; car ces myrmidons n'étaient pas de force.

Quant à la médecine théorique, un seul auteur y avait porté la main ; mais sa main n'était pas hardie : Pinel, esprit classique plutôt que novateur, écrivant au milieu de l'engouement qui se formait, pour le système des *familles naturelles* qué les Jussieu s'efforçaient de détacher à leur profit de l'auréole d'Adanson, systématisa les maladies, pour ainsi dire, en *familles naturelles,* comme Sauvages, qui avait écrit à l'époque de la plus grande vogue du système linnéen, les avait classées d'après le cadre du *Systema naturæ ;* en fallait-il davantage pour que Sauvages et Cullen fussent détrônés par Pinel ? Pinel n'a fait qu'une classification ; il n'a pas créé une théorie proprement dite ; il est éclectique et nullement inventeur, pas même dans les formes de la démonstration et du langage. Ses classes, ses ordres, ses genres et ses espèces ont tous un préambule dont l'emphase est fondue ou plutôt glacée au même moule : « Qu'il est difficile en médecine, s'écrie-t-il en débutant, même pour les hommes qui ont le plus de sagacité et de lumières, d'éviter toute espèce d'illusions dans l'observation des faits, de s'en tenir rigoureusement à la marche de la nature, sans y joindre quelque fiction d'un esprit prévenu, ou sans céder à l'autorité d'un nom célèbre ! (Page 12, tome 1, édition de 1807.) Doit-on s'étonner, si la dénomination de fièvre putride a joui d'une si grande vogue en médecine, et si elle a passé de là avec tant de facilité dans le langage ordinaire ? Les apparences les plus frappantes ne semblent-elles pas déposer en sa faveur ? » (Page 127.) Et ces formes de début et autres, sur la marche d'un *esprit exact et logique animé d'un goût sûr dans la pratique et l'exacte observation des faits,* etc., se représentent en tête de tous les préambules, et vous font tourner le feuillet d'ennui. On arrive alors à une longue formule sur les *prédispositions et causes occasionnelles, les symptômes, le traitement,* et puis aux *considérations sur la nature des diverses espèces ou variétés des maladies ;* et lorsqu'on s'applique à chercher, dans ces longues descriptions, en quoi une maladie diffère d'une autre par les causes et les symptômes, on croirait, au contraire, que presque toutes les maladies pourraient à la rigueur porter le même nom. Quant au traitement, on ne sait souvent plus en quoi il diffère dans les diverses maladies, quoique cependant Pinel ait soin de faire un choix sage et judicieux des médications préconisées par les divers auteurs de thérapeutique. Mais sa classification, à force d'être naturelle, brise le fil de tous les rapports naturels entre les choses semblables, et réunit les plus dissemblables : La peste, cette variété mortelle du phlegmon, se range à côté des fièvres bilieuses ; ne donnent-elles pas un mouvement fébrile toutes les deux ? Les fièvres bilieuses et muqueuses, dans un volume, et la gastrite, l'entérite, etc., dans un autre ; la péritonite à côté du phlegmon et des oreillons. Car Pinel avait divisé son livre en cinq grandes classes : les *fièvres,* les *phlegmasies,* les *hémorragies,* les *névroses* et les *lésions organiques.* Essentiellement galénique, car l'école l'était, quoiqu'il affectât d'être solidiste et de s'élever avec emphase contre les humoristes, Pinel admettait des *fièvres inflammatoires,* ou fièvres marquées par une irritation des tuniques des vaisseaux ; des *fièvres méningogastriques* (bilieuses), ou ayant leur siège dans les organes digestifs ; des *fièvres adénoméningées* (pituiteuses ou muqueuses), ou irritations des membranes muqueuses qui tapissent les voies alimentaires ; des *fièvres adynamiques* (putrides), ou marquées par une diminution de la sensibilité générale des fibres musculaires; des *fièvres atoniques* (malignes), fièvres de désordre par suite d'une atteinte dirigée sur l'organe; des *fièvres adénonerveuses* (peste), compliquées d'une affection simultanée des glandes.

Or la *pustule maligne,* la *scarlatine,* la *rougeole,* etc., que Pinel classe dans les phlegmasies, ne donnent-elles pas la fièvre? pourquoi donc ne se rangent-elles pas à côté de la peste? Mais le *rhumatisme musculaire,* qui est classé dans les phlegmasies, ne pourrait-il pas se classer dans les fièvres adynamiques, etc.?

Les hémorragies sont-elles des maladies essentielles, plutôt que des symptômes et des effets consécutifs d'une autre espèce de maladie?

Qui pourrait ensuite distinguer, dans ce livre, les névroses de la digestion des phlegmasies de la digestion? l'épilepsie, qui est l'effet d'un désordre cérébral, de l'épilepsie qui vient de la présence d'un ténia dans les intestins? le tétanos, qui peut provenir également de l'une comme de l'autre cause? Comment voir une lésion organique dans la phthisie tuberculeuse, quand on voit une phlegmasie dans l'angine trachéale? et par suite de quelle analogie ranger la phthisie tuberculeuse à côté du cancer? C'est là, et sur tous les points, de l'arbitraire en classification, par le droit que s'arroge toujours le *système des familles naturelles;* c'est de l'ordre typographique, à la place d'une classification philosophique.

Or, ce n'est pas une chose si indifférente qu'on le pense que de briser, à chaque instant, les rapports naturels des maladies; l'analogie, en effet, des caractères devrait servir à faire jaillir l'analogie du traitement et de la médication. Mais nos auteurs de *Nosologie philosophique* ont tout brisé, rompu, morcelé, au lieu de grouper. Ils ont fait plus : ils ont eu recours à des artifices de style et à des développements syllogistiques tels, que les bons esprits ont fini par ne plus lire la partie positive du livre, à laquelle on ne peut plus arriver qu'à travers un tel fatras de facondes boursouflures.

La concision linnéene de Sauvages avait l'immense avantage de faire tableau, et de présenter ainsi, synoptiquement, et le fort et le faible. Ce qu'on devait en désapprendre n'avait pas coûté, de cette manière, une si grande dépense de temps.

Le livre de Pinel obtint le prix décennal, le 9 novembre 1810; les écrits de Bichat ne furent jugés dignes que d'un *accessit.* A sa mort Pinel eut un tombeau. Pendant quarante ans, Bichat n'a eu qu'une fosse oubliée sous un peu de gazon; la médecine lui a dressé naguères une statue : vivant il n'aurait peut-être pas échappé aux déclamations anonymes du *Congrès médical;* car l'homme, dont la providence de l'humanité se sert pour opérer des révolutions, ne doit attendre du repos que de la part de la postérité. L'homme qui féconde la terre de ses sueurs n'en goûte jamais les prémices; il n'a son bonheur ici-bas que dans la conscience de son sacrifice.

XXII. — BROUSSAIS RÉVOLUTIONNAIRE ET NON RÉFORMATEUR.

Ce vide de la pensée, cette timidité de l'invention, ces rédactions terre à terre qui distinguent les productions littéraires et médicales de l'empire, de cette grande époque où un seul homme se montrait aussi grand que son peuple, et où toutes les autres capacités craignaient toujours de ne pas se faire assez petites, et de pas rassurer assez, sur leurs tendances stationnaires, la police des Talleyrand et des Fouché; cette absence, enfin, de grandes vues et de grands projets d'expérimentation, frappèrent singulièrement un de ces officiers de santé du temps de la république, qui était revenu des camps dans ses pénates, presque avec son catogan révolutionnaire et sa libre manière de penser, et qui était resté, sous l'empire et en dépit des courtisans, ce qu'il avait appris à être dans les plus nobles époques de la révolution. Broussais, une fois rendu aux études de l'amphithéâtre et du cabinet, se demanda où en était arrivé le système de la médecine, et ce qu'on avait tenté en France pour coordonner les faits observés. « Rien, se répondit-il, et moins que rien ; car on a fait pire que de se tromper, on a bâillonné la pensée. » Il prit la plume pour le dire ; tous les journaux lui furent fermés par la coterie de ces savants de police. Il voulut parler en public : la première fois, pas un seul auditeur ; tant la police de ces savants officiels avait sourdement organisé la répugnance de l'auditoire. Il tonna alors contre ces intrigues, il tonna éloquemment, et il força jusqu'à ses ennemis de l'entendre ; l'éloquence n'a jamais rencontré d'auditeurs indifférents, si ce n'est dans ceux qui n'ont pas d'oreilles. Il attaqua, il irrita, il persifla, il réfuta cette tourbe de parvenus qui monopolisaient la renommée ; il les força d'entrer dans la lice ; et là, son triomphe fut assuré ; il avait enfin des ennemis à combattre ; et nul d'entre eux ne fut de taille contre cet athlète nouvellement apparu. On le déchira dans les journaux, où l'on refusait ses réponses : il créa un journal pour son compte ; son journal fut lu, et procura des lecteurs aux pâles journaux qui l'attaquaient. La médecine galénique croulait de toutes parts sous les coups de massue de cet Hercule ; elle se réfugiait, sans mot dire, sous le couvert des murs déserts de l'école, et sous la protection du pouvoir. L'école de Broussais était, pour la jeunesse, la seule et unique Faculté ; ils se formaient à celle-ci, ils allaient marmotter leurs examens à l'autre, et y passer docteurs comme sous les Fourches Caudines. Dans un temps aussi rétrograde que celui de la restauration, il a fallu à Broussais une grande puissance de volonté et de génie pour se maintenir novateur envers et contre toutes ces puissances.

Quand la révolution de juillet, cette fille de toutes les innovations, est venue lui prêter main-forte, Broussais a vu, comme la statue de Louis XIV, les quatre personnifications de l'esclavage enchaînées et à genoux à ses pieds ; son cercueil a été porté sur les épaules de ses plus anciens ennemis. Broussais avait donc frappé juste, quand il s'était mis à démolir. Pour l'empêcher de le faire à lui seul, et d'en recueillir seul la gloire, chacun à l'envi, parmi les anciens propriétaires, avait pris le marteau, et démolissait à son tour, d'un bras plus débile, il est vrai ; mais ils étaient tant, que tous ces petits coups réunis équivalaient à une force, et que l'ouvrage avançait au delà des espérances du novateur. On fit bientôt table rase, et l'on se mit à douter et à méditer : le libre examen avait été impatronisé, dans les facultés de notre France, par la publication de l'*Examen des doctrines médicales*.

Mais lorsqu'il fallut reconstruire l'édifice sur un nouveau plan, redresser les autels abattus, annoncer le Dieu qu'on devait adorer à la place de l'idole renversée, remplacer, par un code scientifique, les us et coutumes des facultés du moyen âge, et leur jargon par un système nouveau, Broussais se trouva épuisé par la lutte et les attaques incessantes. Il aurait eu besoin d'aller méditer sur la montagne ; mais les vociférations de ses ennemis et les défections de son peuple l'appelaient dans la plaine, chaque fois qu'il montait dans les régions des calmes et solitaires méditations ; et en descendant, il brisait de rage la table des lois qu'il venait d'esquisser. Il avait pris pour point de départ l'irritabilité, comme Brown avait pris l'excitabilité ; l'inflammation, comme Stahl avait pris le phlogistique. Mais l'ennemi des entités n'avait créé ainsi, ou plutôt rajeuni, que deux vieilles entités, les phlegmasies des anciens et des modernes. Pour combattre les phlegmasies, il cherchait à rafraîchir : il rafraîchissait en exténuant le malade. Sa médication n'était pas plus nouvelle que sa théorie ; seulement il la poussait jusque dans ses derniers retranchements, et la poursuivait souvent jusqu'à la tombe.

Les saignées de Fagon (*), archiâtre de Louis XIV, celles de Philippe Hecquet, qui a fourni à Lesage le type du docteur *Sangrado* et celles de Bosquillon n'étaient qu'une piqûre de sangsue en comparaison des saignées physiologiques ; ni l'un ni l'autre des trois ne tenait autant que Broussais à la diète alimentée de quelques gorgées d'eau gommée. J'ai vu à cette époque la gastrite et l'entérite chroniques, que nos anciens médicastres ne connaissaient certainement pas ; car leurs médicaments aromatiques enrayaient en peu de temps ces maux de l'estomac et des entrailles.

Quand le sceptre tombe de la main d'un grand homme, il se brise ; et c'est alors le hasard qui en disperse les morceaux ; ce sont les rivalités qui se les arrachent des mains. L'anarchie des médiocrités succède toujours au despotisme du génie : Alexandre, César, Napoléon ! Tout ce qu'ils avaient fait de grand se résout à leur mort ou à leur chute, entre les mains débiles des généraux, qui tombent de toute la hauteur du maître dès l'instant qu'ils veulent se partager son héritage. Les fils de Charlemagne furent pires que les rois fainéants. Paracelse, Van Helmont, Stahl, Boerrhaave, Brown, Rasori, Gall, Broussais, ces grands despotes, en leur vivant, de la pensée médicale, ont tous descendus tout entiers dans la tombe ; et la cendre de leur bûcher a été dispersée aux vents. Galilée, Descartes, Pascal, Newton, Lavoisier règnent parmi nous, comme s'ils étaient encore nos contemporains et nos maîtres ; de leur vivant ils n'ont point dominé. Broussais fut témoin de la chute de son système ; il se voyait survivre à sa puissance et à son éclat : On démolissait sous ses yeux le peu qu'il avait eu le temps de construire ; et comme on démolissait plus par la mine que par le marteau, car on le redoutait encore vivant, tout s'écroula d'un bloc à sa mort ; et le terrain des théories médicales fut jonché de ruines. Tout se mêla, se confondit sur ces décombres, les vieux systèmes et les systèmes nouveaux. La polypharmacie vint ranimer l'espoir de faire de nouveau fortune en vendant des médicaments ; et malheureusement la polypharmacie évoqua de l'oubli les remèdes les plus violents et les plus féconds en désastres. La posologie ou l'art de formuler une ordonnance se jouèrent avec la noix vomique, la belladone, la jusquiame, l'antimoine, l'arsenic et le mercure ; le mercure, ce fléau de la médecine, dont le vingtième de notre population semble avoir été pétri, poison contagieux et héréditaire, que le mari communique à l'épouse, et dont l'épouse allaite son enfant ; le mercure, symbole et peine de l'impudeur jadis, finit par secouer son antique honte, et se montrer, en tête de l'ordonnance, dans tous les traitements les plus pudiques, et dans les maladies les moins graves. Aussi venait-on se faire soigner pour un mal d'yeux ou pour une crampe d'estomac, on retournait avec le germe d'une cécité et d'une affection convulsive. Le médecin échangeait une maladie spontanée et guérissable contre une hydrargirie ou maladie mercurielle qui ne se guérit plus. L'anarchie dans les théories produisit l'anarchie dans le traitement ; et le diplôme couvrit d'un bill d'indemnité les désastres qui en ont été la suite.

Aujourd'hui les théories de Broussais sont presque toutes tombées, alors que son œuvre de démolition reste encore, et que nul n'a osé relever ces ruines ; la postérité lui tiendra compte de ce magnifique titre de libre penseur. Les intrigants le poussèrent à l'école ; c'était pour le perdre. Il y entra en triomphateur ; les colonnes de l'école furent ébranlées par la foule qui s'y ruait pour l'entendre ; et, comme du temps de Pythagore, un instant on chercha dans la foule un Milon de Crotone, afin de soutenir l'édifice qui craquait. On fut obligé de procurer au professeur de l'école un local

---

(*) On rapporte, de ce médecin royal, des actes de brutalité qui ne semblent pas tout à fait passés de mode ; par exemple, il ne se gênait pour dire aux malades qu'il estropiait : *Vous ne guérirez pas;* digne pendant du confesseur royal, le Père Lachaise.

étranger, on le trouva dans *un Prado,* et la chaire universitaire fut érigée sur l'estrade des ménétriers ; on alla s'instruire dans une salle de danse, ainsi qu'autrefois dans les jardins d'Académus ; Broussais venait d'émanciper les études universitaires. On n'avait pu l'abattre, on le ruina ; l'intrigue millionnaire avait juré de ne lui laisser ni paix ni trève, sur un terrain où l'âme du grand homme ne savait plus se soutenir, lui qui combattait à la lumière, alors que ses ennemis ne l'attaquaient que dans l'ombre et pendant son sommeil. Heureux pays où Broussais n'a pas laissé de quoi fournir à ses funérailles, quand ses libraires ont gagné avec lui des millions ! la France est la terre privilégiée des hommes de génie et des hommes d'argent ; ce sont deux séves différentes qui ne s'y mêlent jamais, quoiqu'elles y poussent abondamment côte à côte.

XXIII. — RÉFORME DE L'ANATOMIE PAR CHAUSSIER.

J'ai parlé de Bichat, j'ai parlé de Broussais ; je ne dois pas passer sous silence un autre novateur, quoique le cadre de ses travaux ne rentre pas dans celui de notre ouvrage : Chaussier, ce réformateur de la nomenclature anatomique. Sa nomenclature des muscles tendait à nous débarrasser de toutes ces vieilleries baroques qui fatiguent si inutilement l'imagination et la mémoire, même de ceux qui les savent le mieux par cœur ; c'était une excellente idée que d'emprunter le nom des muscles à l'os sur lequel ils s'insèrent et à celui qu'ils font mouvoir. A peine Chaussier mort, sa nomenclature a été proscrite ; elle n'était plus affublée d'une robe de professeur. Il faut dire pourtant que cette nomenclature manquait de philosophie, et ramenait l'esprit plutôt vers l'analyse que vers l'analogie des rapports et vers les grandes lois de l'organogénie ; c'était encore là de l'anatomie de détails avec un peu plus de méthode que dans l'anatomie renouvelée d'Érasistrate et d'Hérophile ; mais rien de plus : c'était le système linnéen s'introduisant en anatomie. Ce peu de bien, la Faculté n'en a pas voulu ; elle est retournée à ses muscles *triceps, biceps, jumeaux, dentelé, vaste interne et externe, buccinateur, trapèze, rhomboïde, couturier, deltoïde,* etc. ; comme si la chimie venait tout à coup à laisser là la nomenclature de Guyton de Morveau, pour retomber dans les barbarismes de l'alchimie. L'anatomie attend une réforme dans ses mots, réforme qui ne peut ressortir que de la réforme dans les analogies. Nous renvoyons à la fin de cette *Introduction historique,* et pour ne pas trop interrompre le fil de la narration, l'ébauche que nous avons faite d'une réforme de ce genre ; nous en avions jeté les premières bases, à la suite de cet alinéa, dans notre première édition.

XXIV. — FONDATION DE L'ACADÉMIE DE MÉDECINE.

La tendance de l'empire avait donné des baronnies aux capacités médicales ; la médecine prit goût à ces bizarres distinctions : la guérison des malades ne fut plus qu'un moyen ; le but, c'étaient les titres honorifiques. On s'associa pour les partager, comme les malins s'associent au bas du mât de cocagne : « A toi la montre, à moi la coupe, à lui le couvert d'argent ; et que personne autre n'approche ! » La Faculté fut le théâtre permanent de ces conditions secrètes : « Tu me nommeras, je te nommerai, nous le nommerons ; tu me vanteras, je te prônerai, nous le prônerons et il nous prônera. » Chacune de ces associations devint une coterie : Dupuytren obtenait une baronnie à Thénard, pour compenser une appréhension d'empoisonnement qui n'avait pas eu de suite, mais qui avait eu pour témoin Monseigneur le Duc d'Angoulême.

Orfila obtenait une baronnie à Alibert, qui obtenait pour lui toute autre chose, vu qu'alors il y avait quelque incompatibilité de souvenirs entre la baronnie et lui. Tout cela devint si patent, si régulier, que Lisfranc, dont le caractère ne se prêtait pas à tout ce savoir-faire, finit par donner à nos facultés et académies le nom de *Sociétés admirables d'admiration mutuelle.* Le style des savants barons prit alors la souplesse de l'intrigue, la nébuleuse morgue du parvenu, la faconde hâblerie de la concurrence.

Il leur manquait une tribune ; ils obtinrent de devenir académiciens, par l'influence gastronomique dont jouissait l'archiatre Portal auprès de Sa Majesté Louis XVIII. Quel beau jour, pour des mal appris, que celui où M. Purgon à 2 fr. la visite put se regarder dans la glace, coiffé d'un tricorne, l'épée au côté et l'habit vert-pomme se dessinant sur sa large taille ! Pauvre lancette ! elle sembla se perdre au fond du fourreau de l'épée. « Ouvrez les portes ; battez aux champs ; chapeau bas, voilà M. le président ; la séance est ouverte ; M. le secrétaire perpétuel va vous donner lecture du procès-verbal. Il n'y a pas de réclamation, le procès-verbal est adopté. L'honorable *** a la parole ; silence, messieurs ! » Ah bien oui ! silence, parmi des médecins ! Contenez des médecins qui entendent parler médecine par un confrère : *tot capita, tot sensus,* autant d'opinions que de têtes ; et comme, si toutes ces têtes parlaient à leur tour, il faudrait une séance de plusieurs vingt-quatre heures, il arrivait qu'elles parlaient toutes à la fois, et quel langage ! Dumarsais avait prétendu qu'il se débitait plus de figures de rhétorique à la halle un jour de marché, qu'à l'Académie française ; c'est qu'alors l'Académie de médecine n'existait pas. Il y a eu telle séance où le spectateur s'est cru dépaysé : jurons, apostrophes, poing sur les hanches ou sous le nez, rien n'y a manqué que l'emplacement. Quant à la science, ce qu'elle a gagné à cette institution, je le cherche encore. Car lorsqu'un médecin croyait avoir par devers lui une idée un peu plus positive que les autres, il allait la soumettre à l'Académie des sciences, et se gardait bien d'en offrir les primeurs à l'aréopage des médecins.

Après les premiers essais au pugilat, et dès qu'on s'est administré les premiers horions, chacun se met sur la réserve, les vaincus en ayant assez d'une fois, et les vainqueurs redoutant un revers de fortune. On vit bientôt le médecin académicien s'exercer à la période, préparer ses improvisations d'avance, les débiter avec gravité et une académique solennité, parer la polémique par la circonlocution, et se ménager une porte de derrière par l'équivoque et l'ambiguïté. A ces longues dissertations, j'ai été pris moi-même le premier, dans le principe ; moi qui pourtant fréquentais les coulisses ! Il m'est arrivé de croire que ce verbiage oratoire couvrait une science spéciale et des connaissances peu accessibles au commun des hommes intelligents. « C'est singulier, me disais-je, comme l'on comprend facilement la botanique, la zoologie, l'anatomie, la physique et la chimie, et comme l'on a de la peine à comprendre la haute médecine ! » Et je suis resté bien longtemps à me convaincre qu'elle ne se comprenait pas mieux que moi, et que toutes ces longues dissertations n'étaient que des mots et des phrases, et rien de plus ; *verba et voces, prætereaque nihil.* Jusque-là, me rejetant sur la paresse de mon intelligence, je m'imaginais presque que, pour être médecin, il fallait être doué d'une organisation toute spéciale ; mais cette idée se dissipait encore quand j'approchais l'oracle d'un peu plus près. Quoi qu'il en soit, l'Académie prit peu à peu certaines formes, en jetant les yeux sur le buste de Louis XVIII, son fondateur, et sur la perruque classique de Portal, son protecteur. La plupart entrelardèrent leurs ordonnances de citations d'Horace, parce que Louis XVIII le savait par cœur ; d'autres exhumaient des mémoires de Portal, dont Portal lui-même avait perdu souvenance. J'en ai vu me retirer le salut que je leur avais rendu, dès que je leur déclinais mon titre de proscrit de 1815. Les médecins et chirurgiens de l'ex-empereur se jetaient dans la première ruelle venue, crainte de se trouver sur mon chemin et sur le haut de mon pavé; quelle rencontre de mauvais augure dans la carrière de l'ambition ! Ah ! si, à cette époque déjà, nous avions voulu dire trois mots et ramasser les deux ou trois titres que de puissantes mains jetaient sur notre table, que d'obséquiosités de vieillards nous aurions recueillies sur notre passage de jeune homme ! Nous préférâmes étudier, et nous n'avons pas eu à nous repentir de notre préférence; nous sommes arrivé à l'*oméga* en commençant par l'*alpha* : vingt ans, ce n'est plus qu'un jour, dès qu'on arrive.

XXV. — VICISSITUDES DE LA PATHOLOGIE ANIMÉE.

On s'imagine bien que les idées si simples et si précises de la pathologie animée no trouvaient pas de place dans le beau langage de nos médecins académiques ; et qu'on aurait fait bien des gorges chaudes du pauvre savant qui serait venu leur dire alors que la fièvre typhoïde n'était qu'une maladie vermineuse. Que serait devenu le cadre d'une docte dissertation, avec ses chapitres des prédispositions, des symptômes, des signes, de l'invasion, de la recrudescence, de la diathèse, de la crise et de l'autopsie, si l'on avait vu toutes ces doctes énigmes à travers le prisme d'un tout petit être de quelques lignes de longueur ; soyez donc médecin, avec de pareilles idées accessibles à l'intelligence des bonnes femmes! Je crois même que le mot de *pathologie animée*, personne dans l'Académie d'alors ne l'aurait connu, tant il était oublié! Dans le cours de mes nouvelles études, je me suis souvent appliqué à étudier les vicissitudes de co mot, qui était gros de si grandes choses, tout mal défini qu'il avait été; et j'en ai suivi le fil dans la série de tous les journaux savants que j'ai eu à consulter pour la rédaction de cet ouvrage. Il serait trop long de faire l'application de mes résultats d'observation à chacun de ces journaux en particulier ; il suffira au but que je me propose d'en donner un spécimen sur un seul, sur le plus ancien recueil de médecine de France, qui a pris bien longtemps le titre de *Journal général de médecine :*

Ce journal remonte à juillet de l'année 1754, où il parut, chez Barbou et sans nom de rédacteur, sous le titre de *Recueil périodique d'Observations de médecine, de chirurgie, de pharmacie,* publié par cahiers mensuels, ce qui formait deux volumes par an.

Dès le tome 2, et en 1755, il fut confié à la rédaction de Vandermonde, docteur régent de la faculté de Paris, qui, dès le 4e volume, et en 1758, en change le titre en celui de *Journal de médecine, chirurgie et de pharmacie,* dédié à M. le comte de Clermont, prince du sang. Sous la rédaction de Vandermonde, la *pathologie animée* trouva une grande et large place dans ce recueil; et ce qu'il est facile d'y remarquer, c'est que toutes les observations faites dans cet esprit arrivent de la province, de quelques médecins de village et de hameau; et ce ne sont jamais ceux-là qui observent en courant et à la légère. La faculté de Paris n'en fournit pas du tout dans ce sens.

A la mort de Vandermonde, et dès le mois de juillet 1762, A. Roux prend la direction du journal; et dès ce moment il s'opère dans la rédaction, et au point de vue qui nous occupe, un changement remarquable ou plutôt regrettable. Le journal était remonté sur les hautes échasses de la Faculté; il n'admettait plus aussi souvent des explications d'une simplicité trop populaire; cependant il ne les refusait pas toutes.

A la mort d'A. Roux, et dès le mois d'août 1776, les docteurs régents Dumangin et Bacher en prennent la direction, et la dédicace est adressée à Monsieur ; la rédaction baisse de ton, sans changer d'esprit.

En 1781, Bacher reste seul rédacteur et continue jusqu'en frimaire 1792, où le combat finit faute de combattants; le recueil était arrivé à son quatre-vingt-quinzième volume.

En 1796, la Société de médecine de Paris en reprend la publication, sous le nom de *Recueil périodique de la Société de médecine de Paris;* la rédaction se ressent un peu, et des tendances de l'enseignement vers l'ancien régime, et de l'anarchie que l'amour-propre médical ne pouvait manquer d'amener dans une réunion d'écrivains qui se disputent la page, et de la peur que, dans la grande tempête, chacun avait ressentie et ressentait encore.

En 1804, le journal prend le titre de *Journal général de médecine, chirurgie et pharmacie :* véritable restauration, dont la société confie le feu sacré à Sédillot, et là commence une nouvelle série : Double et Sédillot veillèrent dès lors à ce que l'on ne prît pas, pour la cause des maladies, les apparitions vermineuses, qu'ils ne considéraient que comme de simples complications accidentelles, et dont même ils n'auraient voulu tenir compte qu'accessoirement. En 1818, et dès le 62e volume, la société associe J.-V.-F. Vaidy à Sédillot, à cause du grand âge de ce dernier; et là commence une troisième série. Dès le mois de janvier 1819, tome 66 de la deuxième série, les noms de Sédillot et Vaidy ne paraissent plus sur le frontispice, et le journal n'est plus rédigé que par une commission prise dans le sein de la société.

Si mon sujet me permettait de toucher à une autre histoire qu'à celle de la médecine, j'aurais bien ici quelques rapprochements déplorables à faire entre la rédaction de 1814 et celle de 1815, entre la rédaction de la veille et celle du lendemain; mais jetons un voile sur ces revirements subits de dévouement et de religion politique, qui tiennent à une boutonnière d'habit et à quelques pièces de monnaie. Mon cœur saigne encore, toutes les fois que le hasard me ramène sur ces souvenirs.

Dès 1820, la rédaction est confiée à Gaultier de Claubry, et dès lors les théories helminthologiques reprennent un peu de leur ancienne importance. On n'y refuse pas aux helminthes un certain rôle dans la cause de nos maux; quant aux autres causes animées, on n'y pensait plus; on ne croyait plus même à l'acare de la gale. Pour tout le reste, Gaultier de Claubry se déclare partisan de la doctrine physiologique, qui à cette époque, était presque arrivée à l'apogée de sa faveur.

A Gaultier de Claubry succéda Gendrin, qui, s'isolant alors de toute coterie, et marchant seul au milieu des passions aux prises de toutes parts, arborait presque le drapeau de l'indépendance et le faisait sagement (*). C'est dans son recueil que trou-

---

(*) On a fait grand bruit d'une inculpation fort grave, si elle était vraie; car elle placerait le docteur Gendrin en tête des plus infâmes délateurs. Nous l'en croyons incapable, quoique nous l'ayons perdu de vue depuis 1830, et que nous nous soyons trouvé dans les rangs des proscrits, au mois de juin de lugubre mémoire. Cela n'est pas croyable, d'abord parce que cela n'est pas français, et ensuite parce que ceux qui l'en accusent se sont trouvés, depuis lors, sous le poids d'une inculpation bien plus infamante encore dont ils ont de la peine à se justifier. Au reste Gisquet, dans ses Mémoires (pag. 267 du tom. 2e), en parlant de l'exhumation odieuse de l'édit de 1667, qui ordonnait aux médecins et chirurgiens de dénoncer leurs malades au lieutenant de police, Gisquet ne dit pas un mot de Gendrin; et il donne toute la gloire de l'initiative, au sujet de cette odieuse mesure, à ce vieil imbécile de Dargout, qui, il faut l'excuser, voyait encore moins loin que son long nez. Voulez-vous savoir ce qui a attiré au Dr Gendrin l'inculpation portée contre lui par un journal de médecine, qui jouait alors le rôle de journal libéral et d'opposition ? Le voici : Gendrin avait soutenu, dans un travail plein de sens, que le duc de Condé n'avait pas pu se suicider; le journal libéral a eu mission de lui faire expier cet acte de haute impartialité médicale; en faisant choix d'un journal d'une tout autre couleur, on aurait trop montré la ficelle.

vèrent asile, en 1828, les premiers de nos travaux de médecine légale, sur le sang et les empoisonnements, qui, en soulevant tant de haines serviles ou despotiques contre nous, commencèrent à ouvrir les yeux de la justice sur les contradictions et les légèretés scientifiques d'un expert, à qui le dernier coup a été porté de 1839 à 1840, alors que, dans sa position sociale et dans son paroxysme d'outrecuidance, il paraissait s'y attendre si peu.

Quant à la *pathologie animée,* on pense bien qu'elle ne prenait pas plus de place dans le *Journal général de médecine* que dans tout autre de l'époque. Les études médicales avaient perdu totalement de vue ce point fondamental de la question, que le XVIIIᵉ siècle avait touché du bout du doigt. Jamais les doctrines humorales, se modifiant de temps à autre d'un peu de solidisme, n'avaient pris des allures plus savantes, plus variées, et n'avaient fait naître tant de commentaires théoriques revêtus du nom de systèmes, que dans les quinze dernières années qui ont précédé la révolution de juillet. Le *Journal général de médecine* n'a cessé de paraître que deux ou trois ans après cette nouvelle ère.

On voit ainsi que les idées importées en France par Andry influèrent sur la rédaction des premiers volumes du recueil ; mais que, dès la mort de Vandermonde, cet ordre de choses alla de plus en plus en déclinant, et que jamais le retour vers les doctrines humorales ne fut plus marqué qu'à l'époque où l'université reprit impérialement les insignes de la fille aînée de nos rois. La médecine s'était faite trop savante, elle avait trop bien mis le pied dans le cothurne de l'empire, pour redescendre à ces explications naïves d'une observation visible et palpable, qui réduiraient à une phrase laconique les plus longs traités *ex professo.*

Nous sommes arrivés, avec une certaine rapidité, par cet historique, à l'époque actuelle. Loin de nous la prétention d'avoir analysé tous les systèmes de médecine, d'avoir fait connaître les célébrités les plus éminentes qui ont de temps à autre déplacé avec éclat les termes de la question hippocratique et galénique ; il m'aurait fallu deux volumes pour ne transcrire que les titres des ouvrages principaux (*).

Nulle science n'enfante plus d'écrits, de sectes et d'opinions que les sciences qui n'ont pas encore trouvé leur principe ; telles sont la théologie et la médecine ; nos bibliothèques sont encombrées d'écrits de ce genre, que nul homme peut-être ne lira jamais, et il n'y perdra rien.

XXVI. — ORGANISATION DE LA MÉDECINE DEPUIS LA RÉVOLUTION DE 1830.

Dans cette esquisse historique, mon but a été de saisir çà et là les instants où la science médicale sembla vouloir secouer le joug de la croyance en la parole du maître pour chercher ailleurs que dans leurs écrits la cause de nos maux et la raison de l'action de nos remèdes ; pour se débarrasser enfin des entraves humiliantes que la Sorbonne et la Faculté ont de tout temps, et aujourd'hui peut-être encore plus que jamais, imposées à l'affranchissement de l'esprit humain. La Sorbonne s'y prenait en despote ; il a fallu le canon de la Bastille pour lui arracher la verge des mains. Nos facultés s'y prennent en diplomates, depuis près de quarante-quatre ans ; le canon de Juillet leur a passé par-dessus la tête, elles n'ont eu pour cela qu'à baisser la tête de honte et de peur ; et les voilà qui se remettent à l'œuvre avec plus d'assu-

---

(*) *Voyez* le *Catalogue* de Haller ; l'ouvrage de J.-A. Vander Linden, *De scriptis medicis,* augmenté par G. Abr. Mercklin ; l'*Histoire pragmatique de la médecine* de Sprengel, trad. par Fréd. Geiger, 1809 ; l'*Histoire de la médecine* de Leclercq et *celle* de Freind.

rance que jamais. Malheur à qui aura l'audace de relever le front au-dessus d'elles, quoique pour cela il ne faille pas être bien grand ! Elles ont tout pour l'accabler, il n'a presque rien pour se défendre ; on le ruine, comme si on le volait ; on le calomnie, comme si on le condamnait ; on lui ferme toutes les portes, comme si on l'interdisait. S'il travaille, c'est pour autrui ; s'il souffre, c'est, dit-on, par sa faute. Ses ennemis ont tout à leur disposition ; on ne lui laisse pas même le fruit de ses recherches. Il ne demande rien, et il réussirait mieux que ceux qui sollicitent et obtiennent ; on lui arrache des mains ses moyens de réussir qui n'émanent que de lui-même ; car le prolétaire produit trop aux yeux de ces savants repus et frappés d'impotence. Du reste, « son indépendance loyale ferait rougir et sourciller, sans doute (disions-nous, en 1843, dans la première édition de cet ouvrage, et depuis longtemps ailleurs), ces libéraux officiels chargés du département de l'opposition littéraire, » et dont le rôle était de donner, dans la presse ou la tribune, la réplique aux ministres à portefeuille, par quelques *ana* scientifiques ou autres que le lendemain les mille trompettes étouffaient quand ils étaient par trop entachés de maladresse, ou traduisaient en moins mauvais français. Malheureux comédiens de la naissance de l'empire, ils ont plus fait pour arrêter le progrès qui les aurait débordés bien vite, que tous les mauvais vouloirs de nos plus mauvais gouvernements.

« La portion avancée du corps médical crut fermement à une révolution médicale, le lendemain de la révolution populaire ; l'une devait nécessairement entraîner l'autre. Cela serait arrivé, s'il y avait eu révolution ; mais il n'y avait eu qu'un changement d'administration. On sacrifia un doyen dévot, mais prudent et sage, pour en mettre un plus dépravé qu'un faux dévot. On accorda le rétablissement du concours aux sollicitations de la presse ; les capacités se ruèrent du coup dans l'arène : «Parlez, leur a-t-on dit ; mais la chose est déjà faite ; quand on a le droit de nommer les juges du concours, c'est comme si l'on nommait le concurrent d'une manière directe. Faites briller votre science, comme professeurs de médecine, devant cet aréopage d'élèves ; à nous, il nous faut un chanteur, et il est là, l'oreille au diapason ; la loi n'a jamais défendu à Turlupin ou Figaro de devenir doyen, pas plus qu'elle ne défendit autrefois à son doyen, le Docteur Saint Jacques, de jeter le décanat aux orties, pour aller représenter Guillot-Gorju à l'Hôtel-de-Bourgogne et sur le Pont-Neuf (*). Avez-vous assez disserté ? le sablier expire ; Loyola nous observe par l'œil-de-bœuf ; notre écriture sera vérifiée sur nos bulletins ; nous votons ; le plus digne à nos yeux est celui qui nous est recommandé ; *dignus est intrare in nostro corpore*, au même titre que nous y sommes entrés. »

» La presse médicale en général, ainsi que la plupart des presses du monopole, est à la disposition du plus offrant ; c'est un bravo qui dévoue son bras au puissant, et qui, lorsque personne ne l'enrôle pas, ne se gêne plus d'aller enfourcher son escopette sur le grand chemin, et de dire au passant : *La bourse ou la réputation et la vie morale !*

» Qu'un honnête homme fonde un journal scientifique et médical, s'imposant la tâche de dire la vérité sur les hommes et les choses, et de maintenir dans la ligne sévère du devoir quiconque aurait envie d'en dévier à droite ou à gauche, son existence ne sera plus qu'une série de tribulations et de mesures vexatoires. S'il résiste, on en viendra aux grands moyens ; on lui détachera son libraire. Les *Annales des sciences d'observation* n'ont pas été ruinées autrement en 1829, par Cuvier et autres encore existants ; la Cour royale nous donna raison ; mais la ruine n'en fut pas moins complète ; c'était tout ce que l'on voulait. Nous n'avons pas plus de Cuvier au-

_____

(*) Voyez Guy Patin, lettre à Falconnet du 14 déc. 1660.

jourd'hui que de Fouché; mais leur méthode reste, et tout va comme auparavant.

» La presse médicale de l'époque de 1830 visait à la subvention, par rang d'ancienneté et de grade. Elle débutait toujours par être radicale; son prospectus s'annonçait comme une bourre à fusil. Elle accourait nous demander en grâce un article, une page, une ligne de notre écriture; elle offrait de la payer au prix d'un autographe de Molière ou autre de cette rareté; car avec cette ligne elle se faisait mille abonnés, et à mille abonnés la subvention commençait. Et là « donnant donnant : la subvention et je vous vends mon masque! » Le lendemain le subventionné retournait la culasse de son canon et tirait sur ses amis de la veille, qui devaient avoir tort, puisque le journal se piquait de radicalisme. Le rédacteur nuançait sa couleur, du rouge au bleu, du bleu au blanc, et l'armée qu'il commandait se trouvait un jour ou un autre, à son insu, dans le camp ennemi : honneur au rédacteur! il avait été habile. Mais pourtant il avait laissé un vide; et la politique médicale a horreur du vide. Le lendemain de la défection, il surgissait un nouveau venu, fort inconnu, mais qui apparaissait tout armé d'indépendance, tout cuirassé d'incorruptibilité : « Accourez, hommes de cœur, celui-ci ne fera pas comme l'autre, il vous le dit; croyez-lé, car il n'a jamais fait parler de lui. » Oh! que j'en ai vu tomber de ces anges incorruptibles! Il y en avait un en 1840, qui a disparu aujourd'hui de ce monde, et qui ne faillit pas à sa nouvelle tâche; je l'avais trouvé sur le grand chemin de la publicité, attaquant les passants pour placer une action ou un abonnement; je l'avais déterminé à quitter ce vilain métier, et à n'attendre le succès de sa feuille que d'une honnête et libérale rédaction. Je lui fournissais des articles pour le relever dans l'opinion publique; je ramenais l'ordre dans ses affaires domestiques; les lecteurs accouraient, sa feuille grandissait en bonne renommée, et la caisse se remplissait en bonnes espèces. Tout changea dans une nuit ; un bruit métallique se fit entendre, *et rediit sus ad vomitum;* la femme métamorphosée se ressouvint de ses griffes de chatte; et c'est moi qu'elle se prit à griffer. Personne ne comprit d'abord ce revirement d'habitudes; mais tout s'expliqua par les coups d'encensoir donnés à un nom qu'elle avait jusque-là stigmatisé. Alors ce fut moi qu'elle voulut mordre, la vipère; mais son premier coup de dent ne fut pas heureux sur la lime de mon invariable conduite; car le renégat perd du coup toutes ses dents. Le malheureux est mort, laissant un nom et une feuille que les passants n'osent pas ramasser; de telles morts sont bien faites pour apprendre à mieux employer sa vie.

» Les autres journaux, aujourd'hui, n'éprouvent pas un accueil plus favorable de la part des médecins; on est rassasié de toutes ces fastidieuses dissertations de médecine; le médecin lit des romans plutôt que des observations renouvelées de Galien. Dès lors, et pour se conformer à ses goûts et pour l'attirer dans la proximité de la grande colonne des *morts* et *autopsies,* a-t-on pris le parti d'apposer en dessous une bande de feuilleton, avec la prétention d'y faire de l'esprit. De la plaisanterie joviale autour du marbre des dissections et du lit d'un pauvre agonisant! on dirait que c'est la mâchoire d'un squelette qui montre les dents pour grimacer le sourire. Aussi, tout anatomiste qu'on soit, on détourne la tête de ces parades d'hôpitaux, pour aller s'apitoyer dans les salles des hôpitaux mêmes.

» Mais là, et par ordre, porte close, si ce n'est aux adeptes; de mon temps, le conseil général des hôpitaux se vit forcé de prendre cette mesure, afin de couvrir du manteau de sa protection les aberrations ou la négligence de certaines autorités professorales.

Je voudrais à mon tour jeter un voile sur les vices de cette organisation, que la charité de nos aïeux avait créée pour soulager les misères du peuple, et où ce que le peuple obtient de plus positif, c'est la mort. Le malade qui y entre, se trouve, dès ce moment, à la disposition de tous les caprices du médecin à qui le hasard le donne en

partage. Là il eût été exténué de saignées ; dans cette salle il sera gorgé d'arsenic ; le
pourquoi est inscrit sur le bulletin d'admission, qui est un billet de loterie. Dans telle
autre salle, il verra passer le médecin tous les matins, de la porte du nord à la porte
du midi, en ligne droite et sans que le docteur en dévie d'un seul pas : « Adieu ! la
visite est faite, l'interne n'a pas eu tort ; la preuve, c'est que le médecin n'a pas même
voulu jeter les yeux sur la feuille de clinique. » A cet étage nous rencontrons le médecin à théorie ; il a déjà deux cas contradictoires, il lui en faut un troisième pour
les départager ; c'est dans ce but qu'il choie, qu'il mitonne la maladie du n° tel ; est-ce
en vue de guérir le malade ? Oh bien oui ! c'est en vue d'en faire, dit-il, l'autopsie,
dans le cas où l'on viendrait à succomber, comme cela est probable ! Et le voilà aux
prises avec le chirurgien qui prétendait que tel cadavre doit lui revenir de droit. Pendant ce temps-là, la mortalité règne en permanence dans l'asile des souffrances humaines ; il y a des épidémies d'opérés, des épidémies de femmes en couche ; le médecin
s'en lave les mains, en rejetant ces fléaux sur la constitution atmosphérique. Les médecins consciencieux gémissent sur tout ce qu'ils voient et sur tout ce qu'ils taisent :
« Car la conscience compromet et porte malheur par le temps qui passe sur nos têtes ;
on se courbe pour le laisser passer sans accident. L'amélioration est révolutionnaire ;
la conservation est seule bien pensante : Conservons ces chers abus ; tels qu'ils sont,
ils ne sont abus que pour les autres ; mais pour nous, c'est différent. »

» Tout se corrompt ainsi, et la vieillesse et la jeunesse, et les débris d'un illustre
passé et l'espoir de l'avenir de la science. La jeunesse de nos écoles, abandonnée à
elle-même, sans guide et sans direction, use, dans les folies de son âge, cette verve
d'intelligence qu'elle ne sait plus à quoi appliquer. Elle va rire, dans les cours, des
grotesques colères et des mauvais lazzi de ses maîtres ; elle va secouer, à la *Char-
treuse* ou à la *Chaumière,* la poudre de ses bancs vermoulus. On a cru faire beaucoup
pour le perfectionnement des études, en hérissant de difficultés le programme des
examens ; mais l'examinateur se voit forcé de faire fléchir la règle ; on n'exige le programme que pour ceux qu'on a intérêt d'éliminer ; un jeune homme de talent peut
ainsi échouer là où le plus grand ignorant triomphe ; l'école de médecine en est encore
à l'anarchie de la rue du *Fouarre ;* on a remplacé seulement la litière par des gradins ;
los aux écoles ! Et cependant cette jeunesse est avide de s'instruire ; rien ne la rebute,
rien ne la lasse ; tout ce qui est positif l'enchaîne ; elle étudie l'anatomie, la main dans
le sang et dans le pus, séparée de la mort seulement par l'épaisseur de l'épiderme de
sa peau ; dans une épidémie, on la voit partout au foyer de la contagion ; elle se dévoue, quand ses maîtres tremblent ; elle a l'intelligence et le courage de tout ; elle ne
recule que devant un *Traité de Médecine !* Et qui ne reculerait pas, grand Dieu ! en
voyant tous ces traités si peu ressemblants entre eux ! Donc, aujourd'hui que l'alliance
de la médecine à l'histoire naturelle vient de commencer une ère nouvelle, jeunes
gens, entrez dans cette voie, en dépit de vos maîtres ! La vieille école a fait son temps,
préparez la nouvelle école ; casernez-vous dans vos mansardes, puisqu'on a besoin
de ne pas vous caserner dans une école polytechnique médicale. Je ne vous défendrai
pas pour cela vos amours (l'amour est la sœur chérie de l'étude, on étudie si bien au
sein d'une famille !). Seulement, au nom de la nouvelle médecine qui vise au pontificat,
je vous dirai de ne pas les salir ; on respecte quand on aime ; et l'homme, qui doit un
jour soigner les misères de l'humanité se met en contradiction avec lui-même en déversant le mépris et la honte, même sur sa passagère compagne ! Médecins futurs,
commencez par être dignes ! dépouillez le vieil homme de nos facultés ; il n'est plus
de notre siècle, quoiqu'il soit de notre temps.

Quelle uniformité d'études veut-on obtenir de l'organisation des écoles de médecine? En théologie on apprend les mêmes doctrines, car on se sert d'un seul et unique livre. A l'école polytechnique, on se met dans la mémoire les mêmes théorèmes et les mêmes démonstrations; car les mathématiques, qui datent de Pythagore et d'Euclide, n'ont pas changé de principes, et ne se sont enrichies, de siècle en siècle, que sous le rapport des applications. A l'école de droit, on ne commente que les cinq codes; on a un texte qu'on interprète par les motifs et les arrêts. Mais à l'école de médecine, où est le code, où sont les tables de la loi? Sous tel professeur on saigne; sous tel autre on purge; sous ce troisième on attend les bras croisés; sous ce quatrième on prodigue le sulfate de quinine; sous ce cinquième, on gorge le malade de mercure ou d'arsenic; et cela dans les mêmes cas, en raison des mêmes circonstances. La saignée lance un anathème en fort gros mots contre la purgation; et la purgation le lui rend dans la même monnaie (*). La dispute s'échauffe, où les élèves doivent nécessairement prendre parti. De la même école, il va donc sortir deux, trois, quatre, cinq, six modes de soigner la même maladie; deux, trois, quatre, cinq, six doctrines médicales. Il y a donc là autant d'écoles que de professeurs; autant d'opinions contradictoires que d'écoles! Laquelle est la bonne de par la loi? et laquelle le titre et le diplôme représentent-ils? Analysez bien cette idée, et vous en viendrez à conclure que le diplôme signifie que l'élève a assisté aux cours d'anatomie qui est une science, de chimie qui en est une autre, d'histoire naturelle qui est une classification, aux cours de chirurgie, qui en est un art comme celui du boucher, et enfin aux cours de médecine qui est un jargon variable, une véritable tour de Babel, la confusion des langues; en sorte que si, en sortant des bras de cette fille aînée de nos rois, le médecin sait quelque chose de positif, ce n'est rien moins qu'en fait de médecine.

Trois ans d'études dissipés sur les sciences accessoires! trois ans d'études nulles en fait de médecine! et le jeune médecin est lancé au lit des malades et dans le monde, sans autre garantie que son diplôme, sans autre guide que lui-même, sans autre contrôle que sa conscience. Sous le même diplôme peuvent s'abriter l'honnête homme et le méchant, le sot et l'homme de sens, l'ignare et l'homme qui cherche à s'instruire. Les bévues, on les lui pardonne; quant aux délits et aux crimes qu'il peut commettre dans le cercle de ses fonctions, il faut qu'il en ait commis beaucoup, avant que la justice des hommes en surprenne un seul de sa compétence; tout cela s'est commis à l'ombre du diplôme qui est l'ombre du mystère.

Le médecin reste ignare, s'il n'a rien appris élève; il ne sait jamais que ce qu'il a appris pendant ses trois ou quatre ans d'externat. Où trouverait-il le temps d'apprendre encore et de refaire son éducation, au milieu de toutes les tracasseries qu'exige le soin de se créer une clientèle et de se faire une position? Il court le malade, comme on court le cachet; il l'écoute en courant, il l'observe de même; il ne sait que ce qu'on lui rapporte, et on lui rapporte le plus souvent faux, mais toujours mal. Malheur au malade suivant, s'il le traite d'après les indications qu'il a recueillies ainsi auprès du précédent malade! Je guéris tous les jours des malades qu'est censé traiter un autre médecin, à qui on cache le stratagème et à qui on attribue la guérison, quoiqu'on n'ait pas employé un seul de ses remèdes. Certes, ce n'est pas là le moyen de lui en faire adopter de plus rationnels.

(*) L'un disait : Il est mort, je l'avais bien prévu.
— S'il m'eût cru, disait l'autre, il serait plein de vie.
LA FONTAINE, fab. 12ᵉ, liv. V.

« » Il y a beaucoup de médecins, on ne saurait le nier, qui ont fait d'excellentes études premières ; mais il en est encore plus qui manquent des premiers éléments, non-seulement de leur art, mais encore de leur langue. J'en connais qui écrivent, au premier magistrat de la commune, *Monsieur le mère*; j'en connais un autre qui, de la meilleure foi du monde, a ordonné un gramme d'opium pour un grain, croyant les deux poids synonymes ; le malade, on le pense bien, en est mort ; la justice a informé contre le pharmacien, qui est sorti blanc comme neige ; l'affaire, je n'en ai plus entendu parler ; mais quelque temps après, le pharmacien a été dénoncé pour avoir vendu, sans ordonnance de médecin, un sel dont on pourrait prendre une once sans en éprouver la moindre atteinte. Il y a des milliers d'empoisonnements produits par l'administration inconsidérée des remèdes et sur ordonnance des médecins ; le diplôme et un peu de terre recouvrent vite tout cela : il n'est pas un seul pharmacien qui n'ait par devers lui des exemples de ce qu'on est convenu d'appeler une imprudence. Eh bien, ce sont ces ignares, ces hommes si peu soucieux de la santé publique, qui sont les plus âpres à la dénonciation de leurs confrères et de ceux qui ont le bonheur de ne l'être pas ; ce sont eux qui intriguent et qui obtiennent, qui décident et ne doutent de rien ; je n'en sache pas de plus inexorables sur les antiques priviléges de la profession et sur l'infaillibilité de leurs ordonnances ; le malade n'a plus qu'à croire, et qu'il se garde de raisonner ; s'il va plus mal, c'est par sa faute, cela vient de ce qu'il aura manqué de foi.

» Le pasteur raisonne avec ses ouailles ; le magistrat prend soin de motiver ses jugements et ses arrêts ; le chimiste donne les proportions des sels qu'il découvre. Le médecin veut être cru sur parole et sans observation. Cette prétention aujourd'hui ne devrait plus être le propre que du charlatan et du sorcier de village : elle l'est encore du médecin de nos prétendues écoles.

» Est-ce un état qu'un pareil état ? est-ce une science qu'un pareil jargon ? est-ce une profession qu'un pareil métier ? est-ce une organisation protectrice de la santé publique qu'une pareille anarchie ?

» Le médecin est un marchand patenté de santé ; le pharmacien est un marchand patenté de remèdes ; et dans ces deux professions ce sont souvent les plus éhontés qui prospèrent le mieux ; et ce sont les plus probes qui pâtissent davantage. J'y vois des fortunes bien scandaleuses, j'y vois aussi des misères bien respectables et bien dignes d'intérêt. Or, le riche est, encore plus que le pauvre, victime de ce désordre social, de cette antique plaie de nos études universitaires ; car le pauvre est défendu, par sa pauvreté même, contre les roueries à prix d'or des deux métiers ; car l'absence de la médecine a fait moins de mal à l'humanité, d'après Jean-Jacques, que l'antique médecine ; on meurt plus souvent encore en l'invoquant qu'en s'en passant ; on gagne, dans le dernier cas, de ne pas mourir sans fortune et de laisser quelque chose à ses héritiers.

» Ainsi, quand on en vient au chapitre de la profession médicale, tout souffre et tout pâtit, le malade le premier, et ensuite le médecin et le pharmacien probes et consciencieux. Mais toute souffrance appelle une réforme ou une révolution. »

Dans la première édition de cet ouvrage j'avais donné l'esquisse d'une réforme en ces termes :

« Voulez-vous rendre de la dignité à la profession, de la confiance à l'opinion des administrés, de la foi au malade dans la sainteté d'une institution qui se charge de venir à son secours ?

» Je vais vous en fournir les moyens infaillibles, écoutez-les ; ceux qui pourraient les adopter feront la sourde oreille ; ce ne sera pas moins un germe que j'aurai jeté sur le terrain qu'ils foulent aux pieds; il germera, dès qu'ils l'auront perdu de vue, et qu'en dépit de leur mauvais vouloir, ils l'auront abandonné à la rosée du ciel et à la fécondité de la terre :

» 1° Ainsi que toutes les autres sciences, la médecine doit tendre à vulgariser de plus en plus ses doctrines et ses moyens de les appliquer. La propagation indéfinie des lumières s'oppose à ce que la Faculté ait des adeptes et des arcanes; les mathématiques et la chimie n'en ont plus.

» 2° L'enseignement de la médecine doit être libre, indépendant de tout contrôle autre que celui de la police de la cité. Tout médecin a droit de professer, les portes ouvertes; le talent du professeur déterminera l'affluence ; les incapables parleront tout seuls, et nul règlement ne condamnera à les entendre.

» 3° L'État met à la disposition gratuite de quiconque veut étudier, les amphithéâtres de dissection et les laboratoires de chimie, sous la direction et la surveillance de qui de droit ; on n'en exclut que les oisifs, les turbulents et les incapables.

» 4° Le corps médical est une magistrature inamovible et salariée par l'État, et organisée sur le pied de la hiérarchie des autres magistratures, par rang de mérite et d'ancienneté.

» 5° Un médecin se rendrait coupable de concussion, en exigeant ou acceptant, de la part de l'administré, un salaire ou un équivalent.

» 6° Les médecins se nomment, entre eux, à toutes les places de leur compétence, pour le service médical ou pharmaceutique.

» 7° Chaque année, le corps médical choisit les juges des examens et des concours. A chaque examen ou concours, on tire au sort une liste de juges, qui décident à la majorité de deux tiers contre un tiers.

» 8° Les élèves en médecine, distribués par quartiers, sont affectés, au prorata du nombre des malades, au service des médecins de quartiers; ils sont spécialement chargés, sous la surveillance et les ordres du médecin, de veiller auprès du malade, de tenir note des symptômes et des effets, pour servir à la rédaction de l'observation spéciale, et d'en référer au médecin, au moindre accident imprévu ; ils se relèvent mutuellement d'heure en heure, ou de quart en quart de journée.

» 9° Chaque soir, le médecin rend compte, au comité de quartier, du nombre et de l'état de ses malades, pour se faire assister, s'il y a lieu, et soumettre son traitement au contrôle de ses supérieurs et de ses confrères.

» 10° Des médecins inspecteurs s'assurent chaque jour de la régularité du service, et en font leur rapport.

» 11° Le président du comité du quartier adresse, tous les huit jours, un rapport statistique au comité d'arrondissement, sur le service qu'il préside.

» 12° Les délégués d'arrondissement se réunissent chaque mois, au chef-lieu, pour discuter les éléments des rapports des comités, et aviser aux moyens de réformer les pratiques vicieuses et d'étouffer les abus à leur naissance.

» 13° Dès le moment que les résultats des observations sont dans le cas d'être traduits en règle générale, la délégation insère la formule motivée dans le *Bulletin officiel;* la formule fait dès lors règle pour tous, jusqu'à ce qu'un nouveau vote basé sur de nouvelles observations ait permis de la modifier, de l'étendre ou de la restreindre.

» 14° Nul médecin n'a droit de s'écarter de la formule, dans l'exercice de ses fonctions, qu'après en avoir reçu l'autorisation du comité du quartier, qui motive sa permission au bas de la requête du médecin, et en expédie un double au comité d'arrondissement.

» 15° Le conseil médical est juge souverain de toutes les questions qui se rattachent à la salubrité et à la morale publique ; il oppose son *veto* motivé à tout projet de loi ou ordonnance municipale qui lui paraîtrait contraire à ces deux objets sacrés.

» 16° Sa mission est toute de dévouement et de charité ; le médecin doit s'interdire tout moyen violent et de rigueur. Sa toute-puissance est dans l'indulgence et la discrétion ; il soulage, il console, il réhabilite.

. » 17° Les émoluments des médecins et pharmaciens seront réglés sur les bases les plus larges, mais par ordre hiérarchique, en sorte cependant que l'élève même ait la faculté de vivre à l'abri d'une gêne qui nuirait autant à la régularité du service qu'aux progrès de son instruction.

. » 18° Quelques centimes additionnels sur la cote personnelle suffiront amplement pour couvrir les nouveaux frais dont cette institution nouvelle va grever le budget.

» Ce projet, disions-nous, n'est pas compliqué ; il est bien facile à comprendre. Aimez-vous mieux l'état actuel du semblant d'institutions médicales, que la réalisation de ce programme ? Dès ce moment je ne vous comprends plus ; vous êtes dans le vertige des haines politiques ; il faut vous plaindre encore plus que vous blâmer. Vous allez chaque soir applaudir Molière, et rire du *Malade imaginaire* et du *Médecin malgré lui ;* Héraclite y pleurerait, en voyant des gens qui rient de ce qu'on laisse, au hasard d'une profession bizarre et ridicule, le soin de tuer les malades et de rendre malades les mieux portants.»

Cette idée, qui conciliait si bien les intérêts du médecin et ceux de la salubrité publique, qui tendait à élever le médecin du bas de la profession de marchand à la hauteur de la dignité de magistrat, cette idée eut le sort de toutes les innovations dont j'ai eu le bonheur de jeter le germe dans la société nouvelle : Le public les acclamait, le pouvoir les étriquait à sa façon ; le progrès par lui se réduisait souvent à un rapiécetage ; l'habit de pièces et de morceaux lui semblait faire office du neuf. Lors de la publication de mon *Cours élémentaire d'agriculture,* les cultivateurs furent frappés des avantages qui résulteraient, pour eux, de l'application du projet d'association cantonale qui se trouvait formulé à la fin du 3ᵉ volume. Association ! ce mot d'association était alors très-séditieux ! on prit celui de *Comice* qui était cité dans la préface. Mais une association pratique était en opposition avec le plan d'une centralisation gouvernementale, on la transforma en une réunion annuelle, en une exposition et une joute de produits, depuis le potiron jusqu'à la race porcine ; exposition des beaux-arts agricoles, où Mᵉ Dupin débite des lazzi, et où l'on donne des prix à un pourceau bien gras et à une citrouille bien ventrue.

Il en a été de même du projet ci-dessus ; les lecteurs de l'ouvrage en comprirent toute la portée et en demandèrent tout d'abord l'application à l'administration locale : On vota des fonds, on nomma des médecins à ces places rétribuées ; mais il se trouva enfin qu'au lieu d'ériger la médecine en magistrature, on n'avait fait que salarier des médecins pour les soins gratuits qu'ils donneraient aux pauvres du canton incapables de les payer sur le pied des riches. Comme si les médecins avaient besoin de cette innovation, pour s'acquitter de cette mission gratuite mais obligatoire de leur profession ! Le bon médecin s'en acquitte scrupuleusement ; quant un médecin cupide et ami de ses aises, le salaire modique qu'il recevra pour soigner gratuitement le pauvre ne lui fera pas perdre de vue les honoraires qu'il peut retirer d'une visite chez le riche ; et il est évident qu'ayant deux malades à soigner, il s'attachera beaucoup plus à celui dont il attend récompense qu'à celui pour lequel il est d'avance payé. « D'après le journal de Dangeau, au 31 déc. 1694, dit Voltaire, le maréchal de Luxembourg étant tombé gravement malade, Louis XIV lui envoya Fagon, son premier médecin : « Faites, monsieur, pour M. de Luxembourg, lui dit le Roi, tout ce que vous feriez pour moi-même, si j'étais en cet état. » « Les médecins, ajoute Voltaire, proportionnent donc leurs remèdes et leurs soins à l'importance des personnes. » — Qui en doute, grand Dieu, s'il connaît un peu le cœur humain ! telle est la règle générale ; les exceptions sont de rares phénomènes, qu'on admire et qu'on suit fort peu ; ils honorent plus l'humanité que la médecine.

Le cardinal Dubois, se trouvant atteint de la gangrène à la verge, à la suite de ses débauches et des traitements mercuriels, il fut reconnu qu'il ne lui restait plus d'autre ressource que la castration ; et c'est à Baudou, chirurgien en chef de l'Hôtel-Dieu, que l'opération dut être confiée :

— « J'espère au moins, lui dit Dubois, que vous ne me traiterez pas comme vos gueux de l'Hôtel-Dieu !

— Pourquoi donc, monseigneur ? répond modestement Baudou.

— Belle demande ! je vous payerai, je crois, un peu mieux.

— Ah ! monsieur le cardinal, reprit Baudou, le payement ne fait rien à l'affaire ; car tous ces gens-là sont des Éminences pour moi. »

Réponse sublime et capable de faire oublier un instant toutes les saletés ordinaires du métier ! Pour qu'elle devienne axiome de la profession, il faut qu'en remplaçant le salaire privé par la rémunération publique, tous les malades gueux soient désormais des Éminences pour le médecin.

XXVII. RÉVOLUTION OPÉRÉE PAR LA PUBLICATION DE LA NOUVELLE THÉORIE MÉDICALE.

Mais si bien que payent les Éminences sociales, il n'en est pas moins aisé de s'apercevoir que la médecine, comme métier, menace de plus en plus ruine, par suite de la vulgarisation du système nouveau. Il est évident que, partout où pénètre le *Manuel*, les visites diminuent de nombre et d'importance. On cite tel village, aux quatre coins duquel, le médecin a fait crier par le *champêtre*, que puisque les malades apprenaient à se soigner eux-mêmes, ils eussent la bonté du moins de venir acquitter leur note. On en voit qui en sont réduits à faire le pied de grue à la porte des églises, pour être prêts à emboîter le pas du prêtre, quand il va donner l'extrême-onction, espérant ainsi des héritiers le salaire d'une visite qu'aurait refusée le malade.

Il serait donc de l'intérêt bien entendu du médecin de joindre sa voix à la nôtre, pour obtenir la réalisation d'un projet qui aurait attiré tant de bénédictions sur sa tête. Mais la médecine, aujourd'hui, s'est un peu laissé entraîner à poser en un mannequin dont Loyola tient la ficelle. Or il entre moins que jamais dans les vues du cher homme que nous ayons raison en rien : Il nous met au ban de tous les empires de ce bas monde. Nous, nous le mettons au ban de l'avenir ; ... et du terrain nous resterons le maître! Honte à tous ceux qui ne nous y suivront pas ! on fait toujours une triste mine à se voir pardonner. Je marche, ils stationnent ; mais en ce monde sublunaire, on se glace d'esprit et le cœur dès qu'on s'arrête ; le froid nous prend alors par tous les bouts.

Il ne faudrait pas croire qu'il me soit venu un jour dans l'esprit de m'occuper de médecine, plutôt que de toute autre chose, et que je me sois dit un beau matin, en me levant : Je voudrais bien composer un système de médecine. On procède de la sorte, quand on travaille pour un libraire ; mais les hommes enthousiastes de la nature, c'est la nature qui les conduit comme par la main ; ils n'écrivent que sous sa dictée ; ils n'avancent que sous sa direction. Aucun de mes travaux n'a jamais été autre chose qu'une induction du travail qui le précède; et, à qui m'aurait dit, en 1836, que je m'occuperais bientôt de réformer la médecine, j'aurais certainement répondu : *Peut-être; mais jusqu'à présent, de la médecine proprement dite, je ne crois pas un mot, et je ne me déciderai jamais à faire métier d'avoir l'air de la comprendre.*

Non pas que je ne possédasse dans la mémoire tout ce que pouvaient en savoir les plus habiles; mais parce que je savais aussi qu'ils se comprenaient d'autant moins entre eux qu'ils avaient l'air de se mieux comprendre. Tous ces petits paltoquets, ces *docteurs de papier* (*), pardonnez-moi cette métaphore anglaise, qui, du haut de leur petitesse de science et d'esprit, nous reprochent de n'avoir pas pris le chiffon de papier qu'ils ont de trop dans leur poche, n'ont sans doute jamais lu une ligne de toute cette palpitante portion d'histoire de nos études, qui s'étend de 1824 à 1836; ils auraient appris, sans se donner beaucoup de peine, qu'alors il n'y avait pas une sommité médicale et professorale, qui ne se servît, en nous écrivant, des mots *notre cher et honoré confrère ;* le secrétaire de l'Académie de médecine ne nous écrivait pas autrement; et on nous écrivait souvent alors, pour nous prier d'élucider publiquement quelque point controversé de *chimie* ou d'*histoire naturelle médicale*. On nous pardonnait d'être novateur dans l'*histoire des tissus élémentaires*, novateur dans la *chimie organique;* et lorsque, dans le local annexe de la Faculté, nous ouvrions un cours de démonstration de ces deux nouvelles sciences, nous avions un auditoire de professeurs confondus pêle-mêle avec tous leurs élèves. Nous avions remué de fond en comble cette veine d'études, au sein de la plus grande pauvreté ; et Loyola faisait dépenser or sur or au triste gouvernement d'alors, rien que pour obtenir quelques plagiaires d'un peu plus de résistance que les autres. Est-ce que ces petits docteurs de ruelle et d'estaminet feront jamais croire à personne qu'il nous eût été alors bien difficile d'obtenir un diplôme, d'une manière un peu plus passable que le moins sot d'entre eux?

Pourquoi donc ne l'avons-nous pas sollicité? D'abord parce que, pour notre genre d'études, il nous était parfaitement inutile; et ensuite parce qu'il répugnait à notre conscience d'aller marmotter, aux examens, des phrases médicales qui, à nos yeux, n'avaient pas la moindre consistance ; enfin parce que nous n'avons jamais rien voulu professer que ce qui nous a paru démontré, et que les théories classiques de l'*art de guérir* nous semblaient aussi absurdes que la pratique en était homicide. Faire du métier sordide, quand la science avait toute notre passion et devenait notre unique culte, fi donc ! Alors nous régentions le diplôme et nous ne l'acceptions pas. La science ne nous procurait ni beau mobilier, ni splendides habits brodés, ni beaux équipages ; mais combien elle nous a rendu heureux sans tout cela ! et combien de fois je me rappelais avec délices, par une application personnelle, la théorie d'Épictète sur l'inutilité des choses qui sont en dehors de nous! Qu'avais-je à désirer en fait de vraies jouissances de ce monde? La science, ma plus douce amie, ne me conduisait-elle pas à la conquête de vérités nouvelles par des chemins couverts de fleurs? A travers le labyrinthe où toutes les connaissances s'enchevêtrent, se croisent, se rapprochent successivement les unes des autres, l'induction me tenait lieu du fil d'Ariane; et, de conséquence en conséquence, elle me faisait passer de l'embryon du grain de blé à la cellule élémentaire, de la cellule microscopique à l'organisation, du type du ciron à celui du géant, enfin de la cellule organisée à l'atome physique, et de l'atome à tous ces immenses globes qui forment la poussière du ciel. A chaque station nouvelle dans le domaine des conquêtes intellectuelles, je ne manquais pas d'entendre une malédiction émanée de tel ou tel qui

---

(*) Les Anglais appellent Lords de papiers (*papers lords*) les lords qui ne le sont pas de naissance, mais comme magistrats ou hommes de procédure et de paperasses de jurisprudence.

prétendait en faire son profit par droit de naissance ou de dénonciation occulte. Les pères, les oncles, les cousins, les beaux-pères, les gendres, les enfants, les femmes, les filles, les parasites de la bande académique, criaient tous à la fois, comme de beaux diables, contre le hardi navigateur qui prenait terre et plantait son drapeau où le vent favorable le poussait, et qui se créait ainsi des empires dans les zones que, d'un trait de plume, le pape de ces gens-là ne m'avait pas concédées.

Mais j'allais si vite, que toutes ces criailleries n'avaient pas le temps d'arriver jusqu'à mon oreille ; j'étais déjà bien loin, quand on s'apercevait d'une nouvelle audace.

Que ceux qui croiront que j'exagère, entreprennent de rebrousser chemin vers le premier quart de ce siècle, pour poursuivre pied à pied la série de mes travaux ; ils se feront une idée de la révolution que ces audaces du *paria* ont opérée dans la science. Qu'ils essayent ; ils me diront ensuite si je me suis trop flatté ; ce que je leur conseille de faire, je l'entreprendrai peut-être un jour. Dans tous ces roquets coiffés que vous entendez chaque jour aboyer contre mon nom, il n'en est pas un, croyez-moi, qui sache la première lettre du pourquoi il aboie, en voulant flatter ses imbéciles de maîtres. Car à cette époque, les maîtres qui s'appelaient Dupuytren, Breschet, Larrey, Broussais, Geoffroy Saint-Hilaire père, Lebailly, en France ; — Oken, Tréviranus en Allemagne ; —Trinius en Russie ; — Hoker et Robert Brown en Écosse, etc., etc., traitaient avec respect et déférence le novateur bien jeune, que tant de jeunes sots insultent aujourd'hui de leurs niaises bévues, renouvelées de vingt ans ; et il y a vingt ans ces bévues étaient encore moins bêtes : on pouvait alors les pardonner à ce premier sentiment de désappointement qui s'empare de quiconque se voit forcé de désapprendre ce qu'il avait jusque-là professé, et d'avouer que toute sa pratique passée a dû faire fausse route, au détriment de l'humanité.

Ce fut en 1838 que la médecine commença à éprouver une de ces sensations qui présageaient quelque chose d'analogue.

En effet, à force de soumettre à mes investigations intimes, et, pour ainsi dire, atomiques, la physiologie des tissus et des liquides vivants, il était impossible que l'induction ne me fit pas voir, un peu plus clair qu'anciennement, le pourquoi les tissus et liquides pouvaient tomber malades. La première lueur de cette analogie m'éblouit tout d'abord ; c'était la négation de tout ce que l'on professait en médecine et la condamnation de tout ce qu'on y pratiquait. « Quelle tempête vais-je soulever d'abord, si j'ouvre la main tout entière, me disais-je, et que je lance dans le monde toutes ces vérités à la fois ? »

Je me contentai d'en jeter les premiers germes dans le *Nouveau Système de Physiologie végétale*, et puis, d'une manière un peu plus explicite, dans le *Nouveau Système de Chimie organique*. Dès leur apparition, les plagiaires ne manquèrent pas de se ruer sur mes nouveaux travaux ; dans les oripeaux des académiciens, rien ne serait plus facile que de vous faire toucher au doigt des lambeaux tout entiers de mon œuvre dépecée ; mon œuvre était au pillage sous la garantie du gouvernement d'alors. Un seul coin échappa à l'œil d'Argus de ces Geais à la recherche de quelques plumes ; ce fut précisément celui où germait la nouvelle révolution médicale ! Ces messieurs ne sont pas doués d'une longue vue ; ils ne prennent que ce qu'on leur met sous le nez, et ce que nous placions là, en pierre d'attente, n'était pas à la portée de leur point visuel ; et puis ils ne sont pas forts sur le syllogisme ; et le syllogisme, c'est la science qui coordonne les faits observés. Car, avec des millions de faits observés, il n'y a pas encore de science ; il n'y a là qu'un ensemble de connaissances. C'est toute une découverte nouvelle que de mettre la main sur la filiation de ces faits connus et épars de tous côtés. Un trait de lumière suffit pour amener l'ordre dans le chaos ; mais celui qui a perçu

ce trait de lumière et qui, d'un coup d'œil, semble avoir tout vu, recule presque tout
d'abord devant la hardiesse de ce spectacle. Il faut qu'il se façonne longtemps les
yeux à cette nouvelle manière de voir, avant qu'il ose initier les autres à ce nouveau
monde ; il aventure çà et là quelques mots de la bonne nouvelle, comme pour sonder
le terrain ; il y met des restrictions, dès qu'il s'aperçoit de l'effet subit de ses révélations
intimes ; il a ses ballons d'essai, les avant-gardes du corps principal de ses idées, ses
réserves, ses temps d'arrêt, ses escarmouches, comme un conducteur d'hommes qui
s'avance en pays inconnu. Et malgré tant de précautions, chaque pas qu'il fait soulève autour de lui une tempête. O science ! tes conquêtes, si fécondes en jouissances
de contemplation, comme on les paye cher, dès qu'on veut les partager avec les autres !
Je conçois que les anciens sages se soient condamnés à la solitude et au silence, afin
d'échapper à la peine qui frappe ceux qui s'imposent la tâche d'annoncer au monde
qu'ils ont tout vu de trop près !

C'est à peu près là, comme en un court résumé, l'histoire du développement de la
nouvelle théorie de la maladie et de la *nouvelle méthode de conserver ou ramener la*
santé.

La théorie classique à cette époque était basée sur l'entité de l'inflammation (*phlo-*
gistique). La pratique médicale consistait tout entière dans la saignée, l'application
de sangsues, la diète et les boissons gommées (*antiphlogistiques*).

Les élèves renchérissaient encore sur les exagérations des maîtres : ils saignaient
coup sur coup et jusqu'à ce que le malade n'eût plus de sang dans les veines ; leur
prétention était de juguler la maladie, et ils étaient presque toujours sûrs de voir se
réaliser leurs prétentions, en jugulant le pauvre malade(*). On proscrivait, comme incendiaires, les épices, le vin, les liqueurs, le sel, le poivre, les aromates ; on se gorgeait, par ordonnance, d'eau de gomme ou d'eau de riz. La gastrite, la toux, la migraine,
la diarrhée étaient devenues, pour ainsi dire, les maladies à la mode et les vaches à lait
de la profession du médecin ; au spectacle et aux offices, on toussait à l'unisson ; au
salon, on se bourrait de poudre de gomme, comme autrefois de prises de tabac ; la
bonbonnière avait remplacé la tabatière. Aussi, quand il survenait une épidémie, alors,
à force de tout proscrire, on finissait par condamner le malade à mourir de faim, pour
ne pas mourir de la maladie. Plus la mortalité devenait effrayante, plus le médecin se
montrait inexorable dans ses prescriptions. En temps de choléra, les tombereaux
suppléaient à l'insuffisance des corbillards, et, faute de tombereaux, on finissait par
mettre en réquisition les tapissières ; et il faut que les femmes aient été bien fécondes,
pour avoir repeuplé un pays en proie à tant de genres de mortalité. Enfin l'homme
de par le médecin n'était plus l'homme de par la nature ; on eût dit que la vie, en vertu
de l'ordonnance, pouvait se passer et de pain et d'air.

Au milieu d'un déraisonnement aussi général, imaginez-vous quel effet devait
produire l'apparition subite du *Nouveau Système*, dont le présent livre est la démonstration ; et vous vous expliquerez l'orage qui nous accueillit, dès les premiers linéa-
ments que nous en jetâmes dans la presse quotidienne, en novembre 1838 ; il y a de
cela un peu plus de 21 ans, presque un quart de siècle.

(*) Dans l'hôpital dévolu au professeur de cette méthode d'extermination de la maladie,
un pauvre malade, que l'on venait de saigner coup sur coup, entendant le professeur dire à
ses élèves : « Vous le voyez, le sang n'a plus de couenne inflammatoire. — Vous appelez cela du
sang, répliqua à haute voix l'infortuné, vous vous y connaissez bien! vous ne voyez donc pas
que c'est de l'eau que vous m'avez tirée. Du sang ! vous ne m'en avez pas laissé une goutte
dans les veines. » Et il expirait une heure après.

L'article n'était pas long : nous faisions part aux médecins de la facilité avec laquelle on arrête certaines affections pulmonaires, au moyen d'une *cigarette de camphre* et de l'application d'une *compresse imbibée d'alcool camphré* sur la poitrine et autour du cou ; nous ajoutions que, pour dissiper certaines rages de dents, il suffisait d'introduire un grumeau de camphre dans le creux de la dent cariée, etc. Ce n'était encore, vous le voyez, que l'*a b c d* de la nouvelle méthode.

Cette note ne s'adressait qu'aux médecins, et nous ne l'avions fait parvenir qu'à trois journaux exclusivement consacrés à la médecine : le *Bulletin de thérapeutique,* la *Gazette des hôpitaux* et l'*Expérience* (*). Le rédacteur du *Bulletin de thérapeutique* se rendit l'écho de la stupéfaction que la publication d'une pareille note allait produire dans le monde médical, en l'accompagnant de cet avis préalable : « La note suivante, disait-il, renferme des CHOSES TELLEMENT MERVEILLEUSES relativement aux effets thérapeutiques du camphre dans les maladies, qu'il ne faut rien moins que l'autorité scientifique de son nom et l'estime que nous avons pour ses travaux, POUR NOUS RENDRE A SON DÉSIR. Jusqu'à plus ample informé, M. Raspail nous permettra cependant de ne pas partager ses convictions, sur l'efficacité curative des vapeurs du camphre dans les maladies graves qu'il mentionne. Nous ne nions rien en thérapeutique ; mais nous voulons voir, et voir plus d'une fois (**), pour admettre des résultats qui, s'ils étaient exacts, changeraient le MODE DE TRAITEMENT DE TANT D'AFFECTIONS. Du reste, nous faisons de notre mieux, puisque nous appelons l'expérimentation sur les moyens inoffensifs qu'il préconise. Nous verrons. »

A travers tout cet entortillage de pléonasmes, de tours et de retours, de négations et de doutes, on entrevoyait le pressentiment d'une de ces révolutions qui menacent le bien-être et les priviléges de quelques-uns, en profitant au plus grand nombre; le métier de médecin se voyait menacé par la simplification des machines thérapeutiques.

L'auteur de cet avis charitable fut le premier à en comprendre la portée et le défaut de tact ; car, dans une lettre confidentielle, le même rédacteur nous écrivait à ce sujet : « N'ayant jamais donné place qu'à des résultats confirmés, et les vôtres n'étant et ne pouvant être pour nous qu'en question, jusqu'à ce que la pratique sur une assez grande échelle les ait confirmés, j'ai dû ajouter quelques lignes. Elles ne feront que fixer plus fortement l'attention sur les faits que vous signalez et dont je désire la vérification comme thérapeutiste et comme ami de l'humanité. »

Évidemment toutes ces précautions exceptionnelles du journalisme, et qu'on se serait bien gardé de prendre à l'égard du moindre petit correspondant du plus inconnu de nos villages, indiquaient suffisamment que mon indication sommaire présentait quelque chose de trop contraire aux doctrines et à la pratique de la médecine classique, pour que l'annonce ne renfermât pas le germe d'une révolution médicale, dans le cas où l'expérience en aurait confirmé l'énonciation.

Or il ne s'était pas passé quinze jours, depuis l'apparition de ce numéro de la *Revue de thérapeutique,* que le public venait de toutes parts rendre hommage à l'efficacité de ces moyens curatifs si faciles à employer. Les journaux politiques avaient transcrit l'annonce avec une spontanéité qui faisait contraste avec la mauvaise grâce du journal spécial sur la matière. La vogue qui accueillait ce premier programme d'une médica-

---

(*) Voyez *Bulletin de Thérapeutique,* 15 et 30 novembre 1838; tom. 55, pag. 512, et tom. 16, pag. 54. — *Gazette des Hôpitaux,* 17 novembre 1838 et suiv. — *Expérience,* 22 novembre 1838, tom. 2, pag. 489.

(**) Le moindre *Sangrado,* qui lui adressait la plus insignifiante formule, en obtenait l'insertion sans toutes ces précautions-là.

tion en germe, fut si subite, que le rédacteur lui-même, entraîné par la force du tourbillon, nous écrivait déjà, à la date du 10 *décembre* 1838 (dix jours après l'apparition de sa note) : « Déjà j'ai connaissance de quelques expérimentations faites avec le camphre, suivant votre méthode. J'ai reçu notamment hier soir une lettre, d'une médecin distingué de la Belgique qui est de nature à vous être agréable... en voici l'extrait. Il est bon que vous le possédiez, afin d'en tirer parti, si vous le jugez convenable. »

Dans cette lettre, à la date du 4 décembre 1838, le docteur Cunier, médecin de la garnison de Mariembourg (Belgique) et alors rédacteur d'un journal d'oculistique, faisait part au rédacteur parisien du *Bulletin de thérapeutique*, des heureux résultats qu'il avait obtenus de l'emploi des cigarettes de camphre et des compresses d'alcool camphré, contre les accès d'asthme qui jusque-là lui avaient rendu le sommeil impossible ; et il citait en même temps d'autres succès obtenus sur ses malades en ville.

L'insertion de cette lettre dans le *Bulletin de thérapeutique* pouvait être un bien beau correctif à la note d'une bienveillance douteuse du n° du 30 novembre ; l'insertion n'en eut pas lieu. L'opposition occulte se dessinait déjà sur toute la ligne, et la persécution couvait contre cette nouvelle veine d'investigations que nous allions poursuivre à ciel ouvert et à notre corps défendant, seul contre tous ; tant cette époque, grand bazar des consciences et de toutes les sortes de trahisons, était devenue pauvre en caractères d'une certaine trempe.

La médecine officielle regimbait contre les débuts de la découverte ; l'opinion publique, qui ne professait une foi aveugle que pour les choses de l'autre monde, accourait partager les bienfaits de mon hérésie médicale : et, à la suite de la foule, venait un jeune pharmacien qui s'offrait à faire son profit de la nouvelle tendance de la foule. Dans le principe, ce pharmacien, un tant soit peu intimidé en face du soulèvement de la médecine, s'ingénia à ne pas trop effaroucher la Faculté, tout en exploitant la popularité ; il débitait tout d'abord la nouvelle médication un peu sous le manteau. Mais il finit par s'enhardir, une fois qu'il vit la noblesse et la magistrature, le civil et le militaire accourir rue Dauphine, n° 10, avec la foule et faire mine de vouloir se guérir aussi vite qu'elle et au même prix. Notre pharmacien avoua plus tard à qui a voulu l'entendre, qu'en deux ou trois ans il avait réalisé, en faisant cette bonne œuvre, quelque chose comme un bénéfice de trois à quatre cent mille francs ; notre bénéfice net, à nous, a été de pouvoir distribuer gratis, pendant deux ou trois ans, aux plus pauvres de nos malades, la valeur de 150 francs de remèdes par mois, et puis de nous ruiner pour notre propre compte.

Notre première publication ne fut d'abord que bien modeste, bien discrète dans son titre peu voyant, encore moins prétentieuse et faisant peu d'embarras ; elle prenait toutes sortes de ménagements et tenait fort peu de place aux grands étalages, se rapetissant à une taille lilliputienne devant les épais et doctissimes in-8° publiés *ex cathedrâ ;* c'était à peine un petit in-32 de seize pages, que l'on pouvait cacher dans la poche du gilet à l'approche des argus médicaux ; il était intitulé : CIGARETTES DE CAMPHRE ET CAMPHATIÈRES HYGIÉNIQUES, *contre une foule de maux lents à guérir ou même incurables et chroniques, qui ne réclament pas ou ne réclament plus la présence du médecin ou bien qu'on est condamné à soigner en son absence ;* avec cette épigraphe : l'*hygiène préserve de la médecine.* On ne pouvait pas pousser plus loin les ménagements, la déférence envers les hauts et puissants privilèges de la profession médicale, ni donner moins de prise aux dispositions draconiennes de la loi qui ne permet de mourir que de la main du médecin.

La fortune de ce livret fut assez grande ; le 2 septembre suivant je donnai une plus grande importance à la rédaction ; car j'avançais, dans le cœur de l'arbre de la science du bien et du mal, à la manière du coin qui écarte les obstacles, en présentant peu a peu un plus fort volume. Le public affluait pour m'apporter ses maux à guérir et allait de ce pas porter son or chez mon apothicaire ; et jugez si notre clientèle commune devait augmenter, à la suite des merveilles de mes guérisons! On n'avait affaire presque, alors, en fait de maladies internes, qu'à des maladies vermineuses, que la médecine nourrissait de sa diète, de ses juleps et de son eau de gommé, et que ma médication devait dissiper comme par enchantement. En vingt-quatre heures se voir guéri d'une migraine, d'une gastrite, d'une toux que le médecin, un ami de la maison, cultivait de ses soins assidus depuis nombre d'années ; on eût été prophète pour bien moins! Aussi accourait-on de toutes parts à mon ermitage de Mont-Souris. Malheureusement je n'avais qu'une pièce à la disposition de mes malades ; la foule se voyait forcée de rester dans le jardin et la queue s'étendait souvent jusque dans la rue. O scandale! la police municipale, au lieu de s'opposer à cette affluence, semblait, en fermant l'œil, y prêter les mains. Loyola, qui n'était pas loin et qui venait me consulter pour son propre compte, me lâchait quelquefois sous main ses meutes du voisinage, comme en remercîment. On voyait alors les *voyoux* du Don Quichotte de la Vierge se faufiler parmi les pauvres infirmes ; et, à un *sauve qui peut* donné, ils renversaient de pauvres vieillards, de vieilles femmes, de chétifs petits enfants, qu'on m'apportait ensuite presque morts de frayeur. Vous comprenez que cette pieuse canaille ne m'attendait pas ; car elle savait que, pour elle, je n'aurais pas été fort tendre et compatissant ; le moment où j'entendais ses cris, ils étaient déjà au fond de quelque sacristie ou du cabinet d'Orfila. Triste année pour moi que cette année si heureuse pour tant d'autres ! Car je sortais de quinze mois de lutte contre un mal qui semblait se jouer de tous mes efforts (voyez tom. III, pag. 453) ; lutte qui a abouti, il est vrai, à une victoire, mais à une victoire dont le gain nous a coûté bien cher.

Ces quinze mois de veilles et d'anxiétés avaient tenu en suspens la publication de l'*Histoire naturelle de la santé et de la maladie* ; monument dont tous les matériaux étaient déjà prêts à être mis en œuvre, mais que je ne voulais *illustrer* qu'avec les dessins et les gravures exécutés par le malade que j'avais à sauver.

Dès que ce but eut été enfin atteint, je me mis à la recherche d'un libraire. A cette époque, où chaque éditeur était en quête de subventions ministérielles, mon nom était une triste apostille pour de telles faveurs. Cependant il s'en présenta un jouant l'homme hardi, car il était le plus compromis et dans la détresse. Ce livre aurait été pour lui un coup de fortune, un moyen de se relever de ses infortunes précédentes et de se remettre sur un nouveau pied dans ses relations commerciales ; car, parue en juin 1843, en 2 volumes, l'édition de ce livre tirée à un nombre indéterminé d'exemplaires, était complètement épuisée en novembre 1844. L'éditeur avait, d'après notre contrat, le droit d'en faire autant de TIRAGES qu'il aurait voulu, mais non une nouvelle ÉDITION. En vertu de cette dernière clause, l'édition une fois épuisée, je reprenais la propriété du livre ; c'est-à-dire, l'éditeur pouvait en tirer, dès la première fois, autant d'exemplaires que bon lui aurait semblé, ou que le lui aurait permis la conservation des clichés, dans le cas où il aurait voulu se hasarder à faire cette dépense ; mais une fois l'édition ou les clichés épuisés, et dès qu'il devenait nécessaire de recomposer le livre, ligne à ligne, lettre à lettre, la propriété me retournait tout entière et je pouvais contracter sur de nouvelles conditions.

Le libraire, de sa nature, est porté à ruser avec les auteurs et à passer pour habile sur ce point auprès de ses confrères, dût-il se ruiner à ce jeu : c'est une des manies de la profession. Le mien, coutumier du fait, se plaisait à ce jeu ; mais il n'y était rien moins qu'habile ; car jusqu'alors il n'avait réussi qu'à s'y ruiner.

J'apprends en effet, un jour, que, dans une imprimerie borgne, on réimprimait mon ouvrage, lettre à lettre, à la hâte, dans le plus profond secret, et comme on le fait d'une contrefaçon, coûte que coûte. Je me procurai des épreuves : il y avait des fautes à faire rougir une élève de 10ᵉ et une cuisinière au besoin. Or, par une antichrèse qu'il importe de remarquer en passant, le libraire en question avait des fonds pour faire face aux frais d'impression, et n'en avait point pour faire honneur aux billets en souffrance qu'il m'avait passés. Cette considération était à mes yeux fort secondaire ; mais devant la loi elle devait occuper le premier plan : car forcé d'invoquer la loi, j'actionne cet homme devant le *tribunal de commerce,* en résiliation du contrat, pour inobservance des conditions et défaut de payement. Il me semblait que ma cause était imperdable ; je la perdis bel et bien ; le tribunal déclara que le mot *tirage* était synonyme d'*édition,* et que, si le libraire n'avait pas fait honneur à sa signature, c'est que je l'avais troublé dans la jouissance de ses droits, en l'empêchant de réimprimer mon livre. (Les billets étaient échus en août 1844 ; mon opposition à la réimpression était du 11 avril 1845 ; mais dans la fable *le loup et l'agneau* on ne regarde pas à des anachronismes plus énormes encore).

Ce jugement avait été rendu, sur le rapport de l'expert en librairie Pochard et sous la présidence de M. Gaillard, marchand de vins ; les noms, il est vrai, ne font rien à la chose ; cependant j'en appelai à la Cour royale, comme d'un jugement peu solide et dépourvu de raison.

La Cour, ce jour-là, 5 août 1845, était présidée par le premier président Séguier. Le libraire se présenta à la barre, muni d'un nouveau rapport :

— Sur quels témoignages vous appuyez-vous, lui demanda M. le président, pour établir que le mot *tirage* signifie *édition ?*

— Sur le rapport arbitral de M. Pochard, ex-libraire, et sur un nouveau rapport officieux signé de MM. Paulin, Pagnerre, Gosselin et Furne, libraires-éditeurs.

— Eh ! ces gens-là sont juges et parties, reprit M. le président ; je ne suis ni auteur, ni libraire ; mais il ne faut qu'avoir des yeux pour voir que ce que vous appelez *tirage* constitue bel et bien une nouvelle *édition.*

Et sur notre plaidoirie, la cour infirmant le jugement consulaire, fit au libraire défense de vendre cette nouvelle édition, et déclara que nous devions rentrer dans la propriété de notre ouvrage.

Le procès était gagné ; mais nous avions sur le dos, d'abord les dépens à payer, au lieu et place d'un libraire insolvable, et puis une nouvelle catégorie d'adversaires qui vaut bien celle des médecins du corps ou celle des médecins de l'âme.

Ma vie est un combat, et il y a longtemps que je me suis bien trouvé de ne jamais compter avec le nombre de mes ennemis :

Nous venions d'éditer, aux frais de la famille, le Manuel annuaire de la santé, pourquoi hésiter de publier, à la grâce de Dieu, la nouvelle édition de l'Histoire naturelle de la santé et de la maladie ? *Audaces fortuna juvat.* La fortune seconda notre publication, aux dépens de notre bourse. La contrefaçon devenait insaisissable, grâce à la connivence des libraires frères et amis, en dépit de l'arrêt de la Cour du 5 août 1845 et d'un jugement de la police correctionnelle confirmé en appel. La contrefaçon, tout ignoble d'exécution et tout incomplète qu'elle était, se vendait sous le manteau 12 francs ; notre édition, imprimée avec luxe en trois volumes et considérablement augmentée, ne pouvait se livrer qu'au prix de 30 francs. Les acheteurs croyaient faire une économie, en achetant l'ouvrage au rabais. Nous y perdions immensément, les contrefacteurs n'y gagnaient que le plaisir de la vengeance.

Mais la coalition des libraires, en nous faisant beaucoup de mal, ne put empêcher le succès de l'édition nouvelle ; la preuve en est qu'aujourd'hui nous recommençons.

La triple et sainte alliance avait donc manqué le but; mais elle ne se tenait cependant pas pour battue; elle a tant de cordes à son arc !

Les menaces grondaient de toutes parts; on cherchait à intimider les malades et encore plus fort le pharmacien; d'un autre côté, *mes chers et honorés confrères,* effrayés d'une concurrence gratuite qui prenait de jour en jour une si grande extension, commençaient à sonder les parquets des diverses juridictions, pour savoir jusqu'à quel point ils pouvaient compter sur les rigueurs de la justice, dans le cas où je me déféreraient à sa barre. Enfin les forces me manquaient souvent à entendre, instruire et soigner de mes propres mains tant de malades, dans le modeste local que j'habitais et avec les occupations qui me fournissaient les moyens de vivre et de faire vivre les autres. La tentative d'empoisonnement dont j'ai parlé dans le tome I, pag. 213 du présent ouvrage, et qui me légua une agonie de trois mois, était à mes yeux un avertissement suffisant pour transporter ailleurs mon cabinet de consultations; enfin mon pharmacien, M. Colas, si honnêtement qu'il se fût en tout comporté envers mes malades pauvres et riches, ne m'en paraissait pas moins, en tenant ses prix un peu élevés, attarder de ce fait la propagation de la nouvelle méthode.

Mille motifs divers me poussaient à régulariser cette double position, en associant à mon œuvre un médecin de la faculté, et en confiant la confection des médicaments à un pharmacien qui me permît de fixer moi-même des prix de chaque substance; au point où en était la nouvelle méthode, l'une et l'autre mission devaient faire la fortune de quiconque aurait eu l'esprit de l'accepter et de la remplir de bonne foi.

Le médecin dont je fis choix, M. Cottereau, était un des plus instruits et des plus honnêtes praticiens de la capitale; il était professeur agrégé de la faculté de médecine, expert assermenté devant les tribunaux; j'avais pu juger de son honorabilité pendant le long procès de *la dorure au trempé,* où il m'assistait comme co-expert désigné par les parties.

Le pharmacien chez lequel je transportai la *nouvelle méthode,* à la condition que je surveillerais la confection des médicaments et que je fixerais moi-même les prix, n'était rien moins certes qu'un homme habile et instruit; il avait passé ses examens sur des questions à lui données la veille. Il ne faut pas tant d'instruction pour être droguiste à la rue des Lombards; mais on peut dire, en toute sûreté de conscience, que le moindre droguiste des Lombards eût passé pour un aigle en comparaison de cet homme.

Il m'avait été amené, comme nécessiteux et embarrassé un tant soit peu dans ses affaires, par un M. de Pont-Carré, que j'avais connu, en 1822, au château de Guermantes; le souvenir de la bonne hospitalité que j'avais reçue chez nos hôtes communs, ne me permettait pas de rien refuser à un ami intime de MM^mes de Tholozan et de Dampierre. Je ne tardai pas à me repentir d'avoir trop confondu ce que je devais à ces dames avec ce que me demandait ce protecteur, en faveur de son protégé.

Quoi qu'il en soit, je me croyais l'homme le plus en règle avec la loi, avec l'opinion publique, avec les exigences de la philanthropie et avec ma conscience. Mais la trahison veillait un peu partout; et alors la trahison prenait le masque de la police municipale, qui se fâchait tout rouge quand on lui attribuait ces méfaits; ce n'est que bien plus tard que je me suis convaincu que la police pouvait être calomniée.

Le premier jour que M. Cottereau et moi nous ouvrîmes aux malades le local de nos consultations, rue des Francs-Bourgeois, n° 10, les salles, l'escalier et la cour se trouvèrent encombrés par la foule dont une partie affluait dans la rue. Tout n'était pas malade dans cette multitude; et, d'un autre côté, il était impossible que toute cette multitude pût trouver place dans les salles. Il se fait alors un tumulte dans la cour; on y vocifère avec un son de voix qui n'annonçait ni rhume, ni aphonie; la bande à Loyola manœuvrait et organisait un bûcher pour me brûler, disait-on; les avinés de la bande demandaient à grands cris de la paille pour cet *auto-da-fé*. Mais ils n'avaient pas achevé la phrase que, le gourdin à la main, j'étais à la poursuite de la pieuse *Hermandad*, prêt à frictionner les reins à cette sainte canaille, si déjà elle ne m'avait pas devancé en fendant la foule et en disparaissant au triple galop. Je fis comprendre aux bien intentionnés que la bienfaisance avait des limites et imposait des précautions; et je leur annonçai que désormais on n'entrerait plus que sur des *laissez-passer* délivrés par les autorités civiles, militaires, et même religieuses de quelque rit que ce fût.

J'adressai en conséquence une circulaire à toutes ces diverses catégories d'autorités; elles s'exécutèrent toutes de la meilleure grâce du monde, excepté une seule, qui serait peut-être la dernière à laquelle vous songeriez : ce fut le pasteur Monod (pauvre protestantisme, direz-vous! non c'était du népotisme : le pasteur était frère d'un médecin). M. le pasteur Monod m'écrivait que ma méthode n'étant pas légalement reconnue (sans doute par M. son frère), sa conscience ne lui permettait pas de m'adresser les malades qui voudraient bien se recommander de lui. Je crois pourtant me souvenir que plus tard, il se vit forcé, devant l'insistance des malades, de faire violence à sa conscience et à ses bons sentiments de fraternité

On pense bien que M. Cottereau ne s'était pas engagé à prêter gratuitement son concours à l'application de la nouvelle méthode; du reste nous avions contracté des engagements qui ne supposent pas la gratuité envers les riches : nous avions un loyer élevé, des frais de luminaire, de chauffage et de mobilier à couvrir, un personnel à salarier et des poursuites judiciaires à prévoir.

Les pauvres (c'est moi qui m'en chargeais) étaient consultés gratuitement; à beaucoup d'entre eux je fournissais les médicaments gratis. Les riches s'adressaient à M. Cottereau. Dans le principe, c'est moi qui fixais les honoraires; M. Cottereau plus tard s'aperçut que j'étais dupe des simagrées des riches, et me pria de lui laisser ce soin à lui-même; il fixa ses honoraires à dix francs. Médecin il était dans son droit c'est contre moi que les récriminations s'élevèrent; et ces récriminations ne partaient nullement des malades qui, en général, à cette époque, se trouvaient guéris dès la première consultation; elles venaient de cette tourbe de coureurs de clientèle, qui jusque-là avaient pris 20, 30, 50 francs à chaque visite et faisaient venir leurs clients tous les huit jours. Jugez de la cohue, quand tous ces patriciens académiques se mettent à brailler! Le meilleur parti, c'est d'attendre qu'ils en aient gagné une extinction de voix; et c'est ce que nous fîmes, en continuant à être utiles.

M. Cottereau ne démentit ni ses antécédents, ni son caractère jusqu'à sa mort, qui n'arriva que trop tôt pour satisfaire l'impatience de ses confrères.

Je ne fus pas aussi heureux du côté du pharmacien; car, dès les premiers jours, je vis combien je devais avoir à me repentir d'avoir passé de la pharmacie proprette et bien famée de M. Colas, dans cette espèce d'écurie à drogues et à bocaux qui s'intitulait *pharmacie* dans la rue des Lombards. Quelle déception pour moi et pour les malades! il ne se passa pas huit jours qu'on m'y refusait l'inspection de la confection, la communication des livres, le droit de confronter les quantités avec les indications de prix. L'homme de confiance même que j'avais tiré de la gêne, pour me représenter en ces lieux, devint le complice de ce que j'appelais une trahison envers les malades.

Je me hâtai de demander au tribunal de commerce la résiliation d'un contrat qui pesait déjà à ma conscience et qui me faisait rougir jusqu'au blanc des yeux. Il me semblait qu'en ne demandant que cela je me montrais aussi indulgent que désintéressé.

Le jugement arbitral, homologué par le tribunal de commerce, en décida autrement : il justifia le pharmacien de tout ce dont je me plaignais, par ce motif que « n'étant pas pharmacien moi-même, mon adversaire *n'avait besoin que de mon nom pour attirer le public* et il avait le droit de se passer du concours de ma personne ; mais comme en lui retirant mon nom, j'allais causer à l'adversaire un préjudice que le tribunal était à même d'évaluer, je fus condamné à payer au susdit pharmacien la somme de cinquante mille francs, à titre de dédommagement et d'indemnité ; » cela vous paraîtra monstrueux, mais c'est enregistré (*). Tout ce que je pus obtenir en appel, ce fut une diminution de 35 mille francs. La Cour adoptant tous les motifs des premiers juges, y compris le motif ci-dessus sur l'achalandement par mon nom, réduisit la somme à 15,000, que j'ai payés, plus 5,000 francs de frais judiciaires, sans compter tous les autres menus frais

La leçon était assez forte ; je ne recommençai plus l'essai avec un autre pharmacien quelconque, et chacun s'adressa à qui bon lui sembla en fait d'officine (**).

Il y a, en ce monde, de ces choses qu'on se refuse à croire, à moins qu'elles ne soient établies judiciairement ; celle-ci est de ce nombre : Il a été établi au procès que, pendant que ce simulacre de pharmacien de ma méthode affichait mon nom en lettres d'or et en caractères monstres, à côté de celui de la sainte Vierge de son enseigne, et qu'il recommandait son officine avec mon nom, il allait de ce pas faire partie, chaque soir, d'une sainte conférence présidée par Orfila, où chaque *socius* apportait son contingent à la rédaction d'un pamphlet à mon adresse, que le cher homme se chargeait le lendemain de faire distribuer à domicile, à ses frais et même sous son nom. C'est bien sale, direz-vous ? Est-ce que Loyola fait jamais rien d'un peu propre ? Mais à quoi aboutissent toutes ces saletés ? Le voici : de ce conciliabule, il ne reste plus aujourd'hui que deux personnages qui traînent la savate dans l'opprobre ; Orfila est mort, dit-on, empoisonné par lui-même ; mon employé infidèle est mort dans la plus profonde misère ; le pharmacien en question, pris d'une belle panique à la révolution de Février, a été mourir de misère dans le pays où l'on nage dans l'or, en Californie. A quoi sert donc de vendre ainsi son âme au diable, pour n'en toucher jamais le prix ? Croyez-moi : être et rester honnête quand même, c'est encore le meilleur calcul du monde : car au milieu de toutes ces ruines, je suis encore sur pied.

Mais voilà bien d'un autre procès ! Celui-ci, qui fait le pendant de l'autre (***), me fut intenté sur la dénonciation de Fouquier, médecin du Roi, et d'Orfila, qui jusque-là s'était tenu dans l'ombre, mais qui se vit forcé d'apposer sa signature à la dénonciation, comme agissant au nom de l'association des médecins, à qui la concurrence de M. Cottereau portait à la vérité un assez grave dommage. M. Cottereau était patenté comme eux ; il ne donnait pas prise. J'étais poursuivi, moi, *en exercice illégal de la médecine,* pour avoir, disaient ces messieurs, dicté une ordonnance à M. Cottereau.

(*) *Nouvelle défense et nouvelle condamnation de F.-V. Raspail* à 15,000 fr. de dommages-intérêts, pour avoir demandé, le 8 novembre 1845, et obtenu le 30 décembre 1847, la dissolution de la société par lui formée avec le pharmacien-droguiste de la rue des Lombards, n° 14 ; in-8°.

(**) Ce rêve, de pouvoir fournir les médicaments de première qualité et au meilleur marché possible, ne s'est réalisé, et cela grâce à mes enfants qui sont devenus des hommes, que dix ans plus tard : La *pharmacie complémentaire de la méthode Raspail,* rue du Temple, 14, à Paris, s'est ouverte, en 1858, sous des auspices qui semblent lui présager un avenir digne de son but et capable de nous indemniser de tous nos sacrifices, qui sont très-grands.

(***) Voyez *Procès et défense de F.-V. Raspail,* poursuivi, le 19 mai 1846, en exercice illégal de la médecine, devant la 8° chambre, à la requête du ministère public et sur la dénonciation formelle des sieurs Fouquier, médecin du roi, et Orfila ; in-8°.

On se demandait où était le délit, puisque la somnambule peut dicter impunément une ordonnance, dès qu'elle est assistée simplement d'un médecin? Du reste, s'il y avait délit, M. Cottereau en était le complice, et M. Cottereau ne fut cité que comme témoin. Vous vous récrierez sur la loi, les juges, la justice; ces trois choses existent, il est vrai, mais elles ne sont pas toujours d'accord; du reste, la justice se rendait alors au nom du Roi, et *mon ami ce n'était pas le Roi.*

Le substitut conclut à ce que je fusse condamné au *minimum* de la peine : à un franc, « simplement afin de me forcer, ajouta-t-il, d'accepter un titre que la Faculté serait fière de m'accorder; » le tribunal, prenant ma défense sans doute pour circonstance aggravante, me condamna au *maximum*, à 15 francs. Quelle grande satisfaction pour la Faculté!

Fouquier et Orfila ne tardèrent pas à voir que la satisfaction avait son revers. Car au bout de quelques jours, les *murs à affiches* de Paris étaient couverts d'une affiche monstre et visible à un quart de lieu, annonçant, en lettres gigantesques, la publication de ma défense et de ma condamnation *sur la dénonciation* de MM. Fouquier, médecin du Roi, et Orfila. Ce pauvre M. Fouquier dépensa un argent fou pour faire déchirer son nom de l'affiche, dans la nuit ou quand il arrivait que la foule s'écoulait; car il y avait foule au bas de chaque affiche. Quinze mille exemplaires du procès furent enlevés en quelques jours; et cette leçon parut à la Faculté valoir bien un fromage; elle en eut longtemps les oreilles basses.

Quant au gouvernement, aussi intéressé que la Faculté dans cette question palpitante d'actualité, il organisait de son côté une bien autre fête : Il avait convoqué, des quatre coins de la France, tous les docteurs affamés de malades, en un concile général, sous la présidence de ce grand échassier Alonzo de Salvandy, alors ministre et orateur, qui ne prononçait un mot qu'après en avoir eu longtemps la bouche pleine; le lendemain ce mot devenait un bon mot dans tous les journaux.

L'assemblée se tint dans la salle Saint-Jean, à l'hôtel de ville; deux mille médecins y assistaient. On avait placardé sur les murs, sous forme de devises, ici une ordonnance de M. Cottereau, là un cartouche où on lisait en grandes lettres : un ange déchu; c'est moi qui étais désigné sous le nom de cet ange; j'étais le Wicleff, le Jean Huss, etc., traduit à la barre du concile et prêt à être condamné au feu. Les discours des pères du concile étaient pleins de ce feu sacré; la tribune résonnait sous les coups de poing de leur éloquence; les orateurs en versaient des larmes, ils s'en arrachaient les cheveux; Alonzo battait la mesure et marquait les *forte* et les *piano*, commandant le feu, distribuant les positions et les rôles, donnant le plan de l'attaque, encourageant les combattants du geste et de la voix; un feu de file de conclusions assiégeait le bureau; il ne s'agissait rien moins que de m'interdire le droit d'écrire, de respirer l'air libre ou tout au moins l'air de ma belle patrie : l'eau et le feu allaient m'être interdits! quand tout à coup un esprit de vertige remplace dans l'assemblée les inspirations du Saint-Esprit; la confusion des langues n'alla certainement pas si loin dans la tour de Babel; et à la confusion des langues succéda une plus bruyante confusion encore; les pères s'administrèrent des horions, se prenant pour moi les uns les autres; mais le *moi* d'ici était bien loin de là, et il avait bien autre chose à faire que de perdre son temps à rester spectateur de ces triples sornettes pieuses, médicales et gouvernementales.

Alonzo de Salvandy, contrit et confus, prit sa canne et son épée, et partit annoncer, du haut de ses échasses, au ministère impatient du succès, que ces deux mille têtes de linottes ne tiendraient pas dans mon bonnet de nuit. Si Guy Patin avait été de la partie, il l'aurait eu belle pour dire à Alonzo, comme jadis à son Cacophraste Renaudot:

« En perdant, monsieur, vous avez gagné ; car vous étiez entré camus, et vous en sortez avec un pied de nez. »

Mais Alonzo n'était pas homme à abandonner la partie pour si peu de chose ; son Sancho Pansa, le cher Guizot, était là pour lui en souffler d'un autre. Le grand Sanhédrin des pères docteurs inquisiteurs ayant été consulté par sections, crainte d'une nouvelle confusion, on bâcla un projet de loi qu'on prit le parti de présenter à la *Chambre des pairs* en premier lieu. C'était une loi qui, à force d'être comminatoire contre moi, devenait presque draconienne contre le malade. Mon nom y brillait par son absence ; mais tout y était braqué, tout jusqu'aux virgules, contre moi ; chacun pouvait y voir mon nom par transparence.

Quel triomphe cette fois ! et comme la mâchoire d'Alonzo en devenait béante de surprise et de satisfaction ! les articles passaient sans discussion ; sitôt proposés, sitôt adoptés à l'unanimité ; la cravate d'Alonzo s'en élevait déjà jusqu'aux oreilles.

Mais voilà qu'à l'instant où l'on allait mettre l'ensemble de la loi aux voix, M. de la Ville-Gonthier monte à la tribune, pour proposer à la Chambre une simple et toute petite addition sous forme d'amendement, en faveur des belles âmes, telles que les sœurs de l'hospice ou de la charité, qui s'aviseraient un jour d'administrer quelques médicaments aux pauvres malades ; l'intention de la Chambre, ajoutait-il, n'était sans doute pas de comprendre ces pieuses filles dans le nombre des délinquants contre lesquels le projet de loi avait été élaboré ; il proposait en conséquence l'amendement suivant : « Ne seront pas passibles des peines spécifiées dans la présente loi, les personnes qui auraient exercé la médecine charitablement. » Adopté ! s'écrie-t-on de toutes parts et avant qu'Alonzo se fût mis en mesure d'ouvrir la bouche pour discuter la valeur de ce bâton dans ses roues. Ensuite et aussitôt, l'ensemble de la loi, plus ce dernier article, ayant été adoptés par assis et levé, il en résultait que le dernier article impliquait le rejet de toute la loi. Alonzo en resta étourdi ; il est mort sans s'être douté que M. de la Ville-Gonthier était alors un de mes amis les plus intimes.

A quoi sert d'être ministre, pour se laisser jouer de la sorte ? Lorsque le pauvre Alonzo rapporta son lambeau de loi au cabinet, ces grands diplomates n'eurent pas besoin de ciseaux pour se raccourcir les ongles.

Mais la mort, qui tranche tant de difficultés, servit mieux les intentions de ces messieurs que l'activité des deux mille brouillons à diplôme, que l'État avait indemnisés, par des feuilles de route, pour un meilleur usage.

M. Cottereau tombe tout à coup comme frappé de la foudre, et en trois jours de temps il expire, jugulé, d'après moi, par les saignées coup sur coup de ses confrères.

Il y eut, sur ce tombeau d'un homme de bien, une danse macabre à l'Académie. L'impresario en était Orfila, l'auteur avoué le D\u02b3 Pied d'Agnel et le pitre Dubois (d'Amiens). Je relevai l'indécence de cette joie vraiment infernale dans la *Revue élémentaire de médecine et de pharmacie*(*), et la joie en fut de courte durée.

La Faculté crut tout d'abord la nouvelle méthode ensevelie dans la tombe de mon infortuné collègue ; la nouvelle méthode se releva plus florissante que jamais. Je dis en effet à la loi : «Vous m'avez condamné pour avoir dicté une ordonnance à un médecin : maintenant j'écrirai moi-même mes ordonnances. Vous m'assignerez pour ce chef et me demanderez si j'ai exercé la médecine illégalement ? Je vous répondrai : Oui, très-illégalement, mais très-moralement. Voilà vos quinze francs, plus les frais, et je vais de ce pas travailler à la récidive. »

_____

(*) Voyez *Revue élémentaire de médecine*, tom 1er, pag. 47.

C'est ce que je fis, en établissant mes consultations gratuites rue *Culture Sainte-Catherine*, n° 5, au Marais (*).

Jamais je n'avais procédé plus illégalement, et jamais je n'avais obtenu une telle affluence. J'y consacrais un jour aux pauvres des deux sexes; un jour aux riches ou ceux qui se présentaient munis du troisième volume de l'*Histoire Naturelle de la Santé*. Les riches me payaient en allant fournir du pain aux enfants et des médicaments à leurs parents malades. J'avais un jour pour les enfants exclusivement. Je commençais à une heure après midi et je sortais quelquefois à dix heures du soir, c'est-à-dire, quand mes yeux ne voyaient plus, que ma tête ne pensait plus, que mes jambes ne me soutenaient plus. Je gagnais à travers champ mon domicile, pour dîner à minuit; j'avais déjeuné à midi. Les autres jours je courais la ville à pied ou dans les voitures que me prêtaient les grands seigneurs bien moins fiers que leurs valets, qui bien des fois m'ont paru rougir d'avoir à conduire d'aussi brillants équipages dans certaines rues et à la porte de certaines maisons. Bien souvent, d'une maison pauvre, je passais tout crotté dans une maison riche, et je ne m'apercevais pas que j'eusse un autre genre de malades à soigner; il faut dire que le riche ne m'a jamais fait apercevoir que j'avais de la boue jusqu'à mes basques; la charité ennoblit tout jusqu'à la fange qu'on ramasse pour l'exercer.

Mes adversaires, mes ennemis, mes spoliateurs, mes juges, mes dénonciateurs, mes condamnateurs étaient reçus sur le même pied et traités avec le même zèle que ceux que j'aurais pu croire mes amis. Je ne voyais en tout que des malades devant moi, et j'étais flatté que l'on eût de moi cette opinion, sans me le demander; je n'ai connu sur ce point qu'une exception qui m'a piqué comme une insulte et comme une déception, et je l'ai connue fort tard:

Le fils d'un directeur de collège qui, en 1820, nous sacrifia, moi et quelques autres, en son lieu et place, dans une affaire politique où il s'était compromis, pensa que je pourrais être homme à m'en souvenir, alors qu'il avait besoin de moi pour guérir une de ses jeunes filles d'une maladie grave de la peau ; il prit le parti de me l'adresser vêtue en paysanne sous les auspices de la nourrice qui s'en dit la mère; la guérison de la petite fille s'accomplit heureusement. Neuf ans plus tard j'appris le subterfuge de la bouche du père nourricier; j'en fus humilié; je pensais devoir être autrement apprécié, même par ceux qui m'ont fait du mal; mais enfin ce fait a été l'unique de ce genre.

(*) Cette maison, dont j'occupais tout le premier étage, avait, sur ses derrières et dans la rue dite *des Balais*, une entrée secrète, dont la porte faisait l'angle avec la porte d'entrée de la prison de la Force. On dirait qu'une attraction m'élit mon domicile réel toujours aux portes de mon domicile pénal. En 1835, je passai préventivement deux mois à la Force; en 1847, je régnais, au nom d'Hygie, à la porte de ma prison; quelle bonne fée qu'une bonne conscience ! Le prisonnier de la Force, en 1835, devenait, en 1847, l'infirmier bénévole de l'habitation la plus proche. Mais, rapprochement plus triste et non moins singulier : le couloir sur lequel donnait cette entrée secrète, et par où je me rendais *incognito* dans mon cabinet de consultations, avait servi de lieu de dépôt, jusqu'au lendemain matin, le 2 septembre 1792, aux 80 cadavres que le jésuite Maillard faisait exécuter à la porte du guichet, sur ce simple mot : *donnez-leur de l'air !* Mot horrible qui a servi également de formule de condamnation à l'Hôtel de Ville, contre les prisonniers qu'on y amenait d'instant en instant, au mois de juin 1848. Mêmes époques, mêmes hommes ! J'ai vu imprimé quelque part que le Maillard de la septembrisade de juin 1848, au moins celui qui était chargé de prononcer la sentence : *donnez-leur de l'air*, c'était Marrast, alors maire de Paris ! C'est un rêve ! On frissonne à ce mot : *donnez-leur de l'air !* En passant par mon corridor, je n'aurais jamais cru qu'un jour, et cinquante-six ans après le premier événement, j'aurais à éprouver un frisson de ce genre, à une seconde représentation de ces saturnales dans le sang.

Je nageais donc en pleine illégalité, en me baignant dans les eaux de la bienfaisance. Ma santé de fer me permettait de faire l'œuvre de 20 coupables : La loi ferma les yeux ; la faculté fit la morte ; la politique perdait courage à vouloir me ruiner ; et en effet comment s'y prendre? ma poche semblait être celle de la légende du Juif Errant.

1848 survint : Maître un instant de Paris et de la France, je comptai sur les autres pour faire mieux que moi, ces autres furent des traîtres et sont restés des sots, honnis dans leur infortune par ceux qu'ils avaient servis ; et moi, qui avais tant compté sur l'émancipation de ma belle patrie, j'allai expier dans les cachots, et des cachots dans l'exil, toutes les tentatives de ma vie faites dans le but de rendre à la pensée ses libertés, à la santé ses moyens de conservation, au bien-être général toutes ses garanties ; ce qui est cause que de ce faîte de la bienfaisance je suis tombé dans l'abîme de l'inutilité.

C'est bien risible, n'est-ce pas, que de tant entreprendre et d'échouer tant de fois? être souvent impuissant, c'est presque être ridicule. N'en croyez rien et retournez la phrase : il faut être bien puissant de conviction et de pensée, pour pouvoir succomber et se relever tant de fois, quand on a tant d'ennemis à combattre ; et ces ennemis, ne croyez pas que ce soient ceux que vous voyez sur le premier plan et qui se mettent en évidence à chacune de mes défaites ; ceux-là ne sont que des plastrons ; piquez plus loin et vous trouverez les vrais auteurs à l'œuvre.

Voyez-vous cet être noir, à l'œil obliquement baissé, à la bouche édentée, aux lèvres pincées, aux joues creuses, au menton proéminent et pointé sur la poitrine? Son manteau lui donne l'air d'un tapir, son tricorne celui d'un *mantis prie-dieu ;* il s'appelle 1815, il descend de la St-Barthélemy par sa mère, de Paul III par son père. Depuis 1815, il suit ma piste ; ses jambes semblent vieillir en me suivant ; mais c'est une feinte ; il connaît mes œuvres aussi bien que moi, il en prend bonne note. A chaque pas que je veux faire vers le mieux, il place une pierre d'achoppement vers le pire ; il s'applaudit, si je bronche ; il ronge son frein de me voir chaque fois me relever plus agile et plus fort que jamais. Chacune de mes découvertes est marquée par une de mes ruines qui sont son ouvrage, et avec lesquelles il enrichit autrui. Le soulèvement général, qui dure encore contre le nouveau système, vous étonne ! Cette tempête n'est rien qu'un petit grain, en comparaison de l'accueil académique qui a été fait à toutes mes autres, à celle par exemple de l'organisation *de la fécule,* laquelle a été le germe de tous mes autres travaux sur les *corps organisés.* Tempête à chaque nouveau rayon qui me luit ; spoliation, dès que l'orage se dissipe ; spoliation de l'invention et du profit. Avec mes plumes, j'ai fait plus de dix geais ; et les plumes qui me poussent sur le dos n'ont jamais coûté un centime à l'État : Je ne dois pas une obole à mon pays ; je lui ai tout donné, il ne m'a rien rendu ; tout ce que j'ai produit, c'est à la sueur de mon front et à l'aide seule de la divine nature. Pendant que Loyola gorgeait de l'or des contribuables, tous ces paresseux qui lui doivent ce qu'ils sont, je trouvais, dans l'isolement de ma pauvreté, des trésors d'intuition qui me tenaient lieu de toutes les richesses, et un bonheur inconnu sous les lambris dorés qui recouvrent les chaires professorales et les académiques fauteuils.

Quant à ces hommes qui paraissent tout, vous les auriez vus tous à mes pieds, si, au prix de ce qu'ils sont, j'avais consenti à être la moindre des choses de leur genre.

Car, pour parvenir, depuis 1815, il ne faut pas tant de talent ; c'est pour rester libre et studieux qu'il en faut un immense. Savez-vous en quoi consistait l'art de parvenir dans le principe de cette ère honteuse ? Tout simplement à aller s'agenouiller sur les dalles de la chapelle intime des missions étrangères, sous les yeux des Liancourt, des Polignac et autres grands protecteurs de la sainte société pour les choses occultes. On n'avait là qu'à tenir la tête inclinée, les yeux baissés, les mains jointes, qu'à pousser un ou deux soupirs ; et l'on se relevait juge, officier, substitut, professeur, candidat à l'Académie, membre du muséum, médecin de haut parage, orateur de grand talent, chimiste capable d'avoir inventé la poudre; enfin tout ce qu'on voulait, ne fût-on bon à rien. Nous avons vu alors des idiots devenir membres de l'Académie des sciences et professeurs au muséum et gendres d'autres professeurs un peu moins incapables. Si je voulais trouver des exceptions à cette règle, dans la fournée des parvenus de cette époque qui se pavanent encore aujourd'hui et relèvent chaque fois la tête au-dessus des flots d'une révolution, je ne pourrais certainement tomber que sur quelque agent d'un autre genre de police.

Pensez donc que, lorsque nous avons débuté dans la science, nous avions cette tourbe à museler, leurs coups de pied à éviter ou à fustiger, et les ruses de leurs maîtres à déjouer (quand je parle de ruses, c'est pour ne pas dire leurs guet-appens) ! et pour peu que vous ayez appris à calculer les chances pour ou contre d'une destinée, vous serez forcé d'avouer que nous avions, pour ne pouvoir pas parvenir où nous en sommes, plus de deux mille chances contre une; et pourtant nous y sommes parvenu, comme vous le voyez !... Avouez donc qu'auprès d'un honnête homme, ces rusés coquins ne sont au demeurant que d'exécrables imbéciles et sots; eux qui ont tout, excepté une idée, même l'idée de faire le mal sans y laisser la trace de leurs doigts.

Ils ne savent que faire souffrir; mais, en cela, ils sont encore maladroits comme tels ivrognes, qui croient vous donner une poussée, quand ils vous tombent eux-mêmes d'un bloc sur le dos, et qui se frottent les mains, en signe de victoire, quand, d'un coup de coude froidement appliqué, on les renvoie avec leur vin de l'autre côté de la route.

Il est des souffrances que le sage ambitionne; il est des victoires dont le dernier des goujats rougirait et sur lesquelles il se garderait de desserrer les dents.

Voilà, en un mot, le *doit* et *avoir* de notre compte ouvert avec ces incorrigibles conspirateurs contre les libertés de la pensée.

Enfants de ce siècle, si vous me blâmiez d'avoir préféré la voie que je poursuis à celle où se pavanent tant d'autres, vous auriez fait bien peu de progrès dans l'étude des principes qui m'ont rendu si heureux au sein de la pauvreté, si calme au milieu des échappés du bagne, et en tout temps si dédaigneux de tout ce qui fait la convoitise de la foule des hommes.

Enfants, vous avez dans ce livre toute ma théorie; vous avez dans toute ma vie un long et curieux exemple de la puissance de mes principes de conduite.

Apprenez-moi et sachez-moi par cœur; imitez-moi. Derrière moi il y a encore de la gloire au prix de quelques souffrances ! On n'est jamais vaincu, lorsqu'on combat pour une telle cause; la défaite alors n'est qu'un instant de répit; si l'on succombe, on a vécu, pendant que les autres meurent; et l'on rit le dernier !

En avant donc dans l'art de faire le bien : que ceux qui m'aiment, me suivent; à mon tour je les aimerai bien; c'est déjà quelque chose.

ESQUISSE ICONOGRAPHIQUE

D'UNE NOUVELLE MANIÈRE D'ÉTUDIER L'ANATOMIE,

FONDÉE SUR LE CARACTÈRE DE DUALITÉ ET SUR L'HOMOTYPIE DE NOS ORGANES.

L'anatomie est un des yeux de la médecine; la physiologie en est l'autre. L'une nous donne la topographie des organes; l'autre nous fait connaître, à l'aide de l'analogie, l'influence des grandes lois de la nature sur les fonctions.

L'étude de l'anatomie doit précéder l'étude de l'*art de guérir*, comme l'étude de la géographie doit précéder le voyage.

Le traité suivant d'anatomie, si succinct qu'il paraisse, nous paraît plus que suffisant, à l'aide des figures qui l'accompagnent, pour que l'étudiant de notre système, puisse raisonner de la santé et de la maladie dont le présent ouvrage développe la théorie, avec autant de compétence anatomique que le premier médecin venu, de ceux qui connaissent la structure du corps humain.

Nous conseillons seulement à nos lecteurs de ne jamais se perdre de vue eux-mêmes, en étudiant les rapports des figures que nous leur offrons. A chaque pas que l'on fait dans cette voie, il faut s'orienter, pour ainsi dire, sur soi-même, et se faire une idée, par la pensée et par son propre corps, de la topographie des organes décrits et figurés dans cette esquisse. C'est pour donner une iconographie aussi complète que peut le comporter la nature de cet ouvrage, que nous avons remplacé la 20e planche, qui aurait dû être gravée sur acier, par une série de figures sur bois qui seront intercalées dans le texte, figures dont une planche de ce format n'aurait pu contenir le quart au plus. On n'oubliera pas que l'anatomie du squelette se trouve sur la *première*, et celle de l'écorché sur la *deuxième* des 19 *planches gravées sur acier* qui terminent ce premier volume.

Nous invitons nos lecteurs, à mener de front l'étude de la 3e section de la 3e partie de cet ouvrage (pag. 204 du 3e volume) avec celle de cette esquisse d'anatomie, et d'avoir sous les yeux les figures du système anatomique, en lisant les descriptions du groupe de maladies qui l'affectent.

Prolégomènes.

4. La disposition des organes d'un être vivant, à quelque règne, classe et genre qu'il appartienne, découle nécessairement du nombre et du mode d'entre-croisement de ses spires génératrices. (*Voyez* alinéa 24 de la première partie de cet ouvrage.)

2. Tout organe se résume, en dernière analyse, dans la cellule. Dans le principe de leur formation, et sous le rapport du développement, l'os, le muscle, le nerf les glandes, les tendons, les ligaments, le bulbe des poils ne différaient pas entre eux, à nos moyens actuels d'observation; et, dans l'embryon, il serait impossible d'en voir la différence.

3. Chez les vertébrés (hommes, mammifères, oiseaux, poissons), et chez les insectes, la disposition des organes a lieu d'après le type de quatre paires de spires, ce qui produit la disposition que j'ai désignée sous le nom d'opposée-croisée. Prenons l'homme pour sujet de la démonstration:

4. Les deux bras et les deux jambes homotypes chacun à chacun, croisent le tronc. Mais de même qu'un des bras est organisé sur le type de l'autre, de même il est aisé

de concevoir que les membres pelviens ou de l'arrière-train sont formés sur le type des membres thoraciques ou de l'avant-train.

5. Cette homotypie une fois admise, poursuivons-en l'analogie pièce à pièce, jusqu'à ce que nous arrivions à un centre commun et qui puisse être regardé comme l'origine des deux (*).

§ 1er. *Étude homotypique de la charpente osseuse (ostéologie)*, pl. 1re de cet ouvrage. (Voyez, pour les maladies qui affectent le *système osseux*, tom. III, pag. 434.)

6. Pour bien se représenter l'homotypie des diverses pièces de la charpente, nous avons disposé les squelettes de manière que la surface dorsale de la main soit tournée du même côté que la surface dorsale du pied, fig. 1, pl. 1; et nous avons suivi la même méthode pour les surfaces palmaires ou d'appréhension, fig. 2, pl. 1; le train supérieur étant marqué en lettres italiques et le train inférieur en lettres romaines.

7. Les cinq doigts du pied (a, a') sont évidemment homotypes des cinq doigts des mains (a, a'). Seulement on remarque que le pouce de la main (a') correspond dans cette position au petit doigt du pied, et *vice versâ*; dans l'une et dans l'autre extrémité, le pouce n'ayant que deux phalanges libres, et les quatre doigts en ayant trois chacun, nous donnerons plus bas la raison de cette anomalie.

8. Les cinq premières phalanges des doigts, de l'une (b, b') et l'autre extrémité (b), sont liées entre elles par les chairs; en anatomie ordinaire on les appelle les os du *métacarpe* pour la main, et les os du *métatarse* pour le pied; mais dans les écoles on ne donne que quatre os au *métacarpe* et au *métatarse*, l'os métacarpien des pouces (b, b') comptant pour la première phalange de ce doigt.

9. Immédiatement après, on trouve deux rangées d'os (c, c) dont l'usage respectif de la main et du pied a modifié et le nombre apparent et la forme. Ces deux rangées

(*) Nos travaux d'anatomie élémentaire nous avaient amené successivement, et comme par la main, à ce nouveau système d'anatomie homotypique, que nous publiâmes, pour la première fois, à la suite de l'introduction de la 2e édition du présent ouvrage, et dont nous avions jeté les premiers traits dans le *Nouveau système de chimie organique*. Ce n'est que depuis la dernière de ces publications que nous avons rencontré, dans Vicq d'Azyr, un passage qui nous démontre que ce grand anatomiste était arrivé de son côté aux mêmes rapports, dans un énoncé général. Sans doute, il aura hésité de poursuivre cette grande idée, parce que la nouveauté de ces aperçus fait d'abord reculer l'esprit accoutumé de longue date aux routines de l'enseignement scolastique ; le contact habituel des savants en titre semble refroidir la hardiesse du génie et lui faire craindre de trop distancer ses contemporains ; je suis sûr que ce passage aura échappé à tous les auteurs modernes de livres d'anatomie. Je le cite textuellement :

« L'anatomie comparée, dit Vicq d'Azyr, qui s'exerce sur différents individus qu'elle rapproche et qu'elle oppose l'un à l'autre, n'est pas la seule à laquelle l'observateur puisse se livrer; il en est une autre qui mérite aussi son attention ; son sujet, quoique plus circonscrit, n'en est pas moins curieux et moins philosophique ; elle consiste dans l'examen des organes des mêmes individus comparés entre eux. C'est ainsi que les nerfs cervicaux peuvent être assimilés aux lombaires, les plexus axillaires aux sacrés, les nerfs diaphragmatiques aux nerfs obturateurs; c'est ainsi que les extrémités supérieure et inférieure, observées dans la même disposition des os, des muscles, des vaisseaux et des nerfs, paroissent faites sur le même moule, mais placées *en sens inverse* par l'opposition de leurs saillies et de leurs angles; c'est ainsi que j'ai tiré de mes recherches le résultat paradoxal en apparence, mais susceptible de la démonstration la plus rigoureuse (*Mém. de l'Académie des sciences*, année 1774) que l'extrémité supérieure de l'homme et antérieure des quadrupèdes correspond, dans tous ses points, à l'extrémité inférieure ou postérieure du côté opposé. » (Vicq d'Azyr, pag. 11 du *Traité d'anat. et de physiologie*, grand in-folio, pap. vélin, en 5 livr., chez Amb. Didot, 1786.)

prennent le nom de *carpe* pour la main et de *tarse* pour le pied. La première rangée de la main a quatre os, la première rangée du pied, tiraillée et contournée d'une manière anomale, n'en a que trois. Cela vient de ce que le *calcaneum* (os du talon) est composé de deux os soudés ensemble. En partant du principe que le pouce du pied correspond, par sa position, au petit doigt de la main, et *vice versâ,* et en comptant les rangées à partir du haut, et les os en commençant du dedans au dehors, nous trouverons que le premier os de la première rangée du carpe (*c*) os *pisiforme* des anatomistes), et le deuxième os (*cunéiforme*), se sont réunis pour former le calcanéum du tarse; que le troisième de la même rangée (*lunaire* du carpe) correspond à l'astragalo du pied; que le quatrième (*scaphoïde*) correspond au naviculaire du pied. Quant à la deuxième rangée, le premier os du carpe (*c*) (*os crochu*) correspond au troisième os cunéiforme du tarse (*c*); le deuxième du carpe (*c*) (*os magnum*) au petit os cunéiforme du tarse; le troisième du carpe (*c*) (*os pyramidal*) au premier os cunéiforme du tarse (*c*); le quatrième du carpe (*c*) (*os trapèze*) à l'os cuboïde du tarse (*c*).

10. Après la main et le pied, viennent deux paires d'os dont l'analogie ne saurait être contestée, le *cubitus* (*d*) étant, dans l'avant-bras, l'homotype du tibia (*d*) de la jambe; et le *radius* (*e*) de l'avant-bras étant l'homotype du péroné (*e*) de la jambe. Ces deux os se sont contournés par un demi-tour de spire dans l'avant-bras, pour que, dans la marche ou l'acte de l'appréhension, les doigts du pied et de la main aient la même direction de position, le mouvement du corps ne pouvant avoir lieu que dans les sens de l'impulsion qu'imprime la volonté qui s'élabore dans la tête.

11. Au-dessus du tibia (*d*) on rencontre un petit os mobile (*f*), qui est attaché au tibia par un fort tendon; on nomme cet os la *rotule.* Le tendon s'est ossifié dans le *cubitus* et a soudé la rotule à ce *tibia,* ce qui forme une apophyse (*f*) qui prend le nom d'*olécrane* en anatomie. La tête du péroné (*e*) s'est allongée en *apophyse styloïde* dans le *radius* (*e*).

12. L'homotypie de l'os *fémur* (*g*) de la cuisse avec l'os *humérus* (*g*) du bras n'a pas besoin d'une démonstration spéciale. On remarque, sur les deux, à l'extrémité articulaire *tibio-fémorale, cubito-humérale,* deux poulies que l'on nomme *condyles;* près de l'extrémité opposée, un angle (*g'* et *g'*) qui dans le fémur prend le nom de *grand trochanter,* et qui n'a pas de nom dans l'humérus, parce qu'il s'y dessine moins en saillie. Le fémur et l'humérus ont une tête (*g''*) qui tourne dans l'articulation dont nous allons parer; chez le *fémur* (*g*) cette tête est séparée du *grand trochanter* par un cou qui est d'une longueur inappréciable dans l'*humérus* (*g*).

13. Il est évident encore que ces os homotypes ne diffèrent, dans la forme, que par suite de l'usage que nous en faisons. Leur différence est presque nulle dans le fœtus. Si l'homme marchait sur la tête, et se servait de ses extrémités pelviennes en guise de bras, les os de ses bras prendraient respectivement la forme et le grand développement de ceux de ses jambes.

14. Si nous désignons par des chiffres la disposition des os de l'un quelconque des quatre membres, ce qui nous donnera la disposition suivante :

$$
\begin{array}{ll}
1\ldots\ldots\ldots\ldots\ldots: & g\,g \\
1\ 2\ldots\ldots\ldots\ldots & e\,d\,e\,d \\
1\ 2\ 3\ 4\ldots\ldots\ldots & c\,c \\
1\ 2\ 3\ 4\ 5\ldots\ldots\ldots & b\,b \\
1\ 2\ 3\ 4\ 5\ldots\ldots\ldots & \left.\begin{array}{c}\\ \\ \\ \end{array}\right\}\,a\,a \\
1\ 2\ 3\ 4\ 5\ldots\ldots\ldots & \\
0\ 1\ 2\ 3\ 4\ldots\ldots\ldots &
\end{array}
$$

nous aurons là la disposition flabelliforme d'une nageoire de poisson, que la nature continue très-souvent, sur ce type, jusqu'à des limites qui ne permettent plus de compter les extrêmes.

15. La tête de l'*humérus* tourne dans une cavité hémisphérique, qu'on nomme cavité glénoïde de l'os de l'omoplate (*h*), cavité dont l'extrémité de la clavicule (*i*) forme un segment.

16. Retournez les figures 1 et 2, pl. Ire, les jambes en l'air et vous verrez que l'homotype de la clavicule (*i*) se trouve exactement dans l'*os ischium* (i), et l'homotype de l'omoplate (*h*) dans l'os des iles (h), avec lequel cette clavicule *ischium* s'est soudée par son extrémité externe.

17. Les côtes (*k*) visent à l'avortement de plus en plus en descendant sur le sternum; on ne voit plus en (*l*) que leurs points d'attache, qui sont les *apophyses transverses* des vertèbres. En sorte que, dans l'arrière-train, l'avortement a eu lieu dès la première rangée de côtes (k), qui, en anatomie, prennent le nom des os du pubis; et nous trouvons là le *sternum* dans la *symphyse du pubis* (s), fig. 1.

18. L'*épine dorsale,* cette série d'articulations et d'emboîtements que l'on nomme vertèbres (*l*), finit en haut par la tête (*t*) et en bas par le coccyx (*t*), fig. 2. La tête est composée de vertèbres très-développées; le coccyx est composé de vertèbres réduites et avortées. Le coccyx est une tête avortée; si elle s'était développée comme l'autre, l'unité homme aurait été dualité, une monstruosité double. Le croupion des oiseaux rappelle fort bien cette tendance à s'organiser en forme de tête. Chez certains insectes et spécialement chez la blatte des cuisines (*Blatta orientalis* Lamk.), le dernier anneau anal porte deux grosses antennes en fuseau, qui font paraître l'insecte comme ayant deux têtes.

19. Une vertèbre est composée de quatre pièces soudées ensemble, marquées par deux apophyses transverses ou latérales, une apophyse épineuse ou dorsale, et le corps de la vertèbre situé à l'opposé : chaque vertèbre est la boîte cranienne d'une articulation encéphalique de la moelle épinière; elle donne passage aux nerfs émanant de cette articulation et faisant l'office d'organes de locomotion et de sensibilité.

20. La première vertèbre qui entre dans la composition de la tête (*t*), c'est l'occipital où les quatre fractions sont encore soudées. L'occipital est la boîte cranienne du cervelet qui est double, et dont chaque lobe est enfermé dans une cellule spéciale membraneuse, qui, à l'opposé de l'occipital, prend le nom de *tente.* Le cervelet est un cerveau peu développé, plus riche en circonvolutions qu'en substance médullaire.

21. La deuxième vertèbre se compose des deux pariétaux (*t, t*) et de l'os sphénoïde; il forme la boîte cranienne des deux lobes cérébraux, qui sont chacun enveloppés dans une cellule, laquelle prend le nom de *faux* dans la ligne de séparation, et de *méninges* dans les autres portions. Les deux lobes du cervelet et les deux du cerveau, qui rappellent si bien le type de la disposition opposée-croisée affectée aux vertébrés, sont là comme les quatre cotylédons nourriciers de la plante ; ce que nous appelons nutrition par la digestion se résumant dans l'aspiration radiculaire des plantes.

22. La troisième vertèbre se compose des deux frontaux et des deux temporaux.

23. Les nerfs auxquels ces diverses vertèbres donnent passage, sont des sens largement développés et par accessoire des nerfs de motilité et de sensibilité.

24. Les mouvements de la tête ont maintenu l'indépendance et la flexibilité des vertèbres qui la supportent, des vertèbres du *cou* (*j*). L'immobilité et la réduction du coccyx a fait que les vertèbres de son cou se sont quasi soudées en forme de *sacrum.* De la vingtième vertèbre, date l'avortement de l'extrémité encéphalique du cocoyx, laquelle se décompose en ce qu'on appelle la *queue du cheval* en anatomie.

25. Le *sacrum* se compose de cinq vertèbres soudées ; le coccyx de quatre vertèbres avortées (chez les quadrupèdes et le singe même, il se prolonge en une queue
composée d'un nombre considérable de vertèbres ; car, dans la nature organisée, rien
ne pousse mieux *en herbe*, si je puis me servir de cette expression d'anatomie végétale, qu'une tige avortée); ce qui, avec les vingt-quatre vertèbres libres (cinq vertèbres
des lombes (*l*), les douze vertèbres du dos (*k*) et des côtes, les sept vertèbres du cou (*l*),
forme une série de trente-trois articulations de la nervure médiane du corps humain.
En admettant, pour la tête avortée, les trois dernières vertèbres du coccyx, nous avons
alors quinze vertèbres pour chaque moitié de la dualité humaine.

26. L'organe principal de notre économie, la nervure médiane du centre de laquelle
tirent leur origine et leur vie tous les autres organes, la moelle épinière enfin, est
divisée en articulations, de même que le sont les insectes. Chez certains insectes, les
myriapodes par exemple, chacune de ces articulations est armée d'appendices de locomotion, de véritables pieds. Chez certains autres, comme les crustacés (le *homard*, le
crabe, la *langouste,* par exemple), on voit, de la manière la plus évidente, ces organes
de la locomotion prendre peu à peu la forme des organes de la mastication, en sorte
que leurs deux mâchoires ne sont que deux bras plus vigoureusement organisés sur
leur partie extrême.

Or il ne faut qu'étudier l'homme, sous les inspirations de cette analogie, pour découvrir que non-seulement ses segments auraient pu acquérir des appareils de locomotion au moins rudimentaires, comme deux de ses vertèbres l'ont réalisé à une assez
grande distance l'une de l'autre, mais encore qu'à la suite du bras, toutes les vertèbres
du cou et de la tête possèdent leurs appendices dégénérés ou transformés.

Commençons par la vertèbre frontale; ses deux appendices se sont transformés en
os propres du nez soudés entre eux par le septum, l'os unguis formant la première
articulation analogue de l'huméro-fémorale, et les os propres du nez la seconde cu-
bito-tibiale.

La mâchoire supérieure commence déjà à présenter deux membres coudés, et ter-
minés par des dents qui, chez les crustacés, sont une dégénérescence des ongles.

La mâchoire inférieure acquiert déjà une analogie plus frappante, par sa branche
montante qui se coude avec la branche horizontale, par sa symphyse médiane qui,
chez les poissons et dans le fœtus des mammifères, est une articulation, en sorte que
les deux fractions du membre locomoteur ne sauraient être mieux distinctes, surtout
si l'on se rappelle que, chez les reptiles et les poissons, la branche montante est distincte de l'autre et s'articule avec elle. Dès ce moment, on comprend que les dents
occupent la place des doigts. La branche montante a sa tête de fémur dans son apophyse *condyloïde* qui joue dans la cavité cotylédoïde de l'os des tempes, lequel lui sert
de l'os des iles ou de l'omoplate (15), et son *grand trochanter* dans son apophyse *coronoïde* à laquelle s'attache le muscle *crotaphite* ou muscle temporal, comme le grand
fessier ou muscle de l'os des iles s'attache au *grand trochanter* du fémur.

27. Les os du palais sont les appendices du sphénoïde, et ont été débordés et enchas-
sés par les deux os de la mâchoire supérieure.

28. L'os hyoïde a toutes les pièces rudimentaires du bras dégénéré et surtout de la
mâchoire. C'est l'appendice de la vertèbre de l'os occipital.

29. Les cartilages *épiglotte, arytænoïde, cricoïde, thyroïde,* offrent encore, par leur
saillie antérieure, la trace de la soudure ou symphyse des deux appendices analogues
des bras, qui émaneraient chacun d'une vertèbre du cou.

30. Enfin les appendices des autres vertèbres du cou dégénèrent en cerceaux de la
trachée-artère.

31. Chez les crustacés, chaque appendice de locomotion, ce qui correspond à chaque articulation, possède sa branchie latérale. Chez les insectes, ces branchies sont les trachées dont les orifices se voient sur chaque côté de chaque articulation. Les branchies des poissons se rapprochent de celles des crustacés, mais leur position rappelle déjà celle des poumons.

32. Chez les mammifères les oiseaux et reptiles, les branchies des deux appendices du thorax ont pris un tel développement, qu'ils ont absorbé le développement des autres, qui ne respirent que par les orifices invisibles des vaisseaux lymphatiques, ces trachées des vertébrés (pag. 99 du 1er volume et 484 du 3e volume).

33. Les os, avons-nous dit, ne sont que des cellules musculaires incrustées, sur tous leurs interstices, de carbonate et de phosphate de chaux. Si cette incrustation n'avait pas eu lieu, les os auraient été des muscles, et l'homme, les mammifères et autres vertébrés auraient été des animaux mous, capables de varier leurs formes par la simple contraction musculaire et par les simples mouvements de la locomotion. Par la raison réciproque, si chaque muscle sous-cutané s'était incrusté de sels calcaires, à la place des cellules internes, le vertébré eût été un crustacé. C'est par de telles modifications et de tels déplacements d'action que la nature a fait découler la variété des espèces de l'unité admirable du type.

§ 2. *Étude du système musculaire (myologie)*, fig. 1 et 2, pl. 2, de cet ouvrage. (Voyez, pour les maladies qui affectent le *système musculaire*, tom. III, pag. 254).

34. Le membre thoracique ou appendice du train supérieur ayant toutes les pièces osseuses du membre pelvien ou appendice du train inférieur, il est évident que la même analogie doit exister, chacun à chacun, entre les muscles qui en meuvent les diverses articulations ; la différence accidentelle ne dépendant que de l'exercice et de l'emploi ; la différence entre les muscles de la jambe qui sert de soutien au corps, et les muscles du bras qui n'est qu'au service de notre industrie, étant du même genre que celle qui existe entre les muscles du bras de l'homme de lettres et ceux du forgeron.

35. En suivant, pour les muscles, la même méthode que pour les os, c'est-à-dire, en disposant l'écorché, fig. 1 et fig. 2, pl. 2, de manière que la surface palmaire de la main soit tournée du côté de la tête, de même que la surface plantaire du pied est tournée du côté du coccyx, cette tête avortée du train inférieur, nous arriverons à surprendre l'analogie des muscles des deux trains entre eux, avec la même évidence que nous avons surpris l'analogie de leurs articulations osseuses.

36. La contraction musculaire a pour but de ramener telle ou telle fraction de la charpente osseuse, soit en avant, soit en arrière, soit en dehors d'un côté, soit vers ce côté. Nous nommerons *fléchisseurs* ou *intenseurs* les muscles qui, dans cette position, ramènent le bras vers la tête et la jambe vers le coccyx, et le coccyx vers la tête par leur surface occipitale ; *extenseurs*, les muscles qui, dans cette position les ramènent vers le nombril, ce point de départ des deux moitiés de l'unité humaine ; *adducteurs*, les muscles qui éloignent les membres du côté du corps ; *abducteurs*, tous les muscles qui les en rapprochent. Les *intenseurs* sont les *antagonistes* des *extenseurs*, et les *adducteurs* des *abducteurs*.

A. Extenseurs des doigts de la main et du pied, fig. 1, pl. 2.

37. Le pouce, l'index, le médius et l'annulaire de la main sont étendus par quatre tendons distincts qui, à partir du poignet, se réunissent en un muscle (a), lequel va

s'insérer sur le cubitus et sur le condyle externe de l'humérus. Le petit doigt a un extenseur (b) à lui seul.

Le petit doigt et les trois doigts suivants du pied sont étendus par cinq tendons distincts qui, à la hauteur du cou-de-pied, se réunissent en un seul muscle (a), lequel va s'insérer sur la partie externe et supérieure du tibia, et par un ligament sur le condyle externe du fémur. Le pouce a un extenseur particulier (b) qui s'insère à peu près sur les mêmes régions; nous avons dit plus haut que le pouce de la main est l'homotype du petit doigt du pied; on voit ici que l'analogie se soutient par les rapports des muscles. Pourquoi donc le doigt externe de la main a-t-il pris la forme du doigt interne du pied? c'est que dans la marche du côté de la tête, il a pris la même position et est devenu interne à son tour : Car, dans la marche, c'est sur le doigt interne que pèse tout l'effort antagoniste de la chute ; ainsi quand on ne pose qu'un pied ou qu'une main par terre, le corps visant à tomber en dedans plutôt qu'en dehors, c'est l'action musculaire du doigt intérieur qui oppose le plus de résistance; or le volume d'un organe est toujours en raison de la somme de son action. Si la tête s'était développée au coccyx, ce qui aurait entraîné la direction de la marche de ce côté-là, le tibia et le péroné se seraient à leur tour contournés, comme l'ont fait le cubitus et le radius; le pouce du pied, étant alors en dehors du corps, en serait resté à la forme de petit doigt et le petit doigt serait devenu le pouce.

B. Extenseurs de la main et du pied, fig. 1, pl. 2.

38. Le muscle radial externe (c) de l'avant-bras correspond au péronier antérieur (c) de la jambe. Car le radial (c) part du condyle externe de l'humérus (12) et s'insère sur les deux os du métacarpe (9) qui soutiennent l'index et le pouce. Le péronier antérieur (c) part de la partie externe et moyenne du péroné, remontant par des ligaments jusqu'au condyle interne du fémur, et s'insère sur l'os du métatarse qui soutient le petit doigt du pied équivalant au pouce de la main (37).

39. Le cubital externe (d) part du condyle de l'humérus, et s'insère à l'os du métacarpe qui soutient le petit doigt. Le jambier (d) (*) part de la face externe et supérieure du tibia, et, par un ligament, du condyle externe du fémur, et va s'insérer à l'os du métatarse qui soutient le gros orteil, analogue du petit doigt de la main.

C. Extenseurs de l'avant-bras et de la jambe, fig. 1, pl. 2.

40. Le triceps brachial (e) correspond au triceps fémoral (e). Le premier s'insère sur l'olécrane (11) et le second sur la rotule, qui est un olécrane libre. Chacun de ces muscles est divisé en trois portions distinctes et analogues chacune à chacune ; la médiane (e 1) se nommait le *long extenseur* sur le bras et le *droit antérieur* sur la cuisse; la portion interne (e 2) prenait le nom de *court extenseur* sur le bras et de *vaste interne* sur la cuisse; la portion externe (e 3) prenait le nom de *brachial externe* sur le bras et de *vaste externe* sur la cuisse.

Le *long* ou médian du bras part de la côte inférieure de l'omoplate sous la cavité glénoïde ; le *droit* de la cuisse part de l'épine antérieure inférieure de l'os des iles (16 qui en est l'analogue. Le *court* du bras part de l'humérus, un pouce plus bas que sa tête; le *vaste interne* part du fémur auprès du petit trochanter. Le *brachial externe*

(*) Le graveur de lettres a renversé le d en p sur la planche.

part de l'humérus un peu plus haut que le grand rond. Le *vaste externe* part du grand trochanter et de la partie supérieure de la ligne âpre.

44. Le muscle *couturier* (*f*) est resté à l'état rudimentaire et ligamenteux dans les tissus du bras.

D. Muscles extenseurs de l'humérus et du fémur, fig. 1, pl. 2.

42. Le grand dorsal (*g*) dont le départ normal devrait être sur la quinzième vertèbre, et qui paraît partir des os des iles et du sacrum, s'insère au-dessous de la tubérosité interne de l'humérus analogue du petit trochanter du fémur; ce muscle ramène le bras vers le dos; il a son correspondant dans le muscle psoas qui part évidemment de la quinzième des vertèbres des lombes, et vient s'insérer au petit trochanter du fémur. Le psoas est resté renfermé dans l'abdomen, à cause de l'avortement des côtes des vertèbres des lombes, qui l'auraient refoulé en saillie sur le dos, comme les côtes du thorax ont refoulé le grand dorsal.

43. Le muscle sous-scapulaire, qui tapisse toute la surface interne de l'omoplate et s'insère sur l'humérus, est le correspondant de l'iliaque qui tapisse toute la surface interne de l'os des iles et s'insère sur le petit trochanter.

Le moyen fessier (h) est l'analogue du grand rond (*h*) qui part de la base de l'omoplate, et va s'insérer sur la portion antérieure de l'humérus. Le petit fessier (i) qui se cache ici sous le grand fessier (j) est l'analogue du sous-épineux (*i*) de l'omoplate, qui part de l'épine de l'omoplate et s'insère, un peu plus loin que le précédent, vers la tête de l'humérus; on se rappelle que l'os des iles est l'analogue de l'omoplate. Ces deux ordres de muscles servent à rapprocher les deux membres du nombril.

E. Muscles fléchisseurs ou intenseurs des doigts de la main et du pied, fig. 2, pl. 2.

44. La marche et la position habituelle du pied ont produit, sur quelques-uns de ses muscles, une certaine soudure, qui nous force de commencer la description par ce membre, et d'enchevêtrer un peu la démonstration. Le mollet de la jambe (k, l, m) se compose de quatre muscles superposés par paires, qui se fondent en un seul tendon (k²) que l'on nomme *tendon d'Achille*, lequel vient s'insérer sur l'os *calcaneum* (8). Les deux de ces quatre muscles qui recouvrent les deux autres se nomment les *soléaires* et ils partent des deux condyles du fémur. Les deux qui en sont recouverts, et qui se nomment les deux jumeaux (k, k) viennent l'un de la partie supérieure du tibia et l'autre de la partie supérieure du péroné. L'avant-bras n'offre point de soudure semblable; mais en étudiant les rapports d'insertion, nous retrouverons l'analogie des deux soléaires (l, m) dans le long pronateur (*m*) qui vient d'au-dessus du condyle interne de l'humérus, et le long supinateur (*l*) qui vient d'au-dessus du condyle externe de l'humérus, et s'insère à l'extérieur du bas du radius; nous trouverons l'analogie des deux jumeaux dans le court supinateur, qui part de la partie supérieure et externe du cubitus, et s'insère à la partie interne du radius, ce qui représentera le jumeau externe, et dans le fléchisseur sublime des doigts (*k*) qui vient d'au-dessous du condyle interne de l'humérus, du cubitus et du radius, ce qui représentera le jumeau interne. Ces quatre muscles réunis ont été absorbés dans leurs tendons respectifs par l'énorme développement qu'ont pris, dans le pied, les analogues des os *pisiforme* et *cunéiforme* de la main (8), en se soudant au calcanéum. Les tendons réunis de ces quatre muscles semblent faire corps avec ce dernier assemblage de deux os, mais il n'en est rien; car au-dessous du talon nous voyons surgir l'expansion du fléchisseur sublime ou perforé des doigts, qui envoie, comme dans la main, un tendon à chaque première phalange des quatre doigts externes du pied. Le petit doigt de la main et le gros orteil du pied ont chacun un fléchisseur particulier, qui vient, pour le petit doigt de la main, de la partie supérieure et antérieure du *radius*, et pour le gros orteil du pied, de la partie supérieure et postérieure du *péroné ;* le petit doigt de la main, avons-nous déjà dit, étant l'équivalent du gros orteil du pied. L'analogie des muscles du mollet étant retrouvée, il n'y aura plus un seul muscle des mains et des pieds qui ne rencontre réciproquement son homotype.

45. Le radial interne (*o*) qui vient, du condyle interne de l'humérus, s'insérer sur l'os du métacarpe qui supporte le pouce de la main, équivaut au jambier postérieur (*o*), qui vient, de la partie postérieure du tibia, et, par un tendon, du condyle du fémur, s'insérer sur les os naviculaire et moyen cunéiforme qui correspondent aux deux doigts externes du pied. Le cubital interne (*o*) qui vient, du condyle externe de l'humérus, s'insérer sur l'os du carpe qui supporte le pouce et l'index de la main, correspond au péronier postérieur (*o*) qui vient, de la partie externe et supérieure du péroné, et, par un ligament, du condyle externe du fémur, s'insérer sur l'os du métacarpe qui supporte le petit doigt du pied.

F. Muscles fléchisseurs ou intenseurs de l'avant-bras et de la jambe, fig. 2, pl. 2.

46. Un muscle ne doit être considéré en anatomie que comme une unité de convention, mais susceptible de se décomposer, selon les espèces et les habitudes, en autant de muscles qu'il renferme de faisceaux de fibres musculaires.

L'*anconœus,* qui part du condyle externe de l'*humérus,* et s'insère sur la partie latérale et supérieure du *cubitus,* est évidemment l'équivalent du *poplité,* qui part du condyle externe du *fémur,* et s'insère sur la partie interne et supérieure du *tibia.*

Le brachial interne (*r*), qui vient, du milieu de l'humérus, s'insérer à la partie supérieure et antérieure du cubitus, correspond aux trois muscles (*r*) demi-membraneux, demi-nerveux et grêles, qui s'insèrent sur la tête du tibia, et qui, par suite de la position habituelle de la jambe, ont filé jusqu'à l'ischium et à l'os du pubis, pour y prendre leur point de départ.

47. Le biceps du bras (*q*) correspond au biceps de la jambe (*q*). L'un des deux points d'attache du biceps du bras, autour de la cavité glénoïde de l'omoplate (15), s'est ossifié, par suite de son immobilité, en apophyse *coracoïde;* les deux points d'attache du biceps inférieur ont filé, l'un jusqu'à l'*ischium,* et l'autre jusqu'au-dessous du grand trochanter. Le biceps du bras s'insère sur la partie supérieure du *radius,* et le biceps de la jambe sur la partie supérieure du *péroné* (10).

G. Muscles fléchisseurs ou intenseurs de l'humérus et du fémur, fig. 2, pl. 2.

48. Le deltoïde (*f*), qui part de la partie externe de la clavicule et de l'épine de l'omoplate, et qui s'insère sur le milieu de la ligne âpre de l'humérus, correspond au grand fessier (*j*), qui part de l'ischium (homotype de la *clavicule*) et de plus de la moitié de l'os des iles (homotype de l'*épine de l'omoplate*), et va s'insérer sous le grand trochanter, du côté de la ligne âpre du fémur.

H. Muscles abducteurs de l'humérus et de la cuisse, fig. 1, pl. 2.

49. Le grand pectoral (*v*) est un de ces muscles à qui se rapporte plus spécialement

la réflexion de l'alinéa 46. C'est un composé de muscles qui ont autant de points de départ, sur le sternum, que l'on y compte de faisceaux musculaires. Il s'insère sur la partie antérieure de l'humérus.

Le grand pectoral se retrouve dans le triceps abducteur de la cuisse qu'on ne voit pas sur nos figures. Mais ici la configuration a changé, avec la réduction du sternum aux dimensions de la symphyse du pubis et avec la position habituelle de la cuisse. Le triceps, auquel il faut joindre le *pectinæus*, s'épanouit en quatre larges insertions sur toute la longueur de la ligne âpre du fémur. Si l'homme marchait sur les mains et que son sternum se réduisît, le *pectoral* (v) s'épanouirait sur toute la ligne âpre de l'humérus, comme l'a fait le triceps abducteur sur le fémur.

I. Muscles des deux extrémités de la moelle épinière (tête et coccyx·)

50. Le trapèze (s), fig. 2, pl. 2, ce muscle extenseur de la tête, qui couvre, comme un coqueluchon, le cou, l'entre-deux des épaules, et descend en pointe sur le milieu du dos, occupe une trop grande place, pour que sa trace se soit totalement perdue sur le train avorté ou postérieur du corps. Nous le trouvons, avec sa forme, dans l'aponévrose (s) que l'anatomie considère comme une dépendance du *grand dorsal* (g). Ce trapèze du train postérieur est très-prononcé chez les cerfs et autres quadrupèdes; chez le cerf, il prend le nom de *nomble*.

51. Le coccyx étant une tête avortée et immobile sur un cou à vertèbres ankylosées (*os sacrum*), les muscles qui font mouvoir le cou et la tête sont réduits ici à l'état rudimentaire de ligaments. Mais il serait facile de les y compter tous un à un sous cette forme; les sterno-mastoïdiens réduits (u, u) fig. 4, pl. 2, partant de la symphyse du pubis, et se rendant à la base du coccyx; les *splenius* réduits allant de la base externe du sacrum à la naissance du coccyx. Idem du complexus; idem des droits et obliques, etc., qu'il est inutile de décrire plus longuement ici.

J. Muscles intercostaux normaux ou avortés.

52. Les muscles intercostaux du thorax se dessinent presque en relief sur l'abdomen, sous la forme des *muscles transversaux* qui eussent été les *muscles intercostaux*, si leurs interstices se fussent ossifiés en forme de côtes; la ligne médiane de l'abdomen eût été alors le sternum, en continuant la symphyse ossifiée du pubis.

K. Piquante disposition du muscle demi-épineux du dos.

53. Ce muscle est composé d'autant de paires longitudinales et parallèles de muscles que l'on compte de paires de vertèbres. Nous avons dit que l'épine dorsale de l'homme se composait de trente vertèbres; eh bien, on peut s'assurer que la formation de ces muscles concentriques a pour centre la quinzième et la seizième vertèbre, qui sont liées entre elles de chaque côté par un filet musculaire. Ces deux filets musculaires sont encadrés dans deux autres filets musculaires qui attachent de chaque côté la quatorzième et la dix-septième vertèbre, et ainsi de suite, jusqu'à ce que le muscle général vienne se fondre avec le long du dos et le sacro-lombaire. Le joint de la quinzième et de la seizième vertèbre est donc le point médian et la ligne de séparation des deux trains du corps humain.

§ 3. *Étude du système nerveux.*

(Voyez, pour les maladies affectant le SYSTÈME NERVEUX, tom. III, pag. 294.)

54. Tout organe cellulaire, os, muscles, glandes, poils, etc., est une émanation, un développement de l'extrémité papillaire d'un rameau nerveux.

Le système nerveux est l'analogue du système tigellaire des plantes. Les nervures, d'où émanent tous les organes végétaux (feuilles et fruits), sont les nerfs des plantes.

La tige des plantes a pour germe deux ou plusieurs cotylédons nourriciers; la charpente du corps des animaux a pour cotylédons les quatre hémisphères qui constituent l'encéphale (*cerveau* et *cervelet* 4 à 40 de la figure ci-après).

Le type de l'homme, comme celui de tous les vertébrés, est symétrique. La figure ci-après ne représente que les embranchements nerveux du côté gauche ; décalquez-la, par la ligne médiane de la colonne vertébrale, sur la droite, et vous aurez le système nerveux du corps humain au complet pour ses grands embranchements; car les grands embranchements sont seuls capables de pouvoir être poursuivis et isolés par le scalpel ; c'est à la pensée de les poursuivre dans toutes leurs autres et innombrables subdivisions, qui, de dichotomie en dichotomie, finissent par n'avoir pas le centième de l'épaisseur d'un poil, et s'épanouissent en houppes microscopiques, lesquelles pavent, de leurs extrémités papillaires, les surfaces internes et externes de notre corps.

Des quatre cotylédons dont se compose notre encéphale, deux (*cervelet* 40, 40) se sont sacrifiés à la nutrition et au développement de la moelle épinière, dont la colonne vertébrale est l'étui et d'où émanent le tronc et ses dépendances, au développement enfin de la grande nervure que nous nommons épine dorsale. Les deux autres (*cerveau* 4, 2, 3, 9) consacrés à l'élaboration de la pensée presque immatérielle, à la combinaison subtile et insaisissable des impressions avec les propensions, mettent plus de temps à s'épuiser de leur propre substance au profit de leur élaboration ; il leur faut toute une vie d'homme pour arriver à s'épuiser, à se sphacéler, et pour approcher par leur consistance de la flaccidité du cervelet. Les fonctions animales semblent dépendre plus spécialement du *cervelet,* et les fonctions morales et intellectuelles du *cerveau.*

N. B. Nous allons nous occuper, dans deux articles séparés, des développements nerveux, selon qu'ils émanent du *cervelet* et du *cerveau.*

A. Paires de nerfs du développement qui émane du cervelet. (Tom. III, pag. 428.)

55. La *moelle épinière,* au développement de laquelle le *cervelet* a sacrifié sa substance centrale, comme les deux cotylédons de la plante s'épuisent et se réduisent à l'état de flaccidité, au profit du développement de la tige, la *moelle épinière,* cette nervure médiane, cette moelle, cette tige interne du corps des vertébrés, est contenue dans un étui osseux (*épine dorsale*) formé d'une longue série d'anneaux emboîtés ensemble (*vertèbres*), et dont chacun correspond à une *articulation*, à un *entre-nœud* de cette moelle épinière, et en est, pour ainsi dire, le *crâne.*

56. De chaque côté de chaque vertèbre, et émanant par conséquent de chaque côté d'un nœud de la moelle épinière, il part un rameau qui concourt plus spécialement au développement, à la vitalité, à la sensibilité et au mouvement de la zone dont le plan

horizontal passe par cette vertèbre. A la région thoracique et lombaire (*i c*) cette disposition est rendue, comme en un tracé mathématique, par la disposition des côtes, dont chacune est côtoyée par un de ces embranchements nerveux.

57. Les faisceaux de nerfs qui concourent au développement de chaque membre thoracique (*bras*) et de chaque membre pelvien (*jambe*), homotypes entre eux dans toutes leurs parties, ces faisceaux partent également de la série des vertèbres homotypes entre elles : des quatre dernières vertèbres cervicales du cou (7) et de la première dorsale pour le bras, et des trois premières vertèbres du sacrum (homotype du cou) et de la dernière des vertèbres lombaires homotype de la première vertèbre dorsale.

58. Sur la figure ci-jointe, les mêmes lettres désignent les principaux rameaux homotypes qui concourent à la formation de la charpente nerveuse du bras et de son homotype la jambe : les lettres accentuées pour la jambe, les lettres sans accent pour les bras. Je dis les principaux rameaux ; car l'anatomie la plus fine ne parviendra jamais à isoler et à rendre sensible à la vue la ramification complète, et décomposée par dichotomies à l'infini, du système nerveux ; autant vaudrait-il entreprendre de compter les grains de sable de la mer que de vouloir atteindre un certain ordre de rameaux de ce système.

59. Des quatre dernières vertèbres cervicales et de la première dorsale partent, de chaque côté, comme quatre racines, qui se réunissent en un seul tronc nerveux que j'appellerai le *nerf brachial* (*b*), qui, chemin faisant, et pour se terminer, de dichotomie en dichotomie, à l'extrémité des doigts, fournit des rameaux d'où émane l'organisation cellulaire des muscles et des os, puis d'autres rameaux qui distribuent la sensibilité et la motilité à ces divers organes, enfin d'autres rameaux qui viennent s'épanouir en papilles du tact sur la surface de la peau.

60. Des trois ou quatre premières vertèbres du sacrum et de la dernière lombaire, émanent les racines qui se réunissent en un tronc que j'appellerais volontiers le *nerf crural* (*b'*),

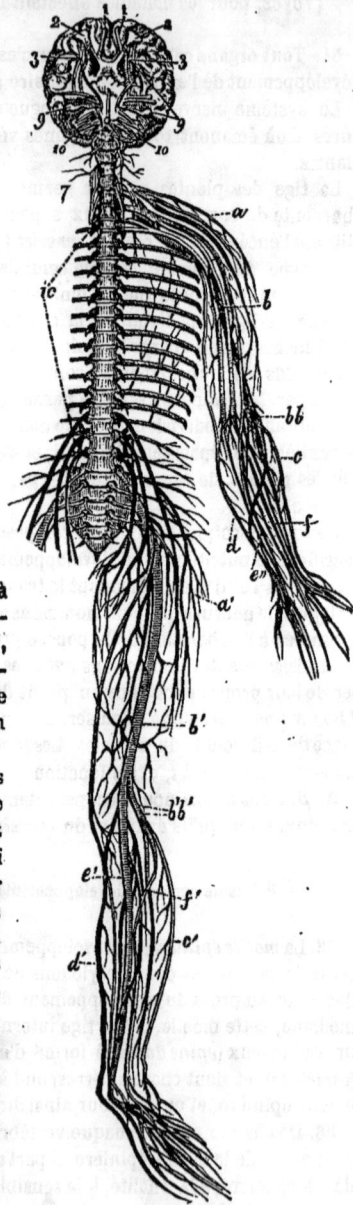

qui se comporte pour la cuisse, la jambe et le pied, comme le *nerf brachial* pour le membre thoracique.

Le nerf que nous nommons *nerf crural* prend, dans les livres, le nom de *nerf ischiatique* ou, par corruption, de *nerf sciatique*, parce que, dès son origine, il avoisine l'*ischium*. En vertu de la même considération, et si l'étude de l'anatomie avait été conséquente dans sa nomenclature, on aurait dû donner au *nerf brachial* le nom de *nerf clavique*, parce qu'il avoisine, dans son origine, la *clavicule* homotype de l'os *ischium*.

61. L'un des premiers embranchements de ce faisceau nerveux *brachial* (*a*) se répand, en ramifications d'organisations osseuses, musculaires et glandulaires, en ramifications de tact et de mouvement, dans toute la région scapulaire et gutturale. L'un des premiers embranchements homotypes du nerf crural (*sciatique*) se répand, en ramifications d'organisations osseuses musculaires et glandulaires, dans la région du bassin et des fesses.

62. Au pli du coude (*b b*) et du jarret (*b' b'*), les troncs médians (*brachial* et *crural*) se divisent en diverses branches; toutes ces branches, de tact et de mouvement, jettent çà et là leurs innombrables rameaux, et vont, à leur extrémité, donner naissance aux muscles et os du *carpe* et du *tarse;* le tronc principal (*e e*) continue à se dichotomiser, pour fournir à l'origine et au mouvement des muscles du *métacarpe* et du *métatarse,* et des phalanges des doigts.

63. La branche *c* et *c'* est la première par son origine et son point de départ; elle est externe et sous-cutanée.

64. La branche *d* et *d'* est la deuxième par l'origine et le rang d'insertion; elle est interne et sous cutanée.

65. La branche *f* et *f'* est la troisième par origine; et son principal rameau longe le *radius* et son homotype le *péroné.*

66. Ces notions générales nous paraissent suffire au but que nous nous proposons d'atteindre dans cet enseignement élémentaire ; que nos lecteurs joignent à ce chapitre l'étude de ce que nous avons développé, sur le même sujet, dans le *tom.* III, à partir de la *pag.* 320 ; et quand ils se seront familiarisés avec cette idée : « que là où chaque embranchement nerveux aboutit, c'est qu'il a donné naissance à l'organe où il semble disparaître, dont il anime ensuite la motilité ou la sensibilité par l'expansion indéfinie de ses rameaux, » il leur sera facile de faire concorder, comme par superposition topographique, les diverses ramifications de la figure ci-dessus, avec les diverses régions de l'*ostéologie* et de la *myologie,* qui ont fait le sujet des deux paragraphes précédents.

67. Les nerfs ne procèdent, comme les rameaux des plantes, que par dichotomies et bifurcations; leurs extrémités s'épanouissent, se pressent par le contact, mais ne s'abouchent pas entre elles, comme le font les canaux des vaisseaux sanguins ; enfin les courants nerveux sont, non pas circulatoires, mais divergents.

68. Les papilles extrêmes des rameaux nerveux, organes microscopiques de la sensibilité, s'écartent dans l'acte de la perception, et ils se rapprochent pour opérer la décharge électrique qui donne l'impulsion à la contraction musculaire et à l'exécution de la volonté.

B. Paires de nerfs qui émanent du cerveau. (Tom. III, pag. 294 et 429.)

69. L'ensemble des organes que la figure ci-après représente, vu par dessous, prend le nom d'*encéphale* (du grec *en,* contenu dans, et *képhalè,* le crâne).

Les deux fractions antérieures dont l'une est marquée *A A' A"* se nomment les deux *hémisphères* du *cerveau*; *B B* désignent l'un des deux *hémisphères* du *cervelet*.

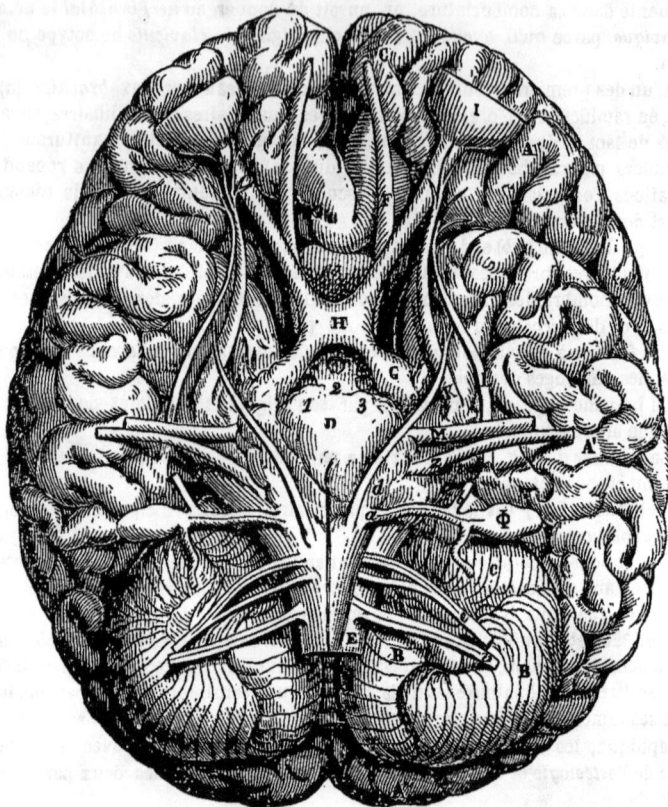

70. L'étude des diverses régions du cerveau a été, pour les anatomistes, ce que la recherche des terres inconnues a été de tout temps pour les navigateurs: les deux moitiés du cerveau ont été pour eux *deux hémisphères*, en dépit de ce qui y manque pour avoir l'air d'un globe. Il n'est pas de coin et de recoin qu'ils n'aient fouillé, à l'aide du scalpel qui est leur boussole; pas une vacuole, une petite éminence, une dépression, un pli, un point qu'ils n'aient marqué d'un nom sur la carte anatomique; et ces dénominations de régions, quand ce ne sont pas les noms des voyageurs, ne se trouvent pas plus systématiques en anatomie qu'en géographie; elles tiennent du caprice ou des préoccupations d'esprit du nomenclateur, plutôt que d'une analogie vraie ou au moins décente; il existe en effet une région où l'anatomiste a transporté toute la nomenclature hermaphrodite des bassins réunis de l'homme et de la femme

(*nates, testes, ânus, vulva, glans*). Heureusement pour nos lecteurs que les fonctions physiologiques de toutes ces régions, si difficiles à explorer et si chatouilleuses à dénommer, ne sont nullement déterminées, et qu'il n'est pas d'une absolue nécessité d'en connaître la nomenclature ; nous nous arrêterons donc, sur ce sujet, dans le présent article, à ce qu'il importe à la pratique médicale de connaître ; pour ceux qui désireraient pénétrer plus avant dans les secrets de ce *microcosme*, ce que nous allons en faire connaître sera comme une préparation et une espèce d'initiation.

71. Nous avons dit (pag. 294, tom. III) que les deux hémisphères du cerveau sont les cotylédons des paires de nerfs de la face, de même que les deux hémisphères du cervelet sont les cotylédons de la colonne vertébrale, grande tige du corps. Le cerveau a aussi sa colonne vertébrale dans l'epaisseur de la commissure de ses deux hémisphères ; ce que les anatomistes en effet ont désigné sous le nom de *corps calleux* a l'air de la *moelle allongée* que l'on aurait renversée d'arrière en avant, et dont l'extrémité tigellaire se serait arrêtée, dans son développement, juste au point où les deux hémisphères sont de nouveau séparés par la cloison falciforme. Quant aux diverses cavités symétriques que le scapel met à découvert, dans la substance de chaque hémisphère ou dans leur commissure, elles ont l'air d'être chacune le réservoir nourricier où chaque paire de nerfs vient alimenter son activité : sous ce rapport, le nom de *ventricules,* que leur ont donné de toute antiquité les anatomistes, ne serait pas tant dépourvu d'analogie qu'il le semble au premier abord. Les diverses éminences qu'on y rencontre ne sont que la saillie, la contre-empreinte des empâtements radiculaires de chaque paire de nerfs. En effet ces éminences, à l'exception de la *glande pinéale,* où Descartes, cet immortel rêveur, avait placé le siége de l'âme, ces éminences, dis-je, sont toujours binaires et symétriques, comme les paires de nerfs qui en émanent.

72. Ces notions préalables peuvent suffire à l'intelligence et à l'étude ultérieure des organes que les limites de cet ouvrage ne nous permettent pas de figurer ; car nous devons nous contenter de mettre sous les yeux de nos lecteurs l'*iconographie* des organes des sens, dont nous avons énuméré les maladies dans le troisième volume de cet ouvrage : et la figure ci-contre nous a paru devoir suffire à la démonstration ; mon fils l'a décalquée d'après le dessin sur bois de l'ouvrage de Vésale (*De corporis humani fabricâ,* édit. de Basle, 1543, pag. 318), en atténuant, selon les règles de l'art, tout ce que les dessins sur bois de cette époque ont de dur et de trop accusé. Nous aurions pu emprunter la même figure aux iconographies modernes d'anatomie, à l'une des belles planches, la xviie, par exemple, que Vicq d'Azyr a publiées sur le cerveau (*); nous avons donné la préférence à la figure de Vésale, d'abord à cause que la naïve simplicité du dessin permet de mieux saisir les rapports d'insertion des paires de nerfs entre elles, et ensuite afin que l'on comprenne mieux en quoi consiste la divergence qui existe entre la nomenclature de Vésale et des anatomistes de cette époque, d un côté, et celle des modernes, de l'autre. On s'est habitué à numéroter les paires de nerfs, en commençant par la paire des nerfs olfactifs et en suivant l'ordre de leur insertion ; de là est résulté une double confusion regrettable ; parce que la numérotation de tel anatomiste n'est pas la même que celle de tel autre ; et ensuite que la mémoire ne

---

(*) *Traité d'anatomie et de physiologie,* grand in-folio. Paris, Didot 1786. — Vicq d'azyr n'a eu le temps de publier que l'anatomie de l'encéphale ; la publication a cessé après le 5e cahier. L'ouvrage est complet sous ce rapport ; il se compose de viii+124+104 pages, avec 35 planches magnifiquement coloriées, et 35 décalques, au trait noir, des mêmes planches pour la démonstration.

suffit pas toujours pour retenir le n° d'une paire, dont on connaît cependant l'insertion, les embranchements et le rôle physiologique. Une nomenclature chiffrée ne
servira jamais la science comme une nomenclature systématique ; et nous ne voyons
pas pourquoi, après avoir donné le nom de *nerfs olfactifs* à la première paire, de
nerfs optiques à la deuxième paire et de *nerfs acoustiques* à la septième, on ne don-
nerait pas à chacune des autres paires un nom tiré des organes dont ils animent la sensibilité et la motilité.

Cela dit, passons à l'explication de la figure ci-devant :

73. Elle représente le cerveau vu par-dessous. Chaque hémisphère qui, à part les circonvolutions, n'offre aucune division ou découpure en dessus et sous la voûte du crâne,
se divise, sur la surface inférieure, en trois lobes distincts : l'*antérieur* ou le frontal
A, le *lobe moyen A'* et le lobe postérieur *A''*, qui recouvre le lobe respectif du cervelet *B*. On nomme *circonvolutions* du cerveau les saillies, en forme d'anses intestinales et vermiculées, qui semblent s'enchevêtrer les unes dans les autres ; les sillons
qui les séparent se nomment *anfractuosités*. Les anciens anatomistes donnaient le
nom de saillie mamillaire (*processus mamillaris*) à l'extrémité *C* du lobe antérieur
et frontal, qui imite un peu le bout du sein. On voit, en *D*, la protubérance annulaire ou
pont de Varole, et en *E*, l'origine de la moelle épinière. 1, 3=artères ; 2=3° ventricule.

74. *F*. **PAIRE DE NERFS OLFACTIFS** OU **PREMIÈRE PAIRE DE NERFS** (tom III,
pag. 316 et 323 de cet ouvrage).

SYNONYMIE : *Olfactûs organo subservientes processus nervis similes*. VÉSALE ; —
1re *paire de nerfs de* WILLIS et des modernes ; — *nerfs olfactifs* de VICQ d'AZYR.

75. *G, H, I*. **APPAREIL DES NERFS OPTIQUES** OU **DEUXIÈME PAIRE DES
MODERNES** (tom. III, pag. 316 et 340).

SYNONYMIE. *Visorii nervi seu primum cerebri nervorum par*. VÉSALE ; — 2me *paire
de nerfs de* WILLIS et des modernes ; — *nerfs optiques* de VICQ d'AZYR.

Obs. Ces deux nerfs enracinés et implantés sur la région *G*, qui prend le nom de
couche optique, viennent se rencontrer et s'enlacer, par une spirale peu distincte, en
H, pour se séparer de nouveau et se diriger vers l'un des deux globes des yeux, chacun
dans le sens opposé à son point de départ *G*. — *I* représente la calotte postérieure du
globe de l'œil tranché par le milieu.

76. *K*. **PAIRE DE NERFS INTROCULO-MUSCULAIRES** OU **TROISIÈME PAIRE
DE NERFS** (tom. III, pag. 317).

SYNONYMIE. *Secundum cerebri nervorum par*. Vésale ; — 3me paire de Willis et des
modernes ; — nerfs oculo-musculaires de Vicq d'Azyr.

77. *L*. **PAIRE DE NERFS EXPRESSIFS** OU **QUATRIÈME PAIRE DE NERFS**
(tom. III, pag. 317).

SYNONYMIE. *Tertii nervorum paris minor et gracilior duriorque radix*. Vésale ; —
4me paire de Willis et des modernes ; — nerfs pathétiques de Vicq d'Azyr.

N. B. C'est la paire de nerfs qui anime le muscle supérieur oblique de l'œil, dont la
contraction imprime à l'œil un mouvement d'une expression pathétique.

78. *M, Z*. **PAIRE DE NERFS BUCCO-TRIFACIAUX** OU **CINQUIÈME PAIRE DE
NERFS** (tom. III, pag. 318, 353 et 384).

SYNONYMIE. M = *tertii paris major crassiorque radix*. Vésale ; Z = *quartum cerebri nervorum par*. Vésale ; — *nerfs trijumeaux* de Winslow et de Vicq d'azyr ; —
5me paire de Willis et des modernes.

N. B. Ces deux racines sont contiguës ; Vésale les a séparées par accident sans doute.

79. *d* **PAIRE DE NERFS EXTROCULO-MUSCULAIRES** (tom. III, pag. 317) uo
NERFS ANIMANT LES MUSCLES ABDUCTEURS DE L'ŒIL.

SYNONYMIE. *Quinti paris radix gracilior.* Vésale ; — 6ᵐᵉ paire de Willis et des modernes ; — *nerfs moteurs externes* de Winslow ; — *nerfs oculo-musculaires* de Vicq d'Azyr.

80. a b c Φ. **PAIRE DE NERFS AUDITIFS ou SEPTIÈME PAIRE** (tom. III, pag. 319 et 367).

SYNONYMIE. 1°. a c Φ. *Quintum nervorum par auditui dicatum.* Vésale ; — *portion molle de la* 7ᵐᵉ *paire* des modernes et *du nerf auditif* de Vicq d'Azyr; — *a* insertion ; — Φ extrémité papillaire qui pénètre dans le rocher ; — *c* rameau qui se distribue dans l'appareil acoustique.

2°. b. *Portion dure de la* 7ᵐᵉ *paire ou des nerfs auditifs ;*—*non procul à quinti paris principio enatus nervus.* Vésale ; — *portion dure de la* 7ᵐᵉ *paire* des modernes et de Vicq d'Azyr.

81. e **PAIRE DE NERFS VISCÉRAUX ou HUITIÈME PAIRE** (tom III, pag. 319).

SYNONYMIE. *Sextum cerebri nervorum par.* Vésale ; — 8ᵐᵉ *paire* de Willis et des modernes ; — *nerf moyen sympathique* de Winslow ; — *nerf vague* de Vicq d'Azyr.

N.B. Au point de vue de la recherche des causes morbipares, nous avons cru devoir diviser en deux cette paire de nerfs, et regarder comme la huitième paire le rameau qui se rend aux organes thoraciques et abdominaux, et comme formant la neuvième, la branche qui se répand, pour ainsi dire, extérieurement jusque dans les organes du bassin, branche que les anatomistes ont désignée sous le nom de *nerfs intercostaux.*

82. **PAIRE DE NERFS INTERCOSTAUX ou NEUVIÈME PAIRE** (tom. III, pag. 319) ; — branches de la 8ᵐᵉ paire prenant le nom de *nerfs intercostaux* chez les modernes ; — *nerf spinal* de Vicq d'Azyr.

83. v **PAIRE DE NERFS SUBLINGUAUX ou DIXIÈME PAIRE** (tom. III, pag. 231, 320 et 380).

SYNONYMIE. *Septimum cerebri nervorum par.* Vésale ; — *nerfs hypoglosses* ou gustatifs. — 9ᵐᵉ *paire* de Willis et des modernes ; — *nerf lingual* de Vicq d'Azyr.

84. REMARQUE. Dans sa position naturelle, il est rare que le cerveau de l'homme forme un ovale aussi peu allongé que sur la figure ci-devant que nous venons d'emprunter à Vésale ; il s'élargit ainsi par son propre poids, lorsqu'on l'observe posé sur la table par sa surface supérieure; dans sa position naturelle, il est toujours plus allongé et moins arrondi par devant qu'en arrière. Quant à ses dimensions ordinaires et au rapport entre le grand et le petit diamètre, il varie à l'infini selon les individualités. Il en est de même du nombre, du volume, de la convexité des saillies et de la profondeur des *anfractuosités* de ses circonvolutions. Les constitutions plus portées vers les travaux de l'intelligence que vers les plaisirs charnels ont le cerveau plus développé que le cervelet ; c'est le contraire pour les constitutions qui ne vivent presque que de la vie matérielle. Les circonvolutions sont d'autant plus saillantes, et le volume du cerveau d'autant plus grand, que l'homme est animé d'une volonté plus arrêtée et doué de l'influence du commandement; chez les hommes ainsi organisés, la volonté ne rencontre souvent pas de résistance ; leur regard seul impose la soumission ; ne voyez-vous pas un simple enfant se faire obéir par un taureau ? c'est que le quotient du volume du cerveau par la taille pèse moins, chez le taureau que chez l'enfant, dans la balance des impressions. Il doit en être des diverses régions du cerveau entre elles comme de la différence entre les volumes du cerveau chez les divers caractères; le plus grand développement de l'une de ces divisions et subdivisions du même organe doit imprimer une plus grande énergie à telle ou telle propension.

C'est là la base du système de Gall : les os du crâne, en se moulant sur le cerveau, doivent porter comme l'empreinte *au repoussé* des diverses saillies que chaque développement de région affecte. Gall a cherché à déterminer les significations de chacune de ces saillies ou bosses du crâne, comme indices des propensions. C'est une nouvelle voie qu'il a ouverte aux recherches psychologiques ; mais c'est une nouvelle terre promise qu'il ne lui a pas été donné de voir de près ; car, chaque jour, on trouve en défaut la carte qu'il en a tracée d'avance.

§ 4. *Étude du système circulatoire ou sanguin.*

(Voyez tom. I, pag. 26, 59 ; tom. III, pag. 45, 463, 473.)

85. *N.B.* Nous avons suffisamment expliqué, dans le cours de cet ouvrage, que la respiration pulmonaire est le point de départ et le mobile de la circulation sanguine; que le cœur n'est qu'une double anse et un double *regard,* pour ainsi dire, de ce réseau, que le point de contact enfin du vestibule d'entrée et du vestibule de sortie, qui varie et peut même se réduire tellement, dans son organisation, qu'il semble disparaître chez certains animaux.

Sur la figure ci-contre, pour la facilité de la démonstration, nous avons séparé, à d'assez grandes distances, le poumon, le cœur, le réseau des veines et des arteres; au moyen de séries respectives de points, nous avons indiqué comment, par la pensée, on devait se représenter la connexion de tous ces systèmes entre eux. Suivez-moi maintenant pas à pas ; je vous conduis par la main ; la figure ci-contre (*) nous servira comme de carte géographique pour les deux grands courants parallèles de la circulation sanguine.

A. *Poumon.* (Voy. tom. III, pag. 473).

86. *Tr*=trachée artère qui descend le long du cou et se bifurque à la hauteur des clavicules, en deux branches (*br*) que l'on nomme *bronches,* lesquelles, en se ramifiant dans la substance du poumon (*pp*), par des dichotomies sans fin, forment les cavités pulmonaires, où, à travers les parois des vaisseaux, le sang veineux vient s'oxygéner pour se transformer en sang artériel.

87. Le poumon est double, et formé de deux lobes principaux ou grandes expansions symétriques, dont l'une prend le nom de poumon droit et l'autre de poumon gauche.

88. La partie ombrée sur la figure désigne la base de ce double organe, laquelle se moule sur le diaphragme et est vue ici par devant.

89. Le poumon droit se gerce en deux lobes postérieurs et le gauche en trois, qui sont légèrement indiqués sur la figure.

90. La circulation, ainsi que l'indique son nom, étant un courant dont les deux bouts se rejoignent, nous pourrions prendre pour point de départ une anse quelconque de son parcours; en suivant ses innombrables méandres, nous n'en arriverions pas moins au même point. Nous prendrons donc pour point de départ l'instant où le sang se trouve réoxygéné et refoulé du poumon vers la périphérie du corps ; c'est alors le *sang*

(*) Cette figure devait former la 20ᵉ planche sur acier ; mais il nous a paru plus utile de l'intercaler dans le texte, en compagnie de cinq autres planches dont nous avons cru devoir enrichir ce texte, en sus de ce que nous nous étions proposé de figurer dans le principe.

artériel; et les canaux qu'il parcourt, pour porter la nutrition vitale dans tous les organes, se nomment *vaisseaux artériels, artères* (en grec et en latin *arteriæ*) (*).

(*) Le mot de vaisseaux (*vasa*) avait été donné aux canaux sanguins, parce qu'on les regardait comme des capacités closes et destinées à renfermer le liquide sanguin sans communicatio

91. Pour désigner la direction du *courant artériel* et du *contre-courant veineux*, nous nous servons, sur la planche ci-derrière, de flèches, lancées comme dans l'espace ; le *fer* ou *pointe* marque le *but* ou la *direction* vers ; la *penne* marque le point de *départ* ou l'endroit d'où le courant vient.

Supposez une ligne médiane tracée longitudinalement par la trachée-artère (*tr*) ; les organes de gauche du corps humain sont ceux que le lecteur voit à sa droite, et ceux de droite, le lecteur les voit a sa gauche.

92. La rangée de points que la flèche longe sur le lobe gauche du poumon, indique la direction du sang artériel qui vient et du poumon droit et du poumon gauche, se rendre dans l'oreillette gauche (*o'*) du cœur. Le vaisseau qui transmet au cœur le sang artériel et oxygéné se nommait *veine pulmonaire,* alors que le cœur était pris pour le point de départ de la circulation ; car on avait admis, dans la nomenclature, que tout vaisseau qui se rendait au cœur était une *veine* et tout ce qui en sortait était une *artère;* cette manière d'envisager la circulation jetait une assez grande confusion dans le langage, en ce que l'on avait un système de *veines* qui charriaient du sang *artériel*, et un système d'*artères* qui charriaient du sang *veineux.* Mais cette confusion disparait, dès le moment qu'on prend les poumons, comme le point de départ de la circulation san-guine : Tout vaisseau qui porte le sang du poumon au cœur, et de là à la périphérie du corps humain, est une *artère;* et tout vaisseau qui porte le sang de la périphérie au poumon est une *veine.* Ce que les anatomistes désignent sous le nom de *veines pulmo-naires* prend ici le nom d'artères pulmonaires et *vice versâ.* L'artère pulmonaire n'a pas une longueur bien déterminée; car le cœur que l'on voit si distant du point de son insertion, sur la figure ci-devant, est, dans la nature, accollé à la base antérieure du poumon, la pointe de l'organe dirigée à gauche.

93. L'oreillette du côté gauche du cœur (*o'*) transmet le sang artériel au ventricule (*v'*) du même côté. Le ventricule gauche (*v'*) le transmet à l'aorte (1), qui s'abouche avec ce ventricule et qui le transmet ensuite à tout le corps, par le réseau des vaisseaux sanguins que l'on voit à la droite du lecteur et dont les diverses régions sont mar-quées de chiffres arabes et de lettres majuscules. Les flèches indiquent suffisamment que le courant se dirige vers la périphérie.

94. Les *vaisseaux artériels* diminuent de calibre à chacun de leurs embranchements, jusqu'à n'avoir plus que le calibre d'un cheveu; et c'est là que la mission du *sang arté-riel* est épuisée, qu'il s'est dépouillé de son oxygène et qu'il devient sang *veineux,* le-quel, par un contre-courant parallèle au premier, se dirige vers le cœur et du cœur au poumon. Les vaisseaux de transition entre les deux courants se nomment *vaisseaux capillaires* (ou tenus comme des cheveux *capilli*).

95. La figure du réseau sanguin qui est à la gauche du lecteur et dont les diverses régions sont indiquées par des chiffres romains et des lettres italiques, représente le réseau du système des *vaisseaux veineux,* c'est-à-dire des vaisseaux qui ramènent le sang de la périphérie au cœur et du cœur au poumon.

96. Nous n'avons représenté que le *système veineux* sur le côté droit (ou à la gauche du lecteur) et que le *système artériel* sur le côté gauche (ou à la droite du lecteur). Mais sur chaque côté du corps humain les deux systèmes se superposent, leurs divers embranchements s'enchevêtrent ou se coudoient; et quoiqu'en sens inverse par la

entre elles, comme des vases enfin. Après la découverte de la circulation du sang, on a conservé le mot usité depuis la plus haute antiquité, quoiqu'il ne se rapporte plus à la chose signifiée. Le mot *artère* vient du grec *airó* (je soulève), parce que c'est sur elles qu'on remarque les battements du pouls qui soulèvent la peau en mesure.

direction du courant, ils sont entre eux dans une position comme parallèlique; car tout organe a son *artère* qui lui apporte le sang oxygéné, et sa *veine* qui remporte le sang dont l'organe n'a plus que faire. C'est au lecteur à réassocier par la pensée, ou même mécaniquement, les deux figures latérales du réseau circulatoire, s'il veut compléter le système de chaque côté. Ainsi, qu'il place le côté artériel sous le côté veineux, il aura sous les yeux le réseau sanguin complet pour le côté droit. Qu'il place le côté veineux sur le côté artériel, il aura sous les yeux le réseau sanguin au complet pour le côté gauche; c'est un simple travail de superposition. Qu'on se représente enfin tous les rameaux extrêmes d'une de ces moitiés du système circulatoire abouchés avec les rameaux extrêmes de l'autre moitié du même côté du corps, et l'on aura ainsi sous les yeux l'unité, par la continuité de cet inextricable réseau de canaux, dont les mailles se subdivisent à l'infini et arrivent à une dimension si petite que la cellule la plus microscopique peut recevoir sa part de vitalité de leur double courant.

97. Les *vaisseaux artériels* affectent toujours les régions profondes, les *vaisseaux veineux* les régions supérieures; les artères visent à l'intérieur et les veines labourent les superficies; mais ces deux genres de rameaux sont corrélatifs et comme parallèles entre eux sur chaque organe, en sorte que la configuration du *réseau artériel* semble être le décalque, moins quelques détails, du *réseau veineux;* et l'un et l'autre, par ses principaux embranchements représente, comme au trait, ainsi que nous l'avons fait observer pour le système nerveux, la charpente générale du corps humain.

B. *Cœur.* (Voy. tom. III, pag. 464.)

98. La direction des flèches vous indique suffisamment, sur la figure de droite (*à la gauche du lecteur*), que le sang se dirige de toutes les extrémités, vers l'orifice marqué I qui s'abouche avec l'oreillette droite (*o*) du cœur, laquelle oreillette pousse le sang veineux dans le ventricule droit (*v*), d'où le sang est refoulé vers les deux lobes du poumon, par la *veine pulmonaire* (artère pulmonaire des auteurs), laquelle la distribue dans les deux lobes par une masse d'anastomoses, qui semblent autant d'empâtements radiculaires, qu'indique en petit la terminaison de la bifurcation tracée par deux rangées de points parallèles. Appliquez la figure du cœur sur celle des poumons, par la pensée qui tiendra lieu de ces deux lignes de points.

99. Le cœur est double, parce qu'il n'est que la juxtaposition, ou agglutination, d'une anse du *réseau artériel* avec une anse du *réseau veineux*. Dans le fœtus, les deux anses communiquaient entre elles par le *trou de Botal;* car, pendant la vie fœtale, le poumon sommeille encore, la respiration, et par conséquent l'oxygénation du sang, se faisant alors par le *placenta fœtal,* qui est la *branchie* de l'œuf, la branchie parasite du *placenta utérin.*

100. Le cœur des animaux supérieurs, réduit par la pensée à sa plus simple expression, peut être considéré comme l'accolement du premier conduit du sang oxygéné, du *sang artériel,* et du dernier conduit du sang désoxygéné, du *sang veineux.* C'est un organe double par soudure, et dont les deux compartiments sont, chez l'adulte, sans communication entre eux. La forme qu'il offre, chez les vertébrés, n'est pas indispensable à ses fonctions; et l'on concevra comment une tout autre espèce d'animal, chez lequel on n'observe pas de cœur, pourra vivre, sans que la circulation sanguine s'opère d'une autre manière que chez l'homme. Le cœur est le vestibule du poumon, vestibule de sortie du sang pour le côté gauche, vestibule de rentrée pour le côté droit. Dans chacun de ces deux compartiments contigus, le sang arrive par les oreillettes (*o o'*) et il

sort par les ventricules (*v v'*), les deux courants étant inverses l'un de l'autre.

101. *N. B.* Ces notions une fois bien comprises, nous allons passer à la nomenclature des divers embranchements de l'un et l'autre tronc sanguin. On remarquera d'abord que les embranchements de l'un sont toujours parallèles et presque contigus aux embranchements de l'autre, ce qui ne manquera pas de frapper les yeux en superposant l'une à l'autre les deux figures latérales de la planche ci-devant, le système artériel en dessous; et ensuite que le réseau d'un côté du corps est symétrique au réseau des mêmes nom et couleur (*) de l'autre côté; ce qui nous a permis de ne figurer qu'un côté de chaque système, pour la facilité de la démonstration.

C. *Système artériel.* (Voy. tom. III, pag. 469).

102. Prenons pour point de départ le poumon ou le sang s'oxygène et se révivifie : A l'aide des rangées de points, la direction des flèches vous conduira, de l'insertion et ramification de l'artère pulmonaire (*veine pulmonaire* des auteurs) à l'oreillette gauche (*o'*) du cœur, que nous avons séparé du poumon pour la facilité de la démonstration. La contraction de l'oreillette (*o'*) pousse le sang dans le ventricule (*v'*), et le ventricule à son tour chasse le sang dans l'aorte, dont le tronc s'y abouche avec le ventricule par la section (1, 1).

103. Le tronc de l'aorte, étant remonté vers les clavicules, se courbe en forme de crosse (*crosse de l'aorte*), pour redescendre, le long de la colonne vertébrale, jusqu'à la hauteur du bassin (2), sous le nom d'*aorte descendante*.

104. Du coude de la *crosse* part, de chaque côté, l'*artère sous-clavière* (AA), allant l'une à droite et l'autre à gauche, comme tronc principal du réseau artériel du membre thoracique (bras, avant-bras, main).

105. L'extrémité inférieure de l'*aorte descendante* se bifurque (2) en deux embranchements (A) (*artères iliaques, principales* ou *primitives*) homotypes des deux *artères sous-clavières* (AA) et marquées des mêmes lettres; elles forment le tronc principal du réseau artériel qui se distribue dans le membre pelvien (cuisse, jambe, pied).

106. En entrant dans le bras, l'*artère sous-clavière* (A) prend le nom d'*artère brachiale* ou *humérale*. En entrant dans la cuisse, l'*artère iliaque* primitive (A) prend le nom d'*artère crurale*.

107. L'*artère brachiale* se subdivise en deux troncs principaux : B = l'*axillaire* qui est interne, et C = le *grand rameau de l'axillaire* qui est externe.

L'*artère crurale* se subdivise également en deux troncs principaux : B = l'*artère musculaire crurale interne*, et C = la *musculaire crurale externe*.

108. L'*axillaire*, une fois arrivée à la hauteur du pli du coude (CO), se subdivise en deux embranchements, dont l'un, l'interne (E), prend le nom d'*artère cubitale*, parce qu'elle longe l'*os cubitus;* et l'autre (F) celui d'*artère radiale*, parce qu'elle longe l'*os radius*.

La *crurale interne*, arrivée au jarret, se subdivise en deux embranchements, dont l'un, l'interne (D E), prend le nom d'*artère tibiale interne,* et l'autre (F) celui de *tibiale externe*.

(*) Le sang veineux se dessine à travers la peau par une teinte bleue ; la couleur du sang artériel est vermeille. Pour mieux distinguer les veines des artères, dans les dissections anatomiques, on a soin d'injecter préalablement le système veineux en bleu et le système artériel en rouge. Les iconographes adoptent, avec la même signification, ces deux couleurs dans leurs figures d'anatomie.

109. L'*artère cubitale* donne naissance à la ramification ternaire (E), qui va aux muscles de la main.

L'*artère tibiale* donne naissance à la ramification obscurément ternaire (E) qui va aux muscles du pied.

110. A force de se dichotomiser indéfiniment, et une fois parvenus aux surfaces et aux extrémités, les derniers embranchements artériels finissent par ne plus avoir que le calibre d'un chèveu (*vaisseaux capillaires*, de *capillus*, cheveu) et vont s'aboucher avec les canaux veineux du même calibre qui sont le point de départ du retour du sang vers le cœur.

111. Le *coccyx*, avons-nous dit, étant un organe céphalique atrophié, le *réseau artériel*, qui anime les organes du bassin, n'offre pas avec le réseau artériel de la tête la même homotypie de configuration que celle que nous venons de remarquer entre les deux extrémités de l'aorte et entre les membres thoraciques et pelviens ; l'un n'est, pour ainsi dire, que l'ébauche de l'autre.

112. Les deux artères qui portent le sang au cerveau se nomment *artères carotides primitives* (3, 3); la carotide du côté gauche (*carotide gauche*) émane directement de la crosse de l'aorte, entre les deux *sous-clavières ;* la *carotide* du côté droit (*carotide droite*) émane de l'artère *sous-clavière droite.*

Les homotypes des *carotides* se trouvent dans les *iliaques internes,* dont on voit le tronc en A au-dessous du chiffre 2.

113. A la hauteur du chiffre 3, les *artères carotides* se divisent en deux rameaux, de chaque côté de la tête, l'un (*carotide externe*) (4) qui se dirige vers les tempes (5), et l'autre (*carotide interne*) (6) qui longe l'*épine cervicale* et pénètre dans le crâne par le *canal carotidien.* La carotide *externe* envoie, sur son trajet, des embranchements à la langue, aux lèvres, aux muscles digastriques, aux muscles temporaux et à la région occipitale.

L'*artère iliaque interne* homotype de la *carotide* qu'on devrait plutôt appeler *carotide céphalique,* envoie des embranchements à tous les organes du bassin qui sont les homotypes des organes de la région buccale.

114. Derrière les *carotides céphaliques,* vous remarquerez un réseau, en forme de double échelle, qui semble dessiner la charpente des vertèbres du cou. Ce réseau émane de chaque côté d'une *artère* dite *cervicale,* ayant, en bas du tronc, son homotype dans l'*artère sacrée,* qui se distribue contre le *sacrum* homotype des *vertèbres cervicales.*

115. De la partie inférieure de l'*artère sous-clavière* (A), descend perpendiculairement l'*artère mammaire interne,* l'une de celles qui alimentent la mamelle.

De la partie corrélative de l'*artère iliaque* (A), monte l'*artère épigastrique,* qui est l'homotype de l'*artère mammaire interne.*

116. Au milieu de la longueur de l'*aorte descendante,* s'insère de chaque côté le tronc d'un embranchement, dont les divers rameaux se rendent au diaphragme (*artères diaphragmatiques*), à l'ouverture cœliaque (*artères cœliaques*), à la panse stomachale (*artères gastriques*), au pancréas (*artères pancréatiques*), à la rate (*artères spléniques*), au duodénum (*artères duodénales*), au foie (*artères hépatiques*), à la vésicule du fiel (*artères cystiques*), à l'épiploon (*artères épiploïques*).

117. A un étage inférieur, se détachent : 1° un embranchement qui va distribuer ses rameaux, par des dichotomies à l'infini, dans le mésentère (*artères mésentériques*), et, du mésentère, sur toutes les parois des circonvolutions intestinales ; 2° un embranchement qui se distribue dans le tissu adipeux ; 3° un autre dans les lombes (*artères lombaires*) ; 4° un autre dans les reins (*artères émulgentes*) dont nous reparlerons, en nous occupant de l'appareil urinaire.

118. *N. B.* Les limites de ce petit traité ne nous permettent pas de pousser plus loin l'énumération des autres embranchements des réseaux régionnaux du *système arté-riel*. Mais si l'on se donne la peine de superposer à cette figure le décalque d'un système quelconque du corps humain, on pourra déterminer ainsi l'organe où se rendent les embranchements les plus ténus, dont on voit ici les houppes émaner des gros vaisseaux que nous venons de dénommer.

Système veineux. (Voy. tom. III. pag. 471.)

119. Les canaux artériels, en se divisant, et étant arrivés de dichotomies en dichotomies, à la ténuité d'un cheveu, s'abouchent, avons-nous dit, ou plutôt se continuent avec les canaux veineux de même calibre qui doivent, de rameau en rameau, et par un mouvement contraire, reporter le sang, par le cœur, aux poumons. Placez la moitié du réseau artériel de la figure ci-devant au-dessous de la moitié du réseau veineux, et vous pourrez concevoir comment les extrémités apparentes des *capillaires artériels* s'abouchent avec les extrémités contiguës des *capillaires veineux*. Il serait impossible de déterminer anatomiquement, sur ces régions microscopiques, là où l'*artère* finit et où la *veine* commence.

120. Pour procéder physiologiquement dans la nomenclature et continuer à suivre le cours du sang, pour dénommer pas à pas les canaux qu'il se creuse, en dédoublant les organes cellulaires, nous devrions procéder d'une manière inverse à celle que nous venons de suivre en parlant des artères, remonter au lieu de descendre, et arriver aux poumons, en partant de la périphérie de la région du crâne et des extrémités des mains et des pieds ; faisant en quelque sorte, pour le *système veineux*, la synthèse de l'analyse que nous venons d'esquisser pour le *système artériel*. Mais, cette méthode si rationnelle, serait la moins démonstrative, nous invitons nos lecteurs à l'adopter après coup ; ici, et pour faciliter l'intelligence de la nomenclature, nous nous voyons forcé d'observer la même marche que nous avons suivie, en décrivant le système artériel ; nous procéderons donc encore en prenant notre point de départ aux poumons.

Comme il n'est pas d'organe, de quelque dimension que ce soit, qui n'aspire et n'expire alternativement, qui ne puise dans le sang et ne rejette dans le torrent circulatoire le rebut de son élaboration, il s'ensuit qu'il n'est pas d'organe qui n'ait à sa gauche son artère et à sa droite sa veine, canaux parallèles, mais à courants inverses.

121. Le sang veineux, avons-nous dit, retourne au poumon par le *ventricule droit* (v); il rentre dans le *ventricule droit* par l'*oreillette droite* (o), laquelle s'abouche en (I) avec la *veine cave*, dont le tronc supérieur à ce point prend le nom de *veine cave supérieure* et le tronc inférieur celui de *veine cave inférieure*.

122. La *veine cave supérieure* est parallélique et contiguë à l'*aorte ascendante,* et la veine cave inférieure à l'*aorte descendante.*

123. La *veine cave inférieure* se bifurque, à la région marquée II, point contigu à la bifurcation (2) de l'*aorte descendante,* en deux gros embranchements qui prennent le nom de *veines iliaques,* paralléliques des *artères iliaques.*

Les *veines iliaques* (a) sont les homotypes des *veines sous-clavières* (a), paralléliques aux *artères sous-clavières ;* les veines sous-clavières apportent le sang du bras dans la *veine cave supérieure* et les veines iliaques dans la *veine cave inférieure.*

124. Les *veines* affectent un plus fort calibre que les *artères* dans leurs anastomoses ; ce qui fait qu'on ne leur trouverait le plus souvent pas d'*artères parallèles,* si on ne s'arrêtait qu'au rapport du volume et non à celui de position. Il suffit pour s'en assurer

◡ de comparer la charpente du système veineux et celle du système artériel de la même jambe. Ces différences, dans les anastomoses des canaux, sautent aux yeux sur les deux figures paralléliques ci-devant :

On voit en (c) la *veine crurale*, parallélique de l'*artère crurale* (B). Cette veine de la cuisse a son homotype en (c), dans la *veine céphalique* du bras, veine parallélique de l'*artère* (C) du bras.

125. On voit en (b) les anastomoses ou ramifications de la veine *saphène* de la cuisse, homotype de la *veine basilique* (b) du bras, dont les trois branches, l'*interne*, la *profonde* et la *cutanée*, sont les homotypes des trois principales anastomoses de la saphène (b) de la cuisse ; elles ne trouvent leurs *paralléliques artérielles* que dans des anastomoses d'un calibre presque capillaire que la figure ne présente pas.

126. Sous le jarret (cc) la *veine crurale* se subdivise en trois embranchements principaux (f e d), paralléliques des trois *embranchements principaux* (F E D) de la *crurale artérielle*.

Sur le pli du coude (c c), un rameau se détache de la *veine céphalique* (c), pour s'aboucher avec un rameau détaché de la *veine cutanée* (b), et toutes ces branches se prolongent en (f e d), parallèlement aux embranchements artériels (F E D), le long du bras, dans les mains et jusqu'aux bouts du doigt, où les *capillaires veineux* reçoivent le sang des *capillaires artériels.*

127. RÉCAPITULATION. Le sang veineux remonte de l'extrémité du pied dans les veines jambières (f e d) ; des *veines jambières* dans la *veine crurale* (c) et dans la *veine saphène* (b) ; de la *saphène* (b) dans la *veine iliaque* (a), de la *veine iliaque* (a) dans la *veine cave inférieure* (I I), et de la *veine cave inférieure* dans l'*oreillette droite du cœur* (o) ; de l'*oreillette*, il passe dans le *ventricule droit* (v) qui le refoule vers le *poumon* (p p).

128. Le sang veineux remonte, de l'extrémité des mains, par les anastomoses (f e d), dans les anastomoses de la *veine céphalique* (c) et de la *veine basilique* (b) ; puis dans la veine sous-clavière (a) ; de là dans la *veine cave supérieure*, d'où il passe, avec celui de la *veine cave inférieure*, dans l'*oreillette droite du cœur* (o).

129. Vers la veine sous-clavière (a), remontent perpendiculairement les *veines mammaires interne et externe*, paralléliques des *artères mammaires* et homotypes de la *veine hypogastrique interne*.

130. Le sang était remonté à l'*encéphale* par les *artères carotides* (3) *externes* (4) et *internes* (5) ; il en redescend :

131. Par la *veine du front* (VI), par les rameaux antérieurs ou embranchements en v de la veine du front, par les embranchements postérieurs (V et IV) des *veines jugulaires externes* (III), paralléliques des *artères carotides* (3).

132. Par les rameaux des *jugulaires internes*, paralléliques des *artères carotides internes* et des *artères cervicales*, les jugulaires reportent le sang des diverses régions de la tête dans les *veines sous-clavières* (a), qui le transmettent, par la *veine cave supérieure*, au cœur. ◌

133. N. B. Vous remarquerez, sur la figure ci-dessus, carte en quelque sorte topographique du système circulatoire, que les artères se dichotomisent en un calibre de plus en plus petit, à partir de leur origine ; et qu'au contraire les veines se divisent et se subdivisent en un réseau de canaux d'un calibre d'autant plus grand que le cours du sang approche le plus du poumon qui est le foyer de sa révivification.

Les artères procèdent en apparence par embranchements et dichotomies, et les veines par réticulations et anastomoses.

C'est que les artères se vident en avançant, et les veines, au contraire, avancent vers le cœur, comme un fleuve que grossit de distance en distance l'appoint des affluents.

1.

Le *courant artériel* s'épuise à force de fournir à la nutrition des organes ; le *courant veineux* s'emplit du trop-plein que rejettent les cellules élaborantes et qui est devenu inutile à leur nutrition ; donc le calibre des artères doit diminuer de plus en plus à mesure que le réseau s'éloigne du cœur, et celui des veines doit augmenter à mesure qu'elles s'en approchent.

Le cours du sang enfin peut être assimilé, pour les artères, à un torrent d'irrigation, et pour les veines, à un torrent d'inondation.

§ 5. *Appareil urinaire.* (Voy. tom. III, pag. 422.)

434. La figure ci-jointe représente cet appareil isolé par la dissection de tout ce qui pourrait empêcher de saisir les rapports des divers organes qui le composent :

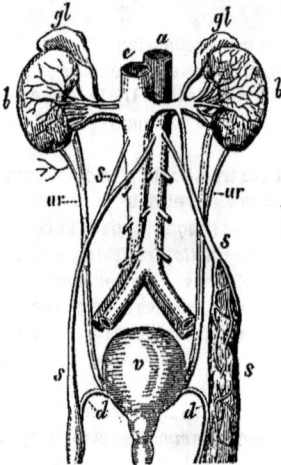

435. *a.* Continuation de l'*aorte descendante*, *e.* continuation de sa parallélique, la *veine cave*. On voit que l'aorte est posée en arrière de la *veine cave*, tant qu'elles longent l'épine dorsale, mais qu'à mesure qu'elles approchent du point commun de leur bifurcation, la *veine cave* tend à passer derrière l'*aorte*, afin de conserver dans les cuisses sa tendance à la superficialité, pendant que l'artère va continuer sa direction habituelle vers les régions moyennes et profondes.

136. *b.b.* Les deux reins symétriques ; le gauche dépouillé de sa membrane enveloppante, ou *membrane externe*, pour laisser saillir la vascularité de sa surface ; on voit comment l'*artère* et la *veine émulgentes* arrivent aux reins en se ramifiant.

137. *gl. gl. Glandes surrénales (capsules atrabilaires, reins succenturiaux* des anciens anatomistes), ou reins avortés chez l'homme, qui rappellent la structure multiple des reins de certains autres vertébrés.

138. *ur.ur. Uretères* ou *canaux de transmission* qui portent le liquide (*urine*) sécrété par les reins (*b b*) dans la vessie (*v*).

139. *s. s. Vaisseaux spermatiques*, c'est-à-dire, qui animent de leur circulation les testicules de l'homme et les ovaires de la femme. Le vaisseau du côté gauche est étalé mécaniquement et par la dissection pour en laisser voir le réseau circulatoire. En remontant vers les reins, on voit, comment les deux appareils circulatoires reçoivent le sang de l'*aorte* et le reportent à la *veine cave*, ce qui, au premier coup d'œil, a l'air d'une bifurcation d'un vaisseau spécial. Le *vaisseau veineux*, pour le *cordon vasculaire spermatique* du côté droit, est implanté directement sur la *veine cave;* pour le cordon de gauche au contraire, le vaisseau de même nom part en général de la *veine émulgente.*

140. *d. d. Vaisseaux* dits *déférents*, ou *vaisseaux éjaculatoires*, qui viennent de chaque *épididyme*, remontent le long du bord interne des *vaisseaux spermatiques*, et redescendent, en longeant le col de la *vessie* (*v*), pour communiquer, chez l'homme. avec l'*urètre*, où ils déchargent le produit de l'élaboration des organes génitaux.

§ 6. *Appareil de la génération chez la femme enceinte.* (Voy. tom. III, pag. 415.)

141. *a. Aorte descendante; c. veine cave; b b. Reins; ur.* uretères coupés en haut et en bas; *s s. vaisseaux spermatiques* qui s'anastomosent en se rendant vers leur ovaire respectif. Voyez les organes analogues sur la figure précédente.

142. *o. o. Ovaires,* homotypes des *testicules; f. f. trompes de Fallope,* homotypes, chez la femme, des *épididymes* de l'homme. Les franges érectiles, qui terminent les *trompes* de *Fallope,* s'appliquent, par la puissance de l'aspiration branchiale, sur les ovaires, pendant l'acte de la copulation, et par une force analogue à celle de la pompe aspirante; ensuite elles détachent de l'ovaire l'œuf imprégné du liquide fécondant qu'elles lui avaient transmis par une force analogue à celle de la pompe foulante; enfin elles ramènent l'ovule ainsi fécondé dans la cavité de l'utérus, sur la paroi duquel cet ovule s'implante en parasite, pour une incubation de neuf mois environ.

143. L'*utérus* qui, dans l'état de virginité ou de viduité, n'est pas plus gros qu'une poire, acquiert, par suite du parasitisme de cet organe en germination, une tendance au développement qui ne cesse que lorsque l'œuf est arrivé au terme de sa vie fœtale.

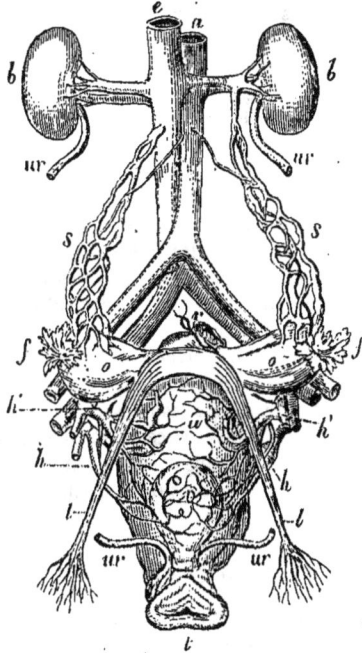

144. Sur la figure ci-jointe, on voit l'utérus à cette dernière époque (*u*). On peut juger de son volume exceptionnel par celui de la *vessie* (*v*) qui se dessine au devant de l'*utérus* (*u*), et qui a conservé ses dimensions normales, pendant que la matrice exagérait ainsi les siennes. On voit en (*t*) comment le *museau de tanche,* dont l'ouverture fermée se dessine en un simple trait sur la matrice vierge, est devenu béant à l'époque voisine de l'accouchement.

145. On distingue en (*r*), au-dessus de la matrice, une section de l'intestin *rectum,* que la matrice sépare de la vessie.

146. *l. l. Ligaments ronds,* dont l'antagonisme, joint à celui des *ligaments larges* autrement dits *ailes de chauve-souris,* maintient en position la matrice, et dont le relâchement, pendant l'état de *viduité,* donne lieu à toutes sortes de déplacements de cet organe, causes à leur tour de toutes sortes d'affections morbides.

147. *h' h' Artères hypogastriques* qui apportent aux tissus de la matrice le sang qu'elles reçoivent des *artères iliaques.*

148. *h h. Veines hypogastriques* qui ramènent le sang aux *veines iliaques.*

149. A l'époque voisine de l'accouchement, la substance des parois de l'*utérus* ne semble plus être qu'un inextricable réseau de *vaisseaux artériels* et *veineux* de grand calibre, ce qui rend les hémorrhagies ou ruptures des vaisseaux tant à craindre à la suite de l'accouchement.

150. *N. B.* Sur les figures ci-dessus, où tous les organes ont été isolés les uns des autres par le scalpel, la plupart auraient ainsi l'air de ficelles d'une mécanique. Mais dans la nature, les vaisseaux, les nerfs, les ligaments, les attaches, les circonvolutions intestinales sont liés par le tissu cellulaire et forment une unité de tissu. Dans la cavité abdominale, la vessie, la matrice, les circonvolutions intestinales faisant saillie, se trouvent en partie isolées dans l'espace et n'ayant d'autres rapports entre elles que des rapports de contact.

151. La matrice, sur la précédente figure, est représentée dénudée de la *membrane séreuse* (ou épiderme des cavités sans communication immédiate avec l'air extérieur), qui revêt, sous le nom de *péritoine*, les parois abdominales internes, et les organes qui font saillie dans cette grande cavité : *panse stomacale, foie, pancréas, rate, circonvolutions intestinales, reins, matrice* et *vessie*. C'est dans l'épaisseur des parois abdominales que sont logés les *uretères* (*ur*), les *veines* et *artères hypogastriques* (*h h h′ h′*), le *vaisseaux spermatiques* (*s s*), les *vaisseaux déférents* (*d d*), les *vaisseaux émulgents*, enfin tout ce à quoi l'isolement par le scalpel semble donner un air de ficelles tendues dans l'espace.

Nos lecteurs ne doivent jamais perdre de vue ces dernières observations anatomiques, chaque fois qu'ils auront à s'occuper de la localisation des effets morbides décrits dans cet ouvrage. Du reste, ils pourront se faire une idée de la disposition relative des principaux organes, viscères et vaisseaux que nous venons de décrire, par l'ouverture d'un animal quelconque, d'un poulet, par exemple, en tenant compte, bien entendu, des différences d'organisation inhérentes à la différence des races, genres et espèces.

§ 7. *Système intestinal.* (Voy. tom. I, pag. 404, et tom. III, pag. 490.)

152. La premièrе des deux figures consacrées à l'intelligence de ce paragraphe, représente, sur un tronçon de statue antique, et à la manière des belles figures de Vésale, les intestins ou viscères abdominaux, pelotonnés et tels qu'ils apparaissent dans leur position naturelle, lorsqu'on a ouvert et rejeté à droite et à gauche les parois abdominales, et qu'on a enlevé le coussinet adipeux de l'*épiploon* qui les recouvre et les protége : (A) extrémité cartilagineuse du *sternum*. — (B, B) *péritoine* ou surface interne des parois abdominales. — (C) un des ligaments qui tiennent le *foie* (D D) attaché aux parois abdominales.—(E) tronçon de l'*artère ombilicale* qui, avec les deux artères dont les tronçons se voient en (*e*) et (*f*), joue, chez le fœtus, un rôle si essentiel à la vie. — (*g*) *Vessie urinaire*. — Les autres lettres désignent les portions visibles des organes que nous avons comme dévidés, isolés et étalés pour la démonstration, sur la figure suivante.

153. Figure deuxième : (*a*) *glandes salivaires*.— (*œ œ*) *OEsophage* que la justification de la page nous a obligé de couper sur le dessin. — *gl* Glande qu'on trouve souvent derrière et sur le milieu de l'*œsophage* (*œ. œ*). — C région diaphragmatique de l'*ouverture cardiaque*, par laquelle l'*œsophaye* communique avec la *grande courbure* (F′) du *ventricule* ou estomac ou *panse stomacale*. — F petite courbure du ventricule — *π pylore, ouverture pylorique*, par laquelle le *chyme* passe dans le *duodenum* (*δ δ*), pour s'y transformer en *chyle*, sous l'influence du liquide de la *vésicule du fiel* (*v*) et du suc

pancréatique. La *vésicule du fiel* (*v*) transmet au *duodenum*, par le *canal cholédoque*, le produit de l'élaboration du foie (D D).

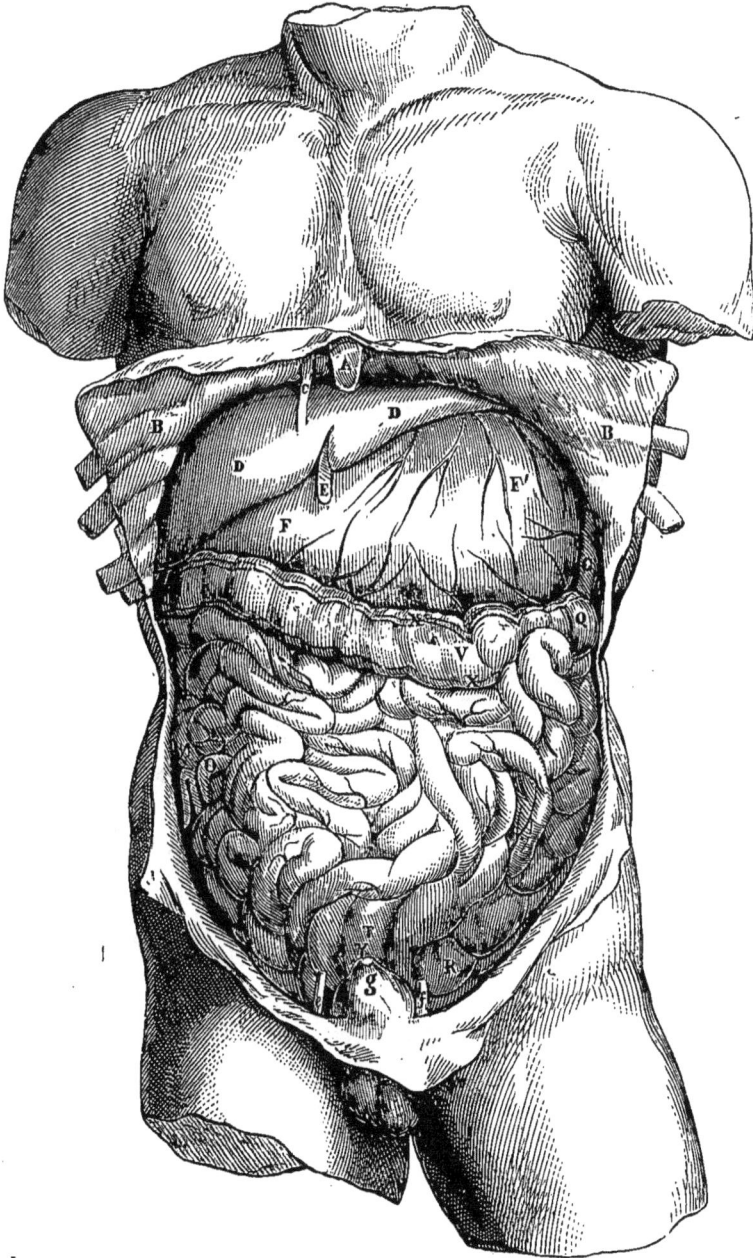

Le *pancréas* (p p), à son tour, transmet au duodénum le produit de la rate (G dont il est, pour ainsi dire, le *canal cholédoque glanduliforme*. — Le *duodenum ♂♂* s'abouche ou plutôt se continue avec les *intestins grêles* (l l l), longues et en apparence inextrica-

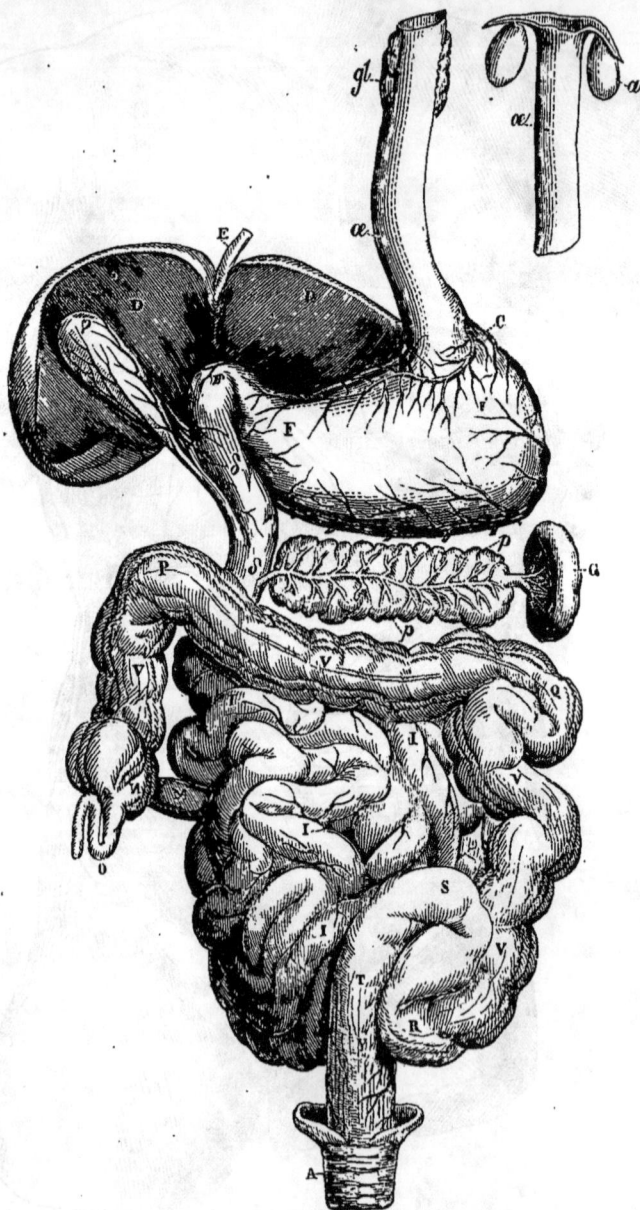

bles circonvolutions, qui viennent s'aboucher, en (M), avec le *cœcum* (N), qui est le vestibule du *gros intestin* ou *côlon* (V V) lequel se termine à l'anus (A). On remarque, sur le *cœcum* (N), un *appendice vermiforme*, espèce de cul-de-sac, où viennent se réfugier les helminthes contre l'action des remèdes vermifuges. — V P *branche ascendante* du *côlon;* P Q *branche transverse* ou *côlon transverse;* R V Q branche descendante; V R S T anse que l'on désigne sous le nom d'*S iliaque;* XX cordons parallèles de granulations adipeuses. — Y *Rectum* qui se termine à l'*anus* (A), ouverture anale ou fondement. — Les intestins sont maintenus en position par le *mésentère*, membrane dont ils ont l'air d'être le dédoublement marginal, le rebord ou l'ourlet, et dont ils sont ici représentés isolés et détachés.

§ 8. *Homotypie des viscères des deux moitiés inférieure et supérieure de l'unité humaine.*

154. Admettons que les os du crâne ne se soient pas ossifiés, ou que ses vertèbres se soient atrophiées en forme de coccyx, que les os du menton et de la mâchoire soient restés musculaires, n'est-il pas évident, dans cette hypothèse, que le pharynx eût occupé, vers cette extrémité, la même place que l'anus vers l'extrémité opposée? Comparons donc, sous l'influence de cette analogie, les viscères des deux extrémités, et nous trouverons que :

L'anus correspond au pharynx, le rectum à l'œsophage, le côlon à la panse stomacale, le cœcum au duodénum; l'appendice vermiforme étant un reste du canal cholédoque, et le foie, la rate et le pancréas de cette extrémité ayant avorté avec les corps qui, dans le fœtus, portent le nom de corps d'Oken.

155. Le canal de l'urètre chez l'homme, et le vagin chez la femme, sont les homotypes de la trachée-artère. Nous retrouvons les types des cordes vocales dans la membrane hymen ; de la langue et de son filet dans les petites lèvres et le clitoris ; du menton avec son cuir chevelu dans la *motte de Vénus;* du poumon dans la matrice. Ainsi que Galien l'avait déjà remarqué, la matrice n'est que l'organe mâle enfoncé dans le ventre : Si la matrice venait à sortir, le museau de tanche serait son gland, le vagin son prépuce, les ovaires ses testicules, et les trompes de Fallope ses épididymes. Les ovaires et les testicules, ces deux organes si aspirateurs, sont alors évidemment les homotypes des deux lobes du poumon ; leur cœur est dans les veines et artères qui leur viennent de la bifurcation inférieure de l'aorte et de la veine cave. Quant au diaphragme de ce thorax inférieur, il est dans la membrane du péritoine. L'appareil urinaire, avec ses deux reins, ses uretères, sa vessie et son méat urinaire, n'est que l'appareil plus amplement développé des glandes salivaires avec leurs canaux excréteurs et symétriques.

Ces analogies n'émanent pas d'un jeu d'esprit, mais de la topographie réciproque de tous ces organes. Car nous le répétons, qu'on admette que les os du crâne et de la face aient avorté en organes mous et désossés, et vous trouverez, par la pensée, sur la région supérieure du corps, tous les organes en même nombre et disposition que sur la région inférieure.

§ 9. *Application de ces principes à la nomenclature.*

156. L'anatomie est un jargon; sa nomenclature n'étant basée sur aucune règle, et les mots ne représentant aucune connexion avec les faits. Le langage anatomique a reçu très-peu de réformes, depuis Hérophile qui en est l'auteur.

157. Essayons de poser les bases d'une nomenclature qui peigne à la mémoire les faits observés :

Toute unité a un centre, un point de départ, un pivot : Adoptons la charpente osseuse pour le point de départ et le pivot de la nomenclature. Conservons les anciennes dénominations des os, pour la facilité de cette innovation ; mais ayons soin d'en rappeler sans cesse l'homotypie, en faisant précéder le nom de l'os, que nous voulons désigner, par la première syllabe de celui dont il est l'homotype, et en le terminant par la syllabe os : Nous dirons *hu-fémoros* pour *fémur*, *fém-huméros* pour *humérus*, *ti-cubitos* pour *cubitus*, *cu-tibios* pour *tibia*, etc. Pour les doigts de la main : 1-2-3-4-5 *digitos* en commençant par le pouce (7), et 1-2-3-4-5 *pollicos* pour le pied, en commençant par le petit doigt. Quant aux phalanges des doigts, y compris les os du métacarpe et du métatarse (8), 1 *di-1 arthros* pour l'os du métacarpe du pouce ; 1 *pol-1 arthros* pour l'os du métatarse du petit doigt du pied.

158. Adoptons maintenant la désinence *us* pour désigner le muscle, *er* pour désigner le nerf, *ar* pour désigner l'artère, *an* pour désigner la veine : en terminant ainsi le nom de l'os, nous désignerons le muscle qui le meut, le nerf, qui l'anime et dont il émane, l'artère qui y rentre, ou la veine qui en sort ; nous terminerons alors le mot par la terminaison du muscle et celle de la veine, etc. Mais comme un os est mû par plusieurs muscles, nous ferons précéder leur nom des particules *in* pour les muscles fléchisseurs, *ec* pour les muscles extenseurs, *ad* pour les muscles adducteurs, *ab* pour les muscles abducteurs. Ainsi *ec-cu-tibius* désignera le droit antérieur de la cuisse, qui fait mouvoir la jambe en extension (40) ; et *ec-ti-cubitus* le muscle *long* du bras, qui s'attache à l'olécrane et fait mouvoir l'avant-bras en extension, etc.

159. *Fém-humérar* désignera l'artère brachiale ; *hu-fémorar* l'artère crurale ; *hu-fémorer* le nerf sciatique ; ainsi de suite.

160. Les noms usuels des viscères subiraient la même modification que les noms des os pour rappeler leur homotypie ; la terminaison en serait *um*. Ainsi *ano-pharyngum* l'œsophage, *lin-clitorum* le clitoris, *cli-lingum* la langue. Les nerfs, les veines, les artères qui aboutiraient à l'un de ces viscères, se désigneraient en faisant suivre *um* de leurs terminaisons respectives.

N. B. Les limites et la nature de cet ouvrage ne nous permettent pas de poursuivre ces applications jusque dans leurs derniers détails. Il suffira d'avoir posé les bases de ce système, pour que les gens du monde en comprennent le mécanisme, et que les anatomistes tentent de le faire adopter.

FIN DE L'INTRODUCTION HISTORIQUE ET ANATOMIQUE.

HISTOIRE NATURELLE

SANTÉ ET DE LA MALADIE

CHEZ LES VÉGÉTAUX

ET CHEZ LES ANIMAUX· EN GÉNÉRAL,

ET .EN PARTICULIER

CHEZ L'HOMME.

---

1 (*). Nous connaissons les choses de ce monde, non par ce qu'elles sont en elles-mêmes, mais seulement par tout ce qu'elles ne sont pas; en d'autres termes, nous ne les connaissons pas, nous les distinguons; enfin, nous ne les connaissons les unes que par les autres.

2. De là vient que nous ne saurions les désigner que par des contrastes et par des comparaisons, et que les mots d'une langue ne sont jamais que des antithèses; en sorte que, dans le vocabulaire, chaque mot doit avoir au moins son corrélatif, et qu'il n'est pas un mot qui n'en suppose au moins un autre. L'inconnu seul ne tient à rien, et n'est représenté par rien.

3. Que signifieraient le *plaisir* sans la *douleur*, le *bien* sans le *mal*, la *santé* sans la *maladie*, la *vie* sans la *mort?*

4. Figurez-vous cet homme primitif sorti de l'œuf couvé par la nature, et qui, en se dégageant librement de ses enveloppes, en brisant les portes

---

(*) Dans tout le cours de cet ouvrage, les chiffres arabes entre parenthèses renvoient aux alinéas.

I.   1

et de l'existence et de la vie, a salué sa mère, non par des pleurs et des cris d'angoisses, mais par des vagissements de triomphe et de joie. Son corps est déjà modelé comme l'antiquité modelait ses génies ; il n'a de l'enfance que les dimensions et les proportions, il a les formes et la force d'un autre âge. Il joue déjà avec son berceau et le soulève de ses épaules, et même de sa main ; son œil, tendre et vif, est déjà le miroir de son âme et l'interprète de ses besoins et de ses volontés ; ses mouvements sont des gestes, et il parle avant de bégayer. Il a cette raison innée qui, sans la parole, prend le nom d'instinct ; il se rappelle et il prévoit ; il demande et il refuse ; il tend les bras et il repousse ; il distingue qui le protége et qui le menace ; il étouffe des monstres dans son berceau. A peine a-t-on eu le temps de le voir enfant, qu'il est déjà homme ; soulevant des quartiers de rocher pour s'en faire un rempart, déracinant des cèdres pour s'en construire une toiture, et terrassant un lion, un léopard, un tigre, pour joncher sa couche de leurs peaux, ou s'en faire une parure. La terre est riche de tout ce qu'il aime et qu'il savoure ; il n'a qu'à baisser la main pour récolter sa nourriture ; et sa nourriture est une manne, qui, dans sa bouche, prend tous les goûts qu'il convoite, et qui, arrivée une fois dans ses entrailles, passe comme un baume dans son sang. Un jour une attraction nouvelle luit à ses yeux, comme un éclair sur la terre : dès lors cet être se trouve deux au lieu d'être seul, et il s'aime deux fois plus que la veille ; on dirait, pendant ses longues et délicieuses nuits, que ces deux corps n'en font plus qu'un seul, dont tous les membres sont tellement enlacés, qu'ils se confondent et s'identifient. Ses veilles sont un jeu ; son sommeil. c'est de l'amour ; son amour est une création d'un nouveau monde ; le lendemain il est père, et bientôt il est roi : roi par le droit d'ancienneté et de l'âge ; roi de sujets semblables à lui. Père il grandit comme s'il était encore enfant ; chaque jour il exhausse son toit, parce que sa tête est trop haute, et déracine un chêne plus fort pour s'en faire une lance ou un aviron d'une dimension plus grande. Où s'arrêterait cette existence, si l'atmosphère, qui l'enveloppe et le nourrit, reculait ses limites et empiétait sur les autres sphères des cieux ? Le géant prendrait un jour de ses petites mains le disque de la lune et le lancerait, comme un hommage de gloire, à son aïeul Saturne, ou à son père Jupiter ; car la loi de son développement ayant été une fois semée, comme un germe, dans le monde, son développement est indéfini tant qu'il ne survient pas d'obstacle. Et s'il ne survient pas d'obstacle, par quel nom désignera-t-on cette série de fonctions qui se succèdent sans s'épuiser, qui se renouvellent sans vieillir, ces mille accidents enfin qui ne forment qu'une unité ; unité qui n'est ni la mer, ni la terre, ni l'eau, ni la pierre, ni la plante, ni l'animal ? On dira : *C'est l'homme.* Toute la science, à cette époque, sera comprise dans ce mot-là.

5. Mais tout à coup un je ne sais quoi, un atome, un rien, se glisse entre les admirables rouages d'une aussi belle machine et en dérange la régularité. C'est peu de chose, on le néglige; ce rien s'aggrave, on y pense; il se complique, on s'en inquiète. L'homme fort se surprend faible dès ce jour; son trait manque le but, son dard s'arrête à demi-portée; son œil distingue moins cet aigle que, du pied du Liban, il voyait auparavant prendre son vol sur le haut de l'Atlas, ou aux portes d'Hercule. Un ruisseau de feu ou de glace circule dans ses veines et lui remonte au front. Sa pensée, jadis calme et limpide, bouillonne et se trouble, se heurte et se perd. Il repousse de la main ce qu'il attirait dans ses bras; il recherche ce qu'il ignore; il implore, lui qui dominait; il a horreur de ce qu'il aimait; il a besoin de ce qu'il méprisait; sa nourriture lui pèse comme un caillou; il lui semble qu'il dévorerait des cailloux pour suppléer à l'impuissance de sa nourriture et pour retrouver l'appétit. Ses pieds se refusent à marcher, ses mains à le défendre; son corps n'obéit plus à son âme; il souffre comme l'animal qu'il avait blessé; il devient immobile comme le roc qui tremblait sous ses pas; il ne conçoit plus rien de grand, il ne procrée plus rien de fort; tout ce qui émane de lui porte l'empreinte de la souffrance, de la faiblesse et de la douleur. Il n'est plus le *même homme*; et, dès ce moment, son langage se meuble de deux nouveaux mots, qui arrivent à la nomenclature, entourés chacun d'un long cortège de nouvelles idées et de nouveaux mots : il jouissait de la *santé*, il est en proie à la *maladie*. Il dévorait les *aliments* qui étaient sa conquête, il recherche les *remèdes* qui ajoutent à son tourment; et, tôt ou tard, à la suite de tant de maux, la *mort* survient, non comme ce point imperceptible où devait finir naturellement le cadre d'une assez longue *vie*, mais comme un vainqueur barbare qui jugule un ennemi terrassé. Dès ce moment, voilà encore, dans le vocabulaire, deux autres mots nouveaux qui ne signifieraient rien l'un sans l'autre : la *vie* et la *mort*.

6. Or, d'où vient ce coup porté à cette forte charpente, et qui l'a ébranlée jusque dans ses fondements? D'où vient ce grain d'amertume qui a empoisonné la source de l'existence? D'où a pu surgir ce germe de mort, pour s'implanter ainsi en parasite sur les racines de la vie? Comment s'est brisée cette force? comment s'est humilié cet orgueil? comment s'est éteint ce flambeau, et s'est glacée cette flamme? Est-ce un Dieu irrité qui lui a lancé les flèches de son invisible colère? Est-ce un esprit ennemi que le malade a aspiré avec l'air? Est-ce une aberration du jeu de ses fonctions? Le malade l'ignore : c'est le passant qui se le demande, en voyant ce cèdre couché sur la poussière, comme le plus humble roseau.

Où faut-il enfin, soit deviner, soit rechercher la nature et le principe

de cette cause de tant de désordres? le principe de la cause qui apporte
aux hommes les maladies et la mort (*)?

Tel est l'objet de cet ouvrage, modeste essai d'une nouvelle manière
d'envisager une science qui s'occupe spécialement de nous, et que nous
étudions malheureusement trop hors de nous.

: 7. Quoique ce travail ne soit, d'un bout à l'autre, qu'une seule démonstration, et que toutes les portions en découlent les unes des autres, en
forme de corollaires, cependant il m'a paru susceptible d'être divisé en
quatre parties distinctes et parfaitement bien limitées :

Dans la PREMIÈRE PARTIE (*prolégomènes*), j'aurai à rechercher démon-
strativement d'où nous vient la santé, et, par une conséquence nécessaire,
d'où ne nous vient pas la maladie.

Dans la DEUXIÈME PARTIE (*étiologie*), après avoir exposé, dans la première section, par l'analyse directe ou par l'analogie des faits observés,
les causes naturelles des effets maladifs, je remonterai, dans la deuxième
section, par la synthèse, des effets décrits dans nos systèmes de nosologie,
jusqu'à la détermination des causes de ces cas divers; c'est-à-dire je
ferai, dans cette deuxième section, la contre-épreuve, et, si je puis m'exprimer ainsi, la synonymie de la première, que je résumerai ensuite par
l'essai d'une nouvelle classification et d'une nouvelle nomenclature.

Dans la TROISIÈME PARTIE (*thérapeutique*), je chercherai à appuyer les
applications pratiques sur les principes de la théorie analytique; et, après
avoir dit d'où nous vient le mal, je n'aurai presque plus qu'à prendre la
réciproque, pour en indiquer la médication et le remède.

Dans la QUATRIÈME PARTIE (*pharmacopée*), soumettant la matière médicale aux principes précédents, j'évaluerai l'action directe ou indirecte
des divers médicaments; je traduirai le formulaire en système, et je tra-
cerai par là au moins le plan d'une pharmacopée physiologique.

8. Ceci n'est point une prétention vers des résultats inattendus, ce n'est
point le plan conçu, *à priori*, d'un nouveau genre d'étude; c'est le résumé
réduit à sa plus simple expression de ce que j'ai à écrire. Que les théori-
ciens et les praticiens de profession, qui ne sont pas toujours bien disposés à voir un nouveau venu prendre à côté d'eux une place quelconque,
suspendent jusqu'à la fin de l'ouvrage le blâme que la concision de ce
résumé pourrait leur inspirer. Je ne prétends à rien qu'à être utile à
autrui : avec une telle prétention, on ne s'expose jamais à déplacer personne, et l'on a droit de compter sur l'indulgence de la rivalité.

_____

(*) Ἀρχὴ τῆς αἰτίης τοῖσιν ἀνθρώποισι τῶν νούσωντε καὶ του θανάτου. HIPP., *de vet. Me-*
dicina. — Qui sait d'où viennent nos maux et notre guérison? Au moins les médecins n'en savent rien
(VOLTAIRE, lettre du 3 auguste 1754).

PREMIÈRE PARTIE.

PROLÉGOMÈNES,

ou

DÉMONSTRATION ANALYTIQUE DU PROBLÈME SUIVANT : D'OÙ NOUS VIENT LA SANTÉ, ET D'OÙ NE NOUS VIENT PAS LA MALADIE?

9. Personne ne s'occupe moins de penser à la santé que celui qui la possède : c'est que la santé est notre état normal ; et en fait de tout état normal, on en jouit ou on le regrette, mais on ne s'en occupe pas. La philosophie seule s'occupe de tout, même de ce qu'elle possède, et mieux encore de ce qui est son œuvre et de ce qu'elle a conquis. Sa vie à elle, c'est l'analogie ; sa puissance, c'est l'observation ; sa plus douce causerie, c'est la démonstration. Que l'objet en soit la lumière ou les ombres, l'organisation ou l'inertie, le plaisir ou la souffrance, la santé ou la maladie, la vie ou la mort, tout est de son domaine, et elle ne reconnaît point de limites à son domaine ; tous ses biens sont en commun ; elle en partage la jouissance avec quiconque l'aime (*) ; elle chasse du temple les marchands, parce qu'ils sont accapareurs et exclusifs, et que chacun d'eux n'aime le progrès que pour l'enchaîner à sa profession, à sa boutique et à sa patente. Elle proclame toutes les intelligences aptes à la comprendre et à l'éclairer.

C'est d'elle que je tiens ma mission présente, comme c'est d'elle que j'ai tenu toutes mes missions passées ; et j'entre d'autant plus hardiment dans son sanctuaire pour la consulter sur la cause de nos douleurs, que moi, qui n'ai rien de ce qu'elle chasse du temple, je me sens dans le cœur cet amour qu'elle réchauffe, et dans l'esprit cette patience qu'elle se plaît à couronner d'un succès.

J'en accepte l'augure, en abordant ce grave et solennel sujet.

J'ai intitulé cette première partie *prolégomènes*, c'est assez dire qu'elle n'est susceptible d'aucune division dichotomique, et qu'elle ne doit être qu'une série de propositions et de théorèmes qui se déduisent les uns des autres, et se préparent ou se confirment mutuellement.

(*) Τὰ τῶν φίλων (σοφῶν) κοινά. PYTHAGORE.

THÉORÈME PREMIER.

UN ÊTRE VIVANT, QUELQUE COMPLIQUÉE QU'EN SOIT LA STRUCTURE, PLANTE, ANIMAL
OU HOMME, EST UNE UNITÉ.

10. Une unité est un tout qui n'implique une idée simple et, pour ainsi dire, indécomposable, que par l'ordre et l'arrangement que conservent entre elles toutes ses parties. Supprimez une de ses parties appréciables à la vue et essentielles à sa composition, intervertissez l'ordre dans lequel elles s'arrangent d'elles-mêmes; et le tout change de nom, parce qu'il change de destination et de nature.

11. Or ce qui est vrai de la nature inerte est bien plus sensiblement vrai de la nature organisée. Tout ce qui compose l'être organisé concourt à son développement et y participe; tout contribue à sa vie générale et en reçoit sa vie en particulier : la circulation, cet inextricable réseau qui enlace dans ses mailles innombrables le plus volumineux comme le plus petit organe, la circulation active la digestion, et la digestion à son tour alimente la circulation. La respiration anime la circulation de son souffle créateur; et toutes les surfaces en contact avec l'air extérieur le respirent ou s'en imprègnent pour organiser les fluides et régénérer ce qui s'était vicié. La vie rayonne et circule sans cesse du centre à la circonférence, et, sans changer de route, de la circonférence au centre. Parallèlement à cette circulation visible, s'en opère une autre plus rapide et plus subtile, qui porte dans les organes l'aptitude à s'assimiler les produits de la première, par un réseau aussi inextricable que l'autre; réseau qui, comme l'autre, vient s'aboucher à toutes les surfaces et pénètre toutes les profondeurs. Ce fluide, prompt comme l'éclair, et qui semble participer de la nature de la foudre, transmet partout et à la fois les combinaisons de la sensibilité et de la pensée : conducteur à la fois et des impressions qu'il reçoit de la surface, et de la volonté qu'il reçoit de l'organe où la pensée élabore et traduit les impressions.

Sous cet unique rapport, et avec ces deux seuls éléments, car ils les possèdent également, la plante et l'animal sont une UNITÉ, sinon égale, du moins semblable; ils sont organisés. Leurs différences tiennent à des modifications, et ces modifications forment leur nature spéciale.

12. SCHOLIE. Tout être organisé, plante et animal, si simple que soit sa structure, depuis cet individu dont la figure se trace en faisant pivoter le compas, jusqu'à celui dont on ne saurait représenter les détails qu'à l'aide des procédés les plus délicats de l'art graphique, élabore, sous l'influence

du système nerveux, les produits que l'aspiration et la digestion ont fait passer dans le torrent de la circulation (*).

THÉORÈME II.

TOUT ÊTRE ORGANISÉ, PLANTE, ANIMAL OU HOMME, PEUT ÊTRE CONSIDÉRÉ COMME UN SEUL ET UNIQUE ORGANE QUI SE COMPLIQUE EN SE DÉVELOPPANT.

13. L'homme est le développement d'un œuf, comme la plante est le développement d'une graine ; et l'œuf et la graine, surtout dans le voisinage de la fécondation, présentent entre eux tant d'analogie, que l'œil le plus exercé les prendrait facilement l'un pour l'autre, s'il n'en connaissait d'avance l'origine. Dans le principe, l'amnios ou albumen semble l'embryon du chorion, tant il est réduit à une structure simple, et tant le chorion est infiltré de sucs albumineux et épaissis! et le véritable embryon ne commence à paraître dans l'amnios, comme le jaune dans l'œuf de poule, que lorsque le chorion, plus ou moins complétement sacrifié au développement de l'amnios, joue moins le rôle d'un organe en fonction que celui d'une enveloppe protectrice, d'une coquille élastique et ramollie.

Dans le tissu de l'ovaire, d'où l'acte de la fécondation doit tôt ou tard l'extraire, l'œuf de l'homme n'est qu'une vésicule imperforée, vésicule innominée et enchatonnée, comme la dernière des vésicules du tissu adipeux ; la chimie la plus délicate n'y découvrirait pas même d'autres éléments.

Tracez au compas trois cercles concentriques, unissez le second au premier, et le troisième ou plus interne au second, par un double trait; nommez le plus grand *chorion*, le moyen *amnios*, et le plus petit *embryon*, vous aurez sous les yeux toute la topographie et le germe d'où doit sortir le roi de l'univers.

La fécondation vient extraire ce globule de l'ovaire pour l'implanter en parasite sur une surface nourricière, sur la surface de l'utérus. Le chorion, avec son placenta qui lui sert de ventouse et de poumon, élabore les sucs qu'il aspire, et les transmet, par la chalaze, à l'amnios qui les élabore à son tour, pour les transmettre, par le cordon ombilical, à l'embryon ; et quand ces deux enveloppes ont fait leur temps et rempli leur cadre, et que l'embryon, mieux formé et ayant parcouru toutes les phases du développement fœtal, a besoin de plus d'espace et de plus d'air, ses

(*) *Voyez,* pour la démonstration plus étendue, le *Nouveau Système de physiologie végétale et de botanique,* et la deuxième édition du *Nouveau Système de chimie organique,* 3ᵉ partie, tome 3, 1838.

enveloppes crèvent, et l'embryon n'est plus séparé de l'atmosphère que par sa surface cutanée, qui est le chorion et l'amnios de la vie extra-utérine ; enveloppe qui protége celle qui la repousse et doit la remplacer ; enveloppe caduque par fractions journalières, qui tombe et se renouvelle chaque jour.

Mais l'embryon, cette vésicule si simple de structure et de linéament, vésicule sphérique et limpide comme une bulle d'écume, ne vient d'arriver à la complication des formes du fœtus qu'en se cloisonnant, pour ainsi dire, à l'intérieur par un nombre assez restreint de vésicules, qui plus tard se cloisonnent à leur tour, et ainsi de suite, jusqu'à ce que chacune de ces vésicules, devenant plus opaque, nous cache son origine et prenne un autre nom : vésicules qui poussent à l'intérieur, et prennent plus tard le nom d'*organes* et de *viscères;* vésicules qui poussent à l'extérieur, en forme de tubercules, et prennent plus tard le nom de *membres* ou *appendices;* organes ou membres qui échangent entre eux le bienfait de la nutrition par les communications de la circulation, et celui de la sensibilité qui fait la vie, par les communications plus promptes de l'inextricable réseau du système nerveux. Nutrition et sensibilité qui se supposent l'une l'autre ; effets et causes tour à tour ; grand cercle d'influences réciproques, où l'on ne saurait dire que l'un commence et que l'autre finit!

Si, après être remontés ainsi de l'embryon à l'homme, nous cherchons par la pensée à redescendre de l'homme complet à l'image de son germe, dans le but de renfermer ce cadre de cinq à six pieds de haut, par des déductions successives, dans une dimension dont la petitesse commence à ne plus se prêter facilement à la portée de notre vue; que nous évidions, pour ainsi dire, chaque organe actuel pour nous le représenter dans toutes les phases de son développement antérieur, il nous sera facile, par la synthèse, d'arriver au même résultat que l'analyse nous avait fourni, et de voir peu à peu, comme par l'effet d'une fantasmagorie qui tour à tour, et par le simple jeu du même emboîtement, réduit le géant à la dimension du ciron, et développe le ciron jusqu'aux dimensions du géant; de voir, dis-je, cet homme, cette machine si compliquée dans sa structure, si puissante par ses leviers, si forte par sa solidité, si gracieuse par la variété de ses formes et par la souplesse de ses mouvements, se réduire, sans rien changer de son cadre que les dimensions, à la simplicité d'une vésicule, dans le sein et sur les parois de laquelle sont implantées d'autres vésicules, sur les parois desquelles peuvent se développer d'autres vésicules à leur tour, et ainsi de suite, du dehors au dedans, quand on dissèque et qu'on observe cette série d'emboîtements qui se développent du dedans au dehors.

En sorte que l'unité est organisée comme chacune de ses parties, et dans le principe en affecte la forme; et que son embryon dans l'œuf fécondé ressemble d'abord à une de ses glandes futures, et que l'homme a débuté avec la forme de son rein. Unité organisée, qui n'est qu'une complication d'organes; comme le sont tous les organes dont elle se compose, depuis le plus grand jusqu'au plus petit; organe général, enfin, qu'on ne peut scinder que par la pensée et par l'abstraction ; aussi simple dans son unité que le plus petit de ceux dont il se compose, et qui, dans leur petitesse, et lorsqu'on recule pour les observer les bornes de la vue, sont tout aussi compliqués que lui!

THÉORÈME III.

POUR TROUBLER LES FONCTIONS DE L'ÊTRE ORGANISÉ, SI COMPLIQUÉ QU'IL NOUS PARAISSE, IL SUFFIT QUE LE TROUBLE SE GLISSE DANS LA PLUS MINIME DE SES PARTIES, POURVU QUE CELLE-CI COMMUNIQUE VITALEMENT AVEC L'ÉCONOMIE GÉNÉRALE PAR LA CIRCULATION ET PAR LE SYSTÈME NERVEUX.

14. La démonstration, sur ce point, s'obtient d'une manière directe et tout expérimentale. Un simple poil qu'on nous arrache, à la plus éloignée même de nos extrémités, nous fait pousser un cri et nous met en fureur; le diamètre d'un poil est tout au plus d'un dixième de millimètre. Une piqûre d'épingle, si peu profonde qu'elle soit, nous donne un commencement de fièvre, nous fait perdre le fil de nos idées; et si la pointe imperceptible d'une aiguille introduit dans les capillaires le peu de saleté fermentescible qui est capable de s'attacher à elle, c'est un germe de mort qu'elle y a déposé; ce germe se développe avec la rapidité de la circulation. La pointe d'une aiguille! Que sera-ce de l'altération d'un organe qui se mesure sur de plus grandes dimensions? La perte ou l'oblitération d'un membre, si accessoire qu'il soit, modifie plus ou moins profondément nos habitudes, nos goûts et le caractère de nos idées : L'homme s'éveille, à sa convalescence, différent de ce qu'il était en s'endormant dans sa douleur. Son unité a été entamée; elle a changé de physionomie, en perdant une de ses fractions; elle a modifié son élaboration, faute de pouvoir la compléter avec le produit habituel de l'un de ses organes : c'est une nouvelle unité.

Mais s'il existe entre la partie affectée et l'économie générale un obstacle tel que la circulation sanguine, et partant nerveuse, si je puis m'exprimer ainsi, soit interceptée, le trouble de la première, dès ce moment, ne réagit plus sur la seconde : l'action seule d'une forte ligature réalise cette hypothèse; l'extrémité liée semble ne plus appartenir à un corps vivant; elle y tient encore, mais elle ne communique pas; elle est contiguë et non participante; elle est frappée d'une mort qui ne sera qu'une léthargie, si vous levez l'obstacle assez vite, mais qui vise déjà à l'ecchymose et à la décomposition, si vous le maintenez. Les chairs passent, à vue d'œil, du rouge de l'inflammation au bleu de la décomposition et de la mortification; elles se tuméfient par la stase des liquides dans la capacité des vaisseaux engorgés : or tout liquide fermente d'une manière anormale par le repos.

THÉORÈME IV.

LA VÉSICULE, C'EST-A-DIRE UNE ENVELOPPE EXTENSIBLE ET IMPERFORÉE A NOS MOYENS D'OBSERVATION, TENANT PAR UN HILE A LA PAROI INTERNE D'UNE VÉSICULE MATERNELLE, C'EST LE TYPE DE L'ORGANE GÉNÉRAL QUE NOUS NOMMONS INDIVIDU, AINSI QUE DE CHACUNE DE SES PARTIES, QUELS QU'EN SOIENT LA PLACE, LA DIMENSION ET L'AGE.

15. Le tissu des végétaux, en général, se prête beaucoup mieux à la démonstration directe de ce théorème que celui des animaux; et l'on y découvre facilement, de dissection en dissection, que l'élément de leur organisation se réduit, en dernière analyse, à une vésicule transparente, imperforée. Le cylindre à qui les premiers anatomistes avaient donné, sur la simple apparence, le nom de vaisseau et de trachée, n'est autre chose qu'une vésicule imperforée qui a pris son accroissement en longueur, au lieu de le prendre dans tous les sens (*).

Mais chez les animaux la démonstration directe réussit tout aussi bien, dans un grand nombre de cas, et à l'égard de bien des tissus; le tissu adipeux se prête très-bien à l'observation. Dans le fœtus, les tissus osseux, musculaire et nerveux mêmes ne laissent pas que d'apparaître distinctement avec la forme vésiculaire, plus ou moins ovoïde, plus ou moins allongée, de chacun de leurs éléments, qui plus tard, et sur l'adulte, se présenteront à l'observation qui les dissèque et les morcelle sous la forme d'apophyses et de filets musculaires ou nerveux. Il n'est pas un filet, pas une glande qui n'ait commencé par être une simple vésicule, mesurable seúlement à nos verres grossissants; et pas une vésicule qui n'ait commencé par être un globule imperceptible à nos moyens actuels d'observation, c'est-à-dire presque un point mathématique, un point sans dimensions appréciables.

(*) Voyez *Nouveau Système de physiologie végétale et de botanique.*

THÉORÈME V.

TOUTE VÉSICULE SE DÉVELOPPE EN REPRODUISANT SON TYPE; ELLE GRANDIT EN ENGEN-
DRANT; SON DÉVELOPPEMENT N'EST QU'UNE SÉRIE INDÉFINIE DE GÉNÉRATIONS.

16. En suivant le développement d'un être organisé, végétal ou animal, depuis son état embryonnaire jusqu'à son état fœtal, c'est-à-dire
depuis les premières phases de l'incubation jusqu'à une époque plus ou
moins voisine de la parturition, ce que l'on peut faire en ayant à sa disposition une collection nombreuse d'œufs que l'on dissèque successivement et à de différents âges, on ne manque pas de se convaincre que l'organe le plus compacte, le plus considérable et le moins divisible à l'âge
adulte, n'est parvenu à cette structure et à ces dimensions que par la
reproduction indéfinie d'une vésicule engendrant à l'intérieur d'autres
vésicules, qui engendrent à leur tour d'autres vésicules, et ainsi de suite
indéfiniment.

Cette reproduction peut avoir lieu soit à l'extérieur, soit à l'intérieur :
sur la surface interne ou sur la surface externe de la paroi de la vésicule
maternelle. Dans le premier cas, la vésicule enfle et grossit dans toutes
les dimensions; dans le second cas, ou elle se bosselle, ou elle s'allonge;
et si ce développement à l'extérieur continue, on a sous les yeux des
séries d'entre-nœuds ajoutés bout à bout; on a un cylindre articulé, et
divisé à chaque articulation par tout autant de diaphragmes doubles.

Afin de poursuivre cette étude rigoureusement et d'obtenir des résultats d'une incontestable précision, on prendra soin de dessiner et de
mesurer tout ce qu'on observe : c'est le moyen de lier entre elles toutes
les observations de détail, comme on lie une triangulation géodésique.

17. COROLLAIRE. A l'instant où elle se prête le mieux à l'observation,
chaque vésicule de nouvelle création tient évidemment, par un point de
sa surface, à la paroi de la vésicule maternelle. Elle grandit en continuant à y tenir. Or, en faisant l'observation à rebours, pour ainsi dire,
et en réduisant par la pensée l'organe le plus riche de ces nouvelles
créations, et partant en réduisant proportionnellement et progressivement chacune de ces générations secondaires, chacune de ces vésicules
de seconde, troisième, etc., création, on arrivera nécessairement à faire
rentrer, pour ainsi dire, chaque vésicule secondaire dans la paroi de la
vésicule maternelle; en sorte que l'on concevra cette paroi comme composée et pavée de globules, tous aptes à recevoir le bienfait du développement, sous l'influence d'une impulsion quelconque.

Cependant tous les globules de la paroi vésiculaire ne se développent pas à la fois ; et il en est beaucoup qui sommeillent éternellement. D'un autre côté, quand on examine l'organe adulte, on reconnaît que les globules de prédilection, que les globules qui ont reçu le bienfait de l'impulsion, conservent entre eux, chez les divers individus de la même espèce, toujours la même symétrie de position et la même ressemblance de formes.

A quoi tient cette symétrie dans les effets, si ce n'est à une symétrie dans la cause? Quelle est donc cette cause qui apporte l'ordre et l'harmonie dans cette promiscuité de générations? Nous allons la rechercher dans les théorèmes suivants.

THÉORÈME VI.

TOUTE VÉSICULE, SOIT VÉGÉTALE, SOIT ANIMALE, RENFERME, A L'INTÉRIEUR DE SA PAROI, UNE OU PLUSIEURS SPIRES.

18. On ne connaissait l'existence de la spire, chez les animaux, que dans les longs tubes respiratoires des insectes, et, chez les végétaux, que dans ces longs vaisseaux du ligneux que par analogie on nomma *trachées*, et que l'on considéra comme des organes respiratoires analogues aux trachées des insectes.

J'ai démontré, dans le *Nouveau Système de physiologie végétale*, que les trachées n'étaient que des cellules imperforées, qui se vident par l'âge ou par l'effet de la dissection ; et que la spire, qui semble les distinguer de tous les autres organes, existe dans toute vésicule végétale, à quelque ordre qu'elle appartienne, et à quelque âge que la surprenne l'observation : Je l'ai figurée dans les grains de pollen, dans la fécule verte, et même dans la fécule amylacée.

Dans le *Nouveau Système de chimie organique* (*), j'ai admis l'existence de la spire dans toutes les cellules animales ; car je l'ai surprise dans les cylindres imperforés et vésiculaires qui forment l'élément du système musculaire, cylindres qui, dans le jeune âge, se présentent exactement comme les cellules du tissu cellulaire végétal. Plus tard, j'ai rencontré les mêmes spires parfaitement dessinées en saillie, dans les articulations des antennes de la larve jaune du *thrips* des crucifères, espèce du genre de celles que représentent les fig. 8, 9, 14, de la pl. 5 du présent ouvrage, puis dans les antennes des jeunes *Smynthurus viridis* Lamk.

(*) Tome 3, § 4434 ; atlas, pl. 18, fig. 43, 45, 46, 48. Deuxième édition, 4838.

(*Podura viridis* Lin.), dans celles d'un puceron des vésicules de l'or-
méau ; et enfin, dans les poils des mammifères, où je vais les décrire un
peu plus en détail (*).

Toute pilosité, à quelque longueur qu'elle doive parvenir, se présente,
à sa première apparition sur la peau, sous forme d'un simple petit tubercule, d'une petite tubérosité ampulliforme, que la pensée n'a pas de
peine à ramener au type d'une vésicule imperforée, d'un globule de la
plus petite dimension. Plus tard, c'est une vésicule cylindrique ; et si l'on
en réunissait un certain nombre en faisceau, on aurait devant les yeux,
par une coupe transversale, le plan de l'un de ces faisceaux composés
que les botanistes décorent du nom de vaisseaux ou trachées, dans le
tissu des troncs et des feuilles.

L'analogie m'indiquait suffisamment l'existence de la spire simple ou
composée dans la cavité de chacun de ces poils animaux. Mais ce n'est
qu'assez tard, et par leur étude comparative, que j'en ai obtenu la preuve
directe, et par le secours des yeux.

19. Le cheveu humain, observé au microscope, soit dans l'eau, soit
dans l'huile, est si peu perméable à la lumière, qu'il ne laisse voir dans
son intérieur qu'une ligne noire qui semble en être le canal médullaire.
En éloignant le porte-objet de manière que sa surface supérieure seule
se trouve au foyer, on distingue sur sa surface une réticulation analogue
à celle des feuilles et dont les mailles prennent la direction en spirale.
Ce sont ces mailles, indices de compartiments cellulaires, que l'observation a souvent prises pour des écailles, à l'époque où les phénomènes
microscopiques n'avaient pas été soumis à une appréciation rigoureuse
et fondée sur les lois de la vision. C'est là, en général, ce que l'on peut
distinguer de plus net dans le cheveu de l'homme, de quelque couleur
qu'il soit.

Cependant, si, à un grossissement de cent cinquante diamètres, même
à l'aide du microscope simple, on observe un cheveu plongé dans une
nappe d'eau, en l'éclairant par la lumière d'une lampe et faisant jouer
en divers sens le miroir, on parvient à mettre en relief les infiniment
petits tours de spire que ce cylindre renferme.

Sur la laine de l'agneau observée dans l'eau, on voit déjà quelque
chose de plus sensible, quoique plus irrégulièrement espacé.

Le poil de la chèvre du Thibet, plus transparent, laisse lire cette dis-

---

(*) Voyez mon travail *sur les poils* : *Gazette des Hôpitaux*, 4 août 1840, n° 91,
deuxième série, page 361, feuilleton. Je rappelle cette date à ceux qui par hasard
viendraient à avoir sous les yeux certains travaux plus récents. Cet article était
calqué sur les figures de poils appartenant à une vingtaine de mammifères différents.

position de ses spires irrégulières, qui, par une illusion d'optique, ont l'air de se dessiner en relief sur la surface du cylindre.

Mais la spire devient incontestable, lorsqu'on observe, dans une nappe d'huile, le poil de lapin, de lièvre, de castor, de taupe, de chat, et de rat surtout.

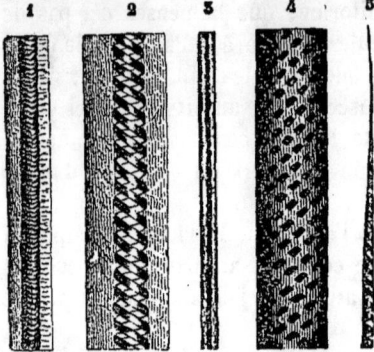

Les figures 1, 2 et 3 représentent les trois dimensions habituelles de la fourrure du castor : les deux plus gros (fig. 1 et 2) sont deux tronçons des poils longs et roides qu'on nomme le *jarre* ; le plus grêle (fig. 3) forme le *duvet*. Or, dans le plus gros (fig. 2) on distingue parfaitement bien une double spire qui s'y déroule avec la plus grande régularité. Dans le poil moyen (fig. 1), les tours de spire sont plus serrés, et partant moins distincts les uns des autres.

Mais c'est dans le poil du rat ou de la taupe que la spire est plus abordable à l'œil : Les figures 4 et 5 représentent un tronçon de poil de rat musqué ; il paraît parqueté de losanges (fig. 4), qui ne sont que les espaces intermédiaires à l'entre-croisement des spires serrées qui se déroulent symétriquement à l'intérieur ; et si, au lieu d'observer un de ces gros tronçons, on soumet au microscope la sommité du poil, et même du duvet (fig. 5), là on n'a plus sous les yeux qu'une seule spire qui, veuve de toutes celles qu'elle a laissées en arrière, déroule en tire-bouchon, dans l'intérieur de ce cône, ses tours lâches et espacés.

On peut se servir, pour ce genre d'observation, des poils de chiens blancs ; la transparence du poil permet dans ce cas aux spires de se dessiner de la manière la plus distincte au travers du canal médullaire. Le duvet, au contraire, est totalement privé de spires.

La cellule animale la plus distincte et la plus simple qu'il nous soit possible d'observer isolément, et sans le secours de la dissection, nous montre donc l'élément qu'il est facile de retrouver dans toute cellule végétale. Et comme nous avons rencontré la même spire dans la cellule élémentaire du muscle, dans celle du nerf, l'analogie nous fait une loi d'en admettre l'existence dans toute cellule animale, de quelque nature qu'elle soit, et à quelque ordre de fonctions qu'elle appartienne.

Une fois qu'on est averti de l'existence de cette loi d'organisation générale, rien n'est plus commun que d'en trouver l'empreinte sur les organes les plus disparates entre eux. Comparez une tranche transversale du haut d'une défense d'éléphant avec l'organe placentaire des fleurs de l'artichaut, vulgairement *cul d'artichaut*, et vous trouverez que ces deux organes émanent de la même loi et offrent la même structure, qui se dessine par un inextricable mais régulier entre-croisement de spires en rosace et formant un guillochage d'ogives de la plus fine régularité. Je possède la plaque circulaire d'un poudroir en ivoire, dont se servaient nos grand'mères pour se poudrer les cheveux en frimas, et qui met dans la plus grande évidence ce joli guillochage. Examinez la peau qui recouvre les deux muscles pectoraux d'une volaille, d'un dindon, par exemple, vous la verrez labourée de lignes entre-croisées, formant des losanges presque égaux, à chaque angle desquels, point d'entre-croisement des spires, est implantée une plume, qui émane de la rencontre de ces organes générateurs. Sur un dinde de quatre-vingts centimètres de long, ces losanges avaient sept millimètres de côté.

20. Corollaire. Toute cellule organisée se compose donc de deux appareils également nécessaires à son élaboration et à son développement : d'une vésicule ou enveloppe externe, et d'une ou plusieurs spires internes.

THÉORÈME VII.

LA SPIRE EST L'ÉLÉMENT QUI PRÉSIDE AU DÉVELOPPEMENT DE LA VÉSICULE ORGANISÉE, ET A LA SYMÉTRIE DE SES GÉNÉRATIONS.

21. Que l'on place dans l'eau d'un verre de montre, sous l'objectif du microscope, une conferve de nos ruisseaux, une conferve jeune et à peine sortie du germe, filament vert qui, plus ténu qu'un cheveu, semble être tombé de la chevelure des naïades; on distinguera, dans le sein de chacun de ses entre-nœuds, un ruban vert, lisse, et qui se déroule en spirale, sans offrir sur sa surface le moindre accident qui dévie les rayons lumineux.

Le lendemain ou le surlendemain apparaît, dans le même entre-nœud, une nouvelle spire, qui, si elle prend sa direction en sens contraire, ne manque pas de s'aboucher à chaque tour avec la spire congénère, et présente bientôt un réseau dont les mailles en losanges, en carrés ou en portiques, selon l'âge et le développement de l'individu, sont dans le cas de faire prendre les divers individus pour tout autant d'espèces distinctes et parfaitement bien caractérisées.

Mais ce qu'il est important de ne pas oublier de remarquer, c'est que, sur chaque entre-croisement, se forme un petit globule, qui a l'air d'être la tête du clou au moyen duquel les deux spires se soudent en cet endroit.

Nous avons dit que tout organe, même le plus considérable, que tout individu, même le plus gigantesque, a débuté dans la vie sous les dimensions d'un globule; qu'il n'est, enfin, que ce globule progressivement développé; qu'en conséquence tout globule a par devers lui tout ce qu'il faut, sous le rapport du cadre, pour devenir, s'il en recevait l'impulsion fécondante, le mammouth ou le cèdre du Liban (16).

Le globule de chaque entre-croisement de la spire des conferves est donc un organe en germe; et si chacun de ces organes microscopiques venait à se développer, évidemment, pour en décrire la symétrie, nous n'aurions besoin que de reproduire, par le calcul ou par une disposition directe, les entre-croisements de deux spires égales et de direction contraire.

D'un autre côté, nous avons établi que chacun des organes qui se développent sur la paroi interne ou externe de la vésicule maternelle, a fait primitivement partie intégrante de la paroi elle-même, dont le tissu doit être considéré comme formé de globules disposés pariétalement (17). Il suit de toutes ces considérations, que les globules privilégiés qui se développent en organes sont ceux que féconde chaque entre-croisement, c'est-à-dire chaque baiser de deux spires, qui, se recherchant sans cesse et se fuyant toujours, jouent réciproquement le rôle de mâle et de femelle, autant de fois que le développement de la vésicule maternelle leur permet de se rencontrer.

Si vous désirez rendre cette démonstration pittoresque et manuelle, ayez à votre disposition un cylindre en bois d'une certaine longueur; fixez à sa base diverses paires de rubans de deux couleurs différentes, que vous enroulerez autour du cylindre, en sens opposés, par deux, par quatre, par six, avec une égale ou une inégale vitesse; et placez ensuite, à chaque entre-croisement de deux rubans de couleur différente, le signe quelconque d'un organe; vous aurez dès lors sous les yeux le fil, si mystérieux jusque-là, qui trace la symétrie des organes appendiculaires d'un individu, et qui en dessine la charpente extérieure et intérieure. Avec deux rubans qui marchent dans deux sens opposés, et de la même vitesse, vous aurez la disposition alterne; s'ils marchent d'une inégale vitesse, vous aurez la disposition en spirale à un rang. Avec quatre rubans qui marchent d'une égale vitesse, ce sera la disposition opposée, croisée à angle droit; si la vitesse est inégale, on aura la spirale sur quatre rangs. Avec six rubans d'une égale vitesse, on aura des verticilles de trois organes opposés chacun à chacun; avec sept, huit, neuf, etc., paires de rubans, on aura des verticilles de sept, huit, neuf organes, et ainsi de suite.

Il me faudrait entrer dans trop de détails de pure anatomie pour faire à la structure des diverses classes de végétaux et d'animaux l'application de cette théorie, que la nature a traduite, sous nos yeux, en un fait observé; je renverrai le lecteur aux développements que j'en ai donnés dans le *Nouveau Système de physiologie végétale et de botanique*, 1er vol.; et dans la deuxième édition du *Nouveau Système de chimie organique*, 3e vol., 3e part.

Donnez-nous donc, disions-nous il y a déjà vingt-neuf ans, donnez-nous une vésicule organisée et animée de sa vitalité, dans le sein de laquelle se développent des spires de différents noms, et nous sommes en état de vous rendre le monde organisé, avec toute sa variété de formes, de structures et d'accidents.

THÉORÈME VIII.

LE PRODUIT DE L'ÉLABORATION D'UN ORGANE EST LA SOMME DES PRODUITS DE L'ÉLABORATION DES DIVERSES CELLULES ÉLÉMENTAIRES QUI RENTRENT DANS SON ORGANISATION ET DONT IL SE COMPOSE.

22. Le tout, à quelque ordre d'êtres qu'il appartienne, n'est tel que par ses parties; ôtez-lui-en une seule appréciable, vous en changez la nature, les dimensions et la puissance (14).

De même, un organe n'est pas un être idéal et indépendant des éléments organisés qui le composent; cette idée seule impliquerait une absurdité et une contradiction dans les termes. Si l'on a recours à la dissection, on s'assure qu'un organe quelconque, vésicule d'une grande dimension, peut se dédoubler en plusieurs autres organes, vésicules secondaires et de moindre dimension, lesquelles peuvent se dédoubler en plusieurs autres organes vésiculaires tertiaires, etc., et ainsi de suite, jusqu'à l'organe élémentaire, vésicule de dernière formation, simple encore parce qu'elle est vierge, et où s'arrête la division, parce que là n'a pas commencé encore la génération. La plus grande a commencé comme la petite, et elle a fourni aux mêmes élaborations; elle en est la mère et l'aïeule à différents degrés; elle participe de sa nature, comme la cause génératrice participe de son produit : que dis-je? ce n'est plus elle qui produit, car elle a fait son temps et vise à l'âge inerte; son développement n'est plus que de la caducité; elle n'est plus que l'écorce qui revêt et qui protège tout ce qui élabore; et tout ce qui élabore, c'est le contenu, c'est ce qui est revêtu et protégé. Or, de toutes ces divisions et subdivisions, nous verrons que c'est à la dernière seule, à la subdivision élémentaire, à la cellule indivisible seule, que cette qualité convient, d'une manière spéciale et exclusive. Ce sont ces milliers d'organes microscopiques qui élaborent les sucs ; organes de même élaboration, par l'égalité de leur position, de leurs dimensions et de leur âge.

En un mot, toutes ces cellules microscopiques élaborent, puisqu'elles appartiennent à un tissu vivant ; elles élaborent les mêmes produits, puisqu'elles sont égales et contiguës ; l'organe général qui recueille ces produits et les transmet à la circulation de l'individu en est le réservoir commun et le véhicule. Le produit qu'il transmet est donc la somme de tous ces infiniment petits produits.

23. Corollaire. Si donc nous pouvons surprendre le mécanisme de l'élaboration de l'un de ces organes microscopiques, nous aurons par cela même connu le mécanisme de l'élaboration de l'organe composé, l'un n'étant que la somme de tous les autres réunis.

THÉORÈME IX.

LA VÉSICULE ORGANISÉE, ET MUNIE DE TOUS SES ÉLÉMENTS DE VITALITÉ, ASPIRE ET EXPIRE LES GAZ, L'EAU ET LES SELS QUE L'EAU NATURELLE TIENT EN DISSOLUTION.

24. Placez au soleil, sous une éprouvette remplie d'air atmosphérique mélangé d'acide carbonique, un certain nombre de conferves de nos ruisseaux, plongées dans une nappe d'eau, vous ne tarderez pas à voir l'eau monter un peu dans le tube ; et, si vous analysez le gaz, vous y trouverez une diminution de l'acide carbonique et une augmentation d'oxygène. D'où l'on conclut que ces conferves (et tous les tissus végétaux verts se comportent de même dans les mêmes circonstances) absorbent l'acide carbonique, s'en assimilent le carbone et en dégagent l'oxygène. Augmentez le nombre de ces conferves, vous augmenterez l'activité de cette absorption et de cette élimination. Diminuez la cause, vous diminuerez les effets. En sorte que si l'on réduit par la pensée la conferve à son élément microscopique, à l'une de ces cellules simples qui composent un filament de conferve, en s'ajoutant bout à bout, nous serons nécessairement autorisé à dire d'elle ce que nous avons dit du tout, le résultat de l'élaboration générale de la masse de ces filaments n'étant que la somme des produits de ses éléments. La cellule microscopique aspire donc les gaz.

Que l'on place au foyer du microscope, dans une petite auge en verre remplie d'eau, un tube de *Chara* préparé de la manière que nous l'avons expliqué dans le *Nouveau Système de physiologie végétale et de botanique*, tome 1er, § 600. Ce tube est à lui seul une cellule gigantesque, et dans laquelle l'élaboration continue et se traduit par une circulation incessante des liquides qu'elle renferme, alors qu'elle a été isolée, le plus complétement possible, des tissus de l'individu végétal auquel elle tenait. Or l'on voit que, tant que l'eau dans laquelle vit cet organe isolé en individu conserve sa pureté et son niveau, la circulation marche avec une régularité non interrompue. La moindre goutte d'un liquide non assimilable arrête tout à coup cette circulation : l'organe est frappé de mort ; et pourtant la paroi de l'organe est très-épaisse, et ne paraît pas avoir été le moins possible altérée par l'action de ce poison. Cette paroi absorbe donc, et transmet instantanément à l'intérieur le produit de cette absorption.

Que si le niveau de la nappe d'eau s'abaisse et que le tube soit presque en communication directe avec l'air extérieur, on voit que la circulation se ralentit, ce qui continue jusqu'à ce que l'eau ambiante soit sur le point d'être complétement évaporée. Dès ce moment la circulation hésite, oscille et finit par cesser. Bientôt le tube s'affaisse et agglutine sa moitié supérieure à la moitié inférieure, sans qu'il ait subi, dans sa structure, la moindre solution de continuité. Il s'est donc produit une exhalation du liquide à travers les parois de la cellule.

Que si, à l'instant où le liquide commence à hésiter, on recouvre ce tube d'une nouvelle nappe d'eau, on voit tout à coup la circulation reprendre son cours, avec toute son ancienne énergie, ce qui devient la contre-épreuve de ce que nous venons de dire sur sa faculté d'absorption.

Donc, la cellule végétale absorbe les gaz, les liquides et les exhale tour à tour.

Nous obtiendrons facilement, à l'égard de la cellule animale, une démonstration presque aussi directe et aussi abordable à l'œil.

En effet, je crois avoir démontré, 1° que le phénomène de l'aspiration se traduit aux yeux, sous le microscope, par un mouvement visible d'attraction, qui fait que les corpuscules, flottant à la surface de la nappe d'eau, cheminent directement et parallèlement vers la surface aspirante ; 2° que celui de l'expiration, phénomène inhérent au premier et qui en est la conséquence nécessaire, se traduit par des jets scintillants et comme lumineux qu'on ne saurait rendre par aucun trait possible, et que les micrographes ont presque toujours pris pour des cils vibratiles, pour des petits poils dans un état constant d'agitation. On observe très-bien ce double phénomène sur les organes respiratoires et utérins des mollusques, par exemple des moules de nos rivières (*unio* et *anodonta*). Or, sur ces espèces d'animaux, beaucoup plus vivaces que les autres, parce que leurs appareils, moins compliqués, se trouvent plongés habituellement dans l'eau, milieu plus conservateur de la vie que ne l'est l'atmosphère ; sur ces espèces, dis-je, il est facile de s'assurer que cette faculté d'aspiration et d'expiration est inhérente à chaque cellule (même la plus petite, pourvu qu'elle soit intègre) qui compose le tissu respiratoire. Chaque lambeau en effet qu'on en détache se met en mouvement dans l'eau, aspire en attirant les corpuscules suspendus dans le liquide, et expire par des cils qui semblent s'agiter avec la rapidité de tout autant d'éclairs. Chaque lambeau est devenu un individu complet, dont la vie et le mouvement sont dans le cas de durer vingt-quatre heures.

Toute cellule d'un organe fonctionne donc comme l'organe général ; et toute cellule, à quelque ordre d'organe qu'elle appartienne, est douée de la faculté d'aspirer et d'expirer les gaz ou les liquides imprégnés de gaz.

THÉORÈME X.

LA CELLULE SUSCEPTIBLE DE DÉVELOPPEMENT ASPIRE LES GAZ, POUR LES ÉLABORER EN LIQUIDES ; PUIS LES LIQUIDES ET LES SELS, POUR LES ÉLABORER EN TISSUS.

25. Il est démontré, par les expériences eudiométriques, que tout tissu herbacé absorbe l'acide carbonique, sous l'influence de la lumière, et, en même temps, laisse dégager l'oxygène. Donc, de l'acide carbonique il s'approprie le carbone.

La nuit on obtient un résultat tout contraire ; le tissu herbacé absorbe l'oxygène, et dégage et l'azote et l'acide carbonique. Le résultat de cette expérience, s'il était réel, serait d'établir, entre l'aspiration diurne et l'expiration nocturne, une balance telle, qu'à la suite de l'exercice incessant de l'organe respiratoire, il ne resterait rien, dans les organes, pour le développement de nouveaux tissus ; ce qui n'est pas conforme aux idées que nous avons de la sagesse des lois naturelles. Il faut donc chercher une explication à l'anomalie. On doit distinguer, dans tout végétal, deux systèmes qui élaborent dans deux milieux différents : l'un qui élabore à la lumière, et l'autre qui élabore dans l'ombre. Chaque organe réunit par ses deux surfaces, l'une supérieure et l'autre inférieure, ces deux systèmes à la fois ; mais les végétaux d'un ordre que nous considérons comme plus élevé, à cause de la complication de leur structure, possèdent ces deux systèmes d'une manière fort tranchée par leurs racines, qui ne végètent que dans l'ombre de la terre, et leurs rameaux, qui ne végètent que dans les airs. Il est évident que puisque les organes foliacés ne sauraient végéter qu'à la lumière, ils sommeillent la nuit. Les racines, au contraire, qui se trouvent sans cesse dans les conditions nécessaires à leur développement souterrain, doivent élaborer sans la moindre discontinuité. Mais il existe, entre le système aérien et le système souterrain, un échange non interrompu de produits, par le véhicule de la circulation qui leur est commune. Admettons donc que les racines absorbent l'acide carbonique comme les feuilles; elles l'absorbent la nuit comme le jour; et, la nuit comme le jour, elles transmettent au système aérien une circulation imprégnée de ce gaz. A la lumière, les feuilles éliminent l'oxygène de ce gaz et l'expirent, après s'en être approprié le carbone. Mais la nuit, leur élaboration étant suspendue, elles doivent nécessairement rendre au dehors, tel qu'elles l'ont reçu, l'acide carbonique que l'afflux de la circulation accumule dans leurs organes respiratoires. L'acide carbonique qu'elles dégagent la nuit n'est donc que l'acide carbonique que leur transmettent les racines, et que, faute de lumière, le système aérien n'est plus apte à élaborer.

Quant aux animaux, les principales circonstances de leur respiration sont presque toutes appréciées de temps immémorial. On a toujours su que l'homme a besoin d'un air pur pour respirer, et qu'il vicie, du produit de sa respiration, l'air qui l'enveloppe. Mais c'est dans ces derniers temps seulement, et depuis la découverte de la chimie pneumatique, que l'on a cherché à analyser ce phénomène d'une manière rigoureuse; et le résultat le moins contestable que l'on ait obtenu, c'est que la respiration animale vicie l'air, en absorbant l'oxygène et y déversant l'acide carbonique; en sorte que l'air ambiant ne se compose plus, en définitive que d'azote et d'acide carbonique. Cependant il est un autre organe que celui de la respiration pulmonaire, et qui doit nécessairement absorber les gaz comme celui-ci; je veux parler de la panse stomacale, qu'elle soit simple comme chez l'homme, ou multiple comme chez les ruminants. En effet, j'ai fait voir ailleurs (*) que la digestion stomacale est une fermentation saccharine et alcoolique d'abord, puis acétique, dont les produits sont d'un côté le chyme, qui, en se transformant en chyle, doit fournir les matériaux liquides du sang, et de l'autre un dégagement d'acide carbonique, lequel doit être réabsorbé par les parois stomacales, puisque, dans l'état normal, il n'est jamais éructé au dehors. Chez les ruminants, ce dégagement de gaz acide carbonique de la panse stomacale s'opère quelquefois en si grande abondance, qu'il constitue, faute de pouvoir être absorbé par la paroi de la panse et de s'échapper au dehors, le cas le plus fréquent de la maladie connue sous le nom de *météorisation* (**).

Quant à la peau, il est évident qu'elle absorbe l'air à son tour, d'une manière spéciale; car si on la recouvre d'un enduit gommeux, d'un enduit que le derme n'absorbe pas (comme il absorbe les corps gras), et

(*) *Nouveau Système de chimie organique,* deuxième édition, tome 3, § 3624.

(**) De ce point de vue, l'estomac remplirait les fonctions de l'organe diurne des plantes, et le poumon celles de leur organe nocturne.

qui, par conséquent, intercepte hermétiquement le contact de l'air, l'animal souffre, s'asphyxie, pour ainsi dire, par la peau, et ne saurait se guérir de cette maladie artificielle qu'en prenant au plus tôt un bain.

D'un autre côté, il est incontestable que les tissus animaux absorbent les liquides, c'est-à-dire l'eau plus ou moins saturée de sels ou de substances organisatrices ; l'expérience la plus vulgaire est là pour nous le démontrer.

Passons maintenant du domaine des recherches physiologiques dans celui de la chimie, et analysons ces divers phénomènes : La paroi de la cellule ligneuse et de la cellule la moins compliquée du tissu cellulaire animal se résout, à l'analyse élémentaire, en gaz oxygène et hydrogène, représentant les proportions de l'eau, et en carbone plus ou moins en excès, et laisse une quantité appréciable de cendres, qui se composent en principale partie de potasse et de chaux. Les plus longs lavages, même à une eau acidulée, ne parviennent jamais à dépouiller l'élément organique de cet élément inorganique que l'incinération élimine. Ces cendres étaient donc combinées avec la substance du tissu organisé ; elles formaient l'un des éléments de son organisation. L'analyse démontre encore que ces deux éléments varient de proportions, selon l'âge de l'organe ; et de nature, selon la nature et partant le genre d'élaboration d'un organe. Plus l'organe vieillit, plus l'élément inorganique augmente ; plus il est jeune, plus l'élément organique liquide l'emporte en proportions. L'os le plus compacte et le plus riche en carbonate et en phosphate de chaux a commencé par être une substance cartilagineuse ; celle-ci, par être une substance pulpeuse ; et celle-ci enfin par être un simple liquide, dans lequel les sels sont d'autant moins abondants que sa formation est plus récente. Le liquide s'organise donc, il se cloisonne en vésicules, par la combinaison des bases terreuses avec l'élément organique ; la paroi de la cellule est une combinaison, enfin, dans laquelle l'élément terreux joue le rôle de base, et l'élément organique celui d'acide.

Rappelons-nous, parallèlement à cette donnée, ce que nous avons établi dans le théorème VIII ; savoir, que toute vésicule se développe dans le sein et sur la paroi d'une vésicule maternelle, que nous venons de voir absorbant le gaz et les liquides ; et, évidemment, nous admettrons que le développement de la vésicule de seconde génération a lieu par suite d'une élaboration des gaz et des liquides absorbés, par suite d'une combinaison intime, les uns avec les autres, des produits de l'aspiration gazeuse et de l'aspiration liquide. Car la cellule organisée absorbe l'eau chargée de sels, le gaz acide carbonique, l'oxygène, l'hydrogène, l'air atmosphérique ; et elle n'est elle-même, ainsi que ses produits, que le résultat de l'association de deux éléments : 1° organique = eau (oxygène et hydrogène) et carbone ; 2° inorganique = chaux, potasse, soude, fer, etc., ou ammoniaque (azote et hydrogène).

La cellule organisée n'est donc qu'un moule, qu'une matrice propre à combiner, en d'autres matrices également organisées, les matériaux de la terre et de l'air. Trouvez-moi la loi d'association de l'eau et du carbone avec les bases terreuses, et vous aurez trouvé la loi de la vie organisée, le laboratoire de l'organisation. Trouvez ensuite les lois qui président aux diverses combinaisons de ces éléments susceptibles d'entrer dans la combinaison d'une cellule organisée, et vous aurez produit du même coup les résultats divers de l'élaboration animale ou végétale; vous pourrez à volonté créer la cellule qui élabore la gomme, celle qui, dans les mêmes circonstances, élabore l'albumine, celle qui élabore le chyme, celle qui élabore la bile, celle qui élabore le chyle, celle qui élabore le sang, et enfin celle qui, dans les circonstances anormales, élabore le pus. Un peu plus ou un peu moins d'eau ou de carbone, d'oxygène ou d'hydrogène, un peu plus ou un peu moins de sels terreux ou de bases terreuses, variant sur une échelle indéfinie, voilà la vie organisée; voilà la variété dans l'unité, l'infini dans le fini, la puissance dans la faiblesse, le visible dans l'invisible, le sentiment dans l'atome.

THÉORÈME XI.

LE DÉVELOPPEMENT ORGANISÉ NE SAURAIT AVOIR LIEU QU'A UNE CERTAINE TEMPÉRATURE QUI A SES LIMITES VARIABLES SELON LES ESPÈCES ET MÊME LES INDIVIDUS.

26. L'extrême froid glacé les liquides organisateurs et rend les organes rigides et inertes; aspiration et expiration, circulation et élaboration, tout est suspendu et paralysé. La vie a disparu sans retour, la forme seule est conservée à tout jamais, si les mêmes circonstances se conservent. Le froid, inhabile au développement et à la fermentation, doit maintenir les organes en l'état où il les trouve; et les y maintenir indéfiniment : Les mammouths antédiluviens sont conservés intacts sous les glaces du pôle; ils ne se décomposent que lorsque leur tombe millénaire, charriée vers des climats plus doux, vient fondre aux rayons moins horizontaux d'un soleil moins pâle qui les ressuscite à la décomposition.

L'extrême chaleur réduit en gaz d'abord et puis en cendres la cellule, l'organe, l'individu.

Le froid concrète, le feu désorganise. En deçà et en delà d'une certaine température, mort par inertie, ou mort par décomposition.

Dans l'un et dans l'autre cas rien n'est perdu, rien n'est anéanti pour la nature ; la matière ne fait que se modifier et que changer d'état : c'est une transformation. Le carbone, l'hydrogène et l'oxygène, qui, sous l'influence d'une chaleur propice, s'étaient combinés en une vésicule élaborante et susceptible de reproduire son type par leur association progressive avec les sels terreux ou azotés, se combinent en eau, acide carbonique, oxyde de carbone, hydrogène carboné, etc., quand la chaleur dépasse les limites de l'organisation.

La chaleur rentre comme quatrième élément dans l'organisation vésiculaire ; pour que la molécule s'organise (ce qui est sa cristallisation propre), il faut que l'atome de carbone, d'hydrogène, d'oxygène, soit enveloppé d'une couche de calorique favorable au maintien de cette association ; s'il y a soustraction de calorique, la molécule organisatrice cristallise comme l'eau ; s'il y a addition, la molécule organisatrice tend à s'évaporer, à se gazéifier et à combiner ses gaz à l'état naissant, comme le fait tout liquide qui a l'eau pour véhicule.

L'organisation est donc une forme de cristallisation que prend, à une certaine température, la combinaison ternaire de carbone, d'hydrogène et d'oxygène, en s'associant aux bases et aux sels. La propriété distincte de cette cristallisation vésiculaire, c'est le développement indéfini, tant qu'elle se trouve placée dans les mêmes circonstances favorables. Ce développement sera d'autant plus lent, que la température approchera de plus près de la limite *minima* ; il sera d'autant plus énergique, par conséquent, que la température sera plus près du *maximum*.

D'où il arrivera que l'espèce se modifiera à l'infini, selon le milieu où le hasard l'aura fait vivre. Les cellules se développant sur une plus ou moins grande échelle, selon que le calorique leur arrive à tel ou tel degré de température, il s'ensuit que la forme et la nature des produits varieront dans les mêmes limites ; or la différence de la forme et des produits fait toute la différence des espèces.

27. SCHOLIE. On comprend facilement que nos moyens artificiels peuvent modifier grandement le milieu dans lequel nous |vivons et suppléer même à ce qui lui manque. Il suffit de se rappeler les effets du chauffage et des vêtements.

28. COROLLAIRE. Combinez ce théorème XI avec le théorème VII ; rappelez-vous le rôle que joue la spire dans le phénomène du développement, et vous aurez un élément de plus pour entrevoir la cause des différences individuelles, différences qui peuvent se transmettre pendant une série de générations. Donnez-moi le climat, je vous donnerai les races ; donnez-moi les influences de la domesticité et du milieu, et je vous donnerai les familles et les individus.

THÉORÈME XII.

LA FACULTÉ D'ASPIRATION, INHÉRENTE A L'ORGANISATION DE LA CELLULE ÉLÉMENTAIRE, EST LA CAUSE MÉCANIQUE, AU MOYEN DE LAQUELLE S'OPÈRENT ET LA SOUDURE NATURELLE DES CELLULES ENTRE ELLES, POUR FORMER LE TISSU CELLULAIRE, ET LA SOUDURE ARTIFICIELLE DES ORGANES ENTRE EUX, QUI PREND LE NOM DE GREFFE VÉGÉTALE OU ANIMALE.

29. Deux cellules douées également de la faculté d'aspiration des gaz et des liquides ambiants doivent nécessairement se souder intimement ensemble, dès que la quantité de gaz et de liquide qui les sépare aura été absorbée par leur aspiration, et sur tous les points où cette absorption aura été complète; car, dès le moment qu'il n'y a plus ni gaz ni liquide, il y a vide; or le vide est impossible, physiquement parlant, entre deux tissus élastiques. Il faut que la pression exercée par les gaz et les liquides ambiants les rapproche en cet endroit. Cela est trop évident, en physique, pour que nous ayons besoin de le développer plus amplement. Les cellules contiguës, qui ne peuvent plus aspirer les gaz ou les liquides, doivent nécessairement s'aspirer elles-mêmes et se souder entre elles.

Or nous avons dit (13) que l'organe le plus compliqué est un agrégat, un composé de cellules de plus en plus élémentaires; le tout doit donc se comporter, sous ce rapport, comme chacune de ses parties; le tout, ou la moitié, ou le tiers, ou une fraction quelconque du tout.

Supposez, en effet, un organe ayant subi une plus ou moins profonde solution de continuité : Si vous rapprochez les deux sections par leurs surfaces homogènes, toutes les cellules que le tranchant n'aura pas intéressées conserveront leur faculté d'aspiration, s'aspireront et se souderont par leurs surfaces contiguës. Celles qui auront été désorganisées s'oblitéreront et se résoudront en gaz ou en liquides que la cicatrisation artificielle rejettera au dehors. Les portions de l'organe ainsi rapprochées mécaniquement se grefferont organiquement, et de deux parties étrangères il se formera un nouveau tout; ce qui aura lieu toutes les fois que les deux surfaces seront composées de cellules de même aspiration, c'est-à-dire de même élaboration; et l'organe composé se mettra ensuite à élaborer, comme s'il n'avait jamais cessé de conserver sa simplicité primitive; car il sera, après comme avant l'opération, composé de cellules élémentaires, intègres et douées de toute leur vitalité.

THÉORÈME XIII.

LA DOUBLE FACULTÉ D'ASPIRATION OU D'EXPIRATION, DONT NOUS AVONS VU QUE LA CELLULE ORGANISÉE EST NATURELLEMENT DOUÉE, EST LA CAUSE UNIQUE DE LA CIRCULATION ET DES LIQUIDES QU'ELLE RENFERME ET DES LIQUIDES AMBIANTS.

30. Admettons qu'un pore de la cellule absorbe et aspire, s'approprie et s'assimile une molécule du liquide ambiant; la molécule suivante viendra nécessairement prendre la place de la molécule absorbée; les autres, par ordre et successivement, viendront prendre la place de celle-ci : de là mouvement de toute la masse du liquide. Mais si l'aspiration continue, et que la masse du liquide soit contenue dans une capacité, de là circulation rétablie, jusqu'à ce que tout ait été absorbé par l'aspiration. J'entends par circulation un mouvement circulaire du liquide; et ce mouvement circulaire a lieu dans le liquide, que celui-ci soit contenu dans une seule capacité, ou dans la capacité d'un réseau de canaux et de tubes.

Le même résultat aura lieu par suite de l'aspiration d'un gaz ou d'un liquide; l'impulsion en effet produit, sur une masse de liquide, le même effet que le déplacement. Dans le premier cas, le liquide se meut en vertu de la force qu'on lui communique; dans le second, en vertu de la force de gravitation, qui fait l'équilibre des liquides.

Or l'aspiration, par la surface externe de la cellule, se traduit par une expiration à l'intérieur et sur le liquide de la cellule élaborante. Ce liquide intérieur doit donc s'ébranler et prendre un mouvement circulaire, sous l'impulsion de la molécule liquide que la cellule a prise, en aspirant, dans le liquide ambiant, et qu'elle a introduite dans sa capacité propre.

Mais, comme la cellule ne saurait pas aspirer, sans expirer tour à tour le trop-plein, l'expiration viendra ajouter encore, par son impulsion, au mouvement imprimé au liquide ambiant par le déplacement qu'occasionne l'aspiration, et activer d'autant la circulation extérieure.

31. 1er Corollaire. Combinons maintenant les solutions des deux théorèmes précédents. Supposons deux cellules plongées dans un liquide, et douées de la faculté d'aspiration, et partant d'expiration. Ces deux cellules, si elles aspirent avec une certaine énergie, se rapprocheront comme le feraient deux barques opposées, à la proue de chacune desquelles fonctionnerait une pompe aspirante. Le liquide sera refoulé par ce rapprochement incessant; les deux parois opposées seront en contact : de là adhérence intime. Qu'une troisième cellule survienne, aspirant de même, dans un sens contraire aux deux premières, elle se rapprochera

de celles-ci par le même mécanisme ; et dès que le contact aura lieu, il y aura encore adhérence par trois points de surface, et nécessairement, entre les trois cellules, un canal. Supposez une nouvelle série de cellules qui surviennent, aspirent et s'agglutinent avec les premières, il va se former un agrégat de cellules et un réseau de lacunes qui, à la longue, et par le rapprochement des points de contact, se traduiront en un réseau de communications vasculaires, cylindriques, parce qu'elles sont pleines de liquide et que leurs parois sont élastiques. Dès ce moment, la circulation vasculaire est établie, circulation qui apporte les liquides propres à l'aspiration, et qui remporte les liquides expirés par chaque cellule, les liquides de rebut.

32. Rappelons-nous (17) que les cellules naissent sur les parois d'une cellule maternelle, et nous comprendrons comment, étant ainsi à proximité les unes des autres, elles doivent finir, en aspirant, par se rapprocher.

33. 2ᵉ COROLLAIRE. On doit supposer qu'il existe des tissus qui aspirent, plus activement que les autres, les liquides ou les gaz (l'aspiration des gaz imprime à la circulation une énergie plus grande). Les tissus ainsi organisés prennent le nom de *tissus respiratoires ;* c'est là que la circulation semble commencer, parce que c'est là qu'elle s'active et se ranime. Chez l'homme, comme chez tous les animaux aériens, ce tissu est dans les poumons. Les poumons sont le principe de la circulation ; le cœur n'en est, pour ainsi dire, que le reposoir ; c'est un double vaisseau plus musculaire que les vaisseaux qui en dérivent : on rencontre des animaux sans cœur, on n'en connaît pas sans organe respiratoire, sans branchie ou sans poumon.

34. 3ᵉ COROLLAIRE. Toute cellule cessant ses fonctions par la dessiccation de ses parois (34), les gaz que les cellules aspirent ne sauraient leur arriver qu'à la faveur de l'humidité. La cellule n'aspire que les liquides ; elle n'aspire les gaz que dans le véhicule de l'eau. De là vient que les branchies sont externes au corps ; dans le plus grand nombre de cas, chez les animaux aquatiques, et que les poumons, profondément protégés chez les animaux aériens, ne communiquent avec l'air extérieur qu'à travers une assez longue capacité sans cesse lubréfiée par le produit salivaire de diverses glandes.

35. 4ᵉ COROLLAIRE. Il doit exister divers centres de circulation dans un individu vivant ; ceci découle de l'idée que nous nous sommes faite du développement générateur des cellules. Chaque organe a donc une circulation qui lui est propre, dont il communique les produits aux organes contigus par le véhicule de la circulation ambiante. La circulation sanguine, chez l'homme, n'est que la circulation commune aux cen-

tres divers des circulations particulières, circulations qui sont dans le cas d'affecter diverses couleurs distinctives de leur élaboration spéciale, jaune, bleue, verte, noire ou blanche, selon les organes élaborateurs. Le microscope met en évidence l'énoncé de ce corollaire : La circulation est noire dans la choroïde et les procès ciliaires de l'œil ; jaune dans le tissu adipeux de l'homme ; blanc rosé dans les tissus élémentaires des reins et autres glandes ; gorge de pigeon et variable dans l'iris ; noire, blonde ou rouge dans le tissu des cheveux ; blanc de lait dans les aponévroses, les tendons, la tunique interne des veines et des artères, dans le cerveau, la substance des nerfs, etc.

Toutes ces circulations particulières s'alimentent et s'abreuvent dans la circulation générale, au moyen du hile de leur organe, qui aspire ce qui convient à son assimilation, et déverse, en expirant, dans le torrent circulatoire, son trop-plein et ce que l'organe ne sait pas s'assimiler.

36. 5ᵉ Corollaire. L'analyse chimique nous démontre que les vésicules varient de composition élémentaire, selon la nature des produits qu'elles élaborent ; il faut donc admettre la réciproque, savoir, que les produits de l'élaboration de la vésicule élémentaire varient de nature, selon les proportions des éléments qui rentrent dans la composition de ses parois. Or la paroi de toute vésicule se résout par l'analyse, en carbone, eau et sels ; pour faire varier les produits de l'élaboration d'une cellule ou vésicule organisée, il suffit donc de faire varier les proportions du carbone, de l'oxygène et de l'hydrogène, et puis de varier la nature des bases et des sels, et pour déterminer une révolution d'élaboration dans la vésicule. De là vient que les produits d'une vésicule jeune sont diamétralement opposés à ceux d'une vésicule âgée ; que les produits d'une vésicule ligneuse n'ont presque plus rien de commun en apparence avec ceux d'une vésicule albumineuse : cadre uniforme = développement égal ; combinaison en proportions différentes = différence dans les résultats de l'élaboration.

Mais la vésicule n'élabore dans son sein que les gaz et les liquides qu'elle aspire dans le milieu qui l'enveloppe. Ce milieu est le même pour toutes les cellules de différente élaboration. Donc, chaque cellule opère, dans ce milieu, une sorte de triage, n'aspire que ce qu'elle doit élaborer, ou bien expire tout ce qu'elle ne peut s'assimiler. Donc les cellules ont diverses manières d'aspirer et d'opérer ce triage : différence d'aspiration que constitue la différence dans les proportions d'eau, de carbone et de bases qui entrent dans la composition de la paroi aspirante.

On concevra facilement que telle paroi donnera passage à des molécules que telle autre condensera sur sa surface externe, si l'on veut bien ce représenter graphiquement la différence d'insterstices moléculaires ou de pores que possèdent nécessairement deux combinaisons, dans l'une desquelles la molécule intégrante serait formée d'une molécule de carbone et de quatre molécules d'eau, et dans l'autre desquelles la molécule de carbone ne serait associée qu'à trois molécules de l'hydrogène oxygéné ; surtout si l'on place la molécule de carbone au centre des deux systèmes.

Voyez ensuite de combien de manières ces insterstices varieront de diamètre, de forme et partant de propriété, pour aspirer et opérer leur triage, si la molécule centrale de carbone s'enveloppe de six, huit, douze, etc., molécules d'hydrogène et d'oxygène. Ces modifications, avec quelques éléments seulement, iraient à l'infini (*).

THÉORÈME XIV.

TOUT LIQUIDE STAGNANT DANS UNE CELLULE DEVENUE INERTE FERMENTE D'UNE MANIÈRE CONTRAIRE AUX LOIS DE LA VITALITÉ ; CE N'EST PLUS UN SUC NOURRICIER, C'EST UN POISON.

37. La vérité de cette proposition résulte de la vérité de la proposition inverse : tout liquide élaboré par une cellule douée de vitalité est un liquide qui contribue à son tour à la vie générale. Or, il est de la nature de tout liquide organique de ne jamais conserver sa nature actuelle. Tout liquide absorbe l'oxygène, et les sucs organisateurs plus que tous les autres. Tout liquide organisateur et vital, exposé au contact de l'air, fermente, normalement s'il se trouve dans des circonstances normales ; anormalement, si les circonstances changent ainsi que les conditions du milieu : fermentation qui est une modification dans la forme et dans la nature du liquide, parce que c'est une augmentation de sa substance aux dépens de l'air ; fermentation qui est une décomposition, si elle n'est pas un développement. Le sang qui fait notre chair, dans le torrent de la circulation, se change en pourriture au sortir de la veine ; il devient pus, s'il s'extravase sous nos téguments ou dans les tissus plus profonds ; car, sous les téguments, l'air lui arrive encore par l'influence et l'aspiration d'une paroi organisée.

(*) Voyez *Nouveau Système de chimie organique*, deuxième édition, 3e volume, 4e partie.

THÉORÈME XV.

LA DÉSORGANISATION DE LA VÉSICULE ÉLÉMENTAIRE D'UN TISSU ORGANIQUE PEUT ÊTRE LE GERME DE L'EMPOISONNEMENT DES VÉSICULES CONGÉNÈRES, EMPOISONNEMENT CAPABLE DE GAGNER DE PROCHE EN PROCHE LES ORGANES D'UN AUTRE ORDRE DE FONCTIONS.

38. Nous avons établi (24) que la vésicule organisée et douée de vitalité a la propriété d'absorber, soit les liquides et gaz qui conviennent à son mode d'assimilation, soit ceux qui lui sont contraires et qui la tuent. D'un autre côté, nous avons dit (37) que, dès qu'une cellule n'élabore plus, elle se désorganise, sous l'influence de ses sucs qui se décomposent, et qui visent à la putréfaction, dès le moment qu'elle ne se les assimile plus. Les produits de la fermentation, surtout ceux de la fermentation putride, sont un poison pour l'absorption.

Admettons donc qu'une seule cellule du corps humain se désorganise, dans un milieu incapable d'intercepter la communication des produits, il est évident que les produits de sa décomposition absorbés par la cellule congénère empoisonneront celle-ci, que les produits de l'empoisonnement de celle-ci seront absorbés par la suivante, et ainsi de suite, jusqu'à ce que tout l'organe spécial ait été envahi.

Mais cet organe lui-même n'est qu'une cellule plus composée que ses cellules élémentaires, par rapport à l'organe général, par rapport à l'individu. Cet organe communiquera ses produits désorganisateurs aux organes congénères, et finira par empoisonner l'individu en entier; empoisonnement qui sera dans le cas de s'effectuer de proche en proche par simple contact, et même alors qu'il n'aurait pas lieu par le véhicule de la circulation; seulement, dans ce cas, l'empoisonnement par contagion sera moins rapide.

En conséquence, le germe de la mort du géant peut se trouver dans le plus petit de ses atomes; une goutte de liquide, une bouffée du gaz le plus subtil peut renverser le colosse. Une étincelle, en se communiquant d'atome à atome, de molécule à molécule, de poutre à poutre, de toiture à toiture, peut, selon l'agitation de l'air, embraser en un instant la cité reine, Babylone la grande; et comme l'a dit Pascal, un grain de sable était dans le cas d'arrêter toutes les conquêtes d'Alexandre.

39. 1er COROLLAIRE. Les cellules se partagent, ainsi que les individus, en deux catégories distinctes : celles qui commencent, et celles qui ont fini; celles qui sont dans la toute-puissance de leur élaboration, et celles qui visent à la décadence. Les premières sont toujours internes, par rapport aux secondes, qu'elles refoulent et repoussent au dehors. Les

générations épuisent les mères. Voyez les cochenilles qui pondent où elles s'attachent sur l'écorce des végétaux vivants : leur gestation est un épuisement lent et gradué ; leurs petits grandissent dans leur ventre, qui s'enfle et se distend progressivement sous l'effort, et finit par devenir tout le corps et par servir d'épiderme à la génération nouvelle ; cet accouchement vivipare est un accouchement posthume ; le ballon desséché crève pour mettre bas ce qu'il renfermait : telle est l'image et la traduction littérale du développement de nos organes, du développement *spiro-vésiculaire*.

Les organes caducs, évidemment, n'absorberont pas comme les organes pleins de vie et de puissance ; ils ne seront pas des véhicules de contagion aussi actifs que ceux-ci. Vous pouvez impunément manier l'acide arsénieux, les sels mercuriels, les poisons minéraux et organiques ; l'épiderme de la main, surtout des mains calleuses, l'épiderme, organe caduc, est là pour protéger de toute contagion les tissus sousjacents, les tissus animés de vitalité.

De même le derme, moins caduc et moins avancé en âge que l'épiderme, mais plus ancien que les tissus placés à une plus grande profondeur, le derme transmettra la contagion moins vite que les tissus plus intimes ; de même, la cavité buccale, en contact plus prolongé et plus fréquent avec l'air, absorbera le poison et l'infection d'une manière moins prompte que les ouvertures anale et surtout vaginale : cette dernière, par la puissance de son aspiration, équivaudra, sous ce rapport, à la surface stomacale et la surpassera même en sensibilité. On frémit à l'évaluation de la quantité qui suffit pour commettre un empoisonnement par le contact de l'organe sexuel de la femme.

40. 2ᵉ COROLLAIRE. Un organe avance d'autant plus rapidement vers la caducité, qu'il est en contact plus immédiat avec l'air atmosphérique. A la suite d'une solution de continuité, les tissus profonds du tronc de l'arbre ou du corps de l'animal suintent le liquide de leurs cellules éventrées ; et peu à peu la couche superficielle des cellules intègres s'épuise en transpirant, se dessèche en s'épuisant, et se change de nouveau en écorce et en épiderme, qui prennent peu à peu tous les caractères de l'un et de l'autre genre d'organes normaux et protecteurs de tissus élaborants. Plus une cellule est en contact avec l'air, plus elle élabore ; plus elle élabore, plus vite elle parcourt le cercle qui lui est tracé par son organisation ; plus en conséquence elle marche vite vers la caducité. Vivre beaucoup, c'est vieillir vite, pour les organes, comme pour les individus.

THÉORÈME XVI.

UNE CELLULE ORGANISÉE A UN CADRE DE DÉVELOPPEMENT QU'ELLE NE SAURAIT
FRANCHIR ; DÈS QU'ELLE EN ATTEINT LES LIMITES, ELLE CESSE DE FONCTIONNER,
ELLE MEURT.

41. Nous avons vu que, par une progression incessante, et sous
l'influence de la température, les gaz s'associent en liquides, les liquides
en tissus, qui deviennent de plus en plus rigides, durs, ligneux ou
osseux, en se combinant de plus en plus avec des bases terreuses et
azotées. Nous avons établi encore que le développement a lieu du centre
à la circonférence ; que les tissus jeunes repoussent au dehors les tissus
qui les ont engendrés, lesquels bientôt ne sont plus qu'une écorce qui
protége et n'élabore plus, qu'un épiderme qui revêt et tombe ensuite en
écailles. Or, plus un tissu est vieux, et par conséquent externe, plus il
est riche en bases terreuses et pauvre en substances organisatrices ; plus
un tissu approche de cet état de caducité, moins donc il doit jouir de
la puissance d'organisation qui le distinguait dans sa jeunesse, moins il
apporte à la somme du développement continu. Le développement arrivé
à son apogée doit donc aller en diminuant dans un proportion continue :
Cette proportion est le cadre que la cellule, par l'effet de son organisation spéciale, avait à remplir.

Figurez-vous la vésicule maternelle élaborant, et par conséquent
engendrant, par le développement intérieur des globules dont se composent ses parois. A une certaine époque, repoussée qu'elle est par sa
nouvelle génération, elle n'en est plus que l'épiderme qui protége le
contenu, et lui transmet, par sa perméabilité, les gaz et les liquides
nécessaires à son élaboration. La première génération enfante à son
tour, et tôt ou tard à son tour est repoussée par la génération deuxième
qui émane de ses parois ; elle vient donc, seconde couche d'épiderme,
tapisser à son tour l'épiderme primitif, et altérer d'autant sa perméabilité, et par conséquent diminuer la dose des gaz et des liquides organi-
teurs, et de la chaleur organisatrice ; elle diminue de deux degrés la
puissance d'assimilation, la vitalité des générations cellulaires subséquentes. Or, toute diminution a une fin ; le développement a donc ses
limites, qui varient en raison du milieu, c'est-à-dire de la masse des
matériaux que l'organe trouve à élaborer. L'organisation est de sa
nature mortelle, elle doit avoir une fin : elle a son cadre à remplir.

42. COROLLAIRE. L'individu n'étant que l'organe général, que l'ensemble harmonieux des organes, et chaque organe n'étant que l'ensemble

des cellules, organes élémentaires de son tissu, ce que nous venons d'établir à l'égard de la cellule s'applique donc à l'individu.

THÉORÈME XVII.

LA CELLULE ORGANISÉE CONTINUE SON DÉVELOPPEMENT, SANS INTERRUPTION ET SANS MODIFICATION, TANT QUE LES CIRCONSTANCES DU MILIEU AMBIANT RESTENT LES MÊMES.

43. Le développement est une loi, et non un caprice. S'il est dans les lois de la nature que l'atome d'oxygène se combine en vésicule organisée avec un certain nombre d'atomes d'hydrogène et de carbone, sous l'influence de tant de rayons de lumière et de chaleur, la combinaison devra nécessairement avoir lieu dès que tous ces éléments seront en présence. Il faudrait que les propriétés des corps fussent des caprices pour que la combinaison ne s'effectuât pas ; ce qui est contradictoire dans les termes.

Donc, pour que les fonctions d'un organe se troublent, il faut ou que le milieu dans lequel il puise ses éléments se modifie, ou qu'un obstacle en intercepte la communication, ou qu'un agent destructeur désorganise la vésicule et s'en approprie les principes organisateurs. Un organe ne se trouble pas de lui-même.

44. 1ᵉʳ COROLLAIRE. Si notre constitution atmosphérique venait à se modifier, un monde organisé nouveau succéderait à notre monde ; la taille de l'animal s'amoindrirait ou s'agrandirait ; l'imagination la plus hardie recule devant les conséquences que la logique a droit de tirer de cette simple induction.

45. 2ᵉ COROLLAIRE. Vivre, c'est se développer ; mourir, c'est avoir atteint, soit naturellement, soit artificiellement, le terme du développement. Se développer, c'est élaborer les gaz en liquides, les liquides en tissus, par l'action de la vésicule organisée. La santé, c'est l'exercice régulier de ce développement : la maladie en est le trouble ; la mort en est la cessation.

La diversité des âges n'est qu'un déplacement de la direction du développement : sous ce rapport, le vieillard se développe comme l'adulte ; car tous les jours il perd, tous les jours il répare ; tous les jours ses tissus s'enrichissent de bases et tendent à devenir osseux ; tout élabore en lui, rien ne repose. Tout repos, c'est la mort.

46. COROLLAIRE FINAL.

1° UN ORGANE NORMAL, PLACÉ AU SEIN DE CONDITIONS NORMALES, NE PEUT QU'ÉLABORER NORMALEMENT; IL NE PEUT Y TOMBER MALADE, IL NE SAURAIT QU'Y VIEILLIR.

2° L'ORGANE SAIN N'ENGENDRE POINT SA MALADIE, IL LA REÇOIT DU DEHORS IL NE TOMBE MALADE ET NE MEURT AVANT TERME QUE PAR ACCIDENT.

3° LA MALADIE N'EST PAS UN ÊTRE DE RAISON, UNE ENTITÉ IDÉALE; C'EST UN TROUBLE APPORTÉ DANS LES FONCTIONS D'UN ORGANE; C'EST UN OBSTACLE QUI S'OPPOSE A LA LOI DE L'ASSIMILATION ET DU DÉVELOPPEMENT; C'EST UN EFFET DONT LA CAUSE ACTIVE EST EXTERNE A L'ORGANE, QUI, DANS CE CAS, EST PUREMENT PASSIF.

4° SI L'ON CONNAISSAIT LA NATURE ET LE NOMBRE DE CES CAUSES EXTERNES DE TROUBLES INTÉRIEURS, ON AURAIT DÈS LORS LA PUISSANCE DE CONJURER LA MALADIE ET DE MAINTENIR OU DE RAMENER LA SANTÉ; ET LA MÉDECINE SORTIRAIT DU DOMAINE DE L'EMPIRISME ET DE L'HYPOTHÈSE CONJECTURALE POUR RENTRER DANS LE CADRE DES VRAIES SCIENCES D'OBSERVATION.

Nous allons nous livrer à l'étude de ces causes, dans la partie qui suit.

DEUXIÈME PARTIE.

***

ÉTIOLOGIE ET NOSOLOGIE (*),

ou

RECHERCHE ANALYTIQUE ET SYNTHÉTIQUE DES CAUSES NATURELLES D'OU ÉMANE LA MALADIE. (*Causes morbipares.*)

47. La santé étant l'état normal d'une organisation incessante et d'un développement continu, la maladie, qui est l'état contraire, ne saurait être autrement définie que par une négation ou un équivalent de négation; c'est un trouble survenu dans les fonctions de l'un quelconque de nos organes, ou dans l'ensemble de tous; c'est un arrêt partiel de développement et d'organisation, qui a pour symptôme la douleur ou la souffrance, pour effet la contagion intestine, pour fin la mort, c'est-à-dire, l'arrêt de développement du tout : terminaison dont le germe est souvent parti de la plus minime de ses parties.

La maladie est une mort partielle; car c'est la désorganisation de l'un quelconque des organes élémentaires de l'organe général que nous nommons *individu*. Donnez-moi une cellule malade, c'est-à-dire troublée dans ses fonctions, je vous la déclare désorganisée, c'est-à-dire frappée de mort. Si le ravage s'arrête là, l'individu en a peu la conscience, il n'est averti de la présence d'une cause de mort que par la gravité de ses effets; la cellule sous-jacente ou contiguë prend la place de la cellule désorganisée, qui finit par s'isoler d'elle sous forme d'épiderme à l'extérieur, et de mucus sur les surfaces internes; les cellules saines ne font pour ainsi dire que serrer leurs rangs, et la vie continue le jeu de son admirable circulation, dans cette admirable création que nous nommons organe. Mais si, par un de ces hasards que la science a la puissance d'apprécier et non celle de prédire, la désorganisation se communique de proche en proche, de cellule en cellule; que la première devienne pour

***

(*) *Étiologie*, de αἰτία (*aitia*), cause; et *nosologie*, de νοῦσος (*nosos*), maladie; *recherches des causes et du système des maladies*.

la suivante l'officine et le véhicule de la contagion ; qu'elle cesse d'élaborer des sucs organisateurs, pour ne transmettre à l'absorption voisine que
des produits de désorganisation et d'asphyxie ; l'invasion du mal s'étend
par contagion, avec la rapidité de la circulation spéciale à l'organe dont
fait partie la cellule infectante ; et pour que la mort ne soit pas la résultante
de tous ces mouvements qui se croisent, se heurtent et se choquent en
sens contraire de la santé, il faut que soit l'art à l'aide du fer, du feu
ou de la médication, soit ce que nous appelons la nature, c'est-à-dire ce
jeu régulier de lois qui se combinent à notre insu, vienne à temps couper les communications organiques entre le foyer envahisseur de l'infection intestine et les portions adjacentes de l'organisation ; autrement, ce
point microscopique que le désordre a atteint serait le point de départ de
la désorganisation générale.

Pour que l'art conjure ainsi le fléau, il faut qu'il en connaisse le siége
ou la nature. Le siége, il peut l'apprécier à l'aide de ses sens ; la nature,
c'est-à-dire la cause du mal, il la devine plus qu'il ne l'apprécie ; car
cette étude rentre dans le domaine de l'observation et du raisonnement.

Le siége de la maladie se révèle par des signes ou symptômes, par des
phénomènes de coloration, par des modifications de forme qui frappent
les regards ; par des mouvements secrets que distingue, calcule et compare le toucher ; par des sons diversement accessibles à l'ouïe et dont
les vibrations sont caractéristiques du progrès et de l'étendue du mal.
Quant au souffrant, il est averti du danger qui le menace par la douleur,
qui est le symptôme des surfaces, ou par la souffrance, qui est celui des
profondeurs ; douleur vive, aiguë, mais passagère et pour ainsi dire caduque, comme tout ce qui est à la superficie des organes ; souffrance profonde, intense et durable, comme tout ce qui pénètre et a son siége au
centre même de l'organisation. Douleurs et souffrances, deux conditions
ou plutôt deux peines que la nature impose au don qu'elle nous fait de
vivre ; deux symptômes qui nous préviennent de l'avenir, en nous tortu-
rant dans le présent ! comme si la nature avait voulu nous forcer à vivre,
en entourant la mort d'un cortége de souffrances. Car l'on s'attache à ce
qui fatigue pour repousser ce qui torture ; et s'il advenait jamais que le
désordre qui se glisse dans nos organes ne se décelât à nous que par des
symptômes de plaisir ou même d'indifférence, ne pourrait-il pas se faire
que l'espèce humaine, qui réduit tout au calcul, elle à qui le passé n'offre
que des regrets, le présent que des peines, l'avenir que des doutes et des
frayeurs ; ne pourrait-il pas arriver, dis-je, que l'espèce humaine se
laissât éteindre, s'il était doux ou facile de se laisser mourir ?

Mais souffrir et être torturé, ce sont là des conséquences ordinaires des
lois naturelles, contre lesquelles la nature elle-même nous ordonne de

nous insurger de toute la puissance de nos efforts et de notre intelligence, parce qu'elle nous ordonne de vivre, et qu'elle nous défend de mourir.

Elle nous punit, par la souffrance elle-même, de notre résignation à souffrir.

Le malade se lève alors et se roidit contre les obstacles; il repousse ce qui l'afflige; il appelle à son secours l'expérience de ceux qui l'ont devancé dans la carrière des souffrances, ou les lumières du sage qui, par la force du génie d'observation, a su transformer les données de l'expérience en un système qui constitue l'art.

Art, sublime profession, quand elle n'est pas métier et marchandise! dont le berceau se confond avec celui de la civilisation même, et dont l'enfance pourtant semble se perpétuer d'âge en âge sur le point principal, qui est celui de guérir. Car la cause de la maladie est encore aujourd'hui un ennemi que l'art est réduit à combattre dans l'ombre des hypothèses.

L'art a fait d'immenses conquêtes dans la connaissance des effets maladifs; mais depuis les Asclépiades et Hippocrate, il est aisé de s'en convaincre, il n'a pas fait un seul pas de plus vers la connaissance des causes réelles.

Ce sont ces causes que cet ouvrage a pour but spécial de rechercher.

48. Après avoir énuméré et reconnu la nature des causes de la maladie, par une voie toute nouvelle d'investigation, la démonstration exige, comme contre-épreuve et nouveau moyen de vérification, que, dans une deuxième section, nous cherchions à confronter les effets décrits dans les nosographies avec les causes que nous leur aurons assignées dans la première section; afin d'arriver à ce résultat, qu'il n'est pas une seule espèce de cas maladifs qui puisse ne pas être l'effet de l'une quelconque des causes que nous aurons reconnues. Or, comme la médecine, jusqu'à ce jour, ne s'est réellement arrêtée qu'à l'étude et à la classification des effets, cette deuxième section sera, pour ainsi dire, la synonymie de notre classification par les causes.

PREMIÈRE SECTION.

ÉTUDE ANALYTIQUE DES CAUSES NATURELLES DES MALADIES.
(*Étiologie.*)

49. La maladie ayant pour point de départ la cellule élémentaire, dont l'organisation et les fonctions microscopiques résument exactement et sous tous les rapports l'organisation générale (35), rien n'est plus propre

à simplifier un travail de classification et de division systématique, que de prendre la cellule élémentaire comme base d'une division.

Or nous avons exposé que la cellule élémentaire est un organe (ou cristallisation vésiculaire) doué de la propriété d'élaborer en liquides les gaz qu'elle aspire, de combiner en nouveaux tissus ses homogènes, les liquides qu'elle a élaborés ou ceux qu'elle absorbe, enfin d'exhaler les gaz et d'exsuder les liquides qu'elle a dépouillés des éléments nécessaires à son élaboration. Il est donc évident que pour classer les causes capables de porter le trouble dans les fonctions de l'individu, nous n'avons qu'à classer les causes qui sont dans le cas de porter le trouble dans les fonctions de la cellule.

50. La cellule étant organisée pour faire partie ou bien des tissus qui président aux mouvements physiques soit musculaires, soit circulatoires, ou bien des tissus de cet ordre mystérieux où résident la perception et la pensée, deux actes de la combinaison desquels émane la volonté, il s'ensuit qu'on peut classer d'abord les causes des maladies en CAUSES PHYSIQUES et CAUSES MORALES.

51. Il faut entendre par causes physiques des maladies, celles dont la nature et la forme sont accessibles à nos sens, soit immédiatement et par l'effet direct de leurs propriétés caractéristiques, soit médiatement et par les éliminations du raisonnement et de l'analogie; ce sont celles que nous pouvons percevoir ou nous représenter, et dont la mémoire peut garder le souvenir et l'idée sous une forme quelconque, forme visible, tactile, acoustique, sapide ou odorante.

Les causes morales, au contraire, sont celles dont, faute d'un sixième sens assez subtil pour être capable de percevoir une essence aussi subtile et aussi éthérée, notre nature terrestre et imparfaite ne saurait avoir une idée que par l'image de leurs effets.

Deux catégories de causes aussi puissantes, aussi actives l'une que l'autre, et qui, selon les circonstances, sont dans le cas de produire sur l'économie organique les mêmes résultats :

Une idée frappe aussi vite que le poison, elle frappe aussi vite que la foudre.

PREMIÈRE DIVISION.

Causes physiques des maladies.

52. Les causes physiques doivent être classées, sous le rapport qui nous occupe, en trois principaux groupes : 1° les *causes privatives*, ou qui interceptent ou soutirent les matériaux nécessaires à l'élaboration;

2° les *causes désorganisatrices*, c'est-à-dire qui, par leur action chimique, décomposent les liquides organisateurs, ou désorganisent les parois de la membrane cellulaire ; 3° enfin, les *causes destructives* de la substance et de la forme des tissus, ou *causes mécaniques* ; ce sont celles qui, par une solution quelconque de continuité, portent atteinte à l'unité de la cellule et tranchent ainsi le fil, pour ainsi dire, de son élaboration, ou bien la transforment en une élaboration d'un autre caractère. Nous allons étudier ces causes de diverse nature, dans tout autant de chapitres spéciaux.

CHAPITRE PREMIER.

CAUSES PRIVATIVES DES MALADIES, OU CAUSES QUI AGISSENT EN INTERCEPTANT LES MATÉRIAUX NÉCESSAIRES A L'ÉLABORATION DE LA CELLULE ORGANISÉE.

53. La cellule, cet élément de tout tissu organisé, ce germe de tout développement organique, ne saurait, avons-nous dit (26), élaborer et enfanter des cellules de même nature qu'elle, qu'en absorbant des gaz qu'elle transforme en liquides, des liquides qu'elle combine avec les sels en tissus. Mais son élaboration spéciale ne fonctionne que dans les limites d'un *minimum* et d'un *maximum* de température, en deçà et au delà desquels elle ne rencontre qu'engourdissement ou désorganisation ; la mort par la congélation des liquides, ou la mort par la désorganisation des tissus.

Nous distinguerons trois genres principaux de causes privatives de maladie : les causes qui agissent en interceptant les gaz, *causes pneumatiques* ou *respiratoires* ; les causes qui agissent en interceptant les liquides nutritifs, *causes diététiques* ou *digestives* ; les causes qui agissent par l'abaissement ou l'élévation de la température, *causes thermaniques* (*).

PREMIER GENRE. — *Causes pneumatiques des maladies.*

54. L'air atmosphérique, c'est-à-dire cette enveloppe gazeuse au centre de laquelle la terre est suspendue par l'effet de sa pesanteur, cet air est l'élément et le principe de toute organisation. La plante et l'animal l'absorbent, se l'assimilent, l'élaborent et l'expirent. Si simple que soit la structure de l'espèce, depuis la monade, ce point animal qui s'agite dans une goutte d'eau comme dans un océan, depuis le *Byssus parietina*, ce globule végétal qui se propage par des globules et tapisse nos murs

---

(*) *Pneumatiques*, de πνεῦμα, souffle de la respiration. — *Diététiques*, de δίαιτα genre de vie, régime. — *Thermaniques*, de θερμαίνω, chauffer, réchauffer

de verdure en ajoutant bout à bout ses générations d'infiniment petits, jusqu'à l'éléphant et à la baleine, ces deux colosses de la terre et de la mer par la puissance de leur masse, jusqu'à l'homme enfin, ce colosse bien plus grand par la puissance de son intelligence, tout être organisé cesse de vivre dès le moment qu'il cesse de respirer l'air actuel.

55. La respiration se compose de deux actes inséparables l'un de l'autre : l'un, par lequel la cellule organisée aspire l'air qu'elle doit élaborer *(aspiration)*, et l'autre, par lequel elle expulse de son sein l'air qu'elle a dépouillé de ses principes assimilables *(expiration)*. Il est évident que la cellule close et imperforée ne saurait ni aspirer, ni expirer toujours : dans le premier cas, elle crèverait ; dans le second, elle s'épuiserait. Le jeu régulier de son élaboration spéciale exige que ces deux fonctions alternent régulièrement entre elles, et suivent, dans leurs mouvements, une espèce de rhythme, qui est le signe ainsi que le régulateur de l'état de santé, de l'état normal de l'individu.

56. Jusqu'à l'apparition du *nouveau système de chimie organique*, l'analyse eudiométrique de l'air atmosphérique avait constaté une certaine invariabilité et une certaine uniformité dans les principes constituants de l'air, en quelque endroit de la terre et à quelque élévation que l'observation eût transporté ce moyen d'analyse. Il en serait résulté que l'air atmosphérique serait un mélange constant ou une combinaison de 21 parties d'oxygène et 79 parties d'azote en volume, plus une quantité variable de vapeur d'eau, et une infiniment petite quantité d'acide carbonique, quantité plus variable encore que la première.

57. Nous fîmes observer alors qu'il était sans aucun doute permis de considérer cette composition analytique comme représentant l'état normal de l'air atmosphérique, celui qui suffit et qui convient le mieux au développement organisé ; mais qu'il répugnait à la logique et à l'observation de l'admettre comme l'état constant et invariable d'un milieu qui est à chaque instant le réceptacle et l'excipient de tant et de si divers dégagements gazeux ; l'expérience, sous ce rapport, avec tout son appareil graphique d'exactitude et de précision, devait avoir tort contre l'analogie.

Comment supposer, en effet, que l'air d'une salle de spectacle, à l'instant d'une représentation, soit aussi simple dans sa composition que celui de nos clairières ? N'était-il pas contradictoire dans les termes d'admettre que l'air qu'on respire sur les bords des marais, à l'instant où leurs miasmes donnent les fièvres, ne se compose que des quatre éléments que nous respirons partout ailleurs pour le maintien de notre santé générale ? Comment s'évanouiraient donc ces émanations ammoniacales, phosphorescentes, sulfureuses, hydrocyaniques, etc., que déchargent dans les airs, par des milliers de bouches béantes, nos usines, nos manufactures, nos foyers, nos égouts, tout ce qui fermente et se décompose, tout ce qui expire et restitue à l'air atmosphérique l'air désoxygéné, imprégné de toutes les vapeurs qu'exhalent les surfaces respiratoires?

Pourquoi donc l'analyse ne retrouvait-elle pas dans son eudiomètre des gaz que l'organisme et l'industrie dégorgent en si grande abondance à toutes les minutes dans les airs? Cela venait de ce qu'elle n'avait pas eu la pensée d'abord de s'en occuper. Elle commence à entrer dans cette voie, depuis que nous l'en avons avertie, et à reconnaître que ses premiers procédés n'avaient qu'une précision apparente et de convention. En effet, pour évaluer les quantités respectives d'oxygène et d'azote, on avait recours soit à la détonation électrique, soit à l'action du phosphore. Dans le premier cas, on mélangeait au volume d'air employé une quantité d'hydrogène supérieure à 42 parties de ce volume; on faisait détoner l'eudiomètre, et on évaluait directement la quantité d'oxygène par la quantité d'hydrogène transformée en eau, la quantité d'azote étant estimée par la différence. Ou bien, on introduisait un bâton de phosphore dans l'éprouvette pour absorber l'oxygène et le transformer en acide phosphorique; la portion gazeuse non absorbée représentait un mélange d'azote et d'acide carbonique; pour absorber ce dernier, on employait une solution d'alcali fixe; et l'analyse n'allait pas plus loin. Le volume restant dégagé de son oxygène par le phosphore ou la détonation, de son acide carbonique par la potasse, ne pouvait être aux yeux du chimiste que de l'azote.

58. Or, supposons que le volume d'air atmosphérique soumis à l'expérience eût renfermé, à l'état de combinaison ou de mélange, d'autres éléments gazeux; et examinons si, par le mécanisme de ce procédé, l'analyse aurait été en état de les surprendre. Quelques exemples nous mettront à même d'apprécier la valeur de cette supposition : Admettons que l'air renferme une certaine quantité d'ammoniaque libre; le phosphore se transformera en phosphate d'ammoniaque fixe, en absorbant l'oxygène en même temps que l'alcali; si l'ammoniaque existe à l'état de sel alcalin et avec excès de base, le phosphore devenu acide phosphorique fixera ce sel, en le saturant et le transformant en sel double à base d'ammoniaque; mais dans l'un et dans l'autre cas, cette quantité de gaz ammoniacal passera sur le compte de l'oxygène, à l'insu de l'expérimentateur. Admettons l'existence dans l'air d'une émanation acide, de quelque nature qu'elle soit, cet acide passera sur le compte de l'acide carbonique dans l'épreuve par la potasse. Enfin, les gaz que le phosphore et la potasse n'auront pas absorbés, hydrogène sulfuré, carboné,

oxyde de carbone, etc., sels neutres, volatils, etc., tout cela passera sur
le compte de l'azote, résidu de l'analyse, que l'analyse mesure et ne
cherche plus à absorber ou à décomposer.

59. « En conséquence, avons-nous dit dans la 2me édition de ce livre,
l'air atmosphérique n'est pas, à tous les instants, aussi pur que semblait
l'indiquer l'analyse eudiométrique. Sans doute l'existence de ces émanations dans l'air ne saurait être ni permanente ni invariable; et il faut
bien admettre que la puissance électrique du rayon solaire, que l'éclair
qui sillonne l'immense eudiomètre atmosphérique, combine ou décompose de mille manières diverses ces éléments déjà si divers entre eux;
pourquoi en serait-il, dans le récipient de l'air, autrement que dans les
récipients de nos laboratoires? Nullement sans doute. Ensuite l'air atmosphérique pourra être dépouillé de ces accidents de sa constitution :
1° par la pluie qui le lave et le purifie, qui s'imprègne de tout ce qu'il a
de soluble, et filtre dans la terre les sels qu'elle a dissous à travers les
airs; 2° par les bases chimiques du sol, à la surface duquel s'accumulent
les particules les plus pesantes que l'air tient en dissolution gazeuse, si
je peux m'exprimer ainsi; 3° enfin, par la force des vents, qui transpor-
tent si haut et si loin tous ces éléments accessoires, les disséminent avec
une rapidité que l'intelligence de l'homme ne pourra jamais reproduire,
et facilitent ainsi les décompositions et les combinaisons, en multipliant
les rencontres et les points de contact par les mouvements et les tour-
billons de la masse agitée. Mais il n'en est pas moins vrai qu'à un
instant donné, l'air que nous respirons peut arriver dans nos poumons
imprégné de tous ces éléments gazeux qui en altèrent la pureté normale.

On doit donc désormais procéder à l'analyse de l'air par les mêmes
réactions qu'à l'analyse des liquides; et, quoique les travaux de nos
chimistes commencent à se ressentir de ces nouvelles idées, dont nous
avons déjà donné ailleurs un aperçu dès 1833, cependant nos savants
ne tardent pas, après un si bon début, à retomber dans l'ornière de leur
ancienne méthode (*) ».

(*) Ces idées, qui ont d'abord été dédaignées par cette Académie qui se croit sérieusement la première du monde, sont enfin passées dans l'enseignement bien pensant,
depuis que ces messieurs ont cru devoir, comme d'habitude, en faire la curée à leur
profit. Puis leur imagination s'est mise à trotter un peu sur cette corde et à y faire des
sauts périlleux : à force de trouver dans l'air ce que nous lui avions dit y être, elle
s'est ingéniée à y placer même ce qu'elle ne sait pas. Sur les preuves ne soyez pas
difficile, une fois que cette sainte mère (*alma mater*) a parlé du haut de son vieux fauteuil (*ex cathedrâ*); de quoi vous mêlez-vous donc en vous mêlant de ne pas croire? Vous
oseriez lui demander ce que c'est que l'*ozone*, dont elle a plein la bouche dans chacune
de ses séances! Que vous importe, pourvu qu'il y ait dans l'air quelque chose qui
fait virer au jaune le papier amidonné qu'on a rendu bleu avec une dissolution iodurée?

60. Prenons cependant pour exacts les rapports de l'oxygène et de l'azote, ces deux principes essentiels de notre constitution atmosphérique :

Azote. . . 79
Oxygène. . 21
——
100

Si nous voulons bien reporter notre esprit à l'exposition de la théorie atomique, telle que nous l'avons donnée ailleurs (*), et en supposant que les rapports de volume donnent les rapports du nombre des atomes, nous n'aurons pas de peine à considérer l'air atmosphérique comme un mélange, ou plutôt une combinaison d'un atome d'oxygène et de quatre atomes d'azote ; *atome composé* dans lequel l'oxygène est l'atome central, l'atome solaire, dont les quatre atomes d'azote sont les satellites, les planètes, les atomes de la périphérie. On objectera peut-être que pour que ce rapport fût exact, il faudrait que l'analyse donnât :

Azote. . . 80
Oxygène. . 20
——
100

Mais on va concevoir qu'il n'est pas probable que l'analyse fournisse jamais ainsi des nombres proportionnels sans résidus fractionnaires. En effet, nous avons fait voir, dans le même livre, que toute combinaison gazeuse ou liquide est dans le cas de tenir en dissolution une certaine quantité de l'un quelconque des éléments qui la composent. L'air, cette combinaison d'un atome d'oxygène et de quatre atomes d'azote, d'après ce nouveau système ; l'air, cet oxygène quadriazoté, doit nécessairement tenir en dissolution des atomes d'oxygène libre, atomes qui se logent dans les interstices de l'atome composé, en sorte que l'oxygène soit encore le centre d'un groupe d'atomes composés, comme il est le centre et le soleil d'un groupe d'atomes simples. Nous n'en dirons pas autant de l'azote, par la raison que l'azote est à la périphérie, et que les atomes ne peuvent, dans ce système, être centraux et périphériques à la fois, vu qu'ils ne peuvent s'attirer que par leurs natures

C'est nous qui lui avions dit la chose ; n'est-ce pas à la bonne vieille qu'appartient le droit de la baptiser ? Est-ce que vous n'avez pas remarqué quelquefois que l'air a d'aventure de fort drôles d'odeurs ? Eh bien ! *ozone* signifie qui a de l'odeur. Or puisque, exposé à cet air qui a de l'odeur, le papier ioduré vire un peu du bleu au jaune, n'est-il pas juste, avec la permission des hommes académiques, d'attribuer à l'odeur le changement de la couleur ? Que vous importe ensuite que l'ozone soit insaisissable ? Croyez et répétez cela dans votre *Credo* universitaire, afin de passer bachelier ès sciences, ce qui est le second des quatre ordres mineurs du haut enseignement.

(*) *Nouveau Système de chimie organique*, tome 3, 4ᵉ partie, 1838.

diverses. C'est donc cet atome d'oxygène dissous qui dérange, dans les résultats analytiques, les rapports des chiffres par une unité de trop dont est affecté l'oxygène. Afin de ramener ce rapport à l'exactitude, il faut donc alors se représenter la composition de l'air par la formule suivante :

Azote. . . .   76 ⎫
Oxygène . .   49 ⎬ oxygène quadriazoté.
Oxygène . .   5 ⎭ oxygène dissous.
               ————
                100

— Cependant, comme dans notre théorie c'est le rapport des poids qui nous donne le nombre des atomes d'une molécule composée, et que le volume d'oxygène pesant 100, celui d'azote serait 88 environ, nous trouverons alors que la composition de l'air doit être représentée par un atome d'oxygène et trois atomes satellites d'azote, et que l'air est ainsi de l'oxygène triazoté = O3Az, pouvant tenir en dissolution une quantité d'oxygène libre.

61. Mais nous savons, par nos expériences de laboratoire, que toute dissolution est d'autant plus intense qu'on l'analyse à une plus grande profondeur du liquide, à cause des lois de la pesanteur. La dissolution atmosphérique ne saurait faire exception à cette loi. Il faut donc admettre que le chiffre de l'oxygène baissera progressivement, à mesure qu'on s'élèvera au-dessus du niveau de la mer et des terres habitables.

62. Nous commençons ici à rentrer dans le domaine de l'espace, et notre question va toucher, par mille points divers, aux plus hautes questions de la physique du globe et de l'univers : expressions usitées dans le langage prétentieux des savants, et que je ne reproduis ici que pour en faire ressortir le néant ou la fumée ; car il n'y a pas, dans la nature, de questions plus hautes les unes que les autres ; toutes les sciences sont sœurs comme les Muses et se donnent la main. Entrons en matière :

Nous avons exposé ailleurs (*) comment les atomes, supposés tous égaux en poids, diffèrent entre eux par le volume de la couche de calorique qui les enveloppe et forme à chacun d'eux une atmosphère. Nous avons énoncé leurs rapports de pesanteur, en disant que les corps plus pesants, à nos balances, sont ceux dont les atomes sont enveloppés d'une plus faible couche de calorique, partant moins distants entre eux. Enfin, nous avons fait voir que les atomes les plus riches sous le rapport du volume de leur atmosphère, repoussent vers le centre de la masse sphérique qui résulte de leur rencontre les atomes les moins riches, et cela dans

(*) *Nouveau Système de chimie organique*, loc. cit.

l'ordre de leur volume. Ce qui fait que, renversant l'expression commune et vulgaire, nous avons dit que ce sont les corps légers qui repoussent les corps pesants, et les font graviter vers le centre du système qu'ils forment en se groupant, et en se mettant en mouvement les uns aux dépens des autres. Nous ne prendrons ici, de ces démonstrations, que ce qui a rapport à notre sujet beaucoup plus restreint.

Il en résulte que, dans les régions inférieures de notre atmosphère, l'atome composé d'oxygène triazoté possède une couche de calorique moins volumineuse que dans la région immédiatement supérieure, et ainsi de suite progressivement et d'une manière indéfinie. Plus on s'élève, moins la respiration introduit d'oxygène et d'azote, sous le même volume, dans la capacité de nos poumons. Continuons cette progression incessante, et nous serons forcés d'admettre, contre l'opinion reçue, que notre atmosphère terrestre, au lieu de s'arrêter brusquement à la distance de quinze à vingt lieues, ce que l'on suppose sans trop pouvoir le préciser, s'étend jusqu'au point de contact de l'atmosphère de la lune (qu'on oublie un instant les dogmes de l'école). La Lune, cet atome qui tourne autour de l'atome terrestre, comme, dans la formation de l'élément aqueux, l'atome de l'oxygène tourne autour de l'atome central de l'hydrogène, jusqu'à ce que les couches respectives des deux atomes arrivent à l'égalité de diamètre, d'où résulte le repos; la lune a donc aussi une atmosphère, dont les atomes aériens augmentent de volume, par leur couche de calorique, à mesure qu'ils s'éloignent du centre du satellite de la Terre, progressivement jusqu'à la limite où se touchent les deux atmosphères.

Nous croyons avoir suffisamment établi, dans la *Revue complémentaire des Sciences appliquées*, à partir de 1854 (*), que le mouvement des astres n'est dû qu'à l'échange progressif de calorique au profit de ceux qui ont une moindre atmosphère, et au détriment de ceux qui en ont une plus volumineuse; que les moindres tournent ainsi sur leur axe, en avançant spiralement sur l'écliptique de l'atmosphère centrale, aux dépens de laquelle ils augmentent le volume de leur atmosphère propre. L'astre central, c'est le Soleil, dont toutes les planètes, visibles ou invisibles, sont les satellites. Lorsque, à force de s'enrichir aux dépens de l'atmosphère éthérée du Soleil, toutes ces planètes seront parvenues à acquérir une atmosphère d'un volume égal entre elles et égal à celle du Soleil, ce système planétaire sera arrivé au repos intérieur; il ne formera plus qu'un seul système, continuant à tourner cependant autour du

(*) Voy. les articles que la *Revue complémentaire* publie chaque mois sur la *météorologie appliquée à l'agriculture*, à partir de novembre 1854 jusqu'à ce jour. — Je dis suffisamment établi; car la science bien pensante adopte chaque jour toutes ces idées sous un autre nom qui puisse leur servir de passe-port auprès des bonnes âmes.

Soleil central, dont notre soleil est pour ainsi dire un des satellites.

Ces atmosphères sont trop éthérées pour qu'elles soient accessibles à la grossièreté de notre organe visuel ; nous n'en distinguons que la région qui s'imprègne de vapeurs grossières, ce qui a donné le change aux observateurs.

L'atmosphère éthérée de la Terre est de 68,000 lieues ; celle de la Lune, de 18,000 lieues de rayon.

Quant aux autres planètes, leur atmosphère est d'autant plus volumineuse que leur orbite est plus approché du Soleil ; ce qui est en tout point une confirmation de la théorie. Ainsi, le calcul établit que le grand cercle de l'atmosphère pour chacune des six principales planètes est :

Pour Mercure, de	. . . . . .	900,000 lieues.	
» Vénus, »	. . . .	700,000	»
» la Terre, »	. . . .	600,000	»
» Mars, »	. . . .	450,000	»
» Jupiter, »	. . . .	100,000	»
» Saturne, »	. . . .	70,000	» (*)

Les satellites de Jupiter, de Saturne et d'Uranus suivent la même loi d'accroissement, en raison de la proximité de leurs planètes respectives.

De la compression qu'exercent, sur notre atmosphère terrestre, et l'atmosphère solaire qui l'enrichit, et les atmosphères planétaires (ou planatmosphères) entre lesquelles elles circulent, émanent, comme par tout autant de flux et de reflux ou marées atmosphériques, tous les changements de temps et de saisons, toutes les révolutions périodiques que subit l'organisation à la surface de la Terre. La théorie de la compression remplace ainsi la superstition des influences et en explique les anomalies et les concordances, si souvent contestées et jusqu'à ce jour bien contestables.

La Lune, en s'avançant chaque mois du solstice austral au solstice boréal, ou du solstice boréal au solstice austral, produit sur l'organisation végétale et animale des effets analogues à ceux que détermine le Soleil, selon qu'il se dirige de l'un de ces deux points à l'autre, ce qui fait que nous avons admis, pour désigner les quatre points de l'année mensuelle de la Lune, des termes analogues à ceux qui servent à désigner les mêmes points pour le Soleil : *Lunestices boréal* et *austral* et *équilune*, etc.

Les mois des femmes concordent avec les lunestices plutôt qu'avec les syzygies.

(*) Voy. *Revue complémentaire des Sciences appliquées*, livr. de septembre 1855, t. II, p. 46, et d'octobre 1857, t. IV, p. 90.

Nous ne faisons qu'énoncer ici les principaux éléments de ce système, qui est appelé à donner la clef des plus hauts problèmes de la météorologie et même de l'astronomie; mais nous aurons, dans le cours de cet ouvrage, plus d'une occasion d'en faire l'application à la théorie et à la pratique de notre nouveau système de médication.

63. Arrêtons-nous à un autre point de vue, qui va devenir comme la scholie de ce qui précède. Puisque les atomes tendent de plus en plus à augmenter la couche de calorique, qui forme leur atmosphère, aux dépens de l'atome central autour duquel cet échange les fait graviter en tournant sur eux-mêmes; puisque enfin les atomes les plus riches en couches de calorique sont toujours, et par le fait seul de leur volume, à la périphérie de l'atmosphère, à la superficie de l'océan aérien et gazeux, il s'ensuit nécessairement que les rapports de nombre des atomes satellites et de l'atome central doivent varier progressivement, de couche en couche de l'atmosphère planétaire. A la superficie de l'océan aérien, l'atome central d'oxygène doit être entouré d'un plus grand nombre d'atomes satellites d'azote qu'à la surface de la croûte terrestre; car il est de l'essence de l'atome central d'avoir une sphère enveloppante d'un plus grand diamètre que celles de ses satellites, au moment où il les attire dans son orbite. D'un autre côté, l'atome central doit finir par s'envelopper d'autant de satellites que le comportera le rapport de leurs diamètres respectifs. Donc, là où l'atome oxygène ou atome central aura le plus grand diamètre, il aura aussi le plus grand nombre de satellites d'azote; donc, le rapport atomistique de l'oxygène et de l'azote, dans le groupe de l'oxygène triazoté, variera progressivement de la surface de la terre à la surface de son océan aérien, le chiffre de l'oxygène en poids diminuant, à mesure qu'on monte et qu'il se raréfie par l'augmentation en diamètre de sa couche sphérique de calorique, et le chiffre de l'azote augmentant dans la même direction et dans la même proportion.

64. Par les mêmes raisons, les émanations gazeuses ou en vapeurs, d'une pesanteur spécifique plus grande que celle de l'air, doivent séjourner à la surface de la terre et des mers. c'est-à-dire dans les couches les plus basses de l'atmosphère; et si elles s'élèvent plus haut, ce ne peut être que par les mouvements de l'air, ou bien en augmentant le volume de calorique qui enveloppe leurs atomes, et par conséquent leur légèreté; ou bien, enfin, en subissant, sous l'influence électrique de la lumière solaire, de nouvelles transformations synthétiques et des décompositions analytiques qui ramènent, entre leurs molécules et celles de l'air supérieur ou de l'éther, une plus ou moins complète identité. La vapeur d'eau qui se dégage de la surface de nos mers, de nos fleuves, de nos étangs, et va se dissoudre dans les airs, cesse d'être susceptible de se condenser

en nuages, à une hauteur inabordable à nos moyens d'observation; et ces nuages ne retombent en pluie que lorsqu'ils sont descendus dans les régions les plus basses de l'atmosphère. La vapeur d'eau qui dépasse une certaine hauteur, reprend sans doute là-haut, par des décompositions intimes, ses propriétés d'éther impondérable ou d'air raréfié. Nous ignorons expérimentalement ce qui se passe à cette hauteur, car la plus grande hauteur où se soient élevés nos aéronautes ne dépasse pas 7,600 mètres.

65. D'un autre côté, il est évident que plus on s'éloignera, à l'horizon, du foyer d'une émanation de gaz ou de vapeurs, moins on sera exposé aux effets de leur influence; et qu'à une certaine distance, variable selon les variations météorologiques, l'air s'en trouvera entièrement pur.

66. L'organisation, ce règne dont les individus sont émanés de l'association du carbone, et de l'eau avec les bases terreuses ou nitrogénées, en une cristallisation vésiculaire douée de l'admirable propriété de se développer et de se propager indéfiniment par une suite incessante de générations internes et externes, l'organisation s'est formée et a pris naissance sur la croûte du globe, aux dépens de l'eau ou de l'humidité d'un côté, et des éléments gazeux de l'atmosphère de l'autre. Lien commun et mystérieux, union intime et conjugale de tout ce que notre planète a de plus grossier et de tout ce qu'elle a de plus subtil; âme active, intelligente et féconde de ce grand tout qui porte les volcans dans son sein et la foudre à sa superficie; créature et création, parasite et nourricière, prenant sans cesse et rendant sans cesse, elle orne l'univers sans s'appauvrir; elle en fait la parure et la richesse, les besoins et les ressources, l'harmonie et le mouvement. Fille jumelle de sa mère, qu'elle nourrit et engraisse à son tour, elles sont nées toutes les deux à la fois sur le même point du cycle de l'éternité des âges, c'est-à-dire à l'instant où il s'est formé un noyau terreux, enveloppé d'une couche gazeuse, humide et perméable au rayon électrique du soleil. Au même instant, l'espace a eu une planète de plus; et l'intelligence universelle et éternelle a compté, dans son cadre sans bornes, le germe d'une intelligence de plus : l'organisation.

67. L'organisation étant le résultat immédiat de notre constitution atmosphérique, il doit paraître de la plus grande évidence que les changements survenus dans l'état physique actuel de notre globe entraîneraient la disparition complète de l'organisation actuelle, pour la remplacer peut-être par une organisation d'une tout autre nature, dans le cas où ces changements prendraient le caractère d'un bouleversement complet et d'une révolution générale, ou bien qu'ils apporteraient, dans les habitudes et les propriétés de l'organisation, des modifications plus ou moins

importantes, selon l'importance des modifications des solides et de l'air. Ainsi, on conçoit que si la terre était quatre fois plus volumineuse, comme elle aurait quatre fois plus d'atmosphère, les êtres organisés qui l'habitent atteindraient nécessairement des dimensions quatre fois plus grandes. D'un autre côté, si son atmosphère décroissait en volume, la botanique et la zoologie verraient se bouleverser de fond en comble le personnel de leur catalogue spécifique et générique; le catalogue actuel deviendrait antédiluvien par rapport à la nouvelle création, et toutes les espèces actuelles seraient frappées d'asphyxie.

68. La rencontre d'une comète sera seule dans le cas de procéder, sur notre planète, avec cette brusquerie et cette généralité d'extermination; car cette circonstance seule est capable d'imprégner les atomes solides de notre globe de couches enveloppantes de calorique, qui les transforment en éléments de combinaisons de nouvelle dénomination. A part cet événement perturbateur, notre planète doit suivre son développement physique, en vertu de l'impulsion lente et progressive (lente par rapport à notre vie d'un instant qui nous paraît si long), en vertu, dis-je; de l'impulsion que lui imprime la couche enveloppante de calorique de l'atome central, notre soleil, couche de calorique dont notre planète imprègne la sienne régulièrement, uniformément, mathématiquement; ce qui fait qu'elle tourne sur elle-même, trois cent soixante-cinq fois plus six heures neuf minutes neuf secondes, en suivant une résultante qui est l'écliptique, avant d'arriver à son point de départ sur ce grand cercle. Notre planète modifie ainsi chaque jour sa constitution atmosphérique, en enrichissant sa couche enveloppante d'éther aux dépens de la couche enveloppante du soleil; modification que le raisonnement démontre, et que l'expérience ne saurait constater à nos sens et à nos souvenirs, pour nous dont l'histoire et la tradition remontent à peine à quatre mille ans, espace de temps pendant lequel la modification survenue ne saurait être sensible à aucun de nos instruments de laboratoire et d'observatoire. Mais une fois qu'il est admis que notre planète modifie sa constitution chaque jour, il en découle cette vérité, que l'organisation modifie ses formes et ses propriétés dans une progression constante.

69. La constitution atmosphérique n'étant pas uniforme, les rapports d'oxygène et d'azote variant selon les hauteurs, et la pureté de l'air variant selon certains voisinages et la proximité de certains foyers d'infection, il en résulte encore que l'état physique des êtres organisés doit varier actuellement en raison du concours plus ou moins étendu de ces diverses circonstances. En effet, l'organisation sur les hauteurs où l'air plus pur est plus raréfié, et renferme moins d'oxygène sous le même volume, l'organisation n'a pas les mêmes caractères que dans les vallées; dans

les plaines arides, que sur les bords des fleuves et des grands amas d'eau, etc. Ces différences constituent l'état normal de chaque localité respective. Que cette constitution normale s'altère dans une localité, et l'état normal de l'organisation se trouble et reçoit une secousse ; la maladie succède à la santé, jusqu'à ce que l'organisation se soit façonnée à cette nouvelle constitution atmosphérique. Ce résultat est plus sensible à l'égard des animaux et surtout des plantes, qu'à l'égard de l'homme, dont le génie créateur trouve, dans ses propres ressources, des correctifs à toutes les anomalies, des compensations à toutes les privations, des équivalents à tout ce qui manque, des ressources à tous les besoins et à tous les désirs, des leviers contre tous les obstacles, des abris contre tous les fléaux, c'est-à-dire des médicaments contre toutes les causes de maladie, et qui enfin équilibre les diverses constitutions de l'atmosphère qui l'enveloppe par la puissance de sa civilisation. Cependant, et en dépit des prodiges de son industrie, admirable reflet de l'esprit de Dieu, il ne lui est pas donné de se soustraire entièrement, et d'une manière durable, aux inexorables lois de la constitution atmosphérique ; car il n'est pas en sa puissance de faire que la même cause ne produise pas le même effet, ou que le même effet émane de deux causes différentes, parce qu'il ne peut pas faire que la même chose soit et ne soit pas. L'homme des montagnes n'est pas l'homme de la plaine ; et s'il y descend, et qu'il y séjourne impunément, grâce aux changements qu'il adopte dans son régime, ce qui sert, pour ainsi dire, de condiment et de correctif à sa nouvelle alimentation, il n'en est pas moins vrai que son type s'efface dans les générations qu'il procrée, et que les enfants du montagnard ne tardent pas à devenir les hommes de la plaine, à la deuxième ou troisième génération (*).

Tout change, quand il change d'air ; sous ce seul rapport, car dans ce chapitre nous n'avons que ce rapport à examiner, l'émigration ou le retour dans la patrie est un antidote ou un poison.

(*) *Non tam ingenerantur hominibus mores à stirpe generis et seminis, quàm ex iis rebus quæ ab ipsâ naturâ loci et è vitæ consuetudine suppeditantur, quibus alimur et vivimus.* (Cicer., *de Lege agrariâ contra Rullum*, II, 35.) (L'homme tient ses qualités morales moins de sa race et de son origine que de la nature du lieu qui l'a vu naître et des habitudes locales, de toutes les choses enfin qui nous nourrissent et qui nous font vivre.)

« Le Français conquérant de la Gaule, dit l'abbé de Brottier, éditeur des *Maximes* de la Rochefoucauld, n'a pas donné au Gaulois son accent ou son caractère, mais il a pris ou reçu l'accent et le caractère gaulois. »

> *La terra molle e lieta e dilettosa*
> *Simili a se gli abitator' produce.*   (Il Tasso.)
> Et cette région calme, douce et riante
> Imprègne de ses traits les hommes qu'elle enfante.

70. Toute soustraction, toute addition gazeuse à l'atmosphère qui nous enveloppe est une cause immédiate d'*asphyxie*, cause plus ou moins prochaine de mort, selon les proportions du mélange; alors même que le gaz nouveau serait le gaz le plus inerte et le moins capable de désorganiser nos tissus. Il suffit que nous ne recevions pas assez de ce que l'élaboration de nos poumons réclame pour que l'élaboration cesse de produire les mêmes résultats, de fournir au développement incessant de l'individu, développement que nous nommons *nutrition*, les éléments organisateurs qui lui sont indispensables. La vie ne répare plus ce qu'elle dépense; ce qui est une des voies pour arriver, par le malaise, à la mort.

71. L'introduction de l'air atmosphérique dans l'organe qui est destiné à l'élaborer se nomme RESPIRATION, fonction qui se compose de deux actions alternatives, l'*aspiration* et l'*expiration*. Sous ce rapport général, la plante respire comme l'animal, le poisson comme l'homme. Mais, sous le rapport du mécanisme, la respiration diffère selon le règne de la nature organisée; et les divers individus de ce règne ne sauraient vivre dans le même milieu sans modification aucune : Le poisson s'asphyxie dans l'air que nous respirons, l'homme, dans l'eau où le poisson respire; de même la conferve s'asphyxie à l'air, et la plante terrestre dans les eaux les plus pures. En histoire naturelle, ce sont là des différences essentielles et des lignes de démarcation; en physique générale, ce ne sont que des modifications de la même fonction, fonction identique quant à la cellule respiratoire, différente quant aux véhicules et au mode d'introduction de l'air.

72. En effet, les uns et les autres individus de divers règnes respirent l'air atmosphérique : mais les organes respiratoires des uns ne sont aptes à respirer l'air qu'à l'aide du véhicule de l'eau ambiante; les organes de même nom des autres peuvent la respirer dans l'air lui-même. Voilà une différence qui paraît bien tranchée au premier coup d'œil, et qui pourtant s'efface peu à peu par l'évaluation raisonnée des faits, jusqu'à prendre les caractères d'une simple modification du même phénomène : et l'on arrive à cette conclusion, que, dans le milieu aérien, comme dans le milieu aqueux, l'air ne saurait être aspiré et extrait par l'organe respiratoire qu'à l'aide du véhicule de l'eau. L'animal terrestre s'asphyxierait dans un air tres-sec, quelle qu'en fût la pureté, s'il ne trouvait dans le besoin d'étancher sa soif, qui l'avertit du danger, et dans la sécrétion de ses glandes salivaires, un moyen d'entretenir, avec une certaine constance, l'hygrométricité de l'air qui, en passant par la cavité buccale, s'imprègne d'humidité avant de se répartir sur les surfaces pulmonaires. Mais d'où vient que l'animal aquatique ne respire pas dans l'air atmosphérique, la respiration s'opérant également par le

véhicule de l'eau? Cela vient uniquement de la différence de position de l'organe respiratoire dans l'une et dans l'autre classe. Chez les aquatiques, l'organe respiratoire est placé à la surface du corps de l'animal, nu ou recouvert d'un opercule qui le protége contre les corps étrangers, mais qui, dès qu'il s'ouvre, met l'organe respiratoire tout aussi immédiatement en contact avec le fluide ambiant. Chez les animaux aériens, au contraire, l'organe respiratoire est plongé dans la profondeur d'une cavité thoracique, qui ne communique avec l'air extérieur qu'à l'aide d'un long tuyau de flûte, dont l'ouverture est de plus située dans le fond d'une cavité buccale qui exhale par tous les pores l'humidité nécessaire au jeu de cette fonction. Si le poisson avait ses arcs branchiaux emboîtés ainsi dans une cavité à une seule et étroite ouverture, dès ce moment, et par le fait seul de cette modification de l'appareil, le poisson serait susceptible de respirer dans l'air comme l'homme ; car la branchie n'est qu'un poumon mis à découvert, et le poumon n'est qu'une branchie protégée, contre l'action évaporatoire de l'air, par des parois qui ne lui laissent arriver l'air qu'imprégné d'une humidité qui lui serve de véhicule pour suffire à la fonction de l'aspiration.

73. Quant aux plantes aquatiques et terrestres, on peut dire que les unes et les autres sont également amphibies, la plante terrestre étant aquatique en raison de ses racines, qui périraient en se desséchant par une constante sécheresse, et aérienne en raison de ses organes foliacés, qui pourriraient ou s'étioleraient par une constante humidité ; la plante aquatique ayant toujours un certain nombre de ses organes herbacés étalés à la surface des eaux pour y respirer l'air, à la manière des plantes terrestres ; considérations qui font rentrer dans le domaine de la physiologie cet axiôme que Linné n'avait formulé que pour la classification systématique : La nature ne procède jamais par bonds et par saccades : *Natura non facit saltus.* C'est une chaîne dont les anneaux sont des nuances et des modifications.

74. Pénétrons maintenant dans les mystères intimes de la respiration, et tâchons d'analyser ce phénomène. On est assez généralement persuadé que les lois des diverses respirations ont été formulées d'une manière précise et rigoureuse ; mais on ne tarde pas à se désabuser, quand on s'applique à dépouiller les documents sur lesquels la formule se base, et que l'on y distingue avec soin ce qui est l'expression immédiate de l'expérience, et ce qui a été obtenu par voie d'induction ; on s'assure alors que les études pneumatiques sont encore à reprendre au point où les avaient laissées Lavoisier, Sennebier et Saussure.

75. L'expérience directe nous apprend que la matière verte, se développant dans l'eau ou à l'air, absorbe l'acide carbonique et dégage l'oxy-

gène au soleil, et qu'à l'ombre, et la nuit, c'est tout le contraire. D'où on a conclu que l'oxygène dégagé dans le jour provient de la décomposition de l'acide carbonique aspiré, et que l'acide carbonique expiré pendant la nuit provient de la combinaison de l'oxygène aspiré la nuit avec le carbone assimilé le jour. Quant à l'aspiration de l'air atmosphérique, on s'en est fort peu occupé; quant à l'expiration de l'azote, on ne l'a presque constatée qu'à l'égard des fleurs à corolles, à étamines et à pistil.

76. Chez les animaux, la respiration semblerait avoir lieu d'une manière toute contraire. L'animal, à quelque règne qu'il appartienne, extrait et s'approprie l'oxygène de l'air atmosphérique dans l'acte de l'aspiration, et en rejette l'azote, accompagné d'acide carbonique, dans l'acte de l'expiration; l'azote par la décomposition de l'air; l'acide carbonique, dit-on, par suite de la combustion du carbone du sang et de sa combinaison avec l'oxygène aspiré.

77. En conséquence, et cela paraît vrai dans sa simple expression, le règne animal expire les gaz nécessaires à l'aspiration diurne de la plante, et l'aspiration diurne de la plante purifie l'air vicié par l'expiration des animaux; mais toutes les autres circonstances de l'explication sont hypothétiques et souvent contradictoires dans les termes.

78. Si la plante rendait, la nuit, l'acide carbonique qu'elle se serait assimilé le jour, à quoi servirait cette alternative d'acquisition et de dépense, cette balance du *doit* et *avoir* établie chaque douze heures, cette exsudation égale en poids au produit de l'absorption? Que resterait-il à la plante de ce qui est un des éléments de son développement, si elle ne le gardait que douze heures, et si elle rendait le tout alors? La respiration serait un jeu de bascule, et non une fonction; l'appareil respiratoire un crible, et non un organe. Comment croire à la puissance foudroyante de l'asphyxie, si un être ne respirait que pour si peu?

79. Quant aux animaux, comment se ferait-il qu'il y eût entre eux et les végétaux, sous le rapport de la fonction qui fournit les premiers éléments à leur développement, une si grande différence dans le mode et les résultats, alors que le développement de l'un et de l'autre règne marche d'une manière si parallèle? L'organe respiratoire de la plante aspirerait-il impunément l'acide carbonique, quand l'organe respiratoire de l'animal ne saurait aspirer ce gaz sans danger d'une cruelle asphyxie? N'y aurait-il pas quelque méprise et quelque quiproquo dans la désignation et la détermination des deux organes? L'organe qui, chez la plante, absorbe l'acide carbonique gazeux, occupe-t-il, dans l'échelle de son organisation, le même rang que l'organe qui, chez l'animal, expulse ce fluide? Qui a jamais disséqué, et vu, à l'œil nu ou au microscope, l'organe de la respiration chez les végétaux? Continuerait-on à placer cet organe dans ces cellules

épuisées de l'épiderme de la feuille, que l'on nomme pores corticaux? Mais la conferve ne devrait donc plus respirer, puisqu'elle est dépourvue de ces sortes de pores. D'un autre côté, nous avons prouvé ailleurs (*) que l'air aspiré séjourne dans des cellules d'un tout autre ordre, et que cet air, qui séjourne ainsi d'une manière visible à l'œil armé de verres grossissants, est de l'air atmosphérique, au lieu d'être de l'acide carbonique pur.

80. Autres difficultés d'observation et d'interprétation. L'organe respiratoire de l'animal ne prend-il rien à l'azote de l'air? n'aspire-t-il pas l'air atmosphérique de toutes pièces, pour le dépouiller ensuite de son oxygène, qu'il s'assimile ou qu'il élabore? Ou bien l'organe respiratoire absorbe l'air atmosphérique en entier, pour en dépouiller et en expulser ensuite l'azote, par suite d'une élaboration spéciale; dans ce cas, l'azote expiré ne doit jamais représenter, à l'instant de l'expérience, la quantité d'azote contenue dans l'air aspiré. Si le dépouillement de l'oxygène a lieu en dehors et sur la surface de l'organe respiratoire, cas dans l'hypothèse duquel l'azote expiré n'offrirait pas de déficit, il faudrait admettre alors qu'un organe quelconque peut élaborer à distance, et comme par fascination. Cela n'est pas admissible; car, d'après ce que nous avons dit plus haut, on conçoit que l'atome d'oxygène de l'air atmosphérique puisse être séparé de la surface respiratoire par l'un des atomes d'azote qui lui servent de planètes et de satellites. Donc il faut admettre que l'air atmosphérique est aspiré de toutes pièces par l'organe respiratoire, et que, partant, le volume de gaz expiré ne représente jamais le volume du gaz aspiré.

81. L'acide carbonique expiré provient-il de la combinaison de l'oxygène aspiré avec le carbone du sang; ou bien n'est-ce que l'acide carbonique introduit dans le sang par une autre voie de l'économie? L'expérience directe se tait à cet égard, et l'une ou l'autre hypothèse ne saurait s'établir que par voie d'induction et d'analogie. Mais, d'après nous, c'est en faveur de la dernière hypothèse que milite l'analogie : En effet, les molécules organiques du sang étant une combinaison des bases terreuses et ammoniacales avec la molécule organique, qui est elle-même une combinaison atomistique de carbone, d'oxygène et d'hydrogène; si l'oxygène aspiré a pour but de se combiner avec le carbone de la molécule organique, il faut, de toute nécessité que l'oxygène et l'hydrogène de la même molécule soient mis en liberté, et se dégagent avec ce nouveau produit; car cette décomposition a lieu dans les couches superficielles de l'organe respiratoire, et l'oxygène et l'hydrogène dégagés n'auraient pas le temps

(*) *Nouveau Système de physiologie végétale*, tome 1, § 689.

d'être réabsorbés en entier, pendant que l'organe respiratoire est en voie d'élimination et d'expiration. Le poumon rendrait donc à l'air, par l'expiration, la quantité d'oxygène qu'il lui aurait soustraite par l'aspiration.

Or, dans les produits de l'aspiration, on ne rencontre ni l'oxygène ni l'hydrogène en quantité suffisante. Dirait-on que l'oxygène et l'hydrogène de la molécule sanguine se dégageraient en se combinant en eau? Mais dans la molécule sanguine, l'hydrogène est en excès par rapport à l'oxygène. Enfin, on ne conçoit pas en chimie qu'il soit possible de décomposer une substance à l'aide d'une simple addition de l'une des substances qui la composent; on ne décompose pas le sulfate de chaux avec l'acide sulfurique. On ne triomphe pas d'une affinité par l'action du même genre d'affinité; on ne brûle pas, avec l'oxygène, ce qui a déjà subi cette sorte de combustion. Si le carbone est combiné déjà avec l'oxygène et l'hydrogène, comment l'oxygène l'enlèverait-il à l'oxygène? Il y a là quelque part de l'absurde et de la contradiction; car il y a là quelque chose de contraire à tout ce que nous savons en chimie générale.

82. A défaut donc d'expériences précises, ayons recours à la combinaison analogique des faits.

La plante absorbe l'acide carbonique la nuit et le jour, soit par son système aérien, soit par son système souterrain et radiculaire. Ces deux systèmes ne sauraient fonctionner que dans leur milieu respectif, c'est-à-dire l'un à la lumière, et l'autre dans l'ombre et dans les ténèbres. Il s'ensuit que le système radiculaire doit fonctionner jour et nuit, et sans interruption aucune, car son milieu est toujours la nuit.

Le système aérien, au contraire, doit subir une interruption égale à la durée de la nuit, et doit fonctionner avec une énergie et une activité proportionnelles à l'intensité de la lumière solaire. Il est des nuits d'été si chaudes et presque si éclairées, que la fonction crépusculaire de la portion herbacée doit toucher de bien près à la fonction matinale. Quel est le signe de sa fonction dans le jour? Le dégagement de l'oxygène qui provient, soit de la décomposition de la molécule aqueuse qu'apporte à ses organes multipliés la circulation vésiculaire, soit de la décomposition de la molécule d'acide carbonique que leur transmet l'aspiration des racines et sa propre aspiration. Mais à l'instant où son élaboration cesse, faute de lumière et de jour, que doit devenir l'acide carbonique que lui transmet, non plus sa propre aspiration, mais l'aspiration incessante des racines? Tout organe rejette, expulse de son sein, expire enfin ce qu'il n'est plus en état d'élaborer.

Le système herbacé, dans cette hypothèse seule, devra donc expirer, la nuit, de l'acide carbonique; ce qui n'empêchera pas le développement de la plante d'avoir lieu et de continuer sa marche incessante, à cause de l'incessante élaboration des racines, et de l'incessante assimilation de l'acide carbonique aspiré.

83. L'animal semblerait exercer la fonction de sa respiration d'une manière toute contraire, aspirant nuit et jour l'oxygène de l'air, et expirant nuit et jour l'acide carbonique et l'azote, plus les autres produits gazeux ou en vapeurs de la respiration. Cette différence ne viendrait-elle pas d'une lacune dans l'étude de nos fonctions respiratoires? Examinons la question sous ce point de vue particulier.

Nous aspirons l'air atmosphérique et les vapeurs répandues dans l'atmosphère; et nous expirons les gaz éliminés et les vapeurs aqueuses, les produits de la sueur, par toutes les surfaces de notre corps. Sous ce rapport, la surface de notre corps n'est qu'une vaste branchie qui doit fonctionner à l'instar du poumon. La chimie pneumatique n'avait jamais tourné, il est vrai, ses recherches vers la solution de ce point, le plus important de la question. Nous avons vu même la physiologie expérimentale refuser à la peau la faculté d'absorber l'eau des bains, l'admettre imperméable au milieu du liquide, et cela seulement parce que la physiologie n'avait pas vu changer le niveau de l'eau; comme si le changement de niveau pouvait être sensible pour une absorption aussi minime, et comme si la transpiration n'était pas amplement en état de compenser le déficit de la plus ample absorption. La physiologie expérimentale s'est heureusement amendée dans l'intérêt des études classiques, depuis que nous avons démontré, analytiquement et synthétiquement, que les parois organisées sont perméables à tous les gaz et à tous les liquides, et les élaborent tous instantanément.

Mais il est démontré que l'absorption de l'acide carbonique, par notre branchie épidermique, nous serait proportionnellement aussi funeste que par notre organe doué de la spécialité de la respiration pulmonaire. Notre corps ne saurait donc aspirer l'acide carbonique sans danger; il ne doit donc se procurer la proportion de carbone destinée à l'organisation de ses tissus que par la voie de l'absorption des liquides nutritifs. Mais la plante a aussi la propriété d'absorber et de s'assimiler les liquides nutritifs qu'elle puise dans les engrais et dans la terre. La plante aurait donc en plus que l'animal la faculté d'aspirer impunément et de s'assimiler l'acide carbonique aspiré. Cela contrarierait ce parallélisme d'analogie qui se soutient entre les deux règnes, dans tout ce que l'organisation a d'essentiel; ce défaut de parallélisme ne doit donc provenir que d'une lacune dans nos connaissances à cet égard. Cherchons à combler cette lacune, et nous aurons du même coup rétabli l'analogie.

84. Nous croyons avoir démontré ailleurs (*) que la digestion ne s'opère

_____

(*) *Nouveau Système de chimie organique,* 1838, tome 3, § 3,617.

que sous la forme d'une fermentation consécutivement saccharine, alcoolique et acétique. Or, toute fermentation est accompagnée d'un dégagement de gaz hydrogène et d'acide carbonique. Mais pendant l'acte de la digestion, l'animal ne rend pas l'acide carbonique par voie d'éructation, au moins dans son état normal. Chez les ruminants mêmes, qui n'ont ni la propriété de vomir, ni celle de se débarrasser des gaz par voie d'éructation, ce dégagement d'acide carbonique dans l'une des parties de la panse stomacale est si abondant, qu'il occasionne un météorisme très-souvent mortel. Mais dans l'état normal, et alors que la fonction de la digestion ne s'accompagne d'aucune espèce de météorisme, que deviennent l'hydrogène et l'acide carbonique, produits nécessaires de la fermentation digestive? S'ils n'arrivent pas au dehors par éructation, qu'ils ne séjournent pas dans la panse stomacale par météorisme, il est de toute évidence qu'ils doivent être absorbés et aspirés par les parois de l'organe digestif. L'estomac devient ainsi tout à coup un organe respiratoire qui absorbe nuit et jour l'acide carbonique, comme le font les racines des plantes. L'estomac est l'appareil diurne de l'animalisation; il fonctionne comme le font les racines dans la terre et les feuilles au soleil; il absorbe l'acide carbonique. Le poumon agit comme le feraient les feuilles à l'ombre; il absorbe l'oxygène et rend l'acide carbonique, il est l'organe nocturne; ou plutôt l'estomac est l'équivalent du système foliacé, et le poumon celui du système radiculaire, sous le rapport spécial de la respiration.

La démonstration la plus complète de cette idée, car elle est de tous les jours, nous est fournie par l'usage que nous faisons de boissons chargées d'acide carbonique, vin de Champagne, eau de Seltz, bière mousseuse, limonade gazeuse, bicarbonate de soude, etc., sans que nous rendions un seul vent, une seule éructation par la bouche.

Quant au dégagement d'oxygène, qui compléterait l'analogie, il doit paraître probable qu'il doit avoir lieu quelque part, mais qu'il doit être aussitôt réaspiré par l'un quelconque de ces organes, si divers de forme et de composition, qui rentrent dans la charpente de l'économie animale; la circulation portant avec sa rapidité ordinaire tous les produits de l'expiration sur les surfaces douées de la faculté d'élection et d'aspiration.

85. L'acide carbonique est donc fourni, à l'élaboration de l'animal, par l'élaboration stomacale de l'organe digestif. La plante le puise dans les engrais qui enveloppent ses racines, et les feuilles dans l'atmosphère, réceptacle de l'acide carbonique expiré par les animaux et dégagé par les engrais. Tel est, dans l'état actuel du globe, le cercle indéfini d'échanges et de compensations entre les êtres qui forment le domaine de la vie. Non pas que, si la vie venait tout à coup à cesser sur la terre, il ne restât

plus d'espoir, faute d'acide carbonique, de la voir recommencer par une nouvelle création, alors même que cette révolution météorologique aurait pu soustraire ou neutraliser tout l'acide carbonique provenant de la gazéification de l'espèce organisée. Tant que la croûte du globe sera, comme elle est, carbonatée, l'acide carbonique ne manquera pas à l'atmosphère; et la lumière du soleil aura toujours la faculté de féconder ces éléments de l'air, de les associer en molécule organisée. La création, qui se continue, aura toujours l'occasion de recommencer sur une nouvelle échelle, après chaque nouvelle révolution. En effet, l'équilibre des gaz exige impérieusement que l'atmosphère existe, ou se rétablisse dès qu'elle n'existe plus. Les carbonates dégageraient leur acide carbonique; ils passeraient de leur propre mouvement à l'état alcalin, plutôt que d'en laisser manquer l'atmosphère; et les phénomènes du marnage des terres nous apprennent suffisamment qu'aujourd'hui même, et dans l'état actuel de notre constitution atmosphérique, les carbonates se comportent ainsi. La marne, en effet, ajoutée à une terre, même à une terre normale, ne laisse pas que d'être un puissant principe de fertilisation; elle dégage son acide carbonique de surcroît et de concentration, quand elle est une fois extraite des entrailles de la terre, et qu'elle arrive au contact de l'air, moins riche que les profondeurs en acide carbonique; la marne enveloppe alors la plante de l'atmosphère qui convient à son développement. Que l'acide carbonique s'accumule dans les profondeurs du sol, et y sursature les carbonates, cela est assez démontré par ce dégagement d'acide carbonique qui s'accumule au fond des puits, et qui ne saurait provenir, en cet endroit, du produit de la respiration ou de la fermentation de la matière organique; il se dégage évidemment des carbonates de la couche géologique, dès que la profondeur du puits l'a mise en communication directe avec l'air extérieur.

86. L'acide carbonique est condensé dans les couches géologiques par la compression qu'exerce sur le globe notre constitution atmosphérique actuelle. Cela est dû aux rapports de pesanteur de l'acide carbonique et de l'air atmosphérique : aussi voit-on l'acide carbonique qui se dégage de la fermentation des matières végétales et animales, et de la respiration des végétaux et des animaux, se tenir à la surface de la terre, sans pouvoir remonter dans les couches supérieures de l'air, et être repris à la fin par les bases terreuses du sol qui en purifient l'atmosphère, tout autant que peut le faire la respiration diurne des plantes. Ce qui expliquerait déjà comment il se fait que les végétaux rendant la nuit, d'après nos physiologies, presque autant d'acide carbonique qu'ils en ont absorbé le jour, l'air atmosphérique pourtant n'en offre pas, en plus grande quantité, la nuit que le jour, à nos moyens analytiques.

87. D'où il faut conclure, et cela en raison de la loi de la compression et de la pesanteur, que les couches géologiques du globe sont d'autant plus carbonatées qu'elles sont plus profondes ; et d'un autre côté, que toutes les fois que l'air atmosphérique se raréfie et exerce sur les couches inférieures une moins grande compression, il se dégage du sol une plus grande quantité d'acide carbonique, sans parler ici de tous les autres produits gazeux qui peuvent exister dans le sol. La colonne d'air qui se raccourcit ou s'allonge fait l'office d'une pompe aspirante, dont le piston marcherait alternativement de bas en haut et de haut en bas.

§ 1ᵉʳ. *Mécanisme de la respiration animale.*

88. L'analyse et l'anatomie microscopique sont la voie la plus courte pour réduire à une formule générale l'anatomie comparée du mécanisme de la fonction respiratoire. On arrive de cette manière à se convaincre, comme dans un tableau synoptique, que, chez tous les animaux, la respiration s'opère d'une manière identique, dans ce qu'elle a d'essentiel, et qu'elle ne diffère, d'une classe à l'autre, que par la différence des appareils accessoires qui forment le siége de la respiration.

89. Le principe fondamental de ce mécanisme est celui que nous avons établi ailleurs et plus haut (31), savoir, que toute surface qui aspire ou qui absorbe semble être attirée par le fluide ambiant qui fournit à cette aspiration et à cette absorption ; que, dans l'action au contraire de l'expiration et de l'exsudation, la surface semble être refoulée par le fluide ambiant. Or, supposez que la surface respiratoire tapisse l'intérieur d'un organe utriculaire, et qui communique à l'extérieur par un orifice ou un tube plus ou moins étroit, il est évident que, la surface respiratoire s'assimilera, aspirera, absorbera les molécules assimilables du fluide qui remplit la capacité de l'organe vésiculaire ; celui-ci semblera se contracter sur lui-même, puisque chaque molécule de la surface respiratoire sera attirée vers le centre de la vésicule, dans le sens du rayon. La capacité de cette vésicule se rétrécira donc, l'air qui y est contenu en sera expulsé par l'orifice qui communique avec l'air extérieur. La molécule organisée aspirera donc, au même instant que l'organe anatomiquement respiratoire expirera ; ce qui semblerait contradictoire au premier coup d'œil. Quand, au contraire, la molécule organisée expulsera de son sein les fluides qu'elle n'est pas apte à s'assimiler, le poumon se dilatera ; sa capacité augmentant, l'air extérieur s'y engouffrera. Le poumon aspirera donc, alors que les molécules organisées de sa surface expireront. En désignant les deux mouvements

alternes du poumon par les mots d'*inspiration* (mouvements du dehors à l'intérieur), et de *respiration* (mouvements de l'intérieur à l'extérieur) et en conservant aux mouvements alternes produits par l'élaboration des molécules organisées les dénominations d'*aspiration* et d'*expiration*, nous dirons donc que les *aspirations* coïncident avec les *respirations*, et les *expirations* avec les *inspirations*.

90. Mais, pour qu'un pareil organe soit dans le cas de continuer l'alternative de ses fonctions, il faut que le poumon reste, pendant la *respiration*, toujours distendu par un certain résidu d'air inspiré; car, autrement, et vu la force d'agglutination des molécules organisées, les surfaces respiratoires, en se rapprochant par le vide que leur aspiration opère, se souderaient entre elles de manière à ne pouvoir plus se désagglutiner pour coopérer au mouvement de la dilatation et pour appeler l'air qui doit servir à une aspiration nouvelle. Supposez, en effet, que le poumon ait expulsé tout l'air qu'il avait reçu par l'acte de l'expiration, dès ce moment il a perdu toute aptitude à la fonction de l'aspiration. Car les cellules respiratoires ont la propriété d'absorber l'air qui les recouvre, et dès ce moment s'opère l'aspiration. Mais si elles ne sont pas enveloppées et recouvertes de cette atmosphère, qu'absorberaient-elles? à moins qu'elles n'absorbent le vide. Si elles n'absorbent rien, elles ne sauraient rien attirer ni de près ni de loin, puisqu'elles n'attirent ce qui est loin qu'en absorbant ce qui est près et que rien d'absorbable n'est supposé près d'elles.

91. La respiration, soit branchiale, soit pulmonaire, n'a donc pas besoin, pour s'exécuter, d'un autre appareil que sa propre structure; et toutes les longues dissertations qu'on rencontre dans les livres, sur les appareils musculaires qui sont dans le cas de contribuer à l'acte de la respiration, tombent ainsi devant une simple et microscopique idée. Il faut donc admettre que, dans l'acte de l'inspiration, tous les muscles qui se mettent en mouvement le font d'une manière passive; et que, s'ils se contractent pendant la période de la *respiration* (*expiration* de l'ancienne nomenclature), c'est plutôt, en quelque sorte, pour reprendre leur premier volume que par une spéciale activité. En effet, tout muscle est passif quand il se dilate; il n'est actif que dans la contraction. Quand le diaphragme refoule l'estomac et les intestins, c'est qu'il est refoulé lui-même dans ce sens par la dilatation pulmonaire : dès que cette dilatation ne pèse plus sur sa surface supérieure, les fibres musculaires distendues reprennent leur premier volume, ce qui est sans doute un auxiliaire mais non la cause immédiate de la période de l'expiration. Il faut faire le même raisonnement à l'égard des muscles intercostaux; ce n'est pas par suite de leur contraction que les côtes se relèvent de

leur obliquité normale, et augmentent ainsi la capacité du thorax ; il suffit de se tenir le doigt appliqué sur l'un d'eux pendant l'*inspiration* pour se convaincre de sa passiveté consécutive dans cet acte. Du reste, si tous ces muscles se contractaient pour élever les côtes, ils feraient tout le contraire : ils les rapprocheraient davantage les unes des autres, ou bien ils ne produiraient que repos, vu qu'en relevant la côte inférieure le muscle tendrait à abaisser la côte supérieure ; il partagerait son action en deux actions contraires l'une à l'autre. C'est dans la période, au contraire, de l'expiration du poumon que les muscles intercostaux se contractent, et c'est alors que les côtes se rapprochent ; quand elles s'écartent en se relevant, elles cèdent à la dilatation pulmonaire. Que si les muscles intercostaux restaient rhumatismalement contractés, et si à cette contraction anormale se joignait celle des muscles pectoraux ou des divers muscles du dos et même du diaphragme, la poitrine en serait oppressée, mais la respiration n'en serait pas interrompue ; les intervalles de l'aspiration et de l'expiration seraient plus courts, ces deux actes plus rapprochés ; la respiration enfin plus saccadée ; mais l'asphyxie ne viendrait pas immédiatement de là.

On objectera à cette explication que l'animal est asphyxié dès qu'on lui ouvre le thorax. Mais dans cette objection, on confond deux circonstances qui ont pourtant une signification bien distincte. Ce n'est pas par l'absence du levier des muscles intercostaux que les poumons restent affaissés sur eux-mêmes et n'aspirent plus ; c'est par l'introduction de l'air extérieur dans une cavité qui lui était fermée ; c'est par l'action, sur les séreuses, d'un fluide qui ne saurait être élaboré que par les muqueuses ; c'est un cas d'empoisonnement traumatique, tout autant qu'un effet de la pesanteur de l'air. La surface plévrique du poumon se dessèche et se contracte ; le sang des capillaires de cette surface reçoit l'air qu'ils n'étaient pas organisés pour élaborer ; il se fait une perturbation, un spasme dans cette région ainsi révolutionnée. Il y a plus, la colonne atmosphérique, pesant de toute sa puissance sur la surface postérieure du poumon, ne trouve pas, dans la portion d'air inspiré un volume suffisant pour lui faire équilibre ; l'unité musculaire étant brisée sur une aussi grande échelle, l'aspiration ne rencontre nulle part des auxiliaires, mais partout des obstacles. Les parois internes du poumon doivent donc se rapprocher avec force et s'agglutiner, comme le feraient deux cellules aspirantes qui parviendraient enfin à se toucher de plus près et sans l'intermédiaire d'une couche d'eau ou d'air interposée ; dès ce moment, elles se souderaient intimement. Dans l'expérience qui nous occupe sous forme d'objection, une autre circonstance contribue encore à affaisser sans retour les poumons sur eux-mêmes : cette circonstance est une révolution qui déplace tout à coup le foyer de l'expiration microscopique de chaque molécule organisée : En effet, la faculté expiratoire se transporte tout à coup sur la surface plévrique mise en contact avec l'air extérieur par la solution de continuité pratiquée dans le thorax ; l'exhalation est inséparable de l'expiration, et là il se fait tout à coup une exhalation énergique. Donc le poumon doit rester à jamais affaissé sur lui-même, puisque ses cellules internes aspirent et n'expirent plus, et que ses cellules désormais externes expirent et refoulent ·par conséquent les tissus vers le centre de l'organe pulmonaire. Le nouveau mode d'expiration et l'ancien mode d'aspiration concourent également alors à l'asphyxie.

92. Dès ce moment, la circulation s'arrête ou tend à s'arrêter, et ne se décèle plus que par des oscillations qui se perdent comme dans le lointain. Car l'organe pulmonaire est le mobile essentiel de la circulation ; le sang est appelé, par le vide, dans la branche afférente des capillaires respiratoires, pendant que la surface de ces petits vaisseaux est en train d'aspirer, puisque alors le tube vasculaire doit se dilater ; il est refoulé vers la branche déférente des mêmes vaisseaux, pendant l'acte de l'expiration qui contracte et rétrécit la capacité du vaisseau. Alors que les tuniques internes des veines et des artères ne seraient pas douées de cette propriété d'aspiration et d'expiration que suppose la nutrition des organes, la fonction seule de l'organe proprement respiratoire suffirait donc pour mettre en branle et pour continuer le phénomène de la circulation sanguine, partout où s'étend le réseau des vaisseaux. Le cœur n'est qu'une anse vasculaire plus volumineuse ; c'est un *regard* (terme de fontainier) de la circulation générale, au lieu d'en être le point de départ et la source. Il contribue pour sa part, mais seulement au même titre que les surfaces expirantes et aspirantes des veines et des artères, à ce mouvement incessant qui est le signe de la vie ; mais, livré à lui-même, le système vasculaire ne tarderait pas à voir le mouvement de son liquide s'arrêter, si le poumon continuait son asphyxie. Car le sang ne pouvant plus subir la transformation pulmonaire que réclame la nutrition de nos organes, il perdrait dès lors la propriété qui le rend propre à être aspiré par les tissus. Or, sans aspiration plus d'expiration, car sans aspiration plus d'élaboration ; et sans l'alternative de l'aspiration et de l'expiration, plus de mouvement dans les solides et dans les liquides (30) ; repos partout et mort (*).

93. Mais si, à son tour, la circulation souffre sur un point quelconque, même sur la maille la plus éloignée du réseau vasculaire, le sang qui

(*) *Nouveau Système de chimie organique,* tome 3, § 3450.

arrive au poumon étant de moins en moins apte à subir la transformation pulmonaire, que nous avons nommée *hématisation*, l'organe respiratoire, dont les vésicules se nourrissent de ce sang et se maintiennent
dans leur état normal à la faveur de cette nutrition, l'organe respiratoire, dis-je, ralentira de plus en plus ou accélèrera de plus en plus les
mouvements alternatifs de son aspiration et de sa respiration ; le principe
de la circulation n'en sera plus que la conséquence ; la source de la
circulation sera empoisonnée par l'apport de ses innombrables canaux ;
et la cause active de la circulation deviendra passive, comme le dernier et
le plus simple de ses embranchements. Admirable unité que celle de
l'organisation, où rien n'est le commencement et rien n'est la fin, où
chaque molécule, si petite qu'on la suppose, est tour à tour *alpha* et
omega, le levier et la puissance, le facteur et le produit ; parce que les
organes d'un même individu ne vivent que d'échanges, qu'ils reçoivent
et rendent. La régularité de ces échanges, c'est l'harmonie ; l'harmonie,
c'est la vie individuelle.

94. La capacité de l'organe pulmonaire varie nécessairement selon les
espèces et selon les individus ; donc on ne saurait admettre pour le
volume d'air contenu dans les poumons un chiffre uniforme. Mais la
quantité d'air inspiré et respiré, pendant un temps donné, varie non-
seulement selon les individus, mais encore selon l'état de calme ou
d'agitation dans lequel se trouve l'individu à l'instant de l'observation.
La plus simple expérience suffit pour le démontrer : Que l'on applique
son attention à compter le nombre d'inspirations par minute, et l'on
s'apercevra quelque temps après que, sous l'influence seule de ce
travail de l'esprit, les inspirations deviendront de plus en plus fréquentes. A plus forte raison devra-t-il en être ainsi pendant un accès de
colère, pendant la course, pendant une conversation animée, ou dans
la fièvre d'une improvisation. Quoi qu'il en soit, on peut admettre en
moyenne que, dans l'espèce humaine et chez les adultes, les poumons
peuvent contenir habituellement au moins trois litres et demi d'air. Les
poumons ne se vident jamais d'air, ils ne le renouvellent que par fractions ; s'ils se vidaient dans l'acte de la *respiration*, ils perdraient dès ce
moment la faculté de s'en remplir de nouveau, à l'aide de l'*inspiration ;*
les cellules respiratoires devant s'accoler et se souder sans retour entre
elles, s'il n'y a pas une couche d'air interposée qui les tienne à distance (90).

95. L'air contenu dans nos poumons se renouvelle, par demi-litre, à
chaque inspiration. Or, en admettant quinze inspirations par minute en
moyenne, il s'ensuit que le volume de la quantité d'air élaborée par nos
poumons, pendant une heure, ne s'élèverait pas au-dessus de quatre

hectolitres et demi ; et par vingt-quatre heures, à cent huit hectolitres d'air, c'est-à-dire à un volume d'air contenu dans une capacité cubique de plus de quatre mètres et demi de côté.

96. D'où il ne faudrait pas conclure, qu'en emprisonnant un individu dans une capacité de quatre mètres et demi de côté, hermétiquement fermée, il pût vivre impunément pendant vingt-quatre heures. Il est évi-dent, en effet, que cet air ainsi renfermé ne tarderait pas à altérer, par les produits de l'expiration, la pureté que réclame la fonction de l'aspira-tion ; car chaque expiration vicierait l'air d'une quantité égale à $\frac{1}{81000}$ du volume total que l'individu aurait à respirer pendant vingt-quatre heures. En supposant que cette fraction se répandît uniformément dans cette atmosphère limitée pour l'expérience, il s'ensuivrait qu'à la pre-mière inspiration, l'aspiration serait en souffrance pour $\frac{1}{81000}$ du volume total que l'individu aurait à respirer pendant vingt-quatre heures ; en une heure la viciation serait déjà de $\frac{1}{24}$ du volume total de l'air atmosphérique, en deux heures elle serait de $\frac{1}{12}$, ainsi de suite ; et cette souffrance, marchant pour ainsi dire en progression géométrique, alors que le chiffre de la viciation de l'expiration ne marcherait qu'en pro-gression arithmétique, il arriverait que le malaise de l'individu ne tarde-rait pas à se révéler par des signes pathologiques d'une gravité de plus en plus notable, car chacun sait que les miasmes n'ont pas besoin de grandes doses pour produire de graves effets (*).

(*) Les idées théoriques sur ce sujet commencent à se modifier grandement, grâce aux réclamations que nous n'avons cessé de faire entendre depuis bien longtemps, dans les diverses éditions du *Manuel*. Tout semblait conspirer pour en retarder le succès : la tradition médicale, l'exactitude illogique du calcul géométrique, les plans des architectes officiels, et surtout l'entêtement des inspecteurs de prisons chargés de mesurer l'air et les vivres à ceux que la loi a confiés à leur philan-thropie ;

1° LA TRADITION MÉDICALE ne démord pas si facilement de ses aberrations classiques ; elle les poursuit au besoin jusqu'à l'extinction de ce qu'elle a de plus cher au monde :

Le célèbre Duret, qui avait été médecin de Charles IX, d'Henri III et de Marie de Médicis, s'étant figuré que l'air de Paris était mauvais, faisait élever son fils unique sous une cloche de verre où le pauvre enfant ne tarda pas à mourir, quoiqu'on eût grand soin de renouveler souvent l'air de la cloche, après l'avoir purifié selon les règles de l'art.

2° L'EXACTITUDE ILLOGIQUE du calcul géométrique dans les livres classiques recom-mandés par l'université ! En effet, vous lirez en toutes lettres dans la *Géométrie de Vin-cent,* pag. 553, le problème suivant, qui porte le chiffre 686 :

« En supposant que la quantité d'air nécessaire à la respiration soit pour chaque personne de 4 mètres par jour (*de* 24 *heures*), on demande combien de personnes pourront vivre pendant un jour avec l'air contenu dans un appartement hermétique-

Ces notions préliminaires nous paraissent suffire à l'intelligence du mécanisme de la respiration.

Nous allons passer à l'énumération des divers cas d'asphyxie proprement dite, c'est-à-dire par privation de l'air respirable, renvoyant à une section spéciale l'examen des causes gazeuses qui affectent le poumon par voie d'intoxication. L'asphyxie peut avoir lieu soit par une influence et un obstacle météorologique et qui résulte d'un changement ou d'une modification survenue dans la constitution ou la composition de l'air, soit par un obstacle mécanique, c'est-à-dire par l'interception du passage qui donne accès à l'air dans nos poumons. Cet obstacle mécanique peut naître soit par occlusion, quand un corps étranger est introduit accidentellement dans les voies aériennes, soit par un spasme musculaire qui suspend l'alternative des expansions et des contractions, et tient les voies aériennes ou constamment béantes ou constamment fermées; soit par la compression exercée de diverses manières sur les voies aériennes.

ment fermé, et ayant 12 mètres 5 de longueur sur 5 mètres de largeur, et 3 mètres 2 de hauteur.

» Pour résoudre cette question, il faut d'abord calculer la capacité de la salle, ce qui donne

$$12,5 \times 5 \times 3,2 = 200 \text{ mètres};$$

ensuite il faut diviser par 4, ce qui donne 50 personnes. »

Exécutez l'expérience, et vous retirerez les 50 personnes à demi asphyxiées bien avant l'expiration des 24 heures.

3° Les ARCHITECTES OFFICIELS ne pouvaient pas manquer de mettre à couvert leur responsabilité personnelle sous l'égide d'un calcul aussi exact, eux qui s'occupent tant des façades et si peu de la disposition intérieure et de la salubrité des appartements.

4° Les INSPECTEURS DES PRISONS, à qui il importe tant de faire du nouveau à tort et à travers, afin de ne pas avoir l'air de ne rien faire ! — On dirait que la loi a chargé ces philanthropes du soin de quadrupler la sévérité de la peine prononcée contre le malheureux prisonnier : Leurs prisons modèles feraient envie à la sacro-sainte inquisition. Ils y avaient, dans le temps, passé au niveau l'habit, la nourriture et l'air que la nature nous prodigue. L'air de la fenêtre était trop pur à leurs yeux ! ils ne le faisaient arriver dans la boîte hermétiquement close du prisonnier, qu'après avoir été tamisé à travers toutes les fétidités de la cave. J'avais voulu les ramener par le raisonnement à des idées plus conformes à la physiologie, me gardant bien de leur prononcer le mot d'humanité ; je crois que pour mieux combattre ces idées d'une philosophie séditieuse, leur philanthropie les aurait portés à lâcher de moins en moins le robinet d'air et à en diminuer de plus en plus la dose. Mais la chose finit par devenir de plus en plus criante; elle commençait déjà à faire horreur même aux guichetiers : Aussi, dès le mois de juin 1850, « le ministère de l'intérieur confiait-il à une commission composée d'hommes spéciaux, le soin d'étudier le mode d'aération appliqué à la

Nous traiterons de ces divers modes d'asphyxie dans tout autant de paragraphes spéciaux.

§ 2. Influence des mouvements périodiques ou fortuits de l'atmosphère sur l'organisation.

97. Nous entendons par mouvements périodiques de l'atmosphère les mouvements de flux et de reflux imprimés à notre océan planatmosphé-rique par la compression provenant des autres planatmosphères, surtout par celle de la lunatmosphère, dans le cours de leurs révolutions sidérales, c'est-à-dire des révolutions qu'elles accomplissent chacune sur leur orbite propre autour du soleil (*).

Nous entendons au contraire par mouvements fortuits ceux qui résultent d'un accident étranger à ces révolutions sidérales, tels que la compres-sion subite et le vide produits par la descente rapide d'un nuage, par

nouvelle Force, et de remédier aux inconvénients graves du système d'alors, système qui mettait en péril la vie d'un très-grand nombre de détenus, et dont trois d'entre eux avaient, disait-on, déjà été victimes. » (Presse du 26 juin 1850.) Il n'y avait pas un mois que toutes les trompettes de la publicité avaient présenté cette tombe comme l'Eldorado du prisonnier.

C'était bien pire encore dans leurs voitures cellulaires, où chaque homme était ensaché dans une caisse, ne pouvant remuer ni bras ni jambes, et où l'air lui arrivait par une chattière grillée. Malheur à ce paquet humain, si le pan du manteau du gendarme venait à s'appliquer en flottant contre ce trou ! le pauvre diable pouvait dès lors compter sur l'asphyxie.

Si j'avais quelque chose à proposer à qui de droit, juges, accusateurs ou agents de la force publique quelconque, voici ce que je conseillerais, dans ma philosophie, à la philanthropie bien connue de ces messieurs. Je leur dirais donc, sans tant de préam-bule : « Lorsqu'un ingénieur a construit un pont, on ne l'accepte et on ne le livre à la circulation qu'après que l'auteur en a fait l'épreuve. De même, quand un philanthrope à gages a fait construire de son idée une prison mobile ou immobile, qu'il com-mence par s'y faire enfermer et par y vivre un seul mois de suite ; on lui demandera alors quel est son propre avis sur le de commodo et incommodo de l'idée. » Une sembla-ble épreuve a été faite en ces derniers temps ; et les constructeurs de Mazas, depuis le ministre jusqu'à l'inspecteur, y ayant passé forcément quelques mauvais quarts d'heure, le plus petit des ex-ministres s'y est pris à pleurer, et les autres sont con-venus que ce régime était par trop barbare.

Ainsi se sont accomplies les prophéties que l'on entendit un jour se formuler à la porte de cet édifice encore en construction : « Tenez, là, disait un brave ouvrier après s'être frotté le front, quelque chose me souffle que ceux qui font construire cette cage l'étrenneront les premiers. » Cela s'est vu, et ceux-là, disent les guichetiers, y ont fait une drôle de tête.

(*) Voyez dans la Revue Complémentaire des Sciences, le Cours de Météorologie appliquée, qui a commencé dès les premières livraisons de 1854.

l'éclat de la foudre, par les détonations terrestres, enfin la viciation de l'air atmosphérique, soit par soustraction de l'un de ses éléments, soit par l'addition d'un élément étranger.

a. INFLUENCE DES MOUVEMENTS PÉRIODIQUES DE L'ATMOSPHÈRE SUR L'ORGANISATION

98. Une sorte d'intuition instinctive avait, de toute antiquité, fait ressentir à l'homme le fond de ce que nous croyons avoir démontré au sujet de l'influence des astres qui roulent au-dessus de nos têtes. Mais, comme tout ce qui n'émane que du pressentiment et non de la raison déduite de l'expérience, cette influence a été rangée de tout temps au nombre des influences occultes et tenant du mystère, au nombre des idées chimériques et superstitieuses, soit par les esprits positifs, soit par ceux qui en toute chose sont plus frappés de dix anomalies que de vingt concordances.

La théorie de l'attraction ou de l'action à distance ne contribua pas peu à détourner les savants de l'idée d'une influence quelconque des astres sur les phénomènes de l'organisation. La science est encore pleine de ces sortes de contradictions : On admettait l'influence à distance d'un point mathématique sur des mondes physiques, l'influence de l'attraction du soleil et de la lune sur le flux et reflux de la mer ; mais on aurait ri au nez de quiconque aurait osé soutenir que notre organisation physique ou morale se ressent périodiquement de ces sortes de révolutions astronomiques. Ce que calculent les savants, on le croit, et personne ne le discute ; mais pour ce qui se passe en nous, c'est chacun de nous qui en est juge, et la plus belle équation algébrique ne parviendra jamais à nous faire accroire que nous devons ressentir ce que nous ne ressentons pas du tout ; aussi le vulgaire a-t-il continué de croire ce que les savants prenaient tant en pitié.

Le système devenu généralement classique était pourtant en défaut, autant en météorologie qu'en physiologie : on parvenait bien à expliquer par-ci par-là les anomalies météorologiques ; mais les anomalies physiologiques se répétaient trop souvent, et d'une manière trop contraire à la loi posée, pour que chacun ne fût pas à même d'en faire justice. Il n'y a pas jusqu'aux médecins, si crédules envers les entités et les causes occultes, qui n'aient souri et haussé les épaules à la seule idée que la lune puisse avoir quelque influence sur le mieux ou le pire de notre santé ; ç'aurait été bien autre chose encore si l'on eût cherché à étendre cette idée d'influence jusqu'aux planètes !

Et pourtant cette idée s'est fait jour dans le cerveau de l'un ou l'autre des plus sages, à chaque siècle; et les hommes de la campagne n'en ont jamais démordu, en ce qui concerne l'ordonnance de leurs travaux et les époques des semailles et des récoltes.

Toutes les fois que vous rencontrerez une pareille lutte entre l'expérience et le pressentiment, soyez sûrs que c'est l'expérience qui part d'une fausse hypothèse, et qu'elle ne se trompe et n'est si souvent en désaccord avec le pressentiment que parce qu'elle déplace la question et le point de départ de la solution du problème.

Or, dans la question, le point de départ était déplacé, et le principe qui devait le faire retrouver manquait totalement à la science. Ce principe, d'où découle déjà toute une révolution dans les idées scientifiques, avait été posé en 1838, dans la 4e partie de la 2e édition du *Nouveau système de chimie organique*. Depuis lors, c'est à la suite de trois ans de méditation et d'observations météorologiques qu'il a pris un développement tel que l'enseignement universitaire cherche déjà un nom orthodoxe qui se charge d'en être le chaperon académique.

Nous allons résumer ici les principes de ce système dans ses applications à la vie.

1° Nous nageons dans l'atmosphère comme les poissons dans l'eau; nous y volons terre à terre et debout, comme l'oiseau les ailes étendues dans les couches supérieures. L'air nous soutient en nous alimentant; nous tombons de toute notre hauteur dès que l'air nous manque; nous faisons donc équilibre à l'air.

2° Donc la moindre variation dans la pesanteur de la colonne atmosphérique qui nous fait contre-poids doit amener dans tout notre être une relative modification. Nous devenons plus légers, plus actifs, plus alertes, lorsque la colonne d'air augmente en longueur et partant en poids, toutes choses égales d'ailleurs et à égalité de température. Nous devenons plus pesants et de corps et d'esprit, moins dispos, plus lents dans notre démarche et dans nos fonctions, toutes les fois que la colonne atmosphérique diminue de longueur et dans les mêmes circonstances nous fait moins contre-poids (*).

3° La colonne atmosphérique s'allonge ou se raccourcit par suite de la compression et du refoulement que la solatmosphère et les planatmosphères (**) exercent sur la surface de notre terratmosphère, en raison directe de leur proximité, et la solatmosphère en raison de son immense volume.

(*) Voyez *Revue complémentaire*, livr. de septembre 1857, tome IV, page 54.

(**) Nous nommons planatmosphères, les atmosphères éthérées qui enveloppent les planètes, pour les distinguer des atmosphères aériennes. *Revue complémentaire*, livr d'août 1855, tome II, page 14.

4° Donc ces dépressions et refoulements doivent être périodiques comme le sont les mouvements de rotation des planètes.

5° L'organisation doit donc éprouver, dans toutes les fonctions de son être, des modifications périodiques concordantes avec les diverses phases de ces mouvements planétaires et des alternances d'allongement et de raccourcissement de la colonne atmosphérique, par suite des alternances de compression et de relâchement que notre atmosphère subit de la part du contact des planatmosphères, mais surtout par suite d'un phénomène, tout aussi réel, qui découle des deux précédents; je veux parler des courants que le refoulement détermine vers l'un ou l'autre des pôles de la terre. On peut comparer ce qui se passe en nous, lorsque le courant change de direction et prend une direction toute contraire à la première, on peut, dis-je, comparer la révolution qui en résulte dans l'organisme à un changement de pôle dans l'aiguille aimantée, en sorte que tout à coup chaque pôle vienne prendre la place du pôle de nom contraire.

6° Ce changement réciproque de pôle arrive à l'organisation deux fois l'an du fait du soleil, et deux fois chaque mois du fait de la lune.

Nous vivons, pour ainsi dire, par le courant Sud, tout le temps que chaque année le soleil, et chaque mois la lune, avancent du solstice austral vers le solstice boréal, et que le refoulement atmosphérique a lieu, par le fait de ces deux astres, du Sud au Nord.

Nous vivons par le courant Nord, courant de retour, tout le temps que chaque année le soleil et chaque mois la lune s'avancent du solstice boréal vers le solstice austral, et que le refoulement atmosphérique a lieu du Nord au Sud.

Or, un contre-courant, ou courant de retour, doit produire sur l'organisation un effet contraire à celui du courant opposé.

7° Et c'est ce qui a lieu; et c'est ce que l'expérience m'a de plus en plus démontré ou plutôt fait toucher du doigt, dans tous les faits d'observation qui encombrent la science, et qui, avant ce trait de lumière, s'y trouvaient épars et sans lien aucun, comme de purs effets du hasard.

En effet, quand les peuples ont tous été portés à placer le commencement de l'année quelques jours après le solstice d'hiver, c'est qu'ils avaient le pressentiment qu'à cette époque le cercle de l'organisation recommençait sur de nouvelles bases; que la fécondation recommençait la création sur toute la ligne; que de nouvelles générations allaient s'ajouter, comme une nouvelle couche, aux anciennes générations; que la nature organisée chantait dès ce moment un épithalame universel, et que tous les êtres, depuis les plus compliqués à nos yeux jusqu'aux plus simples, depuis l'individu jusqu'à l'atome, tous les êtres s'apprêtaient pour revoler à de nouveaux hyménées.

Tout commence de nouveau à fermenter, dès cette époque, sur notre hémisphère boréal, comme cela a lieu à partir du solstice boréal (le 22 juin) sur l'hémisphère austral; tout recommence ici à germer et à se reproduire proportionnellement à l'élévation de température des diverses zônes climatériques de notre hémisphère.

Chez les peuples patriarcaux, chez les vrais enfants de la nature sur qui la prétendue civilisation n'a rien greffé d'artificiel, c'est aux premiers beaux jours qui suivent cette époque que les jeunes gens se choisissent et que les mariages se célèbrent.

Chez les animaux qui ne s'accouplent qu'une fois l'an, c'est vers cette époque que l'ardeur de se rapprocher domine toutes leurs autres habitudes et les rue contre tous les obstacles qui s'opposeraient à cet irrésistible instinct.

Les bourgeons des arbres cessent de sommeiller et enflent à partir de cette époque pour rompre leurs enveloppes et éclore au grand jour.

Les graines, les tubercules eux-mêmes germent à la cave et dans les lieux où ils peuvent s'imprégner d'air, d'humidité et de quelque peu de calorique.

Le vin recommence alors à fermenter dans les fûts et s'y régénère, si, par suite de quelque diversion dans ce courant électrique, il ne se gâte.

Il y a dans toute la nature une recrudescence de vie et de passion.

Les mois des femmes, conceptions avortées faute de fécondation, arrivent principalement, au moins dans l'état de nature, aux lunestices: ce sont des mois lunaires.

Chez les animaux qui aiment tous les mois, c'est vers le lunestice austral qu'on les voit se rechercher, se poursuivre et s'unir pour leur œuvre commune.

Lorsque vous voudrez semer en temps utile, faites-le au lunestice austral; lorsque vous voudrez récolter en temps utile et prévenir une germination précoce, observez le premier beau jour qui suivra le lunestice boréal, et, dans les deux cas, sans tenir compte de la nouvelle ou pleine lune; car c'est par là que s'était fourvoyé l'instinct, cette science innée de l'homme des champs : quand il réussissait dans ses prévisions, c'est qu'à force de tâtonnements ou de retards il s'était le plus rapproché de celui des lunestices qui était favorable à son opération.

8° Donc, à chaque lunestice, nos fonctions doivent ressentir une révolution nouvelle, et comme un changement subit de direction, une dépolarisation périodique, si je puis m'exprimer ainsi; révolution normale pour les organes sains, et anormale pour les organes frustes et infectés, incomplets ou désorganisés; et c'est encore ce que l'observation suivie avec soin a mis sous nos yeux dans la plus grande évidence.

Consultez tous ceux dont le hasard, la malveillance ou la médication aura infecté l'organisation d'arsenic, de mercure ou d'autres poisons qui survivent à l'empoisonnement, et vous trouverez que la recrudescence de leurs maux, que le retour de leurs crises coïncide juste avec l'un ou l'autre lunestice. J'ai vu bien des malades rester ébahis quand je leur rappelais, jour pour jour, l'époque de leurs souffrances passées, ce dont ils convenaient, et que je leur prédisais les époques du mois et de l'année où ils devaient se disposer à souffrir : on aurait été, à leurs yeux, prophète à beaucoup moins. Je n'avais pas alors publié dans toute son extension cette loi générale (*).

J'ai signalé une curieuse coïncidence d'une espèce d'épidémie d'épistaxis (hémorrhagie nasale) avec le lunestice boréal de juin 1857, lequel tombait, avec la nouvelle lune et la conjugaison, le jour même du solstice d'été; ces hémorrhagies avaient lieu surtout chez les mercurialisés (**).

9° La nature semble nous sourire au printemps et nous attrister en automne, quelque semblables qu'en soient les journées respectives, sous le rapport de l'état du ciel, de la végétation et de la température : même jour, influence diamétralement opposée, comme le sont entre eux l'un et l'autre courant.

10° Les *courants* sont indépendants des *refoulements*, ou plutôt le courant n'est que la direction de chaque refoulement. Mais les refoulements déterminent la hauteur de la colonne barométrique, qui doit périodiquement tendre à s'abaisser et à s'élever tour à tour. La colonne barométrique s'abaisse de plus en plus, à mesure que le refoulement planatmosphérique se fait d'un solstice à l'équateur, et elle doit s'élever de plus en plus à mesure que le refoulement a lieu de l'équateur à l'un ou l'autre solstice; par la même raison, il y aura élévation dans la colonne barométrique quand l'astre montera d'un colure vers le méridien, et abaissement quand l'astre se dirigera du méridien vers l'un ou l'autre colure. Le baromètre montera donc de six heures du matin à midi, de six heures du soir à minuit; et il descendra de midi à six heures du soir, et de minuit à six heures du matin, par le fait du soleil.

Si la terre n'éprouvait de refoulement que de la part du soleil, la périodicité de ces mouvements barométriques ne souffrirait aucune apparence d'anomalie. Si elle n'était soumise qu'aux refoulements, souvent en sens contraire, de la lune et du soleil, on arriverait encore à prédire avec assurance le retour alternatif des abaissements et des élévations barométriques; mais à l'influence de rotation de ces deux astres,

(*) Voyez *Revue complémentaire,* livr. de mai 1857, tome II, page 289.
(**) Voyez *Revue complémentaire,* livr. d'août 1857, tome IV, page 7.

s'ajoutent celles des six grandes planètes et des quarante-neuf petites, qui circulent entre Mars et Jupiter, et dont le nombre s'accroîtra encore.

Or, ces influences s'enchevêtrent tellement et tant de fois en sens contraires les unes dans les autres, qu'il arrive fréquemment à l'événement de ne concorder que d'une manière probable avec la prédiction. Ajoutez à cette cause d'anomalie le passage d'une ou plusieurs comètes au laminoir de tous ces engrenages astronomiques; ce qui doit amener, non plus des approximations, mais des anomalies contraires à toutes les conjectures. Cependant, en dépit de tout cet enchevêtrement de mouvements contraires, et en ne tenant compte que des périodes solaires et lunaires, on arrive encore, en vertu de ces principes, à prédire, à un ou deux jours près, les époques de dépression et d'élévation de la colonne barométrique, ainsi que les conséquences atmosphériques qui découlent de ces variations d'un côté, et, de l'autre, leurs influences soit sur le jeu de nos fonctions soit sur les variations de notre santé générale et des désorganisations locales : Car la bonne disposition de nos organes concorde avec la période annuelle, mensuelle ou diurne d'élévation de la colonne atmosphérique, et leur mauvaise disposition avec la période de l'abaissement.

Nous sommes plus dispos de six heures du matin à midi, et de six heures du soir à minuit, que de midi et minuit à six heures, surtout les jours de syzygie; plus dispos du 22 mars au 22 juin, et du 22 septembre au 22 décembre, que de décembre en mars et de juin en septembre.

b. INFLUENCES DES MOUVEMENTS FORTUITS MAIS NATURELS DE L'ATMOSPHÈRE SUR L'ORGANISATION.

99. 1° Effets de la compression de l'atmosphère par l'abaissement plus ou moins rapide d'un nuage, ou par l'explosion de la foudre.—Nous avons démontré, dans le *Cours de météorologie appliquée*, publié dans la *Revue complémentaire des sciences*, que les nuages, en descendant par leur propre poids dans les régions inférieures de l'atmosphère, ne peuvent manquer de faire office de la cloche du soufflet hydraulique, et d'exercer sur l'atmosphère que nous respirons une compression d'autant plus forte que le nuage descend plus rapidement et en suivant par la diagonale une ligne moins oblique. Une telle compression se traduit par des sensations d'autant plus pénibles que la santé est plus gravement altérée; quand un nuage surplombe au-dessus de nos têtes et que la tête des arbres s'épanouit pour ainsi dire et s'étale sous le poids de cette colonne d'air comprimé, il est certains malades, surtout les mercurialisés, qui

éprouvent un malaise indéfinissable, si bien abrités qu'ils soient contre le vent.

Il en est de même quand la foudre éclate, car toute explosion produit une compression sur l'air ambiant. L'homme sain en éprouve l'effet tout aussi bien que le malade ; mais il le brave et finit par s'y croire insensible, à la suite de l'habitude qu'il a prise de se roidir contre la commotion ; mais pour peu qu'il se sente indisposé, il lui devient impossible de se dissimuler les contre-chocs qu'il éprouve du choc de l'explosion. Ce contre-choc peut être plus sensible pour telle personne que pour telle autre sa voisine, toutes choses égales d'ailleurs. En voici la raison :

Tout choc produit un vide par suite de la compression exercée sur les colonnes d'une couche élastique ; exercez une compression violente et subite sur une des extrémités d'un faisceau de verges, le faisceau fera ventre au milieu, les verges s'écartant les unes des autres par une courbe égale, toutes choses égales d'ailleurs ; la plus grande distance entre elles sera vers le milieu de leur longueur, si elles sont liées par leurs deux bases. Cette distance est le vide d'elles-mêmes.

2° Or, nous avons représenté l'atmosphère terrestre comme étant composée de colonnes pyramidales d'éther, colonnes éminemment élastiques. Donc un choc produit sur un de leurs faisceaux doit les écarter les unes des autres, comme un simple faisceau de verges, et par conséquent déterminer entre elles un vide qui est le vide d'elles-mêmes, c'est-à-dire l'absence de l'air respirable.

Donc l'individu qui se trouvera par hasard dans la ligne où se produit le vide ressentira un effet dont son voisin n'aura pas même l'idée ; et cet effet pourra aller jusqu'à l'asphyxie foudroyante ; l'homme le plus sain tombera alors comme un oiseau dans le vide de la machine pneumatique, et souvent pour ne plus se relever. Et c'est peut-être là la cause, plus fréquente qu'on ne pense, de ces morts subites qui surviennent sur la voie publique et au sein d'une foule qui continue à circuler sans accident.

Si ce vide atmosphérique n'intéresse que l'un quelconque de nos organes, nous en serons quittes pour éprouver des élancements ou des douleurs plus ou moins aiguës et pongitives, selon que le vide intéressera des faisceaux de papilles nerveuses plus ou moins douées de sensibilité, et y fera l'office d'une ventouse.

3° Si nous disions que le souffle du vent est en état de faire le vide, on regarderait peut-être la proposition comme équivalant à celle qui exprimerait que le ruisseau, au lieu de porter l'eau à la rivière, lui en emprunte et lui en soustrait ; et cependant, rien n'est plus conforme aux faits observés. La force du vent chasse et refoule devant lui tout ce qui ne peut lui faire obstacle, et par conséquent la couche d'air elle-même qu'il remplace en même temps. Mais supposez que le courant rencontre un obstacle qui lui oppose une suffisante résistance, il se fera, dès lors, derrière l'obstacle un vide d'autant plus considérable que la force du vent sera plus violente et plus continue ; car la violence du vent, entraînant avec lui d'un bloc la couche d'air qui séjournait derrière l'obstacle, ne laissera échapper aucune bouffée à droite ni à gauche pour combler le déficit. Le vide se fera même sur la face antérieure comme sur la postérieure de l'obstacle, et si nous nous trouvons sur la ligne du courant, le vide se fera pour nous, que nous ayons le vent en face ou par le dos ; nous respirerons donc d'autant moins que le vent sera plus fort ; de là vient la phrase vulgaire : *Ce vent est si fort qu'il coupe la respiration*. On se sent alors essoufflé comme en gravissant une montée ; on éprouve comme un commencement d'asphyxie et de manque de respiration.

4° Une excessive élévation de température, en raréfiant l'air, c'est-à-dire en enveloppant ses atomes d'une couche éthérée de plus en plus volumineuse et qui les éloigne de plus en plus les uns les autres, qui par conséquent diminue leur nombre progressivement dans un espace donné ; cette raréfaction, dis-je, de l'air, est dans le cas de produire une complète asphyxie, alors même qu'aucun gaz étranger ne se mêlerait à l'air respirable. On suffoque, dit-on alors, et par suite de cette loi, il n'est pas rare de voir, dans les jours caniculaires, les paysans de certaines contrées tomber asphyxiés dans les champs.

5° Nous avons longtemps partagé l'opinion générale qui attribuait l'essoufflement de la montée à la raréfaction de l'air, raréfaction qui dans l'hypothèse croîtrait avec la hauteur. Cette opinion cependant devait présenter, même au premier coup d'œil, une contradiction formelle ; car une fois qu'on est parvenu sur la hauteur, on sent peu à peu que l'on y respire mieux que dans la vallée, qu'on s'y porte mieux, ce que confirme la longévité des habitants.

Aussi avons-nous rencontré une explication plus rationnelle de l'essoufflement progressif qu'occasionne la montée dans le mécanisme forcé que la pente impose à la locomotion (*).

Dans la station debout, la ligne de notre corps se trouve sur le prolongement du rayon de la terre. Tant que le plan sur lequel nous marchons est concentrique à la terre, nous pouvons nous fatiguer, mais nous ne nous essoufflons pas.

Il n'en est plus de même dès que le plan cesse d'être concentrique et

(*) Voyez *Revue complémentaire des sciences*, liv. d'octobre 1857. tome IV, page 84.

se confond avec la tangente au rayon, ou avec une ligne qui fasse avec le rayon un angle obtus : dès ce moment, nous cheminons sur une montée. Or, dans ce cas, plus nous avançons, plus la ligne de notre corps fait avec le plan de position un angle aigu. Pour vous en assurer mathématiquement, sans un grand effort de démonstration, décrivez sur le papier un cercle, prolongez au dehors un certain nombre de rayons ; du premier venu d'entre eux tirez une tangente qui représentera la montée, les prolongements de rayons représentant tout autant de lignes dont la direction se confond avec notre station debout ; il est évident que ces prolongements de rayons feront, avec le prolongement de la tangente, des angles d'autant plus aigus qu'ils s'éloigneront davantage du point tangentiel, c'est-à-dire de la perpendiculaire à ce point.

Donc plus nous avancerons sur ce plan tangentiel, et plus à chaque pas la cuisse fera avec la ligne de notre corps un angle aigu : D'où il arrivera que les muscles fléchisseurs de la cuisse presseront davantage à chaque pas sur l'abdomen, que l'un d'eux, le *psoas*, rentrera davantage à chaque pas dans la cavité abdominale, et que par conséquent les viscères abdominaux, ainsi refoulés, refouleront de plus en plus le diaphragme ; ce qui rétrécira d'autant la capacité thoracique, comprimera d'autant les poumons, diminuera de plus en plus le volume d'air inspiré, et tendra à produire enfin un commencement d'asphyxie et de suffocation, sans parler des lésions accidentelles qu'une compression aussi progressive peut occasionner dans les autres viscères et dans la capacité du cœur. De là vient que la montée est plus facile à gravir à jeun qu'après avoir mangé, aux gens maigres qu'aux personnes chargées d'embonpoint. De là vient aussi qu'on monte plus facilement un escalier, même roide, mais dont les marches sont bien horizontales, qu'un plan incliné. On n'éprouve pas le moindre essoufflement en grimpant à une échelle ; car pendant que le raccourcissement des muscles fléchisseurs de la cuisse rétrécit la cavité abdominale, et par elle la cavité thoracique, l'extension des bras, en étirant les muscles pectoraux, dilate la cavité thoracique et fait ainsi compensation à la compression exercée par le refoulement des viscères du bassin sur la cavité thoracique.

§ 3. *Influences sur notre organe respiratoire des diverses circonstances qui nous entourent, ou causes artificielles d'asphyxie, ou privation d'air respirable.*

100. Le trouble dans la fonction respiratoire marche en progression géométrique, pendant que la soustraction de l'air respirable marche en

progression arithmétique (96). De là vient que l'asphyxie serait para-chevée et accomplie bien avant que le vide fût complet. Les expériences sur les animaux par la cloche pneumatique le démontrent suffisamment : Au premier coup de piston, l'animal s'inquiète et cherche à fuir le danger ; au second il s'effraye, il lutte contre cet obstacle à la vie ; il bâille pour suppléer à l'impuissance de ses inspirations ; il s'agite, il tremble, il frémit, il succombe ; il palpite, pour obtenir du nombre de ses inspirations ce qui manque à chacune d'elles ; il se relève : le rat se dresse sur ses pattes postérieures, comme pour aller trouver l'air, qui lui fait défaut dans les couches inférieures, et il retombe, comme frappé de la foudre, parce que, dans les couches supérieures, il y a moins d'air ; l'oiseau bat des ailes, et ce mouvement, qui l'enlevait autrefois, l'applique davantage contre le plan sur lequel il repose. Le tétanos les prend et les renverse. Saisissez cet instant pour faire rentrer l'air sous la cloche, et vous leur rendrez la vie ; une seconde plus tard, il n'est plus temps, la vie est éteinte sans retour ; les poumons, plus ou moins vidés de la quantité d'air respirable qui entretenait dans l'économie un reste d'exis-tence, ont perdu sans retour leur aptitude à respirer ; car ils ne sauraient attirer l'air extérieur qu'à la faveur de l'air qui recouvre leurs sur-faces (90) ; ils n'opèrent qu'à proximité.

101. A l'autopsie, on trouvera les poumons gorgés d'un sang noir, faute d'oxygène pour le colorer en purpurin (*), épais et coagulé, faute de cette quantité d'eau que chaque coup de piston lui a soustraite. Le cœur, ce premier réservoir, ce *regard* de la circulation et de l'élaboration pulmonaire, est distendu par des caillots de sang, beaucoup plus dans le ventricule gauche que dans le ventricule droit. La peau est injectée ; car le vide, ainsi qu'une ventouse générale, a appelé le sang dans tous les capillaires superficiels. Le cerveau est congestionné. L'estomac éprouve une tendance impuissante au vomissement, en même temps que les excréments durcis se portent vers l'anus qui se referme ; tout liquide se porte vers la périphérie par la voie la plus facile, qui, dans ce cas, est la plus courte, quelque longue qu'elle soit par ses dimensions. Et si le cadavre est abandonné ensuite à un air sec, il se décompose moins vite, parce que ses tissus ont été dépouillés et de la quantité d'air et de la quantité d'eau, qui sont les véhicules nécessaires de toute espèce de fermentation.

(*) La coloration du sang artériel et du sang veineux serait-elle due à la prédomi-nance d'un acide (acide carbonique !) dans le sang artériel, et à celle d'un alcali dans le sang veineux ? Le sang veineux ne serait ainsi que le sang artériel dépouillé, par l'élaboration des tissus, de l'acidité dont la respiration pulmonaire l'imprègne. Les véhicules acides ou alcalins ne se décèlent à nos réactifs que par leur excédant, et non par leur suffisance et leur juste proportion.

102. Nous sommes placés, ici-bas, sous une grande cloche pneumatique, où le vide peut se produire complétement, non pas pour tous à la fois, mais au moins pour un individu, s'il se rencontre dans une circonstance donnée.

103. Le vide produit par l'explosion des grandes bouches à feu asphyxierait l'artilleur, si la manœuvre ne lui ordonnait pas de s'incliner en sens contraire. Le vent du boulet a été relégué dans les fables ; il est pourtant très-probable que si le vide produit par le passage rapide d'un projectile à la hauteur et fort près de la bouche ne peut produire une asphyxie durable, il peut, dans certains cas, apporter un trouble grave dans la fonction de la respiration.

104. On sait aujourd'hui, grâce à une circonstance qu'un simple ouvrier a signalée à l'étude des savants, que l'air qui est poussé violemment à travers un orifice, et qui subit, pour y passer, une compression de la part des parois, se dilate en un cône en sortant et laisse, partant, un vide dans l'axe d'écoulement ; aussi voit-on la plaque que l'on place près de l'orifice être attirée, au lieu d'être repoussée par la force du courant ; le vide du cône d'échappement abandonne la plaque à la force d'impulsion de la colonne atmosphérique. Que la bouche d'un homme se trouvât placée dans l'axe d'un pareil cône, développé sur une grande échelle, l'individu ne serait-il pas asphyxié si le phénomène était durable, ou tout au moins gravement incommodé, si le phénomène n'était que passager (99,30) ?

105. Mais si l'on retirait la plaque en arrière, au lieu de l'abandonner à son propre mouvement, il est évident qu'on agrandirait d'autant le vide du cône. Quand donc un animal va à reculons, il fait, par rapport à la couche d'air qu'il a en face, l'office de cette plaque ; il fait le vide devant lui, avec d'autant plus d'étendue que sa fuite est plus rapide. Que s'il est passif dans sa fuite, et que, sans bouger, il soit emporté à reculons par un moyen de transport quelconque, il devra éprouver, sinon une asphyxie complète (car nos moyens de transport n'agissent pas sur la colonne d'air avec une énergie égale à celle d'une puissance météorologique), du moins un malaise provenant du déplacement des liquides de la circulation et des éléments de la nutrition : dyspnée, congestion cérébrale, nausées et défaillance ; car le vide attirera en haut tout ce qui est en bas, et à l'extérieur tout ce qui est à l'intérieur. Nous avons dès lors l'explication des effets de la balançoire, des places du devant des voitures, et de ce terrible mal de mer, qui ne finit qu'à la côte, et produit sur les passagers des effets si divers. L'action de la balançoire se compose de deux mouvements, qui se compensent chez certains individus, mais dont l'un a beaucoup plus d'influence que l'autre chez certaines personnes

d'une complexion délicate. Lorsque la balançoire recule, la bouche se
trouve dans la colonne qui tend au vide; quand la balançoire avance,
l'air, au contraire, est refoulé violemment dans l'estomac et dans les
poumons. De là vient que, dans le mouvement de recul, certaines personnes éprouvent des envies de vomir et un commencement de défaillance; mais que, chez toutes, la respiration semble se suspendre et
devenir plus difficile.

106. Lorsqu'on voyage, assis sur la banquette du devant, on est,
pendant tout le temps du voyage, placé dans la position du recul; on est
donc continuellement forcé de respirer dans une espèce de vide; de là,
tous ces malaises que certaines personnes éprouvent dans cette position,
ce qui fait qu'on attache un si grand prix aux places du fond.

107. Le *mal de mer* ne tient pas à une autre cause. Le roulis, les coups
de tangage, la position du corps par rapport à la direction du vaisseau,
placent le passager presque continuellement dans un mouvement atmosphérique qui tend à faire le vide; le malade doit ressentir un malaise
qui le porte à croire qu'il va vomir ses boyaux avec ses aliments; aussi
ce mal est d'autant plus violent que la mer est plus agitée; par le calme,
à peine s'en ressent-on.

108. 1° ASPHYXIE PAR SOUSTRACTION DE L'UN DES ÉLÉMENTS DE L'AIR RESPI-
RABLE. Nous sommes, avons-nous dit (25), une combinaison vésiculaire et
organisée d'air atmosphérique, d'eau et de la terre sur laquelle nous
vivons, dans des proportions qui varient à l'infini, pour modifier à l'infini les formes individuelles qui constituent l'espèce et les variétés des
règnes organisés. Notre développement n'étant que la continuation de
notre naissance et de notre création, que l'assimilation progressive des
mêmes éléments de la vie, ce grand acte ne saurait se prêter au plus
petit changement, dans la constitution de ces éléments, sans marcher,
d'une manière proportionnelle, vers la cessation de la fonction organique.

De là, il faut conclure que l'azote de l'air atmosphérique, quelle que
soit la nature intime de ce gaz, n'est pas moins indispensable à l'assimilation de la respiration que l'oxygène lui-même; et il est temps de se
défaire de cette idée, que l'azote n'est là que pour modérer l'action
comburante de l'oxygène; car, autrement, la raréfication de l'oxygène
devrait suffire aux conditions de la respiration; ce qui est contraire à
l'expérience. Ainsi l'asphyxie peut provenir par soustraction de l'azote,
comme par soustraction de l'oxygène de l'air ambiant; mais, dans ce
cas, elle n'est pas aussi foudroyante que par le vide; car la respiration
peut vivre quelque temps aux dépens de la quantité d'air respirable qui
reste dans les poumons, pendant la durée des alternatives d'inspiration
et d'expiration. L'asphyxie serait foudroyante, si toute cette quantité

d'air incluse venait subitement, et à la fois, à être remplacée exclusivement par une quantité égale, soit d'azote, soit d'oxygène. Que si l'on s'amusait à respirer expérimentalement l'azote ou l'oxygène pur, ou tout autre gaz par lui-même non délétère, c'est-à-dire non désorganisateur, on ne manquerait pas d'éprouver des sensations insolites, des effets précurseurs de toute asphyxie, de toute défaillance; effets de quiétude et de repos, qui rendent si doux le calme après l'orage, le sommeil après la fatigue, et le dernier soupir après une longue agonie. Mais le caractère de ces sensations varierait, selon les dispositions spéciales d'esprit et de corps dans lesquelles se trouverait en ce moment l'expérimentateur, et non d'après la nature du gaz inspiré; car tout gaz non délétère, toutes choses égales d'ailleurs, produirait exactement les mêmes résultats. L'homme qui cesse de respirer cesse de souffrir. Il souffre d'autant moins qu'il est plus près de l'asphyxie complète; car il est d'autant moins en rapport avec les corps extérieurs, causes incessantes de ses douleurs, de ses contrariétés, de ses souffrances.

109. En ne raisonnant que d'après les principes de la chimie pneumatique fondée par Lavoisier, le rôle que l'on fait jouer à l'azote est déjà absurde. Que serait-ce si l'on osait un instant reculer, par la hardiesse de l'induction, les bornes de l'horizon de la chimie actuelle, de cette chimie qui se voit débordée de toutes parts, qui ne suffit déjà plus aux premiers besoins de la science, et dont la rigidité classique ne peut plus se prêter ni servir de lien commun à toutes les anomalies qui surgissent de toutes parts sous les pas de l'étude indépendante? Qui sait si l'alchimie, se régénérant dans le baptême de Lavoisier, ne viendra pas féconder de nouveau le champ de la chimie, qui tombe de plus en plus en jachère? Qui pourrait prédire qu'alors l'azote, l'oxygène, l'hydrogène, l'acide carbonique, etc., conserveront leur ancienne place au soleil, et ne porteront pas au front un autre numéro d'ordre?

Mais en nous arrêtant, dans cet ouvrage qui n'a pas mission de remanier ce sujet, en nous arrêtant au rôle que notre scolastique fait jouer à ces gaz atmosphériques, nous pourrons nous former une idée des changements que les lois météorologiques sont dans le cas d'amener dans les conditions de notre fonction respiratoire. Si l'on reporte son esprit à notre théorie atomique (*), on admettra sans peine la possibilité de ce fait, que l'acide nitrique peut n'être qu'une combinaison de l'azote et de l'oxygène, en sens inverse de la composition de l'air; en sorte que, la molécule de l'air atmosphérique étant représentée par un atome central d'oxygène entouré de quatre atomes satellites d'azote, la molécule

_____

(*) Nouveau Système de chimie organique, tome 3, 4ᵉ partie, 1838.

d'acide nitrique, au contraire, ne soit qu'un composé représenté par un atome central d'azote entouré de trois atomes d'oxygène et d'un restant d'azote en dissolution, ce qui nous donnera les deux formules suivantes :

<table>
<tr><td></td><td>Nombres donnés
par l'expérience.</td><td>Rapports donnés par
notre théorie atomique.</td></tr>
<tr><td></td><td>Vol.</td><td></td></tr>
<tr><td>Air atmosphérique.</td><td>{ Oxygène= 21
{ Azote = 79 }</td><td>= O4Az+O.</td></tr>
<tr><td></td><td>Poids.</td><td></td></tr>
<tr><td>Acide nitrique. . .</td><td>{ Azote =26,15
{ Oxygène=73,85 }</td><td>=Az3O+Az.</td></tr>
</table>

Or, il est démontré aujourd'hui que la puissance électrique de l'éclair et de la foudre transforme l'air atmosphérique en acide nitrique, que la pluie dissout et porte ensuite dans le sol et à la surface de nos murs, d'où nécessairement doit se dégager aussitôt l'acide carbonique de nos carbonates pierreux. Mais ce qui ajoute encore à cet élément de perturbation de notre fonction respiratoire, en général et en particulier, c'est que l'acide nitrique n'étant qu'une transformation de l'air atmosphérique, où l'atome central devient tout à coup l'un des satellites du composé nouveau, il s'ensuit que la formation d'une molécule d'acide nitrique doit mettre en liberté douze atomes d'azote; car, afin d'avoir pour satellites trois atomes d'oxygène, il faut que l'atome d'azote dépouille trois molécules d'air atmosphérique de leur atome central. Cela étant, les proportions de l'air respirable sont tout à fait bouleversées, et cet air, ainsi révolutionné, serait pire que l'air raréfié, car, dans l'air raréfié, nous recevons moins de ce qui est respirable; et dans l'air décomposé, au contraire, nous recevons à la fois moins de la portion de l'air respirable, et plus de la portion d'air qui, seul, ne saurait suffire à la respiration.

110. Que si la bluette électrique était dans le cas de combiner l'azote avec l'hydrogène dégagé soit des matières organiques en putréfaction, soit de la décomposition de l'eau, cette dose d'ammoniaque, en s'associant dès lors soit avec l'acide carbonique, soit avec les divers acides volatils que l'acide nitrique pluvial est en état de dégager des matières terreuses du sol, cette dose d'ammoniaque, dis-je, viendrait encore ajouter à cette constitution morbipare de l'atmosphère. Mais nous nous étendrons ailleurs sur ce rapport de la question; nous n'avons à nous occuper, dans ce paragraphe, que de l'asphyxie par privation de l'un ou l'autre des gaz respirables, et conséquemment par le dérangement de leurs proportions atmosphériques.

111. Nous ne connaissons pas assez bien l'histoire de l'azote (ce gaz pour lequel nous possédons si peu de réactifs), pour que nous puissions évaluer les diverses circonstances qui sont capables d'en faciliter l'absorption et la soustraction. Quant à l'histoire de l'oxygène, nous sommes plus avancés sous ce rapport. Le charbon allumé l'absorbe pour le combiner, avec le carbone, en acide carbonique et oxyde de carbone ; l'azote de l'air est donc mis en liberté ; en sorte qu'alors même qu'on se préserverait de l'inspiration du gaz acide carbonique (en s'entourant d'une dissolution de potasse ou de chaux), et alors qu'il ne se dégagerait pas d'oxyde de carbone, on n'en serait pas moins asphyxié, et par l'accumulation insolite de l'azote, et par la disparition progressive de l'oxygène.

112. Il se passe quelque chose d'analogue dans la combustion du fer porté à l'incandescence, tels que le sont si souvent les tuyaux de poêle les plus voisins du foyer. Le fer incandescent absorbe l'oxygène de l'air atmosphérique, encore plus que son azote ; il s'oxyde aux dépens de notre air respirable et au détriment de notre respiration, laquelle ne tarde pas à en éprouver plus ou moins les symptômes précurseurs d'une pénible asphyxie : dyspnée, mouvement fébrile, pesanteur de tête, vertige, éblouissements, etc. Tous ces symptômes découlent de l'action du fer incandescent sur l'air respirable ; remplacez le fer par la brique, et vous réparez ces désastreux effets. Ajoutez à cela que le fer incandescent décompose aussi l'eau hygrométrique de l'air, et en dégage de l'hydrogène, en s'oxydant ; or l'hydrogène n'est pas un gaz respirable.

113. Ces effets de la combustion des métaux ne sont pas aussi sensibles sous les lambris élevés que dans les appartements à plafonds bas, dans les entre-sols et les mansardes, parce que l'azote, par sa légèreté, plus grande que celle de l'air, tend toujours à occuper les régions supérieures : de là vient que les forgerons établissent leurs ateliers sous des hangars élevés et à grand courant d'air ; ils s'y trouvent plus dispos et mieux à leur aise.

114. Le voisinage des foyers de la fermentation, laquelle s'alimente de l'oxygène de l'air en plus grande partie que de l'azote, produirait un effet analogue, indépendamment du dégagement d'hydrogène et d'acide carbonique qui en résulte, si l'air ambiant n'était pas amplement renouvelé. La respiration nocturne des plantes et la respiration pulmonaire des animaux produisent des effets analogues, en expirant de l'azote et de l'acide carbonique, en place de l'air atmosphérique inspiré ; il faut en dire autant de l'action des huiles fixes et volatiles, qui, étendues sur de grandes surfaces, pourraient être des causes au moins prochaines d'asphyxie par privation, à cause de la propriété qu'elles ont d'absorber l'oxygène de l'air atmosphérique.

115. 2° Asphyxie par addition, a l'air atmosphérique, d'un gaz non susceptible de servir a la fonction de la respiration. Nous renvoyons au chapitre de l'intoxication ce que nous avons à dire des gaz délétères, ou qui ont la propriété de nuire à la respiration, non pas par leur inertie, mais par leur affinité pour les tissus qu'ils désorganisent, et pour les liquides organiques qu'ils décomposent. Tout gaz, fût-il inoffensif, dès qu'il n'est pas respirable, nuit, par sa seule présence, au mécanisme de la respiration, et détermine une asphyxie, soit complète, soit progressive, soit aiguë, soit lente et chronique, si je puis m'exprimer ainsi, selon ses proportions et sa permanence dans l'air ambiant. Les symptômes qu'il détermine dans l'économie animale varient en raison de ces deux circonstances principales, ainsi que d'une foule de circonstances accessoires inhérentes ou étrangères à la constitution de l'individu. Car la présence de toute molécule gazeuse non respirable dilate d'autant et raréfie l'air respirable; d'où vient que, dans un temps donné, l'inspiration n'apporte plus, dans le poumon, la quantité d'air que réclame l'élaboration spéciale de l'organe respiratoire. A chaque inspiration, il y a perte nouvelle de produits organiques, perte dont les conséquences et les résultats marchent en progression multiple, dans des rapports incalculables et variables à l'infini.

116. Nous supposons ici ces gaz inertes, afin de nous conformer au langage de l'école, à qui il faut des résultats palpables et des symptômes appréciables, pour juger de l'activité et de l'énergie d'une substance; mais, en réalité, on ne doit pas attacher une trop grande importance à cette distinction systématique des gaz entre eux. Nul gaz, en effet, absorbé par nos organes, ne saurait rester inerte dans le foyer de tant d'élaborations; et s'il y est nuisible à la fonction, c'est, plus souvent que nous ne croyons, par une action directe, et non par l'inertie de sa présence. Les gaz ne sont inertes pour nous, que parce que leur inspiration ne détermine aucun signe appréciable à nos yeux. A la rigueur, dans l'état actuel de la science, on n'est en droit de classer parmi les gaz inertes, et qui nuisent à la respiration par l'inutilité de leur présence, que l'azote et l'hydrogène : l'azote, dégagé par la respiration des fleurs et des animaux; l'hydrogène, un des gaz nombreux que dégage la fermentation, ou bien la combustion du fer incandescent dans un air chargé d'humidité.

§ 4. Asphyxie par obstacle mécanique et par occlusion.

117. L'asphyxie par occlusion peut être le produit de toute espèce de corps capables de faire l'office de bouchon, après leur introduction ou leur formation dans les voies aériennes; les animaux à branchies ne connaissent pas ce genre d'asphyxie. L'obstacle mécanique est dans le cas, soit de s'arrêter au larynx, soit de pénétrer plus ou moins avant dans la trachée-artère, dans les bronches, et même dans les cavités pulmonaires. Les symptômes et la gravité de l'accident varient en raison de cette circonstance. Ce genre d'asphyxie peut donc se diviser en trois groupes principaux : asphyxie par l'introduction d'un corps étranger, soit solide, soit liquide, dans les voies respiratoires; asphyxie par le développement d'un tissu parasite dans ces mêmes voies; asphyxie par le rétrécissement mécanique des mêmes voies.

118. 1° ASPHYXIE PAR L'INTRODUCTION D'UN CORPS ÉTRANGER SOLIDE. Un noyau de fruit, une graine (haricot, pois), un fragment d'os, etc., en se trompant de route et pénétrant dans la trachée-artère, ou s'arrêtant même au larynx, ont suffi en bien des circonstances pour étouffer l'individu, sans que les secours de l'art aient pu triompher de l'obstacle. Dans ce cas le sang de l'aorte, refoulé violemment par la tuméfaction continue des poumons, se porte violemment à la tête; la face devient bouffie, les yeux sortent de l'orbite, et la conjonctive s'injecte de sang; tous les tissus se colorent en pourpre; et l'animal tombe sans convulsion, si l'occlusion est complète.

119. Si l'occlusion est incomplète, et que l'air puisse arriver aux surfaces pulmonaires par quelque lacune, quelque vide et quelque fissure, l'asphyxie est moins prompte et plus pénible; la lutte organique amène la souffrance, la souffrance les convulsions. L'oxygénation du sang ne s'opérant plus que d'une manière de moins en moins complète, le sang veineux passe dans les artères, et les surfaces du corps deviennent livides, au lieu de s'injecter en pourpre, par la violence que l'obstacle imprime à la circulation.

120. L'asphyxie par occlusion se complique et tient de l'une et de l'autre espèce précédente, quand elle est occasionnée par l'introduction soit d'un gros lombric intestinal, soit d'une sangsue, qui, outre-passant l'ordonnance du médecin, abandonne le lieu d'application et les parois buccales, pour s'insinuer dans le larynx. Les chevaux et les bestiaux que l'on met au vert, sur les bords des eaux stagnantes, sont exposés à ce genre d'asphyxie, parce qu'il leur arrive fréquemment d'avaler des sangsues en s'abreuvant. Nous aurons à revenir sur ce sujet en traitant des insectes morbipares; mais, en attendant, on prévoit que bien des cas d'apoplexie foudroyante, ou de syncope opiniâtre, peuvent n'être que des cas d'asphyxie par ces sortes d'occlusions, chez les enfants en bas âge surtout.

121. Nous ne faisons pas entrer dans ce paragraphe l'introduction
des corps étrangers, sous forme de poussière ou autrement, parce que ce
ne sont pas là des cas d'asphyxie par occlusion, mais des cas maladifs
d'un autre ordre de phénomènes, dont nous aurons à nous occuper plus
loin.

122. 2° Asphyxie par occlusion provenant de l'introduction d'un corps
liquide dans les voies respiratoires. Il arrive fréquemment qu'une certaine quantité des liquides qui nous servent en boisson prennent leur cours
dans le larynx, s'il survient un spasme à la glotte ; mais comme cette
quantité de liquide n'est jamais assez considérable pour envahir toute la
capacité pulmonaire, et qu'une substance liquide se prête à tous les mouvements et à tous les passages, il s'ensuit que le volume d'air qui remplit
les poumons a toujours la force de la chasser au dehors, en une ou plusieurs fois. Quand une fois ne suffit pas, le liquide est expulsé en partie
par l'expiration ; mais aussi, dans l'inspiration, la portion restante s'engouffre plus avant dans les cavités pulmonaires, ce qui détermine des
quintes plus ou moins violentes, et des efforts convulsifs plus ou moins
étourdissants. Le jeu du poumon fait l'office alors d'une pompe foulante,
et le liquide, refoulé avec cette puissance, s'échappe mécaniquement par
tous les passages, par la bouche, derrière le voile du palais, par le nez
et même par le canal nasal, pour inonder les paupières de larmes venues
à contre-sens ; ces effets font monter le sang à la tête, et y déterminent
des congestions, dont la gravité varie selon les constitutions et les prédispositions individuelles.

123. Que si un pareil accident arrivait à un individu affaibli déjà par
une longue maladie, étendu sur le dos et à demi perclus de ses membres,
qui fût incapable enfin de se prêter aux divers mouvements au moyen
desquels la respiration se débarrasse de l'obstacle liquide, il est possible
que l'asphyxie devînt définitive, quelque faible que fût la quantité du liquide ingurgité. L'enfant qui vient de naître serait dans ce cas, si, lorsque cet accident lui arrive par suite de l'allaitement, la nourrice n'avait
pas la précaution de l'incliner en divers sens, de l'agiter et de le secouer
avec une certaine violence. L'huile introduite dans les poumons, ou s'arrêtant même dans la trachée-artère, produirait des résultats plus prompts,
non-seulement par la faculté qu'elle a d'absorber l'oxygène, mais encore
et surtout en faisant office de vernis imperméable à l'air extérieur. Tout
le monde sait avec quelle promptitude on tue un insecte, une chenille,
par exemple, quand on a soin d'étendre, au pinceau, une simple couche
d'huile sur leurs stigmates respiratoires.

124. C'est là ce qui arrive, tant que l'organe respiratoire n'est séparé
de l'atmosphère que par cette quantité de liquide interposée dans les pre-

mières voies aériennes. Mais tout change, quand l'animal terrestre est submergé, et ne peut plus se mouvoir que recouvert d'une grande nappe d'eau ; pour ne pas nous occuper des liquides qui, par leur nature, sont dans le cas d'ajouter, à l'asphyxie, la complication d'un empoisonnement. L'asphyxie dans l'eau, autrement dite par submersion, ne supprime pas tout à coup la respiration ; et l'animal ne meurt pas subitement, comme dans le cas où on le plongerait dans un milieu entièrement privé d'air respirable. Car l'eau est un milieu respirable pour les animaux conformés d'une manière favorable à ce genre d'élimination ; elle n'est qu'incomplétement respirable pour les autres. L'eau, en effet, est toujours saturée d'air atmosphérique ; nous avons même établi plus haut que la respiration aérienne ne s'opérait que par le véhicule de l'élément aqueux (72). Donc, alors même que les poumons seront ingurgités d'eau, la respiration ne sera pas supprimée ; les surfaces respiratoires feront un instant l'office de branchies, elles dépouilleront l'eau adjacente de la quantité d'air dont elle est imprégnée. Mais l'eau jouera ici le rôle d'un fluide non respirable interposé entre les molécules de l'air respirable ; et l'asphyxie par submersion rentrera ainsi, comme cas particulier et comme simple modification, dans le cadre de l'asphyxie par addition (115). Les poumons ne recevront plus la quantité d'air respirable que leur capacité peut contenir, dans les proportions que réclame l'élaboration de chaque cellule respiratoire ; il y aura pénurie, souffrance, et partant conscience de la position et du danger. L'animal se débat quelque temps contre les obstacles, il s'attache des pieds et des mains à toutes les branches de salut ; sa lutte le soulève et le ramène à la surface ; son propre poids le replonge dans les profondeurs ; le combat ne peut être long, car les forces qui sauvent du danger s'épuisent vite ; l'intelligence, qui le prévoit et dirige les forces, se couvre vite d'un voile, quand l'asphyxie envahit le poumon ; et ce corps, désormais immobile, reste au fond du fleuve, roulé par les flots inférieurs, comme un vil soliveau de chêne, jusqu'à ce que, infiltré par les gaz de la fermentation putride, il soit ramené à la surface, par la légèreté spécifique de la décomposition, pour retomber sans retour au fond des eaux, dès qu'au travail de la fermentation succédera ce dernier travail d'assimilation des bases terreuses, et, pour m'exprimer ainsi, de fossilisation aqueuse, qui tanne les tissus du cadavre et semble les protéger contre la corruption. Le cadavre est alors blanc comme le marbre de Paros, et satiné comme un gant de peau de mouton, tant la partie colorante du sang semble avoir été lavée par le mouvement des eaux.

125. S'il survient une main secourable qui retire le pauvre submergé hors de l'abîme, tout danger ne cesse pas pour lui sur le rivage. Après l'avoir sauvé de l'eau, il faut qu'on le préserve du danger des positions

Ce n'est pas la congestion cérébrale ou autre qui le menace trop ; car le sang a acquis en parties aqueuses, par l'imbibition des surfaces, ce qu'il a perdu en degrés de chaleur. Tout est encore liquide dans les canaux et les réservoirs de la circulation sanguine ; point de ces caillots qui distendent le ventricule gauche du cœur, dans le cas d'une asphyxie sèche. Tout est encore liquide ; mais rien ne circule, et souvent rien ne coule par l'orifice qu'a ouvert la lancette, parce que la saignée est impuissante, quand elle n'a pas pour auxiliaire l'aspiration et l'expiration des tissus, ces deux uniques mobiles de la circulation sanguine. Quoi qu'il en soit, prévoyons, par le jeu des lois physiques, ce qui va arriver dans les diverses positions que la déclivité et les accidents de surface imprimeront à ce corps, le jouet des eaux, et maintenant le jouet du hasard et du traitement :

126. Si le corps, attaché par les pieds à une branche d'arbre du rivage, se trouvait verticalement la tête en bas, il est évident que l'eau ingurgitée dans le poumon retomberait, de son propre poids, vers la trachée-artère. Mais là elle trouverait deux obstacles, pour s'écouler au dehors : l'occlusion par l'épiglotte que la dilatation de la trachée et du larynx abaisse, et surtout l'équilibre de la colonne d'air atmosphérique. En effet, le peu d'air contenu dans les poumons, et dépouillé de son oxygène (83), ne sera pas en état de contre-balancer le poids de l'air extérieur ; l'eau sera donc retenue à la portion renversée du poumon, comme par le vide barométrique ; les voies aériennes seront donc fermées à l'air extérieur, et l'asphyxie aqueuse continuera ainsi dans l'atmosphère. Rappelez-vous la difficulté et souvent l'impossibilité que l'on éprouve de vider une bouteille à goulot étroit, quand on la tient verticalement renversée.

127. Ou bien l'asphyxié sera tenu dans la position droite, et la tête en haut. Le résultat précédent aura lieu en sens contraire ; car, obéissant à sa pesanteur, l'eau cessera à la vérité de boucher la trachée et les bronches ; mais elle se portera dans les anfractuosités du poumon, et y interceptera le contact de l'air. Et qu'on ne pense pas que l'expiration pulmonaire soit dans le cas de chasser, dans l'un et dans l'autre cas, cet obstacle à la respiration. Nous avons suffisamment démontré plus haut (90) que les surfaces respiratoires n'appelaient pas l'air à distance, et que la capacité pulmonaire ne renouvelait l'air qui la distend que par l'élaboration de la couche d'air qui en revêt les surfaces. Dès que cet air superficiel est épuisé, les surfaces se taisent, elles n'aspirent et elles n'expirent plus. Or, dans l'un et dans l'autre de nos deux cas, l'aspiration et l'expiration des surfaces respiratoires ne tarderont pas à manquer de matériaux et d'étoffe.

128. Ou bien le corps sera étendu sur un plan incliné, et la tête un peu plus basse que les pieds. S'il est placé sur le dos, le poids de l'eau,

tenant les poumons pressés dans la concavité dorsale, reproduira les effets de la position droite et la tête en haut. Si, au contraire, le corps est placé sur le ventre, et que la position déclive se rapproche beaucoup de l'horizontale, il s'ensuivra que l'eau, occupant la ligne inférieure, partagera la capacité du poumon en deux couches, l'une occupée par le liquide, l'autre par l'air, et que la ligne de séparation de ces deux couches, passant par l'axe de la trachée-artère, permettra tout accès à l'air extérieur; dès ce moment, les poumons seront dans le cas de reprendre le jeu de leur respiration; car il ne tardera pas à s'établir, dans leur intérieur, deux courants inverses l'un de l'autre, l'un de l'eau, qui s'écoulera à l'extérieur, et l'autre de l'air atmosphérique, qui s'introduira à l'intérieur. Que l'on vide une bouteille dans ces diverses positions, et l'on s'expliquera, par une image sensible, le mécanisme de ce phénomène.

129. Mais ce mécanisme doit se modifier, selon la conformation individuelle, et surtout selon l'organisation et la structure spécifique des animaux ; un quadrupède ne présentant pas, à l'écoulement du liquide ingurgité, les mêmes pentes, dans la même position que l'homme et les quadrumanes. Il faudra donc bien en ceci, comme dans toutes les autres questions de physiologie comparée (*) et expérimentale, se garder de faire immédiatement à l'homme l'application des résultats fournis par les expériences sur les animaux.

130. 3° ASPHYXIE PAR LE DÉVELOPPEMENT D'UN TISSU PARASITE DANS LES VOIES AÉRIENNES, ET SUR LES SURFACES RESPIRATOIRES. Ce développement est l'effet maladif d'une cause que nous n'avons pas à rechercher ici ; et cet effet devient cause à son tour d'un trouble, dont la conséquence prolongée, c'est la mort. Ces tissus se développent plus fréquemment chez l'enfant que chez l'adulte ; et à l'âge adulte, ils ne surviennent que chez les personnes lymphatiques, livrées à un régime doux, fade et débilitant,

---

(*) Ce mot, dont l'idée remonte à Aristote, ne date pourtant que de 1820, époque à laquelle un médecin de province, Destrés, exerçant à Vailly, département de l'Aisne, présenta à la Société de médecine un manuscrit intitulé : *Traité de physiologie comparée.* (Voyez *Journal général de Médecine*, tome 74, page 15, 1820.) En 1828, Blainville a publié ses leçons, sous ce même titre, en trois volumes; c'est une composition qui est bien loin de remplir le cadre qu'avait tracé le modeste docteur du département de l'Aisne; Flourens, à son tour, s'est approprié l'idée de Blainville. Mais il n'en est pas moins vrai que les seuls *traités de physiologie comparée* que nous possédions, sans qu'ils en portent le titre, sont encore les ouvrages de Fontana, Spallanzani, Bonnet, et surtout Haller. Aujourd'hui on tue beaucoup de chiens et de cabiais, croyant faire de la physiologie ; mais, par les résultats que l'on obtient, il est évident que l'on ne fait que de la boucherie.

ou qui passent subitement d'un régime hautement épicé, et de l'usage
habituel des liqueurs alcooliques, aux privations de la diète et du jeûne
forcé, nous donnerons l'explication de cette concordance, en son lieu.
Nous nous contenterons ici de faire observer que le développement parasite s'opère avec une si effrayante rapidité, que, si les secours de l'art ne
le paralysent pas et n'en arrêtent pas la marche, le malade en est étouffé
en peu d'instants. On trouve alors la trachée-artère bouchée, comme par
un bouchon de bouteille, par une masse cylindrique, qui en offre souvent la longueur et toujours le diamètre, et qui se moule sur ses parois,
de manière à porter l'empreinte de tous leurs accidents de surface. La
respiration dure tant que le diamètre du cylindre parasite ne coïncide
pas encore avec le diamètre de la trachée; mais, comme l'espace du
tuyau où se forme la voix se rétrécit de plus en plus, les efforts de
l'expiration se traduisent, selon que le tissu parasite se forme au-dessus
ou au-dessous des cordes vocales, et à différentes hauteurs, se traduisent,
dis-je, en des cris de différents timbres et de différentes intonations,
capables de parcourir toute la gamme chromatique et plusieurs octaves
successivement; phases pendant lesquelles les accès de toux d'un simple
rhume prennent les caractères des quintes de la coqueluche, et puis,
enfin, ceux du *cri croupal*, ce cri de détresse et de désespoir, si l'on
suit, pour parer le danger, certaines méthodes de traitement naguère
encore fort en vogue. Le cou enfle, la face se bouffit, les yeux sortent de
l'orbite, la peau s'injecte de sang versicolore; à cette effrayante convulsion succède la prostration totale; et la lutte est terminée, si l'art n'expulse pas l'obstacle, ou n'ouvre pas à l'air extérieur un autre orifice
pour pénétrer dans le poumon. Que si, même à l'instant désespéré, un
effort quelconque détermine l'expulsion de ce bouchon organisé, l'enfant
est préservé du danger imminent; mais il n'est pas, pour cela, guéri de
la maladie qui occasionne ces développements.

131. Les plantes, et les animaux à branchies, sont exposés à un genre
d'asphyxie analogue; car il arrive fréquemment, surtout quand leurs
tissus, transportés dans un milieu moins propice, deviennent paresseux
et languissants, il arrive, dis-je, que leurs surfaces respiratoires se
couvrent de productions parasites, capables d'intercepter, à leur profit
et au détriment du sujet, l'accès de l'air extérieur. Les moisissures, les
mousses, les lichens envahissent les écorces, et finissent par les étouffer.
Les vorticelles ramifient indéfiniment leurs bouquets d'artifice sur la
surface des tissus respiratoires aquatiques; et la branchie est alors
asphyxiée, comme le poumon, quoique par un autre mécanisme : cas
maladif où, comme par un cercle vicieux d'influence, l'effet réagit sur
la cause, et en augmente à son tour l'intensité.

132. Les effets progressifs de l'agonie, sur le poumon qui se remplit d'une écume que l'air expiré et aspiré traverse ou repousse, avec ce bruit de gargouillement que nous désignons sous le nom de râle, ces effets ne constituent pas un cas particulier d'asphyxie; car, ici, ce n'est pas l'air qui manque aux poumons, c'est le poumon qui manque à l'air. Si les cellules respiratoires conservaient encore leur vitalité, toute cette écume qui s'accumule vers les bronches serait balayée par le souffle de l'expiration, comme le sont les expectorations les plus compactes dans la diathèse du rhume. Dans l'agonie, l'écume s'accumule dans les premières voies, parce que l'expiration ne fournit de gaz que tout juste ce qu'il faut pour produire et distendre des bulles muqueuses; car ces gaz proviennent de l'épuisement des cellules respiratoires, et non de leur élaboration normale et continue.

133. 4° ASPHYXIE PAR STRANGULATION ET PAR SUFFOCATION. α. La *strangulation* est un cas d'occlusion, qui a lieu par le rapprochement et l'accolement des parois de la trachée-artère; accolement qui est le résultat d'une compression exercée à l'extérieur et autour du cou, par le moyen de tout mécanisme qui imite celui du nœud coulant : les replis du serpent, la constriction de la main qui saisit l'animal à la gorge, peuvent être des procédés de strangulation aussi puissants que le nœud coulant de la potence. Mais les signes de la strangulation seront alors différents, soit par les empreintes que chacun de ces mécanismes aura laissées à la surface, soit par les désordres plus profonds qu'ils auront déterminés; et ces signes varieront encore, en raison des différences spécifiques et même individuelles du patient. Qui ne voit en effet que, dans le cas de strangulation par suspension, le poids du corps n'étant plus supporté, dans l'espace, que par les muscles et les ligaments qui attachent une vertèbre à une autre, les signes internes et externes varieront, en raison du poids relatif de ce corps, de son état de jeûne ou de réplétion, et de la force relative des muscles et des ligaments, sur lesquels l'action porte d'une manière spéciale; selon la position et la nature du moyen de strangulation, selon l'état moral dans lequel le patient se sera prêté, ou aura été violemment soumis à cette terrible épreuve? La médecine légale est fréquemment invoquée, devant les tribunaux, pour constater si un cas donné de strangulation est le résultat d'un suicide, celui d'un meurtre involontaire ou prémédité, et pour chercher à reconnaître et à démêler, dans les traces qu'a laissées cette œuvre de mort, la nature des moyens employés pour l'exécuter. Malheur, dans ce cas, à l'expert qui, au lieu d'avoir recours aux données du plus simple bon sens, et de cette raison innée qui n'est le partage exclusif de personne dans ce bas monde, se jette tête baissée dans les dédales de ces livres classiques que l'univer-

sité a l'habitude de regarder, à chaque édition, comme le Coran de la science! Il perd, à cette lecture, ce qu'il savait le mieux; il y apprend, à chaque page, ce qu'il se voit forcé de désapprendre à la page suivante; la règle générale se perd, à ses yeux, dans la foule innombrable de ses exceptions. Qu'il se hâte de fermer ces livres, s'il veut conserver toute l'indépendance de son opinion; qu'il ne se fie plus qu'à sa propre expérience et à sa raison, s'il veut donner à la justice un témoignage dont la prudence puisse être appréciée par tous. Car je pose en fait que, si l'on soumettait l'appréciation de l'un de ces cas de médecine judiciaire au jugement d'un paysan ou d'un boucher de bon sens, à part quelques fautes de nomenclature anatomique, ces deux docteurs illettrés donneraient, dans le plus grand nombre de cas, une réponse plus conforme aux intentions de la justice que ces discoureurs assermentés, qui ont intérêt à obtenir dans tous les cas une solution quelconque. N'avons-nous pas vu, à l'occasion du genre de mort du prince de Condé, quatre ou cinq médecins légistes chercher à démontrer, par mille et une raisons plus convaincantes, à leurs yeux, les unes que les autres, que la mort du prince était l'effet d'un suicide; tandis qu'il n'est pas un médecin qui ne sache, et qui n'ait professé bien des fois dans sa vie, que le suicide par strangulation est impossible au moyen d'une cravate, quand les pieds du patient touchent la terre, et qu'ils fournissent au sentiment automatique de la conservation un point d'appui pour se satisfaire et pour sauver l'homme de la violence de ses propres mains.

134. Les signes immédiats varient; les signes cadavériques varient bien davantage. Ce n'est pas *à priori* et par avance qu'on est en droit de les caractériser; chaque cas particulier offre le sujet d'une étude nouvelle. Prenez tout votre temps avant de prononcer; n'exigez pas des juges et de votre auditoire qu'ils vous croient sur parole et comme si vous parliez *ex cathedrâ*; mettez toute votre ambition à vous faire comprendre: l'expert ne se comprend pas lui-même, quand il s'exprime de manière à ne pas être compris.

135. L'effet de la strangulation est prompt comme la foudre, parce qu'il n'est pas de moyen d'asphyxie qui supprime plus vite tout accès à l'air extérieur. L'air contenu dans les poumons est dépouillé de son oxygène; l'air expiré se dilate et dilate les poumons, qui compriment dès lors le cœur et ses dépendances, et refoulent ainsi le sang vers les extrémités, en même temps que la compression exercée sur les artères carotides et sur les veines du cou refoule le sang vers la tête. Les filets musculaires participent de cette pléthore violente: ils enflent et se raccourcissent d'autant; le muscle est dans un état de contraction violente. Les cheveux se dressent, les paupières s'ouvrent, la langue sort de la

bouche, le ventre se ballonne et se tuméfie par le refoulement des viscères, l'organe génital se redresse, comme par un priapisme insultant, et comme si ce cadavre n'était pas assez hideux à voir sans que cette mort violente empruntât ses dégoûts aux impressions du cynisme.

136. Et pourtant, malgré tout ce qu'a de repoussant, pour l'exemple qu'on prétend donner au peuple, dans les exécutions de la vindicte légale, ce mode de punition, moi qui voudrais enfin que la société abdiquât le droit de tuer, qu'elle a usurpé sur la puissance de la nature, si l'on me donnait à choisir, comme juge de la question, entre la strangulation et la décapitation, je préférerais revenir encore à la première méthode; non pas que l'une soit plus ou moins révoltante que l'autre, mais seulement parce que la strangulation laisse une lueur d'espoir, et que la décapitation tranche sans retour l'espoir de pouvoir réparer, dans quelques cas, soit les torts de la société marâtre envers le coupable, soit les méprises (et l'histoire nous apprend qu'elles sont assez fréquentes) que la justice des hommes est exposée à commettre, sur la foi des circonstances, si souvent équivoques, et des témoignages des hommes, qui sont tous sujets à erreur. A côté de cette restauration pénale, l'on me verrait, moi qui ne suis pas suspect, redemander la restauration d'une institution religieuse par les soins de laquelle la charité publique a si longtemps protesté, et quelquefois avec succès, contre la justice pénale; et, encapuchonné de la robe de deuil, j'irais me placer bien près du bourreau, pour surveiller tous ses mouvements et arriver à temps dans la réparation de son œuvre. A quand donc la société se pénétrera-t-elle de cette vérité bien simple à concevoir : Tuer, même un assassin dès qu'il est désarmé, c'est l'imiter et en prendre le caractère? Ce sera quand elle sera bien pénétrée des vérités suivantes : « On est coupable de punir ce qu'on aurait pu prévenir; le coupable est un malade que la société doit soigner et guérir dès qu'elle n'a plus rien à en craindre. En cherchant à se venger d'un coupable, on n'est jamais sûr de ne pas frapper un innocent. »

La substitution de la décapitation par la guillotine (*), à la strangu-

---

(*) Chacun sait que cet appareil horrible tire son nom du docteur Joseph-Ignace Guillotin, sincère républicain et philanthrope, né à Saintes en 1738, député du tiers état aux états généraux qui, en 1789, se constituèrent en assemblée nationale. Il concourut à la rédaction de l'immortelle *Déclaration des droits de l'homme,* fut nommé membre de la commission chargée d'organiser les écoles de médecine, de chirurgie et de pharmacie sur un plan moins suranné et plus conforme aux institutions nouvelles. Révolté d'horreur contre les tortures qui formaient le cortége de l'ancienne pénalité, il proposa de substituer la décapitation à la strangulation, au moyen d'un instrument en usage depuis longtemps dans certaines contrées de l'Italie. Cet instrument de tor-

lation par la pendaison, donna lieu, dès les premières années qui en
suivirent l'application, à une singulière discussion sur le point de savoir
si la souffrance du guillotiné survivait à la séparation du corps et de la
tête. Dans ce cas, le système de la pendaison aurait été préférable, vu
que le témoignage de tous les pendus qu'on est parvenu à sauver de la
corde conviennent qu'ils avaient perdu toute sensation du moment que
la strangulation avait eu lieu.

En Allemagne, les docteurs Oelner et Soemmering s'élevèrent, dans le
sens de l'affirmative, contre la nouvelle pénalité par la décollation. Le
père de notre admirable romancier qui vient de nous être enlevé par
une mort aussi suspecte qu'inattendue, le docteur Jean-Jacques Sue,
publia à ce sujet, en 1796, un opuscule intitulé : *Sur le supplice de la
guillotine*, dans lequel il se prononça hardiment contre ce système, en
faveur de celui de la pendaison, préférant l'effet de la strangulation,
comme étant moins barbare, à celui de la décapitation, et se fondant sur
cette idée qu'après l'exécution la tête du supplicié continue à ressentir de
la souffrance, tandis que le pendu cesse instantanément de souffrir.
J. Sédilhot et Cabanis soutinrent l'opinion contraire, tout en déclarant,
en principe, qu'on devrait repousser tout mode de supplice qui ferait
subir la moindre torture au condamné.

Une question pareille, et posée en ces termes, caractérise cette grande
époque de transition sociale et de fermentation réformatrice, où les
mieux intentionnés et les plus avancés mêmes, reculant devant l'idée de
tout ce qu'il aurait fallu abattre du vieil édifice, finissaient par ne plus
penser qu'à étayer ce qu'ils n'osaient pas démolir. Ils avaient aboli la torture physique de l'instruction criminelle, et ils conservaient la torture morale que devait subir l'accusé, en vue de la peine horrible qui l'attendait
au bout d'une condamnation capitale : torture morale bien plus affreuse à
supporter par sa durée, que la plus violente des tortures physiques que
le juge le plus froidement féroce se serait ingénié à faire subir à l'inculpé
sous ses yeux pendant un ou deux quarts d'heure. S'attendrir sur le plus
ou moins de sensibilité qui peut se manifester dans l'instant où la corde
serre le cou et où la hache le tranche, ce n'est ni de la philanthropie, ni de la philosophie, mais de la sensiblerie à froid dont ne se font
pas faute tous ceux qui trouvent un emploi lucratif de leurs moyens dans

ture ayant été adopté par un décret du 24 janvier 1790, sur le rapport favorable du
docteur Louis, fut appelé dès son apparition par le peuple, la *grosse Louison*, du nom
du rapporteur, et bientôt après *Guillotine*, du nom de l'auteur de la proposition. Guillotin jeté en prison en 1793, aurait fait sur lui-même l'essai de son horrible invention,
si les événements du 9 thermidor n'étaient venus lui ouvrir les portes de son cachot.
Il est mort en 1814, à l'âge de 76 ans.

l'exécution du coupable ; philanthropes de profession si vous le voulez, mais à gages comme leur complice le bourreau. Si c'est un crime de lèse-humanité que de faire souffrir le coupable qui subit sa peine, que ne pense-t-on aux souffrances légales qui s'accumulent dans son cœur et dans sa tête à partir du moment de son arrestation ? Souffrances d'angoisse et de honte pendant son interrogatoire, souffrances de privation de tout genre pendant la détention, souffrances foudroyantes au prononcé de sa condamnation, souffrances d'effroi à la vue de l'instrument du supplice et dans la prévision du cortége infernal que le prêtre lui met à chaque pas sous les yeux, s'il n'obtient pas l'aveu du coupable ! Mais en vérité le patient a tant souffert à attendre la dernière de ses souffrances qu'il en est insensible au moment de la subir ; ce n'est pas, le plus souvent, un homme que l'on conduit à l'échafaud, c'est un cadavre que l'on est obligé de hisser à l'échelle ; la crainte du bourreau l'a exécuté bien avant la hache du bourreau.

La loi du talion avec son inexorable promptitude était plus humaine et peut-être moins sujette à l'erreur que notre loi pénale avec sa philanthropie ; elle frappait sur-le-champ, comme le coupable s'y était pris, sans plus faire souffrir le criminel que le criminel n'avait fait souffrir sa victime ; elle frappait comme l'éclair l'homme encore dans toute la force et dans la plénitude de ses facultés ; elle lui épargnait du coup ce long chapelet de tortures qui le rongent minute par minute, quelquefois pendant l'espace d'un an ; car enfin sous l'égide de notre bienfaisante législation, pour une mort que le coupable a donnée, il reçoit mille morts en échange ; c'est vraiment être volé par la peine pour la somme de 999.

Où est donc notre excuse dans un calcul aussi erroné ?

L'accusé a commis un crime en frappant son semblable ; pourquoi l'imitons-nous en le frappant à notre tour ? S'il n'en avait pas le droit, où est donc le nôtre ? Serait-ce le droit de défendre la société dont il était membre ? Mais nous ne la défendons qu'après coup en frappant le criminel. Pourquoi ne pas la défendre en s'y prenant mieux pour prévenir le crime, au lieu de mettre ensuite tant de soins stériles, j'allais dire tant d'acharnement, à le punir ?

Que rapporte le supplice à la société ? Une horreur de plus. Qu'en revient-il aux héritiers de la victime ? Ils perdent du dernier coup l'espoir d'une réparation, et la somme qu'ils ont consacrée aux frais de poursuites.

C'est, direz-vous, un exemple qui intimide. Ne croirait-on pas que toute cette foule avide d'émotions qui afflue au pied de l'échafaud ne se compose que de gens de sac et de corde qu'on aurait à intimider, et que si dans le nombre il se trouve un malheureux trempé pour le crime, il se laissera intimider pour si peu ? L'observation nous démontre depuis bien

longtemps le contraire : dans les grandes villes où la guillotine est en
permanence, ceux qui se pressent le plus autour d'elle, qui sont le plus
avides de bien voir, ce sont en général ceux qui prévoient le cas où ils
viendraient à passer ce terrible quart d'heure sur la plate-forme, et qui ac-
courent en quelque sorte là pour se faire le cœur à ces émotions et le cou
à l'impression de la lunette. Le scélérat s'enhardit à ce spectacle ; et l'innocent s'y apitoie à force d'horreur. C'est un sacrifice sauvage qui n'expie
rien, qui ne prévient rien, qui ne produit rien ; c'est une vieille barbarie
à abolir ; c'est un acte de férocité raisonnée ; c'est une tache de sang qui
reste encore au front de notre immortelle révolution sociale.

L'exemple du pardon et de l'amélioration est bien plus fécond en heureux résultats que l'exemple de la peine qui, dans un accès de colère
ou plutôt de rage, si sainte qu'elle paraisse, s'applique à dépecer un
criminel.

Séquestrons de la société l'homme qui se propose de lui nuire ou qui
lui a déjà été nuisible ; retenons-le sous nos yeux jusqu'à ce que la société n'ait plus rien à en craindre et plus rien à demander à l'auteur du
crime consommé, pour la réparation des conséquences de son acte ; voilà
notre devoir, qui absorbe tous nos droits. Tout le reste est une usurpation
des droits de la nature, qui seule a la puissance de détruire ce qu'elle a
créé, afin de reconstituer sous une autre forme ce qu'elle a détruit. C'est à
elle à compter les heures de la vie ; à nous le soin de les utiliser dans
l'intérêt de tous ; car dans les intérêts de tous sont compris nos propres
intérêts.

Le jour où, sur ces bases, on abolira de fait la torture afflictive et la
peine de mort, je commencerai à croire à une révolution humanitaire ;
jusque-là, j'ajourne, non pas mon dévouement, mais mon estime envers
l'humanité actuelle.

Qu'ensuite, par le système de la hache, le patient souffre plus que par
celui de la corde, c'est une bien petite considération à joindre à la
question principale : dix minutes de plus ou de moins comptent fort peu
dans une addition d'une année.

Mais pourtant, comme ce livre est fondé spécialement sur les lois de
la physiologie, nous nous garderons bien de laisser passer sans discussion cette face de la question qui nous occupe ; et nous soutiendrons que,
sous le rapport d'une moindre souffrance, la pendaison est encore préférable à la décapitation, si prompte que l'exécution en ait lieu.

En effet, dès que l'occlusion des voies respiratoires est complète, toute
sensation disparaît inopinément ; l'effet du nœud coulant qui détermine
la strangulation occasionne donc moins de souffrance que l'entaille qu'ouvre en sciant le tranchant d'une lame, si bien aiguisé qu'il soit. Ainsi

quelque rapide que soit l'exécution, il est évident que le patient éprouve une souffrance qui ne fait que s'accroître du moment où il sent le froid du fer jusqu'à ce que le tranchant du couperet ait achevé son œuvre de mort. Mais la respiration ne cesse pas toujours dès ce moment, et si le sang qui s'échappe ne vient pas obstruer l'orifice de la trachée-artère. Or, si c'est la respiration qui alimente la sensibilité, et que la sensibilité soit la vigie de la souffrance, le corps doit encore souffrir, quoique la tête ne soit plus là pour en avoir la conscience, c'est-à-dire l'idée par le concours et le témoignage des sens. Qu'ensuite cette souffrance dure plus ou moins, il n'en est pas moins vrai qu'elle survit quelques instants à la décollation du supplicié. Quant à la tête, il est évident que jusqu'à diminution suffisante de la circulation, et tant que la circulation alimente les fonctions cérébrales, elle doit avoir la conscience, c'est-à-dire la souffrance, de tout ce que la hache en a retranché. Rien ne lui manque pour suffire à ce travail passif : tous ses sens restent entiers; le système musculaire seul a été mutilé sur une trop grande échelle pour que la face offre des contractions sensibles. Mais le centre nerveux de toutes les sensations n'en conserve pas moins son unité complète et sa faculté de recueillir et de coordonner les sensations que lui transmettent tous les cordons nerveux qui émanent de lui-même. De même donc que l'amputé de la cuisse croit éprouver les sensations de toutes les portions que la scie a emportées, qu'il croit éprouver jusqu'aux douleurs des doigts de son pied qui n'existe plus depuis des années, qu'y aurait-il d'extraordinaire que la tête du guillotiné eût, par le véhicule des troncs nerveux qui lui restent, la sensation de tout ce que le couperet en a retranché, et cela tant que la circulation n'aura pas tout à fait cessé d'alimenter en elle la faculté de sentir et de penser? Est-ce que la tête de certains animaux ne continue pas à souffrir longtemps encore après qu'on leur a coupé le cou, du moins si on en juge par les mouvements qu'elle exécute? Or les différences dans l'organisation animale ne sont jamais que du plus au moins. Donc, si courte qu'en soit la durée, la souffrance du supplicié doit survivre à l'exécution. Donc enfin, si la philanthropie légale n'appuie ses préférences que sur cet ordre de considérations, la pendaison doit lui paraître préférable à la décapitation, la potence à la guillotine : préférence entre deux sauvageries indignes d'un siècle qui a fini par défendre de torturer les animaux.

Si, pour compléter l'idée, il fallait mettre ensuite en ligne de compte ces épouvantables insuccès du couperet, que la rouille arrête au milieu de son œuvre, cette lutte du patient mutilé contre un couteau inhabile à l'achever, ces tentatives d'égorgement plutôt que d'exécution qui restent stériles deux fois... trois fois... et jusqu'à ce que le bourreau, épouvanté devant l'indignation publique, se hâte de ses mains de charcuter les chairs comme il le ferait sur un animal immonde... oh! c'est alors quelque chose de hideux à redire; le cauchemar le plus diabolique n'en approche pas; le coupable le plus coupable ne s'est jamais montré aussi féroce à perpétrer son crime que le bourreau le moins cruel qui se rencontre n'en met à exécuter la loi... Accourez donc, philanthropes; approchez-vous de plus près : comprenez-vous?... Mais parlez donc! que dites-vous de l'humanité de votre chère guillotine?... Oh! je voulais vous prendre en pitié comme raisonneurs et publicistes; je ne puis que vous maudire... et m'enfuir en me couvrant les yeux : en présence de cette horrible boucherie exercée sur le condamné, vous conservez le calme du complice!

137. β La *suffocation* s'opère par compression et non par constriction; l'asphyxie par suffocation est moins prompte que l'asphyxie par strangulation; son agonie est longue et pénible; son mécanisme est facile à expliquer. L'air qui distend les poumons fait équilibre un instant au poids qui comprime le coffre thoracique; mais cet équilibre est rompu à la première expiration, et la capacité du poumon diminue d'autant; le poids extérieur s'opposant à ce que l'inspiration ne lui rende, par l'alternative, ce que l'expiration lui a fait perdre. Nouvelle perte de capacité, à l'expiration suivante. L'expiration donne plus que l'inspiration ne reçoit La respiration est en déficit et en souffrance. Or, tout souffre dans l'économie dès que cet organe élaborateur du souffle de la vie souffre à son tour. Le sang porte aux organes une nutrition incomplète; les organes rendent à l'économie leur tribut incomplet; les poumons se vident de plus en plus d'air respirable, qui est remplacé d'autant par l'air vicié. Il arrive enfin le moment qui termine cette pénible agonie, ce cauchemar infernal : c'est celui où le dernier atome d'oxygène a été absorbé par la dernière vésicule pulmonaire (90); le patient expire, pour ne plus aspirer.

138. Ainsi que tout autre genre d'asphyxie, l'asphyxie par suffocation eut avoir lieu d'une manière chronique ou aiguë, pour me servir des termes de l'école hippocratique; ce qui signifie en bon français, que l'asphyxie peut s'opérer dans un espace de temps plus ou moins long, selon que la cause en agit avec plus ou moins de puissance. C'est ainsi que l'usage des corsets, par lesquels la mode a si longtemps rétréci la taille, aux dépens de la santé, devrait être considéré comme une cause d'asphyxie chronique; car le corset, chaque jour resserré, rétrécit d'autant chaque jour la capacité pulmonaire, et diminue d'autant la quantité d'air que la surface respiratoire est dans le cas de réclamer. C'est une privation progressive, qui abrége la vie et tue lentement, alors même qu'elle ne produirait pas mécaniquement des accidents qui ne laissent pas que

d'être encore plus graves, pour être accessoires à la question, sous le point de vue qui nous occupe : hernies, avortements, accouchements difficiles, céphalalgies, congestions cérébrales, maladies de cœur et de poitrine, etc. ; enfin, toutes les lésions internes qui peuvent provenir de la réaction élastique, mais violente, des viscères violemment contenus dans une trop étroite capacité. '

§ 4. *Asphyxie spasmodique.*

139. L'asphyxie spasmodique a sa cause dans le désordre des appareils eux-mêmes de la respiration. C'est une espèce d'asphyxie, pour ainsi dire, spontanée, dans laquelle les muscles qui concourent à l'alternative des inspirations et des expirations perdent la régularité et l'harmonie de leur antagonisme, condamnés par une paralysie plus ou moins longue à un état de contraction ou de relâchement, d'où résulte l'inertie de la fonction respiratoire. L'asphyxie spasmodique peut s'exécuter par tous les modes dont nous avons plus haut décrit le mécanisme : par occlusion, par strangulation et par suffocation.

140. 1° *Par occlusion* (118). Que la paralysie s'attache principalement à la glotte elle-même et à l'épiglotte, ou à l'appareil qui les fait mouvoir, le larynx restera ouvert, si la paralysie surprend la glotte, dans le temps de sa dilatation, et l'épiglotte, dans le temps de son érection ; les liquides, se trompant de route, pourront produire l'asphyxie, par introduction d'un corps étranger liquide. Si la paralysie surprend la glotte dans son temps de contraction, et l'épiglotte dans le temps de son abaissement, le larynx se fermant par cette soupape violemment contractée, l'inspiration deviendra impossible, et l'asphyxie s'opérera par occlusion, à moins que l'art ne trouve un moyen de pratiquer à l'air extérieur une ouverture nouvelle.

141. La paralysie de la glotte et de l'épiglotte peut provenir de l'action chimique d'une substance introduite dans la bouche, soit sur la glotte elle-même, soit sur ses muscles moteurs. Elle peut provenir encore de l'introduction dans le pharynx d'un corps étranger qui, arrêté au passage, et réagissant violemment sur tous les tissus environnants, en détermine l'inflammation par sa présence, et la paralysie par le progrès de l'inflammation, autant que par la pression violente que ce corps étranger exerce sur les filets nerveux adjacents.

142. 2° *Par strangulation* (133). Si la contraction tétanique des muscles du cou, par suite de l'augmentation de leur volume dans le sens transversal, est telle, que le diamètre du larynx ou de la trachée-artère ne permette plus passage à la quantité d'air nécessaire à la respiration ;

ou bien si le corps étranger introduit dans le pharynx et l'œsophage s'y tuméfie tellement qu'il vienne à rapprocher, par une compression progressive, les parois de la trachée ou du larynx; ou bien, enfin, si cet effet de compression est le résultat du développement d'une production cancéreuse, ambiante ou interposée, et de l'engorgement des glandes situées à cette hauteur.

143. 3° *Par suffocation* (137). α. Quand les muscles pectoraux, dorsaux, sterno-mastoïdiens, etc., restant trop longtemps dans un état de contraction tétanique, se refusent à l'expansion de l'inspiration, et rétrécissent d'autant, à chaque expiration, la capacité pulmonaire.

144. β. Une course violente et trop longtemps continuée produit le même effet. La tension musculaire rétrécit et vide de plus en plus la capacité pulmonaire; et l'homme tombe essoufflé, hors d'haleine, c'est-à-dire asphyxié (99,5°). Le spasme de la joie ou de la terreur ne donne pas la mort par un autre mécanisme, dans le plus grand nombre de cas.

145. γ. La suffocation peut être l'effet plus ou moins lent de la pression qu'exercent contre les parois abdominales, et, par contre-coup, sur les parois diaphragmatiques, la présence et l'accumulation des gaz et des liquides dans la cavité de l'abdomen, et surtout les résultats fermentescibles d'un excès de boisson ou de nourriture. En effet, quand l'homme se gorge de vivres et de vin, et surtout lorsqu'il boit frais et à la glace, il ne s'aperçoit pas d'abord qu'il en ingère plus que sa capacité stomacale ne peut en contenir. Dès qu'il cesse de boire et qu'il commence à digérer, et que la fermentation se manifeste, la masse ingérée augmente de plus en plus en volume; si elle s'échappe au dehors comme elle le ferait hors d'une cucurbite, et que l'individu puisse vomir, il est soulagé; si, par sa position et par la nature trop compacte du bol alimentaire, l'ouverture cardiaque de l'œsophage refuse de donner passage à la quantité de surcroît, cette pâte, qui enfle l'estomac et qui fermente de plus en plus, refoule les intestins en bas, le diaphragme contre les poumons; la circulation, déjà tant compromise par la réaction des boissons alcooliques, est gênée de plus en plus par la compression exercée sur la veine cave et sur l'aorte. L'asphyxie est imminente, si les secours de l'art ne débarrassent pas promptement ce goinfre, du démon qui le terrasse et dont il avait fait son dieu.

146. Ne l'exposez pas au froid; dans ce cas le froid frappe comme la foudre. Car le froid, en contractant les parois, diminue d'autant la capacité abdominale, et ajoute une force de plus à la compression, indépendamment du trouble que le changement de température jette dans toutes les fonctions animales

147. ♂. Enfin, le développement d'une hydatide, d'un cancer, ou de toute autre espèce d'organes parasites, est, dans certains cas, une cause prochaine et plus ou moins lente d'asphyxie, par suite de la compression que ces masses insolites peuvent exercer contre les poumons.

§ 5. *Asphyxie cutanée.*

148. Nous avons établi plus haut (25) que tout tissu, en contact avec l'eau, s'en imbibe, et en contact avec l'air extérieur, l'aspire. L'imbibition a pour corrélatif l'exhalation; et l'aspiration, l'expiration. Notre système cutané est donc une branchie aérienne, elle a aussi sa respiration. L'air extérieur la pénètre de toutes parts; elle l'exhale par tous les pores, après que les tissus l'ont suffisamment élaboré. Dans le bain on voit la peau se couvrir d'innombrables petites bulles, que l'eau redissout et ne laisse pas échapper. La peau transpire et respire; et si on la revêtait d'un vernis imperméable aux alternations de cette double fonction, on tuerait l'animal à petit feu, comme on tue la chenille, en plaçant une goutte d'huile à l'ouverture stigmatique de ses trachées. Sorte de comparaison, qui n'est pas une similitude : car l'huile étendue sur notre système cutané ne produirait rien de semblable; vu qu'elle est facilement absorbée par nos pores, et qu'elle est assimilable, au lieu de rester inerte comme un vernis; l'huile n'agirait en qualité de vernis que si l'animal y restait plongé, la tête en dehors; car cette couche trop épaisse d'huile intercepterait tout passage à l'air; l'animal finirait par y tomber dans une fièvre dévorante.

149. Les soins de propreté n'ont d'autre but que de tenir constamment les pores de la peau dans un état favorable au jeu régulier de la transpiration et de la respiration. L'habitude de la malpropreté constitue l'homme dans un état physique et moral de souffrance.

Ainsi nous respirons en grand par les poumons; nous respirons sur une moins grande échelle par toute la surface de notre corps. L'air extérieur nous pénètre par tous les pores; nous le tamisons de dehors en dedans, et de dedans en dehors, par le crible de notre épiderme, à toutes les fractions du temps. Nous connaissons la configuration de l'organe respiratoire des poumons; mais où découvrir la configuration de l'organe respiratoire de la peau, si ce n'est dans le réseau du système lymphatique? réseau inextricable et interstitiel, dont l'anatomie à l'œil nu n'a jamais surpris que les anastomoses les plus grossières. Car il n'y a pas la plus petite cellule que n'entourent et un vaisseau lymphatique et un vaisseau sanguin; deux sortes de capillaires destinées à en alimenter l'élaboration, l'une avec de l'air, l'autre avec du liquide; deux sortes de réseaux dont les mailles varient selon la configuration des cellules, et se moulent sur leurs contours; formant des stries parrallèles sur les longs muscles et les fibres allongées, des hexagones sur le tissu cellulaire, des triangles sur les muscles triangulaires, etc.

Les lymphatiques enfin, chez les vertébrés, sont l'analogue des trachées des insectes privés de poumons.

On parle beaucoup de la lymphe, ou liquide circulant dans les lymphatiques; on a pris en cela l'accessoire pour le principal, le liquide qui en lubréfie les parois pour le liquide qui circulerait dans leur anastomoses. La circulation des lymphatiques est gazeuse; leur aspiration est aérienne. Quand on injecte les vaisseaux sanguins, l'injection ne passe pas dans les lymphatiques; qu'on insuffle de l'air dans une veine, et à l'instant les lymphatiques gonflent et s'injectent d'air.

Mais il ne faut pas confondre ces vaisseaux lymphatiques et respiratoires avec les canaux interstitiels des grandes et petites cellules, qui sont les vaisseaux circulatoires spéciaux à l'élaboration intime de chaque organe en particulier : vaisseaux absolument distincts des vaisseaux de la circulation sanguine. Les vaisseaux lymphatiques arrivent en s'anastomosant jusqu'à la périphérie du corps; et il n'est pas le plus petit point de la surface du corps où ne s'abouche une de leurs ouvertures. Il suffit de rapprocher cette idée de celle que nous nous sommes faite de la disposition dichotomique des embranchements nerveux dont les derniers bourgeons viennent s'épanouir en papilles innombrables à la périphérie, et paver, pour ainsi dire, par leur contiguïté, la surface de la peau, pour reconnaître que les lymphatiques sont les canaux interstitiels des prolongements nerveux. En un mot, ils ne sont pour ainsi dire que l'espace compris entre le cordon nerveux et son enveloppe dite aponévrose, qui se divise et subdivise, se bifurque et s'anastomose exactement comme eux et parallèlement aux embranchements, aux indéfinies de dichotomies de chaque tronc nerveux.

Côte à côte de chaque tronc, rameau, ramille, houppe et papille nerveuse se trouve donc toujours un vaisseau lymphatique qui en est pour ainsi dire la gaîne, le fourreau, le conduit par où le cordon nerveux se fait jour. Ces lymphatiques sont les sudorifères de l'organisation, en sorte qu'il n'est pas une papille nerveuse de la peau qui ne soit enveloppée du produit de la transpiration et qui ne baigne, pour ainsi dire, dans la sueur, et, par suite des grandes fatigues, ne laisse suinter sa goutte de liquide excrété.

Ainsi on devrait compter autant de lymphatiques qu'il existe d'organes sécréteurs et excréteurs, car chaque organe a ses interstices cellulaires qui servent à l'aspiration et à l'expiration. Nous admettrons donc : 1° les *lymphatiques chilifères*, qui aspirent le chyle et le transmettent au torrent de la circulation sanguine; 2° les *lymphatiques lactifères*, qui sécrètent ou excrètent les principes du lait, et communiquent par le bout de la mamelle avec l'air extérieur; 3° les *lymphatiques urinaires*, qui s'abouchent dans la glande du rein; 4° les *lymphatiques stomacales* et *intestinales*; 5° les *lymphatiques pulmonaires*, qui aspirent l'air et expirent avec l'air les mucosités pulmonaires; 6° les *lymphatiques salivaires*, qui débouchent dans le plancher sublingual et même sur toutes les parois de la cavité buccale; 7° les *lymphatiques rhinaires*, qui tapissent de leurs orifices toute la surface des cavités nasales; 8° les *lymphatiques auriculaires*, qui amènent le cérumen au dehors du tuyau auditif externe; 9° les *lymphatiques génitaux*, qui sécrètent la matière génératrice; 10° les *lymphatiques sudorifères*, dont les orifices pavent, avec les papilles nerveuses, la surface du corps humain, et qui sécrètent, sous forme d'exhalation cutanée, le trop-plein des substances solubles devenues inutiles à l'organisation, et, sous forme de sueur, la quantité exprimée par la violence insolite des mouvements musculaires.

Il arrive souvent qu'une personne d'un tempérament lymphatique se sent pousser des glandes, seulement en recevant l'haleine d'une autre personne qui en a déjà; à l'article *Glandes*, je citerai un cas très-curieux de ce genre. L'infection miasmatique nous arrive par les lymphatiques; les virus absorbés par la peau nous font pousser des bubons, des glandes aux aines et aux aisselles. Si ces miasmes arrivent aux ganglions, sorte de *trivium* où aboutissent les rayonnements des vaisseaux lymphatiques, ces ganglions s'engorgent et deviennent des glandes, c'est-à-dire des tumeurs froides, puisque leur réseau n'est pas accessible au sang, ce principe de la chaleur. Si un helminthe pénètre dans les lymphatiques, il y a développement glandulaire, incolore et comme squirrheux. Quand les lymphatiques perdent leur propriété d'absorber l'air, ils s'infiltrent de liquide, et dès ce moment, il y a œdème. L'*œdème*, c'est l'érysipèle des capillaires lymphatiques; l'*érysipèle*, c'est l'œdème des capillaires sanguins.

DEUXIÈME GENRE. — *Causes diététiques ou digestives des maladies.*

150. Toute cellule organisée respire et digère, c'est-à-dire élabore, au profit de son développement et de sa reproduction, l'air qu'elle a aspiré, les liquides qu'elle a absorbés. Mais tout être organisé n'ingère pas, c'est-à-dire n'est pas toujours organisé de manière à maintenir, pendant un temps donné, dans un réservoir spécial, une certaine quan-

tité de matière élaborable et nutritive, dont, à l'aide d'un appareil d'une structure spéciale, il aura fait le triage dans le liquide ambiant ou dans les lieux environnants. La plante n'ingère pas; il faut en dire autant de l'hydre, polype de nos ruisseaux, espèce d'entonnoir à une seule et grande ouverture, qui aspire et se nourrit par toutes ses surfaces, et à qui son unique cavité est bien moins un estomac qu'un lieu d'asile où se replient ses tentacules au moindre danger.

151. Considérée dans les animaux d'une structure plus compliquée, et qui sont munis d'un canal alimentaire spécial, animaux gigantesques ou microscopiques, la digestion stomacale, que nous désignerons ainsi pour la distinguer de la digestion cellulaire, dont elle n'est qu'un appareil, la digestion stomacale est une et identique dans son mécanisme, dans les matériaux qu'elle élabore et les produits qu'elle en extrait. Elle ne diffère, d'un animal à l'autre, que par des modifications accessoires de structure et d'action.

152. Nous avons suffisamment établi ailleurs (*) que la digestion stomacale s'opère, au moyen d'une fermentation d'abord saccharine, ensuite alcoolique, puis acétique, dont les produits gazeux, hydrogène et acide carbonique, sont absorbés par les parois stomacales, et dont les produits liquides acidifiés vont subir, dans l'intestin suivant, le duodénum, une transformation alcaline, que nous avons désignée sous le nom de digestion duodénale; digestion définitive, dont les produits sont absorbés par les vaisseaux chylifères, pour être portés dans le torrent de la circulation, et de là dans le poumon, où ils s'oxygènent et se colorent, au moins chez les animaux supérieurs et à sang rouge.

153. Toute fermentation suppose le concours et la réaction de deux substances immédiates au moins. La fermentation saccharine ne saurait s'établir qu'à l'aide d'une substance saccharifiable d'un côté, telle que l'amidon, et d'une substance saccharifiante de l'autre, telle que la matière glutineuse. Aussi n'est-il pas, dans le cadre zoologique, un seul animal qui se nourrisse d'une seule substance réellement immédiate; pas un seul, par exemple, qui se suffise avec du sucre ou de la gomme seule : une telle nutrition serait l'absence de toute espèce de nutrition. Nous voyons des insectes qui ne se nourrissent qu'avec des feuilles, d'autres qui achèvent leur vie dans un même fruit, d'autres dans le tronc des arbres, d'autres, enfin, dans le derme, et d'autres dans la chair musculaire, etc.; mais ce genre de nourriture, que nous désignons par un seul mot, ne laisse pas que d'être une nourriture très-compliquée, chacune de ces substances alimentaires se composant d'une foule de produits

---

(*) *Nouveau système de chimie organique, tome 3,* § 3617. 1838.

immédiats, dont le concours peut déterminer dans un organe, en des circonstances spéciales, la fermentation stomacale.

154. Une nourriture incomplète affame ou empoisonne, parce qu'alors elle ne fermente pas, ou fermente d'une manière anomale; que ses produits sont nuls, ou tout autres que ceux que réclame l'élaboration cellulaire. Une nourriture complète par ses éléments, mais insuffisante par sa quantité relative, ne nuit par elle-même qu'au développement; l'insuffisance n'est un poison et une cause de mort, que lorsque l'exigence est excessive.

155. Manger peu et fatiguer beaucoup, c'est dépenser beaucoup plus qu'on ne gagne; c'est marcher à grands pas vers un excédant de dépenses sur les recettes, qui mène vite à la déconfiture; c'est se frayer une pente rapide vers le marasme et l'épuisement. Avis aux chefs d'industrie qui exigent beaucoup de travail et rétribuent peu l'ouvrage, et qui imposent aux petits bras de l'enfance les efforts et l'œuvre de l'âge adulte.

156. Avis aux médecins qui abusent de la diète, l'imposent et la prolongent au hasard. La diète affame la maladie, mais elle affame bien plus encore la vitalité. Elle refuse au mal le genre d'alimentation qui l'entretient et le développe; mais en même temps elle supprime à l'économie ce qui la fait vivre et se développer. Elle guérit d'un mal, bien souvent pour en faire naître un pire; et l'on voit le malade être sauvé d'un mal de tête, pour périr de faim. Docte compensation!

157. Quoique le principe nutritif soit essentiellement le même chez tous les animaux, la digestion se modifie, avons-nous dit plus haut, selon les genres, les espèces, les individualités, les professions et la position géographique. La nourriture que dévore tel animal serait un poison pour un autre; car ses organes n'ont pas été conformés par la nature, ou ils n'ont pas été modifiés par l'éducation pour élaborer avec fruit un tel bol alimentaire. La nourriture que recherchent les habitants du Nord ne ressemble en rien à celle qu'affectionnent les peuples du Midi. Le même rapport existe entre les plaines et les montagnes : le Béarnais, si agile et si vigoureusement conformé, ne vit presque que de maïs et d'eau fraîche; l'homme du Nord se repaît de viande et de vin. Transplantez ces individualités par l'émigration, et elles adopteront d'elles-mêmes l'alimentation du pays; car c'est celle que l'homme élabore le mieux, à cette latitude et dans cette circonscription. Je ne sache pas de plus sottes sciences que l'agriculture, l'économie publique et l'hygiène, dès qu'il leur prend fantaisie, du fond d'un cabinet de Paris, de dicter des lois qui soient les mêmes pour tout le monde, et qui enjoignent à l'Africain basané de se nourrir, de se vêtir et de se guérir, par les mêmes méthodes

que le blond habitant de la Bretagne. Quand Isocrate (*) recommandait
de se conformer aux religions des divers pays où l'on émigrait, il donnait pour son temps un excellent précepte d'hygiène, car les religions de
son temps étaient des cultes et non des dogmes ; en en changeant, on ne
faisait que changer d'habitudes, on n'apostasiait pas ; on adoptait, dans
un nouveau pays, les nouveaux usages qu'y avaient consacrés la tradition
des générations passées, l'expérience des âges, cette voix du peuple, qui
est la voix de Dieu. Les religions d'alors étaient toutes corporelles. Depuis qu'elles se sont constituées savantes, le précepte d'Isocrate serait
un mauvais conseil ; car il ne tendrait à rien moins qu'à nous permettre
de professer comme vraie ici, une proposition que nous a ons considérée comme fausse là-bas. Moïse, qui n'a proclamé qu'un seul dogme,
la création, n'aurait pas imposé, en France, les mêmes observances religieuses que dans l'Arabie ; et les Juifs, qui dans le nord de l'Europe, se
condamnent à suivre ponctuellement la lettre du Pentateuque, traduisent
Moïse à contre-sens ; ils commettent un anachronisme ; ils pèchent contre les lois de Dieu, en voulant se montrer austères observateurs des lois
de Moïse ; ils se suicident, eux et leurs races, par des privations que le
climat condamne. Heureusement pour cette branche de la civilisation moderne, tous les Israélites ne sont pas aussi coupablement croyants ; et il
en est beaucoup qui dérogent au Talmud, ce qui est tout à fait conforme
aux intentions de Moïse. Je ne dirai rien ici des chrétiens et catholiques ;
il ne sied pas d'en parler dans un livre de chimie et de médecine.

158. L'homme est celui des êtres animés qui peut se prêter, avec le
moins d'inconvénient et de malaise, aux diverses espèces d'alimentation.
Les animaux qu'il a façonnés à la domesticité participent, sous ce
rapport et jusqu'à un certain point, de la docilité de ses organes digestifs.
L'homme est herbivore ou carnivore, selon les climats, et souvent dans
le même climat ; ce qui revient à dire que sa digestion est plus active ou
plus paresseuse, selon les climats et selon les individualités. Le but de
la digestion étant de transformer la substance végétale en substance
animale, l'herbe en chair, il s'ensuit que le canal alimentaire a bien
moins d'énergie à dépenser en digérant la chair des animaux ; car il n'a
plus alors, pour ainsi dire, qu'à l'extraire. Là où la vie est la plus active,
l'homme est herbivore : l'Indou ne vit que de fruits. Là où la vie est
paresseuse et plus ou moins engourdie, l'homme est carnivore : un cou-
vent de brahmanes se relâcherait bien vite, dans le Nord, de l'austérité
de sa règle ; austérité qui n'est qu'une douce et facile hygiène, dans
l'Indoustan.

(*) *Panégyrique.*

159. L'homme n'a pas moins que l'animal l'instinct de ce qui lui convient; cette prescience prend chez lui le nom de goût. Son goût, dans l'état normal, est la règle de ses besoins; pour se bien porter, il n'a qu'à le consulter; il n'a qu'à apprendre à se connaître : Γνῶθι σεαυτὸν. Contrarier ces goûts naturels par des prescriptions doctorales, imposer des médicaments à la place d'aliments, c'est faire, non de la médecine, mais du pédantisme; ce n'est pas se montrer savant, c'est vouloir paraître docte auprès d'un être souffrant.

160. L'estomac n'est point une cucurbite, c'est un organe; la digestion est sa fonction; ses parois, avons-nous dit (84), absorbent et l'acide carbonique qui se dégage du bol alimentaire et les produits liquides qui résultent de cette intestine fermentation. L'estomac aspire et expire, absorbe et exhale; le bol alimentaire, qui fournit à cette alternative de deux fonctions contraires, ne saurait rester immobile contre l'influence de ces milliers de petits mouvements, contre ces impulsions si puissantes par leur nombre. Un corps, dont une paroi absorbe les molécules, et contre lequel se heurtent les jets innombrables d'une constante expiration, ce corps doit se mettre en mouvement sur son axe, comme cette boule qu'en soufflant l'on fait tourner sur elle-même au-dessus du godet d'une pipe à fumer. Ce mouvement circulaire du bol alimentaire est parfaitement visible, au microscope, à travers les parois transparentes de l'estomac de nos gros brachions (*).

De même les intestins ne sont pas une allonge; ce sont encore des organes, dont les parois aspirent et expirent. Ces parois attirent donc le bol alimentaire par l'aspiration, et le chassent plus bas, par l'expiration; de là leur mouvement péristaltique, et le mécanisme de la défécation. Les deux mouvements opposés, mais simultanés et contigus (de vésicule à vésicule), de l'aspiration et de l'expiration, ne sauraient produire qu'une même direction, quant à la marche du bol alimentaire et des fèces; et dans l'état normal, et tant que l'élaboration continue, le bol alimentaire ne saurait remonter vers la bouche. En effet, la portion aspirée l'est successivement par toutes les surfaces suivantes, elle est attirée de devant en arrière; la première vésicule, en l'attirant, la rapproche de la seconde, et ainsi de suite. L'expiration doit agir dans un sens contraire à celui de l'aspiration; car autrement, il arriverait que l'ouverture de la sortie serait exactement la même que celle de l'entrée, dans un organe qui exécute à la fois et continuellement la double fonction d'aspiration et d'expiration. L'expiration agira donc de manière à seconder, au lieu de contrarier, l'impulsion imprimée au bol alimentaire

(*) *Nouveau Système de chimie organique*, pl. 19, fig. 6, s.

par l'aspiration; elle tiendra donc à pousser de plus en plus vers l'anus
ce que l'aspiration y attire. Les aliments ne seraient dans le cas de
remonter vers la bouche que dans l'hypothèse que ces deux fonctions per-
muteraient pour ainsi dire ensemble, et que, sur la même vésicule, l'expiration prendrait la place de l'aspiration; dès ce moment le mouvement
antipéristaltique aurait lieu, et le vomissement en serait la conséquence.

161. La digestion stomacale est acide; la digestion duodénale est
alcaline; la digestion du côlon, cet estomac (*) des fèces, est ammoniacale. Toute alimentation et tout accident qui tendraient à intervertir cet
ordre d'élaborations, tendraient par cela même à provoquer, par le
mouvement antipéristaltique du canal alimentaire, le mouvement rétrograde du bol alimentaire; à faire passer les fèces, du côlon dans les
intestins grêles, dans le duodénum; et la bile, qui se déverse dans le
duodénum, dans l'estomac. Dès ce moment, le vomissement serait
inévitable, chaque portion du canal alimentaire repoussant, au lieu
d'attirer, la substance qui contrarie son alimentation; le duodénum
repoussant ce qui est stercoral, l'estomac ce qui est alcalinisé par la bile;
et chaque répulsion ayant lieu dans le sens de l'impulsion rétrograde
imprimée par l'organe inférieur à la masse indigeste, celle-ci serait
forcément amenée vers l'orifice buccal : il y aurait alors vomissement
stercoral ou bilieux.

162. En physiologie générale, il n'existe qu'une seule espèce de
digestion, qui est la digestion cellulaire, c'est-à-dire l'élaboration que
fait la cellule élémentaire (au profit de son développement et de sa
reproduction) des gaz qu'elle aspire et des liquides qu'elle absorbe. Ces
matériaux lui sont apportés régulièrement par le véhicule de la circulation, qui, à son tour, est mise en jeu par le mécanisme même de cette
élaboration de la cellule.

163. En physiologie comparée, nous sommes obligés d'en admettre
deux : la précédente et la digestion stomacale; digestion spécifique,
dont la similitude générique n'est fondée que sur notre ignorance; car
la cellule n'est point une espèce d'estomac; elle élabore bien autrement
que l'estomac ne digère.

L'estomac n'élabore pas comme la cellule : son élaboration est un
travail de surface et de capacité; le travail de la cellule est un travail
intime et organique; c'est le point de départ de toutes les fonctions des
organes que nous appelons supérieurs.

164. Nous n'avons à nous occuper ici que de la digestion stomacale,
de cette opération qui a pour but d'apporter, de préparer et de distribuer

(*) *Voyez* l'aperçu anatomique de l'Introduction.

avec ordre, en quelque sorte, les engrais où s'alimentent, pour ainsi dire, les stomates radiculaires de notre corps. Sous ce rapport, on peut établir, sans trop s'écarter de l'analogie, que l'estomac des végétaux est externe, tandis que celui des animaux est interne ; l'estomac des végétaux est sur la superficie de leurs plus jeunes racines. Les fibrilles du méconium chez le fœtus, et les villosités intestinales chez l'adulte, sont pour les animaux les appendices radiculaires chargés d'extraire, de cette masse d'engrais que nous nommons aliments, les substances élémentaires destinées à l'élaboration cellulaire des divers organes qui rentrent dans l'économie de l'individu.

165. La souffrance de la digestion, le trouble survenu dans cette fonction fondamentale, devient une cause essentielle de maladie par privation : cause moins prompte dans ses résultats que l'asphyxie; car la privation de l'air tue en quelques instants. On a vu des individualités supporter d'assez longues abstinences, et continuer, sans paraître en souffrir, des jeûnes de plusieurs semaines. Quoi qu'il en soit, les privations dont nous nous occupons peuvent provenir soit de la disposition défavorable des surfaces stomacale et intestinale, soit de la qualité vicieuse et de la quantité anomale de l'aliment ingéré.

§ 1er. *Disposition des surfaces stomacale et intestinale, défavorable à l'élaboration digestive des aliments.*

166. Si, sous l'influence d'une cause physique et mécanique qu'il n'est pas encore temps d'éliminer, le réseau capillaire de la circulation sanguine envahit la place du réseau capillaire et superficiel de la circulation lymphatique et incolore, qui constitue la spécialité des surfaces du canal alimentaire, ces surfaces permutent dès lors leurs fonctions, elles participent, par l'afflux du sang, de la nature des surfaces respiratoires; leur nouvelle faculté de respiration étouffe et paralyse leur faculté caractéristique d'absorption ; la fièvre prend la place de la digestion; l'animal s'épuise et par l'excès d'une fonction et par l'absence plus ou moins complète de l'autre.

167. S'il arrive, au contraire, par une influence quelconque que nous apprécierons plus bas, que les fibrilles intestinales prennent un développement inusité, que la surface stomacale elle-même se couvre de ces végétations parasites que, dans le langage de l'école, on nomme *saburres, mucosités* ou *embarras gastriques*, il existera dès lors, entre l'aliment et la surface digestive, un obstacle qui empêchera le contact, sans lequel il n'y a pas d'élaboration possible, et qui, jouant le rôle de vernis et

d'épiderme, transformera la muqueuse digestive en une simple couche
inerte et de simple protection. L'animal s'épuise sans fièvre et sans
souffrance; il voit les mets les plus exquis sans appétence; s'il y goûte
par habitude, il s'en détourne par découragement; chez lui la saveur et
le goût se taisent émoussés, parce que nos sens ont la prescience de
l'impuissance de la fonction; il n'y a pas de désir là où il n'y a plus de
besoin; et le besoin cesse là où la fonction s'assoupit. Dès ce moment le
jeûne amène la langueur, et la langueur ajoute à l'inappétence; le pouls
est faible, rare et obscur; les facultés morales baissent et s'énervent; la
sensibilité s'émousse; l'animal dépérit, comme par une lente agonie, et
il meurt enfin d'abstinence, sans avoir éprouvé les symptômes de la faim.

168. La vie sédentaire, surtout lorsqu'elle succède à une vie d'agitation et de mouvement, est dans le cas de contrarier la marche de la digestion, de la rendre paresseuse et incomplète, et de la mettre sur une voie
qui la conduit tôt ou tard à l'un ou l'autre des deux premiers accidents.
En effet, l'homme physique est une de ces espèces animales dont le corps
a été organisé pour le déplacement, comme le polype pour l'isolement.
Le mouvement est l'auxiliaire de toutes ses fonctions et de tous ses actes;
l'exercice musculaire imprime à la circulation une activité d'impulsion
qui seconde admirablement l'activité des organes; il dégage de la chaleur,
et entretient ainsi le feu sacré de la vie. La chaleur, en effet, accélère
l'exhalation, par la vaporisation des liquides; les cellules élaborantes,
expirant et exhalant avec une plus grande énergie, aspirent et absorbent
avec une nouvelle puissance, l'une des deux fonctions étant toujours la
contre-épreuve et le contre-poids de l'autre. Or souvenons-nous que la
circulation est la résultante de ces deux fonctions contraires, quasi simul-
tanées. Il y a plus, et c'est à ce point de vue qu'on a le moins songé, les
exercices musculaires contribuent à faire couler dans le duodénum les
produits alcalins de l'élaboration du foie, produits sans lesquels la digestion duodénale ne saurait transformer en chyle sanguificateur le
chyme que lui a transmis l'élaboration stomacale. La digestion est dès
lors nulle, parce qu'elle est incomplète; et l'estomac digère sans profit
pour le corps, ce qui ne saurait durer sans une réaction pernicieuse. En
effet, le repos trop prolongé engourdit les membres, appesantit la pensée,
alourdit la tête, émousse l'appétit, prédispose à l'oppression du cœur et
de la poitrine, à la migraine; car le liquide circulatoire ne se régénère
plus et n'apporte plus à l'aspiration des tissus que les produits, que les
rebuts de l'expiration; les intestins se ballonnent et s'enflamment, car les
gaz dégagés de la fermentation stercorale sont du genre de ceux que les
tissus repoussent, faute de pouvoir se les assimiler, ou qu'ils ne s'assimilent que pour en être désorganisés. Prenez par la main cet oisif sultan

que l'édredon énerve et que le loisir empoisonne! Odalisques dont les
charmes commencent à l'ennuyer, entraînez-le dans vos courses et dans
vos danses les plus folles ; janissaires, prêtez-lui vos armes et commandez
l'exercice ; pauvres laboureurs, qui avez si souvent blasphémé les lois de
Dieu, en enviant l'oisiveté du riche, sacrifiez-vous à votre idole ; échangez
avec elle un instant votre condition ; déchargez-la de son sceptre, et prêtez-lui votre bêche. Si le tyran sans vigueur n'est pas d'une race tout à
fait dégénérée, il ne tardera pas à voir que votre usurpation était son unique remède, et que le mouvement est un besoin auquel nul d'entre nous
ne saurait se soustraire sans déroger à l'humanité.

169. De même l'homme qui ne vit que dans des livres, et qui, pour
mieux nourrir son esprit, ne fait pas d'autre mouvement que celui de
tourner un feuillet, est un homme qui se tue, pour ne pas apprendre
grand'chose. Que peut l'esprit, quand le corps est faible? La pensée,
qu'elle qu'en soit l'essence, n'émane-t-elle pas de l'élaboration du cerveau?

170. L'expérience démontre que les frictions et le massage, exercés
sur la région du foie et du pancréas, sont dans le cas de suppléer aux
exercices gymnastiques, en facilitant ou en rétablissant le cours, dans le
duodénum, des produits de la vésicule du fiel et de l'élaboration hépati-
que et pancréatique.

171. Il est des positions du corps capables de tenir l'embouchure du
canal cholédoque et du canal pancréatique, dans un état d'occlusion
qui fait obstacle à l'écoulement des liquides élaborés par ces deux organes
appendiculaires de la digestion duodénale. Ces positions, si elles sont
habituelles, sont dans le cas de devenir des causes, par privation, de
maladies et de mort. Nous invitons les philanthropes partisans des
peines corporelles, c'est-à-dire ces hommes charitables qui professent
ce dogme pénitentiaire, qu'on n'aime jamais tant les hommes que lorsqu'on les fait souffrir, nous les invitons à ne pas oublier de placer, dans
les plateaux de leur pieuse balance, le principe d'hygiène que nous
venons de puiser dans le code de l'anatomie humaine. La position à
quatre pattes, qui convient à la digestion des quadrupèdes, et spécialement du chien, est une cause de mort pour l'espèce homme, à laquelle
le philanthrope, comme le prisonnier, a l'honneur d'appartenir (*).

(*) Ceci est à l'adresse des philanthropes d'un certain pays, qui devraient prendre
plutôt le nom de zoomanes, eux qui se montrent si chatouilleux à l'endroit des
animaux que l'on châtie ou que l'on emploie à d'un peu trop rudes travaux, et qui sont
ensuite si impitoyables envers le soldat, qu'ils permettent de fustiger ; envers le matelot, qu'ils fouettent jusqu'au sang, et surtout envers le prisonnier, qu'ils condamnent
à marcher à quatre pattes, pour faire tourner la roue qui fait la fortune de l'un d'eux.
Cette affectueuse protection accordée chez nos voisins à des chiens ou des chats, ou

172. Rendez à l'homme l'air et le mouvement que lui a octroyés la nature ; ce sont deux biens inaliénables comme son moi ; car ce sont là les deux leviers de sa puissance physique et de sa dignité morale. Quiconque les lui ravit est un usurpateur ; il blasphème contre les lois de la création.

§ 2. *Causes privatives de maladies, relatives à la qualité et à la quantité des substances nutritives ingérées dans l'estomac.*

173. Nous entendons, avons-nous dit (153), par substances nutritives, les substances végétales et animales, qui réunissent au moins les deux éléments nécessaires à la fermentation saccharine, alcoolique et acétique ; ces deux éléments sont, la substance saccharine ou saccharifiable, et la substance glutinique ou albumineuse. Il n'est pas une seule matière, du nombre de celles dont se nourrit le plus grand comme le plus petit insecte, dans laquelle l'analyse ne soit en état de signaler la présence de ces substances à la fois.

174. Essayez de ne nourrir un animal quelconque qu'avec l'une ou l'autre des deux, et vous l'affamez. La physiologie expérimentale moderne ignorait cette distinction fondamentale, lorsqu'elle entreprit de reconnaître la faculté nutritive d'une substance, en l'administrant isolément à des chiens. Depuis que nous l'avons avertie du vice de son induction, elle a mis douze ans à refaire ses prémisses, et six mois à rédiger un rapport, qui a fini, en nous priant d'attendre le reste ; et nous attendons, pour avoir son avis, qui maintenant ne différera certainement pas du nôtre (*).

175. Ce principe une fois posé, il est facile d'admettre, en règle générale, qu'il n'est pas une substance végétale et animale, administrée comme elle est récoltée, qui ne soit nutritive, si toutefois elle ne réunit pas à cette qualité une qualité vénéneuse ; car il n'est pas un être, végétal même, qui puisse se développer sans élaborer et reproduire ces deux principes élémentaires, de la combinaison desquels résulte la nutrition,

même des rats que l'on écorche, ne me paraît qu'une sensiblerie qui sert de couvert à quelques vues d'intérêt, de la part de gens qui se montrent si durs envers l'humanité qui a pu faillir ou l'humanité qu'ils ont asservie par la force des armes ; et cette antinomie me rappelle deux anciennes estampes que l'on voyait jadis appendues à toutes les vitrines des marchands d'imageries : c'était l'antithèse la plus sarcastique de la question. Elles étaient intitulées : l'une, *l'Art de tuer les hommes*, et l'autre, *l'Art de panser les animaux*.

(*) *Nouveau système de Chimie organique*, tome 3 ; § 3602.

dont toutes les autres fonctions ne sont que la transformation. Ce que nous disons des végétaux est une loi encore plus générale chez les animaux; car il est douteux qu'il existe un animal vivant, et dans son état normal, dont la chair soit par elle-même vénéneuse; cette chair n'est un poison que lorsqu'elle a été elle-même empoisonnée.

176. L'art seul nous donne des substances non nutritives, qu'il extrait des végétaux et des animaux; car extraire, c'est isoler. Or, quand deux choses ne tirent leurs qualités que de leur association, par leur isolement elles s'annulent. Alimenter les animaux avec les produits de l'art, c'est très-souvent lester leur estomac, pour les laisser mourir de faim.

177. Toute substance nutritive, en général, n'est pas pour cela alimentaire, en particulier. La *substance nutritive* est celle qui réunit, en des proportions quelconques, les deux éléments de la fermentation saccharine, avec un excès de gluten ou d'albumine, qui fasse passer ensuite la fermentation alcoolique à la fermentation acide. La *substance alimentaire*, au contraire, est une substance nutritive, qui renferme les deux substances complémentaires de cette fermentation, dans des proportions et dans un état de mélange et de gisement, si je puis m'exprimer ainsi, qui conviennent à l'élaboration de l'organe digestif d'un animal donné. La feuille du mûrier, par exemple, est alimentaire pour le ver à soie, et non pour la chenille du *Bombyx cossus* qui corrode nos troncs d'ormes; la sciure de bois, dont se nourrit cette dernière chenille, n'est pas alimentaire pour les bestiaux. Quand on n'ajoute pas une restriction spéciale, on entend, par substance alimentaire une substance nutritive dont l'homme peut s'alimenter avec fruit et d'une manière normale. La substance indigeste est une substance nutritive qui n'est alimentaire que dans de faibles proportions; elle ne fournit pas assez à la digestion; elle constitue l'organe et ses dépendances dans un état de souffrance et de maladie; car souffrir, c'est ne pas recevoir assez de ce qui nous est nécessaire.

178. D'où vient que la substance nutritive n'est pas alimentaire également pour toutes les espèces animales, et que telle substance, alimentaire pour un individu, est indigeste pour un autre de la même espèce? Cela dépend d'une simple modification dans la structure élémentaire des parois des cellules élaborantes dont se composent les tissus du canal alimentaire. S'il m'était permis de représenter, par une comparaison grossière, l'organisation mystérieuse et invisible de ces admirables petites matrices de la nutrition et du développement, je me serais hasardé de répondre à la question par cette autre question : Dites-moi pourquoi telle molécule, qui est arrêtée par tel crible, passe librement à travers tel autre? On peut concevoir en effet que les dimensions des globules élé-

mentaires, qui, en se touchant entre eux par six points de leur circonférence, forment la trame et le tissu de la cellule élaborante, que ces dimensions, dis-je, soient variables dans les individus de la même espèce; que leurs interstices varieront à leur tour dans les mêmes proportions, et que partant, chez les uns, ils admettront et aspireront les molécules liquides ou gazeuses qu'ils arrêteront au passage chez d'autres individus de la même espèce. Ne savons-nous pas que la même substance qui passe à travers un filtre de telle qualité de papier, s'arrête sur un filtre de papier d'une qualité différente? Ne sait-on pas encore que la fissure du flacon qui laisse échapper l'éther retient hermétiquement un gaz d'une autre nature? Cette comparaison, ne sortant pas des limites d'une simple comparaison, nous suffit cependant pour nous faire comprendre que les différences dans les résultats de la nutrition ne tiennent qu'à des différences dans la conformation accessoire de la membrane animale; et cette conformation, variant d'une espèce à l'autre sur une grande échelle, et d'un individu à l'autre sur une échelle moins étendue, peut varier en outre chez le même individu, avec l'âge, les saisons, le changement d'habitudes et de climat; en sorte que telle substance, indigeste pour lui aujourd'hui, lui devient plus tard alimentaire, et réciproquement. On le voit convoiter alors ce qui lui répugnait, et rebuter ce dont, jusque-là, il avait été le plus friand; car le goût, s'il n'est pas dépravé par une cause anomale, est la sentinelle avancée de l'organe digestif; c'est l'expression de ses besoins par ses désirs; c'est la conscience de son aptitude qui se manifeste instinctivement.

169. Tout ce que nous venons de dire de la nutrition des animaux s'applique avec une égale exactitude aux végétaux, si l'on se rappelle que leurs surfaces radiculaires sont, chez ceux-ci, les analogues des surfaces intestinales de ceux-là; et que les engrais pétris avec des bases terreuses sont les analogues des aliments. L'estomac des végétaux est à l'extérieur de leurs organes plongés dans l'ombre, de leurs racines souterraines. L'engrais et la qualité du sol, où prospère telle espèce, est un poison pour telle autre espèce végétale, surtout quand elle y passe brusquement, et avant que, par des transitions habilement ménagées, ses organes digestifs et radiculaires s'y soient peu à peu façonnés.

180. L'expérience individuelle est donc seule capable de nous faire connaître dans quel degré une substance est nutritive; et l'analyse chimique, qui s'était substituée, naguère encore, à l'expérience économique, dans l'appréciation de la puissance d'un aliment, avait bâti sans avoir assuré sa base; elle n'y avait pas pensé; aussi ne reste-t-il pas chiffre sur chiffre des immenses tableaux qu'elle avait dressés. Le bon sens popu-

laire avait déjà fait justice de ses prétentions, avant que nous en eussions expliqué le vice.

181. Nous distinguerons, dans l'alimentation, trois catégories de substances, qui, quoique diverses, ne laissent pas que de concourir, chacune dans sa spécialité, à la régularité de la digestion : 1° les *substances nutritives proprement dites;* 2° les *substances supplémentaires;* et 3° les *substances protectrices de la digestion.*

182. 1° *Substances nutritives proprement dites,* ou substances qui réunissent les deux éléments complémentaires de la fermentation digestive (sucre et gluten ou albumine), dans un rapport qui convient à l'élaboration spéciale de l'individu. Nous croyons inutile de rappeler que nulle fermentation ne s'établit sans le véhicule de l'eau; la présence de ce véhicule sera toujours supposée dans ce que nous avons à démontrer plus bas. La gomme, et les tissus végétaux, qui ne sont qu'une transformation de la gomme, sont la substance la plus négative de toute espèce de nutrition; car, associés avec le sucre, ils ne sauraient jouer le rôle de gluten, et, associés avec le gluten, ils ne sauraient jouer le rôle de sucre. La gomme, en effet, c'est le sucre combiné avec des bases terreuses; c'est un commencement de tissu ligneux, le plus inerte des tissus, et celui dont la désagrégation est la plus lente.

183. Le gluten seul, ainsi que l'albumine solide et isolée de sa portion soluble, ainsi que le tissu animal séparé par expression et par lavage de tous les sucs solubles qu'il avait élaborés, vient après la gomme; ce sont des substances négatives; mais elles se rangent en tête des substances complémentaires de la digestion; et comme leur isolement chimique ne saurait jamais être complet, et que chacune d'elles renferme toujours, quoi qu'on fasse, un peu de la substance soluble dont l'association les rendrait parfaitement nutritives, il s'ensuit que l'ingestion de ces trois ordres de substances, ou plutôt de ces trois formes de la même substance organique, peut suffire quelques instants à la nutrition. Seules, elles ne sont qu'indigestes (177); elles ne fournissent pas assez.

Quand la digestion est terminée, et que ses produits ont passé dans les intestins, il reste encore dans l'estomac un résidu qui semble être le levain de la digestion suivante; c'est la partie glutineuse qui n'a pas trouvé assez de substance saccharine pour se compléter. Ce levain est de plus un *lest* qui s'oppose à ce que les parois s'aspirent elles-mêmes (90). C'est dans ce but instinctif que les volailles avalent de petits cailloux, quand elles ne trouvent pas, en suffisante quantité, de la grenaille.

184. La substance saccharine seule n'est pas tout à fait assimilable à la gomme; car les débris de la muqueuse, qui s'exfolie et se dépouille

I.   8

chaque jour, peuvent fournir à cet élément l'autre élément complémentaire de la digestion normale. Mais la digestion a lieu alors aux dépens de l'individu lui-même; on peut dire, en quelque sorte, que l'homme digère sa propre substance, qu'il se dévore pour se nourrir; ce qui ne saurait ni durer longtemps, ni se concilier avec la marche du développement indéfini qui constitue la vie. Les boissons saccharines dénudent les parois intestinales et, partant, les enflamment, si elles n'ont pas leur complément digestif dans d'autres ingestions. La gomme en solution, au contraire, qui est entièrement négative, n'enflamme pas; bien au contraire : elle revêt les parois stomacales d'une espèce de vernis qui les soulage, les protége, mais ne les nourrit pas.

185. Que si l'on administre la gomme et le sucre à l'état solide, ces deux substances, sous cette forme, sont inflammatoires; elles dépouillent les parois du canal alimentaire, en les desséchant, et elles les dessèchent par leur avidité pour les molécules aqueuses. Abandonnez en effet du sucre à une atmosphère un peu humide, et il tombera peu à peu en déliquescence : c'est là l'explication la plus naturelle de tous les accidents inflammatoires qui accompagnent cette fâcheuse ingurgitation de sucreries, par laquelle les femmes et les enfants saluent le premier jour de l'an. Je ne voudrais certes pas causer la ruine des confiseurs, ces grands prêtres du gui l'an neuf; mais à leur tour, s'ils prennent à tâche de ne pas ruiner la santé des chalands qui les enrichissent, qu'ils profitent de cette révélation, et qu'ils exécutent mon ordonnance : Qu'ils ne fabriquent plus de bonbons qu'avec une pâte composée de sucre d'un côté, et de lait ou de blanc d'œuf, ou de jaune d'œuf, etc., de l'autre; en ayant encore soin d'inscrire pour devise, sur chaque forme de la même friandise : *Ceci est un poison lent, si on le croque, au lieu de le boire; buvez vos bonbons.* Je leur fais cadeau en cela, s'ils m'écoutent, d'une nouvelle branche de commerce et de débit; car le génie du goût du jour de l'an, qui n'est que la susceptibilité d'un paroxysme de friandise, ne permettra pas de boire la confiture dans une autre coupe que celle qu'aura moulée le confiseur.

186. La gélatine n'est pas un poison, à moins que, par négligence, malveillance ou malpropreté, on ne l'empoisonne; mais c'est une nourriture grandement incomplète. Elle serait détestable au goût et désastreuse pour l'estomac, sans les compléments qu'on a soin d'y ajouter sous le nom d'assaisonnements, tels que poireaux, oignons, carottes, navets, choux (qui, à eux seuls, sont déjà des substances nutritives), plus la quantité de bon jus de viande, avec lequel on étend la dissolution. On dissimule ainsi la gélatine, plutôt qu'on ne l'améliore; mais on détériore certainement le bouillon de viande par cette association. Les partisans

outrés de la gélatine, et ses détracteurs passionnés, ont constamment commis, dans la discussion, une métonymie : ils ont confondu les effets de la diète, les uns avec les effets du poison, et les autres avec ceux de la nutrition. Les détracteurs qui l'ont expérimentée sur eux-mêmes s'en sont crus empoisonnés ; les tortures de leur empoisonnement n'étaient que les tortures d'une diète intempestive. Les partisans de la gélatine se sont récriés, en citant l'exemple des hôpitaux, où les malades se trouvent bien de cette alimentation, oubliant que, si la gélatine était réellement nutritive pour les individus bien portants, le médecin de l'ancienne école antiphlogistique ne l'aurait pas prescrite aux malades. Bref, tout inventeur d'une bonne chose en use ; je propose donc aux partisans de la gélatine de ne se faire servir sur leur table, à eux et à leurs conviés, et cela pendant trois mois seulement, que la soupe gélatineuse qu'ils administrent au peuple, au pauvre, à celui qui n'a, pour sustenter ses forces, que cet unique mets. Je me fie à la bonne foi de leur organe digestif, pour qu'ils se rangent du côté de mes principes, et qu'ils placent la gélatine au nombre des substances qui contrarient notre digestion par leur insuffisance. La gélatine, avons-nous dit ailleurs (*), c'est un os qu'on donne à ronger sous forme liquide.

187. L'amidon des pommes de terre est bien moins nutritif que la pomme de terre elle-même ; l'amidon des céréales est mille fois moins nutritif que leur farine ; ou plutôt, l'amidon seul, même cuit, n'est pas nutritif du tout ; le gluten seul n'est qu'indigeste (103). D'où vient pourtant que l'amidon convient à l'estomac de l'enfant et des valétudinaires ? C'est que l'enfant tette après la bouillie, et que, du reste, cette bouillie amylacée est préparée avec du bouillon gras, ou du laitage, ou du beurre, trois mélanges qui contiennent abondamment la substance complémentaire de la fermentation de l'amidon.

188. Les proportions relatives des deux éléments, qui entrent dans la composition d'une substance nutritive, conviennent à tel animal, et constitueraient un aliment indigeste ou même un poison (**) pour tel autre. Il en est de même d'individu à individu de la même espèce, et de l'individu à lui-même, selon ses prédispositions et ses états divers de santé. Le passage brusque d'un genre de nourriture à un autre équivaut souvent à un empoisonnement : Faites asseoir tout d'un coup le laborieux paysan flamand ou hollandais à la table du seigneur du village (***), le

(*) Voyez *Réformateur*, feuilletons du n° 1, 8 octobre 1834, et du n° 132, 18 février 1835.

(**) Voyez *Revue complémentaire*, livr. de janvier 1855, tome I, page 191.

(***) Tant que le paysan flamand a à son service, pour chaque jour de la semaine, une soupe aux choux et aux pommes de terre, avec un peu de beurre ou de graisse,

pauvre Irlandais à la table des laquais d'un lord; en deux jours ils gagneront une fièvre continue. Ce sera bien pire, si vous ramenez ce paysan, devenu friand comme les autres, aux pommes de terre qui ne suffisaient pas à sa faim; à ce retour, il gagnera certainement la fièvre typhoïde. Mettez le manouvrier vigoureux et grand mangeur au repos et à la diète pour le moindre petit trouble survenu dans la plus accessoire de ses fonctions, et vous transformerez son indisposition en une maladie d'un grave caractère. Toute loi qui impose aux diverses classes de la société, et la même peine et les mêmes privations, est une loi qui a plusieurs poids et plusieurs mesures; car la même peine, si cruelle envers celui-ci, peut être fort douce envers celui-là. L'organe digestif ne change pas l'habitude de son élaboration, au gré de nos caprices; car son mode spécial d'élaboration est le résultat de son mode d'organisation; et l'organisation ne change pas, elle se développe. Imitez donc, dans le changement d'habitudes, de mœurs et d'usage, la marche progressive du développement.

189. Une idée fâcheuse est venue engouer la vanité de notre alchimie économique. L'art a voulu supplanter la nature, et remplacer la nourri-

plus, le matin son café au lait, et l'après-midi son café à l'eau, café de chicorée, s'entend, et fort clair, pour se désaltérer, enfin un peu de salé pour ajouter à son régal le jour de dimanche, il ne porte point envie aux mangeurs de faisans et d'ananas. Le paysan breton n'en demande pas tant pour suffire à ses travaux les plus rudes; son pain de sarrazin noir vaut à ses yeux notre bon pain blanc; et je connais des viveurs qui échangeraient toute leur bonne table contre le brouet de ces braves gens, pour se procurer d'aussi bonnes digestions qu'eux.

Cependant il ne faudrait pas induire de là que tout homme, dans toute profession et en tout climat, puisse se passer de viande d'une manière absolue, encore moins l'homme sédentaire et de loisir, que chacun enfin puisse se condamner impunément à ne vivre que de végétaux herbacés et s'astreindre au régime que se vantent de suivre à la lettre les membres de la *Société végétasienne*, qu'un mauvais plaisant a surnommée *société légumière* ou *légumiste* et qui mériterait d'être appelée *société d'herbivores*. Cela se dit et se pratique en public où l'on donne sa tempérance en spectacle; mais une fois arrivé chez soi et dans le confortable de son office, on se permet à belles dents des infractions de plus d'un genre à ce règlement *herbacé*.

Il m'arriva, dans ma vie de prisonnier, et pour les besoins du service, d'être enfermé en tête-à-tête avec deux personnages dont l'un, vertueux de profession, se vantait de ne vivre que de salades crues et non assaisonnées. La geôle, qui n'avait rien à lui refuser, lui fit passer les plus belles, les plus blondes salades du cru. Notre homme les épluchait avec un soin culinaire et il les dévorait ensuite à belles dents comme un lapin l'aurait fait. Son compagnon se pâmait d'aise à la vue de cette abstinence qui lui laissait double part de la ration; car le règlement ordonnait qu'on apportât trois parts pour trois têtes, sans s'occuper si chaque tête mangeait sa part. Cela dura un jour, deux jours, et la geôle ne s'avisait pas de nous séparer; elle n'en avait pas encore reçu l'ordre. Mais, dès le troisième jour au matin, une belle diarrhée s'empara de notre anachorète, mais une diarrhée comme l'aloès flanqué de jalap et de scammonée n'en donne

ture naturelle par une nourriture de laboratoire. La nature a répondu par la maladie à ces artificielles digestions. La farine de céréales est la nourriture fondamentale de l'homme normal; mais nous n'en avons plus assez pour tout le monde; on a dit : Faisons du pain sans farine; et l'on en a fait, du moins avec un peu de farine. Les académies ont couronné l'œuvre; l'économie publique a haussé les épaules sur les juges et les lauréats. L'alchimie s'est rabattue alors sur l'élève des bestiaux; elle a dit : La farine nourrit l'homme, le rebut de la farine nourrirait bien mieux les chevaux; et elle a remplacé le foin et l'avoine par du pain : le cheval a préféré le son et la paille, et l'on en est revenu au foin. Malheureux mortels, secondez donc la nature, et ne la torturez pas; quand vous n'avez pas assez d'un produit, tâchez d'en semer davantage; car l'art ne peut pas créer et bouleverser sans crime; demandez au travail, et à la fécondité de l'association des efforts, ce que l'imagination vous refuse; défrichez votre sol, pour donner du pain, et du bon pain à tous vos frères, du foin et de la paille, puis du grain, à vos animaux de travail : voilà ce que vous pouvez; ne tentez pas l'impossible.

190. La mortalité qui, depuis quelque temps, frappe les vaches des

pas de telle; de manière que notre lapin ne faisait qu'un bond chaque fois de la table aux privés, qui heureusement se trouvaient dans un coin de la chambrée. Ce jour-là, je reçus, moi qui mange peu, mais qui mange bien et d'une manière physiologique et nullement fanatique, ce jour-là je reçus du dehors un beau poulet rôti, qui devait me durer quatre jours au moins. « Mangez-en un peu, dis-je à notre diaphorétique, sinon comme aliment, du moins comme remède; je suis sûr que cela vous guérira radicalement de votre indisposition. » L'homme pur m'écouta comme médecin, et se mit à ma table; mais il y prit tellement goût qu'il me dévora à lui seul tout mon poulet. A partir de ce moment, il dit adieu, et un adieu éternel, au régime de Jean Lapin. Aussi au lieu d'une portion simple on lui apporta dès lors chaque jour, en sa qualité de malade et d'autre chose, une portion quadruple dont la geôle faisait les frais de la meilleure grâce du monde.

Je voudrais donc bien voir un *légumiste* renommé pour sa tempérance s'enfermer deux ou trois jours ainsi avec moi; il ne tarderait pas à quitter bien vite son abstinence et à se conformer au règlement de la nature plutôt qu'à celui de sa société.

Du reste, remarquez bien que même dans leurs repas avoués et d'apparat, ces messieurs ne sont rien moins qu'exclusivement *herbivores*. Car je vois figurer sur leur menu des pâtés aux champignons, des fritures de pain et de persil, le tout fait avec du beurre et de la graisse, des croquettes de riz, du blanc manger fait avec des œufs, des tartes au fromage, des pâtes de diverses sortes, puis des desserts de confitures arrosés de thé, de lait et de café. Ce menu, vous le voyez, nous porte bien loin de la nourriture herbacée de notre lapin, et se trouve en définitive tellement et si délicatement animalisée que bien des ouvriers et des paysans se condamneraient à troquer leur tranche de saucisson et leur soupe aux pommes de terre et au lard pour ces raffinements exquis d'abstinence et ce maigre confit de tant d'attentions fines, qu'on ne le renierait pas chez les visitandines.

environs des grandes villes, ne provient fort souvent que de la substitution des marcs de nos féculeries, de nos sucreries et de nos distilleries, à
la nourriture habituelle de ces animaux. Les marcs, déjà indigestes par
eux-mêmes, puisque la pression les a dépouillés de tout ce qui les
rendrait nutritifs, les marcs ensuite fermentent vite, et leur fermentation
ne tarde pas, à la lumière, à devenir ammoniacale : de là les fièvres
putrides, les météorisations, les coups de sang. J'ai vu guérir des vaches
par le simple changement de nourriture, et en substituant le foin et
l'avoine à ces rebuts, dont les féculistes se débarrassent avec un si
triste profit. Nous donnerons, plus bas, un autre genre d'explication à
cette observation d'économie rurale.

191. Un aliment qui se compose d'un mélange de substances nutritives
et de substances rebelles à la fermentation de la digestion, est plus
indigeste encore que l'aliment qui est en défaut par le vice des proportions des deux éléments complémentaires de la digestion stomacale (182).
En effet, l'instinct inné de l'estomac, l'appétit qui est sa prévoyance, le
porte à exiger beaucoup de tout ce dont il ne peut extraire que très-peu.
La masse alimentaire pèse sur ses parois de tout le poids de son inertie ;
elle augmente de volume par l'effet de la chaleur du milieu, et par celui
d'une fermentation, dont nul organe n'absorbe les produits. L'organe
digestif se distend et enfle ; la tension affaisse les cellules élémentaires
des parois digestives, c'est-à-dire, paralyse d'autant la propriété de
digérer. L'estomac refoulé tout ce qui l'avoisine : intestins, cœur, foie,
poumons, grosses veines et artères. Quel cortége d'accidents ne doit pas
accompagner une perturbation aussi étendue ? météorisation, éructations
hydrosulfurées, aigreurs, palpitations, étouffements, coups de sang, apoplexie, asphyxie, etc., effets d'une cause mécanique qu'un simple vomissement est dans le cas de guérir radicalement, quoique mécaniquement.

192. Ces principes une fois posés, il est aisé de deviner pourquoi certains de nos aliments habituels sont moins nutritifs et partant plus pesants
les uns que les autres ; cela vient de la quantité relative de principes nutritifs qu'ils renferment sous le même volume. Par exemple, les haricots
verts sont une friandise et non un aliment ; et, sous cette forme, plus ils
sont avancés, moins ils nourrissent ; parce que, chez les plus avancés,
le tissu glutineux de la cosse s'étant transformé en tissu ligneux, les proportions complémentaires des deux substances fermentiscibles ont été
interverties. Le haricot blanc commence déjà à prendre rang parmi les
aliments proprement dits. Le chou est moins alimentaire que le haricot
vert ; tant la charpente indigeste abonde dans son tissu, et tant la substance nutritive est étendue d'eau, dans les vaisseaux qui l'élaborent ; un
chou de deux kilogrammes n'équivaut pas, sous le rapport de la nutrition,

à une once de viande de veau. La viande du jeune veau est bien supérieure pour nous à celle du bœuf, parce qu'elle est riche en tissus jeunes et glutineux, et en principes saccharins; elle renferme si peu de substance inerte et infermentescible, que le malade la digère sans effort. La viande de vache est dure, coriace et indigeste, parce que ses cellules musculaires ont été épuisées de leur principe saccharin ou saccharifiable, par la lactation, comme le serait un tissu spongieux, par l'expression; ces mauvaises qualités disparaissent à l'engrais, pourvu que le régime en soit hygiénique. A l'aide de ces explications, on concevra comment les légumes, substances vertes et foliacées, sont moins nutritifs que les farineux, substances riches en produits saccharifiables et glutineux; comment les farineux sont moins nutritifs que la viande de bœuf, ou celle de mouton; celles-ci moins que la viande d'agneau et de veau; enfin, comment il se fait que l'homme carnivore n'aime pas également certaines viandes, et qu'il ait horreur de quelques-unes. Nous mangerions du cheval sans répugnance, si la chair chevaline égalait la viande de bœuf, dans les proportions que réclame notre estomac.

Mais la viande de cheval n'est coriace que par la même raison que celle du bœuf et de la vache que l'on fait trop travailler. La fatigue de la course et du trait endurcissent les tissus et les dépouillent des substances solubles les plus favorables à la digestion. Mettez le cheval à l'engrais, comme vous le faites pour le bœuf et la vache; qu'il reste tranquille et oisif devant un râtelier bien garni, à l'abri du froid et de l'ardeur du soleil, soigné et bien bouchonné, exempt de mauvais traitements et de souffrances; et le cheval le plus usé, le plus décharné, ne manquera pas d'engraisser et de fournir une viande capable de rivaliser avec celle du bœuf gras. Pourquoi pas, puisqu'il se nourrit des mêmes substances?

Dans un pays de bonne économie, il faut faire nourriture de tout ce qui peut nourrir et ne rejeter au rebut que ce qui n'est bon que pour d'autres usages; au lieu donc d'abattre en pure perte un individu de la race chevaline, un âne même, alors qu'ils sont usés par la course ou par le trait ou par suite de quelque fracture ou d'une mort subite et d'un coup de sang, on doit habituer l'imagination des administrés à ne pas se faire un monstre d'une pareille nourriture, pas plus qu'on ne recule devant l'idée de manger la viande du bœuf provenant d'un animal qu'il a fallu abattre par suite d'un accident qui n'implique aucun cas de maladie contagieuse.

Il y a des gens qui mangent du chat comme du lapin, et en toute connaissance de cause. La chair de l'ânon était trouvée exquise par le plus grand des gourmets historiques, par le chancelier Duprat, et, bien avant lui, par Mécène et d'autres Romains illustres.

Bien des gens se délectent avec la chair du rat d'eau ; les montagnards mangent de l'ours comme du chevreuil.

Ce n'est plus un mystère aujourd'hui que les gargotiers des barrières et des environs de Paris vont s'approvisionner de beaux morceaux de viande à l'équarrissage de Montfaucon, qui rivalise, sous le rapport de la propreté et par le soin qu'on met à parer un morceau, avec les boucheries les mieux achalandées de la capitale. Là, avec la chair du cheval, de l'âne, du chien et du chat, etc., on imite les aloyaux, les gigots, les filets, etc., les mieux conditionnés du bœuf, du veau ou du mouton, et cela de temps immémorial, à la grande satisfaction des consommateurs qui en font à leur insu des repas de prince, à la barrière, et ne s'en portent pas plus mal (*).

193. Nous comprenons dans les substances saccharifiables les corps gras, surtout les oléagineux, à cause de leur fluidité à une température peu élevée. Quand les corps gras sont en excès, et dans une proportion qui les laisse sans complément fermentescible, leur excédant, faisant office de vernis sur les surfaces digestives, nuit d'autant à l'accomplissement de la digestion, et produit un genre de malaise que la langue bourgeoise exprime par cette périphrase : qui me *soulève le cœur ;* et que la langue populaire, toujours plus laconique, traduit par ce seul mot : qui m'*écœure* (ce terme, ainsi que tant d'autres, n'est pas académique). De là vient que la viande de certains poissons a besoin de certains ingrédients pour être digérée par certaines personnes, pour lesquelles elle produit le genre de malaise dont nous venons de parler. Chez d'autres espèces également fluviatiles, ou bien chez les poissons marins cartilagineux, tels que la raie, le tissu musculaire est trop coriace et trop dur pour fournir à la digestion son complément habituel de substance fermentescible.

194. 2° *Substances supplémentaires de la digestion.* Ces substances sont celles que l'on ajoute à l'aliment, dans le but de rétablir, d'un côté ou de l'autre, les proportions incomplètes de la substance alimentaire. Le génie de l'art culinaire n'est que l'auxiliaire de la nature altérée par la civilisation. Dans l'état de nature, l'animal est organisé pour digérer sans préparation ; il est même des animaux qui digèrent, sans boire, au moins pendant un espace de temps assez long ; ils trouvent leur boisson dans leur genre d'alimentation. Mais pour nous arrêter plus spécialement à la digestion de l'espèce humaine, nous établirons, comme premier supplément de la digestion, la boisson aqueuse, ce véhicule obligé de toute espèce de fermentation.

(*) Voyez *Revue complémentaire,* livr. de février 1856, tome II, page 199.

au bout de vingt-quatre heures, quand on y oublie les moindres débris de végétaux.

A quoi cela pouvait-il tenir, si ce n'est à la présence du sulfate de chaux qui abonde dans les eaux du bassin de la Seine, et à son absence complète dans les eaux de Doullens? L'analyse chimique confirma pleinement cette idée; l'eau prise à la fontaine principale du bas de la ville, analysée à plusieurs reprises et avec toute l'attention convenable, se trouva contenir, par litre d'eau, 0,43 grammes de résidus salins composés uniquement de :

	Grammes.
Carbonate de chaux.	0,286
» » magnésie.	0,096
Alumine	0,030
Fer.	0,017
Silice	traces
TOTAL.	0,429

L'eau était sensiblement alcaline, ce qui devait provenir d'une certaine quantité de potasse.

Mais elle ne renfermait pas la moindre trace de sulfate et d'hydrochlorate ou de substances organiques.

L'imputrescibilité de cette eau était donc due à ce qu'elle avait filtré à travers le banc de craie, le même que celui sur lequel coulent les affluents de la Tamise.

Donc partout où l'on trouvera des sources filtrant à travers le banc de craie, on fera bien de s'y approvisionner d'eau pour la marine. Et ces sortes de bancs supportent des provinces entières, ainsi que tout le plateau de la Somme picarde et de la Normandie.

Ainsi à Dieppe les eaux de la Béthune et de la rivière d'Arques doivent jouir de cette imputrescibilité, surtout dans les endroits où viennent dégorger dans leur cours ces sources du bas des collines qui sortent souvent des failles du rocher avec le volume d'un bœuf.

De pareilles eaux, conservées dans des vases convenables, peuvent faire le tour du monde sans se détériorer.

Telle doit être encore de nos jours l'eau du célèbre fleuve *le Phase*, aujourd'hui modeste rivière qu'on appelle *le Rion*, et qui se jette dans la mer Noire sur la côte la plus orientale de cette mer, à droite de l'ancien *Sebastopolis*, qui n'a rien de commun que le nom avec le moderne Sébastopol de la Crimée. « La légèreté de l'eau de ce fleuve, disait Arrien, peut se reconnaître à la balance, mais surtout en ce qu'elle surnage l'eau de la mer et ne se mêle pas avec elle ; elle *surnage comme de l'huile*, ainsi que le dit Homère de deux autres cours d'eau ; car, prise à la surface, l'eau du Phase est douce ; elle est salée si on la puise plus bas. Sa couleur est plombée ; elle reprend toute sa limpidité au bout de quelques instants de repos. Aussi a-t-on fait une loi aux navigateurs qui entrent dans le Phase de ne point vider leurs tonneaux dans le cours du fleuve. L'eau du Phase est imputrescible et peut conserver sa pureté plus de dix ans ; elle n'en devient que plus douce (*). »

Mais telles ne sont pas les eaux de puits ou même de source des pays sablonneux ; car les eaux pluviales qui filtrent à travers les immondices n'y rencontrent sur leur passage aucune couche géologique capable de les épurer : c'est ainsi qu'il ne serait pas possible de se désaltérer sans danger à l'eau des puits de Venise, de la Hollande, et même à celle de certains puits et de certaines sources des Flandres et du Brabant. Il faut chercher l'eau bien bas, à des sources fort anciennes, pour trouver dans le Brabant des eaux exemptes d'impuretés.

197. L'eau la plus digestive n'est ni l'eau distillée, ni l'eau de pluie. L'eau n'est pas pure, pour en être réduite aux seuls éléments de l'eau, c'est-à-dire, pour être de l'eau simple ; sa simplicité nuit à sa puissance dissolvante. Voulez-vous lui rendre les qualités de l'eau de source, exposez-la à l'air atmosphérique pour qu'elle s'en imprègne, ainsi que d'un peu d'acide carbonique, et cela dans un vase en calcaire, afin qu'elle se charge d'une certaine quantité de carbonate terreux.

198. Voulez-vous avoir un bon système de filtrage pour l'eau impure ? Laissez là le charbon, qui lui soustrait ses gaz et ses sels ; laissez là les chausses en laine, qui ne sauraient la dépouiller que de ses impuretés les plus grossières, et non de ses sels putrides et ammoniacaux. Imitez la nature, qui nous transforme en eau de source, par son système antédiluvien de filtrage, les eaux les plus bourbeuses des étangs les plus marécageux. Avec quels éléments obtient-elle ce départ si parfait ? Son filtre est fait avec des couches de sable et des bancs de calcaire poreux ; son principe réside dans la décomposition et l'abaissement subit de température. L'eau impure, qui fermente à la chaleur de l'air, dépose tout à coup ses produits en passant par les fraîches profondeurs des couches souterraines. Transportez tout à coup à 10° de température l'eau qui a séjourné en été au soleil, et vous la verrez déposer presque en même temps ; car le pouvoir dissolvant d'un liquide est en raison de l'élévation de température. Chaque grain de sable est un réfrigérant, où se précipite l'impu-

---

(*) *Arriani Periplus Ponti Euxini.* Arrien vivait sous l'empereur Trajan-Adrien.

reté de la goutte d'eau contiguë ; chaque molécule de carbonate calcaire est un désinfectant, par voie de double décomposition.

199. Supposons donc qu'on nous livre à filtrer l'eau du canal, à la hauteur de la Villette ; comment nous y prendrions-nous ? Nous ouvririons un bassin d'une capacité proportionnée à la quantité d'eau que la consommation nous demanderait, mais d'une profondeur de dix mètres au moins ; nous paverions le fond et les parois en meulière, avec la chaux hydraulique pour ciment ; nous jetterions un lit, d'un mètre au moins, de meulières en blocs et en pierres sèches, telles enfin qu'elles s'amoncelleraient, en tombant du tombereau. Par-dessus nous étendrions horizontalement un plancher de dalles calcaires libres et sans ciment, puis une couche de calcaire poreux de deux mètres de puissance, en bouchant les jointures tout simplement avec la poudre calcaire des déblais ; et par-dessus tout cela, trois ou quatre mètres de sable de rivière ou de Meudon. Voûtant enfin l'édifice, nous recueillerions, à la base de l'un des conduits qui la porteraient à domicile, une eau de source bien plus pure que celle d'Arcueil.

En économie domestique, les filtres en pierre calcaire produisent, mais malheureusement trop lentement, cet effet.

200. Le changement d'eau, comme boisson, éprouve l'estomac, comme le changement de nourriture ; les organes digestifs ont besoin d'en contracter l'habitude. Nous avons fait observer plus haut que les eaux gazeuses sont de puissants auxiliaires de la digestion (84), et que nul besoin d'éructation ne suit cette considérable ingestion de gaz acide carbonique : d'où nous avons conclu que le gaz acide carbonique est absorbé par l'estomac, ce qui assimile cet organe, sous le rapport de la respiration, aux organes foliacés des plantes. Nous devons ajouter que l'usage de ces eaux gazeuses corrige l'impureté des eaux potables, par une espèce de précipitation et de décomposition.

201. On pourrait objecter à tout ce que nous venons d'établir au sujet de l'eau potable, que sur les grands plateaux crayeux de la Normandie, et sur d'autres plateaux de la France, ce que j'ai surtout observé à Lachapelle du Bourgay, près de Dieppe, les paysans n'emploient pour leurs usages culinaires, pour leur pot-au-feu, etc., que l'eau des mares, qu'alimentent les eaux pluviales, et où parviennent quelquefois les urines des bestiaux. J'ai observé dans ces mares toutes sortes d'entomostracés, d'infusoires, les larves d'une foule d'insectes aquatiques, etc., et même la sangsue du cheval ; on trouve tout près, des crapauds, des salamandres terrestres, etc. On nous demandera comment cet usage peut se concilier avec la bonne santé des habitants ? Le voici : dans ce pays, personne ne boit de l'eau, ou l'on boit de l'eau de puits qui est excellente et d'une

grande pureté ; le cidre est la boisson exclusive des habitants ; on n'emploie l'eau des mares qu'en cuisson. Cependant, je n'hésite pas à attribuer à la nature vermineuse de ces eaux, employées dans des ragoûts insuffisamment soumis à l'action de la chaleur, les hémiplégies, paralysies, et affections mentales, qui m'y ont paru proportionnellement plus fréquentes que dans aucune autre contrée, et spécialement que dans les vallées telles que celles que traversent la Béthune et l'Arques, où l'eau des sources jaillit à flots du pied de tous les coteaux. Sur les plateaux, la profondeur des puits, qui va jusqu'à cinquante-trois mètres, ne permet pas de s'abstenir de l'eau des mares.

Les mares où arrivent habituellement l'urine des chevaux et des bestiaux, véritable purin alcalisé par le carbonate d'ammoniaque, ne renferment aucun insecte. Les chevaux et bestiaux s'y abreuvent impunément ; cette eau leur est salutaire, c'est leur boisson et en même temps leur tisane contre la météorisation ; ils y sont tellement habitués, que lorsqu'on les conduit à Rouen, ils refusent presque de boire ; l'eau pure de la Seine ne leur fait pas autant de bien que le purin des mares des hauteurs, qui est leur eau sédative; or, l'eau de la Seine est encore moins malfaisante, sur tout son parcours, que les eaux des sources des environs de Paris, qui filtrent à travers le gypse et se chargent ainsi de sélénite.

Le général Hugo a consigné une remarque analogue dans ses Mémoires (*) en parlant de Hita et spécialement de Maranchon, près de Molina, dans la vieille Castille, gros village qui est situé sur un plateau élevé. Les habitants n'y boivent que l'eau de puits et de citerne; mais les animaux domestiques s'abreuvent sans danger et de préférence à une grande mare d'eau verdâtre et croupissante; ces plateaux sont analogues aux plateaux crayeux de la Normandie.

C'est encore, malgré son bon air, par le vice de ses eaux, que Montmorency, situé au-dessus d'une couche de gypse, est un séjour moins salubre que tel autre village qui a la faculté de tirer son eau potable du cours de la Seine. Cette réflexion n'avait échappé ni à J.-J. Rousseau, ni au père Cotte, curé de Montmorency, et l'un des plus savants météorologues du milieu du XVIIe siècle ; il pensait que c'est par l'usage de ces eaux des puits séléniteux, que les habitants avaient les dents gâtées dès leur jeunesse (**). Il faut en dire autant de bien d'autres localités qui se trouvent sur des plateaux analogues, principalement de Poissy et de Pontoise.

202. FRUITS VERTS, RAISINS NON MURS. L'ingestion de ces aliments liquides produit la dyssenterie, et peut déterminer même un accident

(*) Tome III, page 69. 1823.
(**) *Traité de météorologie*, 1774, page 510.

analogue au volvulus ; car l'acide tartrique dont ils sont chargés précipite les sels calcaires en un calcul insoluble et rude au toucher. Si cela
a lieu dans les intestins, et que le calcul n'en intercepte pas le passage,
ses aspérités déchireront les surfaces de l'intestin : de là la dyssenterie.
S'il intercepte le passage, de là le volvulus et toutes ses conséquences. Il
faut en dire autant du vin sûr et trop chargé d'acide tartrique libre.

Remarquez que les pellicules vésiculaires de chaque grain de raisin résistent, par leur contexture, et par suite de leur nature chimique,
à l'action désorganisatrice de l'acte de la digestion ; elles passent donc
intactes, dans l'organe de la digestion alcaline, dans le duodénum ; de là
dans le côlon, cet organe de la digestion fécale, digestion non moins alcaline que la seconde. Ces pellicules promènent donc l'acidité partout
où les tissus n'aspirent les liquides qu'à la faveur du véhicule de l'alcalinité ; leur présence prête donc à chaque instant, au chyle et à ses autres
transformations, une qualité que les tissus repoussent.

203. En arrivant en Belgique, je professais pour le fruit du pommier
une prédilection exceptionnelle qui allait jusqu'à la sensualité ; et lorsque
je fus installé à Boitsfort, je disais à qui voulait l'entendre : Prenez tous
les fruits que bon vous semblera ; mais ne touchez pas, de grâce, à mes
pommes ; qu'il m'en reste pour l'hiver.

Mon estomac était encore tout imbu du souvenir reconnaissant des dé-
licieux déjeuners que j'avais faits chaque matin, bon an mal an durant
ma longue captivité, avec trois œufs et une pomme de Picardie.

Mais il ne tarda pas à se désillusionner au bout de quatre ou cinq récidives de gastrite, et d'une indigestion qui, dans mon opinion, tient le
premier rang dans les indispositions de ce genre, et laisse bien loin derrière elle l'indigestion du pain, qui était la pire de toutes aux yeux de nos
anciens (*indigestio panis pessima*). C'est une crudité qui torture ; c'est un
poids brûlant qui ne peut prendre son cours ni par le bas, ni par le
haut ; on veut le vomir, on ne rend que des eaux âcres et corrosives ; et
cette torture dure souvent plusieurs jours. Cela m'arrivait déjà même
avec la compote de pomme, même avec les pommes les plus mûres ;
c'était un enfer avec les pommes d'une maturité un peu douteuse. A quelle
cause tient cette différence d'action d'une même espèce de fruit, si ce n'est
à la différence du sol et du climat? En Picardie le sol est éminemment
calcaire ; en Belgique, dans la partie du Brabant que nous habitons, le
sol n'est qu'une marne argilo-sablonneuse ; l'acide tartrique de la pomme
de ce pays n'y retrouve pas sa base pour se mitiger ou se saturer, lorsqu'il se dégage librement dans la panse stomacale (*).

(*) Voyez *Revue complémentaire,* livr. de mars 1857, tome III, page 231.

En conséquence, l'usage immodéré de ces fruits non encore mûrs amène de prime abord la diarrhée, et puis la dyssenterie, par le mécanisme que nous venons d'indiquer. La diarrhée ne s'opère que par la déviation de la digestion intestinale : c'est une transposition de la fermentation acide. Or comme ce que les intestins repoussent doit être expulsé au dehors par la force même de la répulsion, s'il se forme un obstacle mécanique au passage des matières par la voie ordinaire, la diarrhée prendra les caractères du miséréré, du volvulus ; et le malade rendra par la bouche ce qu'il aurait dû rendre par l'anus.

204. LIQUEURS FERMENTÉES. Dans l'état de nature, l'eau pure est, pour tout être animé, la meilleure des boissons. La digestion forte et normale n'a pas besoin d'un autre véhicule ; et dans les pays chauds, le paysan et le voyageur trouvent encore à l'eau, comme boisson, des qualités exquises et qui la rendent pour eux préférable au vin. A leur goût, l'eau est le plus doux des breuvages (*), le vin n'est qu'un médicament ; et véritablement, dans notre état de civilisation, le vin ne joue pas d'autre rôle : il est le correctif d'une digestion incomplète ; c'est une addition artificielle d'une certaine quantité d'alcool, dans une masse alimentaire paresseuse à en produire ; car les estomacs façonnés et abâtardis par la civilisation manquent de cette énergie, et de ce feu sacré qui, chez l'homme de la nature, se suffit à lui-même, et n'a besoin, pour arriver à son but, d'aucun prodige de l'art. Il est des fruits, tels que la pomme, qui font trouver le vin bon ; ce sont des fruits qui fermentent vite et ajoutent ainsi leur produit alcoolique à la quantité d'alcool que renferme déjà le vin. La tendance que possèdent les pommes à la fermentation alcoolique est telle, qu'elle continue encore dans le côlon, et même dans les selles, quand on en expulse les débris encore intacts, au moyen de l'huile de ricin ; chacun de ces morceaux de pomme dégage de l'hydrogène et de l'acide carbonique, en abondance, sous les yeux de l'observateur.

205. L'homme du Nord recherche plus les liqueurs fermentées que l'homme du Midi ; tant parce que le froid ralentit les fonctions, que parce que, la transpiration étant moins abondante dans les climats à basse température, le bol alimentaire se dépouille moins vite des particules aqueuses qui servent de véhicule à sa fermentation. Le vin tient le premier rang parmi les boissons auxiliaires ; puis la bière, pourvu qu'elle soit bien houblonnée, et cela pour des raisons que nous expliquerons plus bas. La bière, moins alcoolique que le vin, plus chargée d'acide carbonique et des éléments glutineux et saccharins de la digestion, n'est pas seulement tonique, elle est nutritive ; on fait une espèce de repas liquide,

---

(*) Ἀριστον ὕδωρ. Pindare.

en la buvant. Le kwass des Russes est une bière au seigle, au lieu d'orge. Le cidre et les poirés, moins alcooliques que la bière, ont une acidité qui ne convient pas à tous les estomacs, et exige pour nous une habitude que les Normands ont contractée dès leur enfance.

La bière n'est pas seulement une boisson ; c'est une nourriture liquide ; car c'est un extrait alcoolisé de tous les principes qui rentrent dans la confection du pain. Aussi, partout où l'on fait usage de la bière, est-on très-petit mangeur de pain ; on y semble ne s'en servir que pour s'en essuyer les doigts et la bouche. La bière est essentiellement nutritive, et tellement qu'on finit par acquérir un peu trop d'embonpoint à force d'en boire.

206. Les liqueurs fermentées ne s'arrêtent pas au bol alimentaire ; l'excédant passe dans le torrent de la circulation ; et elles y produisent, par l'action coagulatrice de leur alcool sur la partie albumineuse du sang, tous les phénomènes de l'ivresse. En effet, les tissus des vaisseaux s'assimilant la partie aqueuse du sang, l'alcool ainsi rectifié agit avec toute sa puissance ; et l'albumine coagulée intercepte çà et là la circulation. Mais nécessairement, cette perturbation n'étant pas symétrique, l'antagonisme qui nous tient en équilibre est détruit ; l'animal chancelle, ramené à droite, à gauche, en arrière, en avant, selon les irrégularités des effets alcooliques ; les progrès de l'ivresse augmentent avec le temps ; et tel convive, qui se lève de table assez solide sur ses jambes, va tomber au coin de la borne, à quelques pas plus bas, a mesure que l'alcool passe de l'estomac dans le système circulatoire. Les membres enflent, la chair bleuit ; car les caillots coagulés dans les capillaires s'opposent au passage du sang des artères dans les veines ; la membrane stomacale, perdant par l'action de l'alcool les facultés d'aspiration qu'elle tient de son état humide, reste inerte et comme paralysée, faute d'action ; elle repousse ce qu'elle attirait (160) ; tous les efforts musculaires qui la pressent secondent cet organe pour hâter le vomissement : accident heureux, qui débarrasse l'homme du démon qui le torturait.

207. Dans les deux précédentes éditions de cet ouvrage, je m'étais hautement élevé contre la fabrication des vins artificiels, et j'en avais peut-être un peu trop exagéré les mauvais effets comme boisson. C'est qu'on les fabriquait si mal, avec si peu de connaissance de cause, et avec des ingrédients si dangereux, qu'il me paraissait utile d'user de rigueur afin de mettre mieux les consommateurs en garde contre de telles fraudes.

Plus tard je me suis hasardé, en vue de la pénurie des récoltes, à fournir aux particuliers des recettes sûres pour se procurer une imitation de vin qui fût aussi agréable et aussi hygiénique que le vin du cru. Je donnerai en son lieu et dans la partie pratique de cet ouvrage, les

I.   9

recettes détaillées de ces sortes de boissons artificielles, sous la réserve que ceux qui voudraient en tirer profit aient soin de ne le faire qu'en avertissant le chaland de la nature artificielle de ces produits; sans quoi ils seraient passibles des peines que la loi prononce contre le délit de dissimulation en fait de la marchandise vendue.

209. Si le changement de l'eau potable produit un certain trouble dans nos fonctions digestives, le changement de qualité des vins agit avec de bien plus mauvais effets. Le vin, en effet, porte avec lui un poison ou un auxiliaire de la digestion, selon les doses du mélange. Or l'excès peut résulter de notre peu d'habitude; tel vin, fait pour ce buveur, est trop fort pour une personne du sexe qui n'en a pas l'habitude. Calculez par là l'effet que doit produire, le dimanche, sur l'estomac du pauvre ouvrier, buveur d'eau pendant six jours de la semaine, cet alcool de pommes de terre, que le marchand a étendu la veille avec de l'eau de puits, et qu'il a coloré à la hâte avec du mirtille? Vous concevrez encore pourquoi l'ouvrier du midi de la France n'est presque jamais ivre, et que l'ouvrier de Paris l'est toutes les fois qu'il sort du marchand de vin : dans le Midi, le vin est excellent et il est à bon marché; nul n'en manque, et partant, nul ne le fraude; l'homme en a l'habitude, et il n'est jamais forcé, par la cherté du produit, d'en interrompre l'usage.

210. Un illustre académicien, qui travaille la statistique avec des additions et des soustractions seulement, faisait un jour observer à son auditoire, pour lui prouver combien les mœurs du peuple étaient corrompues, qu'on remarquait tous les vingt pas un cabaret, dans la rue Mouffetard ; et que, dans la Chaussée-d'Antin, on rencontrait à peine un marchand de vin au coin des rues. Un ouvrier qui fait de la statistique avec du bon sens lui répondit : « Cela vient de ce que, dans la Chaussée-d'Antin, chaque habitant a sa cave, et des meilleurs vins fournie; et que, dans la rue Mouffetard, le peuple n'a d'autre cave que le cabaret. Mais, dans la Chaussée-d'Antin, chaque riche consomme plus, à lui seul, en un repas, qu'un pauvre diable ne parvient à le faire au bout de trois semaines. » Tout l'auditoire, y compris le professeur, conçut parfaitement bien la justesse de cette contre-statistique.

211. La sobriété est une qualité relative. L'égalité est dans le droit, mais non dans les besoins; celui-là est sobre, qui ne prend, en aliments, que ce qui lui est nécessaire, alors même que ce qui lui suffit causerait une indigestion à tel autre. J'ai vu des êtres assez malheureux, dans notre société pauvre et dénuée de ressources, pour supporter impunément douze bouteilles de vin chaque jour; l'excès commençait à la douzième. Tel était Lacenaire, dont j'ai beaucoup étudié, à la Force, les malheureux penchants, qui l'ont conduit du besoin à la filouterie, de la

filouterie au vol, et du·séjour des prisons au métier d'assassin. Quel travail manuel aurait pu fournir son nécessaire à une pareille sobriété?

212. Heureuse l'organisation sociale où chacun pourra avoir ce qui lui suffit, et saura s'en contenter! Quel triste rêve que la nôtre, puisque ce désir est encore à l'état de rêve! Sobriété, douce sagesse de l'aisance, exquise volupté du besoin! charité intelligente, qui commence par soi, mais n'oublie pas les autres; à qui l'instinct de l'estomac a si bien appris ce que confirme l'instinct du cœur; à savoir, que soustraire à la masse commune plus de produits qu'on n'en a besoin, c'est voler, à ses propres dépens, ceux qui en manquent! oh! que je te dois de bonnes et longues matinées, de délicieuses nuits, et de déjeuners friands avec peu! La pauvreté, qui m'a pris au berceau, m'a remis entre tes bras pour le reste de ma vie; ne m'abandonne jamais, et accompagne-moi jusqu'au tombeau : ma mort n'aura point d'agonie, et je serai heureux jusqu'à l'instant où je ne serai plus. Être heureux, ce n'est pas jouir; c'est ne pas souffrir.

§ 3. *Substances protectrices de la digestion.*

213. Tout être organisé vit au milieu de dangers qui menacent à chaque instant son existence, et d'ennemis qui cherchent à vivre à ses dépens. Il n'est pas une espèce qui ne soit l'ennemie des autres, et qui n'ait toutes les autres pour ennemies à son tour. Notre vie est un combat continuel, où nous nous trouvons successivement vainqueurs et vaincus, bourreaux ou victimes, souvent injustes et le plus souvent opprimés; et toute notre intelligence, toutes nos ruses, toute notre activité n'ont d'autre but que de disputer à tout ce qui nous entoure cette frêle existence qui chancelle à chaque pas. Tantôt c'est contre les éléments, tantôt contre la température qui baisse ou qui monte, contre la tempête qui nous brise comme du verre ou nous brûle comme la paille; contre les géants des mers qui nous surprennent sous les eaux; contre les géants des forêts qui s'attroupent autour de nos chaumières; contre le ciron, si petit qu'on peut l'écraser sous l'ongle, et si puissant dans son invisible travail qu'il nous jette dans le sang un feu qui donne la fièvre, et nous dévore par une simple démangeaison; enfin, contre nos propres écarts, nos propres excès, notre propre suicide. Pauvres rois de ces animaux qui pullulent et tremblent comme nous sur la terre! tout conspire contre nous, jusqu'à cette intelligence, rayon sacré que nous avons ravi au ciel, et qui nous assimile au Créateur. A nous voir exploiter ce trésor, on dirait que nous ne voulons nous en servir que pour nous créer des obstacles, que pour pla-

cer avec art sur notre route des pierres d'achoppement. Ce n'est pas
·assez que nous soyons en butte à tout, il faut encore que nous abusions
de tout, même de ce qui nous fait vivre; volages par désœuvrement, in-
conséquents par inconstance, que n'inventons-nous pas pour vivre autrement que la nature ne l'a voulu? On dirait qu'à l'instigation de ce démon qui nous torture, nous allons ordonner à ces pierres de se changer
en pain; comme si l'indigestion n'arrivait pas assez vite d'elle-même, et
par des chemins assez inconnus.

214. L'hygiène est heureusement là pour protéger notre digestion
contre les écarts de notre régime. Cette hygiène, qui chez les animaux
est un instinct, est devenue un art comme la pharmacie, une science
comme la médecine, pour les hommes civilisés; l'art et la science ne
sont que deux moyens de nous ramener à la nature, dont nous nous sommes écartés. Cet art préservateur, cette science protectrice, c'est l'art culinaire, que je définirais volontiers l'art d'assaisonner notre nourriture,
et d'embaumer, pour ainsi dire, la digestion avec des condiments.

L'art de la cuisine est resté au point où en était, avec lui, l'art de la
médecine chez les Romains (*). La médecine a passé dans les arts libéraux; l'art de la cuisine n'est pas encore sorti des attributions des esclaves. Le pharmacien s'élève à la dignité d'académicien et de baron de
l'empire; le chef de cuisine n'est jamais qu'un valet, même avec son cordon bleu. Et pourtant où est la différence? Mêmes fourneaux, mêmes
ustensiles, même laboratoire, même tablier; et presque mêmes formü-
·les. L'un compose des mets qui doivent être exquis pour qu'ils soient
acceptables; l'autre a toujours bien formulé, en composant ses drogues,
pourvu qu'il n'empoisonne pas. Quelle science faut-il pour être pharmacien? celle du *Codex*, qui est le code des drogues officinales. Mais le livre
du *Cuisinier bourgeois* ne s'apprend pas aussi vite que le *Codex*, et demande
un plus long usage. La cuisine a besoin de plus de tact et d'habitude que
la pharmacie, pour doser les substances; car comment préciser, si ce
n'est par les inspirations du goût, le point juste où le mélange cesse de
flatter la friandise, et offense le palais? Si la cuisine avait eu un Hippocrate qui l'eût développée en grec, un Celse qui l'eût professée en latin,
un peu plus doctement que ne l'ont fait Varron, Columelle et autres pour
la ferme, et Cœlius Apicius pour la table des grands; et que pour l'apprendre, enfin, il eût fallu savoir le grec et le latin, le cuisinier, devenu docte

(*) Et il serait facile de prouver que nos *Cuisinières bourgeoises* ne sont presque
que la traduction libre du livre que nous a laissé le cuisinier en chef d'un illustre
gourmet romain, sous le nom de *Apicii Cœlii, de opsoniis et condimentis, sive de arte
ecquinariâ, libri decem* (Traité des mets et des ragoûts, ou de l'art culinaire, par Apicius
Cœlius.) (Voyez *Revue complémentaire*, livr. de novembre 1854, tome I. page 123.)

par les sciences accessoires, et pédant par profession, aurait marché l'égal du pharmacien, qui aujourd'hui le régente ; et nous aurions eu une cinquième faculté universitaire peut-être, où l'on aurait soutenu des thèses *de præstantiâ culinariæ*. La noblesse des professions ne tient, comme toutes les noblesses, qu'à l'élégance des manières, qu'aux artifices du beau langage, qu'aux priviléges d'une certaine oisiveté. De là la noblesse de la médecine, et la roture de la cuisine (*).

215. L'art culinaire est l'art de combiner le principe saccharifiable et le principe saccharifiant, de manière à favoriser la marche de la fermentation stomacale ; d'éveiller et de soutenir l'appétit, par une heureuse succession de raffinements, et de protéger la digestion par le choix de condiments agréables. Il procède par des combinaisons, où le principe doux dissimule le principe amer qui en est l'antidote, et par une succession de services qui se préparent et se corrigent mutuellement ; faisant jaillir, de la variété des mets, et le plaisir et le remède ; éveillant l'appétit qui s'émousse ; renforçant la digestion qui faillit ; et ordonnant l'économie de la table, d'après le nombre et les dispositions des convives, de telle sorte qu'il y en ait assez pour tout le monde, et que nul ne soit exposé à en prendre trop. Le cuisinier de génie est l'Esculape de la digestion ; et le changement seul du *chef* est souvent, pour une maison, une calamité domestique ; on s'y aperçoit, au bout d'une semaine, qu'on se porte moins bien.

216. Rasori et Broussais avaient brisé le sceptre de l'art culinaire ; la gomme avait pris tout à coup la place des condiments ; le poivre, le gingembre, la cannelle, l'ail, la muscade, furent proscrits comme incendiaires ; et Vatel versa des larmes, en voyant ses convives s'astreindre à la loi du jeûne et du régime, au milieu de ses plus belles inventions. Mais Comus, irrité contre Esculape, lança dans son camp, au bout du trait vengeur, l'épidémie de la gastrite chronique, de l'entérite, de la fièvre adynamique, avec un cortége effrayant de symptômes et d'accidents ; et ceci n'est pas dit en figures ; nous soutenons que cela est de la plus exacte vérité. Étrange abus des théories, c'est-à-dire, des mots

---

(*) Ces idées ont germé, depuis la publication de cet ouvrage, dans le cerveau de plus d'un penseur à grandes entreprises ; mais, comme toujours, c'est dans un cerveau anglais. Un M. Soyer ayant établi, en 1851, parallèlement au Palais de cristal à Londres, un restaurant monstre, porta le toast suivant au banquet qui eut lieu pour l'inauguration du local : « Ce jour stimulera mes efforts pour amener ce que j'ose appeler une grande réforme sociale, c'est-à-dire l'amélioration de l'art gastronomique et l'établissement d'une *école culinaire scientifique*, s'appliquant surtout à l'économie domestique Ce plan me plaît surtout en ce qu'il sera utile à toutes les classes de l'humanité, au pair comme au paysan, et qu'il recevra un accueil favorable dans le palais comme dans la chaumière. » (*Moniteur*, 18 mai 1851.)

équivoques et mal définis; ce ravage apporté dans le régime par une doctrine médicale se serait étendu à toutes les conditions, si l'observation ne nous avait pas fait trouver la clef de l'usage des condiments, et ne nous avait pas révélé le mot de l'énigme.

217. Les condiments sont des assaisonnements qui protégent la digestion contre elle-même; tel est le théorème dans son expression générale; il n'est pas encore temps d'en donner la démonstration. Mais depuis que nous l'avons dit, ce mot, et ce mot est bien simple, l'hygiène et la médecine ont marché hardiment dans une route nouvelle, qui n'est autre que l'ancienne; et nous n'avons jamais manqué de guérir les gastrites chroniques en ordonnant de manger hautement épicé, et d'éviter comme un poison tout ce qui est doux et fade au palais. Bien des médecins se rangèrent de notre avis, et adoptèrent notre méthode; l'insuccès amena plus tard les autres.

218. Nous diviserons les condiments en deux catégories, lesquelles exigent des véhicules différents : 1° les sels, tels que le sel marin, que l'on a tort d'appeler le sucre du pauvre, car, de ce sucre-là, le riche doit consommer autant que le pauvre, s'il veut bien se porter; le nitrate de potasse, dans certains mets, et en faible quantité; le bicarbonate de soude, en certains cas, etc.; 2° les huiles essentielles, qui sont des condiments proprement dits : le beurre, l'huile, le vinaigre, la portion alcoolique du vin, sont les véhicules les plus ordinaires des huiles essentielles, et ceux dont l'art culinaire fait le plus fréquent emploi, qu'il fait entrer à chaud dans les ragoûts, à froid dans les salades et les condits. Les condiments le plus employés sont le poivre, le gingembre, la fleur de girofle, la noix muscade; l'écorce d'orange et de citron, qui a son véhicule dans son suc; les boutons du câprier (câpres), les jeunes fruits (cornichons) de concombres, que l'on fait confire au vinaigre; le persil, le cerfeuil, l'estragon, l'ail, les échalotes, les ciboules, les oignons, dont on extrait le suc de vingt manières différentes, mais toujours à l'aide d'un corps gras ou du vinaigre; la moutarde, ce condit de la graine du *sinapis*, ce *mustum ardens* des anciens, dont le pape Clément VIII (celui qui dans le seizième siècle capitula, après le sac de Rome, avec le connétable de Bourbon) faisait un si grand cas, que chaque fabricant de ce produit ambitionnait le noble titre de *moutardier* du pape; et celui-là n'est pas mort d'une indigestion de moutarde, comme un de ses prédécesseurs, Paul II, mourut d'une indigestion de melon (*).

(*) En 1471. Ce pape, vrai Narcisse sous la tiare, se mettait du fard, et était tellement amoureux de sa personne qu'il voulut se faire appeler *Formose*. C'est lui qui orna la triple couronne de diamants, et qui changea la robe jusque-là brune des cardinaux en soutane écarlate.

Le besoin de mets hautement épicés se fait d'autant plus sentir, qu'on approche le plus de l'équateur. Le bétel des Orientaux, le coca des Péruviens, le piment, etc., à des doses excessives, sont le condiment habituel des habitants de la zone torride. Dans le midi de la France, le paysan déjeune avec une certaine jouissance au moyen d'un de ces gros oignons agréablement sucrés, que l'on nomme oignons d'Égypte, qu'il assaisonne de gros sel.

Le poireau est pour le Gallois en Angleterre ce que la pomme de terre est pour l'Irlandais et le Flamand; à la Saint-David, grande fête nationale du pays de Galles, les habitants portent force bouquets de poireaux, comme des bouquets de roses, enrubanés de diverses couleurs.

Les Anglais, les Hollandais, tous les habitants des ports de mer épicent hautement leur cuisine. Les Anglais et les Américains épicent jusqu'à leur bière. Ils ont grand soin de placer sur la table un *castor*, espèce d'huilier garni de plusieurs fioles à bouchon de cristal, et remplies de poivre, de sucre, d'huile, de vinaigre, de sauces et condiments de toutes sortes. A Singapore, les colons vont jusqu'à saupoudrer de sel les tranches d'ananas, avant de les manger. Ici en Flandre, les paysans ne sucrent pas leur café, ils le salent.

Le poivre a de tout temps été si recherché par tous les peuples, qu'avant les voyages de circomnavigation des Portugais et leur établissement aux Indes orientales, le poivre se vendait encore, comme du temps de Pline (*), au poids de l'or; d'où est venu le proverbe *c'est poivré*, pour dire *c'est cher comme poivre*. Les épices dominaient dans les mets servis à la table des plus grands seigneurs de Rome antique; il suffit pour s'en convaincre de parcourir le livre d'Apicius Cœlius (*De re coquinariâ*).

Les nourritures douces, le laitage, etc., qui sont la ressource des Samoïèdes et des Lapons seraient au contraire un poison dans les Indes.

Les Indiens nomment *achar*, *aitchar*, *atchar*, un condiment composé de sommités tendres de végétaux, et de jeunes fruits confits dans le vinaigre de palmier. En Europe, on nomme *achar* les cornichons, les épis jeunes de maïs, les câpres, les petits oignons blancs, les haricots verts, etc., confits dans le vinaigre. Chaque pays fait son *achar* avec les condiments que lui fournissent le climat et la température.

Les habitants de quelques contrées de la Suède ont l'habitude de mâcher une espèce de résine (*tuggkadu*), qui passe pour nettoyer les dents et entretenir la fraîcheur de la bouche, mais qui, en définitive, est véritablement leur condiment. On la rencontre, sous forme de globules, sur

---

(*) *Piper in Indos petitur, pondere emitur ut aurum et argentum.* Plin., lib. XII, cap. 7.

le tronc du pin, et il faut une certaine habitude pour la distinguer de la résine ordinaire de cet arbre.

219. Tout animal a, comme l'homme, son condiment; il tombe malade dès qu'on l'en prive. Que de bestiaux malades, quand on les sèvre du foin, cette thériaque composée de mille baumes d'espèces différentes, à la tête desquelles il faut ranger la tige des graminées, si riche en benjoin (*)! Le chien et le chat vont, chaque matin, s'administrer une certaine dose de tiges vertes de chiendent, qui est leur condiment ordinaire. Les poissons sont si friands de condiments, qu'on les attire bien plus vite en aromatisant l'hameçon avec du jus de joubarbe, de l'ail, du musc, de l'ambre, du camphre, etc.; il est même des gens qui, pour les prendre à la main, n'ont qu'à se frotter les doigts avec ces substances.

Annibal Camoux, qui était né à Nice, le 20 mai 1638, la même année que Louis XIV, et qui mourut à Marseille le 18 août 1759, âgé de cent vingt et un ans et trois mois, attribuait le phénomène de sa longévité à *la racine d'angélique*, qu'il mâchait habituellement. Ce brave homme n'avait pas tort; la racine d'angélique était son condiment; et je suis convaincu que tous les centenaires ont eu le goût de quelque condiment ou des condiments en général.

Les Lapons pensent que la racine d'angélique fait vivre longtemps; ils la mâchent comme on mâche le tabac, et l'emploient dans la colique qu'ils désignent sous le nom d'*ullao*.

L'homme du peuple et le fumeur ont leur racine d'angélique dans le tabac que l'un mâche et que l'autre hume; si toutefois ils ne joignent pas à ce condiment l'abus désastreux des liqueurs alcooliques. C'est un coup fatal pour eux, que de leur supprimer subitement cet usage; que de malades ont trouvé la mort, dans les hôpitaux, pour avoir été mis au régime et sevrés de leur condiment habituel!

220. Le sel marin, qui est un condiment sur terre, est une cause occasionnelle de scorbut sur mer. Le condiment du marin, c'est l'eau douce du rivage, et la salade fraîche du ruisseau.

221. Nous avons promis de donner plus bas le mot de l'énigme de ces problèmes, ce chapitre ne comportant pas les développements dans lesquels nous entraînerait la démonstration.

(*) Les chiens et les chats ont un autre but en allant de temps à autre brouter du chiendent (*triticum caninum*); c'est de se faire vomir par un moyen mécanique, comme le fait le gastronome anglais au moyen du doigt qu'il s'introduit dans la gorge. En effet les feuilles du chiendent fortement dentelées en scie sur les bords ne peuvent manquer de titiller la gorge et de provoquer ainsi le vomissement; or, le vomissement attire la bile et le produit de la vésicule du fiel dans la panse stomacale, ce qui est un excellent vermifuge pour les premières voies. On trouve dans la matière de leur vomissement les feuilles encore entières du chiendent; elles n'ont presque pas servi à d'autre usage.

TROISIÈME GENRE. — *Causes thermaniques des maladies.*

222. La combinaison physiologique des éléments de l'eau, de l'air et de la terre, en une vésicule qui dès lors se trouve douée d'une faculté d'élaboration, ce que nous nommons la vie, faculté d'une indéfinie reproduction, que nous nommons développement, cette combinaison serait impossible, sans le concours d'une certaine température. De ce théorème on peut obtenir une démonstration négative, en se rappelant que rien ne se combine à l'état solide : l'eau perd donc ses facultés de dissolution, et partant d'organisation, dès qu'elle est à la glace ; la cellule organisée ne saurait donc fonctionner à la température de zéro : donc elle ne saurait y naître ; sur les glaciers de nos montagnes, ainsi que sous les pôles, nulle végétation possible. Mais si nous abordons la question d'une manière positive, et que nous cherchions à nous faire une idée réelle du rôle que la chaleur joue dans l'organisation, dès ce moment le problème étend sa portée, multiplie ses corollaires par ses scholies, et touche à toutes les sphères par un point de contact qui le confond avec tout ; chimie, physique générale, astronomie et cosmogonie, toute cette immensité que mon œil ne peut atteindre, se résume, par la pensée, dans mon microcosme, dans ma cellule microscopique, qui est un univers en miniature et réduit à sa plus simple expression.

223. La chaleur (*), sans laquelle il n'est pas d'organisation possible, n'est pas un être de raison ; c'est un élément comme les trois autres ; élément impondérable, parce qu'il ne gravite nulle part, puisqu'il appartient à tout l'espace ; subtil comme le gaz, mais saisissable comme eux ; que nous isolons et que nous neutralisons, comme eux, par de doubles décompositions, et par d'infinies combinaisons ; ou plutôt, élément sans lequel nulle autre combinaison n'est possible ; qui est le centre de tout mouvement, le lien de toutes les affinités comme de toutes les attractions. Lumière, électricité, magnétisme, selon les organes et les instruments qui sont employés pour la percevoir, la chaleur enveloppe les atomes comme les mondes ; elle les associe en les attirant les uns autour des autres ; elle les sépare ensuite, en les attirant ailleurs, et toujours par la grande loi de l'équilibre, qui tend à l'uniformité et au repos ; tendance éternelle qui, s'exerçant dans un milieu infini, doit nécessairement produire et reproduire sans cesse le mouvement perpétuel, dont la plus belle harmonie est celle des révolutions.

(*) Voy. *Nouveau Système de chimie organique,* tome 3, 4ᵉ partie, 1833.

224. De la vésicule organisée, la chaleur forme donc le quatrième élément organisateur. Vous la désorganisez, si vous venez à le lui soustraire; car vous détruisez dès ce moment la combinaison chimique, d'où son principe vital relève ; et cette combinaison est en proportions définies, comme toute autre combinaison chimique. De même que l'analyse élémentaire nous montre la vésicule organisée et réduite à son premier état, comme étant composée d'environ moitié d'eau et moitié de carbone, le tout associé avec une base terreuse, dans une progression qui suit celle de l'âge de l'individu; de même, l'analyse physiologique nous montre cette vésicule comme devant être combinée avec une quantité de calorique qui a besoin, pour garder son équilibre, que l'air ambiant ne dépasse pas 30° du thermomètre et ne descende pas au-dessous de 10° environ; à moins que ces deux écarts ne soient que passagers et peu durables. A 10° la cellule rapproche ses atomes élémentaires, par la soustraction du calorique qui les tenait à une distance convenable; les liquides tendent à devenir solides; et la circulation, ce torrent qui distribue la nutrition, devient paresseuse, oscillante, indécise, irrégulière, et puis s'arrête sans retour. Au-dessus de 30°, le calorique, enveloppant les atomes d'une couche nouvelle, les tient à une distance, les uns des autres, qui détruit l'unité vésiculaire, et en confond les éléments avec tout ce qui n'est pas elle. Au-dessous de 10°, la vésicule se resserre, s'engourdit; au-dessus de 30°, elle s'évapore. Vers le bas de cette échelle, hibernation; vers le haut, combustion. Ici sommeil éternel; là-haut mort, ou plutôt résurrection nouvelle; car les atomes ne meurent pas, ils ne s'isolent pas : ils se recombinent.

225. Entre ces limites *à minimâ* et *à maximâ*, la vésicule organisée n'élabore pas d'une manière uniforme; il est évident, au contraire, et comme par un corollaire du principe que nous venons de poser, que l'énergie de son élaboration diminue en descendant, et qu'elle augmente en montant. L'uniformité ne peut se maintenir qu'à une égale distance des deux extrêmes. C'est là la zone tempérée de l'organisation; tout ce qui s'en écarte, marche, par la gauche, à la zone glaciale, et, par la droite, à la zone torride.

226. Nous serait-il possible d'évaluer, par nos procédés thermométriques, la somme de calorique dont chaque vésicule organisée, réduite à sa plus simple expression, a besoin pour son élaboration spéciale, la proportion enfin pour laquelle le calorique entre dans la combinaison vésiculaire? Il peut se faire qu'un jour nous soyons en état de nous représenter cette proportion par une image, par un chiffre; mais, jusqu'à ce jour, par suite de l'imperfection et de la grossièreté de nos instruments, et surtout de la confusion avec laquelle on a toujours cherché à se représenter les phénomènes de.l'éther et de la lumière, on n'est arrivé qu'à des résultats, ou contradictoires, ou si excentriques qu'ils menaient tous à l'absurde.

227. On a évalué au thermomètre la chaleur qu'un corps vivant dégage, et l'on a confondu cette quantité de calorique avec celle que ce même corps possède ; à peu près comme si l'on avait dit, *à priori :* La quantité de calorique que ce corps perd est égale à celle qu'il possède. Ainsi, quand on a cru trouver que telle partie du corps faisait élever la liqueur du thermomètre à 29° centigrades, on a dit : La chaleur de telle partie s'élève à 29° ; et c'est de cette manière qu'on a dressé les tables de la *chaleur animale.* En signalant ce vice de raisonnement, on renverse donc de fond en comble tout l'édifice de ces expérimentations ; elles sont toutes à recommencer sur de nouvelles bases.

Nous éprouvons une impression de chaud toutes les fois que la température augmente et que le thermomètre commence à monter, le niveau de la colonne fût-il à — 20°, surtout s'il monte rapidement ; nous éprouvons une impression de froid toutes les fois que la température baisse et que le thermomètre commence à descendre, marquât-il + 25°. Car dans le premier cas nous recevons du calorique de l'air ambiant, et dans le second l'air ambiant nous en soustrait ; or, la sensation du chaud est une addition, et la sensation du froid est une soustraction.

228. Les expériences thermométriques ne nous ont fait connaître, jusqu'à présent, que la quantité de calorique dégagée par l'élaboration d'un corps, mais nullement la quantité de calorique absorbée par ce corps. Les végétaux, même ceux qui ne se développent qu'à la plus haute température de notre atmosphère, ne dégagent aucune quantité de calorique sensible à nos instruments de précision (*) ; cependant, il est évident qu'ils en prennent beaucoup. Il faut en dire autant des animaux à *sang froid*, par rapport aux animaux à *sang chaud.* Il est probable que les animaux à sang froid prennent plus de calorique que les animaux à sang chaud ; car un corps qui nous paraît froid est un corps qui absorbe le calorique et qui, par conséquent, se combine avec lui ; un corps qui nous paraît chaud est un corps qui nous cède du calorique et qui, par conséquent, en perd et s'en dépouille.

229. D'un autre côté, cependant, il est vrai que bien des combinaisons dégagent du calorique à l'instant où elles se forment. En effet,

(*) Nous avions depuis longtemps signalé le vice des méthodes anciennes, pour constater la chaleur dégagée par les végétaux ; on en a appliqué de nouvelles qui sont plus vicieuses encore que les premières, à cause de cette extrême sensibilité, qui fait que les instruments de ce genre prennent de la chaleur à tout ce qui les entoure, avant d'en prendre au végétal.

leurs molécules ne sauraient se rapprocher plus intimement, sans se dépouiller d'une fraction de la couche de calorique qui les tenait à distance. L'activité et la constance du dégagement de calorique peuvent donc être les signes de l'activité et de la constance de l'une de ces sortes de combinaisons. En thèse générale, tout mélange gazeux qui se combine en liquide dégage du calorique et fait monter le thermomètre. Tout corps solide qui se dissout dans un liquide, absorbe du calorique et fait descendre le thermomètre. Le mélange gazeux rapproche ses atomes pour se combiner, et chasse au dehors ce qui les tenait à distance, c'est-à-dire leur espace, leur éther, le calorique enfin qui les enveloppait d'une sphère isolante. Le corps solide, au contraire, et qui n'était devenu tel que par le rapprochement proportionnel de ses atomes, reprend, pour que ses atomes soient tenus à la distance qui constitue le liquide, le calorique dont chacun d'eux s'était dépouillé pour arriver à la solidité.

230. Que si nous voulons évaluer la quantité de cette chaleur dégagée ou absorbée, et que nous ne tenions pas compte du milieu ambiant, nous tomberons dans les méprises les plus contradictoires. Observez la température de cet homme dans l'air; en lui plaçant le thermomètre sous l'aisselle, vous la trouverez de 29 à 30° dans notre climat. Mais si vous répétez la même observation dans un bain froid, vous ne rencontrerez plus que la température de l'eau froide; en passant dans le bain, cet homme sera devenu, sous ce rapport, un animal à sang froid. Or, la différence des âges, des habitudes, du moral, de la nourriture, du vêtement, etc , est dans le cas de faire varier ces différences thermométriques dans des limites assez étendues. Le thermomètre variera encore selon la place du corps où l'on maintiendra la boule (*).

Notre théorie du calorique est d'une simplicité telle, qu'elle donne l'explication de tout ce qui est anomalie dans la théorie ancienne. Par exemple, il est facile d'observer qu'après avoir passé quelque temps dans un endroit chauffé modérément, si l'on y rentre après s'être exposé à l'air extérieur par un grand froid, la température de l'appartement nous paraît bien plus élevée qu'auparavant, quoique le thermomètre indique qu'en réalité elle a baissé; de même, si nous sortons d'un lit très-peu

---

(*) D'après une série d'expériences thermométriques que j'ai faites sur moi-même et que j'ai publiées dans la *Revue complémentaire* (livr. de novembre 1854, tome I, page 127), il résulte que la chaleur animale varie au thermomètre selon la température de l'air ambiant encore plus que selon les prédispositions individuelles. Par une température de 10° centigrades, elle était de 35°,6. — Par une température de 13°, mais après déjeuner, elle s'arrêtait à 31°,4. — Par une température de 6° centigr., elle ne montait pas plus haut que 28°,4. — Par une température de 28°, elle s'est élevée à 36°,8.

chaud, et que nous y rentrions un instant après, nous le trouvons plus chaud qu'auparavant, quoique réellement il se soit refroidi. On dit alors que nous n'en jugeons que par comparaison ; on a tort, la comparaison donne des mesures exactes, et non des mesures illusoires ; la nature ne nous a pas conféré des sens qui nous mettent en rapport avec le monde extérieur, pour nous tromper sur la nature des effets ou des causes, mais pour nous mettre, au contraire, sur la voie de la vérité. ‗

Il y a ici un fait vrai : nous avons plus chaud quand nous y rentrons que quand nous y étions. Pourquoi cela ? Le voici : le froid extérieur nous soutire du calorique ; il l'appelle à la surface du corps. Quand nous rentrons, cette atmosphère de calorique, que rien n'absorbe plus et qui s'est accumulée à la périphérie, se joint à la somme de chaleur du dedans, et forme ainsi une nouvelle somme de chaleur, qui pour nous n'existait pour ainsi dire pas. Quelques instants après, nous en revenons à n'avoir pas plus chaud qu'avant d'être sortis.

231. Tout végétal sommeille et hiberne, pendant toute la durée de l'abaissement de température qui distingue la saison froide ; cependant il est des herbes si abritées dans le creux de terre où elles rampent, qu'elles reprennent le mouvement et la vie au premier rayon du soleil. Parmi les animaux terrestres, très-peu hibernent, et encore ceux-là se cachent dans les entrailles de la terre, ou dans des trous de rocher ; nul d'entre eux ne pourrait hiberner sur le sol et exposé à l'air. Certains autres animaux vivent impunément dans une atmosphère glaciale ; d'abord parce qu'ils n'y résident que passagèrement, et que le mouvement auquel ils se livrent dégage sans cesse une température que maintiennent, autour de leurs corps, leurs fourrures, mauvais conducteurs de calorique ; et puis, de temps à autre, ils viennent se réchauffer au foyer d'une température constante. Sans le secours d'aucun foyer étranger, l'animal peut à l'aide d'un certain système de vêtements, maintenir autour de son corps toute la chaleur qu'il dégage, et qui forme ainsi une atmosphère favorable à son incessante élaboration.

232. On a cru devoir établir que le foyer de la chaleur animale réside dans l'élaboration pulmonaire. On a mal interprété les faits. Sans doute l'élaboration pulmonaire dégage du calorique, puisque par elle les gaz de l'atmosphère se transforment en liquides (25) et se combinent avec le sang ; mais le même phénomène a lieu sur toutes nos surfaces, car il n'est pas une seule de nos surfaces qui ne soit perméable à l'air extérieur, et il n'est pas une des cellules élémentaires de notre corps qui n'absorbe et n'élabore les gaz atmosphériques (148). Toute cellule élémentaire dégage donc du calorique, comme elle en absorbe tour à tour. Voyez, du reste, ce qui se passe partout où, sur une surface quelconque de l'un de

nos organes, il se manifeste une élaboration anormale et extraordinaire, si éloigné que soit l'organe de la position anatomique du poumon : un flegmon brûlant ne tarde pas à marquer la place de cette élaboration excentrique. Préservez cette place du contact de l'air extérieur, en la recouvrant d'une couche d'huile , et vous calmez la douleur qui en résulte, vous en diminuez la température ; vous avez, en effet, asphyxié d'autant cette branchie, cet organe aspirateur qui n'est pas à sa place. En conséquence tout ce qui fonctionne dégage de la chaleur ; l'un de ces actes est la conséquence obligée et réciproque de l'autre : l'estomac en dégage en digérant ; les intestins en déféquant ; le cœur, les artères, les veines, les capillaires en absorbant le sang et le mettant en circulation ; le foie en élaborant la bile, et le cerveau en élaborant la pensée.

233. Tout accident qui donne, dans un organe, accès à une plus grande quantité d'air, amène un dégagement plus considérable de calorique ; cet accident accroît, en effet, l'énergie de l'élaboration, en lui fournissant des matériaux en plus grande abondance. Une solution de continuité produit aussitôt une inflammation : c'est là la traduction, en langue classique, de notre théorème. En voici le mécanisme : la solution de continuité met une vésicule donnée en contact, par une plus grande surface, avec l'air extérieur. L'air extérieur, qui lui arrivait auparavant à travers le crible des cellules adjacentes, la surprend tout à coup sous un plus grand volume. La cellule l'absorbe et l'élabore, parce que sa propriété organisatrice est d'absorber, d'élaborer les liquides et l'air, toutes les fois qu'elle se trouve en contact avec ces deux éléments de son existence, et que l'activité de son élaboration ne provient que de la quantité de matériaux qui lui arrive dans un temps donné. Ce surcroît d'élaboration produit nécessairement un surcroît de développement, une fonction ne pouvant s'exercer sans produire, et les liquides et le gaz ne pouvant s'associer sans créer une nouvelle génération d'organisations, de même nature que la cellule élaborante. De là afflux du sang vers ce siége d'une élaboration insolite : puisque la circulation reçoit une impulsion de l'absorption, sa rapidité doit être en raison de l'activité de la fonction qui l'attire. La violence de la circulation force les obstacles, quand la solution de continuité ne suffit pas pour lui ouvrir passage ; les capillaires lymphatiques deviennent tout à coup des capillaires sanguins. Dès lors, tuméfaction, par suite de ce développement insolite ; rougeur, par suite de l'afflux du sang coloré ; fièvre, par suite des irrégularités et des intermittences d'une élaboration excentrique ; activité de la vie, accélérant l'époque de la mort partielle de cet organe improvisé. La première couche de cellules achevant, la première, le cercle de son existence, les vésicules se vident, s'épuisent, se dessèchent, se transforment en une

couche épidermique qui s'oppose à la continuation de ces phénomènes dans les couches inférieures, en interceptant le contact de l'air. Là commence une nouvelle série de phénomènes : la diminution dans l'élaboration respiratoire amène la stagnation des liquides accumulés sur ce point ; et nous avons eu déjà l'occasion de faire observer que tout liquide qui n'est pas vivifié par la puissance de l'élaboration se décompose, au détriment de l'élaboration elle-même. Le sang se transforme en pus de diverse nature : la fermentation vitale se change en fermentation putride, dès que la vie ne l'anime plus ; ainsi détourné de sa voie organisatrice, le produit devient un poison pour l'économie, si une nouvelle solution de continuité lui offre un moyen de pénétrer dans le torrent de la circulation sanguine.

234. Ainsi, tout animal, tout végétal, toute cellule organisée absorbe du calorique (puisque rien d'organisé ne se développe que sous l'influence de la température élevée), dégage du calorique (puisque le développement n'est que le résultat de la combinaison des gaz en liquides, des liquides en tissus) (25). Nous n'avons jamais tenté de mesurer la quantité de chaleur absorbée par l'organisation ; et cette quantité augmente nécessairement et varie avec la température ; car le développement de l'organe augmente avec elle. Voyez ce bourgeon si paresseux pendant le mois de mars, si peu actif pendant le mois d'avril, pousser des jets de dix centimètres, et s'allonger presque sous les yeux de l'observateur, aux mois de juin et de juillet ; placez un thermomètre à côté du rameau, et vous verrez que le développement végétal et le liquide thermométrique marcheront presque de pair et sur deux lignes parallèles. Que si vous dressiez des tables de comparaison, pour exprimer, sur deux colonnes, l'allongement du jet en centimètres et millimètres, et l'ascension du liquide en degrés centigrades, croiriez-vous par là avoir découvert la quantité de calorique que le développement absorbe ? Non. Vous n'auriez obtenu qu'une concordance de deux résultats ; et vous auriez tort de voir dans cette concordance tout autre chose que ce qu'elle signifie ; car ce n'est pas la quantité de chaleur absorbée par le végétal que vous auriez mesurée, par l'observation des effets de la chaleur sur la dilatation d'un liquide ; ce serait tout simplement son développement. Toute autre interprétation serait une traduction infidèle ; or nos erreurs en physique ne sont en général que des vices de traduction.

235. De même, les observations thermométriques ne sauraient nous donner la quantité de chaleur dégagée par l'élaboration organique : d'abord, parce que le thermomètre ne pourrait se rapetisser jusqu'à la taille d'une cellule élémentaire, ce foyer élémentaire de tout dégagement de calorique ; ensuite parce que, même alors, il nous serait impossible de faire la part, et de la chaleur dégagée qui fait monter le

liquide thermométrique, et de l'exhalation des vapeurs qui absorbent du calorique et tendent à faire baisser d'autant le thermomètre. Comment voudrait-on que la quantité de chaleur dégagée par une cellule microscopique d'un huitième de millimètre eût assez de puissance pour traverser, sans s'y répandre, l'épaisseur de deux ou trois millimètres d'un tube de verre de vingt à trente centimètres de long? Calculez, par analogie, quelle masse d'élaborations cellulaires il nous faudrait réunir pour obtenir une somme d'effets appréciable à nos thermomètres, si délicats que nos artistes puissent les fabriquer. Quand donc nous obtenons des résultats d'observation appréciables, par la dilatation du liquide thermométrique, ce ne sont que des sommes d'une infinité d'élaborations que nous obtenons, sommes d'où il faut défalquer la somme de calorique dont est imprégné le milieu ambiant, et à laquelle il faudrait pouvoir ajouter la quantité de calorique que la sueur et la transpiration absorbent et soustraient à l'appréciation thermométrique. Aussi, dès que le milieu ambiant absorbe tout, ou que l'être vivant est trop petit pour nous donner l'appoint de cette somme d'élaborations qui deviennent sensibles à ces instruments, que nous appelons si mal à propos de précision, dès ce moment le thermomètre, ou le galvanomètre, n'indiquant plus rien, nous prononçons que l'animal ne dégage point de calorique. Quelle chaleur sensible le thermomètre ou le galvanomètre pourraient-ils soustraire à un hanneton? Pourquoi ne pas soumettre à ce mode d'expérimentation le ciron et la puce? Et pourquoi donc vouloir tenter de prouver expérimentalement ce que l'analogie seule a le droit d'atteindre? L'analogie, avons-nous dit ailleurs, n'est-elle pas infaillible toutes les fois qu'elle continue la ligne droite ou courbe qu'a tracée l'observation rigoureuse des faits? Et l'analogie ne prononce-t-elle pas assez haut que le ciron dégage du calorique autant que le ferait un groupe de cellules de même diamètre, pris sur un organe quelconque d'un animal supérieur?

L'analogie nous mène à un résultat contraire, à l'égard des végétaux; les résultats négatifs obtenus en grand sur les troncs d'arbre ne permettent pas de comparer la somme de calorique que dégagent les cellules élémentaires du tissu végétal, avec celle que dégage le même ordre de cellules chez les animaux supérieurs ou inférieurs, mais aériens. A quoi tient cette différence? A une différence d'élimination chimique, que traduit suffisamment aux yeux la différence de leur développement respectif. Les végétaux absorbent du calorique autant et plus que les animaux; car ils ne se développent qu'au contact immédiat des rayons solaires, que les animaux à sang chaud évitent, ou dont ils se garantissent. Ils en dégagent moins; ils s'en assimilent donc davantage. Peut-être

faut-il en dire autant des animaux à sang froid, des animaux à branchie;
s'ils ne dégagent point de calorique sensible à nos thermomètres, c'est
qu'ils en absorbent plus que les animaux à sang chaud; ils nous paraissent froids au toucher, donc ils s'échauffent aux dépens de tout ce qui
les entoure.

236. Corollaires et applications de ces principes. 1° Nos organes
étant le produit organisé de la combinaison de l'eau, de l'air, de la terre
et de la chaleur, et le développement n'étant que la reproduction de l'organe, sur son propre type, et aux dépens de l'un quelconque des globules
de la vésicule élémentaire, chaque organe s'est, pour ainsi dire, façonné
au climat qui l'a vu naître; ses vésicules élémentaires se sont arrangées
dans l'ordre qui convient le mieux à l'absorption de la chaleur, de l'air et
des liquides, qui fournissent à sa reproduction indéfinie. Que tout ce
qu'il reçoit lui arrive d'une autre manière, et tout ce qu'il élabore en
souffrira. Il tombe malade, s'il change tout à coup de climat et d'habitudes; il pâtit alors, même au milieu de l'abondance, parce qu'il s'était
organisé pour recevoir les aliments de la vie autrement et sous d'autres
dimensions qu'ils ne lui arrivent à présent. S'il passe brusquement d'un
bout de l'échelle à l'autre, il meurt comme asphyxié. Il ne saurait arriver
impunément d'un bout à l'autre qu'en procédant par habitude, c'est-à-
dire par gradation. Que de maladies, que de morts subites, si l'hiver
avec ses glaces survenait tout à coup au milieu de l'été, et *vice versâ;* si
l'habitant du Nord était transporté tout à coup, et en une minute, sous
le climat de feu de la zone torride, et *vice versâ!* Mais cette succession
de saisons et de climats est inoffensive, parce qu'elle s'effectue par la graduation du zodiaque, ou par celle de la lenteur du voyage. Nous arrivons
d'un bout à l'autre par des transitions insensibles, par des fractions infinitésimales; nous nous réchauffons et nous nous refroidissons peu à peu
et par habitude, et non tout à coup. Tout vase, inerte ou organique,
éclate par le passage subit d'un extrême à l'autre de la température; le
calorique force le passage qui ne lui est pas encore ouvert; c'est la foudre
qui tonne, brise et renverse, au moindre obstacle qui l'empêche de se
distribuer librement. Donnez-lui le temps de se distribuer, en sphères
isolantes, autour de chaque atome, et, les atomes augmentant leurs distances respectives, l'absorption et l'aspiration, l'exhalation et l'expiration
s'effectuant par des accès et des débouchés d'un plus grand diamètre, le
calorique imprégnera de fécondité et de vie le tissu qu'auparavant il aurait pulvérisé.

237. 2° Or, en été, il est des cas où la température peut baisser à celle
de l'hiver, d'une manière brusque et instantanée. Quand, par un jour de

chaleur, et le thermomètre étant à 24 ou 30° centigrades, on plonge les mains seulement dans le seau d'eau qu'on vient de tirer d'un puits de trente mètres environ (90 pieds) de profondeur, on passe brusquement de la canicule au solstice d'hiver ; car la température du puits étant à 10°, il se trouve qu'en y trempant les mains, on abaisse tout à coup la température de son corps de 14 ou 20° centigrades ; il y a là de quoi gagner la péripneumonie la plus grave et souvent la plus incurable, selon la délicatesse du tempérament ; et cela non-seulement par la désorganisation des tissus ou de la coagulation des liquides, mais encore par la contraction des membranes, le rétrécissement consécutif des vaisseaux, et le refoulement du sang vers les régions internes et supérieures. C'est le cas d'Alexandre épuisé de chaleur, et se jetant tout à coup dans les eaux glaciales du Granique, d'où on le retira mourant. Passez-moi la comparaison, elle est pleine de justesse dans sa forme insolite : c'est le cas du verre qui éclate et se rompt, si on l'enlève du feu pour le plonger dans l'eau fraîche ; réciproquement, si on l'expose au feu brusquement, même par la température la plus élevée de l'atmosphère : Le calorique frappe comme la foudre, s'il n'a pas le temps de se distribuer autour des atomes, d'après les lois de l'équilibre.

238. 3° L'animal, dans l'état de nature, prend sa nourriture et sa boisson à la température ordinaire ; l'homme civilisé tâche de compenser les torts de la civilisation par ses avantages : il répare d'un côté ce qu'il a perdu de l'autre ; il entretient, à l'aide de l'art, une élaboration stomacale qui s'est écartée de la nature ; il active une digestion paresseuse et glacée, au moyen de mets servis chauds et de liqueurs incendiaires ; il tempère une digestion caniculaire au moyen de boissons refroidies avec la glace qu'il récolte en hiver, et qu'il conserve dans les profondeurs de la terre. L'emploi de la glace en boisson a un autre but que de rafraîchir ; elle devient, à faibles doses, un auxiliaire d'une digestion qui manque d'air dans un estomac qui regorge de vivres. En effet, la glace renferme beaucoup plus d'air que l'eau même la plus froide ; l'eau, en effet, et même la glace absorbent d'autant plus d'air atmosphérique que la température baisse davantage : donc, sous le plus petit volume et de la grosseur d'une noisette, elle apportera plus d'air à la fermentation stomacale que ne ferait un litre d'eau à la température de l'été. On conçoit de quel avantage elle est pour un estomac sursaturé d'aliments chauds, et qui n'admettrait pas sans danger un verre de plus de liquide. Mais l'usage des boissons glacées en été n'est pas également inoffensif pour tous les tempéraments et tous les âges ; et l'abus de la glace est souvent tout aussi pernicieux que celui des liqueurs alcooliques.

239. 4° Que sera-ce, en thérapeutique, si l'on tient de la glace appli-

quée, des semaines entières, sur la tête d'un pauvre enfant épuisé par
la diète et la saignée, et cela dans la crainte d'un peu de fièvre? Il n'est
pas sûr qu'il en guérisse; mais, comme il est sûr que le froid désorganise
les tissus, si le pauvre malade en réchappe, tremblez pour ses facultés
mentales : car l'espace qui sépare le cerveau de l'atmosphère glaciale
que vous entretenez autour de la tête n'a que l'épaisseur du crâne, qui
est un excellent conducteur de calorique.

240. 5° L'humidité absorbant beaucoup de calorique, et cela d'une
manière continue et indéfinie, toute atmosphère humide expose nos organes à un refroidissement brusque et instantané. Malheur à l'individu,
si, autour d'un tel milieu, la température atmosphérique baisse, et surtout pendant son sommeil !

241. 6° Quand l'animal reste exposé à une température qui se refroidit
graduellement, et avec une lenteur qui égale la lenteur du développement, la modification apportée à l'élaboration par ce changement progressif d'influence imprime à ses produits des caractères chimiques
qui communiquent aux tissus du derme la propriété de protéger les
organes qu'il recouvre, en le dépouillant de la conductibilité de calorique qui le distinguait auparavant; et la substance organisatrice s'élabore
en substance grasse et oléagineuse. On voit, en effet, l'animal engraisser
en hiver et maigrir en été; sa fourrure de poils ou de plumes épaissit
en hiver; et aux premiers rayons du printemps, l'animal mue: les plumes
et les poils sont des végétations éminemment oléagineuses. La plante du
haut des montagnes, ou qui végète près du 60° degré de latitude, s'élève
peu, mais se couvre, sur ses feuilles et sur ses tiges, d'un feutre protecteur de poils. La nature, ce cercle d'harmonies et de compensations, ne
manque jamais d'imprimer, à ses déviations mêmes, une impulsion qui
en amène le remède.

242. L'observation journalière démontre, du reste, la puissance de
l'abaissement de température sur la formation de la graisse et sur l'en-
graissement des animaux. C'est en automne que l'on s'occupe de l'engrais-
sement du cochon. L'ours maigrit par les grandes chaleurs, et commence
à engraisser vers l'automne. C'est dans les mers glaciales qu'habitent de
préférence les poissons et les cétacés qui nous fournissent une plus
grande quantité d'huile et de graisse. Les ortolans que l'on prend maigres
dans les champs ne tardent pas à devenir comme des pelotes de graisse,
lorsqu'on les tient enfermés quelque temps dans une chambre obscure et
fraîche, fournie de graines et d'eau, mais surtout ombragée par beaucoup
de branches d'arbres. Les Hollandais engraissent leurs bœufs en les
gardant immobiles à l'écurie, sans les jamais exposer aux rayons du
soleil. Le chapon n'acquiert les qualités qui le font rechercher par les

gourmets, autant que les poules l'évitent, que parce qu'on l'a mis désormais à l'abri des feux de l'amour, ainsi que de ceux du jour et des rayons indirects de la lumière. Les chasseurs sont en état de prédire, par les changements de température, le jour et l'heure où ils trouveront le gibier plus ou moins gras; qu'il survienne un brouillard dans la nuit, et les grives, détestables la veille, sont excellentes si on les prend le lendemain. La graisse est un de ces produits animaux que j'ai appelés nocturnes, comme l'amidon chez les végétaux.

243. L'influence de la température n'est donc pas égale pour tous les individus; l'un est en état de subir impunément une variation atmosphérique qui sera fatale à l'autre. Celui-là est cuirassé; celui-ci est à nu, s'il ne trouve une compensation dans son vestiaire.

244. 7° Quand la soustraction de calorique ne s'applique qu'à une surface circonscrite du corps, et que l'action ne s'en reporte que sur la couche sous-jacente des muscles, les effets maladifs s'arrêtent à cette région; l'antagonisme musculaire est plus ou moins compromis dans cette zone; la douleur qu'on en éprouve est rhumatismale, c'est une fraîcheur; on en gagne de telles, en restant seulement assis sur un banc de pierre en certaines saisons. Plus on est avancé en âge, plus on est épuisé, et plus on est exposé à se ressentir d'une pareille circonstance, la femme plus que l'homme, l'homme à jeun plus que l'homme qui digère, la femme mère d'une nombreuse famille plus que la femme stérile. Car moins les organes élaborent, ou d'une manière moins active, moins ils dégagent de calorique, et par conséquent plus ils en perdent par le refroidissement.

245. 8° Un courant d'air rapide est dans le cas de produire, sur l'économie animale, des effets aussi désastreux que l'abaissement le plus fort et le plus instantané de la température atmosphérique; car notre corps est tellement perméable à l'air, qu'il n'est pas une seule de ses vésicules qui puisse être considérée comme étant placée dans le vide; notre corps est un corps poreux, c'est un crible, surtout pour l'air. Les effets de ces courants d'air sont, en certaines circonstances, si prompts, que, lorsque le mistral souffle dans le midi de la France, le voyageur, pénétré de part en part, se sent diminuer en volume, d'instant en instant, pour ainsi dire; on croirait que ce souffle terrible s'introduit jusque dans la moelle des os : on dessèche sur pied, c'est presque à la lettre ; hommes, animaux et végétaux, tout languit, tout s'attriste, tout dépérit à vue d'œil; un souffle de mort a passé sur cette nature luxuriante, et a changé tout à coup ces fraîches et riantes plaines de la haute Provence, en steppes hérissées de broussailles.

Le simoun, dans l'Arabie, produit sur toute l'économie des effets analogues; son souffle dessèche la peau, qui finit par se gercer et se crevasser. Pour se garantir de cet accident, les habitants de Mascate et de tout l'O-man (pays situé sur la côte orientale de l'Arabie déserte) n'ont d'autre moyen que de se couvrir la peau d'un mélange de beurre et d'huile pétri avec le duvet du fruit de l'arbrisseau qu'ils appellent *ouers*, et qu'ils cultivent exprès dans les montagnes, avec autant de soin que le caféier (*).

Il en est de même du vent d'Est ou tout au plus d'Est-Nord-Est, qui prend le nom de *hamatan*, sur la côte de Guinée, et qui ne souffle que deux à trois jours et rarement cinq. Il est si froid et si perçant qu'il élargit les jointures des planchers des chambres, et des flancs et ponts des navires, de manière à pouvoir y passer la main ; tout se rejoint de soi-même, une fois que l'*hamatan* cesse de souffler. Un animal meurt dans l'espace de quatre heures, si on l'abandonne au souffle de ce vent; les habitants se tiennent renfermés et calfeutrent tous leurs appartements avec soin, pour que rien ne laisse passer le moindre filet de ce vent exterminateur. Ils ont soin, comme les habitants de la côte de l'Arabie déserte et autres peuples, de s'oindre d'huile pour servir de vernis imperméable à leur peau, et n'être pas traversés de part en part (**).

Le vent dessèche comme la haute température; et le froid tout autant que la chaleur et le vent. Les feuilles des plantes, par un grand froid, deviennent flasques et pendantes ; elles se redressent au premier retour d'une température plus douce. A Tornéo, dans le fond du golfe de Bothnie, où le thermomètre descend à 40°, ceux qui voyagent l'hiver, empaquetés de la tête aux pieds dans des fourrures, sont tourmentés d'une soif ardente, qu'ils tâchent de tromper en s'humectant la bouche avec de l'eau-de-vie, qui se conserve liquide, et dont chacun porte avec soi une certaine provision; et il arrive souvent encore que les bords de la gourde se collent avec les lèvres et la langue, de telle sorte qu'on s'exposerait à enlever le morceau si l'on tentait de l'en séparer violemment. Niobé prendrait vraiment racine au sol si elle s'y arrêtait deux minutes.

Ce que nous avons dit un peu plus haut de l'influence des courants d'air sur l'asphyxie(98,3°) nous servira pour expliquer, avec la même facilité, le mécanisme du genre de refroidissement dont nous nous occupons en ce moment. En effet, supposons un homme debout, au milieu d'un courant d'air semblable, et le dos tourné au nord d'où souffle le vent; la colonne d'air qui lui frappe le dos aura nécessairement bien plus de force que la colonne d'air qui recouvre et protége la partie antérieure du corps et qui

---

(*) Documents commerciaux du ministère du commerce, publiés par le *Moniteur* du 22 mai 1850.

(**) Guill. Dampier, *Voyage autour du monde*, tom. II, pag. 329, édit. de Rouen.

tendait auparavant à lui faire équilibre : donc la colonne d'air, venant
du nord, pénétrera dans ce corps avec une vitesse égale à son excès
de force sur la colonne antérieure. Il y a plus encore : par l'effet de ce
courant d'air d'une rapidité incalculable, la partie antérieure du corps
se trouvera dans une espèce de vide, à cause de l'obstacle que le dos oppose au courant, qui, forcé de se diviser en deux courants latéraux,
doit nécessairement entraîner toute la quantité d'air qui se trouve dans
leur interstice, de même que nous voyons un courant d'eau, fendu en
deux par un poteau, ne rejoindre ses deux branches qu'à une certaine
distance du poteau même. Ce vide d'air sur la partie antérieure du corps,
réduisant à rien la puissance équilibrante, permettra au courant d'air
qui frappe le dos de le traverser de part en part, comme si l'on appliquait
sur le ventre une machine pneumatique. Or, une pareille perméabilité ne
saurait s'établir sans que les liquides s'évaporent, que les cellules, s'épuisant de sucs, se dessèchent, accolent leurs deux parois en une seule,
que par conséquent la circulation se ralentisse, que les tissus maigrissent,
et que l'individu s'ossifie comme à vue d'œil. On se ressent de ces effets
dans les maisons les mieux calfeutrées ; on en mourrait dans les champs.

246. Ce que nous venons de décrire sur une grande échelle se passe,
avec de moindres proportions, dans toute espèce de courant d'air. C'est
le même mécanisme dans l'action ; ce sont les mêmes résultats dans les
effets : les proportions seules en sont variables. Mais ce n'est pas au moment de la réaction même que les symptômes s'en révèlent, que les conséquences en sont appréciables. Ce n'est pas, en effet, quand tout fonctionne sous une influence uniforme, que l'on est averti par la souffrance,
de la gravité de la déviation ; ce qui est régulier, même ce qui épuise,
peut laisser de longs regrets, mais ne se signale par aucun trouble : la
proposition contraire serait contradictoire dans les termes. C'est après
que l'influence a cessé que l'on commence à en éprouver les conséquences. La cellule, en effet, s'épuisait, mais elle s'animait, et s'alimentait par ce courant d'air qui traversait les tissus ; dès que le courant
d'air perd de sa puissance, la cellule épuisée perd de son alimentation
aérienne ; les capillaires s'obstruent, car leurs parois se rapprochent
et se soudent ; la circulation est interceptée ; les divers organes ne se
font plus d'antagonisme ; ils reçoivent diversement, et quelques-uns pâtissent pendant que d'autres surabondent : privation ici, pléthore plus
bas : plus d'harmonie nulle part. De là une prédisposition à tous les
maux, selon les occurrences et accidents ; l'occasion seule détermine le
lieu d'élection et de préférence : la maladie, qui est partout en germe,
change de nom, selon l'organe qu'elle envahit ; et elle envahit toujours
les plus délicats et les plus faibles, s'ils sont restés exposés aux mêmes

influences que les plus forts. De là les coryzas et les rhumes, si la bouche et l'organe olfactif se sont trouvés seuls exposés au courant d'air; les diverses otites, si c'est l'oreille; la gastrite et l'entérite, si c'est la région abdominale; enfin, les douleurs rhumatismales, si tel ou tel muscle a subi seul cette influence; et ainsi des autres organes et des autres régions.

Ici se rattache l'explication d'un fait agricole, qui, dès l'année 1845, a fait pleuvoir une avalanche de bouts de notes sur le bureau de nos académies, bouts de notes fort savants, ma foi, mais qui n'en ont pas moins été, depuis douze ans, de l'hébreu pour tout le monde. Nous allons extraire textuellement la première interprétation que nous donnâmes dès cette époque de ce phénomène, dans la deuxième édition de cet ouvrage; nous la compléterons par la série des observations que nous n'avons cessé d'en faire depuis douze ans.

« Dès le commencement du mois de septembre, disions-nous dans la deuxième édition, qui date de 1846, on remarqua, dans certaines contrées, que la tige des pommes de terre se fanait sur place, et se charbonnait, pour ainsi dire; on déterra quelques pommes de terre, elles se trouvèrent piquetées de taches à l'extérieur et à l'intérieur; au bout de quelque temps elles pourrirent. Grand émoi partout, grande panique sur les marchés, grande agitation dans les académies; les pommes de terre étaient malades de la peste, elles avaient leur choléra à leur tour; et ceux qui en mangeaient, disait-on, se trouvaient atteints de quelque chose qui avait l'air d'être cholérique. Il n'en fallait pas moins pour que la haute médecine académique s'occupât de la maladie des pommes de terre. D'après l'un, la maladie était causée par un champignon de la famille des *mucor*, comme si les champignons causaient jamais la maladie; les champignons s'implantent sur les tissus malades, mais ne les rendent pas malades; trouvez-moi un seul champignon sur une feuille verte et fraîche ? Les champignons, ne confondez pas les piqûres d'insectes, ne poussent jamais que sur l'écorce ou le bois mort. — D'après d'autres, cette maladie était causée par un insecte, un millepied, un escargot, etc., comme si ces insectes n'attaquaient pas tous les ans les pommes de terre, et comme si ces insectes avaient poussé en un jour, par myriades, sur toute la surface d'un continent.

» J'ai beaucoup étudié cette prétendue maladie avant d'émettre à cet égard mon opinion, qui, Dieu merci, ne sera nullement académique.

» Le 24 septembre 1845, sur le plateau de Montsouris, la fane des pommes de terre avait encore toute sa fraîcheur printanière; il est inutile de dire que les pommes de terre que j'ai extraites de la terre étaient aussi saines, aussi bonnes à manger que les autres années. Une seule touffe, isolée près d'un mur exposé à un violent courant d'air, avait sa fane charbonnée; les pommes de terre de ce plant, saines à l'intérieur, offraient à l'extérieur de ces solutions de continuité hexagonales et à bourrelets que produit sur ces tubercules l'émission du calorique qui se dirige du dedans au dehors.

» A la même époque, j'ai vu dans toute la vallée de Montmorency les fanes des pommes de terre réduites presque en charbon ; les pommes de terre en étaient saines. Je me suis procuré de divers endroits des pommes de terre provenant de plants malades ; aujourd'hui, 3 novembre, elles sont encore intactes et n'offrent pas la moindre trace de décomposition : fécule et parenchyme, tout y est à l'état normal.

» L'étude comparative que j'ai faite de ce phénomène m'a conduit à ne voir là qu'un phénomène d'engélivure, par suite d'un refroidissement subit de l'atmosphère et d'une aspiration subite. Mais comment ce refroidissement, dans une telle saison, a-t-il pu s'étendre sur une aussi grande surface ? Les tables météorologiques font-elles mention d'un événement semblable ? Oui. Les bons observateurs de la classe des jardiniers et agronomes n'ont pas perdu de vue que la maladie des pommes de terre s'est manifestée huit jours après le désastre météorologique qui s'est plus spécialement appesanti sur la vallée de Monville et de Malaunay. Ce météore, évidemment aspirateur, a plus agi sur le fond des vallées que sur les hauteurs. Il a aspiré, en passant, le calorique des bas-fonds ; il y a produit un refroidissement de bas en haut, un vide que produit toujours un violent courant d'air qui rase les hauteurs. Dès ce moment le calorique a été soustrait aux plants de certaines espèces, par les sommités, d'une manière aussi variable que peuvent l'être les accidents de terrains : ici, plus profondément que là ; là, mouchetant les sommités, ici, décomposant jusqu'aux parties les plus profondes du parenchyme du tubercule ; refroidissement qui frappe comme la foudre et brûle comme le feu du ciel. Sur les hauteurs de Paris, point de traces du passage de la trombe qui a sillonné l'Europe du midi au nord. A Montsouris, rien ; à Gentilly et Meudon, ravage. Un seul plant a été atteint dans notre jardin, mais il était placé sur le passage d'un embranchement du météore qui a brisé en éclats un abricotier, le seul qui ait eu à souffrir de l'orage. Il est bon d'observer que le plateau de Montsouris est moins exposé aux orages que les deux vallées qu'il domine ; nous voyons passer, inoffensifs, au-dessus de nos têtes, les ouragans qui fondent dans les vallées de la Bièvre et de la Seine par Meudon. Pour admettre cette explication, nous dira-t-on, il faudrait démontrer que d'autres végétaux herbacés ont subi les mêmes influences que la pomme de terre. Nous ne croyons pas que la négative infirmât rien de ce qu'a de rationnel cette explication ; car tous les végétaux herbacés ne sont pas perméables de la même manière à l'émission du calorique. Cependant nous sommes en mesure de prouver que ces effets d'un refroidissement subit n'ont pas été remarqués exclusivement sur les pommes de terre; ainsi, en bien des endroits, les concombres pour cornichons et autres plantes herbacées ont été carbonisés de la même manière et dans le même temps.

» Dès le 26 décembre de la même année, on remarquait à Rome et en d'autres contrées une maladie analogue sur les marrons et les raisins (*); la maladie de la vigne ne se déclara aux environs de Paris que vers le 20 août 1850.

» Quant à la contagion de la maladie, quant aux accidents qui auront pu suivre l'ingestion de cet aliment dans l'estomac, si ces accidents ont eu réellement lieu, ils n'ont été causés que par la moisissure qui se sera formée sur les débris en voie de décomposition; car la moisissure ne manque jamais de produire de pareils désordres sur l'économie animale.

» Il ne faut pas confondre cet accident de la pomme de terre avec la maladie qui affecte ces tubercules depuis 1830, dans le royaume de Saxe, dans le duché de Mecklembourg et dans le Palatinat. Les pommes de terre y deviennent dures comme des pierres, et elles conservent leur dureté dans l'eau bouillante. M. Martius attribua cette maladie à une mucédinée; par les raisons données ci-dessus, cette opinion est en contradiction avec l'analogie; nous n'y voyons, nous, que l'œuvre de quelque *thrips* ou insecte de ce genre. »

Telle était notre opinion dès l'apparition du phénomène, opinion que nous venons d'extraire textuellement de notre 2ᵉ édition de l'*Histoire naturelle de la santé et de la maladie*, parue en 1846. Or, toutes les expériences et observations que nous avons poursuivies depuis cette époque n'ont fait que mettre dans tout son jour cette première idée; nous allons les relater historiquement.

a. Le 1ᵉʳ octobre 1845 j'arrachai les tubercules l'un plant de pommes de terre dont les fanes étaient carbonisées. Les tubercules étaient couverts, sur leur surface supérieure de position, par des verrues hexagonales proéminentes au centre, et gercées en divers endroits de crevasses de plusieurs centimètres de long. La surface inférieure du tubercule n'offrait rien de tel. Ces deux signes rappelaient déjà les effets de l'engélivure ou d'un flambage violent. Nulle part on ne rencontrait les traces ni d'un champignon ou moisissure, ni de l'érosion d'un insecte. La fécule était intacte et la chair sans maculature.

b. L'année suivante, en décembre 1846, les pommes de terre nous présentèrent des phénomènes différents. Mais soumises à des expérimer-

(*) Voy. *Estafette,* 8 janv. 1846.

tations exactes, elles ne firent que confirmer notre première opinion. Nous trouvâmes, dans des pommes de terre qu'on nous servit à table, des rognons tout noirs et comme carbonisés, comme si on les avait enchatonnés dans la chair même du tubercule, et qui s'en détachaient comme l'aurait fait un noyau de fruit. Nous ne ressentîmes aucun effet malfaisant de ce mets.

En février 1847, un féculiste de Gonesse me fit passer un panier de pommes de terre malades de la récolte de 1846 ; ce fabricant trouvait un ample profit à extraire la fécule de ces tubercules avariés. La peau de certains de ces tubercules était intacte, et rien n'y indiquait qu'un insecte eût pénétré jusqu'à la chair ; elle ne portait du reste aucune trace de moisissure quelconque. Quant à la chair, on la trouvait maculée de taches d'un violet noir, quand on la coupait par tranches ; elle était altérée de cette façon et comme flambée de place en place sur tout son pourtour dans une épaisseur de cinq à six millimètres. Là, les grains d'amidon, observés au microscope, étaient altérés comme s'ils avaient subi une ébullition ou l'influence d'un grand froid. Ils étaient mous, leurs téguments étaient crevés et se vidaient dans l'eau de leur substance soluble, au milieu de ce brouet noir, formé par le tissu cellulaire carbonisé et d'un noir violet.

D'autres de ces tubercules étaient ramollis, sans présenter aucune tache violette dans leur chair ; ceux-là étaient crevassés, et dans ces crevasses avaient poussé après coup quelques petites moisissures aériennes, et qu'on ne retrouve jamais sous le sol ; de plus, elles servaient d'asile à des larves et à des tipules ou à des diplolèpes très-petites, qui n'étaient là qu'accidentellement, et qui y erraient pour y chercher fortune.

Dès le mois de mars, je plantai des fragments isolés de ces tubercules, dans lesquels j'avais remarqué un *œil* ou bourgeon sain ; et à l'époque de la récolte, ces plants donnèrent de bons tubercules, quoiqu'ils fussent venus dans une portion de jardin des plus défavorables. Un bourgeon sain s'alimente de la décomposition intestine et ultérieure de la chair du tubercule : donc chez les fragments dont nous parlons, si près de s'altérer qu'ils fussent, le bourgeon n'avait rien à craindre d'une décomposition anticipée, et au milieu de ce brouet engélivé il a dû prospérer dans le sein de la terre, comme il prospère au milieu du brouet que déterminent dans tout périsperme les progrès de la végétation du germe.

Je dois ajouter que les tubercules des pieds des pommes de terre malades répandaient une odeur fétide ; ils noircissaient le couteau, et la surface de la chair devenait instantanément rouge au contact de l'air.

De la récolte ci-dessus j'avais abandonné cinq à six tubercules sur une planche où ils passèrent l'hiver. Au dégel, après le mois de février 1847, ils étaient transformés, sur une moitié de leur volume, en une bouillie noire que la peau contenait comme l'aurait fait une outre imperméable, et qu'elle ne laissa échapper que lorsque je l'eus déchirée : c'était une bouillie noire, un brouet qui évidemment ne pouvait être l'œuvre du parasitisme, ni d'une moisissure, ni d'un insecte. Les pommes de terre les plus saines, soumises à l'action d'un flambage artificiel d'abord, et ensuite à celle d'une température glaciale, auraient certainement subi le même genre de décomposition.

c. Nous avons dit que bien d'autres végétaux éprouvèrent, dès l'époque du météore de Monville et de Malaunay, une perturbation dans leur organisation, et une sensibilité nouvelle et insolite aux influences météorologiques. Cette révolution fut spécialement remarquée sur la vigne ; et comme on l'avait dit à l'égard des pommes de terre, la maladie de la vigne fut attribuée par les uns au parasitisme d'un insecte, et par les autres, au développement d'une moisissure. Les premiers exagéraient, par une induction *à priori*, les principes généraux de notre *nouveau système* de médication ; et les autres, selon l'ordre académique, cherchaient à en détourner l'attention publique, en attribuant la maladie à un ordre de causes qui n'en sont jamais que les effets.

d. La maladie de la pomme de terre n'est pas une apparition des temps modernes ; ce dont on ne manquerait pas de s'assurer, si les Péruviens et les Mexicains avaient à leur disposition, comme les Européens, des documents historiques sur leurs temps anciens. Car à l'égard de la maladie de la vigne, nous en trouvons des traces évidentes dans les auteurs de notre antiquité : En effet, en combinant attentivement divers passages de Théophraste, de Pline qui n'a fait en cela que le traduire, de Columelle, de Pallade et les extraits dont se compose le livre des *Géoponiques* (*), on découvre que toutes les autres maladies que l'on signale aujourd'hui chez la vigne étaient parfaitement connues des anciens, jusqu'au ravage de la pyrale que Columelle désigne sous le nom de *volucra*. Quant à la maladie endémique nouvelle, Pline la désigne sous le nom de *sideratio*, qui est la traduction des mots ἀστροβολισμὸς, ἀστροβολία, ἀστροβολεῖσται, ἀστροπληγὴ (l'action d'*être frappé du ciel*), qu'emploient indistinctement les agronomes grecs, et en particulier Théophraste et les Géoponiques. Ce mot semblait pressentir l'idée de flambage atmosphérique dont nous nous sommes servis, pour désigner la cause que nos observations non interrompues ont reconnue à la maladie actuelle de la pomme de terre et de la vigne.

(*) Théophraste, lib. IV, cap. 46. — Pline, lib. XVII, cap. 24. — Columelle, *De arboribus*, cap. XII. — Pallade, lib. IV, cap. 7. — *Géoponiques*, liv. V, chap. 36 surtout.

e. Vous devez penser si, dès l'apparition du fléau, les amateurs des récompenses académiques durent trouver dans cette veine d'argumentations une ample moisson de bouts de notes, de dissertations sur la cause du mal et de remèdes pour le combattre ! Les journaux en remplissaient chaque jour leurs plus longues colonnes : *Les pommes de terre sauvées; Guérison de la maladie de la vigne; Plus de dangers sur la récolte, grâces au nouveau procédé*, et mille autres titres de ce genre se glissaient chaque jour de la 4ᵉ page, consacrée aux annonces, dans la réclame et dans le feuilleton. On vit alors des médailles d'or décernées à certains favoris de Minerve, d'après la simple exposition de leurs merveilleux procédés, hypothéqués sur les brouillards de l'année suivante. Or il n'est pas un seul de ces procédés qui ne se retrouve dans ceux que les agronomes de l'antiquité avaient indiqués et pratiqués contre les diverses maladies de la vigne; pas un seul, jusqu'au saupoudrage, qu'ils désignaient sous le nom de *pulverare* et *pulveratio*. Mais enfin, tous ces bouts de notes, toutes ces récompenses par anticipation, toutes ces faveurs que la camaraderie prodiguait au premier venu dans la presse ou dans le sein des académies, tout cela a vécu l'espace d'une moisissure ; et le temps a soufflé dessus.

f. Pendant qu'on se prodiguait ainsi mutuellement des poignées de main, des rapports favorables, des accolades, des houras, des médailles, des réclames, et que chacun cherchait à exploiter à son profit les appréhensions et les calamités de l'agriculture; nous observions, nous, à travers nos barreaux le phénomène dans ses rapports avec les révolutions atmosphériques. J'avais alors une moitié de moi qui calculait dans sa cage de fer, et l'autre moitié qui observait à l'air libre et tenait la première au courant de ce qu'elle avait tant à cœur d'étudier, dans l'intérêt de tous.

g. Or, immédiatement après le grand orage qui fondit sur Doullens, le 29 juillet 1850, la moitié du dehors fit savoir à la moitié du dedans que les bords de l'Authie, petite rivière qui baigne la ville et va se jeter dans la mer, répandaient au loin une odeur des plus fétides. Je demandai aussitôt qu'on m'apportât des fanes de pommes de terre ; elles se trouvaient toutes frappées de la maladie, elles qui étaient saines un instant encore avant l'orage ! et elles portaient sur toutes leurs feuilles les traces maculées d'un flambage par le dard de l'éclair (*). La maladie venait de se déclarer aussi vite que l'éclair, donc par le fait de l'éclair.

(*) Voyez la relation que, sur mes notes, mon fils en a donnée dans les nᵒˢ du 8 août 1850, des journaux l'*Estafette*, la *Presse*, le *Moniteur* et la *République*, et le nᵒ du 1ᵉʳ août 1851 du journal la *Presse*. J'en ai parlé plus tard, dans la *Revue complémentaire*, liv. de fév. 1855, tom. I, pag. 219.

h. Les tubercules qu'on m'apporta, le lendemain, des environs où l'orage avait le plus sévi, offraient sur leur surface des gerçures analogues à celles que détermine un commencement de torréfaction ; gerçures qui ne s'étaient produites que sur l'un des bouts de la pomme de terre. Sur les tranches coupées au couteau, on observait les maculatures rougeâtres que détermine l'engélivure. Le marc, râpé et exprimé à travers un linge serré, donnait un liquide d'un rouge sale et trouble, dans lequel on voyait nager, au microscope, une multitude de grains de fécule assez bien conservés, et qui restaient adhérents à des parois déchirées du tissu cellulaire ; ce qui expliquait pourquoi le liquide ne déposait rien de féculent tout d'abord ; les grains de fécule, en effet, étaient retenus en suspension par le lambeau de tissu cellulaire comme par un parachute.

La portion saine et non maculée du même tubercule ne présenta rien de semblable ; le marc, exprimé, donnait un liquide blanc laiteux ; et, par le repos, il se formait au fond du vase un abondant dépôt de fécule blanche comme la neige.

Au bout d'une demi-heure, le liquide de la portion malade reprit sa limpidité, il s'y était formé un dépôt rougeâtre : ce qui prouve que la matière colorante était inhérente aux parois du tissu cellulaire.

Après une heure d'exposition à l'air, l'eau qui surmontait le dépôt de la fécule blanche provenant de la portion saine eut bientôt contracté à son tour une coloration rougeâtre ; le lendemain, elle était noire comme de l'encre, tandis que le liquide, d'abord rougeâtre et provenant de la portion malade du tubercule, avait conservé toute sa limpidité.

Ce marc du premier liquide fut abandonné dans un verre sur ma fenêtre, à partir du 16 août ; je l'examinai le 15 octobre suivant : le liquide s'était couvert hermétiquement d'une pellicule épaisse, gélatineuse, noirâtre, tenace et analogue à un *nostoch* humide ; dans cet état, le vase ne répandait aucune odeur ; mais il exhala une puante odeur d'hydrogène sulfuré dès que j'eus crevé cette pellicule ; et l'odeur n'en devint que plus forte lorsque j'y eus versé du vinaigre.

i. Le 22 août 1850, je reçus des environs de Doullens des tubercules dont tous les *yeux* ou bourgeons étaient réduits en charbon. Je les pelai et les laissai sécher à l'air ; ils y devinrent durs comme du bois. Leur pesanteur spécifique était alors de 1,6 ; et celle des pommes de terre non séchées était de 1,1.

j. Le 24 octobre 1850, je visitai ces fragments durcis ; ils n'avaient rien perdu de leur dureté ; tandis que les pommes de terre entières commençaient à bourgeonner à leur côté. Je soumis les unes et les autres à l'ébullition dans l'eau. Les fragments desséchés restèrent durs comme du bois, tandis que les pommes de terre germées avaient cuit à la manière ordi-

naire. Dans celles-ci tous les grains de fécule avaient éclaté ; tandis que
je les retrouvais inattaqués dans le tissu des fragments ligneux : L'eau
bouillante n'avait nullement pénétré jusqu'à la fécule à travers ces tissus
devenus durs comme du bois.

k. A partir de cette époque je ne manquai plus une occasion de faire
observer les champs de pommes de terre immédiatement après chaque
orage ; et je reconnus sans exception que jamais la maladie ne se décla-
rait qu'après une telle perturbation atmosphérique ; plus tard et lorsque
je fus rendu à la liberté de l'exil, je m'appliquai à vérifier chaque fois le
fait par moi-même.

l. Dès 1853 je constatai, à Boitsfort, que la maladie était à sa période
décroissante, et que la pomme de terre se réacclimatait de nouveau dans
nos parages, en recouvrant sa primitive conductibilité pour le fluide électrique (*).

m. L'année suivante (1855), à la suite des orages du mois de juin, je me
livrai à quelques expériences comparatives qui achevèrent de me révéler
l'analogie des taches par lesquelles la maladie faisait son apparition sur
les feuilles des pommes de terre, avec celles que j'y déterminais à volonté,
en dirigeant sur l'une ou l'autre de leurs pages le dard de la flamme acti-
vée par le chalumeau. Ce dard produisait chaque fois sur la feuille les
maculatures noires qu'on remarque sur les feuilles de pommes de terre
immédiatement après l'orage (**).

. n. Donc la maladie des pommes de terre n'est que le résultat d'un flambage atmosphérique ; dans le principe de l'épidémie et à la suite de la
grande perturbation qui a pris le nom de *météore de Monville et de Malaunay*, il pénétrait subitement de la sommité de la tige jusque dans la chair
des tubercules. Mais depuis, et de jour en jour, le mal s'est arrêté successivement dans sa portée, et comme d'étage en étage, à la tige, puis aux extrémités des feuilles ; enfin, cette année de calme et de sécheresse (1857)
il semble avoir abandonné tout à fait la pomme de terre à ses anciennes
tendances de développement, au moins dans nos parages.

o. Cette veine de recherches me conduisit à observer les effets du
même flambage par le feu du ciel sur une foule de plantes herbacées ; et
je constatai cet effet météorologique un jour sur toute une rangée de
pêchers en espaliers ; ce fut le 5 mai 1854 : Un orage d'une grande violence venait de se rabattre sur les environs de Boitsfort, dans la direction
du Nord au Sud. Or, à quatre lieues à la ronde, les pêchers qui étaient pa-

---

(*) Voy. *Revue Complémentaire*, livr. d'août 1854, tom. II, pag. 40.
(**) *Revue Complémentaire*, livr. d'août 1855, tom. II, pag. 24.—Ces taches maladives sont analogues à celles qu'on remarque à l'état normal sur les feuilles de la per-
sicaire (*polygonum persicaria* Lin.)

lissés dans cette direction, et contre des murs au levant ou au couchant, se trouvèrent immédiatement flambés sur leurs feuilles et souvent desséchés sur leurs plus fortes branches ; dans les autres expositions, les pêchers ne furent aucunement atteints de cet orage. Je constatai ce fait dans mon jardin d'abord, et ensuite à quatre lieues à la ronde, au moyen d'une enquête recueillie avec le plus grand soin (*). A la suite de tant de preuves accumulées jour par jour, il était impossible de rester plus longtemps dans l'ornière des mille et une explications académiques ; car chacun s'était mis à vérifier de ses propres yeux les phénomènes que nous avions tant de fois signalés. Aussi les académies ne tardèrent pas à virer de bord, à renier tous leurs rapports favorables ; et elles daignèrent reconnaître que la maladie, des pommes de terre au moins, était un effet météorologique. Il faut convenir que la plus grande peine du progrès est de traîner à la remorque ces lourdes locomotives qu'on appelle académies ; et encore elles déraillent, si lourdes qu'elles soient et si doucement qu'on les mène.

247. 9° Dans l'évaluation physiologique des phénomènes thermaniques, il ne faut jamais perdre de vue ce principe général, que le calorique est une substance, mais que le froid n'est qu'une relation, une idéalité. Le corps le plus froid, dans le langage ordinaire, n'est, dans notre théorie, qu'un corps dont les atomes sont enveloppés de couches isolantes de calorique moins volumineuses que chez les atomes du corps qui nous sert de comparaison, et qui nous paraît chaud. Ce dernier deviendrait froid à notre toucher, si la chaleur de notre corps s'élevait davantage. Le froid et le chaud ne sont que des rapports de quantité de la même substance, qui est l'éther universel, distribué inégalement dans les différents corps de ce monde. La glace des pôles a une chaleur latente et spécifique, comme les corps placés depuis longtemps à la température de notre atmosphère ; et plus le froid atmosphérique augmente, plus la glace perd de sa chaleur ; en sorte que la glace des pôles a moins de calorique que la glace de nos climats. Deux corps, l'un froid, l'autre chaud, possèdent tous les deux une couche de calorique autour de leurs atomes ; ils ne diffèrent entre eux que parce que la couche de calorique qui enveloppe de son atmosphère chaque atome est moins volumineuse chez le premier que chez le second. Dès qu'on les met en contact, il se fait un échange, ou plutôt une soustraction au profit des atomes du corps dit froid, et aux dépens du corps dit chaud : tout mouvement de calorique cesse, quand l'équilibre est rétabli ; l'équilibre est rétabli, quand les atomes des deux corps se sont enveloppés d'une couche de calorique de même volume ; et le repos dure jusqu'à ce que vienne le troubler, par des addi-

---

(*) Voy. le journal l'*Estafette*, nᵒˢ des 15 et 17 juin 1854.

tions, l'approche d'un corps plus chaud, ou celle d'un corps plus froid, par des soustractions. L'inégalité est la source de tous les mouvements, parce que l'égalité est le but où tendent tous les êtres.

RÉSUMÉ FINAL DE CE CHAPITRE PREMIER.

248. 1° La nutrition, et le développement qui en est la conséquence, réclame le concours constant et régulier de la respiration, de la digestion et de la température. La privation de l'un ou de l'autre de ces trois matériaux de l'élaboration est une cause immédiate de mort ; la moindre variation dans les proportions est une cause de prédisposition maladive, variable dans son intensité.

249. 2° L'air respirable le plus vital, c'est l'air atmosphérique, pur de toute émanation étrangère à sa constitution.

250. 3° La nourriture la plus digestive est celle qui réunit, dans les proportions que réclame l'organisation individuelle de l'estomac, les deux éléments indispensables de la fermentation d'abord alcoolique, puis acétique, plus les condiments destinés à protéger la digestion.

251. 4° La température la plus convenable est la température habituelle, dans les limites de 10 à 24°. Toute variation brusque, soit en plus, soit en moins, est une cause de maladie. Si la température baisse, l'air se condense ; il se raréfie, si la température s'élève : dans l'un et dans l'autre cas, la respiration ne reçoit plus son aliment dans la dose ordinaire ; tous les autres organes éprouvent, de même que l'organe de la respiration, une révolution qui ne peut être qu'une cause de trouble dans leurs fonctions. La somme de ces troubles divers caractérise l'intensité des dangers qui compromettent la santé ou menacent la vie.

252. 5° L'action de l'abaissement graduel de température est une action narcotique, qui, ralentissant la circulation graduellement, endort plutôt qu'elle n'inquiète, et ne mène à la mort que par l'agonie du sommeil. Les animaux aquatiques, au moins ceux du bas de l'échelle, peuvent supporter longtemps ce sommeil glacial, sans perdre la faculté de se réveiller, dès que leur tombeau de glace fond, à une température qui s'élève graduellement. Par une influence contraire, nous voyons le rotifère et le vibrion du froment supporter la dessiccation la plus complète au soleil de juillet, sans perdre pour cela leur propriété de reprendre la vie, dès qu'on les humecte d'une goutte d'eau. Nous ignorons combien de temps ce double sommeil narcotique et par privation est capable de durer, sans passer à l'état d'une mort définitive.

253. 6° L'uniformité des influences garantit la régularité des fonctions organiques, et celle-ci la durée de l'individu; l'immuable serait éternel.

CHAPITRE II.

CAUSES PHYSIQUES DE MALADIES QUI PROCÈDENT PAR DÉCOMPOSITION DES LIQUIDES OU PAR DÉSORGANISATION DES TISSUS (*Causes désorganisatrices*.)

254. Dans le sérum du sang, ou dans une dissolution aqueuse et limpide de blanc d'œuf, versez une goutte d'alcool ou d'acide sulfurique; et tout à coup il se formera un précipité caillebotté blanc, signe évident d'une décomposition de ces liquides. Placez une goutte de nitrate d'argent sur la peau, et vous ne tarderez pas à voir la peau prendre une couleur violacée bleuâtre; déposez un morceau de chair dans la potasse caustique liquide, ou dans l'acide sulfurique concentré, et vous verrez la chair se recroqueviller, se dissoudre et fondre pour ainsi dire, dans ces liquides, comme un cristal de sel marin dans l'eau. Le tissu se *désorganise* de la sorte, dans un cas, parce qu'une base énergique lui soustrait l'acide carbonique dont les éléments concouraient à constituer la molécule organique; dans l'autre cas, parce que l'acide sulfurique lui soustrait la base terreuse qui s'était associée, avec la molécule organique, en tissu organisé.

255. Notre individualité est enveloppée, à un instant ou à un autre de notre existence, par des causes de désorganisation analogues, qui, pour ne pas opérer sur une aussi vaste échelle, et partant avec une si effrayante intensité, ne laissent pas que de pouvoir arriver à la consommation de leur œuvre de mort par une action lente, souvent d'autant plus dangereuse et d'autant plus inévitable qu'elle est plus invisible. Ces causes ne produisent que des maladies locales, quand elles s'arrêtent à la superficie, ou qu'en s'attachant à un organe placé à une plus grande profondeur, elles en interceptent cependant la communication avec la circulation générale; et, dans ce cas, l'organe peut se trouver gravement compromis, sans que pour cela la vie générale éprouve un trouble plus sérieux que cette fièvre qui provient du dérangement d'équilibre dans les fonctions organiques. Malheur à l'individu, si une parcelle de ce qui afflige cet organe venait à passer immédiatement dans la circulation générale, si peu grave que paraisse le mal ! Cette goutte d'acide nitrique que vous pouvez impunément vous placer sur la peau, frapperait un animal comme la foudre, si on l'introduisait dans une veine d'un assez grand calibre. D'où l'on doit conclure que c'est la décomposition, et non la désorganisation, qui est dangereuse pour la vie, et que, par conséquent, nul poison n'agit que par le véhicule de la circulation. La désorganisation dont l'ac-

tion s'exerce sur une surface organisée, produit une escarre qui tombe, et rien de plus ; car un agent absorbé est un agent neutralisé, et dont l'action ultérieure est annulée. Cette observation étant sous-entendue, dans le cours de tout ce que nous avons à dire en ce chapitre, nous diviserons les causes désorganisatrices en trois genres, ou groupes, corrélatifs avec les trois genres du chapitre précédent, chacun à chacun et dans le même ordre : 1° les causes désorganisatrices qui agissent par le véhicule de la respiration ; 2° celles qui agissent par celui de la digestion ; 3° celles qui agissent par nos surfaces extérieures et cutanées, et, pour ainsi dire, par absorption et imbibition.

PREMIER GENRE. — *Causes désorganisatrices qui agissent par le véhicule de la respiration* (88).

256. Afin de se faire une idée exacte des effets d'une substance délétère qui s'introduit dans un corps organisé par le véhicule de l'aspiration, on n'a qu'à expérimenter sur un tube de *chara*, préparé de la manière que nous avons indiquée ailleurs (*), pour nous servir de toxicomètre. On verra avec quelle rapidité la plus petite goutte d'une substance intoxicante pénètre à travers les parois du tube, sans les désorganiser, et va paralyser la circulation du liquide, comme par un coup foudroyant. D'où il faut conclure que l'intoxication, par le véhicule de la respiration, agit sur le liquide de la circulation bien plus que sur les tissus qui la protégent, et produit, même en minime quantité, les effets les plus prompts et les plus étendus.

257. L'air atmosphérique, en sa qualité de fluide, jouit, comme les liquides, d'une faculté de dissolution qui croît avec la température. Tout ce qui se gazéifie ou se vaporise est de son domaine, et se mêle à lui d'une manière d'autant plus intime que la science possède très-peu de réactifs pour l'en dépouiller. L'action du froid en précipite les vapeurs, sous forme de brouillards ou nuages, de pluie, de neige floconneuse, ou de grésillons compactes et d'un volume variable, selon la rapidité avec laquelle la température s'est abaissée. Mais les gaz permanents s'en précipitent moins facilement, ou sous des formes moins visibles ; ils occupent seulement des étages plus hauts ou plus bas, selon la spécificité relative de leur pesanteur.

258. Parmi les gaz ou les vapeurs qui imprègnent l'air, il en est qui nuisent à la respiration par leur présence seule, et par cela seulement

(*) *Nouveau système de physiologie végétale*, tome II, page 88, 1836.

qu'ils ne sont pas de l'air atmosphérique ; d'autres, qui nuisent encore par leurs qualités délétères. Les premiers sont *asphyxiants*, les seconds *intoxicants*. Ceux-là ne tuent ou ne nuisent qu'en privant l'organe respiratoire de la quantité d'air que réclame son élaboration. Les autres, au contraire, joignent à cette faculté primitive une faculté destructive : ils n'asphyxient pas seulement, ils désorganisent ; ils n'affament pas seulement l'organe, ils le dévorent en le décomposant.

259. « Les *gaz asphyxiants* opèrent, sur l'économie animale ou végétale, par affaiblissement et par une espèce de lente extinction.

Les tiges herbacées se courbent et vont se coucher sur le sol ; les feuilles, que leur incessante aspiration tenait dans la position horizontale, deviennent flasques, et se plissent en retombant ; tout languit dans la plante, rien n'y souffre : la fleur se fane, le fruit se ride, la tige se flétrit, mais rien ne se déchire et ne se tord convulsivement.

L'animal s'endort, comme dans un rêve qui n'a rien de pénible : sans crainte, puisqu'il croit s'endormir, comme la veille du jour où il s'est éveillé ; sans souffrances, comme lorsqu'on se sent défaillir, et que le système nerveux s'émousse. Si la journée a été pénible, orageuse, agitée par des peines d'esprit, ces premiers instants de l'asphyxie peuvent communiquer à notre pensée un certain reflet d'insouciance et de bonheur. Heureux celui qui ne peut plus retourner ses forces contre lui-même ; heureux celui qui les perd toutes, au moment où il allait en abuser ! Heureux celui qui s'endort au prélude d'une cruelle idée, ou d'un ineffaçable remords !

260. Si l'on voulait vérifier théoriquement cette expérience, que tant de gens ont faite d'une manière empirique, on ne manquerait pas de découvrir quelques variantes à cette version. Mais il faudrait tenir compte alors, plus qu'on ne le fait ordinairement, de la différence qui existe entre une expérience physique réfléchie et un accident involontaire. Le chimiste qui veut noter point par point ce qu'il éprouve en respirant, la bouche collée sur un ballon de verre, l'influence d'un gaz asphyxiant, ne se trouve pas dans les mêmes conditions de corps et d'esprit que l'infortuné que l'asphyxie enveloppe par toutes les surfaces respiratoires. Le chimiste conserve une idée fixe qui le met en garde, et lutte contre le danger ; son asphyxie n'est jamais exempte de l'introduction d'un peu d'air atmosphérique, qui fait irruption par les narines, ou par le moindre jour que le mouvement des lèvres lui ménage, et vient lui rendre, par contraste, le sentiment de sa position : ce qui est plus ou moins pénible, selon la force d'esprit de celui qui se soumet à l'expérience, que tant d'autres ont subie sans le vouloir et sans y penser.

261. L'expérience par le vide de la machine pneumatique ne repré-

sente pas non plus ce qui se passe dans l'asphyxie par privation d'air respirable. Que l'on place, en effet, un petit animal (souris, oiseau) sous la cloche de la machine, et qu'on se mette à faire le vide ; dès le premier coup de piston, on verra l'animal s'agiter convulsivement : car ici cette soustraction d'air est brusque et instantanée ; elle imprime à tous les organes un violent choc ; une brusque commotion. Il n'en serait pas de même, si l'on désoxygénait l'air d'une manière lente et graduée. On verrait alors l'animal s'affaisser et s'éteindre, par une lente et insensible gradation.

262. Nous venons de décrire les effets de l'asphyxie par l'azote, l'hydrogène, le calorique, le deutoxyde d'azote et l'oxyde de carbone, etc., gaz asphyxiants et non intoxicants.

263. β Les *gaz intoxicants* asphyxient, avec un cortége de tout autres phénomènes. La désorganisation, en effet, a toujours pour symptôme la douleur ; la souffrance a été donnée, à tout être qui pense, pour le prémunir contre sa propre destruction. Les symptômes de cette intoxication pneumatique varient selon l'énergie, la dose et le mode d'action du gaz intoxicant : l'un agit comme la foudre, par des quantités impondérables, et avec l'instantanéité de l'éclair : tel est la vapeur d'acide hydrocyanique ; tel est le gaz indéterminé qui s'échappe des fosses d'aisances, à l'instant où l'on en descelle la dalle ; cette intoxication foudroyante n'a pas d'antidote, l'hydrogène servant de base et de véhicule à tous les poisons qu'il rencontre sur son passage. D'autres gaz agissent avec des tortures plus lentes, et vous avertissent, pour ainsi dire, avant de vous tuer. L'animal éprouve un malaise qu'il ne définit pas : la tête s'alourdit, la pensée se trouble ; un état convulsif d'impatience et d'inquiétude se révèle par des bâillements, des pandiculations, des soubresauts, par une agitation fébrile courte et saccadée, qui élève et abaisse successivement le pouls ; le sang se porte à la tête et au cœur où il se congestionne ; l'estomac repousse ses aliments par des nausées, des hoquets et des haut-le-corps qui ne l'en débarrassent point ; la voix s'éteint, l'œil se trouble, l'oreille bourdonne et tinte, l'odorat se perd, et le toucher se paralyse ; l'animal étouffe en palpitant, il meurt en se débattant contre son agonie.

Ainsi agissent les gaz intoxicants, qui se mêlent à l'air peu à peu et par petites doses successives. Leur action serait foudroyante, si l'asphyxie privative (108) se joignait tout à coup à l'asphyxie intoxicante (258) ; et le même gaz opérerait dans ces deux cas de deux manières opposées. Voilà pourquoi l'homme meurt plus ou moins lentement par l'acide carbonique, selon la capacité de l'appartement, le volume du combustible, et l'activité de la combustion ; et qu'il est frappé si vite, quand il a l'imprudence de descendre dans le fond des puits et des cuves à vin, où l'acide carbonique se condense et remplace totalement l'air extérieur.

264. Afin de mettre un certain ordre dans la classification des recherches ultérieures, et de fournir un cadre méthodique à l'expérimentation, nous diviserons les gaz intoxicants en deux catégories principales, que nous désignerons par les mots d'*émanations* et d'*exhalaisons* ou *miasmes*.

265. Nous comprendrons, sous le nom d'*émanations*, les dégagements de gaz ou de vapeurs délétères qui ne sont le produit que d'un accident passager, et dont le foyer est accessoire à la localité où le phénomène a lieu. La fumée, les produits divers de la combustion, les vapeurs ou gaz dégagés de nos usines, de nos cloaques, de nos égouts, etc., sont des *émanations*.

266. Les *miasmes* sont aux *émanations* ce qu'est la géographie à la topographie; leur foyer étant constant, ils deviennent partie intégrante de l'atmosphère locale; ils se dégagent des eaux qui croupissent ou du sol qui se crevasse; leur influence est durable, comme la nature de la localité qui la produit. Les marais, les volcans répandent des *miasmes* ou *exhalaisons* (*).

267. Chacune de ces deux catégories peut se diviser en deux fractions : l'une qui comprend les gaz ou vapeurs acides; et l'autre, les gaz ou vapeurs avec excès de base et d'alcalinité; enfin chacune de ces deux fractions peut se subdiviser en deux autres : les substances simples et les substances composées qui ne sont acides ou alcalines que parce que l'acide ou la base y prédomine.

268. L'action intoxicante d'un gaz ou d'une vapeur délétère varie d'intensité et de caractère, selon ces diverses circonstances; l'acide, qui n'est destructeur qu'en s'emparant des bases du tissu (25), ou des bases salines du liquide, ne doit pas agir, en effet, de la même manière que la vapeur ammoniacale, qui n'est destructive qu'en se carbonatant aux dépens de la molécule organique du tissu organisé, ou bien qu'en dissolvant les tissus albumineux qui sont en voie d'une organisation plus solide.

§ 1er. *Émanations et exhalaisons acides, ou qui procèdent à la manière des acides.*

269. L'introduction d'une certaine quantité d'une substance acide dans le torrent de la circulation, dénature tout à coup ses propriétés,

---

(*) On confond fréquemment ces mots. Le mot *méphitisme* comprend le mode d'action des uns et des autres. On pourrait dire que, dans le langage ordinaire, une émanation s'opère sans signes visibles ou sensibles, et qu'une exhalaison se fait sentir; que le miasme enfin est une émanation sur une grande échelle.

dont la base est alcaline ; elle le rend impropre à la nutrition des tissus, qui dès lors ne l'aspirent plus ; et la circulation s'arrête.

270. 1° FUMÉE. La fumée est le produit de la combustion des tissus organisés. Ces produits, aussi variables que peut l'être l'organisation d'où ils émanent, se composent en général de vapeurs aqueuses, de sels ammoniacaux, d'hydrogène carboné de toutes les espèces et sous toutes les formes, d'acide et d'oxyde de carbone, d'acide acétique plus ou moins imprégné d'huile essentielle et plus ou moins pyroligneux (*), enfin de sels volatils à base d'ammoniaque, et de sels fixes, ainsi que de particules de charbon, que la vapeur d'eau est en état de pousser jusqu'à la région des nuages, mais qui s'arrête dans les tuyaux de cheminée et se dépose en suie sur les parois, depuis la base jusqu'au sommet, partout où la vapeur d'eau, qui leur sert de véhicule, se condense. Par suite de cet inextricable mélange, la fumée porte avec elle les antidotes de ses nombreux poisons ; elle fatigue plus qu'elle n'empoisonne ; elle irrite les muqueuses, provoque les larmes, la toux, l'éternuement, par ses huiles essentielles ; mais si l'air se renouvelle et que le foyer se décharge ailleurs, on peut rester longtemps impunément dans une atmosphère surchargée de ces vapeurs. On y souffre, mais on y respire ; et il reste peu de traces de cet étouffement, dès qu'on arrive à l'air libre et pur du dehors. Cependant l'habitude d'une semblable atmosphère ne saurait qu'exercer les plus tristes influences sur les dispositions de l'esprit et du corps : elle nous rendrait moroses, impatients, irritables, incapables d'un travail réfléchi ; et un état de veille ainsi contrariée ne nous léguerait qu'un sommeil violemment agité.

271. 2° COMBUSTION DU CHARBON DE BOIS. Le charbon de bois n'est pas du carbone tout à fait pur ; il renferme encore de l'hydrogène carboné, soit gazeux, soit en huile essentielle, qui vient compliquer, en se dégageant, les phénomènes de l'asphyxie que détermine sa combustion. Le charbon, en brûlant, s'empare de l'oxygène de l'atmosphère, pour se transformer en acide carbonique et en oxyde de carbone ; par le seul fait de cette absorption de l'oxygène, cette combustion, ainsi que toute combustion en général, est déjà asphyxiante, mais ses qualités délétères sont inséparables de ses qualités privatives ; la combustion ne peut priver un milieu d'oxygène sans y dégager les produits de la combinaison. Il y a près de quatorze ans (**) que j'ai exhumé des expériences fort intéressantes de Fontana, sur le sujet qui nous occupe : ces expériences étaient totalement tombées dans l'oubli. Fontana avait établi, par des expériences sur les animaux vivants, que

(*) *Nouveau système de Chimie organique,* tome III, § 3985.
(**) Voyez *Archives de Médecine,* 1828.

l'on doit distinguer, dans la combustion du charbon, deux phases différentes; la première pendant laquelle il s'allume, et la seconde lorsqu'il est embrasé et totalement incandescent. Dans la première période il se produit plus d'acide carbonique que d'oxyde de carbone, et dans la seconde beaucoup plus d'oxyde de carbone que d'acide carbonique. Dans cette période-ci, l'asphyxie doit donc être plutôt privative qu'intoxicante; c'est le contraire dans celle-là. La marche de l'asphyxie ou de l'intoxication est d'autant plus rapide que la combustion est plus active, que le milieu est moins accessible au renouvellement de l'air, et que sa capacité lui permet de s'échauffer davantage et plus vite.

272. L'asphyxie par le charbon de bois est une asphyxie pénible et convulsive; car la lenteur avec laquelle il s'allume permet à l'oxygène de se combiner longtemps avec le carbone en acide carbonique; la flamme qui s'en dégage indique en outre suffisamment que le combustible est encore riche en huiles essentielles et hydrogène carboné. Il s'effectue peu de suicides par ce procédé; parce que la souffrance ne tarde pas à vaincre la résolution, que le sentiment de la conservation reprend le dessus dès que la raison s'égare, et que les convulsions réveillent automatiquement les forces. Le malheureux cherche alors à fuir la mort, qu'il avait appelée de tous ses vœux; il ne la trouve plus douce et bienfaisante, comme il l'avait rêvée; il s'élance de son lit pour briser où la vitre ou la porte, et donner accès à l'air extérieur, antidote du poison qui lui fait acheter trop cher son adieu à la vie.

273. L'asphyxie est bien moins intoxicante par la *braise*, qui est un charbon qu'une première incandescence a dépouillé de ses parties aqueuses et oléagineuses, et qu'elle a rendu plus poreux et plus léger. Ce charbon, s'allumant plus vite, passe plus vite à l'incandescence, c'est-à-dire à la période où le carbone se combine avec l'oxygène en oxyde de carbone. Le malheureux qu'enveloppe ce gaz s'endort sans souffrance; sommeil doux et léger, qui réalise déjà d'avance à ses yeux ce repos qu'il demandait à la mort. Comment lui reviendrait l'amour de la vie agitée qui le torturait comme un cauchemar, puisque la mort l'enveloppe sous les traits de la délivrance et d'un rêve heureux?

274. J'ai eu, en 1842, l'occasion de parfaitement bien observer la marche et la nature de l'asphyxie par la combustion du charbon, en exposant des animaux aux vapeurs dégagées par la combustion du charbon artificiel, pour lequel j'ai pris des brevets d'invention, que la justice a reconnus être bien à moi, mais que d'autres ont le droit d'exploiter comme s'ils étaient à eux (*); c'est toujours le même profit qui me

---

(*) Voyez *Procès perdu, gageure gagnée*, in-8° de 88 pag. 1857.

revient de pareilles trouvailles : Ce que j'en retire de plus net, c'est une observation qui profite à la science ; j'en extrais des idées, et les autres de l'or : après cela, qu'avons-nous donc tant à réclamer ? Est-ce que notre lot n'est pas de deux parts le plus riche ?

Or, en procédant aux expériences comparatives sur les qualités asphyxiantes de mon charbon végétal artificiel et du charbon ordinaire, je n'ai pas manqué de rencontrer des anomalies que j'aurais peut-être été tenté de traduire en règles générales, si je m'y étais arrêté sans plus ample examen. Je me servais d'une étuve en tôle, faite en forme de buffet, de la capacité de cinquante litres d'air environ, et percée, sur le milieu de sa tablette, d'un trou de poêle, que l'on recouvrait d'une cloche en verre, sous laquelle pouvait s'abriter une petite souricière, ou une cage. L'animal se trouvait à cinquante centimètres au-dessus du réchaud allumé. Le réchaud avait vingt centimètres de diamètre, et pouvait contenir cinq cents grammes de charbon.

Le 21 avril 1842, je plaçai une souris bien portante sous la cloche, et j'introduisis dans l'étuve un réchaud de charbon ordinaire qui commençait à s'allumer. Il était trois heures douze minutes.

La souris ne commença à se débattre qu'à quatre heures sept minutes ; à quatre heures huit minutes, elle était morte.

J'enlevai la cloche, je ventilai l'appareil, et je recommençai l'expérience avec une autre souris, également bien portante, que je soumis cette fois à l'influence de notre charbon. Le réchaud, qui commençait à s'allumer, fut introduit dans l'étuve à quatre heures quarante-six minutes.

A quatre heures quarante-sept minutes, la souris s'agite, en mordant les barreaux de la souricière ;

A quatre heures cinquante, elle se couche convulsivement sur le flanc ;

A quatre heures cinquante-cinq elle est morte.

Cette expérience avait été expédiée en moins de huit minutes.

La première avait duré près d'une heure.

D'où venait la différence ? De ce que le charbon ordinaire de bois est très-long à s'allumer, et que le nôtre s'allume presque instantanément.

En effet, les effets de l'une et de l'autre asphyxie s'opèrent avec une égale promptitude, quand on introduit dans l'étuve les deux espèces de charbon à l'état incandescent.

C'est ce que démontrent les deux expériences suivantes, qui furent exécutées le 25 avril suivant, sur deux moineaux.

Avec le charbon ordinaire :

Introduction du réchaud tout à fait allumé, à deux heures cinquante-cinq minutes;

A deux heures cinquante-sept, l'oiseau palpite et se débat;

A deux heures cinquante-huit, il est mort.

Avec notre charbon:

Introduction du réchaud, également allumé, à trois heures dix-neuf minutes;

A trois heures vingt et une minutes, l'oiseau est essoufflé et tombe sur le flanc en se débattant;

A trois heures vingt-deux minutes, il expire, il est mort.

Trois minutes ont suffi, comme on le voit, pour que, dans l'un et dans l'autre cas, l'asphyxie ait été complète; et l'animal n'est point revenu à la vie, quoiqu'on ait eu soin de soulever la cloche, et de lui donner de l'air en le voyant tomber mort.

L'asphyxie par le charbon est donc convulsive, comme l'avait dit Fontana. Quoique sa marche varie en raison de la capacité du local, du volume relatif du charbon allumé, de la chaleur qui en résulte, et de la taille de l'animal qui le respire, cependant on voit que, dès qu'elle se réalise, ses résultats sont irrévocables; les secours, si prompts qu'ils viennent, arrivent presque toujours trop tard.

275. L'asphyxie par le charbon allumé n'est donc pas seulement une asphyxie par privation, c'est encore et principalement une asphyxie délétère et convulsive; car elle introduit dans le sang un principe dont l'acidité en change tout à coup la nature alcaline, et partant la destination physiologique (*).

276. 3° GAZ D'ÉCLAIRAGE. Ce gaz est un composé plus ou moins compliqué, quand il est impur, mais où le carbure d'hydrogène prédomine. On doit juger par là de la gravité de sa respiration.

277. 4° DÉGAGEMENT D'ACIDE CARBONIQUE PAR LA FERMENTATION ALCOOLIQUE, OU PAR TOUT AUTRE MOYEN MÉTÉOROLOGIQUE. La fermentation alcoolique ne s'établit qu'en dégageant de l'acide carbonique et de l'hydrogène pur ou carboné (**). L'acide carbonique, plus pesant que l'hydrogène et que l'air, séjourne à la surface du sol, tant qu'un courant d'air violent ne le chasse pas de cette place; aussi séjourne-t-il des années entières

---

(*) Cette réflexion n'implique pas contradiction avec ce que nous avons dit plus haut (84) de l'absorption de l'acide carbonique par les parois de l'estomac et par les tissus herbacés et verts des plantes; car, dans ce dernier cas, l'acide carbonique est décomposé, et par conséquent n'arrive point au sang à l'état d'acide.

(**) On a vu, dans des cas à la vérité fort rares, des gaz dégagés par une cuvée de raisins en fermentation, prendre feu spontanément, comme fait le *grisou* dans les houillères ou dans les dépôts de charbons de terre de certaines provenances.

dans le fond de cuves et dans celui de certains puits ; tout le monde connaît le phénomène de la *grotte du Chien*, au pied du Vésuve, ainsi nommée parce que les chiens y tombent morts, tandis que leurs maîtres qui
y entrent restent debout sains et saufs, vu que la couche d'acide carbonique qui y séjourne ne dépasse pas la taille d'un chien.

L'asphyxie, dans ces cas divers, revêt les mêmes caractères que celle
par le charbon, moins pourtant les symptômes qui sont dus à l'élévation
de température, et au dégagement simultané des gaz oléagineux et
d'hydrogène carboné. C'est une asphyxie convulsive, et d'autant plus
rapide qu'elle est délétère.

278. Toute espèce de fermentation dégage de l'acide carbonique ;
mais dans certains cas, tel que celui de la fermentation putride, ce gaz
se sature en se dégageant, ou se dissout dans le liquide, comme on le voit
dans le rouissage du chanvre.

279. On doit donc apporter la plus sérieuse attention à ces considérations, toutes les fois qu'il s'agit de faire descendre les ouvriers dans
une cuve ou une fosse, au fond de laquelle on a laissé séjourner des marcs
ou autres matières végétales humides ; car il est impossible qu'à la faveur
de l'humidité il ne se soit pas établi une fermentation quelconque, et
par conséquent un dégagement considérable d'acide carbonique. J'ai été
consulté, en 1840, par le bâtonnier des avocats d'Albi, sur un cas semblable, qui donnait lieu à une réclamation de dommages et intérêts. Un
propriétaire, oubliant sans doute qu'il avait abandonné le marc de raisin
au fond de sa cuve, y fit descendre un pauvre ouvrier maçon pour y
exécuter quelques réparations, et ajouta à cette première imprudence
celle de s'éloigner de là pour vaquer à ses occupations ; quand il revint,
l'ouvrier était mort asphyxié. Il fut évident à mes yeux que le propriétaire était coupable, par imprudence, de la mort de ce malheureux
ouvrier, et ne pouvait mieux réparer sa faute qu'en accordant une pension alimentaire à la veuve et aux enfants.

280. On peut attribuer, avec beaucoup de probabilité, la plupart des
phénomènes morbides qu'on éprouve dans les lieux bas et humides au
dégagement d'acide carbonique, provenant du sol. En effet, les matières
végétales que renferme le sol ne peuvent manquer d'être, dans ce milieu,
en état constant de fermentation ; mais il y a plus, c'est qu'à chaque
changement dans la pesanteur de l'air, il peut s'opérer un dégagement
d'acide carbonique, provenant de la décomposition spontanée des carbonates calcaires. En effet, que l'on fasse le vide, sous la cloche pneumatique, après avoir jonché le plateau de fragments de calcaire extraits
récemment des entrailles du sol, et l'on ne manquera pas de trouver,
dans la cloche, une quantité assez considérable d'acide carbonique. Or,

quand l'air se raréfie, il se fait une espèce de vide analogue, et qui doit produire d'analogues effets. Aussi les pauvres malheureux que le hasard de leur naissance condamne à travailler dans les lieux bas ne tardent-ils pas à être victimes de ce méphitisme qui leur décompose le sang, bien plus encore qu'ils ne le sont, eux et leurs familles, de l'humidité qui les glace, de l'obscurité qui les étiole, et des courants d'air qui les traversent de part en part. L'atmosphère est une immense cloche où la chaleur, les trombes, les coups de vent, l'éclat de la foudre font souvent le vide, et cela dans de larges proportions; à chacun de ces coups de piston atmosphériques, la terre répond par de délétères exhalaisons.

281. La construction vicieuse de nos fourneaux de cuisine est le fléau de la santé de nos mères de famille de la classe pauvre, et surtout des cuisinières de la classe aisée et des cuisiniers de la classe riche. L'acide carbonique qui se dégage de ces fourneaux à hauteur d'appui arrive directement aux poumons de celui qui manipule. De là un sang vicié, congestionné, une digestion pénible, une inappétence habituelle, de la bouffissure, des vertiges et des tournoiements, etc., et à la suite, une prédisposition des tissus pour recevoir les maladies de tout genre, par quelque véhicule qu'elles leur arrivent. Chez certains individus sanguins, ces effets vont jusqu'à produire, par congestions cérébrales, des accès de folie furieuse, dont on ne se méfie pas d'abord, mais qui ont quelquefois des conséquences affreuses. Et tout cela serait admirablement réparé, s'il existait, entre nos diverses industries, un lien d'harmonie qui conciliât leurs exigences respectives et fît concorder leurs produits. Le maçon construit le tablier et le manteau sans s'assurer du tirant de la cheminée; le marchand et le fabricant de fourneaux en fournissent le dessin à la fabrique, sans s'occuper de la forme que l'on donnera aux marmites et aux casseroles. De là vient que rien ne s'ajuste, que rien ne s'adapte; que la flamme et la fumée s'échappent de tous les coins, et que le cuisinier s'empoisonne ainsi par tous les pores. Pauvre société que celle où plus les hommes pullulent, plus ils s'entassent, étouffent, et meurent en s'isolant, et où, pour se sauver cependant, ils n'auraient qu'à se donner la main!

282. 5° COMBUSTION DU CHARBON DE TERRE. La combustion du charbon de terre est peut-être moins nuisible à la respiration que salissante, quand on le brûle dans une bonne cheminée. Les gaz qui s'en dégagent sont trop mélangés pour n'être pas lourds, et ne pas s'arrêter terre à terre, alors que le courant d'air n'a pas assez de tirant pour les entraîner dans le tuyau de la cheminée. Le soufre se sature avec les bases, presque aussitôt qu'il s'oxygène en acide sulfureux ou sulfurique; l'huile essentielle, qui y surabonde, y savonule l'acide carbonique et les sulfures vo-

latiles, de manière à les rendre moins propres à la respiration qu'à la
déglutition ; et leur action dans l'estomac, sous cette forme, et en très-
petite quantité, n'est nullement nuisible ; elle fait même assez souvent
l'office de condiment (213). Le suicide n'est pas trop possible au moyen
de ce charbon, parce que les gaz qu'il dégage agissent avec trop de violence, quand ils séjournent dans un local sans courant d'air, pour que le
patient ne soit pas réveillé de la léthargie de son cruel projet, dès les
premières atteintes. Qui ne sait que la combustion du charbon de terre
n'est pas supportable, quand la fumée rabat et se porte tout entière dans
les organes de l'olfaction et de la respiration ? Qu'on se rappelle que le
charbon de terre est un mélange intime d'huile essentielle empyreumati-
que, de sulfures décomposables, de carbone infiniment divisé, de résine,
et puis de terres avec lesquelles tout cela est pétri.

On doit se méfier de certaines espèces de charbon de terre, tel qu'est
celui du pays de Galles. Elles sont sujettes à s'enflammer spontanément
par le dégagement du *grisou ;* on a de fréquents exemples de vaisseaux
qui ont été en pleine mer la proie des flammes, par suite de cet accident
survenu dans la soute au charbon de terre.

283. 6° DÉGAGEMENT DES VAPEURS ACIDES DE NOS FABRIQUES. Le voisinage de certaines fabriques est le fléau de la végétation des environs,
quelque soin que l'on prenne d'élever haut le tuyau des cheminées. Les
acides, en effet, étant plus pesants que l'air, retombent sans cesse sur le
sol en une pluie dévorante. Les grands arbres de la route se dessèchent
sur pied, et les herbes se fanent en germant ; il est évident que la santé
des voisins doit en ressentir d'aussi rudes atteintes. Quant aux ouvriers
de l'établissement, ils peuvent en être préservés par la bonne disposition
des lieux ; et l'on aurait tort d'arguer de leur état de santé permanent
pour se donner le droit de repousser les plaintes, trop malheureusement
fondées, du voisinage. Comment la respiration animale ne s'en ressenti-
rait-elle pas, quand, à de grandes distances même, on voit tout ce qui
est vert jaunir, tout ce qui est bleu rougir, et la surface des murs, ainsi
que la superficie du sol, se couvrir d'une efflorescence nitreuse ? Ces émanations réagissent avec d'autant plus d'énergie sur la respiration animale, que l'air est plus sec et la terre plus poudreuse. En effet, les émanations acides qui séjournent sur le sol ne sauraient se combiner et se
neutraliser avec les bases terreuses qu'à la faveur de l'humidité des ar-
rosages ou de la pluie ; par un temps sec, elles séjournent, en couches
de plus en plus épaisses, à la hauteur de l'homme et des animaux, qui
les respirent alors par tous les pores.

284. Les fabriques de vitriol, de chlore, d'eau-forte, d'acides hydrochlorique, hydrocyanique, acétique et pyroligneux, etc., de phosphore,

de poudres fulminantes, de décapages de fer ou de cuivre, mais de cuivre surtout, etc., etc., (*), doivent, sous ce rapport, spécialement fixer l'attention de l'administration locale, qui ne doit jamais perdre de vue : 1° que les enfants sont plus accessibles à ces émanations terribles que les adultes, non-seulement à cause de la susceptibilité de leurs jeunes tissus, mais encore et surtout parce que la petitesse de leur taille les tient constamment plongés dans la couche la plus dense de ces vapeurs corrodantes ; 2° qu'ensuite les récoltes en sont gravement compromises.

285. De là, en effet, le ramollissement des os ; la transformation des tissus muqueux en mucosités expectorables ; l'amincissement des parois ; la dénudation inflammatoire du réseau capillaire ; la substitution anormale d'une fonction à une autre, de la fonction respiratoire à la fonction digestive ; les douleurs d'estomac et d'entrailles ; les digestions incendiaires, les vomissements, les étourdissements et les vertiges : souffrances dont les effets survivent à leurs causes, et lèguent à une vieillesse anticipée toutes les tortures d'un long empoisonnement.

286. Dans tout ce qui précède, il est sous-entendu que ces émanations, pour produire de tels effets sur l'économie animale, doivent se dégager sous un volume considérable, et séjourner assez longtemps à l'état libre, dans l'atmosphère. Car l'acidulation modérée de l'air atmosphérique par une faible quantité de chlore, d'acide pyroligneux ou de tout autre acide, ne peut être que favorable à la salubrité publique, quand l'air est chargé de miasmes putrides, que l'influence contagieuse sévit parmi les populations affligées ; que l'humidité des rues entretient la fermentation des ordures ; sur les bords des marécages et des eaux stagnantes ; là où la tangue pourrit en engrais, là où le chanvre et le lin rouissent ; près des abattoirs, des voiries, des boyauderies, etc., et de tous les lieux, enfin, où la putréfaction règne en permanence, et décharge ses miasmes dans les airs.

287. 7° Vapeur d'iode. La vapeur d'iode peut produire l'asphyxie par privation ; mais on a exagéré infiniment trop son action toxique sur les voies respiratoires. Lorsque, en 1828, je m'occupais activement de l'étude des fécules, il m'arriva, à mon insu, de passer près de quatre heures dans une atmosphère épaissie par un dégagement non interrompu d'iode ; je m'étais tellement familiarisé avec cette odeur, que je ne l'avais pas sentie ; et je ne m'aperçus du danger dont les livres de toxicologie me menaçaient, qu'après avoir été prendre l'air au dehors de cette chambre,

(*) Lorsqu'on trempe le cuivre dans l'eau-forte ou eau seconde, il s'en dégage des vapeurs bleues et rutilantes, particules de nitrite de cuivre soulevées par le gaz acide nitreux ; ce qui ajoute aux qualités délétères du gaz acide nitreux les qualités bien plus délétères encore du sel de cuivre.

et y être rentré un instant après. Je ne ressentais pas la moindre incommodité ; je crus cependant prudent d'avaler quelques gouttes d'ammoniaque dans un verre d'eau sucrée ; j'allai me coucher, après avoir mis fin à l'expérience, et je passai une excellente nuit.

288. 8° Hydrogène carboné, carbure d'hydrogène, huiles essentielles et volatiles ; ou combinaisons, en proportions variables, d'hydrogène et de carbone. L'hydrogène a une grande affinité pour tout ce qui se gazéifie ou se vaporise ; mais il le cède facilement ensuite à la moindre réaction. Il me paraît probable que nos organes respiratoires ont la propriété de transformer son carbone en acide carbonique, et que c'est par ce mécanisme que ce gaz devient, en réagissant sur nos poumons, un gaz de nature délétère. Nous croyons avoir démontré suffisamment, dans le *Nouveau Système de chimie organique*, l'identité du principe oléagineux chez les animaux et chez les végétaux, la différence des diverses huiles et graisses ne provenant que des substances d'un autre genre, et même métalliques, qu'elles tiennent en dissolution, et dont il est ensuite si difficile de les séparer. Ceci s'applique aux corps gras fixes, comme aux huiles volatiles : Ainsi, par la distillation de la résine, dans des chaudières en tôle ou en fonte, on obtient une huile essentielle d'une couleur verdâtre qui en trouble la transparence ; au contact de la lumière, cette couleur verte se change en couleur rouille. Voilà, certes, un caractère spécifique qui servirait admirablement la classification, pour distinguer cette huile de toutes ses congénères. L'analyse démontre que cette coloration protéiforme n'est due qu'à la quantité de fer que l'huile tient en dissolution, et qui s'élève à près d'un centième de son poids, dix grammes par kilo. On conçoit, en effet, que toute décomposition organique par le feu donnant lieu au dégagement de l'acide pyroligneux, il n'en faut pas davantage pour tenir le fer, emprunté aux parois de la chaudière, en dissolution dans l'huile essentielle qui se dégage en même temps. Jugez, par cet exemple, de la variabilité de caractères que l'huile peut acquérir, selon la nature des substances qu'elle peut dissoudre ; en sorte que la même huile est dans le cas de devenir drastique, narcotique, odorante, etc., par une simple addition d'une substance qui possède ces qualités-là.

Il est de ces sortes d'huiles qui produisent les effets qui les caractérisent sur l'économie animale, même par le véhicule seul de la respiration. Le 30 janvier 1840, à quatre heures du soir, je m'occupais à frictionner, avec de l'essence de térébenthine, le genou et la jambe de mon fils aîné, pour combattre des douleurs ostéocopes qui résistaient opiniâtrément, depuis plus d'un mois, à l'action des cataplasmes, à la graine de lin, à celle de l'alcool camphré, de la pommade camphrée, de l'eau sédative. L'odeur d'essence de térébenthine s'était répandue dans toute la maison, qui n'était habitée que par nous. Sa mère monte à cet instant, et à la première odeur, elle se sent soulever le cœur, elle éprouve des vertiges, une céphalalgie violente ; elle n'a que le temps de descendre pour se laisser tomber sur une chaise. Je lui appliquai de l'eau sédative sur la tête, lui fis respirer du vinaigre ; le soulagement suivit immédiatement la médication ; une heure après, elle dînait avec bon appétit. Je continuai de brûler du vinaigre dans toute la maison ; et tout le monde dormit comme à l'ordinaire. Mais nous avions pris, à dîner, trois ou quatre pincées d'aloès entre deux soupes, ce qui, en général, ne nous produisait qu'un effet modéré ; et cette fois, l'effet de ce médicament prit un tout autre caractère. Le lendemain matin, en effet, j'eus une première selle assez dure ; je ressentais, dans le côlon transverse, des douleurs pungitives, que je dissipai en appliquant du camphre en poudre sur la partie affectée ; j'eus, une heure après, une selle liquide verdâtre subite et des plus abondantes, remplie d'ascarides vermiculaires, et qui répandit dans la chambre une forte odeur de térébenthine ; et tous ceux qui avaient pris de l'aloès, et respiré la veille l'odeur de térébenthine, éprouvèrent les mêmes effets et observèrent le même phénomène. L'essence de térébenthine s'était donc introduite dans la circulation par le véhicule seul de la respiration.

280. Les manipulateurs qui sont chargés de concasser, moudre et broyer les graines de ricin éprouvent, par le seul effet de l'odorat, tous les effets thérapeutiques de l'ingestion de l'huile de ricin même. Il en est de même de ceux qui préparent l'ipécacuanha, surtout en pastilles ; ils éprouvent une toux dont ils ne se débarrassent qu'en s'éloignant du foyer de ces émanations astringentes. On a vu les locataires qui habitent deux étages au-dessus de l'officine ressentir les mêmes accidents.

290. 9° INHALATIONS D'ÉTHER, DE CHLOROFORME ET D'AMYLÈNE. Dans les premières éditions de ce livre et du *Manuel*, nous avions indiqué que deux ou trois gouttes d'éther sulfurique, délayées dans un verre d'eau sucrée et saupoudrée de camphre, suffisaient pour procurer un sommeil paisible, au moins pendant deux heures. Cette idée est sans contredit mère de celle qui est venue à un chirurgien vétérinaire d'Amérique, de faire respirer de l'éther aux individus, immédiatement avant de les opérer, afin de les soustraire complétement aux impressions et même aux souffrances de l'opération. Cette innovation, accueillie avec une ardeur de novice par notre Faculté et nos académies, devint un moyen de faire parler de soi pour l'opération la plus insignifiante, et de se procurer *gratis* une ample moisson de réclames. On s'occupait si peu alors d'érudition dans les études classiques médicales, que tous les médecins,

même les plus savants en *os* et en *us*, restèrent intimement persuadés que jamais il n'était venu à une intelligence médicale l'idée de soustraire l'opéré à la torture, en le tenant endormi pendant toute la durée de l'opération ; et ce fut un ébahissement qui frisa un instant l'incrédulité, le jour où nous exhumâmes de la poussière des vieux livres les preuves nombreuses de l'antiquité de ce procédé, que j'appellerais volontiers préopératoire et de cette précaution d'humanité (*).

Car la précaution d'endormir les malades par un soporifique quelconque, avant de les opérer, était généralement en usage du temps de Dioscoride : on se servait alors dans ce but d'une infusion de mandragore : « Les médecins, dit Dioscoride, s'en servent, et en font prendre au malade, quand il est question de pratiquer l'amputation ou la cautérisation d'un membre. »

C'était du reste une substance dont les malfaiteurs et les politiques se servaient tout autant que les médecins d'alors ; ils pouvaient voler ainsi un individu ou une bataille sans avoir à redouter la résistance ou les révélations. Annibal, qui, comme les capitaines anglais, savait dans l'occasion employer autant les procédés que le glaive, se servit de ce suc pour arriver à massacrer tout endormis des ennemis difficiles à atteindre : les connaissant ivrognes, il sembla leur abandonner son camp, où se trouvaient à dessein des tonneaux de vin médicamentés avec la mandragore ; et il n'eut pas de peine à les massacrer ensuite pendant qu'ils cuvaient leur vin ; c'est Julius Frontinus qui rapporte le fait dans ses *Stratagèmes*.

César, à son tour, se tira d'un pas très-difficile et se défit des pirates entre les mains de qui il était tombé, en leur servant le même breuvage. Il put ainsi leur enlever du même coup, et à lui tout seul, la rançon qu'il leur avait payée et la vie.

Il résulte d'un conte de Boccace (c'est la 33ᵉ nouvelle du *Décameron*) que dans le quatorzième siècle, ce procédé préopératoire était assez banal en chirurgie ; Boccace parle d'un chirurgien, du nom de Mazet, qui préparait par distillation un liquide soporifiant pour le faire prendre à ses clients avant de les opérer. Dans le dix-huitième siècle, cette *nouvelle*, avec la circonstance dont nous parlons, a fait le sujet de l'opéra du *Maréchal ferrant* (paroles de Quêtant et musique de Philidor), qui fut représenté pour la première fois en 1762, devant la cour à Fontainebleau, et dont le succès s'est soutenu jusque vers le premier quart de ce siècle ; le vaudeville final en est encore aujourd'hui populaire (*tôt ! tôt ! tôt ! battez chaud*).

(*) Voyez notre *Revue élémentaire* 1848, tom. I, pag. 265. — Notre *Lunette de Doullens, almanach pour* 1850, pag. 89. — Notre lettre dans le feuilleton de l'*Estafette*, du 6 mai 1852. — Notre *Revue complémentaire*, liv. de nov. 1856, tom. III, pag. 102.

Mais il paraît que les abus qu'on a dû faire alors de ce moyen, comme on en a tant fait de nos jours, et les cas de mort qui résultèrent de son emploi, finirent par faire renoncer à ses éphémères avantages. Dioscoride en effet avait eu soin d'avertir les praticiens de ne pas administrer trop de cette infusion au patient; car cela pourrait causer la mort.

Aucun Dioscoride parmi nous n'avait pris la même précaution à l'apparition de cette innovation renouvelée des Grecs; aussi les chirurgiens se jetèrent sur cette nouvelle veine de leur art, avec un abandon si exempt de méfiance, que les cas de mort résultant de cette imprudence se multiplièrent d'une effrayante façon; on ne nous a jamais donné le chiffre des déplorables insuccès de ce genre qui se sont passés entre les quatre murs des hôpitaux; on peut s'en faire une idée par ceux dont nous avons été témoins en ville.

Dans le sein de nos académies, tous ces faits regrettables furent rejetés sur le vice de construction des instruments d'inhalation, ou sur l'inhabileté de l'observateur et sur son inexpérience à s'en servir; mais l'habileté officielle et la perfection des instruments les mieux gradués furent maintes et maintes fois trouvées en flagrant délit d'impuissance à prévenir l'accident

On se rejeta enfin, pour se fournir un bill d'indemnité, sur l'action toxique de la substance elle-même; et l'Académie des sciences en prit occasion d'avoir part au bénéfice de la question pratique, en y survenant avec ses doctes théories : Elle substitua à l'éther sulfurique une autre espèce d'éther moins pur; le chloroforme détrôna l'éther, et l'éther fut relégué dès lors dans les malencontreuses vieilleries et dans les usages passés de mode.

Dans le premier abord, la presse se montra un peu plus discrète envers le chloroforme, et s'abstint d'entretenir le public de ses méfaits : M. de Montyon a laissé à l'Académie des sciences une clef qui ferme si bien la bouche! Mais enfin, il arriva un moment où il ne fut plus permis de se taire, et de ne pas avertir les pusillanimes qu'en voulant ne pas sentir une piqûre, ils couraient bel et bien un danger de mort : inconséquence de la crainte, qui semble ne pas dépasser en prévision la minute présente, et qui, pour éviter une pierre d'achoppement, s'exposerait à aller tomber à vingt pas de là dans le précipice !

Le chloroforme s'usa à la longue comme les fonds Montyon. Or, la chirurgie tenait à sa conquête opératoire; elle attendait une substitution heureuse, ne fût-ce que pour quelque temps. Ce bonheur lui survint ! Un chirurgien anglais impatronisa l'amylène, autre nom savant d'un éther soporifiant; mais les journaux n'avaient pas fini de prêter leur publicité à cette découverte, qu'un terrible insuccès en signalait déjà la décevante impuissance entre les mains de son inventeur; un malade

restait entre ses bras, qu'il avait *amyléné* pour l'opérer d'une insignifiante fistule.

Le *poll*, diraient les Anglais, reste donc encore ouvert ; et l'amylène
attend un succédané, au moins de nom, pourvu qu'il soit sonore : *verba
et voces, prætereaque nihil ;* des belles paroles pour la science et puis le
néant pour l'opéré.

Si des effets désastreux de la pratique nous remontions à la théorie
de la cause, et que nous procédassions à la question par voie d'analogie,
il nous serait permis d'admettre en principe que les éthers n'endorment
ainsi que parce qu'ils asphyxient, et qu'ils asphyxient en dépouillant l'air
aspiré de son oxygène ; que leur action est en tout point assimilable à
celle de l'asphyxie par soustraction de l'un des éléments de l'air respirable (108) ; car l'effet est absolument le même dans l'un et dans
l'autre cas : même absence de douleur physique, d'appréhension morale,
même quiétude et aspiration progressive du repos. Or cette désoxygénation ne se fait pas dans la capacité des organes pulmonaires, ce qui
ne pourrait arriver que lentement, par couches successives, et occasionnerait le même malaise qu'un obstacle mécanique et qu'une asphyxie
par occlusion ; ce n'est que dans les capillaires pulmonaires et par l'action de la compression et du contact mutuel des atomes de gaz que les
combinaisons s'effectuent et que les gaz s'incorporent en liquides.

Dès ce moment, c'est sur toute la superficie de l'organe respiratoire
que la désoxygénation s'opère progressivement, lentement, sans aucun
effort et sans l'intervention violente d'aucune contraction musculaire :
l'effet produit c'est la béatitude de la mort.

Les éthers (carbures d'hydrogène) opèrent comme le gaz oxyde de
carbone (273) ; ils asphyxient parce qu'ils désoxygènent ; et c'est dans
cette catégorie qu'on pourrait ranger le principe immédiat de l'opium,
de la mandragore, du *stramonium datura,* du mancenilier, etc.

Les huiles essentielles, au contraire (également carbures d'hydrogène),
asphyxient avec un préambule de malaise, de perturbation dans les
viscères, d'agacements dans le système nerveux, qui les assimile sous ce
rapport à l'acide carbonique (272). Ne serait-ce pas parce qu'à leur
principe désoxygénant se joint un autre principe désorganisant (254) et
qu'elles ne sauraient être obtenues sans mélange d'un acide organique
désorganisateur, acide acétique ou au moins carbonique ? La similitude
des effets ici semble parfaitement indiquer l'identité de la cause. La
plupart, du reste, renferment assez d'oxygène pour produire de l'acide
carbonique en se combinant avec une portion du carbone qui entre dans
leur composition ; ce sont alors des éthers mêlés d'acide carbonique.

291. 10° L'HYDROGÈNE SULFURÉ est un poison d'autant plus violent, que le soufre, en s'emparant de l'oxygène à l'état de gaz naissant, pendant l'acte de la respiration, se transforme en acide sulfurique, et réagit immédiatement, sous cette forme dévorante, sur les liquides et sur les tissus.

292. 11° HYDROGÈNE ARSÉNIQUÉ. De même que le cuivre n'est vénéneux que par ses sels et ses oxydes, et non à l'état métallique, c'est-à-dire à l'état d'isolement et de base, de même les vapeurs arsenicales peuvent être respirées impunément, tant qu'elles conservent leur odeur alliacée, et que partant elles se dégagent à l'état métallique; elles ne deviennent nuisibles et capables de produire sur l'économie des effets plus ou moins terribles, que lorsque l'arsenic, en se dégageant, se combine avec l'hydrogène ou l'oxygène, en hydrogène arséniqué et en acide arsénieux, ou oxyde d'arsenic, pour ne pas parler ici du prétendu acide arsénique, qui n'est, à nos yeux, que de l'acide arsénieux rendu plus soluble par la présence de l'acide nitrique. Dans les mines d'argent arsénifère et autres mines arsenicales, on est suffoqué, en entrant, par une odeur d'ail, qui s'y maintient en permanence, comme un signe évident d'un dégagement d'arsenic à l'état métallique; et pourtant, les mineurs ne paraissent pas incommodés de ce vice de l'atmosphère; ils y vivent aussi longtemps que partout ailleurs; tandis que dans les forges, où l'on extrait le fer d'un minerai arsenical, les ouvriers qui alimentent les fourneaux s'éloignent en toute hâte, dès qu'ils s'aperçoivent que le vent fait rabattre les vapeurs d'arsenic; car à cette haute température, l'arsenic ne peut éviter de se transformer en acide arsénieux. L'acide arsénieux, presque toujours mélangé à un peu d'arsenic métallique qui a échappé à l'oxygénation, se décèle par un restant d'odeur alliacée, et avertit ainsi du danger dont on est menacé. Il n'en est pas de même de l'hydrogène arséniqué, le plus foudroyant de tous les gaz qui échappent à l'odorat; car l'acide prussique s'annonce par une odeur qui lui est propre. Le jeune et infortuné Ghelen, chimiste d'au delà du Rhin, qui est mort empoisonné par l'hydrogène arséniqué, n'avait fait que reconnaître, en flairant, s'il n'y avait pas quelque fuite à travers le lut de ses allonges; il se sentit tout à coup pris de vertiges, de défaillances et de vomissements, et mourut dans la huitaine. Cependant rien de semblable ne s'est représenté, depuis qu'on a repris les recherches sur l'arsenic, soit en chimie pure, soit dans le but d'éclairer la justice; et cependant les divers essais auxquels chacun de nous a dû se livrer pour évaluer les indications fournies par l'appareil de Marsh, ont dû nous exposer bien des fois à respirer l'hydrogène arséniqué en plus grande quantité que ne l'a fait Ghelen. A l'époque où je me préparais au procès de Dijon, c'est-à-dire vers la fin de novembre 1839, je n'avais à ma disposition, pour me

livrer à mes expériences comparatives, qu'un petit cabinet au rez-de-chaussée, et dont le plafond était peu élevé. J'avais placé mes appareils à dégagement d'hydrogène arséniqué sur le devant de la cheminée, sans m'apercevoir que le vent rabattait ; la plupart de ces appareils fonctionnaient sans être allumés ; il dut donc se dégager une quantité effrayante d'hydrogène arséniqué. Or, depuis trois jours, je passais mes journées tout entières, enfermé dans ce laboratoire rétréci. Le troisième jour, je me sentis pris de vertiges et de douleurs d'estomac ; j'eus pourtant la force de monter pour me jeter au lit ; et là, en réfléchissant sur la nature des symptômes extraordinaires que j'éprouvais, je restai persuadé que je me trouvais en proie à un empoisonnement par l'hydrogène arséniqué : prostration des forces, fièvre cérébrale, amblyopie, crudités d'estomac, nausées et épreintes. Je n'eus que le temps d'ordonner ma médication, et de prier la personne chargée du ménage de se jeter dans le cabinet, en retenant son haleine, de briser du pied tous les vases qu'elle trouverait à l'entrée de la cheminée, et de les pousser dans les cendres, pour jeter ensuite le tout dans les champs qui étaient à notre porte ; ce qui fut rapidement exécuté. Mais, malgré toutes ces précautions, cette personne ne put échapper à toutes les atteintes ; elle fut incommodée, à son tour, d'une manière, il est vrai, moins alarmante que moi. Il est bon de faire observer que ce cabinet n'était séparé que par une porte entr'ouverte de la pièce où avait travaillé toute la journée une couturière, laquelle ne se ressentit de rien et où avaient joué les enfants, qui n'éprouvèrent aucun de nos symptômes. Je pris à l'intérieur des alcalis étendus d'eau et du laitage ; je me frictionnai avec de l'alcool camphré, et le lendemain j'étais sur pied, pour procéder désormais avec plus de prudence.

293. Doit-on voir, dans ce résultat, un fait contradictoire avec la triste expérience de Ghelen ? Nullement ; et la contradiction apparente ne proviendrait que de la mauvaise interprétation du phénomène. En effet, il faut se rappeler que l'hydrogène cède les radicaux aussi vite et avec autant de facilité qu'il s'en empare ; les combinaisons gazeuses tiennent peu contre la puissance des décompositions. L'hydrogène arséniqué n'est donc un poison si actif que parce qu'il cède vite son arsenic à tous nos tissus, qui se désorganisent en permutant leur base. Si donc, avant d'arriver à nos poumons, ce gaz rencontre dans l'atmosphère des combinaisons organiques ou organisées, il est évident qu'il leur cédera avec la même facilité son arsenic, dont notre respiration sera dès lors préservée. Que sera-ce quand cette rencontre atmosphérique aura lieu sous l'influence des rayons lumineux solaires, dont l'action électrique opère tant de décompositions et de combinaisons que nous ne saurions reproduire dans

nos laboratoires? Il y a donc une grande différence, sous le rapport physiologique, et par conséquent toxicologique, entre l'action de flairer un
dégagement d'oxygène arséniqué, en se tenant le nez sur la fissure, et
celle de le flairer à une certaine distance et à certaine hauteur. Dans le
second cas, on pourra bien ne respirer que de l'hydrogène débarrassé de
son arsenic pendant le trajet de la distance ; dans le premier cas, au contraire, on se gorgera les poumons d'une vapeur arsenicale dans sa toute-
puissance de désorganisation. En conséquence, quoiqu'il se fût dégagé
de mes appareils une quantité d'hydrogène arséniqué infiniment supérieure à celle qui se dégageait de l'appareil de Ghelen, il est évident que,
par le fait seul de la distance, j'ai dû en respirer infiniment moins que
cet infortuné chimiste. Nous ajouterons que ni Schéele, qui a découvert
l'hydrogène arséniqué, ni Pelletier père, qui en a répété toutes les expériences, et qui même un jour eut la main recouverte d'arsenic métallique
en faisant détoner ce gaz, n'ont jamais éprouvé les symptômes les plus
légers de l'empoisonnement de Ghelen. Schéele et Pelletier opéraient
dans des éprouvettes renversées et l'ouverture en haut ; l'hydrogène arséniqué, à cause de sa pesanteur, restait au fond de l'éprouvette et ne
s'en échappait point, si ce n'est en détonant, et par conséquent en se
décomposant : ils ne l'ont donc pas respiré dans les conditions où était
placé Ghelen. Enfin, les gaz respirables n'opèrent pas plus d'une
manière infinitésimale que ne le font les poisons ingérés ; ils ne sont
pas nuisibles par leur atome, mais par leur volume ; et cette remarque
s'applique à l'hydrogène arséniqué, comme à toutes les autres espèces
d'hydrogène. Si donc ces gaz arrivent intenses à la respiration, et qu'on
les avale purs dans une seule aspiration, ils pourront porter dans nos
organes un désordre qu'un de leurs mélanges y aurait à peine déterminé
par cent aspirations successives, quand, au bout de ces cent aspirations,
la quantité serait par le fait égale à la première. C'est ce qui explique,
dans le cas où le fait serait démontré vrai, la mort si hideusement
extraordinaire de ce mari dont ont parlé, en 1845, nos journaux judiciaires, dans la bouche duquel sa drôlesse de femme avait cru déposer
une simple plaisanterie en y lâchant un vent.

294. Si donc on voulait procéder sur ce sujet à des expériences
comparatives, au moyen de l'empoisonnement des animaux, on devrait
tenir compte et des distances, et de l'hygrométricité de l'air, et de la
force du courant du dégagement, et de la position naturelle de l'animal,
pendant l'acte de la respiration ; les animaux qui respirent la tête haute
ne devant pas recevoir en plein le jet arsenical comme ceux qui respirent
dans une direction perpendiculaire au plan de position.

295. Quand on songe que l'arsenic est répandu partout autour de

nous, et dans les entrailles de la terre, et que d'un autre côté l'hydrogène, ce produit de toute espèce de fermentations, s'en empare et se
l'associe partout où il le rencontre en se dégageant, on ne peut manquer
de soupçonner que bien des phénomènes miasmatiques, dont l'histoire
nous a laissé de si inexplicables souvenirs, peuvent s'expliquer par un
dégagement météorologique d'hydrogène arséniqué ou de toute autre
espèce de combinaison gazeuse d'hydrogène; et l'on concevra en même
temps la raison pour laquelle la combustion des grands feux allumés
dans le voisinage est, dans certain cas d'épidémie, une excellente
mesure d'hygiène publique : toute combinaison gazeuse d'hydrogène se
décompose par le feu.

296. 12° ACIDE HYDROCYANIQUE OU PRUSSIQUE. L'hydrogène, à l'état
de gaz naissant, est capable de former, avec les autres gaz, des composés
moins simples, et partant plus actifs dans l'acte de leur décomposition.
Par exemple, en s'associant avec le carbone d'un côté et l'azote de l'autre,
il forme l'acide prussique, substance dont la puissance foudroyante sur
la respiration est moins problématique que celle de l'hydrogène arséniqué, et qui se décompose à la lumière bien plus facilement que ce
dernier gaz, en sorte qu'il est bien difficile, même à l'obscurité, qu'il se
conserve quelque temps, au moins au même degré qu'on lui a reconnu
immédiatement après la distillation. Or, quand un pareil acide arrive
dans nos poumons, il peut procéder à son œuvre de mort par sa décomposition instantanée, sous l'influence de l'oxygène qui transforme
son carbone en acide carbonique, et son azote en acide nitrique, lesquels
réagissent sur nos tissus, chacun de la manière qui leur est propre. Quoi
qu'il en soit de son mode physiologique d'action, il n'en est pas moins
certain que la formation de l'acide hydrocyanique peut avoir lieu
partout où l'hydrogène se dégage par la fermentation, et que les résultats
foudroyants de certaines émanations ou exhalaisons méphitiques sont
de nature à s'expliquer très-bien par l'action de cet acide si peu stable,
soit à l'état libre, soit à l'état de combinaison.

297. 13° MIASMES DES MARAIS ET AUTRES GENRES DE MÉPHITISME. Toute
nappe d'eau peu profonde et stagnante donne lieu à une fermentation,
ou plutôt à une végétation herbacée, qui exhale dans les airs un gaz
saumâtre et fétide, d'une nature acide spéciale, lequel se mêle à
l'hydrogène carboné, à l'acide carbonique, et produit sur l'économie
animale, par le véhicule de la respiration, des effets désastreux pour les
populations riveraines (*). L'air atmosphérique est non-seulement vicié

(*) Le lac Camarin, en Sicile, exhalait des vapeurs dont les riverains étaient incommodés. On consulta Apollon, dont l'oracle, ou plutôt les prêtres cachés derrière l'oracle,

par la soustraction de son oxygène, mais encore par la présence de gaz délétères qui s'accumulent sur le sol, et y séjournent sans obstacle et sans que rien y vienne les décomposer. L'animal respire la mort par tous les pores, mais une mort lente et à petites doses. L'acidité qui pénètre dans le sang par le véhicule de la respiration le décompose bulle à bulle (271). La nutrition digestive souffre de la souffrance de la nutrition générale; une fièvre lente et adynamique dévore l'organisation par des intermittences plus ou moins rapprochées, par des accès, plus fréquents soit vers le soir que dans le jour, soit à l'ombre, où le miasme se maintient, qu'à la lumière, où il se décompose. Tout s'affaiblit, tout s'affaisse dans l'organisme; l'animal se traîne plutôt qu'il ne marche; ses joues se creusent, son œil est terne et cave, son front se ride, ses membres s'émacient; la pâleur hâve et blème, compagne de la maigreur, se répand sur toutes ses surfaces; la tristesse le mine, comme le ferait la faim : malheureux être, condamné, par la position géographique où l'a surpris sa naissance, à ne se développer que pour souffrir !

298. Quelle est la nature et le nombre de ces gaz délétères? La science ne le sait qu'imparfaitement, à cause de l'imperfection de nos méthodes d'analyse. Quant au mécanisme de leurs effets pathologiques, voici comment je le conçois. Dès qu'une molécule d'acide s'infiltre dans le sang, ce liquide se trouve, de proche en proche, dans des conditions qui le rendent impropre à être absorbé et aspiré par les tissus. Les tissus, sur le point envahi, sont donc frappés d'impuissance; ils cessent d'élaborer; ils produisent donc moins de calorique qu'ils n'en cèdent à l'air extérieur : de là le frisson et le sentiment d'un froid d'autant plus extraordinaire, qu'on a la conscience qu'il ne vient pas de l'abaissement de la température ambiante. Mais la circulation peut bien ne pas tarder de ramener sur ce point une quantité de sang qui aura conservé son état normal; et dès ce moment, les tissus paralysés reprendront leur activité première; l'élaboration dégagera de nouveau du calorique, qui paraîtra à nos sens d'autant plus élevé, que cette portion s'était refroidie davantage : de là, bouffées de chaleur et transpiration abondante; alternances de frissons et de chaleurs, qui servent à caractériser, par leur périodicité, les fièvres dites intermittentes.

La manière dont nous avons compris plus haut (149) la théorie des fonctions du système lymphatique, nous facilitera l'intelligence de l'influence de certaines émanations sur la formation des ganglions engorgés

répondirent de ne pas troubler les eaux du lac (*ne moveas Camarinam*). Les habitants n'ayant pas tenu compte de l'avis de l'oracle, se mirent à dessécher le Camarin; d'où il s'ensuivit une épidémie pestilentielle qui décima le pays. — Derrière cet oracle se cachait sans doute un excellent météorologue.

et autres affections strumeuses. Ces affections sont, à mes yeux, susceptibles de se communiquer par l'haleine à certaines constitutions ; nous
en donnerons un exemple frappant en nous occupant des glandes, et
accessoirement dans le récit de la plus longue maladie que j'aie faite
dans ma vie. On conçoit, en effet, que les vaisseaux lymphatiques
s'empoisonnent, en aspirant des gaz qu'ils ne sauraient élaborer et
transmettre normalement à l'économie générale. Dès ce moment, il y a
occlusion dans les réservoirs de communication, dans ces *trivium* que
nous nommons ganglions ; les liquides s'y accumulent, poussés par les
gaz avec la force proportionnelle de la presse hydraulique : la pression
produit la dilatation ; la dilatation appelle l'accumulation, et la glande
grossit souvent sous les yeux de l'observateur, comme une vessie qu'on
insuffle. Mais comme, en se décomposant, le gaz laisse dans ce milieu
une de ses bases souvent métalliques, un atome d'arsenic ou de mercure
par exemple, cet atome, par son incubation, détermine dans les tissus
des développements parasites de différentes formes et de différents noms.

299. 14° ÉMANATIONS MÉTÉOROLOGIQUES DU SOL. Nous avons dit (103)
que le mouvement de l'air est dans le cas de faire un vide, sur une plus
ou moins grande échelle, à la surface du sol. Si cela arrive, il devra se
dégager de la terre tous les gaz que la compression atmosphérique y tient
à l'état de combinaison ou de dissolution : acide carbonique, acide nitrique ; hydrogène sulfuré, arséniqué, antimonié ; sulfures volatils, dans
notre bassin parisien ; sels mercuriels, mercure, etc., dans le voisinage
des égouts, où se déchargent les eaux des fabriques, des pharmacies, des
hôpitaux, etc.; miasmes qui varieront de nature et de propriétés selon la
nature géologique du sol et du sous-sol, selon les divers modes d'exploitation des mines et de la manipulation des produits ; émanations d'autant
plus funestes, qu'elles seront moins explicables, et qui, si elles ne sont
pas la cause immédiate ou matérielle de certaines épidémies, peuvent
cependant y disposer le corps, et préparer les organes à leur invasion, en
suspendant l'équilibre et le concours de leurs fonctions, et en dénaturant
les produits de leur élaboration spéciale. Et, nous le répétons, ce vide
météorologique, cette trombe qui pompe les miasmes, peut avoir pour
base toute la surface d'un bassin géologique, sans que les habitants se
doutent, à aucun signe appréciable, d'en être ainsi enveloppés. Il suffit
souvent pour cela que la colonne barométrique descende tout à coup de
plusieurs degrés.

300. Ce n'est pas encore là que s'arrête la puissance météorologique.
Nous savons que la bluette électrique n'a qu'à traverser un mélange de
gaz, pour en opérer la combinaison intime, et notamment pour combiner
l'azote avec l'oxygène en acide nitrique. Jugez de la variété et du volume

des produits, quand c'est la foudre qui réagit dans cet immense laboratoire des airs, et traverse, en un clin d'œil, tant de lieues par un seul
jet, et des mélanges si compliqués par les rencontres indéfinies de tant
d'embranchements électriques.

§ 2. *Émanations et exhalaisons (265) basiques ou alcalines, ou qui agissent*
à la manière des bases et des alcalis.

301. Les tissus organisés, étant composés, sous le rapport chimique,
d'une portion organique qui joue le rôle d'acide, et d'une portion terreuse qui joue celui de base, peuvent être également désorganisés ou par
la puissance décomposante d'un acide qui s'empare de leur base, ou par
celle d'une base qui s'empare de leur portion organique ; ce qui forme
avec celle-ci un nouveau tissu non capable de vie et de développement,
un savon, pour ainsi dire, soit albumineux, soit adipeux, selon que cette
base rencontre, sur son passage, de l'albumine ou un corps gras ; savons
solubles ou insolubles, selon la base elle-même. Nous allons énumérer
les principales bases à l'influence desquelles notre respiration se trouve
le plus habituellement exposée.

302. 1° Ammoniaque libre. L'ammoniaque a la propriété de dissoudre
l'albumine et la fibrine, et par conséquent de désorganiser la charpente
de nos tissus. Mais il faut pour cela que ce réactif possède un certain
degré de condensation et agisse comme liquide. Or, lorsqu'il arrive à
nos poumons, il est à l'état gazeux, et plus ou moins mélangé à l'air atmosphérique ; sous cette forme, il agit moins sur nos tissus qu'il ne passe
dans le sang ; et là, en petite quantité, son influence est en général assez
salutaire, le véhicule du sang étant alcalin, et l'ammoniaque ne pouvant
que prévenir les congestions par précipitation de l'albumine. Nous
sommes avertis de l'instant où le dégagement de ce gaz commence à compromettre la respiration, par son action irritante sur la membrane con-
jonctivale, et par le larmoiement qu'il y provoque. Tant que les yeux ne
nous donnent pas cet avertissement, la présence de l'ammoniaque dans
l'air respirable n'est pas dangereuse pour la santé ; c'est plutôt, dans
certains cas, un agent protecteur de nos fonctions, un condiment atmosphérique. J'ai vécu près de six mois dans une atmosphère ammoniacale,
et je ne me suis jamais si bien porté ; c'était au temps où le choléra rava-
geait la capitale et ses environs. Cependant si l'aspiration n'apportait
dans les poumons que de la vapeur ammoniacale ; si l'on inspirait, par
exemple, un certain temps, un flacon ouvert d'ammoniaque, ce gaz deviendrait alors non-seulement asphyxiant, mais encore délétère ; il réa-

girait sur les tissus, par le véhicule des mucosités et de l'humidité des poumons, et ensuite par le véhicule du sang, qui en charrierait l'excès sur la surface de tous les vaisseaux circulatoires. Dans ce cas, l'ammoniaque gazeux est capable d'agir avec la violence de l'ammoniaque ingéré. Ainsi rien n'est plus dangereux que d'abandonner, sur le poêle ou la cheminée d'une chambre à coucher, un flacon d'ammoniaque, dont la chaleur peut faire sauter le bouchon, et répandre la vapeur dans toute la capacité de la chambre.

303. J'ai bien des fois inspiré des bouffées d'ammoniaque, en me plaçant un flacon de ce réactif pur contre la bouche. L'effet de ce gaz est prompt comme l'éclair; ce qui s'en échappe dans les yeux vous aveugle et vous force à fermer violemment les paupières; ce qui s'en échappe dans le nez y produit la même impression que sur les parois buccales et sur le larynx et le pharynx; impression de dessiccation et comme de tannage de la membrane; l'ammoniaque, en effet, étant très-miscible à l'eau, en est très-avide, et en dépouille, par conséquent, avec violence, les tissus; on perd subitement connaissance; on souffrirait peu, si l'asphyxie était complète; on reprend la conscience du goût que l'ammoniaque laisse dans la bouche, lorsque enfin de nombreuses inspirations d'air viennent étendre ce qui reste de ce gaz : alors les organes respiratoires recommencent à fonctionner, et par la toux qui vous prend à la gorge, et par le coryza, qui simule un rhume de cerveau.

304. J'avais publié en 1831, dans un journal d'agriculture *(l'Agronome)*, un moyen de transformer sur place les vidanges des lieux communs en engrais inodores, de préserver ainsi et nos habitations de miasmes ammoniacaux, et les malheureux ouvriers vidangeurs du *plomb* qui les frappe subitement. Rien n'était plus simple à concevoir et à exécuter, avec le concours de l'autorité municipale. Aussi l'ordre fut-il donné à un faiseur officiel, aujourd'hui membre de l'Institut, d'exploiter l'idée pour son propre compte, et surtout en s'en disant l'inventeur. Il s'agissait de diviser les lieux d'aisances en deux compartiments, communiquant à l'extérieur par une ouverture chacun : pendant que l'un était en service, on manipulait l'autre, en y jetant chaque jour de la marne calcinée, ou de la chaux que l'on mêlait à la substance avec un refouloir; et l'on retirait la *gadoue* dès qu'on reconnaissait qu'il ne s'en dégageait plus ni miasme ni odeur; dans cet état, la gadoue était transformée en excellente poudrette. J'avais indiqué un moyen d'utiliser l'ammoniaque qui se dégagerait nécessairement par la réaction de la chaux; malheureusement mon sosie officiel ne prit pas garde à cette dernière circonstance; aussi la première fois que l'on procéda, devant la commission, à l'ouverture de la fosse, trois ouvriers tombèrent à la renverse; les

bouffées d'ammoniaque les avaient asphyxiés. Ce déplorable accident découragea, dit-on, la commission municipale; on laissa là les essais, ce qui était un excellent moyen de ne pas en rendre compte, et d'ensevelir dans le silence le résultat d'une coupable imprudence de la part de l'expérimentateur. Nous reviendrons sur ce sujet à l'article des fosses d'aisances (309, 6°.)

305. 2° CARBONATE D'AMMONIAQUE. C'est sous cette forme que l'ammoniaque se dégage habituellement de nos fosses d'aisances, et c'est là ce qui achève d'expliquer l'innocuité du voisinage de ces lieux. L'ammoniaque est moins active, en raison de ses combinaisons.

306. 3° PRODUITS DE LA FERMENTATION DES SUBSTANCES ANIMALES ET DES SUBSTANCES VÉGÉTALES GLUTINEUSES, OU FERMENTATION PUTRIDE. En chimie organique, nous ignorons presque tout ce qui se passe dans cette dernière scène de la vie animale et végétale : marche et filiation des phénomènes, réaction et nature des produits, tout nous échappe, tout s'y joue de nos théories et de nos analyses, aussi bien que de la salubrité publique.

Ce qui est moins problématique, c'est certainement leur effet toxique sur la respiration. Qui ne sait que les maladies les plus pestilentielles succèdent presque toujours à ces grandes boucheries d'hommes, où les vainqueurs n'ont, pas plus que les vaincus, le temps d'enterrer leurs morts.

Il est, en outre, dans l'histoire de la fermentation, deux points sur lesquels nous sommes fixés depuis longtemps : c'est que la fermentation des substances, dites animales, prend des caractères bien plus funestes quand elle s'opère dans l'obscurité et dans l'ombre, qu'à la face du soleil. A en juger par les effets, on serait porté à croire que les produits sont entièrement différents, dans l'une et dans l'autre circonstance; en sorte qu'on serait en droit de considérer la fermentation qui s'opère dans l'obscurité comme une espèce distincte de celle qui s'accomplit au grand air et à la lumière solaire : nous appellerions volontiers l'une *fermentation nocturne*, et l'autre *fermentation diurne*; et nous appliquerions la même distinction à la fermentation putride des végétaux. On comprendra plus facilement, en théorie, la justesse de cette distinction, si l'on veut bien avoir présente à l'esprit l'action décomposante du rayon solaire, et son analogie avec la bluette eudiométrique. En pratique, il n'est personne qui n'ait passé impunément tout près de ces cadavres d'animaux qui, par l'incurie de nos comités de salubrité publique, sont abandonnés sur nos boulevards, derrière les murs de nos jardins, et surtout sur le bord des rivières, à tous les phénomènes successifs de leur propre décomposition. Voyez, au contraire, que de précautions il

faut prendre pour se préserver des premières bouffées qui s'exhalent
d'un cercueil, à l'instant de l'exhumation. Cet exemple suffit pour démontrer la différence locale des deux fermentations putrides. Quelle est
la différence des produits? La subtilité de leurs complications sera
peut-être longtemps encore un obstacle à la réalisation d'une analyse
exacte; et l'on serait étrangement dans l'erreur si, après quelques essais
eudiométriques faits en courant et sur un cas particulier, on se croyait
en droit de conclure que les gaz méphitiques ne diffèrent des autres que
par une différence dans les proportions de l'oxygène, de l'azote, de l'acide
carbonique, et dans la présence de l'hydrogène sulfuré. Un jour, on
pourra apprécier combien nos méthodes actuelles d'analyse sont encore
dans l'enfance; car d'avance, et *à priori*, nous pouvons concevoir que
l'atmosphère qui se forme autour de ces foyers pestilentiels, se charge :
1° par le véhicule de l'ammoniaque, des acides les plus faciles à se
décomposer par l'action de nos tissus; 2° par le véhicule de l'hydrogène,
de toutes les bases toxiques, mercure et arsenic surtout, que peuvent
recéler les ordures en fermentation, ou les terres adjacentes; or, nous
avons déjà fait observer que l'hydrogène arséniqué frappe comme la
foudre (292); 3° enfin, l'acide prussique et les prussiates doivent venir
grossir la liste de ces émanations déjà si mortelles par elles-mêmes :
laboratoire aux mille réactions, dont une seule peut-être est en état de
comprometttre la vie et souvent la raison.

Nous avons rangé les produits toxiques de ces sortes de fermenta-
jions parmi les produits basiques et alcalins, parce que l'ammoniaque y
joue le rôle principal, tandis que, dans le précédent paragraphe, nous ne
le retrouvions que comme accessoire.

307. 4° AMAS D'EAUX BOURBEUSES. La fermentation des matières animales
est presque sans danger quand elle a lieu sous une nappe d'eau proportionnellement assez considérable; car, à mesure que ses produits se dégagent, ils se dissolvent dans l'eau, qui de cette manière en préserve les
airs. Si l'eau est courante, elle redevient potable; si elle est stagnante,
elle reste empoisonnée; mais l'air extérieur en est moins vicié. Il n'en
est plus de même quand la matière animale ne trouve autour d'elle que la
quantité d'eau nécessaire à la marche de la putréfaction : l'air ne tarde
pas à devenir le réceptacle de tous les produits qui s'en dégagent, et il
les garde longtemps, si le rayon solaire ne vient pas l'en purifier. Nos rues
étroites de Paris, nos égouts si mal construits et si mal ventilés, et ces
ruisseaux si maladroitement creusés sous le bord des trottoirs, sont un
exemple malheureusement journalier des résultats de cet air respirable
sur la santé publique. Quand les rues seront largement ouvertes à l'air et
à la lumière, les matières végétales qui y séjournent sous forme de boue

putride se résoudront en poussière ou en détritus secs et solides, dont un simple coup de balai nous débarrassera aisément.

308. 5° Égouts de Paris. Nous avons fait remarquer, dans le *Nouveau Système de chimie organique*, combien était vicieuse la construction de ce réseau d'égouts qui nous rendent en miasmes méphitiques, par leurs cent bouches du coin des rues, les ordures que le ruisseau y décharge dans leur état d'innocuité. On a cru diminuer la gravité du mal au moyen du curage. Mais cette opération exige de telles précautions personnelles et une abnégation si grande, que, dans cette ville de parias jouisseurs, on n'a trouvé pour l'exécuter qu'une seule famille de parias, pour qui ce métier est devenu un monopole héréditaire; le privilége donne du prix, même aux conditions les plus abjectes. Or quelque habitude que possèdent ces égoutiers, ils sont fréquemment victimes même de leur prudence: le danger s'annonce par ce que les ouvriers désignent sous le nom de *mitte;* ils éprouvent, dans les yeux, une fraîcheur et un picotement analogue aux phénomènes qu'y détermine l'ammoniaque, mais qui cependant possède un caractère plus irritable, à cause de la présence de l'hydrogène sulfuré: L'œil devient rouge, la respiration pénible; les artères temporales battent fortement; un sentiment de froid se manifeste à la région épigastrique; le cerveau s'affaiblit, les yeux se troublent; le corps s'engourdit en frissonnant; on tombe en syncope, si l'on n'est vite retiré du foyer de cet empoisonnement; car les produits amoncelés des jouissances de la civilisation prennent le malheureux égoutier à la gorge, et sont dans le cas de l'étouffer sans retour. Tout système d'égoûts sera vicieux tant qu'on n'aura pas, tous les 8 jours, de quoi les laver à grande eau, au moyen d'une écluse placée à l'orifice le plus élevé du réseau souterrain.

309. 6° Fosses d'aisances : vidanges. Les gaz qui se dégagent des lieux d'aisances sont plus fétides que nuisibles; c'est principalement le carbonate d'ammoniaque de l'urine qui monte ainsi par sa légèreté spécifique. Les gaz les plus terribles sont, par bonheur, en même temps les plus pesants; ils restent au fond des fosses d'aisances. Malheur à qui en approche à l'instant où l'on soulève la dalle : il tombe frappé de mort, s'il procède sans précaution à l'ouverture; et le méphitisme, jusque-là contenu, par ce dégagement ammoniacal qui se faisait à travers le tuyau étroit des latrines, prend tout à coup une telle puissance d'expansion, que tout ce qui est argenté noircit, de la cave au grenier de l'édifice, et que tout tissu herbacé se fane et jaunit; l'hydrogène sulfuré pénètre dans les appartements par toutes les fissures. La flamme qu'on entretient autour de la fosse offre une auréole lumineuse, gris sale au centre, jaunâtre vers les bords, et irisée à la périphérie; à ce signe, les vidangeurs reconnaissent

qu'ils brûlent le *plomb* : c'est sous ce nom qu'ils désignent ce gaz qui les frappe au cœur comme une balle de plomb, et les étend roides morts sur place s'ils s'exposent à le respirer ; car ici l'hydrogène sulfuré est si intense, qu'il s'engouffre dans les poumons sans mélange d'air extérieur, et y porte le poison désorganisateur, avant même l'asphyxie. Quand le carbonate d'ammoniaque est plus abondant que l'hydrogène sulfuré, les vidangeurs sont à l'abri du *plomb* ; mais ils peuvent attraper la *mitte* aux yeux, selon la dose de ce gaz qui, à force de provoquer les larmes, et d'irriter la glande lacrymale, pénètre assez avant dans la conjonctive et dans la cornée transparente, pour déterminer une amaurose, une photophobie grave, et compromettre pendant quelque temps l'organe de la vue. Les souffrances qui arrivent à la suite de la *mitte* sont si fortes, que le malade en perd quelquefois la raison. Quelle idée que celle de laisser pourrir dix ans dans une fosse les matières fécales, pour les retirer ensuite ; au prix de tant de dangers de mort, qui ont lieu soit par intoxication soit par explosion fulminante (304) !

Et rien n'est plus fréquent que ces explosions des latrines ; il suffit pour cela qu'un imprudent fumeur s'y débarrasse d'une allumette chimique allumée. Il se produit au même instant une détonation à faire crouler les murailles, et dont l'imprudent est la première victime ; toutes les surfaces qu'atteint la flamme se couvrent de noir fuligineux, comme par la combustion de l'hydrogène arséniqué.

L'inexpérience de notre sosie officiel, dans les cas dont nous avons parlé (304), avait fait abandonner de ce coup notre première idée par l'administration parisienne. Quand il arrive à ce monsieur de pareilles déconvenues, et il lui en arrive plus d'une chaque mois, l'individu s'esquive et laisse crier ; ses camarades arrangent ensuite l'affaire. L'administration se rejeta sur un autre procédé dont nous avions pourtant démontré le vice depuis dix ans au moins : il s'agissait de séparer les liquides des solides et de jeter sur la voie publique la portion liquide après l'avoir désinfectée par les moyens chimiques ordinaires. Or, premièrement cette double opération rendait l'entreprise fort onéreuse à la cité ; car je doute qu'une telle entreprise eût pu rapporter des dividendes sans l'appoint d'une subvention. Mais elle était entachée d'un autre genre de vice bien autrement regrettable, car celui-là s'attaquait à la salubrité publique, et non pas seulement à la bourse des actionnaires et de l'administration : les auteurs de ce système s'étaient imaginé que tout danger ultérieur avait disparu avec l'odeur des vidanges, et qu'un liquide ainsi désinfecté devait rester stationnaire selon le désir conforme de ces messieurs ; la chimie officielle avait alors plus d'une de ces sortes d'hallucinations.

Mais il est évident que la désinfection n'est pas une décomposition ;

que la matière organique de nature animale conserve, après comme devant, toutes ses propriétés essentielles de fermentation, et cela tant qu'elle n'est pas désorganisée; que la désinfection n'est qu'une simple combinaison avec les produits de la fermentation, qui se remettra à prendre encore son œuvre, immédiatement après que vous aurez saturé les principes odorants d'une série de fermentations précédentes.

Or, si vous versez un liquide de cette nature, si inodore qu'il vous paraisse, dans les rues d'une grande ville, il est évident qu'il s'accumulera sous les pavés, dans les failles des murailles, qu'il pourra se glisser dans les caves, dans les puits, sous les dalles des rez-de-chaussée, etc., par suite d'un des mille hasards du mouvement souterrain du sol. Il se formera donc dans toutes ces anfractuosités comme tout autant de nouvelles fosses d'aisances, où les matières organiques continueront leur fermentation putride, et où s'accumuleront les moffettes foudroyantes, jusqu'à ce qu'un hasard quelconque, un éboulement, une fissure, un trou de rat vienne leur ouvrir une issue pour aller frapper de mort le premier individu qui passera en ce moment sur ce point. Il faut si peu de ce gaz d'hydrogène, délétère par sa combinaison avec un métal intoxicant, pour tuer sur le coup un homme !

Aussi les cas d'apoplexie foudroyante ne tardèrent-ils pas à se multiplier à Paris, après que l'administration, induite en erreur par ses chimistes, eut autorisé la libre pratique d'un système si mal raisonné. On vit alors telle personne, la mieux portante et la moins disposée aux coups de sang, tomber comme foudroyée en passant dans la rue ; de jeunes enfants s'affaissaient sur eux-mêmes dans une loge de portier. Or, rien de tel n'arrivait aux étages supérieurs, ni même sur le haut du pavé ; l'accident n'avait presque lieu que sur le trottoir ; et c'est sous le bord du trottoir que coulent les ruisseaux de Paris, et que, par conséquent, s'accumulaient les vidanges liquides que ce système déversait sur la rue. La triste observation des faits ne pouvait pas plus péremptoirement confirmer les prévisions de la théorie.

Nous signalâmes au public et la cause du mal et les moyens de se prémunir contre ses effets, dans une lettre datée de la citadelle de Doullens, que publia l'*Estafette*, dans son numéro du 26 septembre.

Or, dès le 30 du même mois il se passait au cimetière du Père Lachaise un sinistre qui mettait en évidence de la manière la plus affreuse la vérité de nos assertions. Trois ouvriers marbriers tombaient foudroyés en descendant vider une fosse toute récente, où s'étaient accumulées les eaux de la pluie qui y avait eu lieu dans la nuit même (*).

(*) Voyez, pour la lettre et les faits à l'appui, *Revue complémentaire,* livraison de mai 1855, tom. Iᵉʳ, pag. 301.

Chacun, dès lors, suffisamment averti par notre lettre, se munit d'un flacon d'acétate d'ammoniaque (*sel de Mendererus*) que nous avions signalé comme le plus puissant antidote préventif contre ces moffettes foudroyantes ; et plus tard l'administration, je crois, força les entrepreneurs à ne plus rien déverser sur la voie publique.

Aussi les cas d'apoplexie foudroyante par les rues devinrent de moins en moins fréquents.

Aujourd'hui, sur les instances réitérées des propriétaires de la capitale, le système lui-même aussi irrationnel au fond qu'onéreux a cessé d'être obligatoire, et chacun est libre de vider ses communs comme bon lui semble ; de sorte que les accidents, s'il en survient, ne dépassent pas les limites du lieu où se commet une imprudence.

Contre une cause incessante de semblables épidémies domestiques ou citadines, mon fils Camille avait proposé un système d'une simplicité complète, de l'exécution la plus facile et des moins coûteux. Dans ce système, les liquides se séparent des solides dès leur émission dans la cuvette ; chacune de ces deux divisions se rend dans un tonneau spécial où elle se transforme en poudrette à peu près inodore, que l'on porte aux champs tous les huit jours, sans qu'il en coule une parcelle sur la voie publique.

Ce système ne sera probablement adopté généralement que lorsque son exploitation sera tombée dans le domaine public, à l'expiration du privilége, et que quelque adroit faiseur s'en sera emparé en son propre nom. Les actionnaires n'ont foi qu'en ces sortes d'accapareurs d'idées et d'exploitants de ce qu'un autre a inventé : gens fort habiles... mais d'une habileté dont n'ont pas toujours à se louer les candides bailleurs de fonds.

310. 7° CIMETIÈRES ET EMBAUMEMENTS. Ce fut un très-grand pas de fait vers l'assainissement des villes et villages que d'avoir interdit les inhumations dans les églises ; mais la réforme s'arrêta malheureusement à ce premier pas ; voilà soixante-sept ans qu'elle est restée stationnaire ; et il est vrai de dire, au moins à l'égard de certains emplacements, que notre système d'inhumation n'est pas moins insalubre que celui que notre grande révolution avait aboli. En effet, notre mode d'inhumation offre autant de dangers, soit par ses émanations, soit par suite de la nécessité des exhumations, en certaines circonstances juridiques ou d'utilité publique, que par suite des infiltrations pluviales :

α. PAR LES ÉMANATIONS. Six pieds de terre suffisent, il est vrai, pour absorber ou neutraliser les miasmes putrides qui s'exhalent d'un cadavre en voie de décomposition, et pour décomposer l'hydrogène sulfuré, ce gaz qui fulmine et frappe l'homme comme la foudre. Mais il arrive fréquemment qu'à travers ces six pieds de terre il se forme une communication immédiate entre le foyer du dégagement et l'air extérieur, soit par suite des infiltrations pluviales, soit par le travail souterrain d'un rat, d'un mulot, d'une taupe, d'une larve d'insecte même. Malheur, dès lors, à quiconque passera par hasard près de ce soupirail de mort (*)! Il tombera frappé d'apoplexie foudroyante, comme dans l'hypothèse du paragraphe précédent (309, 6°).

6, PAR SUITE D'UNE EXHUMATION JURIDIQUE. Les dangers pour les opérateurs, les assistants et pour le voisinage n'ont pas besoin d'être démontrés. Sans doute il serait facile de prévenir et de neutraliser ces sortes de dangers dans l'un et l'autre cas, en ayant soin de recouvrir et d'envelopper même le cadavre d'une suffisante couche de chaux en poudre ; mais cette précaution ne saurait prévenir complétement les accidents qui peuvent découler de la catégorie suivante.

7. PAR SUITE DES INFILTRATIONS PLUVIALES. La chaux, qui décompose les miasmes ou qui en prévient la formation, ne sert au contraire qu'à mieux isoler les bases toxiques que le mort a pu prendre en médicament ou d'une autre manière, et surtout avec lesquelles on aura pu l'embaumer (*arsenic, sublimé corrosif, sels de cuivre*, etc.). Or, qu'à travers la couche géologique sur laquelle repose le cadavre il vienne à se former une faille, une voie de communication avec une source, et dès lors l'infiltration des eaux pluviales ne manquera pas d'infecter de ces sortes de poisons les eaux jusque-là les plus pures; et il en naîtra des maladies d'autant plus fatales qu'on en soupçonnera moins l'origine.

Il est des terrains si perméables, si poreux ou si sablonneux, que là ces accidents sont en permanence, et qu'il serait souvent bien dangereux de s'abreuver ou de se laver même aux puits qui ont été creusés au bas de l'un de ces emplacements, sur l'étendue desquels se trouve un cimetière; on boit avec ces eaux une dissolution de cadavres. J'appelle sur ce point l'attention des autorités communales; la question est digne de toute leur sollicitude (**).

311. 8° VAPEURS ET POUSSIÈRES MÉTALLIQUES. Les principales espèces de ces vapeurs ou poussières que les ouvriers sont exposés à respirer sont les vapeurs mercurielles et celles de plomb; l'affinité de ces deux bases pour nos tissus et les substances organisatrices est telle qu'il suffit que le contact ait lieu pour que la décomposition s'opère. Versez une goutte d'un sel de plomb soluble dans une dissolution de gomme ou de sucre, et tout à coup il se formera un précipité blanc floconneux, dont le

---

(*) Voyez un cas analogue dans la *Revue complémentaire*, livr. de mai 1855, tom. Iᵉʳ, pag. 297.

(**) Voyez l'art. ci-dessus cité de la *Revue complémentaire*.

plomb formera la base. Qui ne sait que le mercure s'éteint avec les graisses, c'est-à-dire forme avec elles une véritable combinaison? Le plomb opère sur l'économie d'une tout autre manière que le mercure : celui-ci pénètre plus avant et passe dans le torrent de la circulation; il s'attaque aux glandes, surtout aux glandes salivaires, et détermine une salivation abondante que l'on désigne sous le nom de ptyalisme; il s'attaque à la substance nerveuse par son affinité pour la substance grasse, et détermine, outre les affections cérébrales, des tremblements nerveux qui résistent ensuite à tous les traitements. Le plomb aspiré produit des accidents moins graves, parce qu'il s'arrête aux tissus et passe moins vite dans le torrent circulatoire; il fatigue la respiration, en désorganisant la membrane respiratoire, procure des étourdissements, de la lourdeur, de violents maux de tête, par le trouble que sa vapeur apporte dans l'hématose pulmonaire; il faut qu'elle soit bien abondante, pour qu'elle porte ses ravages dans les intestins à la faveur de la déglutition. C'est bien différent quand l'atmosphère se charge, par l'agitation de l'air et le mouvement des machines, de poussières métalliques vénéneuses, telles que le cinabre (sulfure de mercure), le sublimé corrosif (deutochlorure de mercure), etc.; la litharge (oxyde de plomb), la céruse (carbonate de plomb), le sulfate de plomb, etc.; le verdet ou acétate de cuivre, le carbonate de cuivre, et autres sels vénéneux. Car, dans ce cas, ces poisons agissent par ingestion, et non par le véhicule de l'aspiration; et sous ce point de vue, nous nous en occuperons d'une manière plus spéciale dans le paragraphe suivant.

Jean-George Greiselius rapporte (*) que, dans la vallée de Saint-Joachim, près de Kuttenberg, en Bohême, on reconnaît de loin, à l'odeur, l'existence d'une mine d'arsenic. Les vapeurs arsenicales qui s'en dégagent causent aux voyageurs une grande difficulté de respirer. La fumée des fourneaux fait fuir les cerfs, et on ne les voit jamais dans les bois du voisinage. Les ouvriers qui travaillent dans ces mines n'y vivent pas longtemps; ils sont pâles, hâves, décharnés; ils ont les yeux caves : ce sont des squelettes vivants, qui s'éteignent après avoir tremblé de tous leurs membres.

312. Tous les ouvriers sur étain, sur bronze, sur laiton, les plombiers, zingueurs, fondeurs, potiers, etc., sont plus ou moins exposés aux émanations du plomb et du zinc, parce que la plupart de nos alliages en contiennent. Les fondeurs en caractères aspirent des vapeurs mêlées d'antimoine et d'arsenic, qui amènent la toux sans expectoration et le marasme sans phthisie. Les étameurs de glace et les doreurs sur métaux

(*) *Ephem. cur. nat.*, dec. 1, ann. 2, 1670 à 1688, obs. 78.

sont plus spécialement exposés aux vapeurs énervantes du mercure. La nouvelle dorure au trempé aurait été un bienfait immense pour l'industrie, si l'on pouvait l'appliquer aux grands bronzes, tels que pendules, candélabres, etc., partie où elle se trouve en défaut. Cependant cette nouvelle méthode de dorure n'est pas tout à fait exempte de reproche, sous le rapport sanitaire, à cause des émanations d'acides cuivreux qui se dégagent pendant les opérations du décapage (283).

La vapeur du mercure métallique produit sur l'économie des effets bien moins durables et moins désastreux que l'abus des remèdes mercuriels, spécialement des remèdes où le mercure est administré, soit à l'intérieur, soit à l'extérieur, à l'état de sels même peu solubles. Les doreurs atteints par ces vapeurs tremblent de tous leurs membres, éprouvent des lourdeurs et des vertiges, ils maigrissent et tombent dans le marasme. Mais les malades victimes des médications mercurielles présentent toujours des symptômes plus graves et des phénomènes d'une désorganisation d'autant plus effrayante, que la dose du remède a été plus considérable, et que le hasard de son ingestion l'a porté plus profondément dans les tissus et dans des organes plus essentiels à la vie générale. Le temps élimine le mercure, dans le premier cas; il ne fait qu'en déplacer l'action, dans le second. M. B***, doreur, rue Quincampoix, n° 8, nous a fourni dans sa personne un exemple frappant de ce que nous avançons. Alors qu'on ne dorait les métaux qu'au mercure, les abus qu'il fit de ce travail le jetèrent dans un état de marasme tel, que le tremblement ne le quittait pas d'une minute; le mercure lui sortait par tous les pores, et sa sueur blanchissait les pièces d'or. La médecine de ce temps-là ajoutait à cette débilitation générale tout le cortége de sa médication, débilitante de nom et incendiaire de fait : sangsues, saignées, diète, etc. Enfin, un médecin plus avisé que les autres lui conseilla d'aller à la campagne, d'y prendre force laitage, une bonne nourriture, et d'y transpirer beaucoup. M. B*** recouvra depuis son embonpoint, sa force musculaire et la plus brillante santé. Il s'est suicidé depuis la publication de la deuxième édition de ce livre, par suite de contrariétés commerciales; peut-être le peu de mercure qui lui restait lui était-il en ce moment remonté dans la tête. Les pauvres malades qui ont été gorgés et tannés de remèdes mercuriels ne recouvrent pas aussi facilement la plénitude de leur santé première.

313. 9° Fumée de tabac, opium, stramonium, et autres narcotiques. La fumée de ces substances, obtenue par la combustion des cigares que l'on tient à la bouche, agit plutôt comme médicament que comme poison. Le principe actif arrive trop décomposé par le feu, à l'estomac, par le véhicule de la salivation, et aux poumons par le mécanisme de l'inspi-

ration, pour produire des effets toxiques à haute dose. Cet empoisonnement s'arrête aux proportions d'un condiment, si l'on n'en fait pas un
abus tel, qu'il prenne la place de la quantité d'air qui est nécessaire à la
respiration, et des sucs nutritifs qui conviennent à la digestion.

314. 10° MIASMES PESTILENTIELS, CONTAGIEUX ET ÉPIDÉMIQUES, AUTRES
QUE CEUX DES AMAS D'EAUX (297). La peste et les épidémies proviennent-
elles dans tous les cas de miasmes dont l'air serait dépositaire? On le
dit généralement dans tous les livres classiques ; on ne l'explique, on ne
le démontre nulle part ; on le croit, parce qu'on n'en sait rien ; la foi
en tout n'est pas autre chose : c'est le signe d'une lacune dans nos
connaissances, lacune qui attend son révélateur.

Si la peste et les autres contagions épidémiques provenaient de la
vicieuse constitution de l'air, il faudrait que tout ce monde qui vit dans
le sein de cette atmosphère tombât malade à la fois. L'un de nous ne
saurait vivre dans un air où l'autre étouffe asphyxié.

Si l'épidémie provenait d'un miasme ajouté à la masse de l'air ordinaire (115), et que ce miasme fût un gaz miscible à l'air, le même
résultat aurait lieu, en suivant le mode de propagation du miasme et la
marche de sa dissolution dans l'air. Dès qu'un individu tomberait atteint
ou frappé du mal, nul de ceux qui l'entourent ne pourrait rester sur ses
jambes ; la contagion procéderait par groupes et non par individus. Or
il arrive constamment tout le contraire ; et jamais la contagion, sous
quelque forme qu'elle ait fait irruption sur la terre, n'a procédé collecti-
vement. Ceux qu'elle atteint simultanément se trouvent presque toujours
à une certaine distance les uns des autres ; les intermédiaires en sont
exempts pour le moment ; le fléau ne frappe pas en *moissonnant*, mais en
jardinant, pour me servir d'une expression forestière, de distance en
distance : on dirait que la nappe d'air atmosphérique est plutôt piquetée
et pointillée, qu'infectée par le miasme ; ce qui ne saurait se concilier
avec l'idée d'un gaz dissous dans l'air respirable.

D'un autre côté, un fléau qui procéderait par le véhicule de la respiration ne commencerait pas l'histoire de ses symptômes par un bouton
isolé survenu sur la peau, ou par un mal d'entrailles. L'asphyxie ou
l'empoisonnement par une vapeur délétère ne s'annoncent jamais ainsi.

Donc, pour concilier les faits observés avec l'opinion de ceux qui font
provenir de l'air la cause des épidémies, il faudrait admettre que l'air
serait le dépositaire et non le véhicule de la cause du mal ; que cette
cause, sous une forme quelconque, y serait suspendue ou en serait sup-
portée ; qu'elle y existerait, enfin, à l'état de poussière, et non à l'état de
dissolution : petit atome, dont un seul suffirait pour engendrer une terrible maladie. Mais les atomes toxiques n'agissent pas ainsi, en raison

inverse de leur masse; une molécule inorganique ne saurait engendrer un fléau. Il s'ensuit donc que cette molécule, en supposant que le fléau vienne d'elle, doit agir à la manière des germes de nature végétale ou animale : germes microscopiques, d'où peuvent naître des géants. Nous ne connaissons pas de tels germes dans ces deux règnes; nous nous jetons dans les rêveries, en en supposant d'un autre ordre dans les espèces de la création; et nous imaginons une nature différente de celle que l'observation ou l'analogie nous démontrent. Or, il vaut mieux ne rien savoir que d'apprendre de pareilles choses, et déposer là un x algébrique que d'avoir l'air d'éliminer l'inconnu par une formule qui ne tient à rien. Si le fléau de la contagion nous arrive par un germe que nous apporte le mouvement de l'air, la maladie doit être l'effet de son développement, et non la forme de ce développement même. La maladie, avons-nous déjà dit (46, 3°), n'est pas une entité; c'est un trouble apporté dans les fonctions par une cause physique étrangère à nos organes. Le germe du mal doit donc, en se développant, revêtir une forme analogue au moins à l'une de celles que nous avons inscrites dans nos catalogues; c'est là qu'il faut chercher la solution du problème; partout ailleurs, il n'y a qu'anomalie et obscurité. Mais pour l'aborder ici nous serions obligé de sortir de la spécialité négative de ce paragraphe, nous reprendrons ce sujet plus bas et en son lieu.

DEUXIÈME GENRE. — *Causes désorganisatrices qui opèrent par le véhicule du canal alimentaire.*

315. C'est à cet ordre de substances que s'applique plus spécialement la dénomination de poison; leur ingestion se nomme *empoisonnement,* comme l'empoisonnement par le véhicule de la respiration prend plus spécialement le nom d'*asphyxie.* Les poisons, de même que les vapeurs, ne produisent des effets toxiques qu'en raison de leur volume; en faible quantité, ils peuvent remplir le rôle de médicaments. Nous les diviserons en deux catégories, comprenant : 1° les substances qui passent dans le sang, sans désorganiser les tissus; 2° celles qui désorganisent les tissus, tout en passant dans le torrent de la circulation.

§ 1er. *Substances désorganisatrices qui passent dans la circulation, sans désorganiser les tissus.*

316. L'ingestion de ces substances en quantité toxique produit des symptômes, sans laisser la moindre trace de leur action et de leur pas-

sage sur la surface intestinale. Leur action est encore un mystère pour
le médecin et pour le chimiste. Comme elles ne procèdent pas par déchirement, par solution de continuité et par excoriation, elles n'occasionnent pas de souffrances violentes, de luttes convulsives, de fièvres
aiguës. Elles versent la mort dans le torrent circulatoire avec la coupe
du sommeil; elles éteignent la vie, elles ne la brisent pas; elles sont
principalement narcotiques. La théorie de nos écoles se les représente
comme agissant plus spécialement sur les nerfs, en les soporifiant; c'est
la traduction en d'autres termes de la même idée. Les nerfs perdent
leur sensibilité quand la circulation se dépouille de ses propriétés nour-
ricières, et que l'élaboration des organes cesse, faute d'aliments; car les
nerfs sont composés d'organes vésiculaires doués d'une spéciale élaboration. C'est alors plus que le sommeil, si ce n'est pas la mort encore;
c'est un état de stupéfaction, de narcotisme et de léthargie, qui est
mortel s'il est durable, et si l'action de quelque fluide ne vient pas
réveiller l'élaboration des organes en neutralisant le poison qui les
paralysait. En résumé, tout ce qui porte son action décomposante sur le
sang et ne désorganise pas les tissus, agit à la manière des narcotiques.
Mais les signes ou symptômes de l'invasion peuvent varier selon les circonstances des mélanges et des combinaisons qui distinguent ces diverses
substances. Un poison narcotique, par exemple, qui ne passera dans le
sang que par le véhicule de la digestion, ne complétant son action que
par saccades, que par phases successives, semblera, par ce fait, produire
un effet convulsif, en détruisant l'antagonisme musculaire et l'antagonisme de la sensibilité, le poison ayant porté son action narcotique sur
tel organe, pendant que l'autre jouit encore de la plénitude de sa vitalité. Le poison narcotique pourra revêtir alors les caractères des poisons
irritants et spasmodiques.

317. Les poisons dont nous nous occupons sont les uns d'origine
animale, et les autres, qui sont les plus nombreux, d'origine végétale.
Ils ne laissent aucune trace de leur action sur les tissus, aucune trace
dans les liquides; ils se décomposent par l'action digestive du canal alimentaire; il faut qu'ils aient été pris en quantité bien considérable pour
qu'une portion en échappe à la décomposition et se décèle, après la
mort de l'individu, aux réactifs du chimiste; et il nous paraît que c'est
à cette facilité de décomposition qui les distingue, dans leur contact avec
les liquides de la circulation, soit sanguine, soit incolore, qu'il faut
attribuer leur mode toxique d'action. Or, puisque l'azote entre comme
élément dans la composition de tous, et que la plupart ne doivent être
considérés que comme des sels ammoniacaux basiques à acide végétal,
il serait possible qu'ils n'agissent sur la circulation qu'en dénaturant

les proportions vitales du sang, qu'en le rendant impropre à l'élaboration des organes. L'ammoniaque, tamisée par les tissus, est capable d'arriver au sang avec la propriété de redissoudre les congestions et les
coagulations qui en troublent la circulation ; elle produit un effet tout
contraire par la décomposition de ses sels, opérée dans le sang même,
et en tenant ce liquide dans un état alcalin de fluidité, qui ne provoque
plus l'aspiration des cellules élémentaires dont se forme la charpente
de l'économie animale et végétale (car ces substances agissent sur les
végétaux quand on en arrose leurs racines, comme sur les animaux
quand ceux-ci les avalent). Supposez, par exemple, que l'action de ces
poisons se porte plus spécialement sur le système veineux : le sang artériel ira s'accumuler vers les régions extrêmes, et par conséquent dans
le cerveau ; de là compression exercée sur cet organe principe, foyer de
la pensée et de la sensibilité. Or, on sait que la stupeur, l'idiotisme, la
fureur, etc., peuvent ne dépendre que d'une différence de compression
exercée sur la pulpe cérébrale.

318. Remarquez, en outre, que presque toutes les bases et substances
narcotiques dont nous allons parler procurent des nausées et souvent le
vomissement, leur décomposition dans l'estomac transformant la digestion acide en digestion alcaline (161). Leur action en lavement produit
des phénomènes bien différents qu'en ingestion, parce que la digestion
colique et fécale est une élaboration que la présence de l'ammoniaque
est bien loin de contrarier et de prendre à rebours (161).

La marche de leur action stupéfiante est proportionnée à la dose qu'on
administre et à la constitution du sujet. A petites doses, elles opèrent
comme médicament ; et ce n'est pas dans cette classe que l'on trouverait
matière à ce qu'on appelle des poisons lents. La santé ne s'en ressent
pas, si l'on revient à la vie ; car le sang, momentanément altéré, se refait
vite : n'en perd-on pas impunément, par les émissions sanguines, des quantités assez considérables? Les poisons qui agissent sur les tissus laissent
des traces qui ne sont pas aussi vite et aussi complétement réparables.

319. La description des symptômes de semblables empoisonnements
est un thème que l'on peut broder à l'infini, avec des mots et des circonstances qui changent et se modifient à chaque cas particulier ; c'est le
tableau de la mort sans blessures, qui varie selon les prédispositions de
celui qui pose, autant que selon les idées préconçues, ainsi que la force
d'attention du peintre et du descripteur. Quand donc il s'agit d'établir
des principes généraux sur ce point, plus on est succinct, moins on
s'éloigne de la vérité. Nous allons énumérer ces substances, sans nous
astreindre à une classification qui, dans l'état actuel de la science, ne
saurait être qu'arbitraire.

320. 1° Acide prussique ou hydrocyanique (296). Il suffit de cinq à six grains (25 à 30 centigrammes), ou gouttes de cet acide, même quand cette quantité est étendue dans six fois son poids d'eau, pour frapper de mort, comme la foudre, l'homme le plus robuste. A peine quelques convulsions précèdent-elles la syncope; la pupille se dilate, l'œil se fixe, la bouche écume, le cou gonfle, une sueur froide et visqueuse inonde le corps, en commençant par les extrémités; le pouls bat en désordre, et l'individu n'est plus qu'un cadavre, avant même son dernier soupir. Ne jouons pas, en médecine, avec un médicament aussi variable dans sa composition, et partant aussi difficile à doser. Qu'on se rappelle ce qui advint, il y a quelque trente ans, à l'hospice de Bicêtre, dans le service des épileptiques que le docteur Ferrus eut la déplorable idée de soumettre à l'action de l'acide prussique. Il en était au quatorzième, qu'il s'aperçut que les treize premiers traités étaient restés sur le carreau. Le médecin s'en prit au pharmacien, qui s'en prit à son tour au formulaire classique dont il avait fait usage. En Angleterre, le *coroner* s'en serait pris à tous les trois; en France, on établit à peine une enquête. Les traces que l'acide prussique laisse dans les organes sont plutôt des effets consécutifs de ses désordres que des produits immédiats de sa réaction; et les rougeurs que l'on rencontre çà et là à l'autopsie sont plutôt dues à des congestions violentes qu'à des érosions. On conçoit, du reste, qu'un désordre aussi subit et aussi profond doive amener une décomposition cadavérique très-rapide : circonstance dont on doit tenir compte dans les examens nécroscopiques.

321. Ce genre d'empoisonnement n'a pas besoin, pour accomplir son œuvre terrible, d'être ingéré; il suffit de déposer une goutte sur la langue d'un chien pour que l'animal tombe roide mort, après avoir respiré deux ou trois fois avec force. Dans ce cas, l'acide agit principalement par le véhicule de la respiration.

322. 2° Opium, hatchis, morphine, narcotine, etc. L'*opium* est un suc concrété qu'on extrait par incision de la capsule des pavots (*papaver somniferum*). Le *hatchis* est le suc du chanvre (*cannabis sativa*), dont les Orientaux font usage comme de l'opium. La *narcotine* est un sel qui existe dans l'opium; la *morphine* ne nous paraît qu'une modification de ce sel par les alcalis employés dans la manipulation; les autres substances en *ine* qu'on a cru extraire de l'opium, ne sont que des mélanges. La *narcotine* à l'état de pureté opère proportionnellement comme l'opium; il n'en est pas de même de la morphine, et encore moins de ses sels (acétate, sulfate, hydrochlorate, hydriodate, etc.). En effet, dans ceux-ci, la décomposition digestive isole les acides, qui doivent agir dès lors, pour leur propre compte, sur les tissus et les liquides de l'organisation. L'*opium* et le *hatchis* administrés modérément en pilules, en infusion, en teinture, produisent tous les phé-

nomènes de l'ivresse, moins l'indigestion; de la rêverie, moins le cauchemar et la panique; du coma vigil, moins l'idiotisme : Causes continues et
non intermittentes d'une congestion modérée et qui ne fait pas obstacle
à la circulation, leur influence promène, pour ainsi dire, la compression
sur tous les lobes et dans toutes les anfractuosités du cerveau; elle y met
en jeu successivement tous les organes, par un désordre qui ne blesse pas,
par une irrégularité qui permet aux idées les plus distantes de s'associer
et de se combiner en images les plus disparates, mais toujours agréables;
puisque leur inconstance les préserve des calculs pénibles de la prévoyance, et que leur spontanéité n'impose aucun effort. C'est une jouissance passive, la plus douce de toutes les jouissances, puisqu'elle ne nous
coûte rien, et qu'elle nous vient d'en haut, c'est-à-dire du simple concours des lois qui président à la vie.

Quand l'estomac n'est point surchargé de vivres, le vin généreux, pe-
tillant et léger, produit sur certaines organisations une surexcitation de
ce genre.

L'homme tient à la vie de par sa nature; et il y souffre tant de par la
civilisation, qu'il demande souvent au vin et à l'opium le moyen de
concilier, dans un sommeil qui n'est pas la mort, dans une activité qui
n'est pas la vie, sa double crainte du néant et de la souffrance; il s'enivre
de vin ou d'opium; il se procure d'heureux rêves par de douces congestions cérébrales. Le sage a rencontré un moyen terme dans le café : doux
opium qui prête au travail et à l'activité normale de la pensée toute la
volupté de l'ivresse.

323. De cet état de volupté physique et intellectuelle, à la fureur et
au délire, il n'y a que la dimension relative d'un volume à un autre, d'un
produit à un autre de la congestion. A telle pression, rêves heureux; à
telle autre, paroxysme de l'exaltation furieuse : c'est l'histoire de notre
moral dans tous les actes de notre vie. La sagesse ne consiste qu'à nous
préserver des accidents qui causent la différence. Les effets cessent d'être
en notre puissance dès qu'ils se déclarent : sous l'influence du poison,
la vierge deviendrait lubrique, Démocrite pleureur, Héraclite éclaterait
de rire, et tous les rôles seraient intervertis.

324. La morphine ne produit rien de semblable, donc elle n'est pas
le principe actif de l'opium; la narcotine en approche, mais de fort loin :
elle agit isolément, tandis que l'action de l'opium est une action collec-
tive de plusieurs médicaments à la fois.

L'habitude de l'opium, comme celle du vin, et comme l'abus de toutes
les autres jouissances, finit à la longue par compromettre la santé, et
par amener une vieillesse et une caducité précoces. L'opium peut agir
comme un poison lent, non pas par son action chimique, mais par ses

conséquences : il concentre la vie, comme dans un foyer qui le dévore ; il en restreint le cadre, en usant vite ses ressorts ; il en abrége la durée, en multipliant son activité : la longueur de la route que nous avons à parcourir dépend uniquement de la vitesse de la course. Le fumeur d'opium semble tomber dans l'idiotisme dès qu'il ne fume plus et que son ivresse est passée ; il tremble et ne marche qu'en chancelant. Quelle nourriture profiterait à la réparation et au développement des organes, dans un tel état de spasme et de quiétude ? Le pain que l'on gagne à la sueur de son front ne se digère qu'à la faveur du mouvement et de la fièvre. Vaincue par tant de jouissances sans profit, toute organisation se vicie : la taille se déforme et se tourmente, les membres se contournent, le moral s'affaiblit. Rien ne plaît au malade, tout l'afflige ; la vie est un fardeau qui l'accable, il veut s'en débarrasser ou l'oublier : la mort ou l'opium ! le néant, ou son ivresse chérie qui lui tenait lieu de maîtresse, de couronne et de santé ! Il n'est plus citoyen d'ici-bas ; ne lui parlez ni de ses droits, ni de ses devoirs ; sa patrie est dans les espaces imaginaires. Au milieu des hommes, il n'est qu'un dormeur qui s'épuise de jouissances et d'inanition (*).

325. D'où il faut conclure que la durée de l'abus est proportionnée à la dose. Tous les symptômes de la vie d'un fumeur d'opium peuvent se concentrer en sept heures ; et la dose qui concentre ainsi tous les effets narcotiques dans un court foyer n'a pas besoin de s'élever à un gramme. La quantité qui suffit à son action soporifiante, comme médicament, ne dépasse pas, en général, cinq centigrammes (1 grain) par jour.

Afin de prémunir mes lecteurs contre leurs propres imprudences, au sujet des médicaments opiacés, je vais leur citer des cas qui auraient pu avoir de plus funestes conséquences.

1° Le 1er août 1853, ayant été pris, à Boitsfort, d'une constipation des plus opiniâtres, par suite des difficultés de ma nouvelle acclimatation, et surtout par suite de l'ingestion des pommes du pays, je tentai de m'en débarrasser au moyen de quatre lavements administrés coup sur coup.

Mais à peine le quatrième était-il passé, que je me sentis entraîné dans une somnolence invincible ; je n'eus que le temps de me coucher : les forces m'abandonnaient ; mes idées se voilaient de plus en plus ; mon

---

(*) Quand les Anglais se targueront de leur philanthropie, pour avoir aboli l'esclavage dans leurs possessions coloniales, je leur dirai qu'ils devaient avoir un intérêt dans cette bonne œuvre ; et je leur citerai pour preuve la guerre qu'ils ont faite à la Chine, qui voulait moraliser sa population en interdisant l'importation de l'opium ; les maîtres d'esclaves, du moins, ne les empoisonnent pas. La république française, à laquelle revient l'honneur de l'initiative pour l'émancipation des nègres, se dépouilla au lieu de s'enrichir dans cette noble révolution internationale.

pouls s'effaçait; j'éprouvais une grande chaleur aux pieds; ma respiration se ralentissait; il ne m'était pas possible de soulever la jambe ou le
bras; de temps à autre, je n'entendais plus ce qui se passait autour de
moi, et je n'avais plus conscience de moi-même; je pus cependant
recommander de me couvrir d'eau sédative, qui me parut horriblement
froide, et je restai dans cet état d'anéantissement de 7 heures à 9 heures
du soir. Revenu à moi-même et persuadé qu'il s'était glissé autre chose
que de la graine de lin dans le remède, je parvins à découvrir que la
graine de lin dont on venait de se servir était renfermée dans un papier
taché d'une couleur analogue à celle du laudanum, et c'était précisément
du laudanum, qui avait filtré à travers le papier sur la graine de lin;
car nous trouvâmes dans le paquet une petite fiole débouchée, qui
portait l'étiquette de *laudanum*, et qui en renfermait encore quelques
gouttes. Le restant s'était éparpillé à travers le paquet.

2° Dans ma vie de prisonnier, dont je m'honore (car, disait Guy-Patin,
il est des prisons glorieuses), il arrivait fréquemment qu'on me sollici-
tait ou qu'on me permettait de soigner dans leur maladie les compagnons
de ma captivité, au moins les hostiles; un jour, je ne vous en dirai pas
l'année, mais je pourrais au besoin invoquer encore le témoignage
de qui de droit, un jour on m'invita à donner mes soins à un cadet de
bonne famille, contre lequel sa mère venait d'obtenir un jugement d'in-
terdiction comme fou, quoiqu'il jouît de toute la plénitude de sa raison;
mais on n'avait pas d'autre moyen de l'empêcher de contracter un mariage
d'inclination. De plus, ce jeune homme avait été un élève récalcitrant
et s'était échappé d'un collége de jésuites; et sa famille était, corps
et biens, dévouée à ces bons pères. Vous comprenez que dans ces conditions
j'avais l'œil ouvert, et que ce présent offert à ma philanthropie me
paraissait suspect d'origine; j'allais avoir peut-être à combattre un mal
ayant deux causes différentes.

L'infirmerie se chargeait de fournir tous les médicaments que je devais
prescrire, et je les prescrivais par écrit; on en prenait note sur le
livre.

Or, un soir, un ami du prisonnier vint en toute hâte m'avertir que
notre malade était tombé dans un état alarmant; je ne fis qu'un bond
pour lui porter secours.

Je le trouvai étendu sur le dos dans son lit, les paupières fermées,
les bras ballants, sans mouvement et respirant d'une manière à peine
sensible, le visage marbré de jaune et de violet. Le pouls s'affaiblissait
de seconde en seconde : « Ce jeune homme, m'écriai-je à la suite de cette
inspection, a pris de l'*opium* ou du *hatchis*. » Je le couvris d'eau sédative, je le lotionnai et le frictionnai sans relâche avec cette eau, je lui en

fis même avaler une cuiller à café dans un bol de bourrache chaude ; et ces soins furent enfin couronnés de succès.

Interrogé en s'éveillant sur ce dont il avait fait usage, il me dit quë dans la journée il ne s'était servi que de la pommade camphrée que je lui avais prescrite pour recouvrir sa lèvre, qui était le siége d'un *impetigo*. La boîte de pommade était sur la table ; je l'examine ; au lieu de renfermer de la pommade camphrée, il ne s'y trouvait que de la pommade opiacée, ainsi que l'indiquait l'étiquette elle-même du pharmacien.

Or cette pommade, appliquée sur la moustache, avait coulé, comme cela arrive toujours, dans la bouche, et le malade l'avait avalée avec la salive à son insu ; et quand il ne l'aurait pas fait, le contact seul de l'opium avec les muqueuses même des lèvres aurait suffi pour déterminer tous ces accidents d'une nature si alarmante. Je m'emparai de la boîte et y substituai un pot de pommade camphrée de ma façon, en priant le jeune homme de s'en servir sans en parler à personne.

Le lendemain, notre malade prit un bain sédatif dont, par parenthèse, on ne constata la température qu'avec un thermomètre sur lequel on ne distinguait pas plus le zéro que le degré de l'eau bouillante ; je ne m'aperçus que le bain était trop chaud que lorsque le malade y était entré ; je l'augmentai aussitôt d'une suffisante quantité d'eau fraîche. Au sortir du bain, je me mets à frictionner le malade avec de l'huile camphrée dont l'infirmier me fait passer la fiole, n'ayant pu retrouver la boîte de pommade dite camphrée, par la bonne raison que je l'avais dans la poche ; mais au bout de quelques instants de friction avec cette huile, voilà que mon malade retombe dans les mêmes symptômes que la veille : il était encore cette fois comme l'autre sous l'influence de l'opium. Je regarde l'étiquette de l'huile prétendue camphrée ; elle ne portait que le mot de « liniment » ; mais j'aperçus au fond un dépôt rougeâtre : c'était du laudanum précipité.

Je m'arrête et m'empare encore de la fiole. Je mande aussitôt le médecin de la prison, avec l'autorisation légalisée duquel j'avais entrepris de soigner le malade ; je lui signale l'indigne substitution de médicaments dont notre malade avait failli être victime, et le prie de m'en donner l'explication. Il me certifie n'avoir rien ordonné que ce que j'avais écrit sur ma liste, et ce que l'on avait transcrit sur le livre de l'infirmerie. Or, sur le livre d'infirmerie qu'on nous apporte, nous avons beau le feuilleter, nous ne rencontrons pas une seule trace de pommade et d'huile camphrées ; la pommade et le liniment opiacés y en tenaient la place en toutes lettres. Comme je me récriais sur une telle manière d'agir, le médecin me répond avec un flegme imperturbable : « Que voulez-vous, monsieur ? je suis jeune et j'ai besoin de parvenir. » Cette phrase m'est restée gravée dans la mémoire, je la retrouve dans mes notes secrètes que je viens de feuilleter ; je l'ai redite depuis à cent personnes qui en ont frémi comme moi.

Quelle chance ! et le ciel m'en a envoyé de telles par poignées, depuis que je soigne les malades sous le glaive de Damoclès ; quelle chance ! je m'étais proposé de faire prendre un lavement avec une cuiller d'huile camphrée, immédiatement après la friction : ce lavement, selon la dose, eût peut-être coûté la vie au malade ; le dieu de ma médecine me préserva d'un tel malheur, comme en mille autres circonstances de ce genre.

Le laudanum est un alcoolat d'opium dont on fait un grand usage en thérapeutique, mais dont l'emploi exige la plus grande prudence.

3° Les journaux ont eu à s'occuper, vers la fin de 1850, d'une inadvertance médicale dans une prescription de ce genre qui a coûté la mort à un client : Depuis quelque temps, M. Labbé, directeur des postes à Alfort, était retenu au lit pour une indisposition qui ne présentait rien de dangereux. Son médecin lui prescrit un lavement dans lequel devaient entrer dix gouttes de laudanum ; mais au lieu de dix gouttes, par une déplorable distraction, il écrivit dix grammes. Le pharmacien livra les dix grammes sans se douter que ces dix grammes dussent entrer à la fois dans le lavement. Le malheureux Labbé mourut dans des souffrances atroces, quelque temps après avoir pris le lavement. On combattit les effets toxiques par le vinaigre et les sinapismes ; c'est tout le contraire qu'il fallait faire, et c'est par l'ammoniaque et l'eau sédative qu'il aurait fallu procéder pour obtenir au moins quelque soulagement.

Le médecin fut cité en police correctionnelle comme coupable de meurtre par imprudence.

On ne trouvera pas étonnant que quatre confrères aient tenté de l'innocenter en prouvant que M. Labbé était mort de toute autre maladie, quand on saura qu'Orfila était un des experts à décharge (les trois autres étaient les docteurs Rayre, Devergie et Bérard). Mais le tribunal préféra son propre avis et celui de l'opinion publique à l'avis de ces messieurs ; et le médecin fut condamné à 15 jours de prison et 500 francs d'amende. Il n'était coupable, lui, que d'une cruelle distraction ; les quatre autres se rendaient coupables d'une complaisance aussi répréhensible envers la justice qu'envers la science.

326. Tabac (219). L'usage du tabac est une passion toute moderne, sur notre continent. Il faut pourtant qu'il ait répondu à un besoin réel pour se propager avec une telle rapidité d'un bout de l'Europe à l'autre, et s'y maintenir avec tant d'opiniâtreté, en dépit du dégoût qu'il inspire aux fumeurs, et de la proscription dont l'ont frappé tant de systèmes de la médecine, laquelle, comme l'on sait, n'entend pas raison en fait d'or-

donnances. L'usage doit donc en être bon à quelque chose, en fait de
santé, puisque tant de gens s'en accommodent et ne s'en portent que
mieux ; ôtez-leur, en effet, l'usage de la pipe, et ils tombent malades.
Quel est le but de l'usage d'une substance dont l'abus est un poison? Ce
n'est, certes, point la nutrition. Donc c'est une médication ; le tabac pris
modérément est donc un condiment, avec lequel se familiarisent certaines personnes.

On le fume (219), on le prise, on le mâche ; dans l'une ou dans l'autre
manière d'en user, le tabac agit évidemment par une propriété dont
l'ammoniaque est la base.

En effet, que l'on humecte le tabac ordinaire avec un peu d'ammoniaque, et on lui prête un fumet qui lui donne du prix. Pilez et broyez
avec la potasse les feuilles du noyer dans un mortier brûlant, ou dans
une poêle à frire, et vous obtenez une poudre qui se comporte comme le
tabac à priser, et qui est même d'une odeur plus relevée, surtout si l'on
y ajoute quelques gouttes d'ammoniaque ; et j'ai tout lieu de croire que
l'on ne sophistique pas autrement le tabac ordinaire. On pourrait remplacer les feuilles du noyer par celles de pomme de terre, de jusquiame,
d'hellébore, d'aconit, ou par les graines d'*elaterium* et de coloquinte, etc.

327. Le tabac prisé agit, soit mécaniquement, et par sa forme pulvérulente, en titillant les papilles de la membrane pituitaire ; soit par
l'influence de ses qualités ammoniacales et du narcotisme de ses sucs,
sur l'organe olfactif.

328. Le tabac mâché, ou plutôt sucé sous forme de boule que l'on
tient dans la bouche, et que les hommes du peuple appellent *chique*, est
un condiment qui leur deviendrait nuisible, s'ils n'avaient soin de
rejeter la salive qu'il provoque, et qui s'en imprègne et s'en colore d'une
manière dégoûtante. L'estomac n'en reçoit que la quantité dont s'imprègne la salivation ordinaire ; les poumons en hument l'odeur, moins
décomposée que par le procédé de la pipe ou du cigare.

329. Nous avons dit que l'effet du tabac est un effet ammoniacal, et
partant antidigestif. Aussi le débutant qui fume immédiatement après
son dîner est sûr de décharger son estomac, encore plus facilement et
avec bien moins d'efforts que par l'émétique. Le tabac porte au cerveau
une ivresse pénible et convulsive, un tournoiement des objets environnants qui rend la station impossible ; son suc appelle la bile dans l'estomac, et de l'estomac dans la bouche ; il épaissit, comme en la savonnant,
la salive et surtout les expectorations pulmonaires ; l'organe du goût, à
qui l'acidité plaît tant, éprouve une répulsion, par l'afflux de sucs d'une
saveur contraire ; un sentiment de nausée accompagne tous les actes de
la déglutition et de l'expectoration ; on est malade, on subit un com-

mencement d'empoisonnement, qui serait complet, si la dose était plus forte. Or l'habitude peut finir par faire trouver du charme et un certain bien-être en ce qui, pour d'autres, porte le caractère d'un trouble grave dans toutes leurs fonctions. On s'habitue au tabac, comme Mithridate au poison, par une espèce de *tannage* de nos membranes, qu'on me passe l'expression; en sorte que la dose du poison semble diminuer en raison de la petite quantité qu'en laissent passer les parois du canal alimentaire. Tout organe, en effet, s'endurcit au mal qui l'afflige : c'est toujours, du tout à ses parties élémentaires, l'histoire du pauvre, qui finit, en souffrant, par suffire à la tâche à laquelle succomberaient l'oisif et le riche.

330. L'empoisonnement, par l'ingestion du tabac en infusion, n'est qu'un accroissement d'intensité des phénomènes morbides que nous venons de décrire; c'est leur durée qui tue, en suspendant toutes les fonctions d'aspiration, et partant de nutrition; et c'est la dose relative qui fait leur durée : tout est excès dans ce dont on n'a pas l'habitude. Le mauvais tabac est un double poison, par la nature de la sophistication et du mélange.

EXEMPLES D'EMPOISONNEMENT PAR LE TABAC OU SON ESSENCE. — 1° Le poëte Santeuil, chanoine de Saint-Victor, et qui a enrichi le bréviaire parisien d'hymnes dignes d'être placées à côté des odes d'Horace, sous le rapport du style et de la verve, mourut à Dijon, victime d'un empoisonnement par le tabac. Ses excentricités faisaient rechercher sa société par les princes; il était le commensal habituel du prince de Condé, alors gouverneur de la Bourgogne, et le point de mire de toutes ses plaisanteries. Un jour, étant à table, comme, dans le feu de la conversation et tout entier à l'anecdote qu'il racontait à sa manière, il avait déposé sa tabatière entre son assiette et celle du prince, celui-ci (d'autres disent que ce fut le jeune duc de Bourgogne) crut ne se permettre qu'une espiéglerie d'écolier en versant le contenu de la tabatière dans le verre de Santeuil, qui était rempli de vin d'Espagne. L'anecdote achevée, aux grands éclats de rire des personnes qui avaient vu le tour, Santeuil vide d'un trait la coupe empoisonnée; mais aussitôt il se sent pris de tranchées atroces, à la suite desquelles il succomba dans la nuit. Amusement de prince!

2° Nous avons eu sous les yeux, en 1851, l'exemple d'un empoisonnement de ce genre, mais commis par un *prince* digne de figurer à côté des plus grands scélérats, ou plutôt des plus imbéciles scélérats; je veux parler du procès Bocarmé, qui vint se dérouler, en juin 1851, devant la Cour d'assises de Mons (Hainaut). Ce Bocarmé ne voulut pas procéder avec des poisons vulgaires et connus de tous les vilains; il chercha dans la liste un poison vierge et qui n'eût été défloré par aucune main de rustre.

En conséquence, il prend le premier traité venu de toxicologie, et il tombe comme à point sur l'article de la *nicotine*, substance dont pas un chimiste n'aurait certainement pu alors lui décrire les propriétés. « Voilà mon affaire, se dit-il ; c'est un poison distingué de la foule, un poison digne d'être administré à des gens et par des gens de qualité. »

Le moyen d'extraction de la nicotine est des plus simples et des plus faciles ; pour lui, il se le rend difficile ; il se creuse la tête, il construit tout un laboratoire, il dresse tout un appareil distillatoire, comme pour dépouiller sa manipulation de tout le vernis de sa simplicité. Une fois qu'il a obtenu de ce produit une quantité capable d'empoisonner toute une armée, il l'essaye sur un chat, et puis s'apprête à l'employer sur Gustave Fougnies, son beau-frère, afin d'en être l'héritier par sa femme, et de donner ainsi à la fortune de cet infortuné jeune homme un possesseur d'un certain rang.

Il invite à souper sa victime ; et à un signal donné, Mme de Bocarmé court garder la porte, afin qu'aucun domestique ne vienne déranger Monsieur dans son opération sur la personne de Gustave son propre frère ; c'est, en vérité, d'un comique atroce et infernal : car ne voilà-t-il pas que Bocarmé veut faire avaler à son beau-frère le produit de son opération chimique ! et comme le malheureux s'y refuse, l'empoisonneur s'y prend de force, il renverse sa victime, qui se débat de tous ses membres, mais qui, malheureusement, n'avait pas la force de l'assassin (il était estropié et de la complexion la plus délicate). Bocarmé, dans le paroxysme de la rage, lui fourre le poison dans la bouche comme avec le poing ; il l'étrangle encore plus qu'il ne l'empoisonne. Le sang coule sur le parquet avec le poison corrosif que l'infortuné rejette. Enfin le scélérat lui met le genou sur la poitrine et l'achève en l'assommant.

Cette scène a l'air d'un rêve d'enfer, et l'on éprouve en la lisant une horripilation inexprimable.

Madame était dans ce moment plus esprit fort que nous, simples lecteurs ; elle ne bougea pas de son poste, et resta fidèle à la consigne, comme l'aurait fait le soldat le mieux discipliné.

Après des faits de cette sorte, tous constatés par l'instruction, je me demande encore si la justice avait besoin d'expertise. En France, aujourd'hui, où ces exhibitions judiciaires de chimie ont été depuis assez de temps réduites à leur juste valeur, on s'en serait certainement passé, ou bien on ne lui aurait pas laissé ses franches coudées. C'est dans un pareil cas, bien plus encore que dans tous les autres, que le fourneau du laboratoire n'emprunte sa lumière qu'au trépied de l'instruction criminelle, et que la chimie découvre tout ce qu'elle a lu dans l'arrêt de renvoi. Aussi ne m'arrêterai-je nullement à discuter les assertions pour ou contre de

MM. les experts invoqués par l'accusation ou par la défense dans cet épouvantable procès; la justice n'y a pas puisé un élément de plus de conviction, ni la science une idée nouvelle.

Si Gustave Fougnies est mort empoisonné, c'est un empoisonnement analogue à celui d'un homme que l'on gorgerait de charbons ardents ou de potasse caustique, pour étouffer ses cris et lui interdire la parole; le scélérat qui s'y est pris ainsi, au dire des beaux esprits des bagnes, n'aurait pas été à la cheville du scélérat le plus stupide, sous le rapport de l'imaginative : Il avait trop sottement calculé pour être considéré comme ayant joui de la plénitude de sa raison; mais pourtant, il avait trop longtemps calculé pour pouvoir être assimilé à un fou : la justice ne vit en tout cela qu'un monstre assisté par un lâche; elle condamna l'assassin à mourir et sa complice à vivre.

Laissons l'empoisonnement à l'exécration de l'histoire, et revenons-en au poison qui est du domaine de notre sujet.

La nicotine est plus que la quintessence du tabac; c'est, si je puis m'exprimer ainsi, un poison surajouté et qui sert de véhicule à l'élément actif auquel le tabac est redevable de ses propriétés toxiques.

Je m'explique : pour obtenir la nicotine, on traite le tabac par la potasse caustique, et l'on soumet le tout à la distillation ; ce qui arrive dans le récipient, c'est la nicotine. Or il faut vraiment se placer un voile sur ses yeux de chimiste pour ne pas comprendre qu'il doit ainsi passer par l'alambic, et arriver dans le récipient, encore plus d'ammoniaque concentrée que d'huile essentielle. Car il est impossible de traiter une plante par la potasse sans éliminer l'ammoniaque de ses sels inorganiques, ou des tissus organisés auquel elle sert de base organisatrice. Or rien n'est plus riche en tissus et sels ammoniacaux que les plantes de la famille des solanées.

Mais rappelez-vous ensuite un autre principe de toxicologie, qui établit que les substances toxiques agissent avec d'autant plus d'énergie que les tissus vivants sont plus dénudés; rappelez-vous qu'on tue un animal en appliquant sur une simple égratignure la plus petite quantité d'une substance dont il pourrait avaler impunément des grammes; vous concevrez alors que la nicotine, mélange d'essence de tabac et d'ammoniaque caustique, opère avec mille fois plus d'énergie que le suc du tabac tout seul. Car le caustique sert, pour ainsi dire, de lancette au poison et l'inoculerait tout aussi profondément que la lancette à travers l'épiderme, à plus forte raison dans les muqueuses.

Cependant ce composé est si corrosif qu'il est impossible qu'on arrive, sans le repousser, à en déguster une goutte, et partant qu'on s'en empoisonne, même avec le dessein qu'on aurait formé de se suicider.

Jamais Gustave Fougnies n'aurait été empoisonné à l'aide de ce breuvage, si son assassin ne l'avait pas étouffé à force de l'en tamponner.

Cela dit, je détourne les yeux de ces atrocités sans nom et sans logique, et dont les plus stupides animaux ne sauraient se rendre coupables, pour rentrer dans le cadre de mon sujet.

331. On administre le tabac en lavement, dans beaucoup de cas de constipation opiniâtre, ou pour débarrasser le côlon des helminthes qui y pullulent. La dose ne doit jamais dépasser la grosseur d'un pois dans un lavement (*); car autrement, et à trop forte dose, l'intoxication peut tout aussi bien se réaliser que par l'ingestion dans l'estomac. Ces lavements possèdent, à faible dose, une vertu purgative énergique; et en outre, ils entraînent au dehors des masses d'ascarides vermiculaires vivantes, et souvent de fausses membranes qui sont le produit de l'exfoliation des intestins dévorés de ces helminthes, membranes que l'on prendrait, au premier coup d'œil, pour des portions d'intestins même, lesquelles se seraient détachées par suite d'invagination.

332. 4° JUSQUIAME, BELLADONE, ACONIT, STRAMONIUM DATURA OU POMME ÉPINEUSE, RENONCULE, ANÉMONE, SOLANÉES. Plantes vénéneuses dans toutes leurs parties, mais surtout dans les racines et les feuilles. La congestion cérébrale est si forte par les deux premières (**), qu'elle s'étend, comme une pléthore nerveuse, jusque dans le globe de l'œil, dont l'humeur vitrée, augmentant en volume, dilate par conséquent la pupille d'une manière extraordinaire; la vision se trouve suspendue comme toutes les autres fonctions : le globe de l'œil déformé se prête par des apparentes réalités à toutes les hallucinations que le cerveau imagine; l'ivresse qui résulte de ce genre d'empoisonnement peut aller jusqu'au délire. Mais ce dernier signe n'est pas de mauvais augure, comme le seraient le coma, la léthargie, et une prostration de forces qui durerait trop longtemps.

Il paraît qu'en certaines saisons et sur certaines personnes, les baies de sureau sont dans le cas de produire de graves symptômes d'empoisonnement narcotique, qui ne se termine cependant pas, que je sache, par la mort. C'est pour cela que je n'ai pas osé les faire entrer comme matière colorante dans la composition de mon vin artificiel. (*Voyez*, à ce sujet, la note de Gaspard Kolichen, dans les *Actes de Copenhague*,

---

(*) *Voyez*, sur un cas d'empoisonnement produit par l'administration de quinze grammes de tabac en lavement contre une hernie étranglée, d'après l'ordonnance du Dr Japiot, le *Bulletin général de thérapeutique*, nov. 1843.

(**) Van Marum a reconnu le premier, au commencement du dix-huitième siècle, la propriété qu'a la belladone de dilater la pupille; et c'est Demours, célèbre oculiste de ce temps, qui vulgarisa en France, dans l'intérêt de son art, la découverte du savant Hollandais.

ann. 1671-1672, obs. 79.) Le *Constitutionnel* du 18 juillet 1844 a rapporté un cas de ce genre chez un enfant de Versailles.

333. 5° GRANDE ET PETITE CIGUË, TUBERCULES DE L'OENANTHE CRO-CATA, etc. Le mode d'action de ces diverses plantes est analogue à celui des précédentes; les différences ne tiennent qu'à des modifications; quant aux symptômes, ils varient selon les doses, les circonstances, selon les prédispositions individuelles, et surtout selon celles du descripteur. Dépouillez ces assommantes descriptions de cas particuliers, qui ont force d'arrêts dans les écoles, de l'appareil local de l'empoisonnement, du paysage, de la date, du portrait des assistants, et des paroles du patient ou de la victime, et vous les ramènerez toutes à la même formule; formule désespérante, composée d'autant d'inconnues presque qu'elle a de termes : triste inventaire que celui de la toxicologie, quand on y procède ainsi! La vertu toxique, en outre, de chacune de ces plantes diminue avec le climat; la même plante est un poison bien plus actif, sauvage que cultivée; témoin la salade qui n'est autre que la laitue vireuse. La ciguë, cultivée dans nos jardins, aurait peut-être épargné un crime de plus à la justice des hommes : Socrate aurait pu survivre à son arrêt de mort. Dans le même climat, et toutes choses égales d'ailleurs, du condiment au poison il n'y a que l'espace d'un atome. Que manque-t-il au persil pour être la ciguë? Le persil empoisonne les perroquets.

M. Nicole, pharmacien à Dieppe, a expérimenté sur lui-même la différence énorme d'action qui existe entre la grande ciguë qui vient sur les hauteurs, et celle qui croît dans les haies et sur les bords toujours humides de la Béthune et de la rivière d'Arques, localités où la grande ciguë croît communément, tandis qu'aux environs de Paris, la culture en a heureusement dépeuplé nos campagnes. Il m'a souvent dit avoir pris impunément jusqu'à un grain de la ciguë des bords de ces deux rivières, tandis que la seule préparation pharmaceutique de la ciguë des hauteurs, et des plateaux secs et arides de la Normandie, avait suffi pour produire sur les garçons de son laboratoire des effets toxiques souvent alarmants.

Et c'est là ce qui explique les anomalies que les auteurs les plus recommandables ont observées relativement aux effets de la ciguë : cette plante mitige sa puissance en la délayant, pour ainsi dire, dans une séve plus aqueuse; elle étend d'eau son poison et en diminue la dose. Car, d'après Galien, une femme d'Athènes s'était accoutumée, comme Mithridate, à manger impunément de la ciguë. Scaliger assure que, dans le Piémont, on employait, de son temps, comme aliment, la racine de cette plante, et que lui-même lui avait trouvé la saveur du chervis. Srobelberger, dans sa *Description de la Gaule politique*, rapporte avoir vu souvent, dans le Languedoc, manger impunément de la ciguë qui croît, à la hauteur de deux pieds, dans les fentes des rochers. Nicolas Fontanus fait mention d'une femme qui se procurait du sommeil en mangeant de la ciguë dans la salade, sans doute parce que le vinaigre y servait d'antidote au poison, et transformait ses qualités vénéneuses en qualités soporifiantes.

Les effets toxiques et mortels de la ciguë varient selon les constitutions, les habitudes et le genre de nourriture. Les chiens, les loups, les aigles en éprouvent des convulsions et comme des accès de rage. Les mammifères urinent abondamment. L'homme éprouve des vomissements pénibles, des vertiges, syncopes, attaques d'épilepsie, le tétanos, de la roideur dans les membres, un froid glacial, des déjections d'un noir verdâtre ; il sent comme un bol qui lui remonte et lui redescend le long de l'œsophage, indice peut-être de la présence de quelque lombric qui se débat à son tour contre l'action du poison que le parasite partage avec sa victime. A l'autopsie, on trouve que le cadavre a peu de tendance à la putréfaction : la ciguë, qui a empoisonné le vivant, embaume le cadavre ; elle est antiseptique et vermifuge. Le sang est fluide et vermeil dans les gros vaisseaux, grumelé dans les sinus du crâne ; on trouve des taches rouges sur les parois de l'estomac, à la place où ont séjourné des morceaux de racine (*).

Les botanistes prétendent que Bulliard et ses copistes ont figuré le *Cicuta maculata* de Lin., plante d'Amérique septentrionale, pour le *Cicuta virosa*; nous sommes d'avis que la nature les prend souvent l'une pour l'autre, et que rien n'est variable comme le port et la physionomie de la grande ciguë, selon qu'elle croît dans les lieux humides ou sur les coteaux.

Quant à la petite ciguë (*Æthusa cynapium* Lin.), que l'on confond si facilement avec le cerfeuil (*Chærophyllum sativum* Lin.), nos observations fréquentes nous portent à admettre, nonobstant les différences dans les organes de la fructification, que la petite ciguë n'est qu'une dégénérescence du cerfeuil venu à l'ombre et dans une localité humide. On arrive du cerfeuil à la petite ciguë par des transitions à l'infini, en le cultivant de plus en plus à l'ombre et à l'humidité. Nous avons fait connaître, dans notre *Physiologie végétale* des transformations beaucoup plus surprenantes que celle-ci. Nous sommes porté à croire que l'action toxique de la *petite ciguë* n'est pas aussi dangereuse qu'on l'a dit : tant il nous semble que les méprises doivent être fréquentes (**).

(*) *Voyez* Jean-Jacques Wepfer, *Cicutæ aquaticæ historia et noxæ* (*Ephem. cur. nat,* dec. 2, ann. 6, 1687, appendice du vol. de l'an 1688. Cet appendice a été reproduit à part. — Matthiole *sur Dioscoride,* liv. 4, ch. 74, et liv. 6, ch. 11. — Kircher (*Scrutin. pestis,* pag. 203).

(**) Voyez *Revue complémentaire,* livr. de déc. 1855, tom. II, pag. 138.

Nous ne serions pas non plus éloigné d'admettre que la ciguë vireuse (*Cicuta virosa* Lin.) devient le *Conium maculatum* Lin., ou grande ciguë, en passant des endroits humides dans les terrains secs (*). Les botanistes ont séparé, souvent à tort, ce dont l'instinct populaire avait si bien deviné l'analogie; aussi règne-t-il à ce sujet, dans nos livres, une confusion qui, bien des fois, a dû occasionner des méprises déplorables.

Ce ne sont pas là les seules espèces d'ombellifères qui soient dans le cas de causer de déplorables accidents, par suite de la folle imprudence des enfants ou des gens qui ne doutent de rien et ne se méfient de rien. Il est arrivé fréquemment que les enfants et les paysans ont pris, pour des racines de panais ou de salsifis, les racines de l'œnanthe safranée (*OEnanthe crocata* Lin.), plante qui croît dans les endroits marécageux, dont la tige part d'un faisceau de racines pivotantes de la grosseur d'un gros salsifis rendant un suc jaunâtre. C'est un poison énergique que les bestiaux eux-mêmes ne sauraient manger impunément. Il importe aux cultivateurs de purger leurs prairies de cette plante, et aux mères de famille de signaler le danger de ces sortes de chatteries à leurs enfants qui courent les champs; on cite des cas d'empoisonnement chez les jeunes maraudeurs, pour avoir gardé un certain temps dans la bouche des tuyaux de ciguë dont ils s'étaient fait un chalumeau.

334. 6° Noix vomique *(Strychnos nux vomica)*; strychnine (ou sel à base d'ammoniaque extrait du suc de cette plante); Fève de Saint-Ignace *(Ignatia amara)*; upas tieuté (dont le suc sert aux Javanais pour empoisonner leurs flèches). Poisons qui, après l'acide prussique, agissent avec la plus grande promptitude et produisent les désordres les plus violents. Je ne puis rapporter qu'à la strychnine, administrée à dose insuffisante, la tentative, fortuite ou non, d'empoisonnement dont je fus victime le 15 mars 1844, et dont les conséquences, jointes à celles de fréquentes tentatives à petites doses par le sublimé corrosif, ce dont je ne dois pas encore parler, m'ont légué, pendant trois mois, les plus affreux symptômes que j'aie jamais éprouvés de ma vie. Je vais décrire l'accès (**), en renvoyant en son lieu l'histoire complète de la maladie.

Le jeudi 14 mars, j'avais couru toute la ville, dans le meilleur état de santé, pour diverses affaires. Le soir, j'avais dîné dans l'appartement de mon ami M. Nell de Bréauté, en compagnie de M. Horteloup, médecin

---

(*) Voyez *Revue complémentaire*, livr. de février 1855, tom. I, pag. 225.

(**) *Sine irâ et studio, quorum causas procul habeo.* Tacite. Il y a des gens pour lesquels en pareille circonstance le *moi* paraîtra ennuyeux ou ridicule. S'ils voulaient dire toute leur pensée, ils avoueraient que le *moi* leur rappelle des faits plus sérieusement odieux.

de Sainte-Périne, et j'avais dîné de bon appétit. Rien, dans la soirée ni dans la nuit, ne me présageait l'indisposition même la plus légère. Le lendemain, selon mon habitude, je rédigeai depuis le matin jusqu'à midi, et descendis à une heure pour déjeuner ; je ne trouvai sur la table qu'un morceau de raie, dont je ne pris que quelques bouchées, ce mets n'étant pas trop de mon goût ; je causai deux heures de suite avec des malades qui étaient venus me consulter pour des enfants. Je m'aperçus alors que je n'avais pas encore pris mon café, mon digestif ordinaire, et qui m'attendait depuis deux heures auprès du feu, la tasse en étant restée pendant tous ce temps-là sur la cheminée. Je le versai dans la tasse, et le pris d'une seule gorgée, pour m'en débarrasser plus vite, tant il sentait le *graillon*, ce que je n'attribuai qu'à ma négligence, et je sortis aussitôt pour aller m'amuser à tailler la vigne de notre potager. La journée m'avait paru jusque-là magnifique ; en ce moment, il me sembla que l'atmosphère était de glace, et que l'air se refroidissait avec rapidité ; quelque chose de sinistre me disait de remonter pour me jeter sur mon lit ; il en était temps : je commençais à éprouver des tressaillements, des soubresauts dans tous les membres, puis peu à peu des mouvements convulsifs et comme une danse de Saint-Guy ; j'avais les extrémités froides comme du marbre, et quelquefois je ne les sentais plus. Par bonheur qu'en ce moment la plus jeune de mes enfants monta, par hasard, dans ma chambre et appela du secours. On travailla une heure et demie à me réchauffer les extrémités avec des linges brûlants et des bouteilles remplies d'eau chaude. Je me prescrivis force bourrache chaude. J'éprouvais par intervalle un épisthotonos qui me cambrait l'épine dorsale en arrière, et des pandiculations qui me tordaient les bras. Je m'écriais alors, les poings serrés : *Ah! que cela me fait du bien!* ou bien : *Ils m'ont manqué!* en poussant des sanglots dont je rougis encore. A neuf heures du soir seulement, j'eus le bonheur de vomir, quoique avec les plus grands efforts, sans avoir pris aucun vomitif : je ne rendis que mon faible déjeuner du matin, ce que je ne reconnus qu'à l'odeur, car les matières étaient bien digérées. Dès ce moment, les convulsions cessèrent ; j'eus la force de me déshabiller. Le sang se portait au cerveau, à mesure que les extrémités se réchauffaient. J'étais moulu, courbaturé ; j'avais les membres rompus, et cet état me dura toute la nuit, et toute la journée du 16 ; je ne pouvais plus me retourner dans mon lit, sans pousser un cri aigu. Mes urines étaient chargées et sédimenteuses ; le camphre, que je mâche comme du pain, je l'avais pris en dégoût ; je buvais avec passion de l'eau sucrée froide. Pendant trois jours, je suis resté dans une stupeur qui ne me permettait même pas d'écouter la moindre petite question sans me sentir le cerveau comme bondir dans la tête ; je faisais signe qu'on ne

me parlât plus. Le samedi soir, 16, je pris de l'aloès, avec un léger repas
à sept heures ; le dimanche 17, je me levai ; le lundi, faiblesse, malaise,
velléité de chorée et de soubresauts, pendant que je m'étais jeté sur mon
lit. On me fit du feu, je m'approchai du poêle ; et tout cela passa, pour
prendre, trois jours après, des caractères que je décrirai plus au long,
en m'occupant plus spécialement de l'étude des maladies.

A tous ces caractères, il serait difficile de ne pas reconnaître un
empoisonnement par la strychnine à bien faible dose, surtout en songeant que jamais de ma vie je n'ai éprouvé la moindre convulsion, même
après les indigestions les plus graves.

On me demandera sans doute comment la strychnine aura pu se
glisser dans ma tasse à café : je l'ignore ; mais on ne doit pas oublier
qu'il en faut bien peu pour produire des effets toxiques encore plus
graves ; un seul grain (5 centigrammes) suffirait pour donner la mort.
Tout ce que j'ai éprouvé arriverait au premier venu, si l'on se contentait
de passer, sur la paroi de sa tasse, le doigt à peine enfariné de cette
poudre. J'ajouterai que je n'ai jamais conservé chez moi qu'un seul petit
paquet de strychnine, renfermant à peine un centigramme, pour des
essais microscopiques ; que ce paquet était encore intact, et que le flacon
qui le renfermait, avec une foule d'autres petits paquets, n'avait jamais
été débouché depuis dix ans. Voilà tout ce que je sais de certain en fait
d'arguments négatifs. Quant aux arguments affirmatifs, quant aux
soupçons que cet événement a pu faire naître, mes amis en eurent
de fort graves, que j'ai peut-être partagés ; mais j'ai vu la justice
exposée, dans ces sortes de cas, à de si graves erreurs judiciaires, que
j'ai toujours reculé devant l'idée de la mettre sur la voie du coupable,
soit comme expert, soit comme victime ; l'accusation grossit et multiplie
tout ce à quoi elle s'applique : c'est un inconvénient inséparable de
toutes les enquêtes qui ont pour but la recherche du coupable et la protection de la société ; un homme d'honneur ne doit arriver auprès d'elle
qu'avec l'évidence des faits et non l'équivoque des soupçons. Je me
contentai donc d'expliquer le cas au public : « S'il existe un coupable,
dis-je dans la deuxième édition de ce livre, je ne pense pas qu'il recommence : cette page sera son épée de Damoclès. »

335. 7° Poisons organiques urticants et vésicants. Ces poisons végétaux ou animaux produisent, les uns par simple application, les autres
par ingestion, une éruption rougeâtre et à peau de chagrin, et souvent
des ampoules et vésicules, le tout accompagné quelquefois d'accidents
graves à l'intérieur. Leur principe est acide, puisqu'il est rubéfiant, et
que l'eau sédative à base d'ammoniaque est leur antidote :

α Orties *(Urtica dioica* et *urens* Lin.). Ces plantes, hérissées de piquants siliceux que termine une vésicule pleine d'un suc âcre, produisent sur la peau une rubéfaction caractéristique; la vésicule du poil crève, et le poil, en pénétrant dans l'épiderme, inocule le virus dans la peau. On éprouve aussitôt une violente cuisson, et une fièvre qui pourrait prendre des caractères aussi graves que toute autre fièvre, si l'on se flagellait le corps avec des orties. L'application de la première plante venue, pourvu qu'elle soit succulente, suffit pour apaiser cette cuisson, en saturant l'âcreté des orties par les sels acides de ses propres sucs.

6 *Rhus toxicodendron* et *radicans* Lin. L'application des feuilles de ces deux arbres sur la peau, et la simple action des gaz qui s'en exhalent, suffisent pour produire une rubéfaction pire que celle des orties, et qui est quelquefois suivie d'une action stupéfiante. Nous avons vu un jardinier qui eut tout le bras engourdi et couvert d'éruptions pour avoir émondé sans précaution un de ces arbrisseaux dans notre jardin.

7 L'action des moules, des œufs de barbeaux, et, chez certaines personnes, des poissons en général, produit des effets analogues. Le corps se couvre de petites papules rouges, indurées, et souvent comme de gros clous; le derme durcit surtout au visage; les tempes battent et le pouls s'élève; on est menacé d'une congestion cérébrale, et l'on ne peut plus retrouver le sommeil. L'action des cantharides est accompagnée d'accidents de la plus haute gravité, dont nous parlerons en leur lieu.

Qu'on s'imagine, par analogie, ce qu'il en arriverait si, au lieu d'être appliqués sur la peau, ces poisons étaient ingérés ou aspirés en poussière fine! Quel nom donnerait-on à la maladie, si le médecin en ignorait l'origine?

8 L'huile de *croton tiglium*, plante voisine du ricin, étendue sur la peau, y cause aussi une vésication caractéristique; que serait-ce, si l'on en prenait trop en purgation: cinq centigrammes seulement produisent une superpurgation à mettre le malade sur le flanc.

336. 8° POISONS ORGANIQUES CAUSTIQUES ET DÉSORGANISATEURS. Le suc de certaines plantes produit sur la peau qu'il désorganise de légères escarres qui subsistent assez longtemps. Telles sont la chélidoine (*Chelidonium majus* Lin.) à suc jaune; la laitue vireuse (*Lactuca virosa* Lin.); les diverses espèces d'euphorbes ou tithymales (*Euphorbia*); les agarics lactescents, tels que les *Agaricus piperatus, lactifluus, acris, necator*, etc. Pris à l'intérieur, tous ces sucs ont une qualité laxative qui, selon les doses, peut devenir drastique et même mortelle; on ne cautérise pas, en effet, impunément les muqueuses sur une grande surface et à une grande profondeur. La *thridace* est un extrait aqueux du suc du *lactuca*; le *lacucarium*, mille fois plus actif, est le suc lui-même, obtenu, comme l'opium, par l'incision pratiquée sur la tige.

C'est ici qu'il faut ranger, il nous semble, le principe si caustique et si volatil des *arum*. Les feuilles de l'*Arum maculatum* (gouet, pied-de-veau), très-commun dans nos haies, sont vomitives et vénéneuses à haute dose. Le suc de l'*Arum seguinum*, qu'on nomme à Saint-Domingue la *canne marone*, forme sur le linge des taches indélébiles, et il suffit de deux gros pris à l'intérieur pour faire mourir dans les plus grandes douleurs d'entrailles. Si l'on se met à la bouche une simple paille trempée dans le suc de la tige fraîche, on ne tarde pas à avoir les lèvres et les gencives brûlantes et enflées. Cette propriété diminue ou disparaît par la dessiccation de la plante. La culture semble avoir fait perdre à l'*Arum sagittœfolium* ces propriétés ; car à Cayenne, où on l'appelle *chou caraïbe*, on en mange les racines.

Le mancenillier (*Hippomane mancinella* Lin.), arbre de l'Amérique tropicale, voisin des euphorbes, et dont le suc blanc laiteux répand une odeur agréable, analogue à celle des feuilles d'absinthe et de tanaisie, cause, même à distance, des effets toxiques qui sont variables selon les saisons et les températures, et surtout selon les accidents du hasard. Une goutte appliquée sur la langue produit une chaleur brûlante dans l'arrière-gorge ; le simple contact de la plante détermine sur le visage une vive démangeaison, suivie d'érysipèle. Un gros suffit pour occasionner la mort, au bout de dix ou douze heures, par ingestion dans l'estomac, et au bout de vingt à trente, par simple application sur la peau. Il arrive aussi fort souvent que les voyageurs qui s'endorment à l'ombre de cet arbre ne s'éveillent plus ; car il suffit pour cela que le hasard leur fasse respirer une dose suffisante de ces feuilles broyées par les vents en fine poussière. Supposons ensuite qu'après une grande sécheresse, un de ces vents des colonies, qui broient les arbres comme du verre, s'élève tout à coup dans ces parages ; de quelle épidémie ne deviendrait pas la cause la poussière ainsi disséminée du mancenillier !

337. 9° La GOMME-GUTTE, gomme-résine d'un beau jaune, qui découle du *Guttœfera vera* (*Cambogia gutta* Lin.), possède cette causticité à un degré très-faible, mais capable pourtant d'occasionner, par son ingestion, des accidents assez graves. Aussi les peintres au lavis, qui en font un grand usage, doivent-ils s'en méfier, et ne pas trop porter leurs pinceaux à la bouche. Cette gomme-résine est drastique.

Le JALAP, la SCAMMONÉE, le suc de certaines cucurbitacées, de la coloquinte, de l'*elaterium*, etc., et même le suc du melon, entrent dans cette catégorie. La courge et le melon seraient des drastiques aussi violents que la coloquinte, si le principe toxique de cette famille n'était pas, dans leur suc, délayé par le principe aqueux, de manière à ne nous arriver à la fois qu'à fort petite dose. Le melon, c'est la coloquinte étendue de beaucoup d'eau sucrée; de là ses propriétés laxatives et rafraîchissantes.

338. 10° CHAMPIGNONS (*fungi*). Cette dernière réflexion s'applique surtout à cette nocturne famille, si riche en espèces et si féconde en empoisonnements. Il est telle espèce comestible et inoffensive, qui n'offre pas la plus légère différence avec l'espèce malfaisante; de là toutes ces méprises funestes où tombent les meilleurs connaisseurs et dont retentissent chaque année les feuilles publiques. Tous les voyageurs assurent que les Russes mangent impunément les espèces de champignons qui, dans nos climats, ne manquent jamais de produire les empoisonnements les plus terribles. Cela tient-il à la différence du climat, ou à la différence des méthodes culinaires? Le froid du Nord apprivoise-t-il l'espèce vénéneuse, comme la culture civilise l'espèce sauvage? Mais ces champignons reprennent toute leur malfaisance, même dans la Russie, dès qu'ils ne sont plus préparés par des Russes. On dit que les Russes préparent ces comestibles au vinaigre, et que c'est à cet ingrédient qu'ils sont redevables de l'innocuité de ces poisons. S'il en est ainsi, et jusqu'à présent nous n'avons, en France, aucune expérience qui le confirme ou l'infirme, cela viendrait à l'appui de l'opinion que nous nous sommes faite de la manière d'agir des poisons de cette classe; nous avons établi, en effet, que leur base ou leur produit tenait de l'ammoniaque.

L'espèce la plus inoffensive peut devenir nuisible, en vieillissant, même dans un ragoût, ainsi que je l'ai éprouvé sur moi-même, en mangeant un mets semblable préparé de la veille, et que la veille j'avais mangé impunément. Car la décomposition des champignons est toujours putride : or les champignons étant tous des plantes nocturnes, leur caducité et leur décomposition commencent dès qu'ils viennent s'épanouir au jour. Éphémères du règne végétal, ils meurent dès qu'ils ont pondu, et ils se décomposent dès qu'ils sont morts. Les plus vénéneux ne sont peut-être que les plus caducs et les plus éphémères; ils seraient peut-être comestibles, si on les récoltait, comme les truffes, quand ils sont encore enfouis sous le sol. Au reste, toutes les règles que l'on donne dans les livres pour reconnaître les champignons vénéneux ne sont basées que sur des cas particuliers, et sont toujours démenties par des exceptions nombreuses.

Quelques espèces, telles que les *Agaricus acris*, *piperatus*, etc., et tous les lactescents, agissent à la manière des caustiques, par le suc corrosif qui s'en échappe, à la moindre solution de continuité; et, sous ce rapport, leur action les classe dans le paragraphe précédent (336).

Nous avons établi déjà que les virus ne sont pas tels pour toutes les espèces d'animaux. Que d'insectes vivent et se nourrissent des végétaux et des champignons qui nous empoisonnent! Cela vient de ce que leurs organes digestifs décomposent le virus plus vite que ne le font nos propres organes, et que leurs organes digestifs sont organisés sur le type des ruminants, chez qui les poisons agissent moins activement que chez l'homme : Je ne sais pas quelle sorte de plantes vénéneuses je n'ai pas fait manger à une chèvre, sans qu'elle en ait paru incommodée le moins du monde (*).

Je reviens maintenant sur ce que j'ai dit de l'innocuité des champignons en Russie : Cela est dû à la manière de les récolter et de les préparer.

Il paraît, en effet, que les champignons les plus vénéneux ne le sont pas encore, quand ils sont enveloppés de leur coiffe et qu'ils sortent à peine de terre; comme d'un autre côté, ainsi que nous l'avons dit plus haut, ces comestibles acquièrent en vieillissant ou en macérant quelque chose de vénéneux :

Car, la *Clinique allemande* de juillet 1856 a cité un cas d'empoisonnement causé par l'*Helvella esculenta* ou *Morchella esculenta,* que d'habitude les paysans de l'endroit mangent impunément, et qui vient en abondance dans ces parages.

Le *Moniteur* des 25 et 26 mai 1851 a rapporté un cas d'empoisonnement de 22 personnes qui ont succombé pour avoir mangé d'un plat de *bolets comestibles* que l'on connaît parfaitement dans le pays, et que l'on n'y saurait confondre avec toute autre espèce dangereuse.

On sait, dit Ventenat, éditeur de Bulliard, que dans plusieurs départements, tels que celui de la Corrèze et de la Haute-Vienne, les citoyens peu fortunés mangent indistinctement tous les agarics charnus qui n'ont pas passé le terme de leur développement complet, après avoir eu la précaution de les faire bouillir dans l'eau (**).

Mais ce que Ventenat oublie d'ajouter, c'est qu'on rejette l'eau dans laquelle on a fait bouillir ces champignons, et qu'on les exprime bien ensuite avant de les préparer à la sauce.

Dès 1781, ce procédé avait été publié par les feuilles publiques. Il suffisait, d'après l'annonce, pour pouvoir manger sans avoir rien à en craindre les champignons les plus nuisibles, de les faire passer préalablement par une eau bouillante avec un filet de vinaigre et de rejeter cette première eau.

Or ce procédé était parfaitement bien connu des anciens; il est décrit dans le livre culinaire d'Apicius Gœlius *(de re Coquinariâ* (***); on passait,

(*) Voyez *Revue complémentaire,* tom. I, 1855, pag. 491.
(**) *Herbier de la France. Champignons,* tom. II, 2ᵉ partie, pag. 672.
(***) Voyez *Revue complémentaire,* tom. Iᵉʳ, 1854, pag. 425.

d'après ce cuisinier célèbre, les champignons à l'eau bouillante ; on en exprimait le suc quand ils étaient encore tout chauds et on les faisait sécher, pour s'en servir plus tard en les préparant à une sauce au vinaigre assaisonné d'épices de toutes sortes.

Enfin les journaux de médecine du mois d'avril 1857 nous ont parlé d'un fait qui réduirait à rien toutes nos appréhensions, et renverserait tout ce qu'on a dit jusqu'à ce jour des accidents survenus par les champignons, si l'on devait le croire : Le fils d'un médecin de Senlis (Oise) se faisait fort, dit-on, de manger impunément et crus tous les champignons qu'il aurait rencontrés dans les bois. Mais nous sommes si habitués à ces merveilles des journaux de médecine, que nous n'avons considéré cette nouvelle que comme un moyen de se faire citer par les journaux politiques. Nous n'avons pas, du reste, appris depuis que l'on ait donné suite à ces essais phénoménaux : on s'est contenté de les enregistrer.

Cependant je serais assez porté à croire que si l'on avait soin de cracher la salive en mâchant les champignons crus, et de n'en avaler les parties solides que lorsqu'on les aurait ainsi épuisées de leurs sucs, on pourrait bien en réduire à fort peu de chose les qualités toxiques, qui résident spécialement dans leur sève. Que d'autres que moi le tentent ; jusque-là je resterai dans ma prudence.

339. 11° Moisissures. Lorsque nos académies françaises s'aperçurent de l'extension que prenait notre système, à la suite surtout de la publication de ce présent ouvrage, et qu'elles virent la popularité qu'acquérait chaque jour la théorie du parasitisme des infiniment petits, elles voulurent en détourner l'attention par quelque chose d'analogue, et elles firent jouer aux moisissures le rôle que notre système faisait jouer aux insectes dans le cadre nosologique. Elles préféraient voir les hommes moisis plutôt que sucés, et couverts de moisissures plutôt que de vers. Les moisissures furent le sujet des trois quarts de leurs lectures ; tout homme bien pensant, en fait de causes de nos maladies, devait ne penser qu'au moisi. Cependant comme cette excentricité par trop académique n'allait pas à tout le monde, alors on restreignit l'influence morbide des moisissures aux végétaux exclusivement.

Mais c'est, au contraire, sur les végétaux que l'absurdité de cette idée doit sauter aux yeux des plus académiques. Car il est évident, pour quiconque a un tant soit peu observé, il est évident que les moisissures, au lieu de déterminer une maladie végétale, ne poussent au contraire que sur les tissus ou les sucs végétaux préalablement détériorés par la maladie. Un suc ne commence à moisir que lorsqu'il se décompose et qu'il vire au pourri.

Car la moisissure n'est point morbipare par son développement ; seulement ses produits ingérés sont funestes aux animaux; elle n'est point un parasite, mais un poison.

Depuis que nous l'avons eu suffisamment avertie, la première académie du monde (au moins c'est elle qui le dit) a fini par renoncer aux moisissures pour s'occuper avec un peu plus d'intérêt de la question des infiniment petits parasites.

Les moisissures causent à l'estomac des accidents analogues à ceux de l'ingestion des champignons, et qui sont caractérisés au début par des coliques et la diarrhée; le pain moisi est dans ce cas. Le pain moisi est rare à Paris; il est fréquent dans le midi de la France, où l'on fait le pain plus aqueux, afin de pouvoir le conserver en provision pendant toute une semaine. Cela provient aussi sans doute de ce que, dans le Midi, on se sert du levain préparé avec la pâte aigrie, tandis que, dans le Nord, on emploie pour levain la *levûre de bière*.

Cependant, en 1845, la sollicitude des chefs d'état-major fut éveillée par les moisissures qui apparurent assez longtemps sur le pain de munition de la garnison de Paris, et qui donnaient aux soldats des tranchées et autres espèces de dérangements du tube intestinal. Cette moisissure était rouge de brique et même de sang; elle se montrait sur toutes les crevasses. Nos naturalistes de Paris n'avaient rien vu de tel; il est vrai que le mauvais pain que nos adjudicataires de fournitures procurent aux soldats et aux prisonniers, avec leurs farines avariées de féveroles et autres grenailles de vil prix, ne nous ont jamais rien présenté de tel, même de 1830 à 1836, période pendant laquelle nous n'avons cessé d'élever la voix contre ce scandale protégé par l'usage des pots-de-vin. Mais ce fait, nouveau pour Paris, est fort ancien pour le midi de l'Europe : Je me souviens qu'en 1824 un village des environs de Venise fut mis en grand émoi par l'apparition de taches, que la superstition prenait pour des taches de sang, sur la *polenta de maïs* qu'un paysan conservait dans une armoire, comme provision du lendemain. Chacun criait au miracle, et le bruit du miracle se répandait au loin, lorsqu'un botaniste, attiré par la célébrité du fait, put se convaincre que ces taches de sang prétendues n'étaient que des *taches de moisissures rouges*, dont il fit, selon l'usage, un *genre nouveau*; dès ce moment, le miracle passa dans le domaine de la mycologie, et il n'en fut plus parlé. La moisissure du pain annonce toujours un pétrissage défectueux, tel que le réclament les farines provenant de grains avariés.

340. 12° SEIGLE ERGOTÉ. Transformation de l'ovaire des graminées, et principalement du seigle, en un organe fongueux, prenant la forme d'une espèce d'*ergot* chez le seigle, l'*Arundo phragmites*, etc., mais conservant assez bien celle de l'ovaire normal, chez le blé, le maïs, etc.

Les fig. 15 et 16, pl. 9, représentent cette production de grandeur naturelle et grossie. La surface en est violacée, la substance interne est blanche et fongueuse; la forme en est celle du grain de seigle considérablement allongé. Les ovaires des céréales sont attaqués par deux autres espèces de transformation, ou plutôt de décomposition : la *carie* et le *charbon*. La *carie* résout le périsperme en un liquide fétide et putrescible, où grouillent en général les vibrions du froment. Le *charbon*, au contraire (fig. 17-22, pl. 9), semble se contenter de carboniser les vésicules élémentaires de ce tissu. L'odeur de ces deux dernières déviations est repoussante; celle de l'ergot ne diffère pas de l'odeur des bons champignons.

On se sert du seigle ergoté, comme moyen thérapeutique d'expulsion, dans les accouchements difficiles; nous pensons lui avoir trouvé un succédané, qui n'expose à aucun des dangers dont le seigle ergoté menace la vie; car cette substance a toujours passé pour une cause d'infection si active, qu'on est allé jusqu'à lui attribuer la chute des membres, phénomène effrayant, dont on a été si souvent témoin pendant le cours de certaines épidémies, surtout dans les campagnes, où le paysan se nourrit de pain de seigle. J'ai été longtemps porté à croire que l'on avait exagéré la part pour laquelle le *seigle ergoté* contribue à la complication de ces sortes d'épidémies. J'avais visité, dans un but analogue, pendant l'été de 1840, le plateau de Montrouge; la moisson du blé et de l'orge était tellement infestée du charbon (fig. 20, pl. 9), et celle du seigle par l'ergot (fig. 15, 16), que tous les vingt épis j'étais sûr d'en trouver un ergoté sur la moitié ou au moins sur le tiers de sa longueur; et cependant je n'ai nullement appris que, dans un rayon quelconque où l'on peut supposer que ces orges et ces seigles auront été consommés, il se soit développé une maladie épidémique qui portât les caractères effrayants qu'on attribue à l'ergotisme. Il est vrai que les ergots n'étaient pas tous arrivés à leurs dimensions ordinaires, et que quelques-uns même n'étaient qu'ébauchés, ce qui devait moins éveiller la méfiance des marchands de blé et de farine. Mais il faut dire aussi que dans nos moulins perfectionnés des environs de Paris, le tarare et le crible dépouillent les graminées de l'ergot qui les infeste, vu que l'ergot a le double du volume du grain.

Il n'en a pas été de même dans le pays que j'habite; car, dans l'hiver de 1855 à 1856, nous y avons été témoins de la plus épouvantable épidémie d'ergotisme que j'aie jamais eu l'occasion d'observer. En parcourant les campagnes pendant l'été de 1855, j'avais remarqué que les seigles étaient tellement infestés d'ergot, que peu d'épis en étaient exempts, et que beaucoup d'épis ne renfermaient pas un grain qui n'en portât des traces. A la suite de ces excursions, je crus devoir avertir le conseil communal du danger, et j'en touchai un mot dans la livraison de septembre 1855 de la *Revue complémentaire*; il paraît que les fermiers et les cultivateurs en tinrent compte. Mais, dès les premiers jours de la mauvaise saison, les familles moins aisées ayant appris que l'on vendait à Bruxelles de la farine de seigle à meilleur marché, s'empressèrent d'aller s'y en approvisionner; et bien mal leur en prit; car la suite me prouva que cette farine provenait d'un seigle infesté de grains ergotés, que le marchand n'en avait pas éliminés avant la mouture; car ils faisaient poids!...

L'effet malheureusement ne tarda pas à suivre de près la cause : Pendant que ceux qui se nourrissaient de leur propre récolte continuaient à se porter à merveille, tous les pauvres gens qui avaient été s'approvisionner à Bruxelles se virent assaillis de maux indéfinissables et qui affectaient mille caractères différents. Les uns avaient des épreintes que rien ne pouvait calmer de ce qui les calme d'ordinaire; d'autres tombaient dans un coma ou sommeil dont ils ne se relevaient plus; ceux-là poussaient des cris déchirants nuit et jour, comme si leur crâne allait s'ouvrir par la fièvre cérébrale; les uns perdaient l'ouïe, les autres la vue; chez quelques-uns la mâchoire se détachait comme carbonisée, etc. Je me hâtai d'avertir au plus vite les habitants de jeter au feu le restant de leur provision de farine de seigle; et comme on se mit à se soigner à l'eau sédative, à l'alcool camphré, aux grandes purgations, le mal fut arrêté à ces premiers ravages; et ceux qui furent pris à temps s'en remirent, lentement il est vrai, et en furent quittes, les uns pour avoir perdu la vision par une kératite, et les autres les cheveux par larges plaques; l'emploi de l'eau sédative a réparé ces deux accidents chez les uns et les autres.

Depuis lors, chacun a tellement eu l'œil sur la récolte du seigle, et a tant pris soin de la purger de grains ergotés, que l'hiver de 1856 à 1857 n'a pas offert un seul cas semblable. Du reste, pendant l'été de 1856, l'ergot a mille fois moins attaqué les seigles de nos environs.

Le *noir* du blé ne produit rien de tel, parce que, ou bien le grain malade est charbonné, et ce charbon se résout en poussière que le vannage sépare des bons grains; ou bien il est carié, et dès lors il ne fait que s'aplatir sous la meule, de manière à ne pas pouvoir passer au bluteau. Enfin ni la *carie* ni le *charbon* du blé ne paraissent jouir de qualités vraiment toxiques (*).

341. 13° IVRAIE (*Lolium temulentum*). Les qualités stupéfiantes et eni-

(*) Voyez *Revue complémentaire*, tom. II, 1856, pag. 358.

vrantes du pain dans lequel entre l'ivraie sont encore très-problématiques à mes yeux; nous ne possédons, à cet égard, que des on dit, et non des expériences positives; et il est fort possible qu'on ait mis sur le compte de l'ivraie les effets de toute autre grenaille des moissons, telle que le *Rhinanthus crista galli*, ou le *Melampyrum arvense*; ou bien encore ceux de quelque *lolium* ergoté. Aucun grain de céréales, doué de la faculté germinative, n'a jamais été accusé d'être malfaisant. L'ivraie n'est qu'une faible variété de forme du ray-grass (*Lolium italicum*), qui fournit aux bestiaux un si bon pâturage. Or on ne peut pas supposer qu'un aliment redevienne poison par ses variétés, et qu'une céréale acquière des qualités malfaisantes, en allongeant ou raccourcissant un peu l'arête de ses balles et le *rachis* de ses épis.

N. B. Dans l'état actuel de la science, il nous serait impossible de donner une classification plus précise des poisons végétaux, d'après les effets qu'ils produisent sur l'économie animale. La toxicologie en est encore aujourd'hui au point où l'avaient laissée Etmuller, Timœus, Tackenius et Wepfer surtout (pag. 212). Lorsque les études médicales recevront une direction plus rationnelle, on ne saura comment s'expliquer que la science ait pu un seul instant enregistrer des résultats de chimie légale et de toxicologie obtenus en liant l'œsophage des chiens à qui on administre du poison par essai; ces malheureux chiens étaient encore plus empoisonnés par l'opération chirurgicale que par le poison. De là vient que quand on compare entre eux les résultats de ces expériences, on serait porté à croire que tous les poisons végétaux agissent de même et ne varient que de noms. Quoi qu'il en soit, on ne saurait trop recommander aux personnes qui n'ont pas l'habitude des champs, de se méfier des plantes qui peuvent exciter leur convoitise; rien n'étant plus fréquent et plus difficile à réparer souvent qu'une méprise de ce genre : les meilleurs botanistes, et à plus forte raison nos toxicologistes, qui ne sont pas botanistes du tout, pouvant quelquefois y être pris.

§ 2. *Substances qui procèdent en désorganisant les tissus, avant de décomposer le sang et les liquides.*

342. Ces substances sont, soit acides, ou avec excès d'acide, soit alcalines, ou avec excès de bases qui jouent le rôle d'alcalis. Les premières désorganisent les tissus en s'emparant de la base terreuse ou ammoniacale, avec laquelle la molécule organique est combinée en vésicule organisée et élaborante (25); en même temps, et dès qu'elles pénètrent dans

le sang, elles se coagulent, en s'emparant de ses molécules aqueuses, et en saturant ses bases alcalines, qui servent de véhicule à l'albumine de ce liquide. Les secondes procèdent, au contraire, en se substituant aux bases terreuses ou ammoniacales dont l'action concourait à la formation de la vésicule organisée, et en formant avec la molécule organique un nouveau tissu dont les propriétés ne sont plus vitales. Si nous reportons nos idées à la nomenclature de la chimie inorganique, nous dirons que les unes et les autres agissent, en ce cas, par voie de double décomposition. Elles désorganisent non-seulement la vésicule éladorante, mais encore la molécule organique elle-même, par leur avidité pour la molécule aqueuse; or la molécule organique étant une combinaison d'eau et de carbone, il s'ensuit que l'action des substances dont nous nous occupons met à nu le carbone, carbonise les tissus d'une manière plus ou moins complète, selon les doses, et les colore par bien des nuances diverses, selon le degré jusques auquel est poussée la carbonisation; en un mot, sous ce rapport elles agissent comme le feu, en éliminant la molécule aqueuse et mettant à nu la molécule de carbone; elles *cautérisent* (*). La place sur laquelle ils agissent est bientôt marquée par une tache qui durcit en croûte, ou se résout en pus; par une escarre (**), ou par une ampoule, ou phlyctène (***). C'est l'effet du vide combiné avec celui du feu.

Nous avons, pour nous préserver de l'action désorganisatrice de ces agents destructeurs, des sentinelles vigilantes, dans ces papilles nerveuses qui viennent s'épanouir, sur toutes nos surfaces internes et externes, en organes du tact. Leur avertissement est une souffrance; le symptôme de l'œuvre désorganisatrice est une convulsion, plus ou moins durable, selon la durée de la désorganisation. La soustraction de la molécule aqueuse produit le raccourcissement; la substitution d'une base soluble à une base insoluble rend le tissu plus mou et plus ductile, de rigide qu'il était. L'antagonisme du mobile musculaire, qui produit le repos du levier, est détruit par la modification apportée à l'un ou à l'autre de ces éléments de mouvement et de résistance. Feuilles, tiges, fleurs des végétaux, membres des animaux, tout se raccourcit, ou bien fléchit, se tord, se contourne, se déforme, désorganisé ou entraîné.

Quand tous ces phénomènes se passent, par suite de l'ingestion, et sur ces membranes que nous nommons muqueuses (parce que leur position interne les soustrait à l'action siccative de l'air extérieur, au contact du-

---

(*) ϰαυτὴρ, fer brûlant, de ϰαίω, brûler.
(**) ἰσχάρα, foyer, âtre, et croûte noire.
(***) De φλύζειν, fermenter, lever, enfler.

quel elles deviendraient épiderme, et seraient le siége d'une moins abondante transsudation et d'une sensibilité moins exquise); quand l'empoisonnement, enfin, a lieu par l'organe digestif, jugez *à priori*, et en vous
fondant sur ces données, des caractères plus ou moins effrayants que
l'accident doit revêtir! L'estomac s'excorie; on y ressent une chaleur
brûlante; toutes les papilles nerveuses annoncent leur désorganisation
par l'agitation convulsive d'un *hoquet* qui semble briser le diaphragme.
L'estomac a ses mouvements de systole et de diastole; il repousse, par
l'expiration des nausées, ce qui le torture; il expulse, par la contraction
du mouvement, la masse qui le rétrécit en le cautérisant; on sent qu'il
se crispe à la surface, qu'il se plisse sur tout son contour. L'œsophage est en feu; les surfaces buccales ont perdu le sentiment de la
saveur, la membrane pituitaire celui de l'odorat. La glotte et l'épiglotte
paralysées laissent accès, dans le poumon, aux liquides comme à l'air.
Le sang se coagule ou se dissout; la circulation s'arrête ou s'embarrasse;
les surfaces extérieures pâlissent ou bleuissent; une sueur froide et visqueuse suinte de tous les pores de la peau comme d'un crible; la pensée
s'affaiblit; la vie s'éteint et s'échappe, non par un soupir, mais par une
convulsion déchirante. Tel est le tableau de tout empoisonnement, au
degré supérieur de son intensité. De degrés en degrés, on peut descendre
jusqu'à l'effet superficiel et inoffensif d'un simple médicament.

L'acide sulfurique, dont nous venons de décrire les ravages quand on
le prend à haute dose et concentré, peut n'agir que comme une simple
limonade, s'il n'entre que pour un millième dans une quantité donnée
d'eau. Rien n'est poison que par la dose; et les effets d'une dose donnée
varient, soit selon la masse des aliments qui se trouvent ingérés, et sur
lesquels se porte, en se neutralisant, une partie de l'action corrosive de
la substance vénéneuse, soit en raison de la constitution de l'individu.

343. L'empoisonnement n'est pas mortel, si son action s'arrête à la
membrane et ne passe pas dans le sang; il est toujours mortel, s'il a le
temps d'y passer, même en quantité minime : on ne peut pas concevoir
autrement la théorie d'un empoisonnement. Ce qui s'arrête à la superficie, en effet, n'attaque qu'un tissu caduc et que le développement (41)
tend à repousser au dehors. De tout temps, l'instinct populaire a compris de la sorte la question (*).

(*) *Voyez* plus bas, à ce sujet, une citation extraite du *Recueil périodique de la
Société de médecine de Paris,* tom. 6, pag. 4, an VII.

α. Acides désorganisateurs.

344. 1° ACIDES SULFURIQUE, NITRIQUE, HYDROCHLORIQUE, PHOSPHORIQUE, FLUORIQUE, PRUSSIQUE, CARBONIQUE SOLIDE, ACÉTIQUE CONCENTRÉ, OXALIQUE, CITRIQUE, TARTRIQUE, ETC. L'intensité de l'action de ces acides dans les empoisonnements diminue dans l'ordre où nous venons de les placer; c'est-à-dire que leur propriété désorganisatrice est corrélative de leur affinité pour les bases, en sorte que l'action des derniers n'est qu'un diminutif de celle des premiers. Concentrés, ils carbonisent (342); plus étendus, ils désorganisent. Les traces qu'ils laissent sur les diverses surfaces du canal alimentaire qui se trouvent en contact avec les molécules désorganisatrices, sont plus ou moins étendues, plus ou moins colorées, selon la dose et la durée de l'action. L'empoisonnement, par la même substance, peut offrir à l'autopsie des escarres, des phlyctènes, des tubercules, des ecchymoses ou taches violacées, des surfaces injectées d'un sang plus ou moins vermeil, ou plus ou moins altéré, plus ou moins enflammées enfin; car toute action violente est un acte d'aspiration (24), et appelle le sang sur la place qui en est le siége. Le sang est alors, dans les vaisseaux, plus ou moins caillebotté : ce qui fait qu'en certains endroits il est liquide; car il y a eu départ entre le sérum et le caillot; il est plus ou moins coloré en rouge ou en noir, selon que le caillot a été exposé à une plus forte dose d'acide caustique.

345. Cependant il est quelques phénomènes de coloration qui caractérisent plus spécialement l'action de certains acides. L'acide carbonique et l'acide sulfurique concentrés et fumants produisent une escarre, les acides organiques une inflammation. L'acide sulfurique non fumant blanchit les tissus; l'acide nitrique les colore en jaune; l'acide hydrochlorique en blanc, qui passe au pourpre, et du pourpre au bleu. Mais à mesure que l'acide s'étend d'eau ou se sature par les produits si divers de la fermentation cadavérique, on voit ces colorations, si caractéristiques au premier moment, se laver de mille et mille nuances, et s'effacer ensuite tout à fait.

346. Il est des plantes assez acides pour produire sur le canal alimentaire, et par conséquent sur toutes les fonctions dépendantes de la digestion stomacale, les phénomènes au moins qu'y déterminent les acides végétaux obtenus par nos procédés de laboratoire : telles sont les joubarbes (*Sempervivum tectorum, Sedum acre*, etc.), l'oseille (*Rumex acetosella*), l'alleluia (*Oxalis acetosella*); les fruits verts, le verjus, etc. L'effet d'une telle ingestion pourrait devenir dangereux, si l'on en pre-

naît une quantité assez considérable : on éprouve des pesanteurs et des
crudités d'estomac, puis la fièvre, qui naît toujours d'une circulation
saccadée et anormale, par suite des intermittences de la fonction digestive qui l'alimente et l'entretient dans l'état normal ; enfin, après les
douleurs d'estomac, les douleurs d'entrailles. L'acidité, en effet, saturant
la base alcaline de la digestion duodénale, intervertit ici tout à fait les
rôles que, dans l'estomac, ce siége de la digestion acide, elle ne faisait
qu'exagérer (161) ; de là entérites, coliques, diarrhées et dyssenteries ;
et ensuite émaciation et dépérissement, si le caprice des mauvais goûts
continue l'usage d'une ingestion pareille.

Les fruits verts, surtout les pommes et les raisins, si riches en acide
tartrique, déterminent dans les intestins des calculs de tartrate acide de
potasse qui, à cause de leur insolubilité, occasionnent ou d'affreuses
crampes d'estomac, s'ils se forment dans les premières voies, ou des
constipations opiniâtres, s'ils s'accumulent dans les dernières voies ; et la
dyssenterie même dans l'une comme dans l'autre hypothèse. Nous en
décrirons les effets en leur lieu.

A. Substances minérales et métalloïdes qui s'acidifient en contact avec nos tissus.

347. CHLORE, IODE, BROME, SOUFRE, PHOSPHORE, SULFURES, PHOS-
PHURES, etc. Ces substances, par leur avidité pour l'oxygène ou l'hydrogène, ne peuvent manquer de désorganiser la molécule organique.
Le chlore se changeant en acide hydrochlorique, l'iode et le brome en
acides bromique et iodique, hydriodique et hydrobromique, le soufre en
sulfure d'abord, et les sulfures en acide sulfurique avec plus ou moins
d'excès d'acide ; le phosphore en acide phosphorique, etc., réagissent
ensuite, sous cette nouvelle forme, sur les tissus non attaqués, et les
désorganisent, en s'emparant de leurs bases terreuses ou ammoniacales ;
ils causent ainsi tous les phénomènes que nous venons de décrire plus
haut, en laissant des traces analogues de coloration. L'acide phosphorique agit comme l'acide sulfurique, mais avec moins d'intensité, à cause
de son état floconneux et de la moindre solubilité qui le caractérise à
l'instant où il se forme. Mais c'est précisément cette différence dans le
mode d'action qui en rend l'emploi mille fois plus fécond en dangers de
tout genre depuis l'innovation des allumettes chimiques. Toute nouvelle
industrie engendre un nouvel ordre de maladies : De la fabrication des
allumettes chimiques est né un genre d'affection spécial qui, en se
reportant sur les os de la mâchoire, en augmente le volume d'abord, en
ossifiant pour ainsi dire les tissus adjacents, en sorte que la joue corres-

pondante au siége du mal acquiert un volume insolite et la dureté d'un tissu osseux; la bouche en est contournée, les paupières tiraillées, et toute la physionomie fait mal à voir! Chez les petits enfants qui assistent à la fabrication, le phosphore se reporte sur les extrémités osseuses qui concourent à l'articulation du coude, et y détermine des fistules d'apparence scrofuleuse. Nous décrirons ce mal en son lieu. Le phosphore procède à ces ravages en transformant les carbonates calcaires dissous dans les liquides de l'organisation en phosphate, dont s'incrustent peu à peu les interstices cellulaires.

Dans ce cas, c'est la vapeur aspirée qui produit ces transformations; mais le phosphore ingéré produit non plus une transformation, mais un empoisonnement mortel. Car le phosphore se change en acide au détriment de l'oxygène des tissus qu'il désorganise; et ensuite une partie de l'acide achève encore cette œuvre de désorganisation en s'emparant des bases inorganiques des tissus; et l'autre partie passe dans le torrent de la circulation dont il décompose les liquides.

Une foule de maux de la plus haute gravité découlent de l'emploi sans précaution des allumettes chimiques ou du phosphore avec lequel on se propose d'empoisonner les souris ou les rats; j'ai cité des exemples effrayants d'empoisonnements de jeunes enfants qui n'ont pas eu d'autre cause. Douze bouts d'allumettes sucés par un enfant en bas âge suffisent pour lui donner la mort. Que l'on évalue ensuite tout ce qui peut s'ensuivre, en fait de maux inconnus, de la position des boîtes si légères d'allumettes près des fourneaux de cuisine, où le moindre courant d'air peut en précipiter un certain nombre à la fois dans les casseroles et dans les plats. Jamais le poison n'a été habituellement plus près qu'aujourd'hui de tout ce qui est destiné à nous faire vivre (*).

v. Substances métalliques qui jouent, à l'égard de nos tissus, le rôle d'acides énergiques.

348. ANTIMOINE et ARSENIC. L'antimoine n'est presque que l'arsenic mitigé; il agit, en tout, comme cette dernière substance, mais avec moins d'intensité. Inoffensifs à l'état métallique, ils ne deviennent poison qu'en se combinant avec l'oxygène en diverses proportions; en se combinant avec les bases, ils perdent une partie de leur énergie directe, puisqu'ils ne peuvent plus procéder, dans leur œuvre de désorganisation, que par voie de double décomposition; ils deviennent même inoffensifs, selon les bases : l'arsénite d'alumine, de fer et de chaux étant très-

(*) Voyez *Revue complémentaire*, livr de septembre 1854, tom. Ier, pag. 46.

difficilement vénéneux, et le tartrate antimonié de potasse pouvant être administré sans danger, à la dose de cinq ou dix centigrammes, et souvent à plus forte dose, pour provoquer le vomissement.

349. Aussi est-ce au moyen de l'arsenic blanc (*oxyde d'arsenic* des anciens chimistes, *acide arsénieux* des modernes) que se commettent presque tous les empoisonnements, involontaires ou prémédités, dans notre déplorable et insouciante société. Après l'acide prussique, l'hydrogène arséniqué et l'acide arsénique dont l'usage est moins fréquent, on ne connaît pas de poison qui agisse, à si petite dose, avec une telle énergie; nul autre acide ne passe aussi vite dans le sang. En effet, les acides qui désorganisent violemment les tissus, tels que l'acide sulfurique, se font à eux-mêmes, par une escarre, un obstacle pour pénétrer jusqu'au torrent de la circulation. L'acide arsénieux, n'opérant sa dissolution qu'à petite dose, ne se combine que molécule à molécule avec les bases de nos tissus et ne les désorganise, pour ainsi dire, qu'en les pointillant; il semble se ménager des interstices libres pour s'infiltrer dans le sang (*); et

(*) De tous les temps cette doctrine a été professée, et confirmée par la pratique :

Venenum dicitur (dit Ardoynus, *opus de Venenis*, an. 1612) *quia per venas vadit. Non enim aliter cor, et alia præcipuè principalia membra molestat, nisi quia ad ipsa vadit, per venas et arterias.*

Michael Ern. Etmuller (*Ephem. cur. nat.*, ann. 1715, cent. 3 et 4, page 284) fait aussi remarquer qu'outre l'inflammation qu'il produit, l'action de l'arsenic consiste non-seulement à mortifier les solides, mais encore à jeter le désordre dans les humeurs, qu'il soit administré à l'intérieur ou à l'extérieur, et même seulement en vapeur.

Fodéré a donné l'arséniate de soude, à la dose de 3/8ᶜˢ de grain, pour rétablir les urines.

Jean Sherwin (*Mém. de la Soc. médic. de Londres*, vol. 2, n° 35 ; 1789) fit bouillir parties égales de tartre en cristaux et d'arsenic, dans six fois autant d'eau; il obtint des cristaux, dont un grain, introduit dans la peau, a passé par les urines, et excité de légères nausées ; 1/2 grain de ces cristaux, pris par la bouche, a produit les mêmes effets.

« Quant et quant, dit Ambroise Paré, que ce peu de poison est entré dans le corps,
» le venin gaigne, et convertit en sa propre substance ce qui, de prime face, luy vient
» au devant, soit le sang qui est ès veines et artères, soit du phlegme dedans l'esto-
» mach, et autres humeurs, ou ès boyaux, dont puis après s'aide à gaigner le reste du
» corps... Le poison doncques, par ce moyen que j'ay dit, commence à s'espandre par
» les veines, artères, nerfs, et ainsi se communique au foye, au cœur et au cerveau,
» mesme convertit en sa nature tout le reste du corps. » (*Des Venins*, chap. 2, p. 749,
édit. de 1628.)

La même opinion était professée, sans objection aucune, et comme un fait démontré, sur la fin du dix-huitième siècle. On lit en effet, dans le *Journal général de Médecine*, le passage suivant :

« On a dit, ce me semble, et c'est une opinion reçue par les praticiens, que, parmi les poisons du règne minéral, l'arsenic avait cela de particulier qu'après avoir agi d'une manière destructive sur les parties molles intérieures, *il en passait encore dans le sang;* d'où résultait un orgasme dans les fluides, et une irritation dans les solides c'est par ce véhicule qu'il exerce ses ravages, et va troubler les fonctions, autres que les fonctions digestives, avec la vitesse de la circulation elle-même. Voilà pourquoi l'autopsie n'offre quelquefois pas, à la superficie de la membrane intestinale, la moindre trace de la plus légère désorga-nisation ou de la plus indécise inflammation, quoique le poison ait été pris à forte dose. Les symptômes et les accidents de ce genre d'empoi-sonnement sont ceux de toute désorganisation et décomposition quelcon-que qui a son siége dans le canal intestinal; j'ai même cité (*) un cas d'empoisonnement volontaire, où la mort fut prompte et les symptômes nuls; la force de la volonté les avait tous réduits au silence.

Quand l'arsenic laisse des traces sur la surface intestinale, telles qu'ec-chymoses, escarres, taches enflammées, et même perforations, il n'est aucun de ces caractères qui lui soit propre, et qui ne convienne à beau-coup d'autres causes de maladies, même spontanées; et si l'analyse chi-mique ne rend palpable la nature de la substance même, on pourrait confondre les symptômes fournis par l'observation médicale, ainsi que les signes fournis par l'observation nécroscopique, avec ceux de toute au-tre maladie violente ou spontanée.

L'arsenic ingéré, alors qu'on ne succombe pas, produit une éruption cutanée qui pourrait donner le change aux meilleurs dermatologues de profession. Les remèdes arsenicaux, administrés même à l'extérieur, dé-terminent un effet de ce genre; il nous est arrivé, à nos consultations, un ouvrier ferblantier qui, ayant été traité par les lotions arsenicales pour une dartre furfuracée, a eu le corps et le visage couverts de gros-ses papules rouges, et portait, au tarse de la paupière inférieure de l'œil gauche, une tumeur sanguine de la forme et de la grosseur d'un rognon de mouton, qui lui cachait tout l'œil. Le remède avait été pour lui mille fois pire que le mal.

L'aquetta, à la longue, produirait un effet analogue. Il en est de même des eaux si célèbres de Louesche, dans le haut Valais : Quand on les prend en boissons et en bains sur les lieux, on ne tarde pas à avoir une éruption de taches rouges qui, des genoux, finit par s'étendre sur tout le corps, et se change, en pustules douloureuses et prurigineuses, avec fièvre, soif vive, insomnie et urines troubles. Au bout de huit jours, l'éruption tombe en plaques furfuracées, la démangeaison seule persiste. On appelle cette éruption la *poussée* : phénomène qui semble indiquer dans ces eaux la présence, en quantité impondérable à nos moyens.

---

toujours suivis, quand la nature triomphait, d'une éruption cutanée. (DESGRANGES, *Recueil périod. de la Soc. de méd. de Paris*, tome 6, page 4, an VII.)

(*) *Réponse à la Réfutation d'Orfila.* (*Gazette des Hôpitaux*, janvier 1841.)

d'analyse, d'un sel arsenical. L'arsenic de l'*aquetta* eût tout aussi bien échappé à l'analyse, si l'on avait opéré sur une aussi faible quantité que celle qui suffit à nos analystes. Voilà donc une maladie arsenicale qui peut simuler une maladie cutanée *sui generis*.

350. Cependant si l'empoisonnement par l'arsenic n'offre aucun symptôme positif, il ne laisse pas que d'en posséder de négatifs, dont la valeur paraît incontestable :

1° A forte dose, l'arsenic tue en douze heures au plus tard. Soufflard n'en avait pris qu'un demi-gros (2 grammes) : il est mort dans cet espace de temps.

2° L'arsenic provoque le vomissement, mais jamais de matières stercorales. En effet, ou bien son action s'arrête à l'estomac, et dans ce cas le vomissement ne peut être que chymateux ; ou bien elle se porte sur les intestins, et dans ce cas il occasionne le dévoiement ou la dyssenterie, bien loin de barrer le passage à la matière stercorale et de la forcer à remonter dans l'estomac. Nous ne sachions que trois cas qui donnent lieu à des vomissements stercoraux : un *volvulus* ou colique de miséréré ; l'occlusion des intestins par des concrétions stercorales indissolubles ; et enfin l'occlusion par l'adhérence et les replis d'un gros helminthe, tel que les plus gros lombrics. J'ai feuilleté près de deux cents volumes de journaux de médecine, dans le but de recueillir tous les cas d'empoisonnement par l'arsenic ; je n'en ai pas rencontré un seul qui contredise ces deux règles générales.

Laffarge, ayant prolongé sa maladie jusqu'au douzième jour, n'a pu périr victime d'un empoisonnement par l'arsenic à haute dose ;

Laffarge, ayant fréquemment vomi des matières stercorales dans le cours de sa longue maladie, n'a pu périr victime d'un empoisonnement quelconque par l'arsenic ;

Ajoutons pour mémoire que Laffarge n'est mort que le lendemain de l'administration irrationnelle du colcotar à haute dose.

Nous nous arrêtons à ces trois points fondamentaux (et ici nous croyons être les interprètes de l'opinion unanime de tous les médecins et chimistes indépendants, probes, et désintéressés dans la question) ; nous demandons hautement à la justice des hommes, tout en professant le plus profond respect pour la chose jugée, la révision régulière d'un procès qui, heureusement pour l'humanité, disions-nous dans la 2° édition de 1846, n'est pas encore arrivé à la barre de la justice de Dieu (*).

(*) *Voyez* pour plus amples renseignements, et pour juger de la valeur des circonstances sur lesquelles est basée ma conviction inébranlable :

1° *Nouveau Système de chimie organique*, tome 3, § 3499, 3687, 4376, éd. de 1838 ;

Aujourd'hui Dieu a appelé à lui l'infortunée victime de cette terrible erreur judiciaire; elle a accompli son martyre de douze années; et nulle couronne n'arrivera peut-être sur sa tombe, que flétrie par la même boue qu'on lui a tant prodiguée à travers ses barreaux. Son nom appartient maintenant à l'histoire; on ne me suspectera plus de tout autre intérêt, quand j'affirmerai maintenant, la main sur la conscience, que la condamnation de Marie Cappelle est une des plus grandes hontes de l'expertise chimique. Je m'en rapporte, pour apprécier la justesse de cette sévère assertion, à toutes les âmes honnêtes qui prendront la peine de reviser ce procès sur la lecture des pièces que nous énumérons dans la note du bas de cette page.

Bien des gens encore, de nos jours, n'en ont d'autre idée que celle qu'ils ont puisée dans les articles d'écrivains salariés ou commensaux d'Orfila; d'autres, qui ont la manie de se créer des antipathies ou des sympathies par esprit d'opposition, sont toujours prêts, quand on les met sur ce chapitre, à vous couper la parole dès le début de la discussion, en s'écriant : *Quant à moi, je la crois coupable.* Demandez-leur les motifs de leur opinion; ils vous répondront imperturbablement : *Que voulez-vous que je vous dise, c'est mon opinion.* Et les femmes sensibles, les femmes à nerfs délicats, à parole larmoyante, dont la mort d'une mouche agace les nerfs, oh! aux yeux de celles-là mille morts n'étaient pas de trop pour punir cette jeune fille sans défense et sans récrimination. A ceux ou à celles-là il n'y a qu'une seule réponse à faire, c'est de leur tourner le dos. Oh! que j'en ai connu de ces impitoyables qui n'ont pas tardé à subir les tortures de Marie Cappelle, et à qui j'ai répondu à mon tour :

2° *Procès de Dijon*, extrait (publié à part) de la *Gazette des Hôpitaux*, 21, 24, 31 décembre 1839 et 2 janvier 1840); *Procès d'Alby* (*ibid.*, 4, 6 et 11 juin 1840);

3° *Lettre au docteur Fabre, et Réponse à la lettre de M* Pailliet (Gazette des Hôpitaux, 26 septembre et 8 octobre 1840); ces deux lettres ont été reproduites par presque tous les journaux politiques, et elles ont été imprimées à part;

4° *Mémoire à consulter, à l'appui du pourvoi en cassation de dame Marie Cappelle, veuve Laffarge, rédigé à la requête de la défense*, par F.-V. RASPAIL; in-8° (1er octobre 1840);

5° *Réponse à la Réfutation* que M. Orfila publia deux mois après l'apparition de ce mémoire. (*Gazette des Hôpitaux*, 14 novembre 1840 à janvier 1841.) Nous avons eu soin de reproduire textuellement, dans la *Gazette*, la réponse d'Orfila.

6° *Revue élémentaire*, 1847-1848, tom. Ier, pag. 327. — Tom. II, pag. 57, 116, 154, 184, 218, 240, 276, 313 et 374.

N. B. Nous pouvons l'assurer, sans crainte d'être démenti par personne : c'est dans la série de ces publications qu'ont été puisées les idées de réforme analytique que nous avons vues depuis se reproduire successivement au sein de nos diverses académies; notre nom devant être sous-entendu dans toutes ces discussions, on le concevra facilement, à cause de notre position personnelle vis-à-vis du pouvoir.

Quant à vous, je vous crois coupable, c'est plus que mon opinion : telle est ma conviction.

Que voulez-vous, enfin ! j'ai été longtemps seul à plaider la cause de l'innocence de Marie Cappelle, à la plaider en dépit même de ses avocats ; et j'ai fini par ranger de mon côté la partie la plus saine de la population, et cela dans toutes les classes.

Le malheureux dont le mensonge chimique a accablé cette pauvre fille fut tout d'abord écrasé par notre inculpation reconventionnelle, quand, dans une lettre reproduite par tous les journaux de l'univers, nous l'accusâmes hautement d'avoir menti à la justice, en soutenant avoir obtenu, de l'analyse du cadavre de Laffarge, l'arsenic qui ne provenait que du nitrate de potasse dont il s'était servi, qu'il avait apporté de Paris et qu'il avait eu soin de ne pas laisser à Tulle (*).

Mᵉ Pailliet, avocat de Mᵐᵉ Laffarge, et qui n'avait perdu sa cause qu'en la plaidant d'après la conviction que lui suggérait son ami Orfila, Mᵉ Pailliet, à la lecture de notre lettre, n'écoutant plus que sa conscience d'honnête homme, se transporta d'un bond chez Orfila, pour l'inviter à répondre à notre accusation publique :

« Car, lui disait-il, ou M. Raspail vous calomnie, et dans ce cas il faut le traduire devant les tribunaux ; ou il se trompe, et dans ce cas il faut en prévenir le public par la voie de la presse ; ou bien, si vous prenez le parti de garder le silence, c'est qu'il aura dit vrai, et dans ce cas vous ne vous laverez jamais d'une pareille infamie. »

Orfila, atterré, perclus de la voix, saisi d'une fièvre mal dissimulée, les yeux baissés vers la terre, finit par lui dire : « Je ne répondrai pas. »

Et il tint parole pendant deux mois ; et il ne répondit que lorsqu'une voix de majorité eut rejeté, à la Cour de cassation, le pourvoi de Marie Cappelle.

Car, un instant entraînée par les preuves accumulées dans notre *Mémoire à consulter*, la Cour fut sur le point de mettre à néant toute la

---

(*) C'est par de tels moyens que cet homme s'était créé la réputation de pouvoir retrouver de l'arsenic là où les plus habiles n'en avaient pas extrait un atome ; il avait à ce sujet des boîtes à réactifs arséniqués. Nous en avons, de son vivant, cité un exemple péremptoire, en parlant des bouillons des restaurants de Paris, qui, d'après lui, auraient tous renfermé des quantités appréciables d'arsenic ; lequel arsenic, après vérification faite par des membres de l'académie de médecine, fut atteint et convaincu de provenir de la boîte à réactifs. A ces accusations foudroyantes ses plus chauds partisans ne trouvèrent pas de meilleure excuse, après le procès Laffarge, que d'en rejeter la culpabilité sur son préparateur, lequel, à l'insu de son maître, et dans le but de le faire briller dans ces déplorables tournois, aurait eu soin d'arséniquer les principaux réactifs de la boîte, toutes les fois que l'analyse des premiers experts n'avait pas révélé une seule tache. Ce malheureux préparateur a disparu bien avant son maître.

procédure des assises de la Corrèze et Marie Cappelle était sûre alors de voir son innocence ressortir dans tout son éclat, à la suite d'une nouvelle procédure et devant une autre cour (*).

(*) Le ciel aurait certainement couronné mes efforts, comme il l'avait déjà fait dans une cause qui est restée plus obscure, parce que la politique n'avait pas alors intérêt à lui donner une publicité plus grande, et qui sans cela aurait présenté aux femmes avides de lugubres émotions un intérêt plus palpitant et des péripéties plus sombres : Une jeune fille de l'Alsace, Mlle Boeglin, venait d'être condamnée à mort à Colmar ; la Cour de cassation avait annulé l'arrêt pour vice de forme et avait renvoyé l'accusée devant la Cour de Strasbourg. Me Leichtenberg, son avocat à Strasbourg, me fit parvenir, le 27 janvier 1840, les pièces et les rapports d'expertise par Me Martin (de Strasbourg), qui avait obtenu la cassation de l'arrêt. Je me trouvais alors en proie à une fièvre cérébrale qui m'avait privé de l'usage de la vue ; ce fut dans cette maladie que j'inventai l'eau sédative, à laquelle je suis redevable de ma guérison. Je me fis lire les rapports d'expertise ; ils étaient rédigés avec le laisser-aller de l'époque : avec de telles manières de procéder il eût été facile de faire condamner le premier venu et pour la moindre des causes. Je compris que je pouvais sauver la vie à cette innocente et je réunis toutes mes forces pour dicter mon rapport. Cette jeune fille était accusée d'avoir empoisonné ses deux frères et en dernier lieu son père avec de l'arsenic. Sur quoi se fondait l'accusation ? Sur ce que la matière du vomissement qu'avait rendue le père avant de mourir avait donné quelques taches par l'appareil de Marsh ; subsidiairement et comme preuve morale, on alléguait que cette jeune personne s'était laissé séduire par un amant qui n'aurait consenti à l'épouser qu'en vue d'une certaine dot. Comment cette jeune fille n'aurait-elle pas été une empoisonneuse, puisque déjà elle était reconnue amoureuse ? Cette sorte d'argumentation obtient toujours son effet sur l'esprit des femmes sensibles : c'est un raisonnement semblable qui a perdu plus tard la pauvre Marie Cappelle, elle qui pourtant n'a jamais eu d'amant. Cependant, en l'absence de la première démonstration, la seconde devait tomber dans le domaine des chroniques galantes. Or voici sur quoi se basait la première démonstration : on avait ramassé la matière du vomissement qu'on avait pu retrouver par terre et on l'avait soumise à l'appareil de Marsh. Or le pavé de l'appartement était un pavé de grange; un assemblage de pavés de grès avec des interstices remplis de terre; et dans ces campagnes on fait un grand usage de la *mort-aux-rats*. Après avoir évalué la faiblesse des indications obtenues et avoir supposé que ces taches étaient arsenicales, quoique tout manquât dans le rapport pour établir le fait, j'invitai la cour de Strasbourg à faire recueillir, par de nouveaux experts, la terre des interstices des pavés en divers endroits de la grange, en prédisant presque que, prise dans les endroits les moins à portée du lit du malade, cette terre fournirait, par l'appareil de Marsh, plus de taches vraiment arsenicales que les premiers experts n'en avaient obtenu de la matière du vomissement. L'expérience confirma de tout point mes prévisions ; et la jeune fille fut sauvée ; elle fut acquittée à l'unanimité, le 20 février 1840. Les journaux gardèrent le plus profond silence sur ce beau résultat ; le *National* avait passé alors dans le giron occulte du loyolatisme ; il n'était plus notre ami que par son masque. La publicité de ce procès aurait peut-être arrêté l'explosion d'horreur que souleva un peu plus tard le procès de Marie Cappelle.

On me demandera d'expliquer comment il se fait que dans cette même maison le frère eût suivi le frère, puis le père les deux frères. Je répondrai : 1° que ces trois

Mais une malheureuse citation de M. Dupin, procureur général, finit
par détacher de ce parti, qui n'était que justice, quelques consciences
des plus timorées : « Sans aucun doute, s'écria-t-il, si les jurés avaient
formé leur opinion d'après les données de la chimie, le *Mémoire* de
M. Raspail à la main, je conclurais à la cassation de l'arrêt; car les
preuves de l'erreur chimique sont accablantes. Mais les jurés ne forment
jamais leur conviction que d'après les preuves morales, et les jurés de
Tulle n'ont pas dérogé à cette habitude. Est-ce qu'enfin la Brinvilliers fut
jugée et condamnée sur des preuves chimiques? »

Cette malencontreuse citation porta coup; et elle était de tout point
fausse, tout autant que l'assertion qui s'appliquait au jury en général et
en particulier : car 1° nous nous faisions fort de produire de nouveaux
témoins qui certifieraient, et qui amèneraient les jurés eux-mêmes à cer-
tifier, que beaucoup d'entre eux, incertains à la vue d'une procédure aussi
embrouillée, s'étaient transportés, pour s'éclairer, auprès du préfet qui
leur aurait dit : « Vous ne pouvez pas avoir un meilleur guide que
M. Orfila. »

Du reste, le président proclamait hautement M. Orfila le prince de la
science; n'était-ce pas désigner l'opinion de l'expert comme faisant foi,
sans plus ample examen, dans cette cause?

D'un autre côté, il était encore faux de dire que la Brinvilliers n'ait
pas été jugée sur les preuves du ressort de la chimie; car il n'y eut pas une
goutte d'eau de tout ce dont elle avait fait usage qui ne fût soumise à
l'analyse des hommes de l'art invoqués par la justice, et qu'on nommait
alors les apothicaires jurés.

Enfin le sort en fut jeté; tout fut dit par ce dernier arrêt, et tout
tourna contre cette jeune fille; la politique d'alors avait intérêt de la
livrer en pâture à l'animosité publique, qu'elle avait besoin de détourner
d'elle-même.

Ce qu'a souffert depuis cette pauvre infortunée, vous l'avez lu en frissonnant dans la publication de son testament, admirable et touchant récit
de ses infortunes intimes. Pendant douze ans, son angélique résignation
ne s'est pas un instant démentie :

Ce monstre de par la loi n'a cessé d'inspirer la plus vive sympathie à

---

décès s'étaient suivis à de grandes distances; 2° que s'il fallait toujours, et dans tous les
cas, accuser le survivant de toutes les morts qui viennent successivement frapper une
famille, la justice aurait fort à frapper; 3° enfin qu'il arrive très-souvent que l'on meurt
par le vice d'une méthode médicale plutôt que de sa belle mort. Or, lorsqu'une telle
méthode s'impatronise dans une maison, on peut prédire d'avance malheur à quiconque
y tombera malade; il mourra avec tous les symptômes qu'on aura remarqués chez tous
ceux qui, dans la même maison, l'auront précédé vers la tombe.

tous ceux qui l'approchaient de près dans le cachot, sa tombe vivante ;

Cette voleuse de par la loi n'a jamais offert le moindre signe de la passion de posséder ; elle donnait tout et elle se refusait tout ; elle n'a jamais désiré autre chose que sa réhabilitation et le bonheur de reconquérir l'estime de tous ;

Le directeur de la prison et ses geôliers n'ont jamais pu la surprendre un seul instant en contradiction avec les sentiments qu'elle exprimait avec une naïveté exempte de rancune et de récriminations. Pendant douze ans, sa vie s'est résumée en trois choses : pleurer, souffrir et pardonner.

J'ai prouvé ailleurs qu'elle n'était point une voleuse, mais une dépositaire des bijoux de sa trop faible amie.

J'ai démontré qu'il n'était pas possible de fournir une ombre de preuve de sa culpabilité comme empoisonneuse.

Nous avons produit des témoignages de gens qui s'offraient à démontrer que son dénonciateur était un faux témoin ; qu'il avait fait l'aveu de son faux témoignage ; au même instant, du reste, la justice le poursuivait comme coupable de faux et d'escroquerie. Jamais plus légitime occasion ne s'offrait de reviser ce procès ! Mais la justice, mise en demeure de recommencer le procès, aux termes de l'art. 445 du Code d'instruction criminelle, la justice répondit qu'il était impossible de retrouver le témoin inculpé et que, dès lors, tombait toute procédure.

Enfin pourtant, après douze ans de tortures, les portes de la prison ont fini par s'ouvrir devant Marie Cappelle : c'était tard, bien tard !

Un jour de 1852, je vis arriver dans mon cachot le directeur de la citadelle, qui m'apportait en rayonnant cette bonne nouvelle ; il venait de recevoir de Marie Cappelle une lettre qui la lui annonçait dans toute sa fraîcheur. Jamais je n'ai vu un directeur de prison plus heureux d'une bonne fortune de ce genre ; car il avait été aussi le directeur de Marie Cappelle avant d'être envoyé à Doullens, et il avait été bon pour elle.

Dans cette lettre, elle lui parlait longuement de moi. Le directeur me demanda pour elle quelques mots de réponse. Je m'en défendis ; car, ayant été son expert, je me suis toujours abstenu de correspondre avec elle : Ce n'était pas, en effet, la cause de Marie Cappelle, mais celle de l'innocence faussement condamnée, et sans acception de personne, que j'avais défendue dans cette longue polémique. Je priai donc le directeur de lui transmettre l'expression de ma jubilation. mais de lui dire, en même temps, que ma joie n'était pas sans une teinte de tristesse ; car, dans la disposition de certains esprits, je craignais plus pour elle la liberté que la prison, tant que son jugement ne serait pas revisé. Cependant, afin de donner à mon refus le reflet d'une réponse, je remis au direc-

teur, pour être envoyée, sous le pli de sa lettre, à Marie Cappelle, une
belle pensée toute blanche que je venais de cueillir dans mon jardin, et
le directeur voulut bien se charger de la commission.

Je transcris à ce sujet un passage de la réponse, qui ne se fit pas
attendre :

« J'ai, lui disait-elle, respectueusement porté à mes lèvres la pauvre
petite pensée blanche fleurie à l'ombre de votre donjon, et je l'ai déposée
au pied du crucifix qui garde mon chevet de femme heureuse, comme il
a gardé mon chevet de captive.

» Le jour où j'ai senti que mon innocence vivait dans une autre conscience que la mienne, j'ai retrouvé ma foi en Dieu, j'ai retrouvé des
prières, des larmes ; et j'ai pu pardonner. N'est-ce pas que je dois à cette
savante providence de mon malheur, plus que la liberté... plus que la
vie ? »

Pauvre infortunée ! le soleil de la liberté s'arrêta pour Marie Cappelle
à ses premiers rayons, et la pauvre fille ne sortit du cachot que pour
s'acheminer vers la tombe.

Elle avait espéré pouvoir rétablir une santé délabrée par douze ans
de tortures et de larmes, en allant prendre les eaux d'Ussat-les-Bains
(Ariége). Elle s'y rend en conséquence, accompagnée d'un vieux compagnon d'armes de son père, le colonel A..., qui l'avait prise sous sa protection, et puis d'une jeune et angélique personne, sa cousine, qui avait
partagé bénévolement sa captivité. Sur toute la route et autour de cette
piscine l'humiliation des souvenirs formait toute son auréole ; ces sortes
de piscines ne lavent pas les stigmates des erreurs de la loi.

Inexplicable coïncidence ou plutôt cohérence des faits ! On arrive à
Ussat vers le commencement d'août. Le 15, le colonel A... meurt. Le
7 septembre, à 9 heures du soir, Marie Cappelle le suit dans la tombe ;
et sur sa tombe un ange seul fut là pour verser des pleurs. Marie Cappelle avait 36 ans ; elle en avait passé 12 dans le cachot.

Sa mort ne la mit pas à l'abri de l'insulte des commensaux de celui
dont elle avait été la victime ; ces hommes aboient pour qui leur jette du pain
et contre qui le maître l'ordonne ; et ils ont aboyé même sur le bord de sa
fosse ! Puisse notre triste voix obtenir pour la mémoire de cette vierge et
martyre le succès qu'eut Voltaire en défendant l'infortuné Calas : à défaut du génie du grand homme, nous avons une égale conviction.

Marie Cappelle a emporté dans la tombe la pensée blanche que je lui
avais adressée ; elle l'avait posée sur son cœur. Cette fleur, j'en accepte
l'augure, portera graines qui iront se propager plus loin et que l'histoire
disséminera dans des cœurs plus propices.

Je ne pense pas qu'il se trouve encore un seul esprit, même parmi les plus légers, capable de remettre en lumière les décevants quolibets à mon adresse qui firent, dans le temps, les frais des conversations des désœuvrés et de bien de précieuses de salons et de coulisses.

Cependant, il ne me paraît pas hors de propos de placer dès à présent. l'intérêt, que cette cause m'inspira alors comme aujourd'hui, à l'abri de toutes les suspicions, si légères qu'elles soient :

1° Ce n'est pas moi qui ai sollicité la mission pénible qui m'appelait à Tulle. J'étais cité à comparaître par la défense, et cela dans le plus bref délai : on me signifiait la citation à 10 heures du soir; nous partions en poste à 2 heures du matin. Là voiture eut besoin de réparation en route; j'arrivai à Tulle quatre heures après le prononcé de l'arrêt; on savait pourtant que j'arrivais en poste.

2° N'ayant pu témoigner devant les assises, je continuai ma mission en poursuivant une enquête avec la plus sévère impartialité; je recueillis avec le plus grand soin tous mes documents. Je vis Marie Cappelle dans son cachot; elle se soumit à un interrogatoire nouveau avec une patience qu'aucune de mes indiscrétions ne parvint à fatiguer : dans l'intérêt de ma conviction, j'y apportai la sévérité d'un juge; je passai ainsi seul à seul avec elle au moins trois quarts d'heure. Jamais son innocence ne me parut plus évidente qu'au sortir de cet entretien; jamais, dans ma vie de prison, un spectacle plus déchirant n'avait frappé mon cœur déjà blasé par l'infortune. Je la défendis devant la Cour de cassation, en ma qualité d'expert, avec une conviction de chimiste, à travers laquelle perçait, je l'avoue, toute la sympathie d'un père; et depuis lors ma conviction et ma sympathie n'ont jamais plus été ébranlées. Je puis le dire aujourd'hui que je ne crains plus de blesser la délicatesse de ma cliente : tout ce que j'ai fait, je l'ai fait à mes frais; aucun motif d'intérêt ne saurait donc, même aux yeux des plus méchants, avoir été le mobile de ma conduite :

3° Me Pailliet avait reçu dix mille francs pour aller plaider à Tulle; Me Bac a, je crois, évalué ses honoraires à 18,000 fr. qui lui ont été payés; Orfila se fit adjuger 800 fr. au ministère de la justice pour ses frais d'expertise.

Quant à moi, je poursuivis l'enquête à mes frais; je revins à Paris à mes frais; je fis imprimer à mes frais le *Mémoire à consulter* par la Cour de cassation; et jamais il ne m'est arrivé la pensée de me faire rembourser un centime par la famille. Je ne l'aurais pas accepté, dans le cas où on me l'aurait offert; en voici une raison qui me dispensera d'en dire mille et une autres : dans cette famille, je ne comptais que des adversaires politiques et des soldats d'un autre drapeau que le mien.

4° La part de l'intérêt pécuniaire une fois faite, venons-en aux intérêts du cœur. Il courut, à cette époque, dans les journaux, un propos de salon en vertu duquel, en la défendant avec une si chaleureuse conviction, j'aurais cédé à la fascination que Mme Laffarge exerçait sur quiconque approchait d'elle; et les belles dames, les femmes sensibles ne se firent pas faute d'accueillir ce doux propos : c'était là un roman comme un autre; qu'importait la vraisemblance? Or, voici ce qu'elles auraient pu découvrir, ces belles dames, si elles avaient été à ma place, ou qu'elles eussent voulu me croire sur ce point, comme j'ai l'habitude d'être cru sur tous les autres.

Mme Laffarge n'était point du tout jolie; et en vertu de la nature exceptionnelle de sa constitution, elle ne pouvait ressentir ni par conséquent inspirer à l'homme, même le plus facile à s'illusionner, que le genre d'amitié qu'elle inspirait à toutes les femmes qui l'ont connue. Nature aérienne et ne vivant presque pas par les sens, sa conversation douce en même temps que brillante tenait à distance tout sentiment qui se serait adressé à toute autre fibre qu'à celle de son âme et de son esprit; en un mot, qu'on n'aura pas de peine à comprendre, elle était destinée à rester jeune fille jusqu'à ses vieux jours; elle se fût conservée pure et sans tache, se fût-elle trouvée seule dans la société des moins respectueux et des plus passionnés : c'était l'emblème de l'humanité dépouillée de tout ce qu'elle a de terrestre; elle ne vivait que par le cœur et par l'esprit.

De cette absence de passions vulgaires résulta chez elle une grande inexpérience du monde; et que de fautes on a l'air de faire, quand on ne sait pas ce que c'est qu'une faute aux yeux du public! Tout ce qu'elle n'a pas compris lui a tourné à crime; et elle s'est laissé écraser, sans vouloir se défendre même du bout de l'aile; elle a succombé pour avoir trop compté qu'on la comprendrait, comme elle se comprenait elle-même.

Quant à tout autre sentiment de ceux qui font l'unique occupation des femmes, elle ne les a jamais soupçonnés; et elle ne les a jamais inspirés.

J'ai vu à Tulle des jeunes gens qui vingt fois par jour se seraient fait couper la gorge pour la défendre, et à qui il ne serait jamais venu à la pensée que ce fût pour s'en faire aimer.

Je l'ai défendue, moi, avec ma plume, comme eux l'auraient défendue avec l'épée; et j'avoue qu'encore aujourd'hui, en songeant à ses malheurs, il me passe un frisson par tout mon être, et qu'une larme m'arrive au coin de l'œil, comme lorsque je la défendis pour la première fois.

5° Bizarres énigmes et terribles anomalies de la fatalité!

Une jeune fille, douée de toutes les qualités de l'esprit et du cœur qui assurent le plus brillant avenir; une accusation atroce; une humiliation de toute une année; la torture la plus affreuse et la résignation la plus douce pendant douze ans; une lueur de liberté qui brille un instant, et puis une tombe creusée dans la boue!!!

Mère de famille qui me lisez, est-ce que vous ne frissonnez pas, en pensant à de tels hasards qui peuvent heurter l'avenir de votre jeune fille?

N. B. Notre intervention dans cette question de chimie légale n'a pas été d'une faible utilité à la cause que nous défendons, depuis vingt ans, dans notre modeste sphère. En nous présentant dans l'arène, la lutte devait être acharnée ; car nos combats, à nous hommes de conviction, sont toujours à outrance : il faut que l'un ou l'autre reste sur le terrain.

Le monde savant s'émut tout entier à cette ardente polémique, lui qui jusque-là avait laissé ces hautes questions de vie ou de mort à l'arbitrage sans contrôle de quelques intelligences d'un ordre bien secondaire.

Car premièrement à la suite des débats qui avaient eu lieu à Dijon, en 1839, au sujet de l'affaire Mercier, le ministre de la justice d'alors (ancien proscrit de 1815, comme nous, et qui ne s'en est jamais souvenu depuis 1830 qu'en cette circonstance, ou peut-être quand il est devenu à son tour habitant des cachots, pour une cause qui n'honore pas ceux qui succombent), le ministre de la justice confia au premier président de la cour royale de Dijon, la mission de venir s'enquérir de notre opinion intime, sur les dangers que courait la justice, en accordant sa confiance aux rapports d'Orfila ; persuadé que, sur ce terrain d'intérêt général, nous laisserions de côté toute préoccupation politique ; on savait qu'aucun mobile de rivalité ou d'amour-propre n'entrait pour rien dans la lutte que nous soutenions avec un zèle qu'égalait seul notre désintéressement. Nous procédâmes à notre réponse en mettant le magistrat à même de l'éliminer par lui-même ; nous lui expliquâmes les procédés d'analyse, le pour et le contre des indications que donnent les réactifs ; les mille et un moyens que les hasards de l'imprévu avaient d'induire en erreur les plus habiles et les plus probes ; avec quelle réserve, par conséquent, un honnête homme devait s'aventurer dans ces sortes de témoignages, et combien l'expert devait avoir à cœur de tenir sans cesse les yeux fermés sur la procédure, afin de ne prêter l'oreille qu'aux révélations de la science et de la logique, qui font tant de faux pas quand elles ne marchent pas de front et comme en se donnant la main. De cet entretien, espèce de leçon intime de docimasie à l'usage de la justice, il résulta entre nous que notre homme, avec ses grands airs, avait dû bien souvent déjà surprendre la religion de la magistrature et du jury, que c'était par lui-même un homme aussi incapable que présomptueux, et qu'il était urgent d'aviser. La politique avisa ensuite à sa manière : en profitant des bons conseils qu'elle avait recueillis dans cette entrevue, et en reprenant les hostilités, contre l'ennemi généreux qui les lui avait donnés dans l'intérêt des neutres et de tous, sans acception de personnes.

On procéda enfin à cette réforme comme on procédait alors en toute chose, de manière qu'il n'en parût rien aux yeux du public que l'on craignait tant d'habituer aux idées de progrès.

Mais enfin à la suite de la polémique à laquelle donna lieu le procès sinistre de Tulle, le gouvernement cédant à l'opinion publique, finit par inviter sous main les magistrats à cesser d'invoquer le témoignage d'Orfila.

L'Académie des sciences, qui jusque-là avait dédaigné de s'occuper de ces hautes questions d'expertise, évoqua sous un prétexte quelconque la cause à son tribunal, et eut l'adresse d'amener à sa barre Orfila lui-même, qui y éprouva le même échec que devant l'Académie de médecine. Mais comme la science doit conserver aux yeux du public une part de l'infaillibilité que s'arroge la justice, on opposa à Orfila disgracié un nom devenu en faveur, et à l'appareil de Marsh un appareil soufflé à la lampe, de manière à prendre un air un peu plus mystérieux, l'air d'un trépied de verre et d'un télégraphe de cristal. C'était une fiche de consolation accordée aux vaincus, et un moyen en même temps de tenir dans l'ombre un nom qui n'a jamais voulu avoir rien d'académique et rien de ce qui n'est pas lui.

Toutes les trompettes de la presse sonnèrent victoire sur ce travail; dès le lendemain, il ne fut plus parlé ni du jugement ni du condamné; et la justice eut recours à de nouveaux arbitres, qui, pour faire oublier leur devancier, se mirent à crier plus fort que lui, tout en disant à peu près la même chose. Depuis ce moment, nous avons vu se reproduire, sous toutes les formes possibles, les principes que nous avions établis dans notre déposition à Dijon, et dans notre mémoire sur l'affaire Laffarge : Ce n'est plus, aujourd'hui, sur une tache large comme la tête d'une épingle qu'on établirait la culpabilité d'un accusé; ce n'est plus, sans analyser ni les vases ni les réactifs, qu'on procéderait à l'analyse d'un cadavre emballé dans un grossier tonneau, et mis sans autre formalité au roulage, comme une marchandise; enfin l'appareil de Marsh est devenu suspect, à cause de sa grande susceptibilité. On admet maintenant que, dans toute expertise, la justice peut être induite en erreur : 1° par l'arsenic inhérent aux médicaments internes ou externes que le malade aurait pu prendre, souvent à son insu; 2° par l'arsenic des réactifs et des vases, et surtout par l'arsenic d'un réactif que tel expert apporterait de Paris, et s'empresserait de remporter après l'analyse; 3° par l'arsenic qui se trouve dans le tritoxyde de fer; 4° par l'arsenic que la malveillance, dans le but de simuler un empoisonnement, serait dans le cas, après la mort, de glisser dans le cadavre ou dans son cercueil; 5° par l'arsenic du sol; 6° par l'arsenic des rebuts de fabrique, bois et papiers peints en vert, que le fumage apporte sur les terres, et que le vent peut disséminer sur le sol des cimetières; etc., etc. On se méfie, on doute; et dans le doute, la justice s'abstient, crainte de tomber dans une irréparable méprise.

351. L'outrecuidance de l'expertise avait tant abusé des indications faciles de l'appareil de Marsh, que nous craignîmes de lui livrer en pâture un procédé plus simple encore, qui venait de nous être révélé par nos recherches relatives au procès de Dijon. Nous nous décidâmes à le publier dans la 2ᵉ édition de cet ouvrage; à cette époque la justice suffisamment éclairée avait éliminé de son sanctuaire le genre d'experts qui auraient pu abuser de ce nouveau moyen de docimasie légale. Nous le reproduisons dans cette troisième livraison littéralement et sans modification aucune :

« Soit une rondelle de cuivre jaune ou laiton, d'une épaisseur suffisante pour se prêter à des pertes de substance successives par l'action de la lime. Cette plaque constitue, à nos yeux, un ensemble de milliers de couples voltaïques, par la juxtaposition et l'alliage du zinc et du cuivre, molécule à molécule. La lime multiplie, pour ainsi dire, l'action de ces couples infiniment petits, en les isolant par leurs extrémités supérieures. Avec ce simple appareil, il est possible de rendre sensibles, en taches d'une suffisante largeur, des traces de métaux, et surtout d'arsenic, tenus en dissolution dans un liquide.

» Pour l'arsenic. On fait dissoudre une substance suspecte de renfermer de l'arsenic dans la potasse caustique, proportionnellement à la quantité d'arsenic dont on soupçonne la présence. D'un autre côté, on a de l'eau chlorée. On dépose sur la surface de la rondelle de cuivre, bien décapée à la lime, une goutte de la dissolution potassique ci-dessus, au moyen d'un tube de verre, et par-dessus cette goutte, on dépose une autre goutte d'eau chlorée, que l'on étend avec l'extrémité du tube : l'arsenic aussitôt se dépose en une tache d'un bleu noir miroitant, que le frottement des linges n'enlève pas après sa dessiccation, mais que la potasse et les acides font à l'instant disparaître. Ce procédé décélerait un cent-millionième de litre, c'est-à-dire un centième de milligramme d'arsenic dissous dans un litre. Supposons maintenant qu'au lieu de nous servir d'une plaque de laiton, nous employions de petits granules ou de la grosse limaille de ce métal; qu'on les dépose d'abord dans la dissolution potassique, et de là dans l'eau chlorée; chacune de ces grenailles métalliques se chargera à sa surface d'une quantité d'arsenic proportionnelle à la quantité d'eau chlorée. On n'aura plus qu'à laisser sécher la limaille, et à la soumettre à un petit appareil distillatoire en verre, pour que, par l'effet de la chaleur, l'arsenic vienne se sublimer au col de la cornue; et dès ce moment, on aura le moyen de l'analyser, sans avoir à craindre l'équivoque des réactions du cuivre. Le miroitement de ces

taches sur la plaque de laiton varie, selon qu'on les observe en tournant
la face ou le dos à la lumière : en faisant face à la lumière, et regardant
la tache sous un angle de 45°, la tache paraît d'un beau bleu d'acier au
centre, entourée d'une première auréole violette, puis d'une seconde
brune, dont la teinte s'affaiblit de plus en plus, jusqu'à se confondre avec
la couleur du laiton. Si l'on tourne le dos à la lumière, la tache centrale
bleue paraît un magma blanc déposé sur une tache bleue ; la seconde
zone paraît rouge de sang, et la plus externe d'un rouge mêlé de noir.

» ANTIMOINE. Une dissolution potassique d'antimoine laisse, par le chlore,
sur la surface du laiton, une tache analogue à la tache arsenicale ; en
sorte que, pour les distinguer, il faudrait avoir recours à l'analyse, après
avoir éliminé la tache par le procédé ci-dessus.

» SULFURE D'ANTIMOINE ET AUTRES SULFURES. Qu'on dissolve du sulfure
d'antimoine dans de l'acide nitrique, et qu'après en avoir déposé une
goutte sur la lame de laiton, on la touche avec le bout de la baguette
de verre trempée dans une dissolution de potasse caustique ; on obtien-
dra une belle dorure, par la précipitation du soufre, comme lorsqu'on
frotte le cuivre avec un mélange pulvérisé de craie et d'un neuvième de
soufre.

» HYDROCHLORATE D'ÉTAIN. Si l'on broie ce sel sur le laiton, on communique à celui-ci une couleur d'or tendre, à qui la potasse liquide imprime
un ton plus chaud ; il se produit alors ce que les alchimistes appelaient *or
mussif*; et cette réaction explique ce qui se passe dans le décapage des
cuivres pour la dorure vraie, ou pour la dorure au vernis : Avant de
dorer, on déroche et l'on décape les cuivres : on déroche en passant les
cuivres au feu, et les jetant dans une dissolution d'acide sulfurique mar-
quant 2 à 3° ; on décape en trempant les cuivres, dans l'acide nitrique
pour la dorure au mercure, et dans un mélange de douze parties d'acide
sulfurique, quatre d'acide nitrique et d'une poignée de sel marin pour la
dorure au trempé et pour le vernis. Au sortir de ce bain d'acides, le
cuivre rosette paraît avec la couleur du cuivre rouge, le laiton avec la couleur du cuivre jaune ; mais les cuivres d'estampage (alliage de cuivre,
zinc et étain) offrent une magnifique couleur d'or. En sorte que si,
après les avoir séchés à la sciure de bois chaude, on les plonge dans un
vernis incolore pour les protéger contre l'oxydation, ils jouent le rôle
de cuivre doré de la manière la plus brillante. On peut rendre la couleur plus chaude, en mêlant au vernis une légère teinte de cochenille,
ou autre couleur purpurine ; on a alors un or légèrement rouge, ou or

antique. D'où vient cette couleur d'or sur le cuivre d'estampage? c'est de l'hydrochlorate d'étain qui s'est formé dans le décapage. Car le mélange d'acides renferme évidemment de l'eau régale et de l'acide sulfurique : l'acide sulfurique dissout le zinc et respecte le cuivre; l'eau régale dissout l'étain de l'alliage. Dès qu'on trempe dans l'eau ces cuivres ainsi rongés inégalement par le mélange d'acides, l'étain se précipite en or mussif sur le cuivre jaune, dont le grenu forme, comme par le moyen d'une lime à dents microscopiques, une pile à milliers de couples; et ce grenu donne à cet or simulé un œil mat, de ce bel effet que recherchent les industriels (*).

» Les sels de cuivre, déposés sur l'étain ou sur le fer, les colorent en rouge, surtout au moyen d'un peu de potasse ou par le sel marin.

» MERCURE. Toute dissolution d'un sel mercuriel laisse sur la lame de laiton une boue argileuse, et au-dessous une belle tache argentée, que l'on découvre en enlevant le magma boueux. Il est évident que pour que le calomélas et autres sels insolubles de mercure produisent cet effet, il faut préalablement les dissoudre au moyen d'un acide. Si l'on mêle un peu d'hydriodate de potasse à la dissolution, la goutte du mélange laisse sur le laiton une magnifique couleur de jaune safran, qui devient rouge de brique par l'acide sulfurique concentré; la potasse ne l'altère pas.

» La farine de maïs, colorée en bleu par la solution alcoolique d'iode, donne au laiton une belle teinte dorée.

» NITRATE D'ARGENT LIQUIDE. Ce sel dépose sur le laiton une tache de boue d'ardoise, pointillée de petits cristaux d'argent qu'on distingue à la loupe; si l'on frotte en cet endroit le laiton avec le bout de la baguette de verre, les cristaux d'argent s'appliquent contre la surface métallique et l'argentent.

» PARTI QUE L'INDUSTRIE PEUT TIRER DE CES INDICATIONS, POUR ORNER LES LAITONS DE MARBRURES OU D'OEILS-DE-PAON, ET POUR Y IMPRIMER DES ORNEMENTS RÉGULIERS ET DES VIGNETTES. Qu'on dépose sur le laiton une goutte d'acétate de cuivre, et qu'on applique au centre de la goutte la pointe d'une petite tige en zinc, il se formera au centre un point d'or brillant, qui s'entourera d'un cercle bleu, puis d'un autre cercle pourpre, enfin d'un troisième cercle vert. En promenant la pointe dans la tache, on obtient les plus jolies bigarrures. Ces cercles se multiplient en raison du temps que la pointe reste appliquée sur la tache. Si, au lieu d'une pointe de

(*) *Voyez* le résumé que j'ai publié du *procès de la dorure*, dans la *Revue scientifique*, en décembre 1841, signé *******.

zinc, on emploie un caractère d'imprimerie taillé en biseau, il se forme cinq cercles concentriques, le central violet, le second très-large doré, le troisième bleu d'azur, et puis l'externe pourpre. On voit qu'en appliquant à la fois une multitude de pointes de zinc, l'on obtiendrait, par l'acétate de cuivre, une suite d'ondulations versicolores du plus joli effet. Enfin, au moyen de clichés en zinc ou en fonte d'imprimerie, on pourrait imprimer sur le laiton toutes sortes de jolis sujets; il suffirait pour cela de passer préalablement sur le cliché un rouleau légèrement humecté d'acétate de cuivre. Ces couleurs varieront en raison du décapage du laiton par les acides ou par le frottement au moyen d'un autre métal, acier, zinc ou étain. On laverait aussitôt à grande eau, on sécherait à la sciure de buis chaude, et l'on recouvrirait la pièce d'un vernis transparent, pour prévenir l'oxydation.

» Avec une dissolution de sulfate de fer, ou de sulfate de cuivre, on obtient aussi des taches concentriques d'un bel effet, mais différentes : on en obtient encore d'autre nuance et d'une plus grande complication, en mélangeant les deux sulfates; de même avec les autres sels. En sorte qu'à l'aide de ce procédé, modifié *ad libitum*, on pourra obtenir des teintes variées à l'infini.

» *N. B.* Je me suis étendu, plus peut-être que ne comportent les limites et la nature de cet ouvrage sur ces sortes d'indications; mais dans un livre d'utilité publique, on a de la peine à séparer la question industrielle de la question toxicologique : l'une peut aider autant que l'autre à soulager une infortune. En publiant ces procédés et en renonçant à leur monopole dans l'intérêt de tous, on s'expose moins à l'ingratitude et à la trahison de quelques personnes; c'est autant de gagné pour la tranquillité de son âme.

» Je reprends mon sujet. »

352. Les combinaisons arsenicales agissent en raison de leur solubilité; l'acide arsénique plus violemment que l'acide arsénieux; celui-ci plus violemment que les sels à base soluble, et ceux-ci plus que les sels à base insoluble. Parmi ces derniers même, il en est au moins un ou deux qui sont complétement inoffensifs; ce qui fait qu'on se sert de leurs bases comme antidotes de l'empoisonnement par l'acide.

353. En général, les poisons, pris à petite dose, peuvent jouer le rôle de médicaments; l'arsenic est à cette règle l'une des moins contestables exceptions; en ce sens, qu'à la longue les effets de ces petites doses s'accumulent, pour ainsi dire, et que, laissant chacune les traces de leur passage dans le cadre de l'organisation, elles semblent agir comme si la somme en avait été administrée toute à la fois; il s'opère alors un empoison-

:nement lent et chronique, et dont la chimie serait impuissante à trouver la moindre trace dans le corps empoisonné. L'*aquetta*, si à la mode du :temps d'Alexandre VI, pour se défaire d'un mari ou d'un amant, sans crainte de la justice, laquelle ne s'occupe pas des petits délits, si souvent qu'on les commette ; l'*aquetta di Napoli*, ou *acqua toffana*, n'était, d'après Wepfer (*), que de l'eau ordinaire tenant en dissolution la petite quantité d'acide arsénieux qu'elle a la propriété de dissoudre à l'état de pureté. L'*aquetta* n'empoisonnait qu'à la longue : empoisonnement raffiné, où le bourreau avait l'épouvantable satisfaction de calculer froidement, jour par jour, les progrès de la torture, et de pouvoir prédire, par une simple progression, le jour où le sacrifice serait consommé. « Amis et fauteurs de la corruption qui nous ronge, comme du temps de cet :Alexandre, prenez garde à l'*aquetta* ! elle vous menace dans vos maisons, vous conservateurs du passé, plus que nous, amis du progrès et des :réformes sociales. » (Cette phrase date de la 2ᵉ édition.)

354. Nous avons, en médecine, des conservateurs comme en politique. Hippocrate, Galien, Dioscoride surtout, paraissent avoir assez bien désigné les fumigations de l'arsenic pour la guérison des maladies des poumons et de celles des voies aériennes. Avicenne (**), et les auteurs arabes subséquents, recommandent contre l'asthme l'inspiration des fumigations d'arsenic, qu'ils obtenaient en brûlant des mygdaléons (trochisques), composés d'arsenic pétri avec l'aristoloche et la graisse de veau. Paracelse en faisait un usage très-étendu contre les maladies internes, mais surtout externes ; et son exemple eut de nombreux imitateurs. Après lui, la médecine a plus d'une fois préconisé ce médicament, pris à certaines doses à l'intérieur, comme un remède héroïque contre un assez grand nombre de maladies.

Sur la fin du siècle dernier, Fowler lui donna une telle vogue en Angleterre, que l'engouement en prit à toute l'Europe. Les *gouttes de Fowler (élixir fébrifuge minéral)* étaient alors administrées au nombre de dix ou douze, en deux ou trois fois par jour, pour les adultes ; et de deux à cinq pour les enfants de deux à quatre ans. Quatre-vingts gouttes ne contenaient que deux à trois centigrammes d'arsenic. C'était une *aquetta di Napoli* (353) plutôt qu'une dose de poison.

On les composait, en effet, de la manière suivante : on faisait bouillir, dans 250 grammes d'eau distillée (chopine), 3 grammes 50 centigr. environ d'arsenic (66 grains), avec 3 grammes 50 centigr. d'alcali végétal fixe (carbonate de soude) très-pur, jusqu'à parfaite dissolution. Après le

(*) *Ephem. cur. nat.*, déc. 2, an. 6; 1688; appendice.
(**) Lib. 3, fen. 10, tract. 1, cap. 10.

refroidissement, on ajoutait 30 grammes d'huile essentielle de lavande, et on portait le poids de l'eau distillée à 500 grammes.

C'était donc une dissolution d'arséniate de soude ou de potasse, dont l'arsenic formait près du deux-centième;

La dose journalière n'en contenait tout au plus que quatre à cinq milligrammes pour les adultes, et deux milligrammes pour les enfants.

Et pourtant, on ne tarda pas à s'apercevoir qu'à la longue cette dose devenait mortelle. On guérissait de la fièvre ou du rhume pour retomber dans le marasme; on évitait un mal pour tomber dans un pire; et l'on enterrait l'individu, le jour où le médecin allait faire constater, par une lecture académique, son succès pour la guérison de la fièvre.

Ce qui fit dire à Hufeland (*): « Il n'y a pas de remède qui guérisse aussi promptement et d'une manière aussi prononcée les fièvres, que l'arsenic. Mais cette prompte suppression ne se fait qu'au détriment de l'organisme, et il résulte de son action, au bout de quelque temps, que le malade tombe dans le marasme, la phthisie, l'hydropisie, les obstructions abdominales. Il y a plus de cent ans qu'il a été employé et abandonné en Allemagne (**); et depuis vingt ans que Fowler l'a renouvelé en Angleterre, on a eu plus d'une fois l'occasion d'en reconnaître les désastreux effets. »

355. Tout le monde était donc bien et dûment averti, et il était d'une sage pratique de ne pas abandonner des médications inoffensives, afin de s'attacher de préférence à un médicament aussi dangereux pour le malade comme pour la société. Mais malheureusement l'envie d'innover est la plaie d'un art dont on se voit forcé de faire métier et marchandise. Dès que le succès de l'aspiration à froid du camphre, par le simple tuyau d'une paille ou d'une plume, fut constaté comme un remède héroïque contre toutes les maladies de poitrine et même d'estomac, chacun s'ingénia à modifier, dans ce sens, la substance des cigares : on substitua, aux feuilles de tabac, les feuilles non moins narcotiques de stramonium, de jusquiame, de belladone, etc., que l'on fumait comme le tabac, dont ces nouvelles cigarettes avaient tous les inconvénients, sans en avoir les avantages. Un docteur, plus avisé que les autres, fit annoncer des *cigarettes*

_____

(*) *Journal de Médecine*, 1811. *Voyez*, de plus, sur les *effets dangereux* des médicaments arsenicaux, de la poudre de Fowler et autres, les *Observations* du docteur Ebers de Breslaw, *Journal de la Soc. médico-chirurgicale de Parme*, tome 15, 1816, extrait dans le (*Journal général de médecine de Sédillot*, tome 59, page 294, 1817): et puis comparez le tout avec le travail du docteur Desgranges, sur le *Traitement des fièvres intermittentes*, etc., *par l'arsenic* (*Journal général de Médecine*, tome 30, 1807, pag. 241 et 363.)

(**) *Voyez*, à ce sujet, les *Ephémérides des curieux de la nature*, déc. 2, année 1686; *Addenda*, page 474, *de Arsenico antipyreto*.

d'*arsenic*, pour remplacer les *cigarettes de camphre*; et cela dans un temps où les empoisonnements criminels par l'arsenic commençaient à devenir si difficiles à constater, et tenaient tant 'en émoi la vigilance de la procédure criminelle. Que coûterait-il donc à la malveillance de simuler un rhume opiniâtre pour se procurer, sur ordonnance du médecin même, et mettre en réserve des paquets de ces cigarettes? De quelque petite quantité que chaque cigarette soit imprégnée, avec des milligrammes on fait des grammes; avec un gramme on empoisonne; avec une seule cigarette on fera l'*aquetta* d'un repas (353). Il paraît qué ces observations, que nous n'avions pas ménagées dans notre première édition, ouvrirent les yeux des hommes compétents sur la matière; aussi les journaux de médecine annoncèrent-ils, dès 1843, qu'il ne serait plus délivré de ces cigarettes que sur ordonnance du médecin. Nous demandâmes alors hautement qu'il ne fût plus permis d'en délivrer à personne, d'abord dans l'intérêt de la sécurité publique, ensuite et surtout dans l'intérêt des malades, dont un tel traitement ne peut que détériorer plus ou moins profondément la santé, tout en les guérissant d'une maladie locale. Nos vœux furent exaucés; car, dès le mois d'octobre 1843, on avait cessé d'ajouter le nom d'*arsenic* à ces cigarettes, dans les annonces des journaux; et depuis longtemps on ne les annonce et l'on ne les prescrit plus d'aucune manière.

La même proscription doit s'appliquer, dans les hôpitaux, à tout ce qui simule la médication de Fowler; car il en arrive que le malade qui sort guéri de l'hôpital s'en va mourir à domicile.

En décembre 1844, une femme de Pontoise, qui avait la réputation de guérir le cancer, fit une incision au sein d'une personne atteinte de ce mal affreux, et appliqua sur l'incision une pâte arsenicale; la malade en mourut; on condamna cette femme comme coupable d'homicide involontaire.

Or tous les jours les médecins appliquent sur le cancer la poudre escarotique arsenicale du frère Cosme, et autres préparations arsenicales; les malades en meurent, mais le médecin est sûr de l'impunité; n'a-t-il pas son diplôme? Voilà toute la différence; car sur ce point il est tout aussi aveugle et tout aussi téméraire qu'un charlatan. Comment a-t-il pu venir dans l'esprit d'un homme raisonnable, qu'alors que l'arsenic passe dans le sang, à travers les parois de l'estomac, et qu'ainsi il tue, il y passerait moins lorsqu'on l'applique sur l'orifice béant des veinules intéressées dans une incision? Nous reviendrons ailleurs sur la partie pharmaceutique de la question : ici les rapports intimes des deux faces de la question ne nous ont pas permis de séparer le médicament du poison.

356. L'arsenic est, à dose suffisante, aussi nuisible aux plantes qu'aux animaux; les végétaux l'absorbent par leurs racines. On a cru, dans ces

derniers temps, rencontrer une anomalie à cette loi dans les moisissures qui poussent à la surface des liquides empoisonnés même par l'arsenic; on n'a pas fait attention que l'arsenic se neutralise avec les sels calcaires de l'eau, et que, quand une couche d'arsénite semblable s'est formée à la surface, elle offre un plan inoffensif, qui peut servir de support aux moisissures, lesquelles n'ont besoin pour végéter que de l'humidité de l'air et de l'absence de la lumière.

357. 1° Nous pouvons appliquer à l'arsenic et aux autres poisons de nature métallique les réflexions de physiologie générale que nous avons faites plus haut, à l'égard des poisons végétaux. C'est que l'arsenic et ses congénères n'opèrent pas sur tous les animaux, toutes choses égales d'ailleurs, comme sur l'homme ; et, d'avance, on doit considérer comme fausses les inductions toxicologiques que l'on tire chaque jour, avec tant de laisser-aller, des expériences sur les chiens, les chevaux, les chats, les rats, etc.; expériences si mal dirigées, du reste, que, par elles-mêmes, et à part cette considération, elles n'ont aucune valeur : A l'un on lie l'œsophage pour l'empêcher de vomir; et par cette torture on multiplie la puissance d'absorption de la membrane stomacale, que le poison n'aurait peut-être fait qu'effleurer. A l'autre, animal essentiellement herbivore, on fait avaler tout à coup la dose du poison dans un seau de soupe grasse, et on le tue encore plus par suite d'une indigestion que par celle d'un empoisonnement.

Or il est des animaux pour qui l'arsenic semble être une substance comestible : Le loir s'en gorge impunément; les gros rats, qui dévorent les dépouilles préparées chez les naturalistes, mangent l'arsenic et ils le boivent impunément dans les auges remplies d'eau arsenicale. Les chiens, habitués à ronger les os, sont moins accessibles que les animaux herbivores aux effets de l'arsenic, qui ne peut que se saturer, en entrant dans leur estomac, avec cette masse de sels calcaires que renferme leur bol alimentaire (*).

2° Les symptômes de l'empoisonnement par l'arsenic varieront donc selon l'âge, le tempérament, le genre de nourriture, l'état de jeûne et de diète ou de réplétion de la victime. Dans ma réponse à Orfila (*Gazette des Hôpitaux*, du 14 novembre 1840 à janvier 1841), j'ai cité l'exemple d'une jeune fille qui, ayant dévoré gros comme une noisette d'arsenic, mourut dans la nuit sans avoir offert jusqu'à l'agonie le moindre symptôme d'empoisonnement.

(*) « C'est une opinion généralement répandue, d'après Mercurialis (*de Venenis*, lib. 2, cap. 9), que les rats et les chiens empoisonnés par l'arsenic se guérissent en buvant de l'eau. »

Etmuller parle d'une jeune fille qui, s'étant empoisonnée avec de l'arsenic, mourut dans les vingt-quatre heures, et dont les intestins, observés quatre jours après la mort, n'offrirent pas à l'autopsie juridique la moindre trace d'inflammation.

En 1786, le célèbre Cagliostro, que nous citons ici pour mémoire, avait avancé qu'à l'aide de certains moyens quelques animaux, mais le cochon surtout, pouvaient digérer les poisons les plus subtils, l'arsenic spécialement, sans en ressentir le moindre mal ; mais qu'il n'en était pas de même de quiconque mangerait de leur chair sans se soumettre à certaines conditions et précautions dont lui, Cagliostro, se réservait le secret. Le *Courrier de l'Europe*, qui se publiait à Londres, se mit à ridiculiser chaque jour cette opinion. Cagliostro proposa au rédacteur un moyen de terminer la question par une expérience sur leur personne : Il invita le rédacteur à un déjeuner où tous les plats et les vins seraient fournis par le rédacteur lui-même, ne se réservant lui, Cagliostro, que d'apporter un petit cochon de lait vivant, que le rédacteur se chargerait ensuite de faire préparer comme bon il l'entendrait. Cela fait, ils en mangeraient tous les deux. Mais Cagliostro assurait que le lendemain du déjeuner le rédacteur seul serait mort. Le rédacteur n'ayant eu garde d'accepter l'épreuve, refus sur lequel l'adroit enchanteur avait compté sans doute, Cagliostro acheva de mettre tous les rieurs de son côté.

En mai 1854, les journaux ont publié une assertion analogue qui aurait semblé démontrer que Mithridate n'avait point menti, en se vantant de s'être peu à peu habitué à tous les poisons. On assurait que dans quelques contrées de l'Autriche, en Styrie par exemple, une certaine partie de la population a contracté l'habitude de manger de l'arsenic ; qu'on le prend d'abord à petites doses et à un intervalle de sept à huit jours ; mais que quelques particuliers arrivent ainsi jusqu'à pouvoir en supporter quatre grains par jour. Cela leur donne un teint frais et de l'embonpoint, dit-on, et plus une grande facilité pour grimper les montées. Il y a infiniment sans doute à rabattre de cette assertion, qui en est restée là depuis, et n'a pas paru inspirer une grande confiance : car la médaille arsenicale, préconisée par la presse, avait aussi son revers ; on avouait que beaucoup de ces arseniphages devenaient victimes de ce moyen, et qu'en général ils ne poussaient pas fort loin leur existence. En réduisant la question à sa plus simple expression, on expliquerait parfaitement les effets de cet usage, en se rappelant que l'arsenic est un des vermifuges les plus violents. Mais n'oublions pas non plus que le journal qui rapporte ce fait, c'est la *Gazette des Hôpitaux*, qui a déjà rapporté bien d'autres fables de ce genre, en vue d'innocenter les poisons médicamenteux, dont nous avons signalé chaque jour les désastreux effets.

N'acceptez donc les deux faits ci-dessus que sous bénéfice d'inventaire.

3° En thèse générale, et sans tenir compte des nombreuses exceptions, on peut admettre d'abord : que l'arsenic peut produire la suffocation, des déjections abondantes, des urines plus abondantes encore, des convulsions épileptiformes avec râle et convulsions du globe de l'œil, des sueurs froides, de l'hématurie et la roideur des membres et de tout le corps ; ensuite que l'application des remèdes arsenicaux sur un ulcère, un bubon, un cancer, et même d'un simple sachet d'arsenic sur le thorax, est dans le cas d'occasionner les plus graves désordres et la mort même : Amatus Lusitanus rapporte qu'un jeune homme atteint de la gale s'étant servi d'un onguent arsenical, tomba dans une telle frénésie, qu'il fallut le lier ; qu'un autre ayant fait usage du même onguent fut trouvé mort le lendemain (*).

4° L'arsenic fumé produit des effets tout autres et beaucoup plus prompts que l'arsenic ingéré ; mais aussi on revient de la crise beaucoup plus vite. Le fait suivant, dont j'ai été à même de constater l'exactitude, est un exemple frappant de ce que j'avance. Nous étions dans l'hiver de 1844 ; M. X.... avait assisté à un repas de noces où il avait mangé et bu avec une sobriété exemplaire. Il sort un instant pour prendre l'air en compagnie d'un certain nombre de convives, dont un lui offre un cigare qu'il accepte sans autre examen. Ils rentrent tous dans un estaminet encombré de monde et plein d'une fumée de tabac qui n'incommodait personne et lui encore moins. Il allume son cigare et se met à fumer ; mais dès les premières gorgées, il se sent pris de vertige, comme s'il était ivre, et il n'a que le temps de courir aux lieux communs où il rend un débordement de matières liquides ; il se traîne au dehors et monte dans un fiacre pour aller se mettre au lit ; et à peine la voiture s'était-elle mise en route, qu'il est pris d'un vomissement, lequel avait à peine cessé quand il fut arrivé à sa porte. Il se coucha, dormit avec quelque malaise, mais ne se ressentit que d'un peu de faiblesse le lendemain matin. Il avait été victime d'un acte de malveillance ; son cigare était un cigare imprégné d'arsenic ; la fumée seule en avait agi comme vomitif et superpurgatif.

5° Un des caractères les plus saillants peut-être de l'empoisonnement par l'arsenic, et qui a échappé à l'observation de tous les auteurs qui se sont occupés de la matière, c'est que presque tout d'abord son action se

---

(*) *Voyez*, pour un plus grand nombre des terribles effets de ces médicaments homicides, Etmuller (*Ephem. cur. nat.*, cent. 3 et 4, pag. 283) ; Hodger (*de Peste londinensi*) ; Sonnert (*Praxis med.*, lib. 6, part. 5, cap. 2) ; Fabrice de Hilden (lib. *de Gangrænis et Sphacælo*) ; Angelo Sala (*Ternar. Bezoard*) ; Timæus (*Cas. med.*, lib. 8, pag. 327) ; Tackenius (*Hippocr. chym.*, cap. 74) ; Amatus Lusitanus (cent. 7, curat. 65) ; Philip. Guybert (*OEuvres charitables*, in-8°, 1668, pag. 406) ; etc., etc.

reporte sur l'extrémité de la moelle épinière, et détermine, même chez les victimes qui ne sont pas destinées à succomber, une paraplégie (paralysie des membres inférieurs) qui s'annonce par une espèce de danse de Saint-Guy : Ou bien les jambes refusent de marcher ; ou bien, au premier mouvement qu'on tente de faire, on se sent entraîné malgré soi à courir sans pouvoir s'arrêter (').

β. Bases désorganisatrices.

358. Nous connaissons un certain nombre de bases organisatrices, c'est-à-dire capables d'entrer dans la composition chimique d'une vésicule organisée, et de contribuer à sa vitalité et à son développement ; de ce nombre sont la chaux, la soude et la potasse, l'ammoniaque et le fer. Il est dans la nature une foule d'autres bases qui ont une affinité bien supérieure pour la molécule organique, qui ont la puissance de la soustraire aux cinq bases que nous venons d'énumérer, mais qui ne sauraient constituer avec elle qu'un magma organique, et non un tout organisé. La molécule organique tombe avec ces bases en flocons, elle ne s'arrange pas en vésicule élaborante ; et le produit forme un sel et non un organe. Prenez une dissolution de gomme arabique, qui est un tissu calcaire commençant, et versez-y un peu d'acétate de plomb ; aussitôt il se formera, par double décomposition, un précipité de gommate de plomb, si je puis m'exprimer ainsi, et le liquide renfermera de l'acétate de chaux correspondant à la quantité de plomb précipitée ; la gomme, ainsi précipitée, est désormais incapable d'organisation et de développement. Or tout liquide organique est ainsi précipité par les sels de plomb ; tout tissu en est désorganisé et comme tanné. Les autres bases agissent de la même manière, mais en suivant l'échelle de proportion de leur affinité pour la molécule organique.

359. D'où il faut conclure que l'action des poisons basiques est plus durable que l'action des poisons acides, toutes choses égales d'ailleurs. Les bases, en effet, tannent les tissus et les solidifient ; les acides les décomposent en les dissolvant ; ils les lavent ; et, si l'animal ou la plante répare ses pertes, la cause du mal disparaît, comme rejetée au dehors, par des lavages excrémentiels. L'arsenic, sous ce rapport, agit à la manière des bases, parce qu'avec la chaux des tissus il forme un sel insoluble ; et puis, qui sait si l'arsenic n'est pas une substance d'une

(*) Voyez Revue élémentaire, 1848, tom. II, pag. 164, 199.

composition plus compliquée que nous ne l'imaginons? J'en suis
presque convaincu, par suite d'expériences d'un autre ordre; et cette
réflexion s'applique immédiatement à l'antimoine, et à bien d'autres
corps simples métalliques dont l'histoire n'est, d'un bout à l'autre, qu'une
anomalie et une contradiction avec leur prétendue simplicité. Quoi qu'il
en soit, nous ajouterons que l'acide sulfurique, à cause de l'insolubilité
du sulfate de chaux, laisse de son empoisonnement des traces plus durables de désorganisation que les autres acides.

360. Parmi les bases qui désorganisent la vésicule organisée, ou qui
s'opposent à l'organisation des liquides, il en est qui procèdent en
décomposant la molécule organique elle-même, et d'autres en se l'appro-
priant.

A. Bases qui empoisonnent en désorganisant les tissus, et principalement en décomposant la molécule organique.

361. ALCALIS FIXES, CHAUX, POTASSE ET SOUDE; AMMONIAQUE; BARYTE,
STRONTIANE, MAGNÉSIE; CAUSTIQUES. Tous ces oxydes ont une telle avidité
pour la molécule aqueuse, qu'en leur contact la molécule organique ne
tarde pas à se carboniser, c'est-à-dire à se dépouiller de sa quantité
d'eau complémentaire. C'est là leur premier effet; elles s'hydratent
d'abord. Ensuite, par une action secondaire, elles empruntent aux tissus
non carbonisés la quantité d'oxygène et de carbone nécessaire pour se
saturer et se transformer en carbonates, acétates, oxalates, etc., selon la
nature des tissus qu'elles désorganisent. L'action caustique de l'ammoniaque est bien moins prononcée que celle de toutes les autres bases,
parce que l'ammoniaque est liquide et déjà combinée avec une quantité
d'eau suffisante pour l'hydrater. Après avoir procédé ainsi, et tout
d'abord par voie d'hydratation, elles peuvent continuer leur œuvre destructrice, par voie de double décomposition, en se substituant tumultueu-
sement aux bases organisatrices : la chaux transformant en tissus osseux
les tissus albumineux qui ont pour base l'ammoniaque, et en tissus ligneux les tissus mucilagineux qui ont pour base la potasse ou la soude;
la baryte, la strontiane, la magnésie, se substituant aux unes et aux
autres, pour former des tissus sans nom dans l'économie, des organes
sans fonction; l'ammoniaque se substituant à son tour aux bases organisatrices, et changeant la destination des tissus; et toutes transformant
en savon les huiles et graisses qui abondent dans les tissus et dans les
liquides.

362. Les symptômes de ces sortes d'empoisonnements diffèrent peu de

ceux qu'affectent les empoisonnements par les acides. Ce sont les symptômes de la désorganisation des surfaces, où s'épanouissent les dichotomies nerveuses : tortures d'estomac; spasmes des premières voies de la
respiration, et de toutes les parois buccales qui se sont trouvées sur le
passage du caustique; répulsion par les surfaces qui attiraient et aspi-
raient; nausées pénibles qui ne vont pas toujours jusqu'au vomissement;
cautérisation des nerfs, et par conséquent perte du sentiment se trans-
mettant des superficies au centre de la pensée; coagulation d'une partie
du sang, liquéfaction de l'autre; trouble et suspension de la circulation;
contorsions déchirantes, convulsions d'abord tétaniques, trismus, défaillance, syncope, léthargie, dont le réveil est la plus effrayante agonie qui
puisse précéder la mort.

363. On compte un certain nombre de plantes vénéneuses qui agissent
sur les tissus animaux à la manière des caustiques, et dont le suc laisse
une tache escarotique sur la peau. Ce sont principalement les plantes
lactescentes : EUPHORBES, CHÉLIDOINE, LAITUE VIREUSE, TISSUS HERBACÉS DU
FIGUIER, ETC., CHAMPIGNONS LACTESCENTS (*Agaricus necator, lactifluus*,
pyrogalus, acris, piperatus, azonites); et même l'ortie, dont les piquants
acérés et siliceux portent au sommet une petite ampoule remplie d'un
suc caustique, qui crève dans la piqûre et y détermine une vive inflammation. Ce qui démontre le mieux la causticité alcaline du venin de l'ortie, c'est qu'on n'a qu'à frotter la plaie, ou plutôt les petites plaies, avec
une feuille verte d'une plante non lactescente, mais succulente, pour en
éteindre le feu; le jus de ces feuilles est toujours acide.

364. C'est peut-être dans le même ordre de substances qu'il faut classer le principe actif du venin qu'éjacule le crapaud, quand il se sent trop
poursuivi. Quant aux venins de la vipère, des abeilles et des araignées,
on sait qu'ils sont inoffensifs par ingestion, et ne nuisent que par inocu-
lation.

B. Bases qui empoisonnent, en se substituant aux bases organisatrices des tissus.

365. OXYDE DE PLOMB (litharge), SELS DE PLOMB. Nous avons suffisamment parlé de l'action chimique des oxydes ou sels de plomb sur les
tissus organiques (358, 359); il est évident que leur vertu toxique est
toujours en raison de leur solubilité; la litharge n'opérant que par la
superficie de ses particules pulvérulentes, et par conséquent s'enveloppant du produit de la désorganisation, avant d'avoir épuisé toute l'action
de sa substance; l'acétate étant plus actif que le carbonate, celui-ci que
le sulfate, qui est d'une si grande insolubilité.

366. Appliqués sur un ulcère, les sels de plomb doivent en arrêter la décomposition, en se combinant avec la matière organique, si altérée qu'elle soit; cependant cette combinaison s'étendant jusqu'aux parties saines, il en résulte que la cicatrisation des chairs obtenue de cette façon conserve toujours un caractère d'inflammation et de dessiccation qui fait que la peau est sujette à se crevasser et à donner lieu ainsi à des ulcérations nouvelles; on reconnaît qu'une plaie a été traitée de la sorte à l'aspect rouge vineux de la peau et à son tissu sec et luisant. A l'intérieur, les sels de plomb doivent produire sur les muqueuses des effets analogues de désorganisation; de là le caractère spécial de ces sortes d'empoisonnements. L'action des sels de plomb pris à l'intérieur varie nécessairement en raison du véhicule dans lequel on l'administre; il est évident qu'au moyen d'un looch, on pourrait administrer presque sans danger une dose assez grande de sels de plomb; car dans ce cas l'action du sel aurait été neutralisée et tout à fait épuisée par sa combinaison avec la matière mucilagineuse ou oléagineuse du looch; et dès lors le prétendu médicament n'agirait que comme une matière inerte ingérée dans l'estomac. Administrées sans véhicule neutralisant, l'action toxique de ces combinaisons se reporte sur les intestins destinés à la défécation, et y produit des douleurs atroces, qui leur ont fait donner, selon les lieux et les professions, les noms de *colique des peintres*, *colique de plomb*, *colique du Poitou*, et celui de *miséréré*, quand le mal a pris, par les vomissements stercoraux, les caractères du *volvulus* et de la passion iliaque. Les mineurs qui exploitent les mines de plomb, les ouvriers plombiers, les fabricants de céruse, et les peintres qui font un fréquent emploi de ce blanc mêlé aux huiles siccatives, etc., sont principalement exposés à cette terrible maladie, qui leur survient par le véhicule des émanations et de la déglutition salivaire.

367. Les effets désastreux de ces sels pris à l'intérieur devraient engager enfin les praticiens à proscrire de leur formulaire tout médicament interne, dans lequel le plomb entrerait pour une portion si minime que ce soit.

Les vases vernis à l'émail, tels que les plats de faïence (l'émail est une combinaison d'étain et de plomb vitrifiés ensemble), doivent être bannis du fourneau, et relégués au service de la table ; les acides et l'action du feu seraient dans le cas de faire passer une quantité nuisible de sel de plomb dans les aliments. M'étant mis un jour à fumer une pipe à couvercle émaillé, en tenant le couvercle fermé, j'éprouvai, au bout de quelques jours que je m'en servais, des symptômes caractéristiques de ces sortes d'empoisonnements par le plomb ; j'allais toutes les heures à la garde-robe, avec épreintes violentes, sentiment d'ardeur et d'érosion à l'anus qui semblait être brûlé par les matières fécales; celles-ci étaient noires, et liées par des matières glaireuses qui les empêchaient de s'attacher aux parois du vase; je ne parvenais à me soulager que par des compresses d'alcool camphré. Je me débarrassai dès le lendemain de tous ces accidents, en cessant de fumer cette pipe. Nous recommandons aux fumeurs qui font usage de ces belles pipes émaillées sur écume de mer (*), d'avoir soin d'en faire fabriquer les couvercles en argent ou en or, et non en cuivre ou argent émaillé; autrement, le couvercle s'échauffant, la vapeur de plomb serait aspirée avec la fumée du tabac.

Les particuliers devraient sans cesse avoir l'œil non-seulement sur l'emploi des couleurs de plomb, mais encore des engins de ce métal qui peuvent entrer dans la composition ou construction des appareils destinés aux boissons ou aux usages culinaires.

Il y a près de six mois, un brave ouvrier du Pas-de-Calais vint me consulter pour une gastrite opiniâtre, comme il l'appelait. Il avait le pouls bon, la mine d'un homme en parfaite santé, un peu de constipation, et la langue plus rouge que d'habitude. Je ne voyais d'abord qu'une maladie vermineuse pour expliquer ce que cet homme ressentait; je lui prescrivis un régime vermifuge. Il revint me voir un mois et demi après, dans le même état, et sans avoir éprouvé le moindre soulagement de la médication prescrite. Je poussai alors beaucoup plus loin mon interrogatoire; car il s'agissait d'une intoxication à dose faible, mais journalière, d'un poison quelconque, de date ancienne ou récente. Je lui demande avec quoi il blanchissait sa maison à l'intérieur, comme cela se pratique dans tout le Nord chez les paysans; il me répond que c'est à la chaux et à la détrempe. Je me doute alors que par le mot de chaux il entend désigner la céruse, et le témoignage de ses compatriotes qui l'accompagnent me confirme dans mon opinion. A force de le questionner encore, j'apprends qu'il n'était pas le seul malade de la même affection dans la maison, mais que toute la famille souffrait à peu près de même. Tout me fut expliqué ainsi: La céruse, ne tenant qu'à la détrempe, se détachait en poussière et retombait un peu partout, dans l'eau à boire, dans le pétrin

(*) Le mot d'*écume de mer* s'est formé par une espèce d'équivoque de prononciation : Ces pipes furent fabriquées pour la première fois par *Kummer ;* on les appelait les pipes de *Kummer,* d'où on a fait d'*écume de mer ;* mot qui donnait à la matière une valeur plus grande et comme une origine plus mystérieuse. La pâte n'est pourtant formée que de silicate de magnésie hydratée, substance qu'on rencontre dans les serpentines de la Moravie, du Piémont, dans les argiles salifères de Madrid, dans le calcaire d'eau douce des environs de Paris et du Gard. La plus estimée vient des environs de Kittschik, dans l'Asie Mineure; c'est elle qui sert exclusivement à la fabrication des pipes de grand prix. Ces pipes sont très-saines; le couvercle seul doit fixer l'attention des amateurs; qu'il soit en or ou en argent, mais sans émail.

et dans les aliments mêmes; on la respirait avec l'air. Il y avait là de quoi empoisonner à petit feu tout un village. Je conseillai de recouvrir d'une couche d'huile siccative les murs, ainsi déjà crépis, et je prescrivis une médication antidotique. A l'aide de cette simple précaution les accidents maladifs ont disparu avec la cause du mal.

En février 1852, on s'aperçut à Paris, dans le 6ᵉ arrondissement, qu'une foule d'habitants qui faisaient usage du même cidre étaient en proie à des épreintes violentes et suivies assez souvent de mort. L'on découvrit que les brasseurs qui fabriquaient cette sorte de cidre, au lieu de continuer à se servir de cuves en bois, avaient eu la fâcheuse pensée d'employer des vases étamés. Or, l'étain renferme déjà une certaine quantité de plomb; ce plomb avait passé en partie dans le cidre par le véhicule de l'acide; et, d'un autre côté, les soudures qui se font avec un mélange d'étain et de plomb, n'étaient pas restées étrangères à cette calamité.

Le 27 juillet 1854, j'eus la visite de deux ouvriers de Roubaix, dont l'un souffrait de la poitrine et l'autre de l'estomac; ils avaient des digestions pénibles et étaient sujets à vomir. Ces braves gens étaient fondeurs de plomb, et ils se livraient à cette occupation sans trop se garantir des vapeurs de la fonte. Leur maladie n'avait pas d'autre cause; ils respiraient et ils s'ingéraient les vapeurs de plomb presque toute la journée.

En février 1857, un concierge d'une maison de la rue de la Santé, à Paris, se mit à préparer une boisson avec des pommes tapées et des fruits secs dans une fontaine domestique; il en donna à goûter à ses enfants, qui furent aussitôt pris de douleurs d'entrailles violentes; ils avaient la colique saturnine; le malheureux n'avait pas tenu compte du robinet en plomb, dont l'acide de la préparation avait dissous une partie. L'eau pure, l'eau à boire, n'avait jusque-là rien produit de tel, parce que l'eau n'est pas acide. Méfiez-vous de tout liquide, même de l'eau à boire, qui passe habituellement par des tuyaux en plomb. Ne permettez jamais aux enfants de sucer aucun jouet en plomb.

Le même mois, dans le village de la Tremblaie (Maine-et-Loire), tous ceux qui mangèrent du pain provenant de la farine du meunier de la Varenne, faillirent succomber à des accès de colique saturnine; la farine renfermait des quantités considérables de céruse. Qui l'avait ainsi altérée cette farine? était-ce le hasard ou la malveillance? A force de recherches on découvrit qu'un vide s'étant fait dans la meule longtemps auparavant, on avait comblé le fond avec du plomb, et recouvert ce plomb avec du ciment mêlé à du plâtre; le ciment étant parti par l'usure avait laissé à découvert le plomb, dont le frottement avait infecté la farine. Que de familles auraient pu être victimes de cet accident, si le médecin de la localité, dès les premiers symptômes, n'avait pas fait procéder à une enquête judiciaire !

La soie se vendant au poids, la fraude, si peu soigneuse de la santé, s'est ingéniée à augmenter le poids d'une manière artificielle au moyen de préparations saturnines. Mais il s'en est suivi que les ouvrières en soie, et surtout celles qui filent la soie, obligées qu'elles sont de passer souvent les bouts du fil dans la bouche, éprouvent une saveur sucrée qui finit par les incommoder gravement ; car ce sont tout autant de particules du sel de plomb qu'elles avalent avec la salive.

Les jeunes ouvrières qui sont chargées de parer les dentelles, dans les grands établissements de ce genre, sont chaque jour victimes d'accidents analogues à ceux que nous venons de citer ; car elles parent la marchandise en la saupoudrant de céruse, qu'elles respirent et avalent sans la moindre précaution. L'insouciance de l'industrie est plus meurtrière que le canon.

De combien de sinistres ne sont pas causes ou victimes les droguistes préparateurs de couleurs, les artistes peintres et les peintres en bâtiments surtout, par l'emploi de la céruse. Ils ne se méfient ni de la poussière vénéneuse qu'ils soulèvent, ni des préparations qu'ils abandonnent à tout venant et qu'ils déversent sur la voie publique. Les enfants s'en salissent les mains en jouant, et s'en empoisonnent en portant les mains à la bouche ; les animaux domestiques avalent ces couleurs avec les rogatons qu'ils dévorent ; tout ce dont on se sert s'en trouve quelquefois infecté : Ce qui fait que souvent rien n'est plus funeste que d'habiter un bâtiment remis à neuf et dont la propreté flatte le locataire.

J'ai vu en permanence dans certaines rues, des épidémies de maladies indéfinissables, qui ne provenaient que de la préparation au grand air des couleurs pour les peintres ; malheur alors à qui se trouvait sous le vent, quand le manipulateur en était à vanner et ensacher la couleur en poudre !

L'odeur de graillon qui se dégage des poêles en faïence vernie ne provient en partie que des vapeurs de plomb qui se dégagent de l'émail échauffé ; ce qui cause des malaises indéfinissables et une irritabilité nerveuse dont se ressentent les caractères les plus doux.

Il est bien des maladies, souvent mortelles, qui n'ont pour cause que l'ingurgitation des vapeurs ou des émanations de plomb, maladies que la médecine traite plus d'une fois comme ayant une autre origine ; et le riche est tout aussi sujet à ces sortes d'accidents que le pauvre lui-même : car le même produit peut être également funeste et à celui qui le fabrique et à celui qui en jouit.

Un rapport émané de l'administration des hôpitaux, inséré au *Moni-*

teur du 2 janvier 1850, établissait que de 1838 à 1847, inclusivement, les
hôpitaux de Paris avaient reçu 3,142 malades atteints d'affections saturnines, dont 1,898 sortant des deux fabriques de minium et de céruse qui
sont aux portes de la capitale. La moyenne serait ainsi par année de
314 malades, dont 189 sortant des deux fabriques de céruse et de minium
des environs de Paris. La mortalité était de 5 % : ce qui fait en moyenne,
par an, près de 16 morts dans les hôpitaux, et souvent presque tout le
reste de ces malades est endommagé pour la vie.

La proportion est sans doute beaucoup plus grande sur le nombre des
malades de ce genre qui se font traiter à domicile.

368. En général, on devrait se poser en principe de ne jamais DONNER, EN
MÉDICAMENT, UNE COMBINAISON DANS LAQUELLE ENTRE UNE BASE DÉSORGANI-
SATRICE. Une pareille médication laisse presque toujours dans l'économie
des traces durables et profondes qui survivent à la guérison, comme pour
servir plus tard de germe à des maladies intimes et incurables, à des maladies de marasme et de dissolution ; car ces bases procèdent par une
espèce de *tannage* des membranes, et par conséquent par la paralysie de
l'élaboration.

J'ai été témoin d'un cas de ce genre de désordre, qui devrait être
une bien grave leçon pour la thérapeutique. Une jeune femme de vingt-
six ans, et qui avait été six fois mère avec succès, un peu affaiblie par
une fécondité aussi précoce, conservait pourtant toutes les apparences
extérieures d'une belle jeunesse et d'une force qui lui promettait encore
de longs jours. Elle toussait un peu ; elle négligea ces symptômes de
rhume ; le mal parut s'aggraver. Quelques médecins pronostiquèrent des
tubercules dans le poumon, d'autres n'y virent rien de semblable ; le
premier avis prévalut, et il fut décidé que, pour cautériser sans doute
ces tubercules, on administrerait à la malade, en loochs de diverses compositions, quinze centigrammes (3 grains) d'extrait de Saturne (*acétate
de plomb*) par jour. Ces praticiens avaient sans doute pensé que ce sel, qui
lave les bavures des plaies et prépare celles-ci à la cicatrisation, se com-
porterait de même à l'égard des tubercules de la poitrine ; les erreurs en
médecine ne sont fondées que sur de tels raisonnements : on ne s'y trompe
que parce qu'on perd de vue la route que le médicament doit prendre
pour atteindre son but. Avant d'arriver aux tubercules, ce sel corrosif
avait à passer par la langue, l'isthme du gosier, l'estomac et le duodénum,
c'est-à-dire par deux digestions qui devaient en neutraliser l'action. Ce
sel devait donc changer de nature avant de parvenir, par le torrent de
la circulation, aux poumons, où il n'est certainement jamais arrivé par
cette voie, dans son état d'intégrité (358). Aussi les effets de la médication furent-ils déplorables, et firent-ils naître bien des maux, qui devaient

se terminer par la mort, mais qui ne tardèrent pas à s'annoncer par des symptômes effroyables : coliques, diarrhées, dyssenterie, transpirations si abondantes, qu'il fallait changer les matelas trois fois par jour; céphalalgie violente, dyspnée, gargouillement dans la poitrine, difficulté presque insupportable de la déglutition, paralysie de la glotte et de l'épiglotte, qui faisait que les liquides avalés se trompaient presque toujours de route; langue épaissie, inerte, et sortant de la bouche quelquefois jusqu'au bas du menton, sans que la malade pût la retirer dans la bouche; fièvre à cent cinquante pulsations, et insomnie complète. On comprend d'avance la cause de tous ces symptômes : Le sel de plomb avait tanné la langue, les parois buccales, l'isthme du gosier, désorganisé les membranes du canal alimentaire, et, par conséquent, paralysé toutes les phases de la digestion, ce principe, cet *alpha* de la circulation, dont la respiration est l'*omega* et la réciproque. Je rapporterai plus bas et en son lieu par quelle médication je parvins à dissiper, pendant quinze jours, tous ces symptômes d'empoisonnement par le plomb. On crut, pendant tout ce temps, la malade sauvée; mais on ne refait pas des tissus désorganisés; la malade s'éteignit dans un quart d'heure d'agonie, au milieu de la plus angélique sécurité.

369. L'introduction du MERCURE dans l'industrie, les arts et surtout dans la thérapeutique, est le plus funeste présent que l'alchimie ait fait à notre triste humanité : que le dieu du progrès le pardonne au génie de Paracelse! en mourant lui-même empoisonné, il n'a expié que bien peu le crime d'avoir légué à la médecine, au nombre de ses terribles réformes, cette boîte de tous les maux qu'exploite l'art de soigner les hommes, et au fond de laquelle il ne reste pour le malade que le stérile espoir de se moins mal porter. Cet argent liquide (*hydrargyron* des Grecs, *argentum vivum* des latins, ce *vif-argent* du vulgaire, ce métal de *Mercure* d'après les alchimistes, de *Mercurius*, le dieu des marchands qui fraudent et falsifient, et des voleurs qui assassinent au besoin et comme chance du métier), la science, de temps immémorial, l'a extrait des mines meurtrières pour le disséminer un peu partout autour de nous : la médecine en a tellement gorgé les pères, surtout depuis 300 ans, que la génération actuelle semble avoir été pétrie avec ce limon, tant elle en porte de stigmates au physique comme au moral (*).

(*) *Argentum vivum,... venenum rerum omnium; exest ac perrumpit vasa, permanans tabe dirâ* (PLIN., lib. 33, cap. 6). (L'argent vif, poison universel qui ronge et qui perfore les vases, pour s'échapper au dehors comme le pus des métaux.) — C'est une observation applicable à tous les âges, et même au nôtre en particulier, combien ceux qui se contentent d'écrire sur un sujet ignorent les choses qui sont les plus simples aux yeux de ceux qui pratiquent. Pline a écrit l'énormité suivante : *Omnia ei innatant,*

Celui qui parviendra à purger la civilisation de l'arsenic et du mercure, qui bannira ces deux poisons du commerce, de l'industrie, des
arts, et surtout de la médecine, aura plus fait pour l'amélioration de l'espèce et la réforme des mœurs, que tous les moralistes de tous les âges;
il aura préparé dès lors l'avénement d'une race bien différente de la
nôtre, d'une race forte, généreuse et sociable.

Quand vous entrerez dans une localité, il vous sera facile de juger, dès
les premiers coups d'œil, si la médecine de l'endroit est ou non coutu-
mière du mercure. Car le rachitisme est endémique dans les villes où
l'emploi du mercure est la panacée du médecin; et l'on n'y meurt
presque que de la même maladie.

Je connais une grande ville dont les rues ne vont que par monts et
par vaux, et où l'opulence quitte les bas quartiers pour fonder sur les
hauteurs une nouvelle ville. En descendant de ces hauteurs, vous remarquerez que la proportion des passants rachitiques, cagneux, noués, ankylosés, scrofuleux, augmente d'une manière d'autant plus effrayante
que vous arrivez plus bas : La raison en est que la misère s'échelonne
dans cette direction, vu que les pauvres n'ont dans leur maladie que la ressource des hôpitaux, où la médecine mercurialise à outrance, sans rime
ni raison, tellement qu'elle se mercurialise elle-même, et que bien des
adeptes et praticiens de cette méthode en deviennent ankylosés, fossilisés,
pétrifiés à leur tour, et finissent par mourir incrustés, pour ainsi dire,
à leur fauteuil. A force de médicamenter les pères, qui étaient des hommes forts, ils ont fini par crétiniser la race, qui se résigne au mépris
avec une philosophie douce et spirituelle, avec la force de l'âme, la
seule chose qu'ils aient conservée de la nature de leurs parents.
Et comme si le niveau de l'égalité et de la dégénérescence devait passer
sur tous les individus de cette race, ceux qui échappent au mercure des
hôpitaux retrouvent autour d'eux le poison que leur apportent, par les

---

prœter aurum; id unum ad se trahit (ibid.). (Tous les corps surnagent à un bain de
mercure, excepté l'or; c'est le seul métal que le mercure entraîne à lui). Dioscoride
empire sur cette idée théorique par une idée pratique qui mènerait à une terrible
mystification, si on l'exécutait : φυλάττεται δὲ, dit Dioscoride, ἐν ὑελίνοις, ἢ μολιβδίνοις,
ἢ κασσιτερίνοις, ἢ ἀργυροῖς ἀγγείοις (lib. 5, cap. 110, éd. Goupil). (On conserve le mercure dans des vases de verre ou de plomb, ou d'*étain* ou d'*argent*.) Je pense que cette
phrase renferme deux fautes grossières de copiste, et qu'au lieu de ἢ κασσιτερίνοις, ἢ
ἀργυροῖς, il faut lire ὄυκ κασσιτερίνοις, ὀυδὲ ἀργυροῖς (mais non d'étain ou d'argent).

Car on se servait, chez les anciens, du mercure pour dorer l'argent et les bronzes.
Cum æra inaurantur (quand on dore l'airain au moyen du mercure); *hydrargyro
argentum inauratur* (on dore l'argent au moyen du mercure), ajoute Pline (lib. 33,
cap. 6 et 8). Donc chacun savait que le mercure s'amalgame avec l'or et l'argent, qu'il
les dissout et les dévore (*excst*).

mille pores du sol, les infiltrations pluviales et les émanations de la vaporisation.

Les résidus empoisonnés que l'on jette à l'égout sur les hauteurs d'une cité sont à l'adresse de ceux qui habitent la ville basse ; et là les enfants gagnent des tumeurs d'apparence scrofuleuse en barbottant dans l'eau la plus limpide des ruisseaux de ces lieux si mal partagés. Il arrive un jour où toute une maison, de la cave jusqu'au grenier, est frappée de la même épidémie; tous les habitants ont la peau couverte de boutons et les parois buccales pointillées d'aphthes : c'est qu'alors le puits commun est infecté d'une infiltration mercurielle; et le mal se dissipe si l'on s'approvisionne d'eau ailleurs.

J'ai vu des gens devenir comme en proie à la rougeole, pour être entrés un jour d'été dans la chambre où l'on devait ensevelir un enfant mort à la suite d'un traitement mercuriel. J'en ai vu gagner une irritabilité nerveuse, qui, pendant plusieurs jours, a pris tous les caractères de la folie, pour avoir assisté constamment aux frictions mercurielles qu'on administrait à un pauvre patient; la garde-malade elle-même, à force de frictionner, en a perdu les ongles.

Si jamais vous remarquez, en entrant dans un salon, un grand poêle allumé au-dessous d'un glace étamée, vous pouvez prédire que la soirée ne se passera pas pour tout le monde sans agacements de nerfs: l'assistance en effet est condamnée à respirer presque une aussi forte dose de mercure par la vaporisation du *tain* de la glace, que l'ouvrier doreur en respirait avant qu'on ne dorât au *trempé*; car l'ouvrier a eu soin de se garantir en se tenant, autant qu'il le pouvait, hors du tirant de la cheminée.

Vos écrans et vos abat-jours, coloriés en vert *arsenical* ou en rouge *mercuriel*, ne sont pas innocents de ces perfides influences; et quand on cesse de s'en servir, bien des maladies cessent.

Les enfants qui jouent avec des jouets peints en vert, jouent souvent ainsi avec la mort ou tout au moins avec les convulsions, que chacun ensuite traite sous une dénomination différente et souvent à contre-sens, quand on ne se place pas au point de vue des données nosologiques de a nouvelle méthode.

On dore encore au mercure sur porcelaine et sur bronze ; et l'ouvrier, déjà atteint par lui-même des émanations du métal, en communique les effets à sa famille avec ses hardes qui en sont imprégnées; dès ce moment tout empoisonne la famille de sa part jusqu'à ses embrassements, s'il n'a pas soin de laisser à la porte sa dépouille de travailleur et de se purifier, par de suffisantes ablutions, avant de pénétrer dans le sanctuaire de la vie intime.

Voyez cette région triste et gypseuse, sans verdure et sans habitations ;
rien n'y végète, rien ne l'habite : c'est le squelette de la terre dépouillée
de toute sa verdoyante parure par le dernier feu du ciel ; c'est la demeure
des morts où l'on voit errer leurs ombres ; ces ombres sont de pauvres
ouvriers condamnés par le hasard de la naissance, ou même par la loi (*),
au travail des carrières ; et de ces carrières, dont les miasmes les énervent,
les émacient, les déforment et les dévorent, sort un fleuve dont chaque
litre va se transformer à son embouchure en trois litres d'argent. C'est
là que gît, et c'est de là qu'on extrait le mercure qui empoisonne ceux qui
l'exploitent et fait la fortune colossale de ceux qui le vendent ; le tout leur
revient ensuite sous forme de poison qu'ils achètent au poids de l'or, sur
les ailes des arts, de l'industrie et de la médecine : et par deux routes
différentes, on voit souvent l'ouvrier et le propriétaire de la mine arriver
le même jour à la tombe, comme quittes l'un envers l'autre, et en se donnant pour la première fois la main. O paysan des fertiles contrées, colosse de santé et de patience, dont chaque goutte de sueur produit un
grain de blé, bénis le ciel de la condition où il t'a fait naître, et qui te
rend au centuple la force que tu dépenses pour en remplir les obliga-
tions ! S'ils pouvaient espérer de jouir de ta belle santé, je sais des mil-
lionnaires qui sacrifieraient volontiers à ce prix tout le produit de leurs
mines de mercure !

Dans les régions où le mercure est moins abondant, son action est
d'autant plus perfide ; on ne se méfie que de ce qu'on voit ; et la médecine ne se doute jamais de ce qui se cache. Quand vous remarquerez une
population où les femmes perdent leurs dents de bonne heure, où elles
gagnent le goître à tous les âges, ayez l'œil sur les eaux des puits et des
sources mêmes ; car ces eaux doivent filtrer sur des filons mercuriels ; et
je crois que Montmorency, Pontoise et Poissy sont dans ce cas ; à Doullens, cela ne pourrait venir que des eaux de l'Authie. Dans les environs
de Montpellier, à Bourbonne-les-Bains, à Langon près de Bordeaux, près
de Saint-Lô en Normandie, etc. (**), on a trouvé souvent des globules de
mercure déposés dans les cuvettes naturelles des fontaines qui coulent
sur l'argile. Or les personnes qui s'abreuvent à ces fontaines doivent
éprouver des rages et des chutes de dents, et porter les stigmates de toutes
sortes de maladies hydrargyriques.

Lorsque vous parcourrez des vallées où le goître et le crétinisme exercent
leurs ravages, soyez assuré que les sources qui dégorgent dans ces con-

---

(*) Le travail des mines de mercure et de soufre est en beaucoup de pays imposé
aux forçats.

(**) *Traité de la fonte des mines*, par Schlutter, tom. Ier, pag. 7, 51, 68.—*Histoire
naturelle du Languedoc*, par Gensanne, tom. Ier, pag. 252.

trées ont passé à travers des filons mercuriels ; telles sont les vallées de la Carniole, du Tyrol, du versant oriental des Alpes, de la Manche en Espagne, etc. Cette idée, que je croyais avoir émise le premier, à la suite d'une masse d'observations comparatives, je la trouve mentionnée dans un ingénieux collecteur d'idées, dont peut-être pas un seul médecin de l'époque actuelle n'aura entendu prononcer le nom, quoiqu'il se soit fait connaître, dans le milieu du seizième siècle, par une foule d'ouvrages qui étaient très-recherchés alors ; je veux parler d'Antoine Mizaud : « Les montagnards, dit-il, qui font usage des eaux de sources viciées par le mercure ou vif-argent, ne manquent jamais d'être affectés de tumeurs scrofuleuses et de goîtres, de ces pseudo-hernies de la gorge qui pendent jusqu'à sur la poitrine (*). »

Et comme si ce n'était pas assez de ces sortes d'influences délétères, autour des mines que les forçats sont condamnés à exploiter, et autour des sources des montagnes où tant d'êtres humains sont condamnés à naître, l'industrie, les arts, la science et la médecine s'appliquent à charrier de bien loin le mercure pour en infecter les régions jusque-là les mieux favorisées de la nature et les populations les plus exemptes de tout péché originel, de tout vice de la naissance :

1° LE MERCURE DANS L'INDUSTRIE. Les étameurs sur glace vivent d'autant moins longtemps qu'ils opèrent sur de plus grandes surfaces, parce que nul manteau de cheminée ne serait assez grand pour les abriter des émanations de ce genre de travail.

Les doreurs et argenteurs au mercure, si précautionneux qu'ils soient, ne laissent pas que de payer tôt ou tard un terrible tribut à l'action pernicieuse des vapeurs du mercure. Ils sont atteints d'un tremblement convulsif, qui les empêche du moins de continuer ce métier qui dévore ; et l'innovation de la *dorure au trempé* ne les a pas tous sauvés du fléau de cette industrie ; car pour augmenter la force de la dorure et lui donner l'aspect et la solidité de l'ancienne, les doreurs ont recours à l'emploi du nitrate de mercure, bien plus délétère que le métal lui-même, ainsi que nous l'expliquerons plus bas. A ce jeu ce n'est pas le tremblement qu'ils gagnent, ce sont les maladies de la peau, et plus souvent encore les maladies de poitrine, la phthisie mercurielle, la moins curable de toutes les phthisies d'origines diverses.

O vous qui voulez qu'on donne à vos bronzes le faux air de l'or, ou à votre or un éclat artificiel bien supérieur à son éclat naturel, pour attirer les regards par le scintillement de vos parures, n'oubliez jamais tout

(*) *Memorabilium ac jucundorum centuriæ novem ;* auct. Ant. Mizaldo, cent. 1, 177, Paris, 1566. In-8°.

ce que chaque facette de votre luxe a légué de douleurs à ces artisans dont les merveilles font notre parure et dont ensuite nous envoyons la personne à l'hôpital ! Mesdames, soyez du moins humaines envers ceux qui vous rendent belles, et secondez-nous, au lieu de nous maudire, quand nous demandons que ces soldats intrépides de l'industrie aient droit du moins aux *Invalides* du travail !

Un jour un brave concierge d'un hôtel des monnaies vint me consulter sur un déluge de maux dont il était depuis quelque temps affligé ; il n'y en avait pas un seul dans le nombre qui ne fût d'origine mercurielle ; et pourtant il ne pénétrait, lui, dans le laboratoire d'affinage, que pour y introduire l'ouvrier qui venait y travailler pour la première fois. Mais ces ouvriers n'y faisaient pas grand séjour et ils ne tardaient pas à passer de l'atelier à l'hôpital et de l'hôpital au cimetière. L'appât d'un salaire élevé faisait qu'ils étaient remplacés sur l'heure ; nul n'avertissait les nouveaux venus du danger ; car la porte de sortie était à l'opposé de la porte d'introduction. J'invite les administrateurs entre les mains de qui tombera cette page, à s'assurer si c'est de l'établissement confié à leur surveillance, que je parle en cet endroit.

La décoration de nos appartements n'est pas exempte de mercure ; les murs tapissés de glaces étamées, pour peu que la température s'élève, inondent l'air de tout autant de vapeurs mercurielles que de rayons de lumière ; et ces salles remplies de glaces qui réfléchissent mille colonnes, au sein desquelles vient se calfeutrer tous les soirs la fine fleur de l'aristocratie, sont mille fois moins saines que la plus sombre taverne du pays.

Et quand ils se brisent, ces beaux verres miroitants, l'enfant qui en ramasse les éclats prend en main la cause d'une foule de maladies diverses dont l'origine échappera à la sagacité des plus intelligents. Pauvres enfants du riche, à qui le luxe prodigue les occasions de mort avec les jouets les plus élégants et les plus rares, alors que l'enfant des campagnes se porte si bien tout en n'ayant pour jouets que le caillou qui roule et que la fleur qui sent si bon de sa propre odeur ! Voyez-vous ce pantin de bois, qui se disloque les membres pour prouver à l'enfant que lui aussi se meut tout seul ? Eh bien ! son âme, à ce pantin, est dans son ventre, qui renferme assez de mercure pour infecter l'enfant et toute la maison, si son ventre de bois vient à crever sous le choc du métal qui l'agite. Nous vous expliquerons plus bas comment ces conséquences désastreuses peuvent se multiplier au souffle de mille hasards.

Le broyeur de couleurs est, s'il se néglige, dans le cas de devenir son propre bourreau, en même temps que le fléau de tout un quartier ; malheur à qui se trouve sous le vent, dans le voisinage du fabricant qui brasse certaines de ces poussières, mais surtout celles à base du métal dont nous parlons. Je vois souvent des maladies indéfinissables qui s'expliquent tout à coup après cette seule révélation, dont le voisin ne se doute pas plus que l'imprudent opérateur.

La rage de falsification, qui est la plus sotte ou la plus coupable des industries, jette souvent certains esprits dans des applications aventureuses qui les conduiraient à l'échafaud, s'ils en connaissaient la portée et qu'ils se livrassent à ces veines d'exploitations lucratives avec une coupable intention : Il s'était établi à Bruxelles, vers la fin de 1853, une boulangerie qui fournissait aux chalands un pain blanc fait *à la française;* ce pain vous prenait à l'œil par son aspect doré. Nos boulangers de village, à qui nous en avions depuis longtemps demandé de ce genre, après leur en avoir indiqué le mode de fabrication, pensaient alors qu'ils ne trouveraient pas leur profit à en fabriquer de tels; nous prîmes donc le parti de nous approvisionner à cet établissement, par le moyen du messager de la localité. Mais voilà que dès les premiers jours notre petite colonie se sent en proie à des maux indéfinissables; à peine en a-t-elle mangé, qu'une jeune personne n'a que le temps de courir à la selle, en proie à toute une révolution dans les intestins; elle avait les extrémités des doigts et du nez toutes bleues. Le même soir, notre bonne, qui souffrait sans oser se plaindre, avait également les yeux et le front colorés en bleu. J'aurais eu de la peine à me rendre compte de ces symptômes, si à mon tour je n'étais venu à les ressentir : le 1er janvier, la soupe grasse avec ce pain me produisit subitement un singulier effet sur l'estomac; j'en fis l'observation, mais personne n'osa la confirmer, crainte de m'inquiéter, quoique chacun éprouvât les mêmes symptômes que moi. Je passai une nuit affreuse, je fus pris d'une diarrhée des plus corrosives, et dans les déjections je découvris tous les caractères de celles que provoquent les sels mercuriels; elles étaient noires comme de l'encre.

A ces révélations, on n'osa plus me dissimuler ce que chacun éprouvait de son côté, et chacun éprouvait des phénomènes tout aussi graves. Mon fils lui-même était menacé d'une attaque de paralysie dans le bras, il perdait la vision et la mémoire; et l'eau sédative restait impuissante contre ces souffrances. Quelques essais me firent suspecter ce pain blanc qui plaisait tant à l'œil; nous y renonçâmes, et tous les symptômes disparurent comme par enchantement. Une personne étrangère à la famille, à qui nous avions recommandé ce boulanger, vint nous voir le 1er février, et nous fit part de ses souffrances; elle avait le visage vergeté et comme lavé de bleu; elle éprouvait chaque jour, après ses repas, des coliques atroces : or, en la mettant sur la voie de l'explication, elle se rappela qu'elle n'éprouvait ces malaises que depuis qu'elle s'était mise à faire usage de ce pain blanc; elle changea de boulanger, et elle ne ressentit plus rien de semblable.

Il en fut de même de deux ou trois autres personnes qui s'étaient laissé entraîner par nos recommandations à se servir à cette boulangerie.

Il n'y avait donc plus à en douter; ce pain recélait une substance toxique; et tous mes essais me permettent de croire que, si toutefois la malveillance n'entre pas pour une part dans ce sinistre, le malheureux boulanger aura eu recours, par la plus déplorable des idées inventives écloses dans la cervelle d'un ignorant, à l'emploi du calomélas ou du sublimé corrosif pour donner de la blancheur à un mélange avarié de farine, et pour faire lever la pâte d'une farine courte et peu riche en gluten. J'étais en train de poursuivre mon enquête, dans l'intérêt de la salubrité publique, quand le malheureux mit les clefs sous la porte et disparut du pays.

Nos boulangers flamands reconnurent alors que ce ne serait pas une mauvaise spéculation que de fabriquer du pain de ce genre, et ils y ont parfaitement réussi, au moins à Boitsfort et à Uccle. Le paysan s'en régale le dimanche; c'est le pain de la kermesse, qui serait trop léger pour les jours de labeur; et nous, nous en mangeons depuis trois ans; le goût en est exquis et la digestion facile.

2° LE MERCURE DANS LES ARTS. Les couleurs qui couvrent sa palette, le peintre n'y touche que du bout du pinceau; d'un autre côté, les bases en sont pour ainsi dire éteintes avec le vernis, qui les rend moins faciles à être absorbées par la peau. Cependant l'artiste n'en est pas pour cela à l'abri de tout danger; et il ne doit jamais perdre de vue que chacune de ses touches renferme souvent une dose suffisante pour empoisonner vingt personnes, ou du moins pour couvrir la peau de vingt maladies dartreuses de différents noms : J'ai connu deux frères, également peintres d'histoire d'une grande réputation; ils étaient atteints tous les deux d'une maladie de la peau des plus opiniâtres, et qui m'a paru ne provenir que de leur imprudence à manier les couleurs intoxicantes.

Les chasseurs eux-mêmes ne sauraient être trop précautionneux dans l'emploi des capsules fulminantes, qui, comme on le sait, ne sont redevables de leur explosion qu'au fulminate de mercure qu'elles recèlent. Car ce n'est pas sans danger qu'on les porte dans les poches du gilet, lesquelles s'imprègnent du sel ou de sa base, pour les transmettre ensuite à la peau par le véhicule de la sueur.

3° LE MERCURE DANS LA SCIENCE. Je ne cesse de prémunir les préparateurs et les étudiants contre les graves dangers et les irréparables résultats de leur insouciance à jouer avec le mercure. Ils oublient qu'en se donnant l'amusement de tremper les mains dans le mercure, ils s'administrent plus qu'une friction mercurielle, et qu'ils forcent ainsi les molécules mercurielles à pénétrer, par le poids des colonnes de ce métal liquide, à travers les pores de la peau la plus calleuse. Je citerai deux cas de ce genre qui ont fait le malheur de ma vie; car je ne m'aperçus de l'imprudence que quand il n'était plus temps de l'arrêter, et que tous ses effets étaient accomplis. L'écolier se fait des jouets de tout; tout ce qu'il peut se permettre sans être vu est une bonne plaisanterie; tout ce qu'il peut escamoter adroitement est de bonne prise; s'il parvient à tripoter des mains dans un bain de mercure, à l'issue d'un cours, et pendant que le préparateur a le dos tourné, ou bien à arrêter au passage un appareil à mercure, il en a pour deux heures de tours et de passes, qui l'amusent en secret, et qu'il payera cher un peu plus tard, sans qu'il s'en doute et sans que le médecin s'en doute plus que lui. Mais, dans ce cas, ce n'est que l'imprudent qui en souffre; tandis que dans le cas suivant, les plus prudents, les moins aventureux, peuvent en être victimes, selon leur tempérament, leurs prédispositions et la place qu'ils occupent, d'une manière plus prompte et plus fatale que les imprudents et les étourdis : Ces boules de mercure qui rebondissent sur le plancher du laboratoire et des amphithéâtres, et qui filtrent à travers les fissures, ne séjournent pas inertes sur le sol humide comme dans un flacon bouché à l'émeri. Elles ne tardent pas à se combiner avec les acides qui, en se dégageant des matras pendant les expériences, vont se condenser au-dessus du sol; et les acides les plus faibles, en se combinant avec le mercure, forment des sels aussi volatils et aussi corrosifs que le sublimé corrosif lui-même (*deuto-chlorure de mercure*). Lorsque le mouvement de l'air ou les chocs imprimés au parquet viennent à soulever cette poussière, c'est alors l'occasion d'un empoisonnement souvent des plus graves pour celui qui se trouve sous le vent de cette peste de l'air : Que j'en ai vu périr, de consomption et de phthisie, de ces victimes de leur ardeur pour la science, laquelle frappe souvent sans miséricorde sur ceux qui tentent de l'approcher avec le plus d'audace et de trop près!

Que les savants et les météorologues ne s'amusent jamais, dans leurs appartements parquetés, à fabriquer leurs thermomètres et à rajuster leurs baromètres de voyage, encore moins le baromètre Fortin, dont la construction est entachée de vices bien graves. Le mercure qui s'échappe des mains du plus adroit ou des fissures de l'instrument leur ferait payer cher un peu plus tard la peine d'une pareille négligence.

Les directeurs des établissements publics devraient interdire à leurs préparateurs d'employer sous aucun prétexte les liquides arsenicaux ou mercuriels à la conservation des dépouilles des animaux ou des plantes.

Je ne voudrais pas pour tout au monde feuilleter l'herbier de certains illustres botanistes qui ont eu l'idée de passer leurs échantillons au sublimé corrosif. On comprend ainsi, sans doute, que tant de jeunes savants, qui sont tombés au début de leur carrière, n'ont été dévorés par autre chose que par le feu de l'étude.

Enfants de génie qui, dans votre audace digne d'un meilleur sort, vous sentez entraînés à fixer, des regards de l'intelligence, l'essence du feu éternel, ne négligez pas de vous servir de pincettes, de vous tenir à distance, et de prendre des précautions, quelque misérables qu'elles paraissent à votre abnégation et à votre noble passion pour les conquêtes de la science.

Rappelez-vous ce que nous avons établi plus haut (306) sur la propriété que possède l'hydrogène, à l'état de gaz naissant, de se combiner avec tous les métaux qu'il rencontre sur son passage, et combien les métaux toxiques deviennent foudroyants quand ils nous arrivent sous cette forme ; et vous pourrez vous expliquer de cette manière ces cas de mort subite qui laissent sur le carreau l'individu jusque-là le mieux portant, et cela dans les appartements qui semblent le plus à l'abri du moindre atome d'immondices. Au sein de la plus florissante santé, nous n'avons souvent qu'à faire un pas de plus dans la rue pour éveiller la mort jusque-là comme assoupie !... Je vous effraye, non, je vous préserve avec ces terribles révélations ; notre bizarre civilisation, c'est le mancenillier, dont l'influence n'est jamais si mortelle que lorsqu'on s'endort sans méfiance à l'ombre de ses rameaux.

4° LE MERCURE EN MÉDECINE. Le mercure, connu de toute antiquité, n'avait fixé l'attention des pères de la médecine que comme un des poisons les plus violents. Hippocrate n'en fait pas mention ; Dioscoride s'étend beaucoup plus sur ses effets à combattre que sur ses propriétés à utiliser ; il recommande le lait comme le plus puissant antidote de ce genre de poison ; Galien déclare n'en avoir jamais fait usage dans sa pratique, et avoue sa complète ignorance au sujet de ses propriétés utiles ou funestes. C'est aux chimistes du moyen âge, qui en cherchant la pierre philosophale ont trouvé tant d'autres vérités plus à notre portée, c'est à eux que nous sommes redevables de l'histoire complète du vif-argent ; et c'est le plus célèbre médecin de leur école, celui qui ne dut sa célébrité comme médecin qu'à ses grandes connaissances comme alchimiste, c'est Paracelse qui a fait à la science, dont la tâche est de guérir, le funeste cadeau de cette panacée de nom, de ce poison des plus corrosifs de fait. Il employa ce métal dévorant contre un mal plus dévorant encore, contre un de ces fléaux qui frappent sur tant de lieux à la fois qu'on ne sait plus de quel point de l'horizon ils arrivent, et que chaque peuple a droit de se défendre de l'avoir importé le premier. J'expliquerai plus bas comment l'emploi du mercure semble enrayer la marche de cette maladie des temps modernes, qui est fille elle-même du mercure. Mais enfin la pratique de Paracelse, avec ses succès si bien dissimulés, s'infiltra dans toutes les habitudes de la médecine; et de remède spécial à une maladie, le mercure ne tarda pas à paraître un *remède à tous maux,* une panacée universelle, tant la médecine l'employa aussi bien contre les plus petits que contre les plus grands maux.

Les médecins philosophes eurent beau vouloir arrêter les médecins enthousiastes sur la pente rapide de leur imprudence, en leur montrant les ravages effrayants du poison au revers des bienfaits perfides du remède : le nombre de seins rongés jusques aux côtes ; d'os mis à nu et cariés jusques à la moelle; de visages labourés, fouillés, creusés jusques à la gorge, de mâchoires réduites à l'une de leur moitié; d'yeux cavés jusques au fond de leur orbite; de fongosités parasites absorbant la substance des viscères et des os du crâne, et empiétant sur le cerveau. Ce spectacle affreux à voir de près ne diminua en rien la fièvre des essais de ce genre. Le médecin se contenta de rejeter ces effrayants ravages sur le compte de l'inexpérience et de l'inhabileté; et c'est alors que s'impatronisa dans les prétentions de l'art ce membre de phrase : *Le mercure entre les mains d'un praticien habile et expérimenté.* Mais une telle habileté ne consista jamais et ne consiste encore aujourd'hui qu'à s'arrêter sur cette voie dès les premières ruines, et à n'administrer le poison que tout juste à la dose où il a rempli les premières indications du remède. On y renonce dès qu'on s'aperçoit qu'il est temps d'en enrayer la marche; et quand ensuite le mal continue ses ravages là où on l'a introduit, qu'il procède par mines et contre-mines, par fusées, pour ainsi dire, mercurielles qui irradient dans tous les tissus, la part pour laquelle l'ordonnance entre dans ces nouveaux désastres date de trop loin pour qu'elle saute aux yeux de personne.

Cependant il fut un instant dans l'histoire de la médecine où les bons esprits finirent par bannir presque le mercure de la pratique générale, et où il ne resta aux mauvais esprits, désappointés par ce changement dans le formulaire, que la satisfaction de remplacer le vif-argent par l'antimoine, cet arsenic dissimulé.

Cette époque commence à Ambroise Paré et à Fernel et finit presque à Guy-Patin.

Ce ne fut plus alors envers le personnel seul des habitués des hôpitaux que la médecine scolastique se montra si prodigue de mercure à des doses capables de fondre les os comme par amalgame. La médecine agissait alors par une funeste conviction ; les plus savants et les plus philosophes docteurs donnaient dans ce travers tête baissée, même avec le pressentiment que le malade en mourrait; ils combattaient par l'anéantissement et la décomposition une contagion qui, sans la médication, aurait permis de vivre et de vivre longtemps encore; après l'infection mercurielle des organes génitaux, venait l'infection mercurielle de toute la constitution par les remèdes, et l'homme mercurialisé finissait ensuite de tomber en lambeaux par tous les bouts.

Les plus illustres personnages, les princes et les rois, passaient à ce laminoir médical comme le dernier de leurs sujets :

On a dit que Louis XV était mort de la petite vérole, qu'il aurait gagnée en soulevant le suaire d'une jeune fille que l'on portait en terre, et qui était morte de ce mal. C'est une manière honnête d'expliquer la mort d'un roi; les courtisans ont toujours à leur disposition quelques-uns de ces succédanés de la flatterie. Le roi bien-aimé est mort bel et bien pourri du mercure, avec lequel le médecin de la cour avait tenté d'enrayer les résultats mercuriels des débauches crapuleuses que ne s'épargnait pas le sultan du *Parc-aux-Cerfs*.

Le jeune et malheureux prince de Lamballe a laissé à l'histoire l'exemple le plus déplorable de l'application à outrance de la médication dont nous parlons. Chacun sait que le duc d'Orléans (surnommé plus tard *Égalité*) convoitait l'héritage de ce prince, son beau-frère, et que c'est dans ce but qu'il l'entraînait, pour ruiner sa santé, dans les bouges les plus infâmes, où l'on puise, au sein des plus sales plaisirs, les germes d'un mal qui dévore. La médecine combattit ce mal opiniâtre par le mercure, et le combattit à outrance; par malveillance ou conviction, qu'importe? l'infortuné n'épuisa pas moins pour ce traitement la dose fabuleuse de 7 livres de mercure. Aussi son corps ne tarda-t-il pas à n'être plus qu'une plaie, tant il se couvrait de hideuses pustules; les cheveux, les ongles se détachaient spontanément; il ne lui restait que des débris noircis de ses dents, qu'il avait auparavant fort belles; les os de ses jambes, ramollis, ployaient sous le poids; il ne semblait plus vivre que pour assister à la décomposition d'un corps qui tombait par lambeaux; il était devenu un objet d'horreur pour tous ses domestiques; et il fût mort abandonné de tous, si l'angélique épouse qu'il avait ainsi trahie, méprisée et délaissée pour lui préférer les rebuts de l'espèce humaine, n'avait veillé à son chevet jusqu'au dernier moment. La débauche avait débarrassé le prince *Égalité* de son cohéritier; il lui restait à se débarrasser de sa cohéritière. Vous savez comment il s'y prit, ce monstre! il imprima dans ce but une tache horrible à l'histoire de notre révolution. La révolution s'en lava plus tard, en faisant expier ses crimes à ce grand coupable.

Mirabeau le Grand, ce prodige d'éloquence et d'énergie à la tribune, redevenait marquis efféminé de la régence dans son intimité. Les grands hommes d'alors n'étaient pas encore à la hauteur des grands ci- toyens ; ils sacrifiaient beaucoup plus sur l'autel de la volupté que sur l'autel de la patrie, et ils y sacrifiaient leur fortune, leur santé et la vie. La noblesse eût semblé alors déroger, si elle avait gardé ses affections intimes dans sa sphère : il était de bon ton de s'encanailler pour le plai- sir ; et Mirabeau tribun n'oublia jamais qu'il était cadet de famille. Il ne descendait de la tribune que pour passer, des petits soupers de l'orgie, dans le cabinet de consultation de son ami Cabanis, qui ne lui épargnait pas le mercure ; il en vint jusqu'à prendre des bains au sublimé corrosif, dont l'effet trompeur lui permettait d'accomplir sans trop de souffrances sa mission de député, mais dont l'absorption lui rongeait la constitution et le jetait ensuite dans une prostration générale. Afin de se ranimer ar- tificiellement pour suffire à de nouvelles débauches, il s'administrait pire que du mercure, et se rajeunissait, pour un instant de plaisir, à force de cantharides, qui lui léguaient un terrible lendemain. Vers la fin de mars 1791, Mirabeau ayant assisté à la première représentation des *Victimes cloîtrées*, de Monvel, dans un tête-à-tête intime avec la Coulon, danseuse de l'Opéra, il alla achever sa nuit avec elle dans un souper d'orgie, où il n'oublia aucun des moyens de surexcitation dont il faisait un si imprudent usage en pareil cas. En rentrant chez lui, il fut pris d'une colique inflammatoire ; en peu d'heures, l'estomac et le dia- phragme étaient gangrenés ; et il expirait après les plus atroces souf- frances, dans un poétique délire, qui sembla le grandir encore devant la mort.

L'époque d'alors n'était peut-être pas encore faite pour d'autres espèces de sages ; c'était l'époque du chaos, qui précède toujours l'œuvre de la création et de la lumière.

Le MERCURE reprit son antique ascendant jusqu'à Broussais, qui rem- plaça le poison par la diète, c'est-à-dire la désorganisation par l'inani- tion. A la mort de Broussais, nouvelle recrudescence d'hydrargyries (*) ; le mercure s'est glissé depuis lors un peu partout, et dans le traitement des maladies, je ne dirai pas les plus pudiques, mais les plus insignifiantes, jusqu'à ce qu'enfin la propagation indéfinie du nouveau système ait fait irruption dans le sanctuaire même, et que le peuple des malades, éclairé sur les véritables intérêts de sa santé, ait osé dire en face au médecin de son choix : « *Tout ce que vous voudrez, à condition qu'il n'y ait ni arsenic ni mercure ! En fait de salaire, je vous donne ce que vous me*

(*) Il n'est pas encore loin de nous le temps où la médecine scolastique ne redoutait pas de faire prendre à des enfants en bas âge un bain préparé avec le sublimé corrosif (voyez *Revue élémentaire*, tom. 1er, 1847, pag. 90.)

demandez; en fait de remèdes, j'espère que vous ne me donnerez rien de contraire à ce que je vous demande.

Quelques-uns de nos médecins échappent à ce contrôle, au fond des localités où la lumière ne s'est pas encore faite; d'autres, moins dignes de pardon, se donnent le coupable plaisir d'administrer le mercure sous des pseudonymes.

La loi, qui a prévu la fraude et la tromperie du marchand, n'a jamais suspecté la tromperie en médecine; c'était presque à ses yeux un crime impossible. Mais toute révolution, si heureuse qu'elle soit, ouvre en général la porte à de nouveaux genres de délit; la révolution opérée par le nouveau système a fait naître en médecine la dissimulation frauduleuse des remèdes : donc la loi fera entrer, un jour, ce cas de fraude dans l'énumération des délits spécifiés à l'art. 405 du Code pénal; et peut-être que, mieux informée, elle se croira engagée à menacer le coupable de pire que des peines spécifiées dans cet article.

En attendant, tout malade est autorisé, de par l'intérêt de sa santé, à interdire à son médecin le droit de lui faire administrer les remèdes dont nous allons donner l'énumération; car, s'il est un principe fondamental dans l'art de guérir, c'est qu'un médecin est appelé pour dissiper et non pour empirer le mal :

REMÈDES MERCURIELS DISSIMULÉS SOUS DIVERS NOMS : Calomélas; sublimé; biscuits d'Olivier; bougies de Falck; collyre de Sichel; eau antipsorique de Mettenberg, eau noire allemande, eau phagédénique; emplâtre de Vigo; liqueur de Van Swieten; onguents brun, citrin, gris, napolitain, de Canquoin; pommades de Cazenave, de Dessault, de Dupuytren, de Duchesne-Duparc, de Gibert, de Grand-Jean, de Monod, de Sichel, de Villan, de Zeller; pilules napolitaines, de Plenck, de Baudelocque, de Ricord; sirop de Bellet, de Cuisinier, de Charles-Albert, de Giraudeau de Saint-Gervais, de Lagneau, de Larrey, de Velno, etc., etc.

REMÈDES ARSENICAUX : Cigarettes de Trousseau; collyre de Lanfranc; épilatoire de Plenck; liqueur et poudre de Fowler; liqueur de Pearson, de Biett; pilules de Biett, de Barton, de Boudin; pommade de Saint-Louis; potion de Donovan; poudre du frère Côme, de Dupuytren, de Fontaneilles; rusma des Turcs, etc.

Dans l'université de Goettingue, on ne recevait anciennement un médecin qu'après qu'il avait juré de ne jamais faire entrer dans ses formules aucune sorte de préparation mercurielle.

N. B. I° Il fut un temps où les pharmaciens, à qui alors était dévolu l'art des embaumements, eurent la funeste idée de faire macérer les corps dans un bain de sublimé corrosif; c'était à la vérité un excellent moyen pour conserver les morts, mais un terrible moyen d'empoisonner les vivants.

Cadet-Gassicourt procéda de cette manière à l'embaumement du corps du maréchal Lannes; et il n'y eut pas en cette circonstance un prépara-teur qui ne se sentît assez gravement incommodé par les exhalaisons du cadavre(*). Je suis même convaincu que c'est à la suite de cette opéra-tion ou de toute autre tentative de ce genre, que Cadet-Gassicourt con-tracta l'affreuse maladie qui lui ankylosa presque toutes les articulations endolories, et qui le conduisit au tombeau à travers une affreuse agonie de plusieurs années.

Il faut plaindre le sort de quiconque aura jamais la tâche do procéder à la réouverture de ce cercueil; il en sortira bien des maux pour les vi-vants, de ce suaire de l'illustre mort!

Mézeray et Sainte-Foix rapportent que, dans le xviie siècle, on dut ou-vrir, en démolissant une vieille église, le cercueil d'une jeune fille qui était morte, cent ans auparavant, de la petite vérole, et que tous les as-sistants furent pris à la fois de la petite vérole. Cette prétendue petite vérole n'était certainement autre chose qu'une infection cutanée, produite par le dégagement du sublimé corrosif ou de l'hydrogène mercuriel qu'exhala cette tombe : Car, à cette époque, on ne traitait pas la petite vérole autrement que la grosse vérole : dans l'un et l'autre cas, on n'avait re-cours qu'à l'emploi du mercure à haute dose. Ceux qui auront le mal-heur d'ouvrir, dans cent ans, la tombe du maréchal Lannes, seront pris des mêmes symptômes que le furent les assistants dont parlent Mézeray et Sainte-Foix.

II° J'ai un dernier avis à donner aux parents qui recherchent dans leur gendre futur beaucoup plus les avantages de la fortune que ceux de la bonne santé : Il leur arrive, sans le savoir sans doute, de transformer pour leur fille l'autel de l'hyménée en celui du sacrifice, et de vouer leurs petits-enfants à une vie d'humiliation et de souffrances; car la matrice est une éponge pour les remèdes mercuriels, et le produit de la concep-tion en est le récipient. Qu'une jeune, belle et forte fille vienne par mal-heur, par le plus grand des malheurs, à épouser un jeune homme qui aura passé par les mains d'un médecin à mercure; le mariage sera fatal à la mariée : L'époux recouvrera de jour en jour la santé, pendant qu'on verra la jeune fille dépérir, se faner et s'éteindre, sans que nul se doute de la cause intime de ce meurtre quotidien; l'époux se sera purifié à force d'infecter l'épouse.

Quant à l'enfant qui résultera de ce sacrifice, pauvre bouc émissaire des erreurs paternelles, malheureux germe fécondé avec du mercure, il portera au front toute sa vie le stigmate originel : scrofuleux et rachitique, si

(*) *Mémoires de Constant*, tom. IV, pag. 149.

toutefois il est viable; lymphatique et étiolé, d'une constitution chétive et malàdive, si le poison a respecté chez lui le système osseux.

5° LE MERCURE DANS L'ART VÉTÉRINAIRE. On n'épargne rien moins que le mercure aux animaux domestiques malades du premier mal venu; et c'est ce qui cause la ruine des animaux de la plus belle espèce, et souvent la mort de ceux qui les soignent. J'ai connu un berger qui, à force de frotter avec de l'onguent gris ses moutons, pour les guérir de la gale, a fini par tomber lui-même en lambeaux, par pièces et morceaux, et presque en déliquescence. Quant à la viande de ces moutons ainsi maltraités, elle aura porté bien des maux d'origine inconnue, voire même le *charbon*, pire que la peste, dans les familles des bouchers et de leurs pratiques. Que de chevaux de race ruinés parce qu'on a voulu combattre une simple foulure avec le mercure! La foulure se change dès lors en eaux grasses, et l'animal est abattu pour si peu; ou si le mercure est charrié par le torrent de la circulation jusqu'aux voies aériennes, c'est la *morve*, cette phthisie contagieuse, qui s'inocule à l'homme par le simple contact, et même par le véhicule de l'atmosphère.

6° LE MERCURE EN AGRICULTURE. L'agriculture, qui chaule les grains de semence à l'arsenic, n'a pas encore eu le malheur de se laisser entraîner par l'exemple des botanistes, qui chaulent leurs plantes pour l'herbier avec le sublimé corrosif : de deux espèces de poisons violents, au moins cette fois-ci elle n'a pas choisi le pire; l'autre moyen de chaulage fait déjà assez de mal.

7° INFECTION, SUR UNE GRANDE ÉCHELLE, DES RÉSIDUS de toutes les saletés mercurielles, que la société actuelle s'administre à grands frais, sous toutes les formes.

Les eaux pluviales, en filtrant à travers la terre des cimetières, se chargent de l'arsenic et du mercure des embaumements, pour aller en infecter les sources qui coulent au bas de la colline et les puits que l'on creuse aux environs. Le sol des étables où séjournent les bestiaux qui ont été traités au mercure, finit par s'imprégner de sels et de miasmes qui établissent plus tard la mortalité en permanence dans ces lieux; la péripneumonie gangréneuse de l'espèce bovine n'a peut-être pas d'autre origine; c'est une contagion par miasmes mercuriels.

Les chevaux qui piaffent dans les boues de ville sont sujets à gagner des maux qu'on ignore dans les pays éloignés des grands centres de population : ulcères baveux, d'où découle de l'eau ou du pus; pourriture du sabot; carie des extrémités osseuses, etc. Car ces boues sont le réceptable de tous les rebuts des ménages, de la pharmacie, de la chimie et des fabriques; donc, l'arsenic et le mercure y entrent pour une grande part.

Les jeunes enfants, nous le répétons, qui pataugent des pieds et des mains dans les ruisseaux de certaines rues, y attrapent des maux d'apparence scrofuleuse dont sont exempts leurs pères.

Telle maison semble être maudite du ciel pour tous les locataires, par cela seul qu'un imprudent, fabricant ou non, l'aura infectée de ses rebuts de fabrique ou de médicaments.

Le voyageur le plus sain sort ulcéré ou dartreux du lit où a couché un mercurialisé la veille, si bien lavés qu'aient été les draps.

S'il prenait fantaisie à l'administration des hôpitaux de jeter au fumier toutes les ordures de ses pharmacies, je plaindrais les consommateurs, hommes ou bestiaux, à qui viendraient à échoir les produits du champ ; car les racines aspirent les sels mercuriels, que la séve charrie ensuite et distribue dans tous les rameaux et jusqu'au bout des feuilles.

Les auteurs chinois rapportent qu'en certains endroits du Céleste-Empire, on retire, par la distillation, une quantité notable de mercure du cresson alénois ; ce cresson a certainement poussé sur un sol infecté de minerais mercuriels.

Dans les Actes de Copenhague de 1673 (pag. 126 à 232), Simon Paulli publia un travail qui fit beaucoup de sensation, au sujet d'un *gramen* fort commun à quelques milles de Christiania en Norwége, et qu'il nomma *gramen ossifragum* (gramen briseur d'os), parce que, d'après l'opinion généralement répandue dans ces contrées, tous les bestiaux que cette plante affriande ne tardaient pas à être atteints de toutes sortes de difformités par suite du ramollissement des os. Bartholin fit remarquer à la suite de ce travail que cette plante n'est ainsi fatale que parce qu'elle croît au-dessus de mines de plomb et de mercure, qui arrivent à fleur de terre dans ces contrées. Il assure avoir trouvé fréquemment du mercure métallique au cœur des troncs d'arbres en Dalmatie, où abondent les mines de ce métal ; il cite à ce sujet le témoignage de Béguin, qui a rencontré des globules de vif-argent dans les racines des plantes en Pologne.

Linné recueillit sur ce point, en Laponie même, des renseignements authentiques et en tout conformes aux renseignements fournis par Simon Paulli. Il rencontra cette plante en abondance sur le versant septentrional des Alpes lapones, dans le Smoland, en Suède, et à une assez grande distance des confins de la Norwége ; tous les paysans la lui désignaient du doigt comme étant funeste aux bestiaux qui la broutaient. On voit ces animaux, d'après le dire des paysans, engraisser d'abord, puis dépérir ; et quand on les ouvre, on leur trouve le foie rempli de vers, d'où vient le nom suédois de cette plante *ilagrœs* (gramen, *grœs*, qui donne des vers, *ilar*). Les praticiens du centre de l'Europe ont traité fort souvent de fable tout ce qui précède, **parce que chez**

nous, où cette plante est très-commune dans les marécages, elle est totalement inoffensive : Car Linné s'est assuré que l'*ilagrœs* des paysans
lapons et norwégiens, le *gramen ossifragum* de Simon Paulli, n'est autre
qu'une liliacée qu'il a classée dans son genre *Anthericum*, sous le nom
d'*Anthericum ossifragum*, et que les botanistes précédents avaient figurée
sous le nom d'*Asphodelus palustris*; et entre autres auteurs Bauhin et
Dodoens, qui, en la décrivant d'après des échantillons récoltés dans les
endroits marécageux des Flandres, ne paraissent pas s'être doutés le moins
du monde qu'elle jouissait d'une si mauvaise réputation en Norwége et
en Laponie. Tout cela s'explique parce que le terrain des Flandres ne recèle
d'autre métal que le fer, qui y abonde sur tous les points. Mais qu'un
jour on s'avise de fumer ce terrain, si fertile et si bienfaisant, avec les
déjections amoncelées de certains hôpitaux; et ce sol exceptionnel sera
bientôt infecté de plus d'un gramen ou d'un légume *ossifrage*.

Un sol ainsi mercurialisé n'est pas nuisible à la santé seulement par
ses produits, mais encore par ses miasmes et surtout par sa poussière.
Qu'après plusieurs jours de sécheresse, le *simoun*, le *mistral*, le *si-
rocco*, etc., vienne à soulever dans les airs ces atomes poudreux; et le
vent de ce désert soufflera la mort sur toutes les oasis qui l'entourent, et
disséminera les épidémies jusqu'aux confins les plus reculés de ce pays.
Eh bien ! ce désert infecté, ce sont vos grandes agglomérations d'habitants, vos grands centres de l'industrie qui jette ses mille et mille poisons à pleines mains, sur la voie publique, par toutes ses portes et ses
fenêtres. Aussi voit-on les plus terribles épidémies exercer leurs ravages,
dès qu'après la sécheresse le vent soulève la poussière, ou que le marteau réduit en atomes les décombres de tout un vieux quartier; car dans
ces décombres sommeillaient les rebuts infectés des industries qui s'y
étaient succédé depuis des siècles.

Grands enfants, qui jouez ainsi sous toutes les formes et sans la moindre précaution avec les merveilles des arts et de la science, vous ne vous
doutiez pas sans doute que c'était la mort que vous semiez pour être récoltée
par les générations futures; vous le savez maintenant. Ayez donc recours
aux vrais principes de l'économie sociale; elle seule est capable de concilier l'intérêt de nos jouissances avec celui de la santé de tous. Alors que
le progrès indéfini de l'humanité est sur le point d'abolir la guerre, qu'il
commence par abolir le poison; et alors que, sur les ailes de la vapeur,
toutes les industries tendent à se donner la main, que désormais elles
n'aient plus besoin de gants pour le faire.

8° COMMENT OPÈRE LE MERCURE POUR QUE SON EMPLOI AIT TANT DONNÉ LE
CHANGE AUX MÉDECINS ET AUX DIVERSES INDUSTRIES?

La vapeur de mercure est moins féconde en ravages que les sels mercuriels; de même l'amalgame ou combinaison du mercure avec un corps gras est moins actif que sa vapeur elle-même. Le métal enfin désorganise moins que ses sels, ou plutôt le métal qui s'infiltre dans le corps humain ne nous est si nuisible que parce qu'il substitue des organisations parasites à des organes normaux, et une sensibilité, si je puis m'exprimer ainsi, non symétrique, à la sensibilité qui préside à la régularité de toutes nos fonctions et à leur harmonie.

Le mercure, qui a une affinité prononcée pour les corps gras, se combine de prime saut avec la substance intime de la cellule nerveuse qu'il rencontre sur son passage, et dès ce moment l'équilibre est rompu entre les diverses papilles et les divers troncs nerveux de cette région. Entre la papille mercurialisée et la papille normale, toute entente est rompue; elles s'attirent, alors que, pour les besoins du service, elles devraient se repousser; elles se repoussent, alors qu'elles devraient s'attirer; car leur nature, dès ce moment, n'est plus homogène, et chacune d'elles, à cause de sa composition intime, obéit à de différentes lois. Dès ce moment, l'une imprime à la cellule musculaire qui est sous son influence un mouvement de contraction, tandis que l'autre imprime à la cellule voisine de même ordre un mouvement d'extension; de ces discordances intestines émanent le désordre dans des mouvements, des tiraillements, des soubresauts, des convulsions et des impulsions involontaires et irrésistibles.

Cette idée explique comment il se fait que les conséquences d'un traitement mercuriel, même au moyen de simples frictions, se portent de préférence sur les divers organes des sens, mais spécialement sur ceux qui acquièrent des proportions plus grandes. Les organes des sens ne sont, en définitive, que des groupes de papilles nerveuses ou des extrémités de rameaux nerveux, papilles qui sont redevables à leur mode de développement d'une sensibilité spéciale. Le globe de l'œil ne diffère de la papille du tact que par les proportions qu'il a acquises; la dent n'est qu'une extrémité papillaire ossifiée; le cheveu et la corne elle-même ne sont que des papilles nerveuses qui ont végété en dehors des rameaux nerveux, et se sont greffés sur des papilles qui leur servent de bulbes reproducteurs.

Le mercure absorbé par le corps humain se porte de préférence sur les dents, et donne des rages de mâchoires à se faire arracher le râtelier tout entier; il se porte sur le globe de l'œil, qu'il frappe de mille maux divers, selon les chambres où il s'arrête, et quelquefois d'une cécité complète sans remède et sans espoir. Le mercurialisé s'aperçoit en même temps que ses autres sens s'émoussent, que l'ouïe devient dure, que l'odorat et la saveur s'affaiblissent ou se perdent tout à fait; que la sensation du toucher abandonne certaines surfaces, où ne tardent pas à apparaître tous les caractères d'une maladie de la peau; car les maladies de la peau d'origine mercurielle ont toutes leur siége dans les extrémités papillaires et superficielles des nerfs ; ces maladies, que j'appellerais volontiers papillaires, changent de nom selon que le mal s'attaque aux papilles des quatre autres sens, surtout aux deux papilles symétriques de la vision ; car le volume de ces organes permet, pour ainsi dire, d'apprécier jusqu'aux millièmes de l'unité de ravage : espèce de graduation que ne comporte pas la petitesse des innombrables organes de tout autre genre de sensibilité.

Par quelle voie la vapeur mercurielle, et le mercure métallique lui-même, éteint ou non dans un corps gras, peuvent-ils arriver ainsi jusqu'à la pulpe nerveuse?

La vapeur est ou aspirée ou absorbée, c'est-à-dire qu'elle peut s'insinuer dans le corps humain par le véhicule, soit de la respiration pulmonaire, soit de la respiration cutanée ; par les poumons ou par la peau. Dans l'un ou l'autre cas, le mercure est absorbé, atome à atome, par une des innombrables bouches béantes de ce réseau inextricable de lymphatiques, espèces de canaux formés par les interstices des cellules entre elles, de quelque ordre qu'elles soient (35).

Les canaux lymphatiques marchent parallèlement avec les rameaux nerveux et côte à côte, en sorte que chaque papille nerveuse arrive à la surface d'un organe au même instant qu'une bouche béante de ces sortes d'interstices. Ils deviennent ainsi les uns organes d'aspiration, les autres organes d'excrétion, ne différant entre eux que par la région qu'ils occupent, rejetant au dehors les liquides inutiles à l'organisation, absorbant ceux qui doivent servir au développement indéfini des organes ; suintant les sérosités sur les surfaces internes, les mucosités sur celles qui sont en communication avec l'air extérieur, et la sueur sur la surface épidermique, où leurs orifices innombrables prennent le nom de pores de la sueur.

L'atome mercuriel, en se fixant dans une cellule, en révolutionne le développement ; car, par sa motilité et par son poids, il tend à ménager entre les spires génératrices (18) des accouplements insolites et adultérins.

Si l'atome mercuriel s'arrête ou parvient jusqu'aux papilles nerveuses, la papille se développe en organe de superfétation sans perdre de son propre calibre, et cette région nous paraît alors affectée d'une éruption dartreuse, qui prend quelquefois l'aspect d'un groupe plus ou moins étendu d'écailles de poisson ; on a vu de ces papilles atteindre la consistance et la longueur d'un ergot de coq ou d'une petite corne.

Si l'atome mercuriel s'arrête à l'embranchement des rameaux nerveux, il en résulte un arrêt dans la transmission de l'influx nerveux et dans la communication électrique : de là l'insensibilité et la paralysie des muscles qui étaient sous la dépendance immédiate de cet embranchement nerveux.

Mais si l'atome mercuriel est retenu dans quelque *trivium* lymphatique pour le compte spécial de ce genre de tissus, sa puissance d'organisation, se reportant sur la cellule nerveuse voisine, et secondée par l'affluence réciproque de tous ces sucs en voie d'excrétion, et de l'air atmosphérique en voie d'aspiration ; cet atome, fécond en accouplements adultérins entre les spires génératrices (18), déterminera en cet endroit le développement d'un organe d'une admirable régularité, qui prendra, dans le langage de l'école, le nom de *ganglion engorgé* ou *lymphatique*, de *glande squirrheuse*. Vous voyez d'ici quel désordre dans les fonctions des organes normaux doit découler du voisinage et du parasitisme de ces organes anormaux et de superfétation ; il y a là plus qu'il n'en faut pour étrangler un organe et étouffer un individu lui-même en quelques instants. Et si, d'étape en étape, de *trivium* en *trivium* lymphatique, le globule de mercure monte jusqu'au siége de l'intelligence et de la volonté, jusqu'au cerveau…, malheur, trois fois malheur au malade ! il peut perdre de ce coup, les unes après les autres, les facultés de penser et d'aimer, selon que la cause du mal passe d'un casier à un autre de ce grand échiquier des facultés mentales, et qu'il porte la discordance dans ce clavier, jusque-là si harmonieux, *des* idées, des jugements et de la sensibilité humaine. Si l'homme n'en devient pas fou ou stupide, il n'en est pas moins vrai qu'à partir de cette époque il n'est plus aussi complet qu'auparavant ; il a perdu une portion de lui-même, qu'il ne recouvrera qu'à condition d'en expulser le métal usurpateur. S'il est vrai que jamais siècle plus que le nôtre ne fut témoin de tant de cas d'aliénation mentale, de ramollissement de cerveau, de paraplégie par suite du ramollissement de l'extrémité de la moelle épinière, prenez-vous-en aux inconséquences de la médecine des coulisses et des mauvais lieux, qui se plaît à attaquer, avec un arsenal de poisons, des maux que l'on peut guérir par les médications les plus inoffensives, et qui remplace ainsi de simples bobos par des maladies indélébiles et que le père transmettra à ses enfants. Si notre voix ne parvenait pas à arrêter la médecine sur cette pente funeste, il faudrait vraiment désespérer des générations futures.

Si, par suite des divers hasards de la circulation, il arrive que l'atome de mercure vienne à se déposer dans les cellules reproductrices du tissu adipeux, on verra l'individu engraisser peu à peu, quoique en proie à tous les malaises hydrargyriques, ou plutôt se tuméfier dans toute sa constitution par une graisse blafarde et maladive ; car alors le système graisseux se développe sous l'influence d'un élément anormal et non constitutif de l'organisation; c'est alors, dit-on, une mauvaise graisse.

Voilà pour l'œuvre du métal coulant; c'est une œuvre d'organisation anormale sous mille et mille formes.

Il n'en est plus de même des sels dont ce métal est la base; les sels mercuriels sont tous des agents désorganisateurs, des agents de destruction; ils sont *phagédéniques*, c'est-à-dire dévorants, rongeant les tissus organisés. Cela vient de ce que le mercure a une plus grande affinité pour la molécule organique que pour les acides avec lesquels il forme des sels, et même que pour les bases métalliques avec lesquelles il forme des amalgames. Dès qu'un sel mercuriel est mis en contact avec un tissu organisé, de nature animale surtout, il se porte, comme par suite d'un courant galvanique, vers la molécule adipeuse et s'amalgame avec elle pour la rendre féconde en tissus anormaux; et dès lors son acide, mis en liberté, se reporte à son tour sur les tissus circonvoisins pour les désorganiser en s'emparant de leurs bases inorganiques. L'acide alors dévore tous les solides et les liquides, tout, que ce soit du sang, que ce soit du pus; les plaies les plus blafardes deviennent rutilantes; les surfaces les plus saines deviennent chancreuses et sanguinolentes; l'acide ronge d'un côté, pendant que le mercure détermine des développements ou des végétations épidermiques, aussi roses à leur surface que si elles végétaient dans l'intérieur du corps humain; l'acide les lave et les dénude pendant que le mercure les anime d'une tendance progressive à de sinistres développements. L'épiderme, le derme, le tissu musculaire et puis le tissu osseux, tout semble fondre comme la glace, au feu de ce double agent d'organisations parasites ou de désorganisations dévorantes.

Mais ces acides, qui rendent le mercure si dévorant, se rencontrent dans bien des régions de l'économie animale. La digestion stomacale en élabore ou en élimine d'infiniment énergiques, compris sous le nom collectif de *suc gastrique*. Les canaux lymphatiques, à leur tour, excrètent la sueur, laquelle est éminemment acide, etc. Le mercure absorbé par les lymphatiques, sous sa forme métallique, ne manque pas, on le voit, en voyageant dans le corps humain, d'occasions de se combiner en sels corrosifs et phagédéniques, qui réagissent ensuite sur les organes les plus essentiels à la vie, d'une manière aggravante ou mortelle, selon les doses, les régions et les hasards de la circulation. On a trouvé quelquefois dans des crânes rongés par le temps des globules de mercure métallique, au fond de vacuoles osseuses que la décomposition cadavérique avait mises à nu.

Si jamais, dans un cas semblable, la circulation vient à se faire jour à travers les cellules où sommeille l'atome de mercure, l'homme, qui depuis longtemps ne se ressentait plus de rien, s'aperçoit que ses vieilles d'ouleurs se réveillent, et souvent dépassent celles qu'il avait oubliées depuis longtemps. Le *nouveau système* reconnaît l'identité de la cause à la similitude des effets, et prononce que les nouveaux symptômes émanent de la même cause que les anciens ; cause depuis longtemps assoupie, faute de communication avec les divers systèmes de circulation.

Ces sortes de sels sont d'autant plus corrosifs que la dose de l'acide y entre pour une part plus grande ; les moins offensifs sont ceux où la base métallique prédomine. Le *mercure doux, calomélas* ou *panacée universelle*, ne diffère du terrible *sublimé corrosif* que par l'insuffisance d'un même acide. L'addition du moindre acide au calomélas suffit pour donner à ce *protochlorure de mercure* la force désorganisatrice du *deutochlorure* (sublimé corrosif). De même l'addition d'une nouvelle quantité de mercure au *deutochlorure* suffit pour ramener le terrible sublimé corrosif à la bénignité d'action du calomélas (*protochlorure de mercure*).

A l'aide de ces explications si simples, il sera facile de comprendre pourquoi, en certains cas, les premières applications d'un traitement mercuriel semblent produire des résultats favorables, aux yeux de l'antique médecine.

Supposons en effet qu'on ait à traiter une plaie baveuse causée par la corrosion d'un sel mercuriel ; l'application d'un onguent ou emplâtre mercuriel, simple mélange de graisse et de mercure métallique, arrêtera les progrès de l'ulcère, en transformant le sel soluble par excès d'acide en sel mercuriel insoluble par addition et excès de métal liquide.

Admettons la formation d'une induration, espèce d'organe de superfétation, parasite d'un autre organe, éclos de l'incubation d'un globule mercuriel ; l'application d'un sel corrosif de mercure semblera le faire fondre en rongeant ces tissus anormaux, et en transformant en sel le globule métallique qui de sa nature jouait, dans sa vacuole, le rôle d'agent fécondateur.

Le mercure, comme on le voit, aura l'air, dans ces cas qui peuvent se modifier à l'infini, d'être l'antidote d'un virus caché que nous déclarons être le produit de l'action du mercure ; et la contradiction apparente tombe ainsi devant l'idée d'une simple permutation et d'un simple changement de front, si je puis m'exprimer ainsi.

Car le poison n'est point paralysé par ce simple mouvement de conversion, il n'est que transformé ou changé de place ; et après avoir ainsi suspendu ou fait disparaître les effets extérieurs du mal, il ne tarde pas de devenir, à son tour, cause de bien d'autres genres de maladies, par le véhicule de l'aspiration des lymphatiques ou de l'absorption des vaisseaux sanguins. Il arrive alors qu'après avoir corrodé les tissus anormaux et de superfétation, cet agent destructeur va corroder les tissus des organes nécessaires à la vie ; car il est corrosif pour toute espèce de tissus et ne consulte pas le malade pour savoir auxquels il doit s'arrêter de préférence.

Le mercure appliqué sur les accidents locaux de nature syphilitique, qui ne sont plus aujourd'hui à nos yeux que des accidents de nature mercurielle, le mercure débarrasse du mal local pour s'infiltrer et se répandre dans tout l'organisme et mercurialiser toute la constitution ; cela s'appelle alors une *syphilis constitutionnelle,* et devrait plutôt prendre le nom de constitution mercurielle. (Voyez, pour plus longue explication, la série d'articles sur les *maladies cutanées,* publiées dans la *Revue complémentaire,* tome IV, 1857.)

370. CUIVRE ET SELS DE CUIVRE. I° Que nos tissus s'assimilent le cuivre, c'est un fait assez bien démontré par la coloration en bleu des cheveux et des ongles des ouvriers qui travaillent sur cuivre. Quoique le cuivre en limaille ne soit pas de lui-même vénéneux, il ne tarde pas à le devenir, par le progrès de la digestion stomacale, à cause de l'acide qui en est le produit. De même que les sels de mercure, les sels de cuivre sont facilement réductibles par les métaux : Trempez une lame de fer bien décapé dans une dissolution d'un sel de cuivre, et elle ne tardera pas à se couvrir d'une belle couche de cuivre rosette ; nos tissus agissent sur ces sels exactement comme les métaux. Or ces sels sont un poison, parce que d'abord le cuivre n'est pas une base organisatrice (25), et qu'ensuite la soustraction de la base met en liberté l'acide, qui, dès ce moment, réagit de toute son affinité sur les bases des tissus non encore désorganisés. L'acétate (ou verdet), le sulfate et le carbonate de cuivre (autre forme du verdet), sont les sels qui ont le plus fréquemment contribué aux empoisonnements criminels ou involontaires.

II° La fraude, ce brigandage commercial, n'a pas reculé devant l'emploi des poisons que nous venons d'énumérer ; elle a fait entrer les sels de cuivre dans la fabrication du pain, du vin et des vinaigres, etc. En 1713, on s'aperçut à la Haye que les huîtres causaient un genre d'empoisonnement caractérisé par une vive anxiété, des vomissements et autres symptômes alarmants. On découvrit que c'étaient des huîtres qu'on avait colorées avec du verdet, pour leur donner la teinte verte que recherchent les gourmets (*).

Les journaux de novembre 1854 nous ont appris que ce genre si coupable de fraude n'avait pas disparu du commerce des huîtres, surtout en Angleterre.

On ne saurait trop recommander 1° aux ménagères de ne jamais avoir recours à une coloration de cette origine dans la confection des condi-

---

(*) *Ephem. cur. nat.,* cent. 7 et 8, obs. 96.

ments ou des liqueurs de table ; 2° aux cuisinières non-seulement de ne laisser séjourner aucun mets dans du cuivre, même étamé, mais encore de surveiller chaque jour l'étamage de leur batterie de cuisine. Les accidents qui résultent d'une pareille négligence sont assez nombreux encore aujourd'hui pour qu'il soit urgent de renouveler l'avertissement aussi souvent que possible.

Malheureusement nos Conseils de salubrité s'occupent plus de réprimer la fraude, fort souvent imaginaire, que de chercher à la prévenir par des avis bienveillants et raisonnés ; ils guettent les délinquants avec le zèle des meilleurs limiers de police, et le temps qu'ils perdent ainsi à attendre le moment propice pour prendre le délit sur le fait, suffirait, s'ils l'employaient sagement, à préserver toute une population des résultats souvent irréparables de sa propre inconséquence ou de son ignorance.

D'un autre côté, quand je vois la médecine légale se montrer si large et si insouciante sur l'excentricité de la formule, au sujet des poisons les plus violents administrés comme remèdes, j'ai le droit de m'étonner de sa pruderie et de sa susceptibilité, au sujet de doses imaginaires et infinitésimales d'une base toxique qu'elle signale dans certains produits comestibles, et qui lui servent de données pour menacer d'une ruine complète toute une branche jusque-là honorable de fabrication. Je joins immédiatement l'exemple à mon reproche :

III° Chacun sait que la ville de Grasse, dans la basse Provence (Var), a de temps immémorial le monopole de la distillation de l'*eau de fleur d'oranger*, monopole qu'elle doit à la température douce et presque algérienne de son climat ; nulle part la fleur d'oranger ne doit revenir moins cher que dans le pays où l'oranger croît, comme en Portugal, en pleine terre.

Or depuis plus de deux siècles, on expédie la *fleur d'orange* de cette provenance dans des vases de cuivre désignés sous le nom d'*estagnons*, parce qu'ils sont étamés avec soin à l'intérieur.

Depuis vingt ans, le Conseil de salubrité publique de la capitale a eu une idée fixe sur le danger que la consommation courait de l'emploi de ces sortes de vases. Il s'appuye à cet égard sur les considérations suivantes :

« 1° L'étamage de ces sortes de vases n'est pas toujours fait avec de l'étain pur, mais avec un étain allié à une petite quantité de plomb, ce qui pourrait donner lieu à la formation de sels de plomb dans l'eau distillée.

2° D'après ces messieurs, l'étamage disparaîtrait quelquefois par suite des bosselures et des chocs qu'éprouvent dans le transport ces vases à parois très-minces : d'où il arriverait que par leur contact prolongé avec l'essence qu'ils contiennent, il se formerait une certaine quantité de sels de cuivre dans le liquide.

3° On se servirait souvent, d'après ces messieurs, une seconde fois d'*estagnons* qui ont déjà servi une première, et dont l'étamage a dû subir des solutions de continuité plus nombreuses, de manière à mettre des points plus nombreux de la surface cuivreuse en contact avec l'eau de la fleur d'oranger, ou bien ces solutions de continuité intéressent le cuivre lui-même et exigent ensuite l'emploi de la soudure. »

En conséquence de ce rapport, il ne s'agissait rien moins que de condamner les fabricants ou possesseurs de cette branche séculaire et patriotique de commerce à remplacer les vases dits *estagnons* par des vases en verre.

Or c'était ruiner du coup toute cette industrie locale, à cause de la casse qui n'aurait épargné aucune expédition.

Le 13 juin 1852, nous fûmes invité par les distillateurs de Grasse à donner notre avis de chimiste au sujet de cette mauvaise querelle ; notre avis ne pouvait leur parvenir que par la filière de l'administration ; car nous étions alors prisonnier d'État dans la citadelle de Doullens. Cet inconvénient en apparence nous laissait au contraire nos coudées plus franches pour nous exprimer en toute liberté, et pour faire parvenir notre opinion sans intermédiaire à la connaissance de la justice et de l'administration ; en voici le résumé :

« 1° Le reproche que messieurs de la salubrité adressent à l'étamage des *estagnons*, ils ne devraient pas l'épargner à toutes nos batteries de cuisine, si le fait incriminé présentait des dangers si graves.

2° S'il arrive aux parois de l'estagnon une solution de continuité, elle intéressera autant le cuivre que l'étamage : donc la soudure recouvrira le cuivre ; et si cette soudure du cuivre est si dangereuse, il faut défendre aux épiciers de faire leurs confitures dans des vases en cuivre non étamés, qui ont tous de nombreuses soudures, puisqu'ils sont faits de diverses feuilles associées ensemble.

3° Que si la soudure employée pour les *estagnons* paraissait offrir quelques inconvénients, rien ne serait plus aisé que de les faire disparaître, en imposant de meilleures méthodes aux étameurs ; car il serait injuste de proscrire des vases pour un oubli qui dès lors ne se représenterait plus.

4° Que depuis deux cents ans jamais on n'a eu à signaler le moindre symptôme d'empoisonnement par l'emploi à l'intérieur de l'*eau de fleur d'orange* expédiée de cette manière ; que le danger n'a donc jamais été aussi grand que semblent le croire les puritains de l'expertise du conseil de la police municipale.

5° Que, d'un autre côté, l'étain étame non-seulement le cuivre, mais tous ses alliages, cuivre ou plomb; qu'il étamera donc ses soudures.

6° Mais pourtant je supposais que l'inconvénient fût tel que le signalent ces messieurs, et qu'il pût se former dans l'*eau de fleur d'orange* ainsi expédiée une certaine quantité de sel de plomb et de verdet (oxyde ou carbonate de cuivre), je disais encore que dans cette hypothèse la santé publique ne devait en courir aucun danger : car l'*eau de fleur d'orange* n'est pas une eau potable et qu'on doive boire même par petit verre; une cuiller à café dans un grand verre d'eau sucrée est une dose déjà un peu forte et qu'on ne renouvelle qu'à des intervalles assez longs; or, alors que l'*estagnon* ne serait qu'imparfaitement étamé, je soutiens que la quantité de cuivre que renfermerait une cuiller à café de ce liquide ne serait ni abordable à l'investigation des réactifs, ni susceptible d'accuser dans les intestins le moindre symptôme de sa présence.

7° Et que du reste, on avait droit de s'étonner de la rigueur d'appréciation qu'apportaient les experts de la police à cet égard, quand on pensait avec quelle amplitude ils administrent à leurs malades les sels de cuivre, de plomb, d'arsenic et même de sublimé corrosif; les doses de leurs formules ne sont alors rien moins qu'infinitésimales. »

Ce rapport, en passant par la filière des différents bureaux, avant d'arriver au Conseil de salubrité publique, ne manqua pas d'éveiller l'attention de l'autorité supérieure. Le télégraphe joua, et le lendemain je reçus la visite du directeur, qui vint causer avec moi de toute cette affaire. Il avait lu le rapport, je n'avais nul besoin de le lui expliquer :

« Seulement, ajoutai-je, il y a une raison que je ne pouvais pas insérer dans mon rapport et que je vais vous confier.

» Savez-vous bien pourquoi les experts de la capitale cherchent une si mauvaise querelle aux distillateurs du Var? Je vais vous le dire franchement : c'est que derrière eux se trouvent des bailleurs de fonds tout prêts pour importer à Paris la branche d'industrie de Grasse. Vous allez le comprendre : Ne voulant pas s'exposer aux grandes pertes que la casse occasionnerait à l'expédition, on ne distillera plus dans cette localité de la Provence. Mais alors on établira à Paris une distillerie monstre, à laquelle les cultivateurs du Var expédieront leurs fleurs d'oranger; la ruine des anciens distillateurs fera ainsi la fortune des nouveaux ; et du moins le zèle des surveillants de la salubrité publique, en ruinant certaines gens, n'aura pas été infructueux pour la bourse de certains autres, si la salubrité publique n'en retire rien de mieux. »

Le directeur partit, à ces mots, d'un grand éclat de rire et me tourna les épaules, qui commençaient déjà elles-mêmes à ne plus garder le sérieux officiel.

C'est sans doute ce qui a fait que ma prévision est restée à l'état de calomnie, que je retire, s'il y a lieu.

IV° Le cuivre et le zinc, sont vénéneux par leur simple contact avec les tissus organisés dénudés d'épiderme ou entamés par une simple solution de continuité ; ils sont venimeux autant que vénéneux. Les ouvriers en cuivre et en zinc ont grandement à souffrir des coupures qu'ils se font avec les lames de ces deux métaux ; la moindre coupure à la peau sur le doigt produit peu à peu une enflure qui remonte à la main, à l'avant-bras et jusqu'à l'épaule, accompagnée d'engourdissement et de douleurs poignantes. A l'instant où l'accident a lieu, on doit appliquer sur l'entaille de l'eau sédative et au-dessous une forte compresse imbibée d'alcool camphré, afin d'arrêter le mal à sa première étape ; évitez avec grand soin ces coupures, quand vous faites usage des plaques et autres appareils galvaniques.

371. SELS D'ÉTAIN, DE ZINC, DE BISMUTH, DE NICKEL, ETC. L'affinité de ces bases pour nos tissus étant moindre que les précédentes, la dose à laquelle ces sels deviennent poisons est telle, que l'on s'en rebuterait, avant d'avoir consommé le sacrifice, pourvu que ces sels soient neutres ; et ce n'est pas dans cette catégorie du droguet que les Canidies et les Brinvilliers vont puiser leurs subtiles ressources.

La plupart de ces sels n'agissent peut-être qu'en paralysant, par une double décomposition, la fermentation digestive, et par conséquent l'aspiration nutritive des tissus (24). Or, comme leur action est principalement évacuante et diaphorétique, il s'ensuivrait que ce n'est pas sur la digestion stomacale, mais plutôt sur la digestion duodénale et intestinale qu'elle se reporte spécialement.

372. HYDROCHLORATE DE PLATINE. Ce sel a la propriété de former des sels doubles, dès qu'il est en contact avec la potasse, la soude et l'ammoniaque, etc. S'il ne se substitue pas aux bases de nos tissus, du moins il se les associe, et désorganise d'autant la membrane élaborante.

373. HYDROCHLORATE D'OR, OU MURIATE D'OR, ET CHLORURE D'OR. Il faut en dire autant de ce sel : il forme avec les alcalis des sels doubles et solubles ; il désorganise les tissus, en les dépouillant de leurs bases. En outre, ces deux sels sont réductibles par les métaux, qui se couvrent, dans les circonstances favorables, de platine et d'or. Ils sont trop facilement décomposables, et trop inoffensifs par leurs bases insolubles, pour qu'on les ait jamais trop fait servir aux empoisonnements. Le sel d'or, renouvelé des médecins alchimistes (*) par Chrestien de Montpellier, et administré avec le véhicule de l'éther, a pris, pendant un certain

---

(*) Voyez Glauber. de Auro potabili, dans ses Furni philosophici. Amst., 1651.

temps, dans la pratique, une vogue qui est bien passée aujourd'hui ; il
avait pour but de neutraliser les effets des remèdes mercuriels, par l'a-
malgame des molécules d'or.

374. NITRATE D'ARGENT. L'acide hydrochlorique et tous les hydrochlorates
précipitent l'argent en un chlorure blanc, caillebotté, qui devient de plus
en plus violet, au contact de la lumière : sel insoluble dans tous les acides, soluble dans l'ammoniaque, et connu, dans le langage alchimique,
sous le nom d'*argent corné*. Or, appliqué sur nos tissus, l'argent agit
précisément comme s'il était en contact avec les hydrochlorates, il les
couvre d'abord d'un caillebottage blanc, qui devient ensuite une tache
violàtre, dure et cornée. Sur la corne, les dents, les ongles, les cheveux,
l'ivoire, cette coloration violette est presque instantanée. Il est évident,
d'après cela, que l'acide nitrique est immédiatement mis en liberté, et
qu'il réagit ensuite sur les tissus pour son propre compte, ce qui rend
ce sel doublement désorganisateur ; car par sa base, il décompose les
hydrochlorates de soude, d'ammoniaque, etc., dont les liquides cellulaires et vasculaires de l'organisation sont si riches, et aussitôt il se précipite sur les tissus en un vernis corné et insoluble ; et puis il abandonne
les tissus non attaqués à l'action corrosive des bases isolées des hydrochlorates, et à celle de son acide nitrique éliminé. Comme médicament,
pris à l'intérieur, à quelque dose que ce soit, ce sel doit donc être proscrit
de la thérapeutique ; quand on procède à la guérison par un agent de
désorganisation, on guérit d'un accident pour préparer mille autres maladies, selon l'organe dans lequel la dose du poison aura fixé le siége de
son œuvre destructrice. Cependant, l'action d'un sel aussi insoluble est
très-superficielle et pénètre peu profondément les surfaces ; il ne fait
presque que s'y étendre. Les résultats de sa cautérisation sont donc d'une
lenteur qui fait que la maladie a toujours le pas sur le médicament, et
le laisse bien loin en arrière.

375. RÈGLE GÉNÉRALE. Les poisons désorganisateurs dont nous venons
de décrire le mode d'action dans tout ce genre, agissent sur toutes les
muqueuses de la même manière que sur l'estomac. L'empoisonnement
peut s'opérer par l'anus, par les organes génitaux, tout aussi bien que
par la bouche ; car tous ces tissus, préservés du hâle et du contact immédiat de l'air, sont aussi absorbants et aspirateurs les uns que les
autres. Et sous ce rapport, les organes génitaux de la femme sont sur la
même ligne que le poumon ; ils ont, surtout au moment du spasme, une
force d'aspiration qui explique tout le mécanisme du mystère. Aussi
est-ce l'organe qui redoute le plus les contacts impurs.

c. Substances organiques qui, sans offrir la moindre trace d'acidité ou d'alcalinité n'agissent pas moins comme caustiques.

376. Nous comprenons dans cette catégorie tous les dérivés du carbure d'hydrogène : ALCOOL, ÉTHER, HUILES EMPYREUMATIQUES et ESSENTIELLES. Ces substances agissent essentiellement, les unes par leur avidité pour l'eau, les autres en savonulant l'ammoniaque qui sert de véhicule aux liquides nourriciers. Elles coagulent donc le sang et les autres liquides, elles durcissent et crispent les tissus, les dessèchent et les crevassent, et laissent partout, sur leur passage, l'impression de chaleur que produisent toutes les violentes combinaisons. Outre cette action principale et qui tient à leur nature intime, chacune de ces substances peut emprunter des propriétés accessoires aux sels qu'elle a pu dissoudre dans les vaisseaux des plantes dont elle émane, ou dans les diverses phases de son extraction chimique ; et la différence de leurs caractères ne me paraît provenir que de ces accessoires ingrédients. Ajoutons, enfin, qu'elles peuvent encore paralyser par leur présence la fermentation digestive, et suspendre par là le travail de toutes les fonctions dépendantes. Aussi a-t-on lieu de remarquer que leur action est asphyxiante ; car les huiles essentielles sont très-avides d'oxygène ; elles vicient donc l'air ; et il serait tout aussi dangereux de coucher renfermé dans une chambre trop bien close et qui se remplirait des émanations de ces essences, que si on y allumait un réchaud de charbon ; aussi, en trop grande quantité, toute huile essentielle arrêterait la disgestion, tout en conservant l'intumescence de la fermentation, ce qui oppresse et refoule en haut les poumons ; elle coagulerait le sang, elle le désoxygénerait, ce qui arrête l'hématose et la respiration ; elle congestionnerait le cerveau ou le paralyserait, et deviendrait ainsi la cause mécanique et occasionnelle d'une foule de désordres dans l'intelligence et la sensibilité, qui prennent différents noms, selon la région que la congestion comprime, et selon le volume qu'elle acquiert : idiotisme, folie, aberrations mentales, hallucinations, délire et fureur, coma profond, ou convulsions tétaniques ; effets d'une même cause, selon que son volume a une ligne de plus ou de moins en diamètre.

377. Mais ces substances, volatiles au plus haut degré, n'ont qu'une action passagère et qui ne survit pas à leur volatilisation ; si l'asphyxie n'est pas immédiatement mortelle, dès que la cause s'est dissipée, les tissus reprennent leurs fonctions, les liquides leur circulation, la force revient, après la réparation de la fatigue, c'est-à-dire des pertes occasionnées par le repos forcé des organes. Ce ne sont pas là des poisons

qui laissent des traces; ce ne sont point des médicaments qui guérissent d'un mal aigu pour léguer un délabrement chronique. C'est dans cette catégorie de produits que l'antiquité puisait ses plus héroïques remèdes; les derniers alchimistes, et Paracelse surtout, nous ont donné un fort mauvais conseil en nous détournant de cette ligne; et c'est une belle découverte que d'y revenir. Plus le médicament a de l'analogie avec l'aliment, plus la médication est conforme à la nature, qui a placé, avec tant d'harmonie, souvent dans la même plante, la substance nutritive à côté du condiment, le baume à côté des fécules.

378. Ainsi, en excès, toutes les huiles essentielles sont des poisons violents, l'*essence de rose*, comme l'huile essentielle de *térébenthine; en* quantité suffisante, elles sont toutes d'heureux et d'infaillibles médicaments, succédanés les uns des autres. Les différences de leurs effets, nous le répétons, tiennent aux différences de leurs mélanges (288), différences qui, se traduisant par l'odeur (*), les rendent d'un usage agréable ou désagréable, selon les dispositions nerveuses des sujets : mais ces considérations appartiennent à un autre cadre d'ouvrages. En un mot, quant à la médication, surtout dans notre méthode, nous n'établissons pas la moindre distinction systématique entre les diverses espèces de ce genre; nous pouvons nous en servir indistinctement avec un égal succès; et si, habituellement, nous avons donné la préférence à l'une d'elles, c'est à cause des caractères physiques qu'elle conserve, à la température ordinaire, plutôt qu'à cause de ses propriétés thérapeutiques spéciales.

379. CAMPHRE. Les huiles essentielles étant éminemment aussi antiseptiques et antiputrides que vermifuges, elles pourraient toutes être appelées à jouer un rôle et à prendre place, comme médicaments rationnels, dans le cadre d'un système qui, remontant immédiatement des effets jusqu'aux causes des maladies, s'applique ensuite à opposer à chaque cause morbipare un antidote destiné à chasser la cause et à réparer ses effets. Or celle de ces huiles qui nous présentait les plus grands avantages et qui se prêtait le mieux à devenir populaire et d'un emploi facile et sans danger, c'était certainement le camphre à cause de sa consistance.

La manière dont nous en indiquâmes l'emploi sembla un instant faire croire que l'on allait s'en servir en thérapeutique pour la première fois.

C'est qu'avant de le préconiser, et sans nous donner la peine de nous arrêter au fatras de tout ce que les auteurs avaient écrit de contradictoire

---

(*) Toute huile essentielle est odorante par sa volatilité; elle est amère par sa causticité. Cette observation n'avait pas échappé à Pline le naturaliste : *Odorato sapor raró ulli non amarus; è contrario dulcia raró odorata.* (PLIN., 21, cap. 7.)

sur cette substance, nous avions eu soin de tellement étudier ses effets
d'abord sur nous, et puis sur les malades qui étaient à notre disposition qu'en prescrivant la dose pour chaque cas particulier, nous étions
sûr d'avance du résultat que nous devions en obtenir.

Or il arriva qu'avec ce simple moyen administré d'après nos indications, qu'à l'aide même de son odeur simplement humée à travers un tuyau
de plume, nous soulagions et guérissions tant de maux d'estomac et de
poitrine, qui étaient les *deux vaches à lait* de la médecine à grande
clientèle de cette époque qui ne remonte pas à plus de 18 ans, que la médecine salariée, effrayée à l'endroit de ses revenus, ne tarda pas à prêter
l'oreille au signal donné par la société occulte, laquelle,. à son tour, ne
manque aucune bonne occasion de se mettre à la traverse, depuis que
nous l'avons surprise à l'œuvre en 1815.

Le camphre devint maudit, par cela seul qu'il servait à notre usage ;
c'était un poison, par cela seul que nous le prescrivions, mais un poison
à rendre fous furieux les plus calmes. Au lieu de camphre, nous nous serions servi à même fin de toute autre huile essentielle, de l'*essence de
rose* elle-même, qu'on aurait écrit, je crois, de Rome au grand mufti
d'en interdire l'usage même aux odalisques. Ces sortes de formules de
proscription sont toutes préparées d'avance ; on n'a plus ensuite qu'à
remplir un blanc.

Nous vous entretiendrons, dans l'*Introduction historique*, de ces hour-
ras de l'orthodoxie médicale, de ces menées, de ces dénonciations, de
ces excommunications majeures fulminées à la fois par l'Académie de
médecine et les petites académies qui singent les grandes, par tous les
médecins pieux adeptes de la sainte société, et enfin par un congrès,
espèce de concile œcuménique de tous les saints médicastres de la France,
sous la présidence du ministre Salvandy ; enfin du curieux procès qui
nous fut intenté sur l'ordre de la grande association médicale (*pro aris et
focis*) de la capitale et de la France ; procès qui a clos cette longue croi-
sade, aux grands éclats de rire de quiconque n'était point médecin enrôlé
sous la bannière de Loyola.

Nous sommes tellement fait, depuis 1815, à ces levées de bouclier,
que nous ne prenons souvent pas la peine d'y répondre même avec une
plume d'oie.

Tout cela, en effet, est réglé d'avance comme un papier de musique à
trois portées seulement, passez-moi la comparaison :

1re PORTÉE : Dès que nous faisons lever un lièvre, tous ces saints myrmidons se jettent sur leurs fusils, l'œil attentif au commandement, en
vertu du principe d'autorité.

2e PORTÉE : Ils tirent dessus, chacun pour leur propre compte, et pour la plus grande gloire de Dieu ; c'est le plus maladroit qui l'atteint et qui s'en pare, tout étonné de son succès, et sans savoir même le plus souvent ce qu'il tient entre les mains, si c'est un lapin ou un lièvre ou même un rat d'eau.

3° PORTÉE : Si toute la sacro-sainte bande fait long feu ou vise mal, et que le gibier reste à notre compte, alors ils tirent sur nous. Mais ils sont encore si maladroits qu'ils visent toujours à côté, et si ahuris qu'ils s'atteignent les uns les autres.

La nouvelle médecine ne pouvait manquer à cette destinée, et la gamme a eu lieu sur les trois portées, comme nous venons de le dire ; et puis ensuite ils en sont tous restés la bouche béante, tant ils en ont vu des leurs rester sur le carreau, pendant que nous poursuivions notre œuvre, sans nous préoccuper de tout ce tapage infernal.

Mais enfin nous vous raconterons tout cela dans l'*Introduction historique* qui doit être mise en tête de ce volume. Dans cet article, nous ne devons nous occuper du camphre que chimiquement, en décrire les caractères et les propriétés générales, renvoyant à la partie pharmaceutique de cet ouvrage ce que nous aurons à dire sur la manière de s'en servir comme médicament.

380. Le CAMPHRE est employé de toute antiquité en médecine dans les contrées où croît l'arbre d'où il découle : à Java, Sumatra, Bornéo, au Japon et dans la Chine. En Europe, on ne l'a connu que fort tard ; et les premiers auteurs qui en aient parlé, ce sont les médecins arabes, Avicenne et Sérapion, qui florissaient dans le XI° siècle.

Les Arabes nommaient cette substance *Cafur* ou *Kaphur*, d'où les Grecs ont tiré leur dénomination de χαφουρα, *kaphoura*, les Latins celle de de *camphora* et les Français celle de *camphre*.

A qui les Arabes ont-ils emprunté cette dénomination, on l'ignore ; à moins que ce soit des Malais, qui l'appellent à Bornéo ou *barros* tout court ou *capour barros* ; à Sumatra, on le désigne sous le nom de *iono* ou *barriga*.

L'arbre qui produit le camphre appartient au genre *Laurus*; Linné l'a classé ainsi sous le nom de *Laurus camphora*. C'est Kœmpfer le premier qui nous en a donné une description et une figure exactes, dans ses *Aménités exotiques*, fascicule V°, pag. 770, sous le nom de *Laurus camphorifera*. D'après lui cet arbre est appelé, au Japon : par les lettrés, *Ssio*, par le vulgaire *Kus no ki*, et en certains endroits *Nambok*. C'est un arbre qui atteint la hauteur d'un beau tilleul; les feuilles sont pétiolées assez longuement, entières, ondulées sur les bords, à nervure médiane fort saillante en dessous, à deux nervures latérales moins prononcées, liées entre elles par des anastomoses; elles sont luisantes sur la face supérieure et légèrement tomenteuses en dessous; elles se rapprochent enfin un peu de celles de l'abricotier par leur forme générale (*).

Ainsi que toutes les autres huiles essentielles, le camphre est liquide dans la plante vivante, et il est élaboré et renfermé dans de longues cellules végétales closes par les deux bouts, et qu'avant nos recherches on prenait pour les vaisseaux circulatoires de la plante, par cela seul qu'à la suite d'une solution de continuité le liquide qu'elles contiennent s'échappe et en découle.

Cette huile se solidifie dès que, par suite de la rupture d'une cellule, elle arrive au contact de l'air, et elle vient former, sous l'écorce qu'elle soulève, des concrétions analogues aux concrétions gommeuses qui se forment par exsudation sous l'écorce des amandiers et des cerisiers. On recueille ces exsudations camphrées avec le plus grand soin; car c'est le camphre le plus naturel, et dont aucune manipulation n'a encore modifié la nature; les Japonais et les Malais mêmes se défont très-difficilement de ce produit. Serapion rapporte que jamais la récolte n'en est si abondante que quand le ciel est à l'orage et que le tonnerre gronde; sans doute parce que les explosions du tonnerre font crever un plus grand nombre de ces cellules camphorifères dans le tronc et les branches.

384. Le camphre qu'on nous expédie s'obtient en soumettant à l'ébullition dans l'eau les brindilles et les copeaux du bois de cet arbre; le camphre se ramasse à la surface à la manière des huiles; on le recueille avec une écumoire, et on nous l'expédie dans des tonneaux; c'est là le camphre brut et mêlé à une foule de débris et de substances qui lui sont étrangères. On le raffine en Europe au moyen de la distillation; du temps de Matthiole, les Vénitiens avaient le monopole de cette industrie, qui passa aux Hollandais depuis que ceux-ci se furent établis dans les îles de la Sonde; aujourd'hui on purifie le camphre en France tout autant qu'en Hollande. On mêle, à cet effet, le camphre brut avec de la chaux en poudre, de la cendre ou même simplement avec de la terre; on soumet le mélange à la distillation dans des cucurbites à fond plat et sur un feu

(*) Bauhin en cite une figure publiée dans la traduction de Mathiole qui a paru à Lyon; je n'ai que l'édition des Valgrises, où ne se trouve pas cette planche. Je ne sais pas à quel auteur le docteur Jos. Roques aura emprunté la figure qu'il en publie dans sa *Phytographie médicale*, tom. Ier, pag. 454; mais certainement il a été dupe en cela de quelque mystification de la part de son dessinateur : car on prendrait son échantillon pour celui d'un *Rhamnus frangula* (bourgène) ou pour celui d'un *Cornus sanguinea* (cornouiller sanguin). JEAN-PHIL. GRAFFENAUER (*Traité sur le camphre*, Strasbourg, in-8° de 422 pages 4803), a donné une figure du *Laurus camphora*, d'après un échantillon de rameau qu'il avait reçu d'un botaniste voyageur; elle se rapporte parfaitement par tous ses caractères à la figure de Kœmpfer.

très-doux ; le camphre pur vient se sublimer et se mouler sous la voûte du chapiteau, qui est perforé au centre, afin de laisser échapper tout ce qui se distille, par les allonges dans le récipient; et quand l'opération est terminée et qu'on a laissé suffisamment refroidir, on détache le gâteau de camphre qui s'est moulé sur le fond du chapiteau et qui a, de la sorte, la forme d'un gros plat perforé au milieu et sans fond.

Dans cet état, le camphre est une substance compacte, translucide, blanche, à cassure cristalline et d'aspect un peu oléagineux, grasse au toucher, d'une odeur forte et tirant un peu sur celle de la térébenthine ; elle est si transparente qu'on pourrait se servir d'un grumeau comme de verre grossissant, après en avoir arrondi les deux surfaces en calottes et les avoir recouvertes d'un vernis transparent.

Quelques fabricants, afin de conserver au gâteau un aspect onctueux, l'exposent quelques instants à la vapeur de l'essence de térébenthine.

L'huile concrète qui prend le nom de camphre n'est pas le produit exclusif de l'arbre *Ssio* (*Laurus camphora*); on en retire des diverses autres espèces de laurier, du cannelier, du gingembre, du genévrier, et même d'une foule de nos plantes européennes : de la lavande, de la menthe, de la sauge, du romarin, de la valériane, du fenouil; mais en si petite quantité, que l'extraction n'en intéresse que la chimie pure.

Quoique concrète, la substance du camphre n'a rien perdu de la volatilité qui la fait classer au rang des huiles essentielles liquides ; exposée à l'air, elle diminue peu à peu de poids; en outre, elle se couvre d'une efflorescence comme farineuse, qui est déterminée par la combinaison de la superficie avec l'oxygène de l'air et avec l'acide carbonique que l'atmosphère renferme.

Pour prévenir cette évaporation, on a soin de recouvrir les gâteaux de graines de lin ou même de poivre ; et cette méthode, si connue de nos épiciers et pharmaciens actuels, remonte bien haut dans l'histoire du camphre; car je la retrouve mentionnée dans le texte de Matthiole (XVI siècle), qui doit avoir puisé ce renseignement dans les livres de ses devanciers, et peut-être dans Serapion et Avicenne, que je n'ai pas sous la main. D'après les Actes de Copenhague (ann. 1671-1672, obs. 53), ce moyen était pratiqué à cette époque par tous les apothicaires du Danemark.

Le camphre communique son odeur à l'eau dans laquelle on l'agite, quoiqu'il soit infiniment peu miscible à l'eau.

Il est soluble dans les éthers, les huiles essentielles, les huiles fixes, les corps gras, et dans l'alcool surtout.

Plus léger que l'eau et immiscible à l'eau, il peut brûler à sa surface comme s'il était sur un plan non liquide; mais comme l'air ne peut activer sa combustion qu'en surplombant, on voit la flamme s'écarter hori-zontalement et en rayonnant, comme le ferait une houppe sur le centre de laquelle on soufflerait fortement.

On dit que le feu grégeois n'était, au fond, qu'un engin chargé de cam-phre, et je conçois qu'en disposant dans un certain sens la surface en-flammée, la combustion elle-même, par une simple disposition, puisse devenir un moyen de propulsion sur l'eau.

Une des propriétés du camphre qui a le plus fixé l'attention des phy-siciens, c'est sa propriété gyratoire, quand on en place un fragment au-dessus de l'eau ; nous croyons en avoir donné depuis longtemps l'ex-plication la plus rationnelle : Cette propriété est inhérente à la double propriété qu'a le camphre de s'évaporer et de se combiner avec l'oxygène de l'air. En effet, la combinaison fait un vide, et l'évaporation est une attraction, une aspiration : deux causes de déplacement. Mais comme chacune des molécules du camphre est douée de cette faculté, et qu'elles ne peuvent l'exercer que successivement et les unes après les autres, vu que pendant que l'une est saturée, c'est la suivante qui agit, il s'ensuit que le fragment doit se mettre à tourner sur lui-même, jusqu'à ce que toutes les molécules se soient saturées ; et alors le fragment reste au repos.

Qu'on se représente une barque sous-marine, avons-nous dit depuis longtemps, munie sur ses parois d'un certain nombre de pompes aspi-rantes et foulantes, qui jouent successivement ; et la barque tournera sur elle-même tout aussi facilement que nos petits fragments de camphre.

Le mouvement gyratoire de ces fragments cesse également dès que deux d'entre eux commencent à se rapprocher ; parce que ce sont alors deux puissances absorbantes opposées qui se font équilibre et qui se dis-putent pour ainsi dire la colonne d'air. Dès que les deux fragments se sont réunis, le mouvement gyratoire recommence, car ils ne font plus alors qu'un seul et même tout.

Que si l'on dépose sur la surface de l'eau une goutte d'huile qui absorbe l'air avec une égale puissance que le camphre, le fragment de camphre s'arrête, comme s'il était en présence d'un fragment *sui generis.*

Le camphre qui est resté longtemps exposé à l'air n'offre plus de mou-vements semblables, vu que la surface oxygénée a perdu sa double pro-priété de s'évaporer et de se combiner.

383. Le camphre jouissant, ainsi que les autres espèces d'huiles fixes ou volatiles, de la propriété d'absorber l'oxygène de l'air, il s'ensuit que sa présence en suffisante quantité s'oppose à toute espèce de fermenta-tion ; car nulle fermentation ne saurait s'établir sans le concours de l'air.

Aussi est-ce avec les substances de ce genre que les anciens procédaient aux embaumements des corps.

Pringle(*) avait observé qu'il suffisait de deux grains (10 centigrammes) de camphre pour préserver de la putréfaction de la viande déposée au fond d'un vase rempli d'eau. J'ai répété maintes fois cette expérience, qui m'a parfaitement réussi ; j'ai conservé des fœtus humains et des poulets couverts de leurs plumes dans des bocaux remplis d'eau à la surface de laquelle surnageaient des fragments de camphre ; au bout d'un an, ces corps n'exhalaient qu'une petite odeur nauséabonde, et les plumes tenaient encore fortement à la chair du poulet.

A Bornéo, pour préserver les cadavres de la putréfaction, on se contente de leur insuffler par la bouche une certaine quantité de poudre de camphre, à l'aide d'un long tuyau. Cela suffit pour qu'on puisse garder quelques jours les corps morts, sans odeur, dans la maison même avant de les enterrer.

Nous conseillons à nos anatomistes de profiter de ces indications dans le but de conserver leurs pièces d'anatomie ; les salles de dissection y gagneront en salubrité et inspireront moins de dégoût aux étudiants. On pourrait ainsi, dans la même auge, conserver bien des cadavres entiers à l'abri de la putréfaction qui, par la méthode actuelle, les rend inabordables aux plus intrépides, souvent en moins de 24 heures.

384. Cette propriété d'absorber l'oxygène qui rend le camphre anti-putride, le rend en même temps indigeste ; car point de digestion (*fermentation stomacale, duodénale et fécale*) sans le concours de l'air. Le camphre pris à l'intérieur pourrait donc devenir, à une certaine dose, l'équivalent d'un poison du genre de ceux qui causent des indigestions opiniâtres et mortelles, au même titre que le gluten et le pain chaud qui peuvent empoisonner à l'égal du camphre et donner lieu à tous les désordres qu'occasionne une indigestion : spasmes, crampes d'estomac, pandiculations, vertiges, défaillance, et mêmes violentes convulsions ; tous symptômes qui se dissiperont sur l'heure, si l'on peut parvenir à se débarrasser de la cause par le vomissement. Pris, au contraire, à petite dose, à dose inoffensive pour nous, le camphre redevient un vermifuge puissant ; car il en faut si peu pour donner une indigestion à des helminthes et débarrasser ainsi nos parois intestinales de ces vampires de nos diverses digestions ! Ayons donc grand soin de ne jamais outrepasser les doses prescrites.

Le camphre, en effet, ce n'est point une nourriture ; nous ne l'avons jamais donné pour remplacer le pain ; on ne vit pas de camphre, on en protége seulement la digestion ; ce n'est rien moins qu'une substance nutritive, c'est un simple condiment (217). En vertu de sa propriété dés-

(*) *Obs. sur les maladies des armées,* trad. de l'anglais. Paris, 1774, tom. II, p. 207.

oxygénante la vapeur du camphre est asphyxiante, ainsi que celle de toute autre huile volatile.

385. La vapeur du camphre vicie l'air, si elle se dégage en trop grande quantité, et l'air pur est indispensable à notre fonction respiratoire; tout ce qui n'est pas air vicie l'air. Mais la volatilité du camphre est si faible à la température ordinaire, que nous pourrions dormir sans crainte dans un appartement aéré suffisamment, où séjournerait un gâteau entier de camphre.

Dans le temps des violentes récriminations contre le camphre, j'ai pris à cœur de placer sous mon oreiller, chaque soir, jusqu'à un kilo de camphre, et je ne me suis jamais plaint de mon sommeil. Depuis 18 ans, j'en ai toujours des morceaux assez gros sur ma table de nuit, et je m'en trouve à merveille; j'en croque souvent quand je veux m'endormir. Mais cette dose de vapeur inoffensive pour des individus de notre taille est mortelle aux insectes parasites, et aux ennemis infiniment petits de notre repos et de notre sommeil : ils s'y asphyxient d'autant plus vite que le milieu où ils se trouvent reçoit moins d'air atmosphérique. Renfermez des insectes dans un flacon ou des boîtes hermétiquement fermés, en compagnie de quelques grumeaux de camphre, et ils ne tarderont pas à tomber en convulsion et à mourir. La dose de vapeur qui suffit pour les asphyxier ne saurait pas affecter le plus délicat de nos organes.

Si faible qu'en soit l'exhalaison, l'odeur du camphre chasse ou tient à distance une foule d'insectes; et d'autres espèces, qui semblent en braver l'odeur, finissent par céder enfin à une répulsion instinctive, elles fuient seulement un peu plus tard que les premières.

Les punaises s'aventurent rarement entre deux draps saupoudrés de camphre, si le lit est bien bordé.

C'est donc comme antiputride, antiseptique, d'un côté, et comme insecticide et vermifuge de l'autre, que le camphre rentre dans notre système de médication; et sous ce rapport, jusqu'à ce jour, nous n'avons rien encore trouvé qui lui soit préférable et d'un emploi moins dangereux et plus commode. J'ai été quelquefois jusqu'à en administrer un gramme contre les convulsions déterminées par le ténia, et il n'en est résulté qu'une somnolence un peu plus prolongée qu'à l'ordinaire. J'en prends habituellement soir et matin de la grosseur d'un pois (5 centigrammes) et j'en prescris la même dose à mes malades, qui n'en ont jamais retiré que les meilleurs effets.

En mars 1835, un individu, moins avisé que tous les autres, ayant cru que trente centigrammes de camphre équivalaient à trente grammes, en avala cette dose en une seule fois : une once de camphre! Celui-là, par exemple, n'y tenait plus! il en perdait la tête, tant les efforts qu'il faisait pour vomir lui poussaient le sang au cerveau! On courut appeler le médecin ; mais à son arrivée le malade se trouvait bien portant; le vomissement, étant survenu, l'avait débarrassé de toute sa folie ; et pourtant la violence du mal avait été telle que le malade s'était luxé l'épaule, qu'un tour de bras lui remit à l'instant. Le médecin, se voyant inutile sous un rapport, voulut se montrer officieux sous l'autre : il ne manqua pas d'avertir le malade que le camphre le rendrait fou ; et ce pauvre malade, guéri du camphre, devint malade de la parole du médecin; il n'eut point de cesse qu'il ne m'eût vu. Je le guéris de son médecin par le moyen qu'il s'était guéri de l'excès du camphre; et ce brave homme se porte mieux que jamais; il a gagné, dans sa courte maladie, une petite leçon de système décimal.

386. En vertu de la même propriété désoxygénante, le camphre est un antiaphrodisiaque de premier ordre et peut calmer sans le moindre inconvénient les spasmes maladifs ou désordonnés des organes sexuels, et servir même d'antidote aux effets toxiques des cantharides; il asphyxie les esprits, ou si vous préférez le mot, les animalcules lubriques. Mais en cela il est l'antidote des désordres, et non le poison de ce genre de fonctions.

On cite souvent, dans les livres et dans les écoles, un vers latin pentamètre attribué à l'école de Salerne, mais qui ne se trouve nécessairement pas dans le poëme hygiénique que Jean de Milan composa en vers hexamètres, vers le milieu du douzième siècle, pour résumer, à l'usage du roi anglais, les aphorismes sanitaires de l'école de Salerne. Les citations de ce vers ont repris force et vigueur dès l'instant que nous avons eu publié nos premières expériences sur le camphre; le médecin opposant ne manquait pas, à cette époque, de souffler ce vers glacial dans l'oreille du mari, et quelquefois la traduction plus glaciale encore dans l'oreille de la femme. Ce vers était devenu le mot d'ordre de la médecine scolastique :

> Camphora, per nares, castrat odore mares,

qu'Ambroise Paré aurait sans doute traduit de la manière suivante :

> Camphre à priser
> Empêche d'arresser.

Or, quel malheur pour l'espèce humaine que la propagation de notre système ! il allait forcément amener la fin du monde !

On ne disait pas que depuis assez longtemps Valmont de Bomare (*Dict. d'hist. nat.*, 1764) avait fait remarquer l'absurdité de l'aphorisme,

en rappelant que les gens qui travaillent continuellement dans les raffineries de camphre n'y deviennent pas impuissants. Quant à nous, nous
pouvons garantir que jamais un seul des milliers de malades, hommes ou
femmes, qui depuis dix-huit ans se traitent d'après notre méthode et se
camphrent de la tête aux pieds, n'a perdu la plus petite parcelle de sa
dignité de créateur.

Ce vers est donc faux de tout point; mais il ne l'est que par la substitution d'une lettre à une autre, et par une erreur de copiste, que l'inexpérience a transmise de bouche en bouche jusqu'à nous. Au lieu de lire:

Camphora, per naRes, castrat odore mares,

lisez:

Camphora, per naTes, castrat odore mares,

Ce qu'Ambroise Paré aurait traduit en ces termes :

Camphre au fessier
Empêche d'arresser.

C'est-à-dire que pour se conserver momentanément les organes mâles
dans la pudeur de l'impuissance, il suffit de les tenir plongés dans la
poudre ou dans l'odeur de camphre, ou bien de se placer un sachet de
camphre entre les fesses, *per naTes*, et non pas sous le nez, *per naRes*.

Un copiste, fort sur la quantité, se sera aperçu qu'avec *nates* ce vers
pentamètre avait une faute : vu que dans *nates* l'*a* est bref : et il aura
substitué à ce mot celui de *nares* dont l'*a* est long; or pour sauver la
science d'une faute de quantité, il lui aura légué une faute de qualité.
Crainte d'une recrudescence de purisme, nous proposons d'écrire :

Camphora, sparsa nates, castrat odore mares.

Mais c'est de cette propriété que la chirurgie et la morale peuvent retirer un parti des plus puissants; car je ne sache pas de cas d'érection
opiniâtre, de priapisme, de satyriasis et de nymphomanie qui ne
tombe, comme par enchantement, en saupoudrant de camphre les organes atteints du spasme le plus violent et le plus lubrique. Ceci est
fondé sur des centaines d'expériences dont pas une seule n'a donné au
principe le moindre démenti. C'est pourquoi nous avons conseillé depuis
longtemps, aux maîtres et maîtresses de pension, contre les habitudes
précoces de l'enfance, l'usage de caleçons de natation portant au périnée
un petit sachet rempli de poudre de camphre; dès ce moment, le prurit
cesse, et la lubricité s'enfuit. D'un autre côté, il sera bon, dans le même

but, de saupoudrer tous les soirs les matelas de camphre, sous le drap
de lit, usage que nous recommandons de plus dans les prisons, les hôpitaux, etc., non-seulement afin de procurer un sommeil paisible, mais
encore afin de préserver les hommes de la contagion des ascarides vermiculaires, dont les œufs y infestent si souvent les lits. Les mêmes caleçons sont également efficaces contre l'incontinence d'urine. Mais qu'on
ne pense pas que la propriété antiaphrodisiaque du camphre s'étende
au delà de son application ; la vertu qu'il procure n'est pas de l'impuissance : c'est le préservatif de l'inopportunité et de l'occasion défavorable ;
l'homme à l'abri de l'abus n'en devient que plus fort à l'instant du devoir. Les ouvriers qui travaillent nuit et jour dans les raffineries de camphre, et qui sont imprégnés de son odeur, de la tête aux pieds, observent, sans y penser, la plus rigoureuse continence pendant la semaine,
et redeviennent, le dimanche ou leurs jours de repos, en rentrant au
logis, d'excellents époux, d'autant mieux que leur fidélité ne saurait être
suspectée. Depuis dix-huit ans que je soumets au régime camphré les
femmes devenues stériles, par suite d'une affection de matrice, je les
vois reprendre en moins de trois mois, leur aptitude à la fécondité ; et
j'ai de ce que j'avance des exemples journaliers. Si les Grecs avaient
connu le camphre, ils en auraient dressé une statue à la chasteté, par
opposition à la Vénus à la tortue (*) et une autre à Junon Lucine. Les
moines du moyen âge auraient achalandé quelque chapelle de leurs cou-
vents, en y créant un *saint Camphre* ou une *sancta Camphora*, qui eussent détrôné saint Isidore (de Madrid) de sa haute réputation fécondante ;
toutes choses sans doute que l'école de Salerne aurait résumées par les
quatre vers suivants :

> *Camphora per nares non castrat odore maritos,*
> *Pulvere, sed genitale duplex, aspersa remollit;*
> *Mendacem fugat, ast verum ipsa reducit amorem;*
> *Quod semel abstulerat, mox duplum evanida reddit.*

Ceci soit dit pour les latinistes seulement.

387. J'ajouterai que la constipation est, en général, la conséquence de

---

(*) La *Vénus à la tortue*, que nous voyons dans nos jardins, ne doit son emblème
qu'à une allégorie analogue fondée sur les qualités contradictoires de l'écaille de tortue
en thérapeutique. De même sans doute que le camphre, la poudre de tortue arrêtait
l'abus ou l'excès et favorisait l'usage. *Testudines luxuriæ* (Plin., 32, cap. 2) devaient
signifier également tortues de luxure, ou tortues contre la luxure ; car, dans le chap. 4
du même livre, Pline ajoute : *Squamæ à summâ parte derasæ, et in potis datæ, venerem
cohibent : eo magis hoc mirum, quoniam totius tegumenti farina accendere traditur
libidinem.*

ces sortes de médicaments; c'est là le revers de leur bienfait, de l'activité qu'ils impriment aux organes digestifs, de l'appétit qu'ils provoquent. On corrige cet inconvénient par l'emploi des substances suivantes.

388. RÉSINES DIVERSES ET BAUMES. Ces substances n'étant que des huiles essentielles plus oxygénées, et par conséquent plus concrètes ; plus mélangées, et par conséquent plus fixes que les huiles essentielles, tout ce que nous avons dit de celles-ci s'applique immédiatement à celles-là. Leur vertu drastique est l'antidote de leur action privative et antifermentescible ; dans le cas où, de leur nature, elles pourraient être nuisibles, elles ne le sont jamais longtemps ; et le poison est à lui-même son antidote.

Les GOMMES-RÉSINES telles que L'ALOÈS ne diffèrent des baumes qu'en ce que ce sont des mélanges d'une substance résineuse soluble dans l'alcool, et d'une substance gommeuse soluble dans l'eau. Sous le rapport thérapeutique, on ne les distingue pas des premières, si ce n'est par leurs effets, vu que l'action de la substance résineuse domine toujours dans le mélange.

TROISIÈME GENRE. — *Causes qui agissent à l'extérieur, et par le véhicule de l'absorption cutanée.*

389. Exposez, d'une manière continue, une muqueuse quelconque au contact du hâle et de l'air, et sa couche externe de cellules se transformera en un épiderme, par l'épuisement des cellules, par l'évaporation rapide de leurs sucs, et la dessiccation progressive de leurs parois. Par la raison des contraires, dénudez de son épiderme une portion quelconque de la peau, et la place dénudée jouira de toutes les propriétés des muqueuses, jusqu'à ce que le hâle et le contact de l'air aient dépouillé de nouveau, de ses sucs, la couche la plus externe des cellules, et aient agglutiné leurs membranes, parois contre parois. Dès ce moment, l'épiderme devient le vernis protecteur de la muqueuse dermique, si je puis m'exprimer ainsi ; vernis organisé, qui se détache par écailles et par éclats, avec une régularité qui permet, au travail sous-jacent et en sous-œuvre de l'organisation, de remplacer la surface caduque par une nouvelle surface qui est destinée à tomber et à être remplacée à son tour.

390. Or, comme la faculté d'absorption et d'assimilation, chez les tissus, est en raison de la solubilité des substances absorbables, il s'ensuit que l'épiderme, tissu desséché et comme corné, oppose, à l'absorption

même des liquides, une indifférence d'affinité qui protège les tissus sous-jacents de l'invasion de tout ce qui ne leur est pas apporté par le véhicule de la circulation normale. Et si la durée du contact, ainsi que l'énergie du liquide qui le mouille, vient à forcer l'obstacle que l'épiderme oppose à l'absorption, dans ce cas même, ce vernis, imperméable jusque-là par sa dessiccation, n'ouvre, étant humecté, ses pores à ce liquide, que pour le tamiser, plutôt que pour l'absorber ; et il ne le transmet aux tissus sous-jacents qu'à demi saturé, et neutralisé par sa substance même, ou bien par une espèce de tamisage et de propriété d'élection. De cette façon, le poison dermiquement absorbé peut arriver aux tissus avec l'innocuité d'une substance indifférente.

· 391. En parlant des dénudations de la peau, nous n'avons pas dû les confondre avec les excoriations de la peau ; les expériences, par cette voie, ne sont si contradictoires que parce que l'expérimentateur a confondu l'une avec l'autre condition. La dénudation enlève l'épiderme comme une pellicule, et découvre la couche sous-jacente des cellules dermiques, sans entamer leur texture par aucune solution de continuité. L'excoriation, au contraire, est une blessure qui entame l'intégrité des vaisseaux, et surtout celle des capillaires, ce réseau de communication des artères et des veines, des vaisseaux afférents et des vaisseaux déférents ; elle met les bouches béantes des vaisseaux déchirés en contact avec la substance vénéneuse, ce qui introduit celle-ci dans le torrent de la circulation, sans intermédiaire, sans tamisage et sans aucune neutralisation. Or, introduites dans l'économie par ce dernier procédé, qui n'est autre qu'un *empoisonnement traumatique,* les substances les plus inoffensives peuvent devenir des poisons violents. Un peu d'acide acétique très-étendu, une bulle d'air, une simple dissolution panée, suffit pour étendre roide mort l'animal le plus endurant. Quand donc la physiologie dite expérimentale prétend juger de la qualité toxique d'une substance en l'introduisant par cette voie, elle fait un de ces écarts de logique auxquels elle nous a tant habitués depuis trente ans. Un poison n'est tel que lorsqu'il agit, en dépit de l'intégrité de nos organes, par le véhicule normal de l'absorption : qui ne sait qu'on peut avaler et digérer impunément le venin du scorpion, de l'abeille, de la salamandre, de la vipère et du crotale même, etc., dont la quantité la plus minime tue dès qu'elle est introduite, même à l'aide d'une simple piqûre, dans la substance de nos tissus.

392. On conçoit donc que le maniement des poisons est plus ou moins dangereux, selon que l'épiderme est plus ou moins entamé, plus ou moins endurci, et devenu calleux par le travail mécanique. Ne voit-on pas des travailleurs qui porteraient impunément de l'eau-forte fumante dans le creux de la main ?

Et c'est ce qui explique comment il se fait que certaines personnes gagnent plus vite que certaines autres les maladies de la peau, par la coha-
bitation et le contact immédiat. Ainsi les blonds sont plus sujets à cette
sorte de communication que les bruns ; leur peau est plus délicate, c'est-
à-dire qu'elle est recouverte d'un épiderme plus délicat, moins compacte
et moins calleux. J'ai vu des blonds contracter une maladie de la peau
pour avoir pansé sans précaution des femmes atteintes de ces affections,
et avec lesquelles leurs maris, qui étaient bruns, avaient cohabité
impunément depuis plusieurs années. De là vient encore que la dénudation habituelle du gland met tant de personnes à l'abri de l'infection syphilitique. La peau en effet est perméable à tout ce qui peut
traverser une membrane ; mais cette perméabilité, faible de sa nature,
rend presque insensibles les effets de tout toxique qui n'agit pas en désorganisant ; les caustiques mêmes s'arrêtent à la superficie, quoique les
résultats de leur action s'étendent assez profondément.

393. En tenant compte de la différence que nous venons de signaler,
sous le rapport de l'absorption et de l'élaboration, entre la membrane
épidermique et les membranes respiratoires et digestives, il est aisé de
comprendre que nous pourrions reproduire ici, et presque dans les mêmes
termes, les divisions toxicologiques que nous avons adoptées dans l'exposition des deux genres précédents : substances narcotiques, acides, basiques, et huiles essentielles.

394. Nous terminerons ce chapitre par une réflexion qui répondra à
toutes les objections que chacun de nos paragraphes pourrait bien provoquer de la part des personnes un peu trop familiarisées avec le langage
de l'école. Nous avons évité avec soin, on le remarquera bien, d'employer
les expressions de *spasmodiques, antispasmodiques,* poisons agissant sur
le *système nerveux;* etc. En voici la raison : le système nerveux étend
ses innombrables dichotomies et anastomoses dans toutes les régions ; il
n'est pas un point du plus petit de nos organes où ne se développe une
houppe de papilles nerveuses ; le scalpel ne distingue déjà plus les traces
de ce réseau là où ses embranchements sont déjà d'un trop grand diamètre pour être accessibles à l'observation microscopique.

Sans aucun doute, la vitalité des fonctions est inséparable de l'influx
nerveux ; ce sont même deux mots dont la signification est identique ; et
toute vitalité cesse là où la circulation nerveuse, si je puis m'exprimer
ainsi, où le courant électrique enfin est intercepté, soit par une ligature,
soit par une solution de continuité. Sans aucun doute encore, une substance toxique peut intercepter la communication de l'organe avec le
grand réservoir qui alimente l'influence nerveuse, c'est-à-dire avec le
cerveau. Mais cette substance n'agit pas ici autrement sur les nerfs que

sur les muscles ; elle les désorganise, ce qui équivaut à une solution de
continuité ; elle les asphyxie, pour ainsi dire, en décomposant le liquide
circulatoire qui fournit à leur élaboration spéciale. Les papilles nerveuses
extérieures, sentinelles avancées de la vie, organes compliqués, quoique
microscopiques, sont chargées de transmettre au cerveau, et de traduire
les impressions reçues du contact des corps extérieurs ; mais le tronc
nerveux, la tige, les rameaux et ramuscules ne sont doués en eux-mêmes
que d'une obscure sensibilité ; ils sont, en effet, conducteurs, mais non
organes. Quant aux papilles nerveuses internes, ce sont des organes de
retour, des organes qui, en échange de l'impression perçue, rapportent
au tissu musculaire le mouvement de la volonté. Que ces papilles, de
l'une et de l'autre nature, se trouvent attaquées par un agent désorganisateur, elles transmettront une impression de torture ; elles donneront
l'éveil, sur la désorganisation des tissus ; le poison sera dit *irritant*. Que
si l'action toxique se porte tout entière, par sa nature chimique, sur la
décomposition du sang, et suspend de la sorte le cours de la circulation,
ce fleuve de la vie, tout se taira ; car la nutrition des organes sommeil-
lera, affamée et assoupie, faute d'alimentation ; le nerf cessera de sentir,
en cessant d'élaborer et de s'assimiler les liquides ; c'est-à-dire qu'il
cessera de sentir, dès qu'il cessera d'être nerf, et qu'il deviendra un
tissu inerte ; le muscle perdra sa contractilité, comme le nerf sa sensibilité. Mais le toxique n'en sera pas, pour cela, plus nerveux que
musculaire ; ce ne sera qu'un *asphyxiant* par la circulation, comme les
gaz asphyxiants proprement dits pourraient être pris pour des *agents
nerveux* opérant sur l'inspiration pulmonaire. C'est pourtant sur de
pareilles équivoques qu'est bâti tout l'édifice de la thérapeutique et du
formulaire.

Les vraies maladies nerveuses, les vraies névralgies sont celles qui
intéressent les centres et les rameaux nerveux, soit par infection, soit
par solution de continuité, ou interception de l'influx nerveux ; enfin elles
ont lieu lorsque le nerf cesse de transmettre les impressions à la sensibilité, à la suite d'un obstacle, d'une interruption ou d'une désorganisation spéciale.

CHAPITRE III.

CAUSES DESTRUCTIVES DE LA FORME DES TISSUS, ET QUI PROCÈDENT PAR SOLUTION DE CONTINUITÉ.

395. 1° Dès qu'un instrument tranchant a entamé la continuité des
parois d'une cellule, la cellule est morte sans retour ; car les matériaux
assimilables arrivent dans sa capacité, bruts et sans avoir préalablement

passé par la filière du triage de l'aspiration et de l'absorption (24). Si
l'instrument perforant était d'une ténuité telle qu'il pût se frayer un
passage à travers un pore naturel de la paroi cellulaire, et en sortir sans
l'avoir trop agrandi, l'introduction du corps étranger serait un accident
passager et sans conséquence, ou tout au plus une blessure guérissable,
et non un cas de mort. Il en est autrement, si l'instrument perforant
laisse une ouverture béante, une ouverture quelconque mais toujours
plus grande que le pore naturel; la perforation, dans ce cas, équivaut,
pour le résultat final, à une solution de continuité. Or la cellule élémentaire des tissus organisés est si microscopique, que parmi, soit nos
instruments mécaniques, soit les organes perforants des animaux
inférieurs, soit les piquants des végétaux, il serait impossible d'en
trouver un assez fin, s'il est visible, pour ne pas entamer la paroi
cellulaire par une perforation équivalente à une assez large perte de
substance.

396. 2° Mais la mort d'une cellule élémentaire n'entraîne pas, par ce
seul fait, la perte des cellules intègres contiguës; et toute une couche de
ces cellules élémentaires pourrait être entamée, sans que, pour cela, la
couche sous-jacente cessât son élaboration tout d'un coup; la vie s'y
conserverait sans interruption, si les conditions de l'existence se rétablis-
saient immédiatement après.

397. 3° Les cellules élémentaires végétales ou animales, étant douées
de la faculté d'aspirer les gaz et d'absorber les liquides (25), tirent de cette
propriété même la faculté de s'accoler les unes contre les autres, quand
elles se rapprochent d'assez près, pour qu'à force d'aspirer réciproquement, elles viennent à déterminer entre elles un vide, en vertu duquel
elles doivent nécessairement s'attirer et s'aspirer, pour ainsi dire, l'une
l'autre (29); les portions respectives de leurs surfaces, qui restent libres,
suffisant à les alimenter par l'afflux des liquides nourriciers. Si une
troisième cellule se forme, en face de la commissure et de la ligne de
jonction des deux premières, et qu'en vertu du mécanisme de l'aspiration
elle s'accole à son tour avec les deux autres, il s'établira entre les
trois un interstice canaliculaire que le liquide nourricier traversera de
part en part, et qui sera un premier rameau du réseau vasculaire,
lequel résultera plus tard de l'agrégation d'un plus grand nombre de
cellules. Dans ces quelques mots est toute la théorie des soudures et des
greffes, que nous avons développée plus amplement ailleurs (31).

398. En combinant les trois paragraphes précédents, nous avons tous
les éléments nécessaires pour évaluer d'avance et expliquer les résultats
des blessures qui ont lieu, en général, par une solution linéaire de
continuité quelconque.

En effet, si la solution de continuité était faite de telle sorte que les deux parois décollées fussent dans le cas de pouvoir se rapprocher, et de se ressouder avec une telle exactitude de rapports que les orifices des canaux vasculaires s'abouchassent entre eux, comme reprenant leur axe et leur ancienne place; enfin que les cellules, en se rapprochant, se trouvassent de nouveau face à face; alors, et dans cette hypothèse, la blessure se refermerait presque aussitôt qu'elle se serait entr'ouverte : la cicatrisation ne serait autre que le rapprochement. Les cas réalisables de ces sortes de cicatrisations, dans le cercle de nos moyens de manipulation et d'opération, peuvent se rapprocher de cette exactitude idéale; mais comme les vaisseaux ne s'abouchent jamais exactement, et que la couche des cellules entamées, fendues, déchirées, se trouve interposée çà et là entre les deux couches de cellules intègres, il s'ensuit qu'il doit s'opérer un travail de décomposition, et pour les parois cellulaires frappées de mort, et pour le liquide extravasé : car tout tissu qui ne se développe plus se désorganise; tout liquide qui n'est plus aspiré et élaboré par la vie se décompose, et tourne à tout autre genre de fermentation.

399. 4° Que si les lèvres de la plaie restent béantes, ce dernier résulta va gagner d'intensité en raison des surfaces; car d'abord la paroi de cellules élaborantes, qui se trouvera, d'une manière aussi insolite, exposée à l'air extérieur, se desséchera, c'est-à-dire laissera passer par transpiration et évaporation les liquides que chaque cellule recèle; les vaisseaux déférents ou artères se déchargeront, en cet endroit, d'une quantité de liquide circulatoire correspondante au volume des cellules que la solution de continuité aura laissées béantes; ce liquide, stagnant sur des surfaces frappées d'inertie, tournera nécessairement à une fermentation putride, dont les produits, repris ensuite par les orifices béants des vaisseaux afférents ou veineux, seront portés, par ce véhicule, dans le torrent de la circulation générale, à qui il suffit d'un atome de ce qui n'est pas un de ses principes pour l'infecter et en paralyser le mouvement. Mais si, sur une surface ainsi dénudée, il se forme ou que l'on étende une couche isolante, de quelque nature qu'elle soit, et qui intercepte le contact de l'air, sans rien céder de nuisible au liquide de la circulation, dès ce moment, faute d'air, toute fermentation de mauvaise nature devient impossible; la couche isolante servant d'épiderme, les couches sous-jacentes s'organisent en derme, pour ainsi dire, pour passer elles-mêmes peu à peu, et par la progression organique, à la nature et à la consistance de l'épiderme, dont plus tard elles sont appelées à tenir lieu, jusqu'à leur entière caducité.

400. 5° L'histoire des plaies par perforation ne diffère de la précé-

dente que comme le plan diffère de la profondeur; cependant il est évident, par ce que nous avons dit plus haut (395), que la cicatrisation de
ces sortes de plaies sera d'autant plus rapide que le diamètre de la perforation se rapprochera plus du diamètre inoffensif que nous avons
pris, ci-dessus, pour type de l'innocuité d'une pénétration; car plus la
plaie sera étroite, moins l'air extérieur pénétrera profondément, et moins
il viendra alimenter la fermentation désorganisatrice, faute de pouvoir
librement circuler dans une capacité qui n'admet qu'un courant, c'est-à-
dire qui ne l'admet qu'une fois, et ne le renouvelle plus ensuite.

401. 6° Entre ces deux sortes de plaies se range une autre catégorie qui
semble participer de la nature des deux autres; je veux parler des plaies par
contusion proprement dite, et sans déchirement ou solution de continuité.

Un corps contondant animé d'une certaine force d'impulsion doit
refouler une couche de cellules jusqu'au point où le mouvement rencon-
trera une résistance quelconque. Si la résistance ne contre-balance pas la
force d'impulsion, la couche de cellules sera enlevée tout d'une pièce, et
la blessure par contusion sera une blessure par solution violente de
continuité. Ou bien, la résistance sera telle, que la force d'impulsion
viendra s'y amortir; et alors, la couche de cellules étant placée entre
deux forces opposées, chaque cellule s'épuisera, par le déchirement de
ses parois, d'une quantité de liquide correspondante à la distance dont
les parois se seront rapprochées : cette quantité de liquide se nommera
liquide extravasé. Mais comme l'épiderme, d'une texture plus résistante
et plus élastique, n'aura subi qu'un refoulement, et non une solution
quelconque de continuité, d'après l'hypothèse, il s'ensuivra que ce liquide extravasé et stagnant, mais pourtant ne recevant l'air atmosphérique qu'à l'aide du tamisage encore un peu organique de l'épiderme, et,
d'un autre côté, alimenté non-seulement par les orifices béants des arté-
rioles que la contusion aura entamées, mais ensuite par l'incessante
transsudation des cellules contiguës qui auront échappé à l'action de la
contusion; que ce liquide augmentera de volume, et par ses acquisitions
incessantes, et par l'intumescence de la fermentation stagnante. L'épiderme superposé se distendra, enflera, fera saillie au dehors; il se colo-
rera en bleu par transparence, à cause de la modification alcaline d'un
amas de sang à qui tout accès est fermé, pour aller s'acidifier au foyer
de la respiration pulmonaire. Ce sera une *ecchymose*, qui pourra finir, à
l'aide de certains soins, et si elle ne s'étend pas à une profondeur trop
grande, par tomber en forme de croûte, avant d'avoir passé par la phase
de la fermentation purulente.

402. 7° Nous devons rappeler, pour l'intelligence de tout ce qui précède et de ce qui doit suivre, qu'il n'existe pas, dans l'économie animale

ou végétale, un seul tissu dont les éléments organisés n'aient pas la cellule pour type : cellule adipeuse, ou qui peut l'être (tissu cellulaire) ; cellule allongée, mais contractile (*cellule musculaire*); cellule allongée non contractile, mais véhicule des sensations et des impulsions (*cellule nerveuse*) ; les cellules *apanévrotiques, tendineuses, ligamenteuses, glandulaires* n'étant qu'une modification et qu'un des passages des cellules précédentes vers *l'organisation osseuse*, dont les cellules ne diffèrent des premières, que par l'incrustation calcaire qui se forme sur la surface de chacune d'elles. L'incrustation calcaire qui recouvre chacune de celles-ci les protège, plus que ne le sont les autres, contre l'influence anormale de l'air, et contre les déviations de leur élaboration propre. Mais, par suite de la solidité du tissu et de son mode de cassure, ses solutions de continuité peuvent devenir les causes sans cesse renaissantes d'une foule de désordres dans les parties molles qui les entourent; car, par l'effet et le jeu des divers mouvements musculaires, chaque esquille fait l'office d'un instrument tranchant ou perforant qui agirait à l'intérieur, et détruirait d'un côté ce que le travail de la cicatrisation aurait réparé de l'autre. Quand la solution de continuité a lieu d'une manière franche, nette, perpendiculairement à l'axe de l'os, le travail réparateur, qui n'est autre que le développement continu, ayant lieu sur des rayons de la même circonférence, la cicatrisation ne tarde pas à s'effectuer, avec une régularité de forme qui semblerait, au premier coup d'œil, plutôt l'œuvre de l'organisation que celle d'une réparation.

403. 8° **Tout tissu se ressoude et se greffe, quand la surface de la greffe et celle du sujet** sont encore douées de vitalité, et que l'une des deux fractions au moins tient encore à l'unité organisatrice, et en reçoit, par la circulation, les matériaux élaborables. La soudure des os s'opère par le *cal*, celle des tissus mous par la *cicatrice*.

404. 9° Mais la solution de continuité n'est pas toujours une simple perte de substance ; il y a un cas physiologique où cet accident survenu dans l'organisation est susceptible d'équivaloir à une fécondation nouvelle, et de donner lieu à la création de nouveaux tissus implantés, comme la gemme d'un arbre, sur l'ancien tissu. Nous avons décrit, au commencement de cet ouvrage (25), le mécanisme organisateur du développement des tissus et le type de la symétrie de nos organes, dans l'accouplement des spires de nom contraire, à l'entrecroisement desquelles naît toujours un germe, comme émanant de cette rencontre et de ce baiser. Or, supposez que la pointe microscopique d'un instrument quelconque, pénétrant dans la capacité de la cellule organisée, sans jeter le trouble dans ce foyer d'élaboration, y détermine seulement la rencontre insolite de couples qui ne devaient pas se rencontrer là; nécessairement

de cet accouplement fortuit il naîtra une déviation du développement typique et normal, et par suite une forme implantée sur la forme normale. Que si la même cause de créations hors cadre continue à fonctionner de la sorte et à favoriser, entre les spires, d'adultères rencontres et d'illégitimes amours, ces formes surajoutées pourront acquérir un volume extraordinaire et des configurations de la plus bizarre complication. Chaque perforation sera le principe d'une création nouvelle; et la larve d'un *cynips*, emprisonnée dans une cellule de la feuille du chêne, la façonnera à la longue, par un modelage continuel et par une série de piqûres rayonnantes autour du centre de position, en une galle qui réunira à la couleur, la forme et les qualités de certains fruits œuvres de la génération sexuelle.

405. 10° On peut donc diviser en deux catégories principales les causes mécaniquement destructives, et qui opèrent par solution de continuité : les causes destructives des tissus proprement dites, et les causes créatrices des tissus. Les unes désorganisent, les autres réorganisent : les unes arrêtent le développement ultérieur, les autres le dévient de sa marche naturelle. Les unes ouvrent brusquement une nouvelle route à l'air qui empoisonne tout ce qu'il atteint brusquement et sans avoir passé par la filière physiologique qui doit le modifier et le tamiser, pour ainsi dire, afin de le rendre vivifiant. Les autres ne font qu'ouvrir les flancs de la cellule à des générations croisées et illégitimes, et jeter les combinaisons innombrables de la promiscuité dans le cadre uniforme et régulier des générations successives et de la transmission héréditaire du type.

Quant aux causes destructives proprement dites, on peut les définir de la manière suivante, par tout autant d'élémentaires généralités. Les instruments tranchants *divisent*; les instruments perforants *décollent*; les instruments contondants *écrasent* les cellules. Les uns tranchent l'unité organique, élémentaire ou composée; les autres désagglutinent les parois de deux ou plusieurs unités qui fonctionnaient ensemble; les troisièmes, déchirant la cellule, l'éventrent, en expriment les produits, qui se répandent dans des espaces où ils sont une superfétation non élaborable. A ces trois sortes de causes mécaniques de solution de continuité, il en faut ajouter une quatrième, la *traction*, qui vide les cellules en les tiraillant, les sépare en les allongeant, et les déchire ; qui procède linéairement et dans une seule dimension, quand l'écrasement procède dans les trois dimensions, et réduit toutes les profondeurs en superficies. Les premiers procèdent à la manière de la *scie*; les seconds, à la manière du *coin*; les troisièmes, à la manière du *pressoir*; les autres, enfin, à la manière du *treuil*. C'est là idéalement leur mode principal d'agir, quoique, dans l'action, chacun d'eux participe plus ou moins, chaque fois, du mode d'agir des trois autres, selon les circonstances, la direction du coup et la résistance des tissus. La solution de continuité prend le nom de *fracture* pour les *os*, et de *plaie* ou *blessure* pour les tissus élastiques.

406. 11° Les plaies sont superficielles ou profondes ; curables ou incurables ; guérissables ou mortelles. Les plaies superficielles peuvent être mortelles, comme les plaies profondes peuvent être guérissables.

407. 12° Toute plaie, si petite qu'elle soit, est dans le cas de devenir mortelle par empoisonnement ; il faut si peu de chose pour dénaturer le principe de la sanguification ; il faut une si petite ouverture pour que ce rien pénètre dans tout le torrent circulatoire ! L'air lui-même, qui s'introduit par une veine, asphyxie comme le vide, frappe de mort comme la foudre de l'apoplexie. Que de fois n'a-t-on pas vu l'opéré mourir de la sorte, entre les mains du chirurgien, avant que le couteau eût achevé son œuvre ! Ce cas effrayant d'insuccès se réalise principalement dans les opérations qui intéressent de ces grosses veines, que leur position interosseuse retient béantes, telles que doivent rester les sous-clavières, dans la désarticulation de l'humérus. En effet, dans tous les autres cas, la veine, ce vaisseau de la circulation du retour, s'affaisse en se vidant, par suite de la marche du sang qui s'achemine vers le cœur, et de là vers les poumons. Les veines aspirent, avons-nous dit, le sang ; elles lui impriment, ainsi que les artères, en l'aspirant, un mouvement qui seconde le mouvement circulatoire (30). Quand les dernières gouttes de sang cessent de distendre les parois de la veine, nécessairement ces parois doivent s'aspirer elles-mêmes, et s'agglutiner immédiatement, ce qui ferme spontanément l'entrée à l'air extérieur. Mais si un obstacle de position s'oppose à cette agglutination des parois vasculaires, il est évident que la même force d'aspiration qui attirait le sang attirera l'air, lequel, trouvant l'entrée toujours béante, s'y engouffrera toujours, poussant l'air et les liquides devant lui, jusqu'au cœur, jusqu'aux poumons ; intervertissant de la sorte tous les rôles, desséchant les parois qui n'élaborent qu'humides, fournissant à l'absorption les éléments de l'aspiration, et prenant l'aspiration à rebours ; il faut bien moins que toute cette anarchie pour tarir en un instant les sources de la vie. Tout gaz et tout liquide qui n'est pas de la nature de la substance spéciale qu'élaborent les cellules, est un poison. Voilà pourquoi l'air, qui vivifie par la respiration est, par les veines, un poison aussi violent que l'acide prussique ; il vide les canaux, il vicie le sang, il dessèche les parois vasculaires. Ne le cherchez pas, après la mort, dans la capacité d'un embranchement quelconque du torrent circulatoire : les organes vivants et élaborants ne sont pas comparables à une vessie ; ils ne conservent pas l'air comme un vase clos ; ils l'absorbent ; et

vous n'y trouvez ensuite à la place qu'un coagulum spumescent.

408. 13° L'empoisonnement par les veines, que j'appellerai traumatique, peut s'effectuer de trois manières différentes : ou bien par asphyxie et par l'introduction de l'air ; ou bien par infection et par suite de la décomposition de la plaie elle-même ; enfin, par empoisonnement proprement dit, qui résulte de l'introduction d'un poison étranger, c'est-à-dire d'un corps soluble, mais non assimilable.

409. 14° Ces cas d'empoisonnement ayant été mis à l'écart, ayant été éliminés comme un cas à part, nous établirons, en thèse générale, que toute plaie est mortelle, qui détruit, sans retour, l'unité d'où résulte la vie ; tout ce qui n'entame que les organes appendiculaires et de superfétation est un cas maladif, mais non mortel en lui-même : l'unité vitale n'est pas inhérente à l'unité de la forme ; elle en est même tout à fait indépendante ; il existe des êtres que l'on mutile sans danger, d'autres que l'on multiplie en les divisant ; chez tel animal, chaque fraction de lui-même devient un autre lui-même : c'est que, dans chacune de ses parties abordables à nos instruments, l'unité vitale se répète tout entière. Chez les plantes, et spécialement dans tout ce qui a passé à l'état de tronc ligneux, les plus larges pertes de substance n'entraînent point la mort de l'individu, mais la mort partielle de la portion inférieure et supérieure à la plaie ; car l'unité vitale, ici, existe indépendante dans chaque tranche de cet immense ovaire que nous nommons tige, racine et tronc, et même dans chaque couche horizontale de chaque tranche (*). Les animaux supérieurs, dits vertébrés, conservent, avec ces organisations du bas de l'échelle, un reste d'analogie, en ce qu'on peut retrancher du tout bien des parties, avant de frapper de mort celles qui restent ; les organes appendiculaires qu'on en retranche ne reprennent pas une vie à-part, mais de leur suppression ne résulte pas la mort du reste. Ce sont ici des gemmes stériles qui se détachent du tout ; dans les organisations inférieures, ce sont des gemmes douées de fertilité. Plantes et animaux, tout se ressemble par le type général du développement ; les différences ne résident que dans des modifications spécifiques de forme, et dans des avortements ou des déviations d'organes (13).

410. 15° L'unité vitale, réduite à sa plus simple expression, se résume en deux forces : l'aspiration qui reçoit, la vitalité qui élabore ; le système respiratoire d'où émane la circulation, et le système nerveux d'où émane l'assimilation, et le développement indéfini des organes, développement qui n'est qu'une série progressive de générations élémentaires. Chez les animaux vertébrés, et chez les mammifères surtout, cette unité

(*) *Nouveau système de physiologie végétale*, tom. I, pag. 387.

occupe tout le tronc, tout ce que mesure le tuyau vertébral, y compris
la tête, qui est une vertèbre terminale, et le coccyx, qui est une tête
avortée (*). Toute solution de continuité qui intéresse la longueur du
système vertébral (cérébro-spinal) est mortelle; le courant de cette pile
est interrompu par défaut de communication. Toute solution de continuité
qui rend impossible l'arrivée du sang aux poumons, et son retour vers
les organes de la périphérie, est également mortelle. Dans le premier
cas, l'unité meurt faute d'impulsion vitale; dans le second, elle meurt
par famine et faute d'aliments. Que l'instrument tranche, soit l'aorte descendante ou ascendante (ce grand canal du sang révivifié), soit la veine
cave supérieure ou inférieure (ce grand canal du sang qui vient se révivifier), ce sont deux cas *ipso facto* mortels, comme si l'on arrachait le
cœur, ce double réservoir de la circulation, ce double regard de l'impulsion pulmonaire, cette pompe foulante et aspirante, par son épaisseur musculaire, que met en jeu la puissance de la respiration, et dont
le jeu à son tour alimente la fonction respiratoire.

Toute solution de continuité qui intéresse le canal alimentaire est mortelle, principalement parce que la série des fonctions aspiratoires et nutritives, qui alimentent la circulation, est interrompue; ensuite et accessoirement, parce que les matières alimentaires, en faisant irruption sur
les séreuses, y produisent un empoisonnement par infection.

411. 16° Mais une plaie qui ne détruit pas la continuité de l'unité vitale est guérissable et susceptible de cicatrisation. La cicatrisation est le
signe visible et permanent d'une perte de substance; car la couche de
tissu que la plaie a mise à nu, tout en devenant une couche dermique et
épidermique (389), n'en est pas moins un derme et un épiderme derniers
en date, par rapport aux portions adjacentes; c'est toujours un tissu
jeune auprès de tissus vieux, car il est toujours devancé, en accroissement et en caducité, par tous les autres. La cicatrice est aux surfaces adjacentes ce que la peau de l'enfance est à celle de l'âge mur; la différence
est une différence d'âge.

412. 17° Lorsqu'une plaie introduit l'air dans la capacité des séreuses,
elle y produit, par ce seul fait, une révolution qui semble transformer
ces surfaces en surfaces pulmonaires. Le sang veineux des capillaires s'y
oxygène, avant d'être arrivé aux poumons. Cet accroissement insolite de
vitalité favorise l'accroissement insolite des tissus et la complication du
réseau capillaire; il y a, dit-on, *inflammation*: première phase d'un trouble dans les fonctions qui ne peut tarder, à cause même de son anomalie, de marcher vers la désorganisation. Que l'ouverture de la plaie

---

(*) *Nouveau système de chimie organique*, tom. III, 3e partie. 42

donne par hasard entrée à tout autre agent que l'air atmosphérique, et dès ce moment l'élaboration insolite des séreuses pourra prendre les caractères de l'un ou l'autre des genres d'empoisonnement dont nous avons parlé plus haut (375).

413. Nous nous sommes déjà occupé de l'introduction de l'air dans les plèvres, c'est-à-dire dans la cavité où se logent les deux poumons, cas d'asphyxie par oppression, et parce que deux pressions égales et opposées se détruisent, et que les parois aspirantes et internes de l'organe pulmonaire s'agglutinent sans retour (31).

414. 18° Dans l'avant-dernier alinéa, nous avons touché à une idée qui nous mène droit à la définition physiologique de l'*ecchymose* et de l'*inflammation*. Nous avons établi ci-dessus que tout tissu interne, qui tout à coup est mis en contact immédiat avec l'air extérieur, devient en quelque sorte un tissu pulmonaire, et qu'il aspire l'air à la manière des membranes aspiratoires de l'organe pulmonaire normal. Dès ce moment, le sang veineux vient là s'oxygéner, s'hématoser, se colorer en rouge à travers ses capillaires, même le sang extravasé. Mais le sang veineux oxygéné dans les capillaires, et redevenu ainsi artériel, ne saurait plus être aspiré, ni par les veines, faute d'affinité, ni par les artères, faute de pouvoir rebrousser chemin ; il y aura donc stagnation, rupture des membranes, et partant extravasation : ce sera, dans la nomenclature classique, un tissu *enflammé*. Et, en effet, une élaboration aussi exubérante ne pourra manquer d'avoir lieu sans produire une vive sensation de chaleur ; car la combinaison intime d'un gaz et d'un liquide ne se réalise jamais sans un dégagement de calorique, proportionnel au volume du gaz combiné. Si la cause qui donne accès à l'air extérieur persiste, l'inflammation se propagera de proche en proche, jusqu'à ce qu'enfin la circulation normale, qui vient des poumons et qui y retourne, s'étant rétablie par un autre réseau de capillaires, par un nouveau dédoublement des cellules (31, 1°), et partant toute communication avec l'extravasation ayant été interceptée par le fait, et du courant rétabli, et de la coagulation du sang inerte et privé de mouvement, dès ce moment le sang extravasé et stagnant ne recevra plus le bénéfice de l'air que pour virer à la fermentation purulente et putride, qui est le but final de tout travail intestin d'un liquide où dominent les combinaisons albumineuses et ammoniacales. Ce sera la phase purulente, qui commence par le *pus*, ce sang décoloré, mais non encore putride, tant que l'air lui arrive tamisé par les surfaces externes, et se termine par l'*ichor*, dès que le contact de l'air est immédiat ; et, dès ce moment, la marche de la décomposition peut être plus ou moins rapide, selon les circonstances. La fièvre cessera dès que la circulation, rétablie par un nouveau réseau capillaire, ne sera plus en communication avec le

foyer de l'inflammation, et n'en recevra plus aucun principe, ni immédiatement, ni par absorption (38).

415. 19° Quand une surface est meurtrie sous le coup d'un instrument contondant, ou sous l'effort d'une compression violente, mais sans déchirement des tissus de l'épiderme et du derme, l'épiderme étant endurci et plus intimement agglutiné avec le derme écrasé et laminé lui-même à son tour, l'air pénétrera moins aisément à travers cette double membrane; le sang, extravasé par suite du déchirement sous-cutané des capillaires, se désoxygénera, au lieu de s'y oxygéner et de s'y révivifier de nouveau; le sang veineux, le sang dégorgé dans ce cloaque par les capillaires veineux déchirés, y conservera sa couleur bleuâtre ; le sang artériel, le sang dégorgé par les capillaires artériels béants à leur tour, y perdra la couleur purpurine, dont la dépouille tout tissu qui n'est pas artériel. Cette coloration livide sous-cutanée deviendra percevable aux yeux, par la transparence des surfaces épidermiques; il y aura *ecchymose* d'abord, puis un travail intestin, qui, selon les accidents, est dans le cas de prendre tous les caractères de décomposition qui constituent la phase *escarotique*. Un tissu *enflammé* devient un tissu *ecchymosé*, dès que la membrane externe et épidermique de la plaie ne laisse plus un accès libre à l'air extérieur. La lumière et la chaleur doivent, à leur tour, jouer un très-grand rôle dans la variation indéfinie des caractères de cette fermentation sous-cutanée. Celui qui pourra nous révéler le principe vivifiant de la fermentation putride, sera capable de nous tracer d'avance la marche et l'histoire complète de la formation du pus, de sa nature et de ses transformations : dégénérescence du sang, qui infecte ensuite le sang, non pas en y passant de toutes pièces et avec ses *globules* (opinion qui dénote une ignorance des phénomènes microscopiques bien peu excusable aujourd'hui), mais en y infiltrant, à travers les membranes des capillaires à travers lesquelles tout poison liquide ou gazeux est en état de s'insinuer, en y infiltrant, dis-je, ses poisons ammoniacaux, d'autant plus actifs qu'ils sont plus subtils, et partant d'autant moins susceptibles d'être appréciables et à la vision amplifiée et à nos réactifs les plus sensibles et les plus purs.

416. 20° Les modifications de l'air ambiant, de la lumière et de la chaleur impriment à la cicatrisation des caractères variables à l'infini. Sous le climat de l'Egypte et de l'Arabie, toute amputation guérit spontanément, si grossièrement qu'elle ait été faite. Chez nous, et surtout dans nos hôpitaux, la mortalité est effrayante. Par l'évaluation de ces deux différences, arrivons à la connaissance de leur cause respective. Autour de toute plaie, et par suite de l'évaporation des liquides, il se forme une atmosphère humide et fermentescible, qui ne tarde pas à

devenir un foyer d'infection miasmatique, où la plaie s'empoisonne par contre-coup. Rien ne favorise plus le développement de cette décomposition ambiante que la permanence d'un air lourd, humide et chaud. Tout appareil qui maintiendrait un pareil milieu autour d'une blessure ou d'une plaie ne pourrait être considéré que comme un appareil funeste et digne de réprobation. Si, au contraire, la constitution atmosphérique est telle, que les émanations de la plaie se dissipent dans l'air à mesure qu'elles se dégagent, que l'air s'en sature avant qu'elles aient séjourné, comme un foyer d'infection, autour du foyer d'élaboration, et si, d'un autre côté, les plus grands soins de propreté accompagnent le pansement de la plaie, la guérison peut être considérée comme assurée; car tout tissu tend à se greffer aux tissus, s'il ne survient point d'obstacle. Or ces conditions se réalisent dans ces climats brûlants où l'air sec est avide d'humidité qui s'y dissout sur l'heure. Tout ce qui se dégage d'une blessure et d'une plaie en est tout aussitôt bien loin; le mal est à l'abri de ses propres émanations; nulle fermentation putride ne saurait s'établir dans le milieu qui l'environne; le pansement est, pour ainsi dire, en permanence; et rien n'intercepte les bienfaits de l'air qui alimente l'aspiration, de la lumière qui féconde l'élaboration. La cicatrisation enfin y est sans danger, parce que la soudure y est sans obstacle.

Dans nos climats, au contraire, dont l'air toujours humide et lourd n'est renouvelé presque que par la tempête, il se forme, autour de la greffe, une atmosphère qui recèle tous les éléments de la fermentation ammoniacale, laquelle ne tarde pas à revêtir les caractères du miasme et de la putridité, si l'on ne prend soin d'en conjurer l'influence par les pansements fréquents. Or, dans les grandes agglomérations d'hommes, dans les hôpitaux, surtout ceux qui se trouvent dans les bas-fonds et sur le bord des rivières, jugez, par ce que nous venons d'exposer, de la puissance de cette cause de désorganisation et d'insuccès! Là s'établit, en certain cas, une vaste atmosphère putride, qui résulte de toutes les atmosphères partielles; atmosphère contagieuse, en ce sens, que les miasmes dégagés d'une plaie viennent s'ajouter, de proche en proche, aux miasmes qui composent le milieu ambiant de telle autre plaie, et que l'amputé communique à l'amputé voisin, et en reçoit à son tour, en échange, le poison qui paralyse le travail de la cicatrisation et en dénature le caractère. L'insuccès se propage de la sorte par contagion, si la médication et les pansements ne lui servent pas d'antidotes.

417. 21° Les plaies internes, et dont la cause est interne, sont à l'abri de cette cause de désordre, par le fait seul de leur position; nulle communication mécanique n'existant entre la plaie et l'air extérieur, l'air n'y arrive que tamisé et modifié par les tissus cutanés; ce n'est pas de ce

côté que la contagion pourrait s'établir, et la décomposition s'alimenter. Supprimez la cause mécanique qui désorganise, et vous supprimez d'un seul coup l'effet, et la plaie se cicatrise d'elle-même ; tout se répare, et rien ne s'envenime.

418. 22° La *blessure* est un fait mécanique, la *cicatrisation* un fait physiologique, la *plaie* un fait chimique. La blessure *divise* les tissus, la cicatrisation les *rapproche* et les *greffe*, la plaie les *décompose*.

419. 23° Les blessures et les plaies sont donc ou bien externes, ou bien internes. Les unes sont accessibles à la main et à l'œil ; les autres sont inabordables. Les unes se prêtent à l'observation immédiate ; les autres sont du domaine de l'observation médiate et de l'analogie ; faute de pouvoir les voir, on les devine ; et le problème ne se résout que par une série d'équations. Le pansement des unes est une manipulation, celui des autres une médication ; le premier ne réclame que le secours de la main, et le second exige le véhicule des médicaments ; l'un relève du chirurgien, et l'autre du médecin. Le premier est un art, dont la dextérité fait le génie ; le second est une science, mais une science de divination, et dont le génie ne saurait se prêter à des formules exactes, génie d'inspiration qui ne se transmet ni par la succession, ni par la profession ; science obscure et mystérieuse, qui, depuis Hippocrate, n'a pas encore déchiré, même pour les adeptes, le voile de l'oracle, et montré face à face à ses pontifes la vérité de la souffrance, et la vérité du soulagement.

420. Nous ne nous occuperons pas ici des maladies chirurgicales, autrement que nous venons de le faire ; nous sortirions de la compétence et de la spécialité de ce livre, essentiellement consacré à l'étude des causes occultes de la maladie, des causes qui ne tombent pas immédiatement sous nos sens, et à la recherche du mot de l'énigme qui, depuis les siècles les plus reculés, préoccupe si profondément l'esprit des hommes avides de savoir et de comprendre. Nous voici donc arrivé à la partie la plus importante de nos recherches, à celle qui va fixer la position d'un plus grand nombre de questions ; ce qui équivaut à mettre sur la voie pour les résoudre. Nous formulerons, en thèse générale, de la manière suivante, la proposition dont il nous reste à éclairer les diverses faces :

421. TOUT CAS MALADIF QUI N'ÉMANE PAS DE L'UNE DES CAUSES ÉNUMÉRÉES DANS LES CHAPITRES PRÉCÉDENTS, RÉSULTE DE L'ACTION MÉCANIQUE, MAIS INTIME, D'UN CORPS ÉTRANGER. POUR GUÉRIR LE MAL, IL SUFFIT D'EXTRAIRE OU D'ANNIHILER LA CAUSE : *Sublatâ causâ, tollitur effectus.*

422. Nous entrons, en ce point de notre ouvrage, dans un champ immense d'explorations nouvelles et d'explications inattendues ; la surface en est hérissée d'une moisson de mots parasites que chaque coup de bêche va enfouir dans le sol, mais qui porteront graine encore, malheureusement, sous l'influence de notre organisation scientifique. Les corps enseignants ne savent jamais avoir tort; ils se suicident, à leurs yeux, par un aveu semblable; ils ont conservé, en héritage direct, les allures et les prétentions du moyen âge, dont la traduction littérale est écrite à gros points sur leur accoutrement. Des gens qui s'habillent autrement que les autres doivent posséder une science inintelligible au vulgaire; ils sont d'une race à part : n'ont-ils pas, par leur robe, des caractères spécifiques à part? Avec un peu plus de barbe au menton, ne les prendrait-on pas pour la grande figure que le moyen âge prêtait au Père éternel? Ne faut-il pas que, comme cette sublime idéalité, ils aient, jusque dans l'expression de leur physionomie, un reflet de cette infaillibilité que l'homme a tant de plaisir à supposer dans un autre, afin de pouvoir s'endormir dans sa paresse et dans son ignorance, sur la foi de quelqu'un?

423. Nous nous proposons ici d'expliquer bien simplement, et de la manière la plus intelligible au vulgaire, ce que les écoles ont tenté d'expliquer, depuis l'institution romaine des archiatres surtout, d'une manière si doctement inintelligible : Le *chaud*, le *froid*, le *sec* et l'*humide* (*); les humeurs hippocratiques et galéniques : la *bile* et le *phlegme* (**); le *sang* dans le cœur, le *phlegme* dans la tête, la *bile jaune* dans le foie, et la *bile noire* dans la rate (***); les *entités* de Paracelse; l'*archée* de Van Helmont; le *phlogistique* et l'*antiphlogistique* de Stahl; le *stimulus* et *controstimulus* de Brown et de Rasori; l'*inflammation* de Broussais, etc., etc., tous ces longs tourments de la pensée et de la parole; ces interminables combats de l'intelligence, contre une cause qui semble se dérober à nos sens et s'éloigner à notre approche; toutes ces x d'une équation que l'on se pose depuis des siècles, en combinant ensemble des idéalités, nous allons, et nous ne croyons pas en cela nous

(*) Θερμὸν, ἢ ψυχρὸν, ἢ ξηρὸν, ἢ ὑγρον. Hipp., *de Morbis*, 4, 10.

(**) Οἱ μὲν οὖν νοῦσοι γίνονται ἅπασαι τῶν μὲν ἐν τῷ σώματι ἐνεόντων, ἀπὸ τε χολῆς κα φλέγματος. *Ibid.*, 2. (Toutes les maladies internes viennent ou de la bile ou du phlegme).

(***) Quatre sucs ou humeurs (χυμοί), qui se mêlent et se confondent les uns avec les autres, pour produire les diverses maladies, d'après Galien (*Eisagoge seu Medicus, de humoribus*). C'est là une modification de l'une des théories de la collection hippocratique : « L'homme et la femme, dit en effet le 4e livre *de Morbis* (περι νουσων), ont quatre espèces d'humeurs dans le corps, d'où viennent toutes les maladies, autres que celles qui résultent de blessures; ces espèces d'humeurs sont : le phlegme, le sang, la bile, et le liquide de l'hydropisie (φλεγμα, καὶ αἷμα, χολὴ, καὶ ὑδρωψ). » Cette théorie est souvent répétée dans d'autres passages de la collection hippocratique; Galien l'a localisée.

faire une trop grande illusion, nous allons mettre nos lecteurs de bonne foi sur la voie d'arriver à leur valeur au moins approximative. Jusqu'à présent, on n'avait trop eu recours, pour le faire, qu'à une érudition de mots, à la philologie; nous n'aurons recours, nous, qu'à une érudition de faits et d'observations vulgaires. Quand une science s'est fourvoyée dans de trop subtiles abstractions, le seul moyen de revenir au vrai, c'est de se constituer, bon gré, mal gré, et en dépit même de son éducation, moins savant que tout le monde, de tout désapprendre, et de recommencer son instruction sur de nouveaux frais. C'est aussi ce que je vais faire. Que ceux qui sentent comme moi me suivent; que les autres me dédaignent: ce sera pour moi le même témoignage, exprimé par deux signes différents.

424. Nous diviserons les causes des maladies qui agissent par destruction mécanique, et cela d'une manière plus ou moins occulte, en deux catégories : 1° *les causes inertes et de nature morte;* 2° *les causes animées.*

PREMIÈRE CATÉGORIE.

Causes inertes des maladies, ou causes de nature morte.

425. Je prends pour point de départ l'introduction dans nos tissus d'une simple épine de rose, espèce de cône lisse et cambré, effilé par le bout en une pointe acérée. Que l'épine du rosier nous laboure la peau, comme par la marche d'un *coutre* de charrue, dont la tige serait l'*âge,* la direction de ce corps déchirant sera presque aussitôt marquée, aux yeux, par un sillon rouge, et, à la pensée, par une sensation de brûlure, réunion des deux caractères, l'un visible, l'autre sensible, que l'on est convenu de désigner sous le nom d'*inflammation.* Comme on en aperçoit la cause, on s'arrête peu en général à ces effets : c'est là un cas de désorganisation qui est accessible au commun des hommes. Arrêtons-nous-y cependant, nous qui voulons procéder du connu à l'inconnu : la rougeur insolite du tissu vient évidemment de l'extravasation du sang des capillaires sous-épidermiques, qui se dégorgent dans ce sillon par l'orifice de leurs solutions de continuité; sang qui s'hématose en s'oxygénant dans ce tissu traumatiquement pulmonaire (389). Car tout tissu interne aspire et élabore l'air, comme le poumon, dès qu'il est en

contact immédiat avec l'air lui-même; le sang veineux s'y change
aussitôt en sang artériel. De là augmentation du calorique : car il y a là
condensation de l'oxygène de l'air, absorption par un liquide et transformation par combinaison; fièvre locale , c'est-à-dire altération , par
interruption, de la régularité de la circulation. A une aussi petite
profondeur, ce cas maladif est à lui-même son remède; l'évaporation
suffit à la dessiccation des liquides extravasés. Rien ne fermentant à sec,
l'empoisonnement purulent n'est pas à craindre; la croûte, qui se forme,
protége, et les tissus sous-jacents, et les vaisseaux qui pourraient encore
être béants, soit contre l'action inflammatoire de l'air, soit contre
l'infection contagieuse de la décomposition; c'est le cas des plaies faites
à un arbre, qui se guérissent par la transformation de l'aubier entamé
en une nouvelle écorce protectrice. L'histoire déjà si longue de cette
maladie mécanique se traduit par un seul mot, celui d'*égratignure*.

426. Mais que par un hasard rare, il est vrai, à la possibilité duquel
pourtant nous porte à croire un hasard plus commun dans les amphithéâtres de dissection, ce piquant de rose ait trempé le bout de sa pointe
dans un venin, si subtil qu'il soit ; et cette *égratignure*, cette solution de
continuité, toute superficielle qu'on la suppose, pourra devenir la porte
par laquelle s'infiltrera dans le sang, avec la rapidité de l'éclair, la
contagion de la mort, suivie de tout le cortége de ses plus effrayants
symptômes. C'est ainsi que la pointe d'un scalpel mal essuyé inocule la
mort par la piqûre la plus légère.

427. Supposons que l'épine dont nous parlons opère à notre insu, à la
manière et dans les conditions de ce scalpel mal essuyé, et que tous ces
symptômes se déroulent aux yeux de l'homme de l'art, qui n'ira jamais,
du premier pas, jeter ses soupçons sur une aussi faible cause; quel
champ ouvert aux conjectures, aux théories, aux frais d'érudition! Il y a
là matière aux dissertations médicales de la longueur et de la profondeur
de celles qui, depuis la naissance de l'imprimerie et la première publication des *Éphémérides des curieux de la nature*, ont fait la fortune de
tous ceux de nos recueils périodiques dont le principal objet est le
grand art de guérir.

428. Qu'est-ce, en effet, qu'une maladie qui, presque sans prodrome,
s'annonce par le vertige, les éblouissements, la lipothymie, la défaillance,
des envies de vomir; une fièvre brûlante, irrégulière, qui en peu
d'instants se porte au cerveau; les crampes aux extrémités, les palpitations, les étouffements au centre; la susceptibilité nerveuse éveillée
partout; puis la prostration générale, le délire, et en trois jours la mort;
quel nom donner à cette entité, si on n'en soupçonne pas la cause?
Est-ce une fièvre cérébrale, une névrose, une fièvre putride et typhoïde,

un cas sporadique de typhus? L'autopsie ne révèle rien de positif; la marche des symptômes, trop rapide, n'a pu laisser nulle part des traces assez profondes. Vous donc qui avez pu surprendre la cause sur le fait, ouvrez la délibération, sans rien révéler à personne; et vous aurez le temps d'apprécier, par ce seul cas, la valeur des théories médicales qui ont pour but d'arriver, par la combinaison des symptômes, à l'élimination de l'inconnue qui est la cause du mal. Le domaine de l'imagination commence là où celui de l'observation finit; et le domaine de l'imagination est un désert de sable où l'on n'a d'autre guide, la nuit, que les étoiles, le jour, que le mirage; le fait, et puis l'illusion; l'observation qui finit brusquement, et puis l'hypothèse qui la suit, sans lien et sans ordre : telle est la médecine, depuis Médée jusqu'à nous.

429. Quoi qu'il en soit, voilà bien une cause de maladie qui est simple et qui tombe sous nos sens. Changeons-la de place, et nous allons, à chaque fois, déplacer les caractères symptomatiques du mal, et voir, selon le genre d'organe qui en serait le siége, la maladie qui en résulte s'offrir grave ou légère, guérissable ou mortelle.

430. Qu'un piquant analogue pénètre plus avant dans les chairs du bras ou de la jambe; dès ce moment l'*égratignure* deviendra un phlegmon, d'un caractère inflammatoire d'autant plus grave qu'on l'enveloppera de moins de soins, et que la température favorisera davantage la marche de la fermentation des liquides stagnants. En effet, la solution de continuité étant plus profonde, et par conséquent la masse du sang dégorgé par les capillaires, soit veineux, soit artériels, étant plus considérable dans ce cloaque artificiel, la décomposition des liquides s'opérera d'une manière plus rapide sur une plus grande échelle; car l'air, ce principe de toute fermentation, y pénétrera par une plus large ouverture. Bientôt ensuite les mouvements musculaires déplaceront la pointe dans tous les sens; ils multiplieront, de la sorte, les solutions de continuité, et donneront ainsi tout autant d'accès nouveaux à l'air extérieur. L'inflammation gagnera de proche en proche, elle formera là un temps d'arrêt entre le sang oxygéné et le sang désoxygéné, un obstacle à la circulation régulière; et les produits anormaux de cette élaboration d'un liquide mort et inerte, absorbés, aspirés, dans tout ce qu'ils ont de plus subtil, par les veines adjacentes, ne tarderont pas à porter dans tout le torrent circulatoire la fièvre et ses désordres consécutifs, puis la mort. Nous venons de décrire les phénomènes que détermine, dans les chairs des pauvres moissonneurs, l'épine de la *bugrane* ou *arrête-bœuf* (*Ononis spinosa* L.), épine qu'on a crue vénéneuse par elle-même et par ses sucs, quand elle n'est que dangereuse par le mécanisme de son action, par la saison où elle

opère ses ravages, qui ont été souvent aussi mortels que le charbon ; c'est pour en éviter la piqûre que le moissonneur arme, de tout autant de dés ou étuis en roseau, les doigts de la main avec laquelle il saisit la gerbe, qu'il scie de l'autre. Que si cet accident arrivait inaperçu à une main moins habituée à en reconnaître l'origine, que l'épine restât cachée et ignorée dans le tissu, qu'elle y fût entrée loin des champs, et par l'un de ces hasards, par l'une de ces rencontres de circonstances infiniment petites, qu'il est ensuite impossible d'apprécier, comment aurait-on défini ce cas maladif? Par une dissertation tout entière : La maladie deviendrait une entité phlegmasique ; car sa cause cachée serait dès lors abandonnée à la divination des hommes. Mais une fois que la cause est connue, la dissertation devient plus courte ; l'importance en est moins grande à mesure qu'on la saisit mieux : c'est alors un accident, ce n'est plus dès lors une maladie ; et son histoire se réduit, dans les nosologies, à un simple renvoi au *système botanique*.

431. Voyez comme tout va changer de caractère en changeant de position. Si l'épine pénètre entre l'ongle, toujours à l'insu du malade et de l'opérateur, ce sera un cas de *panaris* spontané, pouvant revêtir trois formes différentes, occasionner trois tourments de plus en plus aigus, selon que l'épine aura pénétré dans les muscles, dans les tendons et jusqu'à l'os, ou dans les parties les plus nerveuses et les plus sensibles de cette expansion cornée de l'extrémité des nerfs, que l'on nomme l'ongle.

432. De même sous la plante des pieds, et dans la paume de la main, deux organes où, par des dichotomies indéfinies, les rameaux nerveux viennent s'épanouir, en cupules d'appréhension (*) si petites, qu'à la loupe elles n'offrent que le diamètre des pores, et si serrées, dans la régularité de leur disposition, que la pointe de l'aiguille se loge à peine entre chacune d'elles ; jugez de la vivacité de la douleur d'un mal qui déchirera la trame d'un tissu aussi serré et aussi sensible, sur une surface si contractile, et où la cause du mal est si sujette aux déplacements !

433. Réduisons ces piquants à des dimensions telles, qu'en échappant à la vue ils soient susceptibles d'être soulevés et disséminés par les mouvements aériens, et de parvenir à nos organes profonds, par le véhicule de l'air même ; admettons le cas de la *quasi-évaporation* (pour me servir d'une expression de meunerie) d'une poussière composée des poils aigus du grain des céréales, des piquants à ampoule caustique de l'ortie (*Urtica major, seu minor* L.), du duvet du fruit du platane (*Platanus excelsa* L.) ; de l'amidon de l'iris de Florence si riche en

(*) Voyez *Nouveau Système de chimie organique*, tome 2, § 1628 ; éd. de 1838.

cristaux d'oxalate de chaux; des cristaux siliceux des éponges et de la spongille des étangs; enfin, de toute autre poussière composée de dards aigus et acérés par leur nature organo-calcaire ou organo-siliceuse.

L'inspiration pourra fixer cette poussière, soit dans la cavité nasale, et la faire monter jusque dans les sinus frontaux; soit dans la cavité buccale et à la gorge; soit dans les premières voies aériennes, puis à diverses profondeurs dans le poumon; soit entre les paupières, dont le mouvement sera dans le cas de la promener d'un angle à l'autre, sur toute l'étendue de la conjonctive et jusque dans les points lacrymaux et dans le canal nasal, où l'inspiration attire nécessairement, et comme par la force du vide, quand les paupières sont fermées, tout corps étranger qui s'y trouve emprisonné (*); dans le tuyau auditif. enfin. Que de maux divers la même cause est dans le cas de produire, et de combien d'entités et d'expressions elle va enrichir ou plutôt encombrer le système et la nomenclature! *Coryza, ulcères* dans le nez; *migraine* et *céphalalgie*, et même *fièvre cérébrale* dans les sinus frontaux; dans la cavité buccale, *affection scorbutique*, si la cause se fixe sur les gencives, et que les effets inflammatoires de sa présence déchaussent les dents; *grenouillette*, si ces infiniment petits piquants pénètrent et entrelardent la surface des glandes salivaires; *maux de gorge* sur l'isthme du gosier; *chute*, ou *relâchement de la luette*, si la poussière s'attache à l'extrémité du voile du palais; *trachéite* et *bronchite*, *toux opiniâtre*, *rhume négligé*, *extinction de voix*, si la poussière s'arrête aux bronches et à la trachée-artère; *étouffements asthmatiques*, si elle pénètre jusqu'aux premières ramifications des cellules pulmonaires; *hépatisation* et *inflammation générale du poumon*, *pneumonie* et *péripneumonie*, si elle y séjourne; *pleurésie*, si elle le traverse pour arriver à la plèvre; et, dans le cas précédent, *phthisie*, dès que chaque petit bouton passera de l'état inflammatoire, par où tout commence, à l'état purulent, par lequel toute inflammation finit. Dans les YEUX, *ophthalmie*, *conjonctivite* ou *inflammation de la conjonctive*, lorsque les ravages de cette poussière s'arrêteront à la conjonctive; *blépharite*, quand ils s'implanteront de préférence aux paupières, et là, autant de noms que leur ravage produira d'effets et imprimera de déviations à la forme; *trichosis* et *ectropion*, si l'inflammation, s'étendant sur le bord externe ou interne du tarse, fait rebrousser les cils en dedans ou en dehors; *fistule lacrymale*, dans le canal nasal; enfin, *sycosis*, *staphylôme*, *ptérygion*, selon la nature et les formes du lieu envahi, etc. Dans l'OREILLE, *otite* de tous les caractères et de toutes les façons, selon

(*) Voyez *Nouveau système de chimie organique*, tome 2; § 1658; éd. de 1838.

que la cause du mal envahira une plus grande surface de cette délicate expansion nerveuse qui tapisse tout le conduit auditif. Dans l'estomac, *gastrite, gastralgie, pylore, vomissement de sang*, etc. :

Cortége de souffrances, de symptômes, de caractères si variables, par la simple transposition d'une cause imperceptible, que les combinaisons de la nomenclature ne suffiraient plus pour désigner toutes ces modifications, si l'on voulait pousser la logique de la classification jusque dans ses dernières limites.

Veut-on des exemples authentiques de ces sortes d'hypothèses?

Mlle Brohan, soubrette du Théâtre-Français (*), se plaignait, depuis longues années, de douleurs qu'elle éprouvait successivement sur diverses parties du corps, douleurs tantôt sourdes, tantôt vives, mais toujours d'un caractère difficile à expliquer. La maladie finit par se fixer sur le sein, et y détermina une tumeur croissante, qui fit croire à la formation d'un cancer; cette opinion ayant été partagée par le médecin lui-même, Mlle Brohan se décida à l'opération. La veille du jour fixé pour cet acte important, elle sent au sein la pointe d'un dard qui perfore l'épiderme; c'était le bout d'une aiguille que notre actrice se hâta d'extraire elle-même; et dès ce moment elle fut débarrassée de tout le cortége nosologique de ses douleurs : Ses rhumatismes, ses coxalgies, ses névralgies, et en dernier lieu son cancer ne tenaient qu'à la pointe d'une aiguille, laquelle voyageait dans les chairs, et portait de place en place une irritation qui changeait de nom selon les organes. L'aiguille s'était oxydée sur une grande partie de sa longueur.

Que de jeunes personnes hystériques n'a-t-on pas vues rendre, par tout le corps, des aiguilles qu'elles avaient avalées, dans le spasme de leurs mauvais goûts?

Les cas de ce genre ne sont nullement rares dans les auteurs; on peut consulter à cet égard :

1° *Ephem. cur. nat.*, déc. 2, ann. 3, obs. 5; et cent. 1, ann. 1712, page 3 (aiguille avalée sortie par les urines).

2° Les *Actes littéraires de Suède*, ann. 1724, page 602 (aiguille avalée sortie par une veine du doigt).

3° Vallisnieri *Opera omnia*, tom. 1, pag. 360 (aiguilles avalées sorties par les doigts de la main).

4° *Mémoires de l'Académie de chirurgie*, vol. 1, édit. in-12, part. 3, p. 91 (aiguille avalée qui sortit par le pied).

5° *Transactions philosophiques*, tome 11, page 461 (aiguille enfoncée dans le bras, qui sortit par les mamelles quelques années après).

(*) *Voyez* les journaux du 10 au 12 décembre 1844, entre autres l'*Estafette* du 12.

6° Ravaton, *Traité des armes à feu*, page 22 (aiguille enfoncée près du ligament annulaire du poignet, et qui se laissa extraire six ans après à la partie supérieure du bras).

7° André de la Croix, *Chirurg. magna*, lib. 2, pag. 104 (lame d'acier qui, ayant pénétré sous l'aisselle, fut extraite, neuf ans après, par un abcès survenu aux fesses).

8° Vallisnieri, *loc. cit.* (fuseau avalé qui se fit jour au dehors à la région du foie).

9° *Éphémérides des curieux de la nature*, déc. 1, ann. 1670-1686, obs. 115 (couteau avalé par un paysan, qui le garda neuf mois; la pointe lui ayant percé l'estomac, il en fit l'extraction lui-même et survécut; observation communiquée par ordre de l'empereur, qui avait conservé le couteau dans son cabinet d'histoire naturelle).

10° *Actes de Leipzig*, oct. 1692 (couteau avalé le 3 janvier 1691, et sorti le 24 mai, par un abcès survenu au creux de l'estomac).

11° *Nouvelle de la république des lettres*, août 1688, art. 3 (cas d'une dame anglaise, qui vomissait tous les jours du sang; tourmentée d'une douleur incessante à l'orifice cardiaque de l'estomac, qui disparut par le vomissement d'une *clef de vitrier* (instrument dont les vitriers se servaient pour fixer les châssis des vitres). La malade se souvint alors qu'étant entrée neuf mois auparavant chez un vitrier, elle y avait avalé avec avidité des boulettes de veau, en les prenant dans une cuiller, et que dès ce moment elle avait senti cette douleur atroce à l'œsophage. Le médecin l'avait traitée pour un mal d'estomac avec les vulnéraires, les astringents et même les opiats; la cause du mal, comme on le pense, s'était toujours moquée de ces moyens-là.

12° Observation d'Édouard Tyson et du docteur Morton (*Trans. phil.*, 1677, 1678 et 1679, obs. 28) : crachement de sang, insomnie, toux continuelle, occasionnée par trois petits clous qui s'étaient fixés à la naissance des bronches, chez un maçon qui les tenant à la bouche, et, s'étant pris à rire, les avait aspirés; il lui prenait des quintes si violentes, qu'il était obligé de se mettre sur son séant. Le médecin, qui ignorait ce fait, le traita pour une maladie de poitrine; ce ne fut que quelque temps avant de mourir, que le malade lui révéla ce fait; les clous furent retrouvés à l'autopsie; sa poitrine renfermait six pintes de pus.

13° *Éphémérides des curieux de la nature*, déc. 2, ann. 6, 1688, obs. 137 (cas d'une paille qui s'introduisit dans la narine droite, avec sensation d'un grand bruit et d'une vive douleur, laquelle s'étendit dans toute la tête, et amena la cécité complète, en voyageant jusque dans les yeux). — *Ibid.*, ann. 7, obs. 79 (arète de poisson qui sortit en perforant l'estomac, sans autre résultat fâcheux, et aiguille qui sortit de l'estomac de la même manière).

14° *Éphémérides des curieux de la nature*, déc. 2, ann. 6, 1687; observation 77, de Jean de la Serre, sur une foule de cas de corps étrangers, balles de plomb, fers de flèche, échardes, qui séjournaient dans la substance du cœur, sans que l'animal parût en souffrir.

J'ai vu moi-même grand nombre de cas semblables. Un jeune homme toussait et crachait peu; c'était une toux sèche; il en fut débarrassé par l'expulsion de quelque chose de noir qu'il n'a pas su me déterminer. Un enfant de quatorze ans part d'un éclat de rire en mangeant une pomme; il lui prend dès ce moment des quintes violentes de toux, qui ne cessèrent qu'à la suite de l'expulsion d'un morceau de pomme noirci par la décomposition, et qui s'était engagé dans la trachée-artère, à l'insu du patient. Ce cas est moins grave, parce qu'un morceau de pomme ne saurait être qu'un obstacle à la respiration; mais que serait-il arrivé si, à la place d'un morceau de la pulpe, c'eût été un pepin qui se fût ainsi engagé dans le poumon, dans ces tissus si délicats et si faciles à se déchirer et partant à s'ulcérer, dans ces anfractuosités, où le pus s'accumule, effet d'une érosion, et cause à son tour de nouveaux désordres? Quelle phthisie mieux caractérisée se fût présentée à l'observation du médecin? Les anciens ont prétendu qu'Anacréon mourut étouffé par un pepin de raisin; le hasard d'une aspiration inopportune fut cause de cette allégorique mort, qui nous paraît très-vraisemblable. Car il n'est pas de médecin qui, une fois au moins dans sa vie, n'ait été témoin de pareils cas d'introduction de corps étrangers dans les voies respiratoires.

Depuis que nous avons donné l'éveil à cet égard, on en a mieux noté les circonstances; auparavant la haute médecine dédaignait d'enregistrer ces cas dans ses catalogues. Ici c'est un bouton qui s'insinue par l'aspiration et descend par la trachée-artère dans les poumons, avec quintes de toux et expectorations de glaires d'œuf; et rien n'est plus commun que les cas de ce genre : Brunel, l'architecte du tunnel sous la Tamise, avala, en jouant avec ses enfants, une pièce de monnaie qu'il faisait semblant d'escamoter; en ce cas l'expectoration ne suffit pas, il fallut recourir au manuel opératoire, pour extraire cette cause prochaine de mort. Qui niera désormais l'hypothèse de l'introduction de corps de petites dimensions, quand des corps de ce calibre s'introduisent avec une facilité telle? Évaluez ensuite de combien de manières varieront ces symptômes, selon la structure, les dimensions du corps étranger, et la région dans laquelle le hasard l'aura fixé de préférence.

434. Nous avons pris plus haut comme type (425) un piquant lisse sur sa surface, et qui, pour pénétrer plus avant, a besoin qu'une force

l'y pousse par derrière. Mais faisons parcourir l'itinéraire précédent à un piquant hérissé, plus ou moins régulièrement, de piquants dirigés vers sa base; telles sont les esquilles de bois ou d'os, par les aspérités irrégulières qui résultent de l'éclat d'un tissu organisé, ligneux ou osseux; tels sont encore les *arêtes* des graminées, et bien d'autres organes de ces végétaux si communs autour de nous. L'*arête, esquille,* ou *piquant à rebrousse-poil,* une fois introduit dans la peau, sera susceptible, par le seul jeu que lui imprimeront les mouvements musculaires, de pénétrer, de proche en proche, jusqu'aux organes les plus nobles et les plus nécessaires à la vie, jusqu'au foie, jusqu'au cœur, jusqu'à la rate, jusqu'aux intestins, jusqu'aux organes génitaux, pour y produire des ravages, lesquels changeront de nom, selon la place, l'étendue et selon la durée; et la durée multiplie les contacts et les combinaisons dans une progression incalculable. Car ces piquants sont organisés, par la direction d'avant en arrière des aspérités aiguës qui les bordent, de manière qu'ils avancent sans cesse et ne peuvent jamais reculer; ils avancent à la manière du coin, et ils sont retenus ensuite à la manière des engrenages; leur forme peut être représentée par une série de fers de flèche régulièrement enfilés par le même bâton; de ces fers de flèche qu'Ambroise Paré désigne sous le nom de *flèches barbelées en forme d'espy,* et qu'il figure dans le cinquième rang de la planche intercalée au chapitre 18, livre 9, *des Plaies d'harquebuses.* On conçoit facilement comment chaque inflexion musculaire est en état de la faire avancer d'un cran, et qu'en continuant ce mécanisme, ces petits fétus sont dans le cas de venir frapper au cœur l'animal le plus gigantesque.

435. Voyez cet homme, à la figure hâve, au corps émacié, qui se traîne au soleil, tousse sans timbre, expectore sans cracher, s'alimente de quelques gorgées d'eau édulcorée; son corps lui pèse de tout le poids de sa maigreur; son pouls est obscur et faible, car son sang circule lentement, et l'oppression qui l'étouffe ralentit les inspirations; une vieillesse précoce s'imprime sur tous ses traits, qu'elle laboure de rides, sur tous ses mouvements, qui semblent ankylosés. A l'oreille qui l'ausculte, ses poumons annoncent, par tous les frôlements de leurs tissus, par tous les modes dont l'air, en s'échappant, articule des sons, l'histoire de la phthisie pulmonaire. Cet homme a le germe de cette maladie dans la substance du poumon; il a une entité maladive, comme disait Paracelse (*), qu'il ne s'agit plus que de dénommer par un terme

---

(*) *De Entibus morborum,* num. 8, pr. 4. « Paracelse admettait cinq entités ou influences qui causent les maladies : 1° entité des astres; 2° entité du poison; 3° entité du marasme ou entité naturelle; 4° entité des esprits qui ont puissance sur notre

classique. Les avis sont ouverts; et sur ce point, comme sur bien d'autres, autant de théories que de têtes; autant de descriptions différentes que ce cas sera soumis à d'ultérieures observations. Grandes et savantes élucubrations que l'on jette au feu comme non avenues, dès que le malade déclare qu'il est chargé de balayer les greniers d'abondance, de vanner le blé, de battre le chanvre, d'élaguer les platanes! La maladie, dès lors, n'est plus du domaine de la nosologie, mais de celui des accidents. On éloigne le malade de ce foyer d'infection pulvérulente : tout se dissipe spontanément, sans médicaments et sans régime, par la seule expectoration journalière de ces petites causes d'un grand mal; et la santé se rétablit, dès que l'*évaporation* d'une simple poussière aiguë cesse d'arriver au poumon, pour y entretenir la maladie.

Ces petits piquants produisent, en s'implantant sur les surfaces respiratoires, les mêmes désordres qu'en s'implantant sur la surface de la peau (425), c'est-à-dire, des boutons, à qui la différence du milieu imprime une différence dans les caractères et dans le développement : jaunes et granuleux à l'intérieur; d'abord secs à l'extérieur, sous le souffle de l'aspiration et de l'expiration; se crevassant ensuite et se vidant, sous l'effort de leur développement progressif, comme le sont les effets de la cause qui les engendre; différentes phases qui prennent tout autant de noms différents, et sont dans le cas de se subdiviser en variétés assez nombreuses.

436. Quel médecin devinera la nature de ces désordres, si le malade ne lui en révèle pas la cause accidentelle? Aucun. Après la révélation, chacun s'en croira capable; et appelant à son aide toutes les ressources du vocabulaire, il ne manquera pas de nous improviser vingt symptômes qui lui auraient fait diagnostiquer la nature et la cause du mal, les différences enfin que présente cet accident avec telle maladie spontanée dont il a pris le masque. Mais ce masque, nul, sans autre avertissement préalable, n'aurait été en état de le lui arracher; car cette cause mystérieuse, inconnue, indéfinissable, que, dès le commencement du monde, Hygie semble avoir livrée aux éternelles disputations des hommes, arrive, dans tous les cas, pour servir de point de mire à toutes les explications. Mais, dira-t-on, l'autopsie serait venue compléter ce qui manquait au diagnostic! L'autopsie aurait montré la place des effets; quant à la nature de la cause, le scalpel n'aborde pas des êtres de cette petitesse-là; il les confond avec leurs ravages; et c'est ce que l'autopsie fait plus souvent qu'on ne pense. C'est là une vérité que, entre nous soit dit,

corps, pour le violer et l'épuiser; 5° enfin, entité de Dieu. » Nous avons aujourd'hui des entités plus savantes sans doute, mais non moins hypothétiques.

personne ne doit perdre de vue. Continuons cette veine de prémisses.

437. Pendant l'été de 1824, il se manifesta, dans une localité des environs de Pesth, en Hongrie, une épizootie qui sévissait principalement sur les troupeaux de moutons. L'animal se sentait pris tout à coup d'une turbulence insolite; il bondissait effrayé, et comme poursuivi par un démon invisible; on voyait sa laine frissonner par place, et sa douleur devenait plus vive à la moindre approche de la main; les béliers inquiets frappaient de la corne, sans but et sans colère. A tant d'agitation succédait bientôt un état plus calme en apparence; l'animal languissait, l'œil terne et morne, la tête baissée, la démarche lente et pénible, mangeant d'abord comme à l'ordinaire, et maigrissant beaucoup. Puis venait le dégoût, au milieu des plus riches pâturages. Bientôt la maladie prenait un caractère plus grave : la toux quelquefois, quelquefois la diarrhée, d'autres fois une espèce d'ascite; la fièvre toujours, et une fièvre lente et ataxique. Le cuir se couvrait d'ulcères fétides; d'autres fois il paraissait sain et en bon état, et pourtant alors l'animal tombait comme frappé d'apoplexie. Une sanie de mauvais augure découlait souvent du museau ou des yeux. L'animal se couchait résigné à mourir; et si on ne se hâtait, dès ces premiers symptômes, de le sacrifier, il finissait par tomber en pourriture, et l'on n'était pas sûr d'en obtenir même la peau, dévorée qu'elle était, en larges plaques, par ce *mal ardent*. Était-ce une contagion? ou bien une infection? Dans les étables, les bestiaux ne la gagnaient pas; il leur suffisait de passer sur les pacages infectés, pour en rapporter le germe de ce mal, qu'ils ne communiquaient pas à d'autres.

Des commissaires furent envoyés sur les lieux pour étudier une maladie aussi nouvelle; jamais les prodromes, les symptômes, les phases, les crises, ne furent classés et observés avec plus de soin et d'une manière plus exacte; les rapports savamment écrits occupèrent bien des séances, et, dans le cours de la discussion, la maladie prit bien des noms divers; nul ne l'analysait mieux que celui qui ne l'avait pas vue : on ne décrit jamais mieux qu'à distance. On pense bien que l'admirable description de Virgile, dont cette épizootie rappelait plus d'un trait, ne fut pas oubliée par les philologues de l'assemblée. La maladie fut donc très-bien étudiée; les limites du foyer d'infection topographiquement déterminées; la direction des vents, la température, la hauteur de la colonne barométrique exactement notées jour par jour.

Mais quelle était la cause du mal? Fallait-il sacrifier d'aussi riches pâturages, dans un pays qui n'en a pas de trop? ou bien avait-on l'espoir fondé de les purifier, de les assainir, et de les rendre moins malfaisants à la culture et au pacage? Quels étaient enfin les moyens à employer?

438. Un botaniste observateur mit fin à ces discussions savantes, et

fit passer, d'un seul mot, ce cas maladif, du domaine de la pathologie
dans celui du *Genera plantarum.* L'entité de la contagion, la malignité
de l'influence épidémique, l'archée de Van Helmont, le stimulus de
Brown, le germe du virus contagieux, l'inflammation de Stahl et de
Broussais, l'*esprit du mal* enfin, comme disent les *Peaux rouges,* cette
cause mystérieuse de tant de ruines et de tant de maux, cette inconnue
à dénominations si diverses, avait pourtant un nom dans nos catalogues;
elle y était inscrite sous celui de *Stipa pennata,* haute graminée des pâturages sablonneux, fort commune chez nous, dans les environs de Fontainebleau, par exemple, plante peu recherchée par les moutons, et qui,
par conséquent, ne pousse pas une tige qui ne porte épillets et ne mû-
risse ses graines; or c'est l'épillet qui était la cause de tout ce mal. Imaginez-vous, en effet, une balle d'avoine hérissée de piquants à sa base et
sur son pédoncule court, mais fortement adhérent, et ensuite se terminant au sommet par une très-longue arête hygrométriquement tortile à
sa base, et pennée en barbes de plume sur tout le reste de sa longueur :
Sa penne lui sert de parachute, pour se disséminer au moindre souffle
du vent; partout où elle tombe, elle s'enfonce par sa pointe, qui fait
l'office d'une vrille, que les rotations de la penne mettent dès lors en
mouvement, et font pénétrer indéfiniment dans tout plan qui n'oppose
pas une résistance suffisante. Or, quand cette tarière, organisée avec des
tissus et de la silice, venait à tomber dans un flocon de laine, la torsion
des poils favorisait déjà, par son mouvement en spirale, la marche descendante de la pointe dans les chairs, et à travers la peau qui lui servait
d'écrou ; et puis les mouvements musculaires continuant l'impulsion que
lui avait imprimée l'agitation de l'air, à l'aide de la penne qui lui servait
d'aile, on conçoit que, de proche en proche, cette simple balle en cornet
d'un malheureux *gramen* pouvait arriver au cœur, aux poumons, au foie,
à la rate, aux intestins, aux reins, etc., et prêter ainsi à la pathologie du
mal les caractères les plus variables et les complications les moins classiques. Chaque bête, en effet, semblait être affectée d'un mal différent,
selon que l'aiguillon, conduit par le hasard, s'arrêtait sur telle ou telle
région de préférence.

La *Société de Médecine et d'Histoire naturelle* de Pesth nous fit passer
à cette époque un morceau de la peau de l'une des brebis qui avaient
succombé. On y voyait encore en certains endroits des épillets de *stipa*
incrustés ; mais partout ailleurs la peau était perforée comme un crible
dont on aurait bouché les trous avec une pellicule d'œuf ou d'oignon (*).

(*) Consultez l'analyse que nous avons donnée de la dissertation de Sadler, à ce
sujet, dans le BULLETIN UNIVERSEL DES SCIENCES de 1825, *section d'agriculture* et *section d'histoire naturelle.*

Dès ce moment, ce cas fut biffé du cadre de la nosologie; la cause du mal avait déchiré son voile : ce n'était plus une entité. Mais que l'on évalue maintenant, par cet exemple, combien de fois l'art vétérinaire a dû se méprendre sur la nature de certaines affections ovines, dont l'épillet du *Stipa pennata,* si commun dans nos pâturages, était l'unique auteur ; car enfin une telle cause de désordre ne change pas de mécanisme, en changeant de climat.

439. Au reste, les hommes ne sont pas à l'abri d'un pareil accident ; mais ils le devinent vite, et s'en débarrassent promptement. Desfontaines (*) raconte que rien n'incommode le voyageur en Afrique comme ces épillets de *Stipa pennata*, qui, s'insinuant dans l'étoffe des vêtements, viennent de là vriller, labourer les chairs, et y déterminer des douleurs atroces. Si l'homme n'était pas organisé, dans ce cas, pour faire œuvre de ses cinq doigts et de sa parole, il porterait le trait, sans le deviner et sans pouvoir se l'arracher ; et il périrait, comme un mouton, sous l'aiguillon d'un fétu.

Sarrazin rapporte que les piquants du porc-épic (*spinæ hystricis canadensis*), une fois qu'ils ont pénétré dans la peau, rampent entre les muscles, jusqu'à ce qu'ils rencontrent un viscère à percer, d'où s'ensuit la mort (**).

440. La disposition des dents en scie et des poils en spirale qui hérissent les pédoncules et les arêtes des graminacées en général, fait que beaucoup d'espèces vulgaires donnent plus d'une fois, dans les champs et ailleurs, le change à la pathologie et à l'autopsie, au sujet de la détermination des cas maladifs des animaux et de l'homme.

441. « Un enfant, dit le docteur Desgranges, médecin à Lyon (***), est pris de fièvre : toux, oppression, gros rhume, douleur au côté droit; visage animé, tête souffrante; bouche chaude ; altération grande. *Le médecin de l'endroit jugea une fluxion de poitrine.* Application de sangsues; soulagement, mais seulement amendement. Le neuvième jour, vomissement de matières purulentes, sanieuses et putrides, mêlées de quelques stries de sang. Un peu de mieux, mais pendant cinq jours, nausées; diminution de la fièvre. Huit jours après, on aperçut une rougeur légère, circonscrite au côté droit souffrant, précisément à l'endroit qui arrachait des plaintes au malade, entre la sixième et la septième côte, un peu postérieurement. Bientôt empâtement. Tumeur qui se prononce de plus en plus, et acquiert le volume d'un furoncle assez gros. Applications de cataplasmes à la mie de pain et au lait. Le sommet de la tumeur

(*) *Flora atlantica.*
(**) *Mém. de l'Acad. des sciences,* 1727, p. 392.
(***) *Journal général de médecine,* tom. 39, p. 137 et 233 ; 1810.

s'ouvrit; et il en suinta quelque peu de sérosité, par la rupture d'une phlyctène qui s'y était formée. Un peu de suppuration eut lieu ensuite ; et l'on aperçut un corps blanchâtre, que l'on jugea être un corps étranger. C'était un fragment d'épi de seigle qui s'avançait en présentant sa tige, ou sa partie inférieure, la première. L'enfant se trouva soulagé tout de suite; la plaie et la grosseur ne tardèrent pas à disparaître. La maladie avait duré cinq semaines (*). »

Tout le monde s'y était trompé avant l'événement ; c'était une fluxion de poitrine, compliquée de furoncle, d'abcès, d'emphysème au côté droit. La sortie de l'épi vint donner le mot de l'énigme, et rafraîchir la mémoire de l'enfant, qui se souvint d'avoir avalé, huit jours avant la fièvre, un épi de seigle qu'il tenait depuis un quart d'heure dans la bouche, lequel lui causait, disait-il, des picotements dans l'estomac (dans le langage vulgaire, l'*estomac* est pris pour la *poitrine*), picotements incommodes, parfois très-vifs, mais non continuels. Desgranges a rédigé son observation sous l'influence de cette tardive révélation, qu'il place, comme chacun le fait un peu en nosologie, en tête de sa description : anachronisme qui, deux lignes plus bas, fait tomber l'observateur dans une contradiction formelle au sujet de la classification du mal. Viennent ensuite les scholies obligées sur les forces vitales, et les *efforts salutaires de la nature, pour se débarrasser de l'épi;* d'où l'auteur conclut, avec Hoffmann, que la méthode suivie par la nature, pour arriver à la guérison, consiste spécialement à éloigner la cause des maladies : *Methodus naturæ in causarum remotione consistit.*

Or, aux yeux d'un botaniste, il doit être évident que l'épi de seigle a par devers lui, pour s'éloigner et sortir de nos organes, de quoi se passer des efforts salutaires de la nature. Il s'éloigne en reculant et à la manière des vrilles; mais il cause plus d'une souffrance et plus d'une maladie, en s'éloignant (**).

Enfin, au bout de l'observation, on sent la lutte de la docte médecine avec les simples inspirations du bon sens; Desgranges dépose le bonnet de docteur qui lui pèse, et s'écrie en se frottant le front : « C'est bien là le *spina pleuritica* de Van Helmont, dans la rigueur du mot. » Et il a

(*) Le docteur Desgranges a consigné un cas analogue dans le t. 44, p. 430, 1842, du *Journal général de médecine*. C'est un nouvel exemple d'un épi d'orge avalé et passé dans le poumon droit, retiré, le quarantième jour, d'un abcès survenu dans l'interstice de deux côtes ; il y eut emphysème et dégagement de gaz si fort, qu'il en éteignit la chandelle qu'on avait approchée du jet.

(**) Que l'on s'insinue, dans la manche de l'habit, entre la chair et la chemise, un épi d'*Hordeum murinum*, les arêtes en dehors, comme le font si souvent les enfants en s'amusant, et on ne tardera pas à se faire une idée de la manière dont ce corps étranger peut opérer dans toute autre région ; car, à chaque mouvement du bras, on sentira l'épi monter, gratter, ramper, et venir enfin sortir par l'épaule de la chemise. .

raison; ce mot que Van Helmont n'avait jeté que comme une allégorie, un emblème, une métaphore de son *archée* ou principe du mal, comme une simple comparaison enfin (*), est gros, quand on le comprend bien, de toute une révolution médicale.

442. Et de pareilles mystifications du diagnostic, les annales de la science ne sont pas avares. Nous en connaissons près de douze, tout aussi complètes que la première, qui est la dernière en date, et dont la description peut servir aux douze autres facilement. Nous allons les indiquer d'une manière fort succincte :

1° Ambroise Paré (*des Monstres et Prodiges,* livre 19, ch. 17, édit. complète de 1575) : Cas d'un jeune étudiant de Paris, qui avala un épi d'herbe appelée gramen (l'*Hordeum murinum* L., peut-être), *lequel,* dit Paré, *sortit quelque temps après entre les costes, tout entier, dont le malade en cuida mourir.*

2° Renaudot (*Spicilegium seu historia medica mirabilis spicæ gramineæ extractæ a latere ægri pleuritidis, qui eam ante menses duos incautè voraverat,* 1647).

3° *Éphémérides des curieux de la nature,* décad. 1, ann. 8, 1677; ann. 9 et 10, 1678, 1679 (épi de froment). — Extrait dans la collection académique, partie étrangère, tome 3.

4° *Ibid.,* cent. 1 et 2, ann. 1712, obs. 81. (*Spica siliginea è pectoris abcessu prodiens.*)

5° Marcellus Donatus (*Hist. med.,* pag. 746). — *Nouvelles littéraires,* mois de mars 1707. — Haller (*de Partium corporis humani fabricâ et function.,* tom. 1, pag. 32, 1778) : Épi d'orge sorti d'un ulcère aux reins.

6° Haller (*Disputation. chir. selectæ,* thèse de Johachim Dolge, 19 juillet 1704 : *de Spicâ deglutitâ et per apostema hypocondrii dextri rejectâ*).

7° Bonnet (*Med. sepulc.,* lib. 3) cite le fait d'un épi de froment avalé par un enfant d'un an. Guérison en cinq semaines. L'observation est de Samuel Ledelius, médecin du dix-septième siècle.

8° Van Helmont (*de Injectis materialibus,* 7; pag. 565, première colon.; *opera omnia;* 1707) : Épi d'orge encore vert ; mêmes symptômes, même issue; guérison au bout de trois semaines.

9° Jean-Joseph Courtial (*Observations anatomiques sur les os et sur quelques maladies particulières,* 1 vol. in-12; Leyde, 1709; obs. 9) :

_____

(*) *Metaphorica spina pleuritidis, et propriè loquendo ipsa pleuritis, est peregrina aciditas concepta in archeo.* (De furente Pleurà, 13, pag. 379; *opera omnia,* 1707.) Dans la table des matières de ce corps d'ouvrage, ainsi que dans le mémoire posthume *de Febribus,* publié dans les opuscules, cap. 4, 29, Van Helmont donne cet exemple comme une simple comparaison : *Paradigma, ad febris positionem, modum. cognitionem et sanationem, sufficiens.*

Épi d'orge. (Même observation analysée dans le *Journal des Savants*, ann. 1688 ; et dans la Bibliothèque de Planque, à l'article *Abcès*.)

10° *Mémoires de l'Académie de Toulouse*, tom. 2 ; 1784. Partie historique : Épi de *Gramen tomentosum spicatum* (*Hordeum murinum* L. (*)?) — Guérison en trois semaines.

11° *Journal général de médecine*, tom. 80 ; 1789 : Épi de *gramen* (*Hordeum murinum*). Guérison en treize jours. — *Voyez*, en outre, les *Mémoires de l'Académie royale de chirurgie*, tom. 1, quatrième cas : Épi de blé.

443. Dans tous ces cas, dont nous pourrions aisément grossir la liste, on trouve une si grande coïncidence de phénomènes, au sujet du début, des diverses périodes, de la durée et de l'issue, qu'on semblerait pouvoir en généraliser l'ensemble, par une formule qui offrirait, dans les termes, la précision d'une grande loi de pathologie. Nous le répétons : avant toute espèce de souvenir de la part du malade, avant la sortie du corps étranger, tout médecin, si habile dans la théorie, si exercé dans la pratique qu'il puisse être, commence par se méprendre sur la nature de la maladie, et cherche, dans l'arsenal de l'analogie des cas observés auparavant, la synonymie du cas qui lui est actuellement soumis. Ce n'est que lorsque l'épi se fait jour à travers les côtes, et vient se montrer à l'observateur, avec tous ses caractères visibles à distance, que l'on reconnaît la méprise et qu'on efface l'entité.

444. Mais si, au lieu d'un épi entier, nous avions eu affaire à un épi broyé, à une poudre composée de ses arêtes, toutes organisées comme lui sous le rapport qui nous occupe, dès ce moment la maladie aurait conservé sa place dans le cadre de la nosographie, parce que la cause, réduite à des dimensions trop petites pour être appréciées à l'œil, serait sortie inaperçue, et confondue avec la substance du pus. Qui a jamais tenté, sur le vivant, et même dans une autopsie, de fouiller, dans les produits de la décomposition, les traces palpables de la cause mécanique ? Le scalpel tranche, éventre, découpe et n'analyse pas ; et que de choses passent sous sa lame, emportant au rebut avec elles le mot de l'énigme et le terme des disputations !

445. Fixez maintenant votre pensée sur tout ce qui nous entoure ; calculez combien de fois, en certaines saisons, la déglutition et l'inspiration sont dans le cas de recevoir, par le souffle des vents, les débris pulvérisés de ces moissons d'épis d'obscurs gramens qui bordent nos

---

(*) Le *Gramen tomentosum spicatum* serait le *Lagurus ovatus*, si commun aux environs de Toulouse ; mais nous soupçonnons que l'auteur de l'observation a commis une méprise de synonymie, et a pris l'*Hordeum murinum* pour le *Lagurus ovatus*, qui est trop grêle et trop cotonneux pour être coupable de si grands ravages.

routes, nos rues, et couvrent nos jachères; et dites-nous si bien des épidémies, le plus savamment étudiées, n'ont pas pu, dans leur essence ou dans leur complication, être l'œuvre de ces petits fétus.

446. Or, si je pose le cas de l'introduction de ces corps étrangers dans les voies alimentaires, et, ce qui arrive plus fréquemment, dans les voies respiratoires, vous êtes tous maintenant en état de me tracer d'avance la marche des symptômes et l'ensemble des phénomènes, de me donner enfin l'histoire complète de la maladie et de la guérison. Si je prends la question par le bout opposé, et que je vous pose le cas de la maladie, aussi rigoureusement décrite, et que je vous en demande la cause, une fois qu'elle se sera dérobée, d'un bout à l'autre, à notre observation, vous voilà tous dès lors vous jetant dans le champ des théories abstraites, et fouillant dans une nomenclature que nul de vous ne comprend (si ce n'est par un échange de synonymes, et par des pétitions de principe sans fin), pour créer une entité à laquelle vous conveniez entre vous d'attribuer, la plume à la main, la cause de tant de désordres; vous voilà jouant avec les forces vitales, le sang, les humeurs, le flux nerveux, les influences locales, les prédispositions héréditaires, l'inflammation et les phlegmasies, les forces stimulantes, hypersthénisantes, que sais-je encore? Car, Dieu merci! ce ne sont pas les tournures de phrase qui manquent à nos plumes; au lieu de vous arrêter au bon sens de l'analogie, qui nous enseigne à tous tant que nous sommes, d'une voix infaillible, que *la similitude des effets dénote une similitude de causes*; que deux causes de nature différente sont incapables de produire d'identiques effets, aussi incapables que l'est la lionne d'accoucher d'un cheval ou d'un bœuf. Pauvres mortels! nous n'osons croire que ce qui vient se montrer à nous et offusquer notre vue : comme si la nature ne nous avait pas donné en partage l'analogie pour soupçonner, le raisonnement pour deviner, le calcul pour démontrer! Pour moi, tout ce que j'ai découvert, je ne le dois qu'à la méthode contraire : Au pied de la chaire que je me suis créée à mes frais, et dans laquelle je me maintiens envers tous et contre tous, parce que je n'y relève que de Dieu sur la terre, je n'ai pas, sur les traces de ce grand destructeur du passé, ayant nom PHILIPPE.— AURÉOLE — THÉOPHRASTE — PARACELSE (BOMBAST DE HOHENHEIM), je n'ai pas brûlé, dis-je, Aristote ni Galien, ces faux dieux de l'école, ces grands observateurs des premiers temps, ces monuments historiques de la marche progressive de l'esprit humain; j'ai brûlé à leur place toute cette nomenclature pathologique, pétrie d'entités sans forme, de termes sans idées, de phrases de convention, dont l'homme de l'art est aussi dupe que le vulgaire; nomenclature qui s'embrouille, à mesure que toutes les autres se simplifient, en s'épurant au creuset de la logique et de l'obser-

vation. Tout en inscrivant ce jargon dans mes livres, je fais profession de l'ignorer; en cela, je suis plus franc que ceux qui font profession de le savoir; et quand je vois la maladie trouver jour dans un organe normal, et qui par lui-même ne saurait, fidèle à la loi de son origine, rien engendrer qui ne soit normal (46), JE CHERCHE A VOIR OU A DEVINER L'ÉPINE DANS L'ORGANE, ET NON L'INFLUENCE DANS UNE IDÉALITÉ. De ce point de vue, tout se déroule d'une manière distincte et méthodique, histoire et médication; et je sens que je m'approche de la nature, d'autant plus que je m'éloigne de la médecine dogmatique. Cela soit dit sans blesser aucune susceptibilité, sans alarmer aucun intérêt particulier; je ne suis point un rival, mais un penseur indépendant et libre. Je continue.

447. Nous venons d'étudier des cas fort intéressants d'introduction, dans les voies aériennes, de corps étrangers, d'une structure qui explique, à elle seule, la régularité et l'uniformité des phénomènes maladifs. La position relative du larynx démontre suffisamment comment il se fait que ces corps s'introduisent plutôt dans les poumons que dans le canal alimentaire : ces corps, n'avançant que par reptation, doivent s'insinuer dans la première cavité qu'ils rencontrent sur leur passage. Mais le canal alimentaire, on doit le penser d'avance, n'est pas exempt de pareils accidents; il est évident même que, par la nature seule de la déglutition, il y est plus fréquemment exposé que tout autre. Or, ici encore, quand le corps étranger tombe sous la main, ce n'est qu'un accident peu digne d'entrer en ligne de compte; quand il échappe à l'observation (et qu'est-ce qui n'échappe pas à l'observation pendant les vingt-quatre heures qui d'ordinaire séparent les visites du médecin, visites qui durent quelques minutes?) la docte science reprend ses droits, et la dissertation a ses franches coudées; d'autant plus obscure qu'elle est plus profonde, elle s'éloigne de la lumière, en creusant.

448. Lisez tous les cas que la science a enregistrés, des divers corps étrangers introduits fortuitement dans les organes internes : comme leur rédaction est laconique, leur histoire simple, leurs symptômes à peine indiqués (*)!

D'après Ant. Benivenius, une femme de Toscane avale une épingle; trois ans plus tard, elle la rend par l'ombilic, sans que sa santé en ait été dérangée.

D'après Valescus de Tarente, une jeune fille de Venise rend par les urines une aiguille de trois doigts de long.

« Monsieur de Rohan, dit Ambroise Paré, avait un fol, nommé Guion,

(*) *Voyez* Ambroise Paré, chap. 17, *des Monstres et Prodiges;* Van Helmont, *de Injectis materialibus;* et la table des matières de tous nos recueils scientifiques.

qui avala la pointe d'une épée tranchante, de longueur de trois doigts ou environ, et douze jours après la jeta par le siége ; et ne fut sans luy advenir de grands accidents, toutes fois réchappa. »

Et toutes les autres descriptions sont aussi brèves, quand le corps étranger est d'une certaine dimension qui ne permet pas de se méprendre sur sa présence.

Mais que, par ses dimensions, le corps étranger eût échappé à la vue, oh! dès lors nous aurions eu un journal d'observations, heure par heure, du mieux balancé par le pire; une succession de recrudescences et d'améliorations; et, au bout de cet interminable cadre de toutes les observations exactes, l'éternel refrain de MORT et AUTOPSIE, avec ses éternels désappointements.

449. N'y a-t-il donc que les corps d'une certaine dimension auxquels il arrive de s'introduire dans nos organes? Et la nature a-t-elle fixé pour mesure à ces dimensions les limites de notre vue? Il me semble, au contraire, que ces cas d'introduction doivent être d'autant plus fréquents que les corps étrangers sont plus petits, car sous cette forme ils trouvent bien moins d'obstacles. Or pourquoi l'analogie des phénomènes consécutifs de l'introduction des corps étrangers de grande dimension ne nous amène-t-elle pas à attribuer à l'introduction des petits la cause de phénomènes en tout et proportionnellement semblables? Car, enfin, tout ce raisonnement se réduit à la formule suivante, laquelle porte son évidence en elle-même : UNE TELLE CAUSE AYANT PRODUIT UN TEL EFFET, UN TEL EFFET DOIT ÊTRE PRODUIT PAR UNE CAUSE ÉGALE OU ANALOGUE.

450. En conséquence, et faisant de cet axiome l'application, que j'appellerais volontiers par contre-épreuve, s'il est certain qu'un corps introduit dans les poumons y détermine, selon ses dimensions et ses formes extérieures, l'une ou l'autre des nombreuses affections que nous avons inscrites aux catalogues, sous les noms de *rhume, catarrhe, asthme, croup, péripneumonie, pleurésie, emphysème, empyème, phthisie pulmonaire*, etc.; pourquoi toutes ces affections ne seraient-elles pas, hors les cas d'empoisonnement, les effets de corps étrangers d'une dimension moins appréciable à nos méthodes grossières d'observation?

451. Un corps étranger dans l'estomac y détermine toutes les angoisses de la *gastrite;* dans les intestins, toutes celles de l'*entérite.* Pourquoi la *gastrite* et l'*entérite* ne seraient-elles pas toujours l'effet d'analogues corps étrangers?

452. *Idem*, des maladies du cœur; *idem*, des maladies du foie et de la rate, *ictère* et *fièvres intermittentes?*

453. *Idem*, des maladies du *vagin* et de l'*utérus?*

454. *Idem*, des maladies des voies urinaires, et des calculs de la ves-

sie, que détermine si souvent, comme noyau, la présence d'un corps
étranger introduit d'une manière visible? Le mécanisme d'une formation
pierreuse une fois reconnu, ne suffit-il pas pour expliquer tous les autres cas de nature semblable, alors même que les dimensions du produit
ne seraient plus susceptibles de tomber sous nos sens?

455. *Idem*, des douleurs rhumatismales, arthritiques, des spasmes
nerveux? L'introduction d'une aiguille dans l'un des muscles de nos
membres appendiculaires suffit pour déterminer, avec les douleurs les
plus vives, la perte du mouvement local : pourquoi, en général, toute
perte du mouvement, la *coxalgie*, la *paraplégie*, etc., ne proviendrait-
elle pas d'une cause analogue et agissant, non pas hypothétiquement,
mais tout simplement et d'une manière mécanique, en divisant les filets
musculaires et les filets nerveux qu'elle rencontre sur son passage, et
coupant de la sorte les communications de l'organe passif et de l'organe
actif, de l'organe contractile et de l'organe dont l'influence électrique
détermine la contraction?

456. Il faudrait, pour que ces inductions fussent entachées de fausseté, que la médecine fût une science sans aucun point de contact avec
toutes les autres, rejetée hors du cadre de la nature actuelle, ayant des
lois à part, un raisonnement à part, une vérité à part ; et qu'en entrant
sur le seuil du sanctuaire, le médecin dût abdiquer le caractère distinc-
tif de l'homme, se dépouiller de sa manière de sentir et de raisonner,
de voir et de prévoir, d'observer et de juger ; il faudrait donc qu'il vidât
son crâne de cet organe cérébral où s'élabore la pensée, où le raisonnement se jette au même moule. A-t-on jamais, en effet, raisonné, en chimie, en physique, en astronomie, etc., avec cette incohérence et cette
duplicité de formules qui caractérisent le raisonnement médical?

457. Entourés de dangers, dans ce monde où tout s'agite comme nous,
souvenons-nous bien que c'est des plus petits que nous sommes plus souvent victimes, par cela seul que c'est de ceux-là que nous nous garons le
moins; ce sont des *esprits*, puisqu'ils sont invisibles, mais des esprits
qui nous torturent à la manière des corps naturels.

Si donc il est certain et démontré que tel corps agisse en tranchant
le fil de tout ce qui est mou, en ouvrant les canaux de tout ce qui circule, toutes les fois que je surprendrai des filets coupés, des canaux
éventrés de cette manière, je serai en droit de soupçonner l'action d'un
corps étranger analogue par sa structure ou par son organisation.

DEUXIÈME CATÉGORIE.

Causes morbipares organisées ou animées.

458. Nous venons de nous occuper des causes qui, alors même qu'elles appartiendraient au règne organisé, n'en agissent pas moins à la manière des corps inertes, par l'effet automatique de leur structure spéciale et de leur présence dans le sein d'un organe. Il nous reste à examiner, dans cette catégorie, un mode d'action plus compliqué, plus durable, et qui, par conséquent, marche, pour ainsi dire, par progression multiple ; je veux parler des êtres organisés qui sont susceptibles de se développer dans nos organes et d'y vivre à nos dépens. Ces causes de maladie peuvent être divisées en deux embranchements principaux : l'un, comprenant les êtres organisés qui ne nuisent qu'en se développant, en augmentant de volume, usurpant la place, interceptant les communications, et distendant la cavité des organes ; l'autre, comprenant les êtres organisés qui non-seulement se développent, mais encore désorganisent nos tissus. Également intrus et parasites, la présence des uns n'est qu'un accident, celle des autres est une cause constante de désordres et de maladies.

PREMIER EMBRANCHEMENT. — *Causes morbipares qui ne nuisent que par leur développement.*

459. Au premier rang de ces causes, et comme type du mode d'action de toutes les autres, je place les graines végétales. Supposez, en effet, que, par suite d'un goût dépravé, on introduise, dans l'estomac, des petits morceaux d'éponge secs ; les accidents les plus graves ne tarderaient pas à être la conséquence immédiate de ce caprice, la propriété du tissu de l'éponge étant d'augmenter de volume en s'imbibant d'humidité. Ce serait pire s'il arrivait que, par l'inspiration, il s'introduisît dans les poumons une poussière composée de détritus d'éponges marines ; sans parler ici des cristaux siliceux qui entrelardent ces tissus, et qui, par leur action à part, sont dans le cas de déterminer dans nos organes tous les symptômes d'une désorganisation mécanique ; par l'action de l'intumescence seule, on comprend déjà combien nos poumons finiraient par en être affectés. Eh bien, la germination des graines réalise ce phénomène ; et nulle graine ne saurait pénétrer dans la cavité de l'un de nos organes,

sans se trouver entourée de toutes les circonstances favorables à sa germination.

En effet, les graines y rencontrent de l'humidité et de l'obscurité ; deux
circonstances qui leur suffisent dans le sein de la terre. Or chacun sait
qu'en germant, la graine augmente de volume, et souvent dans des proportions considérables, ce qui suffirait pour occasionner les symptômes
les plus graves, alors qu'à ce premier phénomène ne se joindrait pas celui du développement de la radicule et de la plumule, qui ne tardent pas
à s'échapper au dehors.

460. Les fastes de la science sont riches en exemples de graines (fève,
pois, haricot, etc.) qui ont germé dans le tuyau auditif où le hasard les
avait introduites (*). De là des maux d'oreille qui auraient donné le change
au médecin sur la nature de la maladie, sur l'influence du tempérament et des humeurs, et qui n'auraient pas manqué de fournir matière
à un fort long journal d'observations, si une révélation quelconque n'é-
tait venue indiquer la cause bien peu médicale et fort naturelle de l'affection. D'abord affaiblissement de l'ouïe, léger prurit dans le tuyau auditif ; bientôt perte de l'ouïe du côté affecté, fièvre de plus en plus intense,
douleurs atroces telles qu'on en ressent quand se trouve offensée une
surface aussi sensible que celle où viennent s'épanouir, en papilles innombrables et vierges de tout contact habituel, les dichotomies superficielles du nerf auditif. Qu'on se rappelle quelle vive douleur y produit
le mouvement d'un simple cure-oreille aventuré un peu trop profondément, et l'on pourra d'avance se faire une idée des tortures cruelles que
déterminerait un corps susceptible d'augmenter de volume indéfiniment,
dans une cavité d'une aussi grande sensibilité. Quand une fois on a reconnu la cause mécanique de ce désordre, on a vite trouvé le moyen de
guérir la maladie, au moyen de l'extraction du corps étranger ; mais telle
est la direction imprimée aux études médicales, et nous en appelons, sur
ce point, et sans crainte d'être démenti, à la pratique de tous les médecins de bonne foi, l'idée d'un corps étranger, dans un cas d'otite, est
bien la dernière qui leur vienne à l'esprit ; et c'est toujours par les révélations du malade qu'elle prend place dans le diagnostic du médecin.
Or après la révélation, et dès que l'extraction du corps étranger a mis.
fin aux annotations de l'observateur et aux souffrances du malade, ce
cas sort du domaine des théories médicales, pour entrer dans celui des
accidents ; et l'analogie en reste là. Dans une science de conjectures et
d'hypothèses, ce qui est simple n'est pas assez savant pour y prendre
place. Soyons moins savant, afin d'être plus vrai, et poursuivons l'analogie jusques à ses dernières limites.

(*) *Voyez* les notes des pages **342 et 343.**

461. L'exemple dont nous venons de nous servir se présente avec des dimensions trop grandes pour qu'il puisse échapper longtemps à l'observation et au souvenir. Mais il est des graines de tous les calibres; il en est même qui affectent des dimensions si petites, que l'on ne saurait en déterminer la nature qu'à l'aide du microscope; avant leur germination, on serait exposé à les confondre avec les globules du pus ou du sang : telles sont les graines du lycopode, des mousses, des champignons et des moisissures; c'est pour les désigner, faute de pouvoir les disséquer, que les botanistes les ont appelées du nom de *sporules, sporidies,* etc. Quoique d'un plus grand calibre, les graines d'*orchis,* d'*orobanche,* de la *petite cuscute,* ce chancre de nos luzernes, ne sont pas cependant plus visibles sans le secours des verres grossissants. Que de graines des champs, en outre, sont susceptibles d'être soulevées par les vents comme une fine poussière, et de s'introduire de la sorte dans les cavités de tous nos organes qui communiquent avec l'air extérieur! Or si cela arrive, et qu'elles y germent en s'attachant aux parois de nos tissus, soit par leur viscosité, soit par la force d'adhérence de leurs empâtements radiculaires, que d'entités maladives ne sont-elles pas dans le cas d'engendrer en donnant le change au diagnostic, qui, dans cette circonstance, sera abandonné à toute la latitude de son ignorance sur la véritable cause du mal(')? Mais si une pareille récolte se répand sur un bassin géographique, et que les circonstances météorologiques deviennent, à point nommé, favorables à leur propagation et à leur dissémination dans nos organes béants, n'aurons-nous pas alors un cas assez bien caractérisé d'épidémie, dont la science ira chercher la cause bien haut, quand en réalité elle est si bas et si bien à notre portée? Or qui n'admettra avec nous, maintenant qu'on en est averti, qui n'admettra pas que la réalisation de ces accidents soit plus fréquente que nous ne l'aurions cru, alors que cette idée ne s'était pas présentée à notre esprit? Qu'on évalue maintenant quelle nuée de sporules de moisissures nous avalons et nous respirons, dans les lieux humides et bas, et combien de temps il faut à ces graines microscopiques pour germer et remplir le cadre de leur croissance et de leur fructification: Qu'on soumette au même calcul la dissémination des *spores* de *mousse* et de *lichen,* des *sporanges* de *fougère,* et l'on restera comme étourdi, la première fois, de trouver dans l'invisibilité de l'air tant de causes visibles de maladie, auxquelles l'on n'avait jamais songé jusqu'à ce jour. Eh quoi! nous admettons que l'inspiration seule de la poussière de nos greniers, qui n'est composée que d'amidon, de son et

(*) Que serait-ce des graines visqueuses du gui (*Viscum album*), qui s'attachent aux surfaces par leur glutinosité, avant de le faire par leur germination même, et qui germent partout où elles ont pu s'attacher?

de poils de céréales, puisse être la cause immédiate de l'inflammation de poitrine, et même de la phthisie pulmonaire; et nous croirions que l'inspiration de ces nuées de sporules que les végétaux inférieurs lancent par bouffées dans les airs, puisse avoir lieu d'une manière inoffensive! Ne prévoyons-nous pas de combien s'aggraveraient, chez le meunier, les désordres de l'inspiration amylacée, si chaque granule d'amidon était doué de la faculté germinative? et ne suffit-il pas d'énoncer cette idée pour la démontrer?

462. Mais, nous dira-t-on, ces granulations ne tarderont pas à être rejetées au dehors par l'acte de l'expectoration, chez le poumon, et de l'excrétion, chez tous les autres organes. Sans aucun doute, il est des graines et sporules qui se prêteront à ce genre d'expulsion; mais il en est d'autres qui s'y refuseront et tiendront bon en place : telles sont les graines des plantes que nous nommons parasites, parce qu'au lieu de s'attacher au sol elles s'attachent de préférence aux êtres organisés. Ces graines adhèrent au milieu sur lequel elles tombent; la première radicule qu'elles poussent est un suçoir, une ventouse qui se fixe irrévocablement. Si le hasard les introduit dans l'un de nos organes, ne s'attacheront-elles pas à ses parois, à la manière des sangsues? Or qu'arrivera-t-il de cet accident? chaque petit suçoir ne fera-t-il pas l'office d'une ventouse, qui appelle la circulation dans des régions nouvelles, lui ouvre de nouveaux canaux, pour la dépouiller de ses principes sans rien lui rendre en échange? De là inflammation des surfaces d'application, développement anormal des tissus, rupture des capillaires, petits anévrismes où le sang en stagnation, se dépouillant de sa vitalité, prendra tout à coup une tendance à la fermentation purulente. Quelle porte ouverte à la fièvre et à la désorganisation !

463. Nous avouerons que ces causes de maladies trouveront moins de facilité à se développer sur les parois intestinales, à cause de l'action, défavorable à la marche de la germination (*), des liquides acides et

_____

(*) *Voyez*, sur un cas de grains d'avoine germés dans l'estomac, ayant des jets de plusieurs pouces, et qui furent expulsés par le vomissement, le *Journal de Méde- cine, Chirurgie et Pharmacie,* tome 15, p. 52, 1764. — En 1685, le docteur Buissière de Copenhague a rapporté de la manière suivante un cas de ce genre : « Un soldat du régiment de Zélande ayant mangé quelques grains d'avoine l'hiver dernier, ils sont restés dans son estomac jusque sur la fin de juillet; pendant ce temps, il a été fort incommodé de la fièvre et d'envies de vomir. On lui administra un vomitif, qui lui fit rejeter des grains d'avoine, avec plusieurs autres matières assez mauvaises... Ces grains avaient poussé racine et avaient germé dans l'estomac, comme s'ils eussent été semés en terre;... la paille qu'ils avaient produite était assez faible, et semblable à la barbe qui croît sur les épis de froment, mais moins rude et plus longue, y ayant tel grain qui en avait produit jusqu'à la longueur de sept à huit pouces, non pas d'un seul

alcalins de la digestion. Mais la possibilité du fait doit être admise pour tous les autres organes, où l'introduction et le développement de ces corps étrangers peuvent donner lieu à une foule de maux susceptibles d'être caractérisés par tout autant de symptômes et de dénominations diverses :

Dans les cavités du nez (*), coryza, excroissances polypiformes, épistaxis ; dans les fosses nasales, migraine violente ; sur la conjonctive, ophthalmie ; fistule lacrymale, si les grains s'engagent dans le canal nasal ;

Dans les voies respiratoires, rhume, bronchite, péripneumonie, phthisie, selon que ces corps étrangers s'attacheront plus haut ou plus bas, et résisteront davantage à la force d'expulsion et d'expectoration (**) ;

Dans le tuyau auditif (***), toutes les formes de l'inflammation et de la suppuration qui caractérisent les diverses espèces d'*otites;* enfin entre les lèvres béantes d'un ulcère ou d'une blessure (****).

Nous nous arrêterons à ces cas, qui peuvent servir de types à tous les autres, et dont on ne pourra plus désormais révoquer en doute la fréquence, et encore moins la possibilité ; car, si l'on admet la possibilité de l'introduction, il faut nécessairement admettre la réalité de ses conséquences.

464. Mais, dans tout ce qui précède, il ne faut pas manquer d'établir

---

jet, mais entrecoupée de trois ou quatre petits nœuds ressemblant à de petits grains d'avoine. » (C'étaient des chaumes traçants dans ce milieu obscur et convenable seulement au développement radiculaire.) Le rédacteur ajoute qu'à la suite de ce vomissement, cet homme se trouva complétement guéri. (*Nouvelles de la république des lettres,* juillet 1685, art. 6 ; extrait dans la *Collection académique,* t. 7, p 402.)

(*) On lit dans le *Journ. de Méd.,* tom. 15, pag. 525, qu'une consultation de médecins décide qu'une tumeur dans le nez d'un enfant est un polype. On procède à l'extraction, et l'on retire un pois qui avait germé dans le nez.

(**) Le *Provincial Medical Journal,* mai 1844, rapporte qu'une jeune fille ayant avalé, à l'âge de six ans, une graine de hêtre, rendit ce fruit au bout de dix ans, au milieu d'un accès de toux. Pendant tout cet intervalle, la jeune fille était restée sujette à une expectoration de pus qui se renouvelait tous les huit jours. La présence de ce fétu dans les poumons avait suffi pour arrêter l'accroissement de la jeune fille ; elle commença à se développer dès que ce corps étranger eut été expulsé.

(***) *Voyez,* sur une otite et des douleurs peu intenses dans le côté droit de la tête, occasionnées par la présence, depuis cinquante-deux ans, d'un haricot dans le tuyau de l'oreille, le *Journal général de Médecine* de Sédillot, 1812, tome 43, p. 28. Le haricot s'était bituminisé et comme embaumé par l'action antiseptique du *cérumen;* c'est au moyen d'une injection qu'on le fit sortir.

(****) La *Revue Complémentaire des Sciences appliquées* (tom. 1, 1855, pag. 203) a enregistré un cas fort extraordinaire de l'introduction fortuite de graines de grande ciguë (*Conium maculatum,* Lin.) dans une plaie par décollement du bas de la jambe : ce qui a produit les plus inexplicables ravages dans les tissus, et l'apparition d'un eczema opiniâtre, jusqu'à expulsion complète de ces organes végétaux désorganisateurs par leurs piquants en dents de scie et intoxicants par leur huile essentielle.

une grande différence entre la germination et la végétation : Pour qu'une
graine germe, il ne lui faut que de l'humidité et de l'obscurité ; pour
qu'elle continue, au contraire, son développement et qu'elle puisse
parcourir les premières phases de la végétation, il faut que la radicule s'empâte sur une surface de prédilection, et que la plumule
arrive à la lumière solaire et s'y colore en vert herbacé ; l'*orobanche* sur les
racines du chanvre ; le *monotropa* sur celles du chêne ; le gui sur les rameaux
du pommier, du peuplier et plus rarement du chêne ; ce qui l'y faisait rechercher par les druides comme un cas phénoménal. Sur tout autre végétal que celui de sa prédilection, la graine pourrit après avoir germé.

465. Il est donc évident qu'en tombant dans nos organes béants, toutes
les graines s'arrêteront en général à la première phase, et pourriront
avant de toucher à la seconde, et que nous n'aurons pas à craindre que
ce soit là que la graine de sénevé se développe en un grand arbre. Mais
il n'en est pas moins vrai que, même en s'arrêtant à ce premier développement, leur germination doit être la cause immédiate d'une foule de
désordres graves, par le mécanisme que nous avons expliqué plus haut.

466. Qu'on juge, en effet, de leur action sur nos organes internes, par
leur action sur les surfaces externes des végétaux auxquels elles s'attachent ! La luzerne se fane, jaunit et dessèche sur place sans fleurir,
sous les étreintes de la petite cuscute volubile. Les branches les plus
vigoureuses étouffent, comme asphyxiées, sous l'affluence des croûtes
de lichen et de mousse.

467. Chacun des suçoirs radiculaires de la plante parasite est une
sangsue qui épuise à son profit une cellule élaborante du sujet, qui la
vide et la frappe de mort, si volumineuse qu'elle soit ; en sorte que la
contagion, pour le sujet, s'étend de proche en proche, en raison directe
du développement du parasite, et le développement du parasite, en
raison des conditions favorables que lui offre l'élaboration du sujet.

Mais il faut à la graine parasite que le sujet élabore ses sucs d'une certaine manière, qu'il offre, dans les lenteurs ou les déviations de son développement, certaines prédispositions que nous nous plaisons, par analogie, à considérer comme maladives. Il faut qu'il languisse, pour qu'il
se trouve enfin envahi, de préférence à l'individu qui prospère près de
lui, et qui brave la contagion par la rapidité de son développement
même. La pauvreté prête le flanc à tous les maux, dont la richesse se
débarrasse bien vite ; le mal est un champ propice où peuvent germer
à la fois tous les autres maux.

FIN DU PREMIER VOLUME.

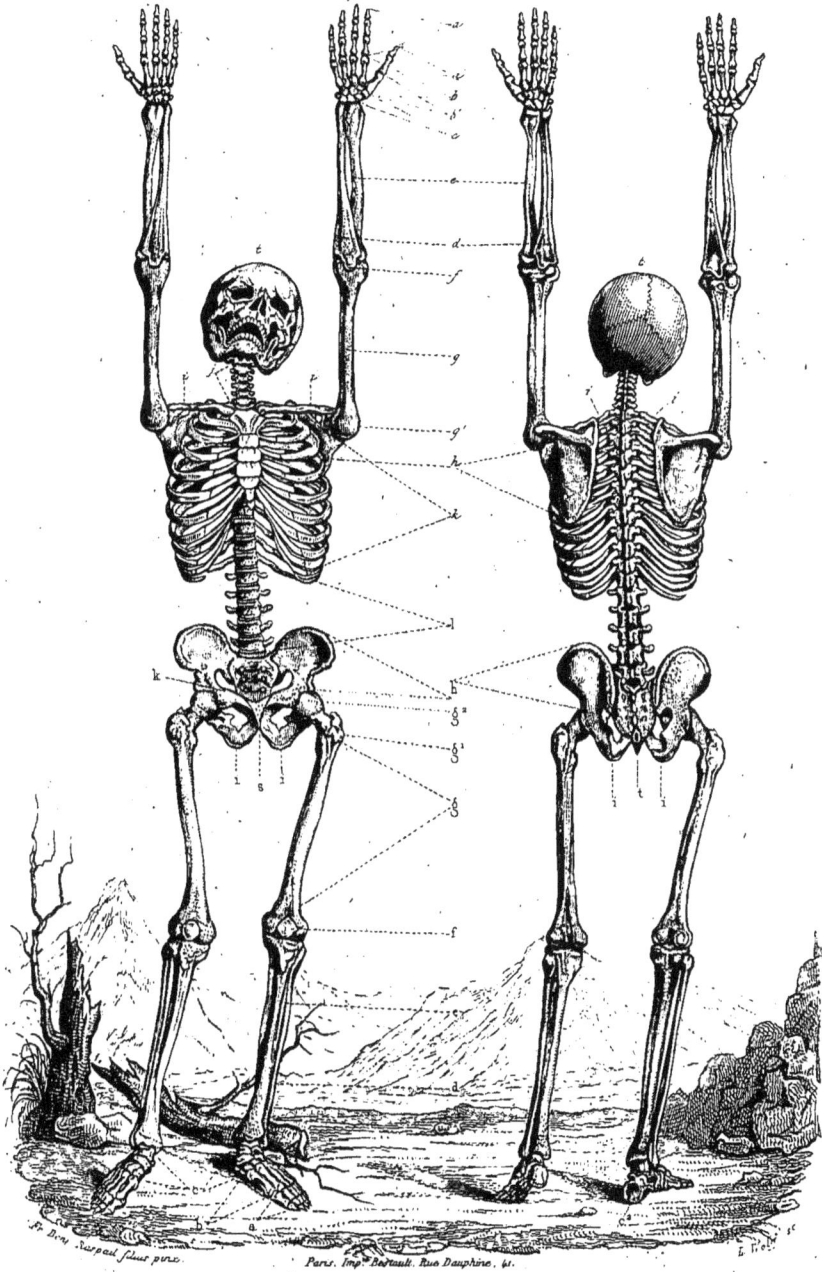

ESQUISSE D'UNE THÉORIE ET D'UNE NOMENCLATURE ANATOMIQUE.

Voir à la fin de l'introduction. *(1er Volume)*.

Rapports homotypiques des trains supérieur et inférieur de la charpente osseuse.

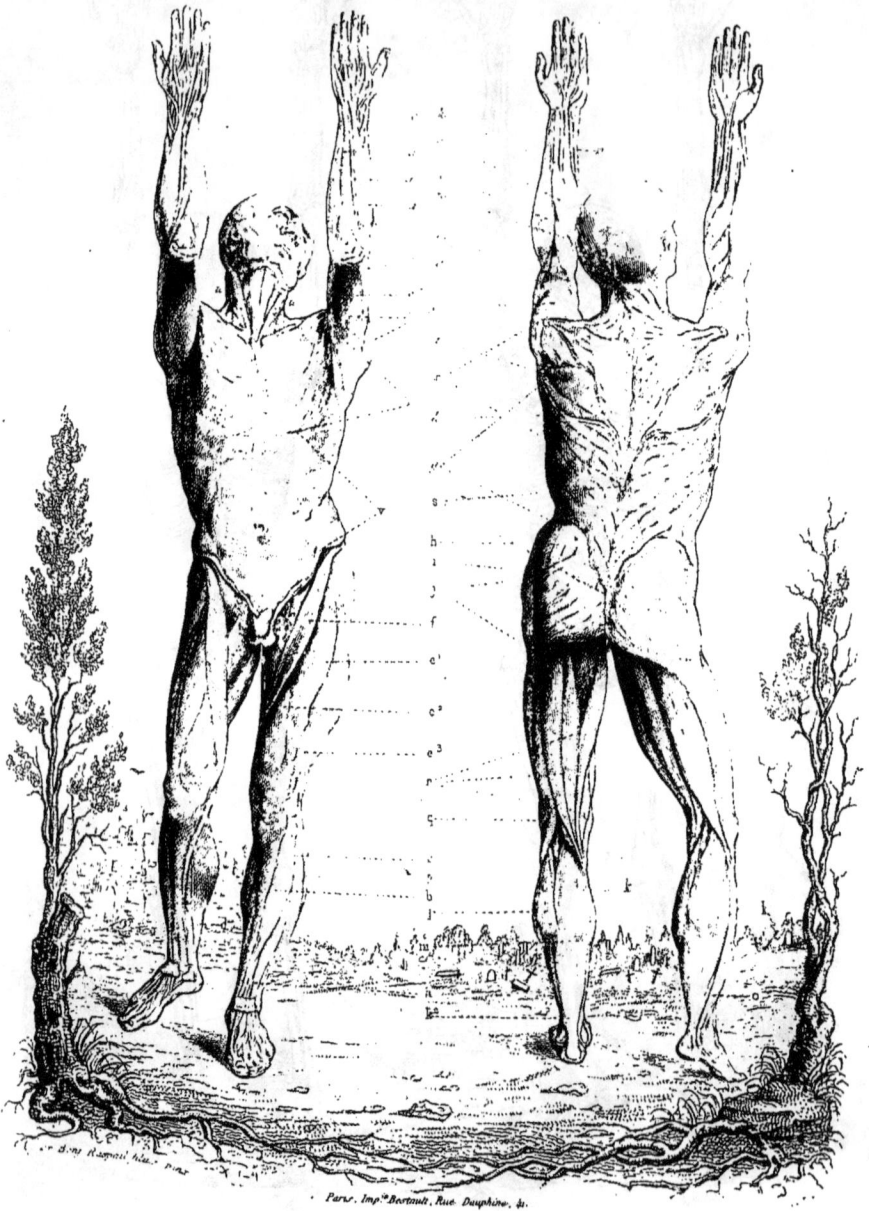

ESQUISSE D'UNE THÉORIE ET D'UNE NOMENCLATURE ANATOMIQUE.

Voir à la fin de l'introduction. (1.er Volume)

Rapports homotypiques des muscles des trains supérieur et inférieur du corps humain.

1. 2. 3. 6. 7. Analyse des organes des acares (564 et suiv.) — 9. ambulacre des pattes (566).
— 10. analogie avec les pelottes des pattes de mouches (ibid.) — 4. Wister dévoré par les mites
végétales (578). — 5. mite végétale se dégageant de son œuf (ibid.) — 8. la même encore dans
son œuf (ibid.).

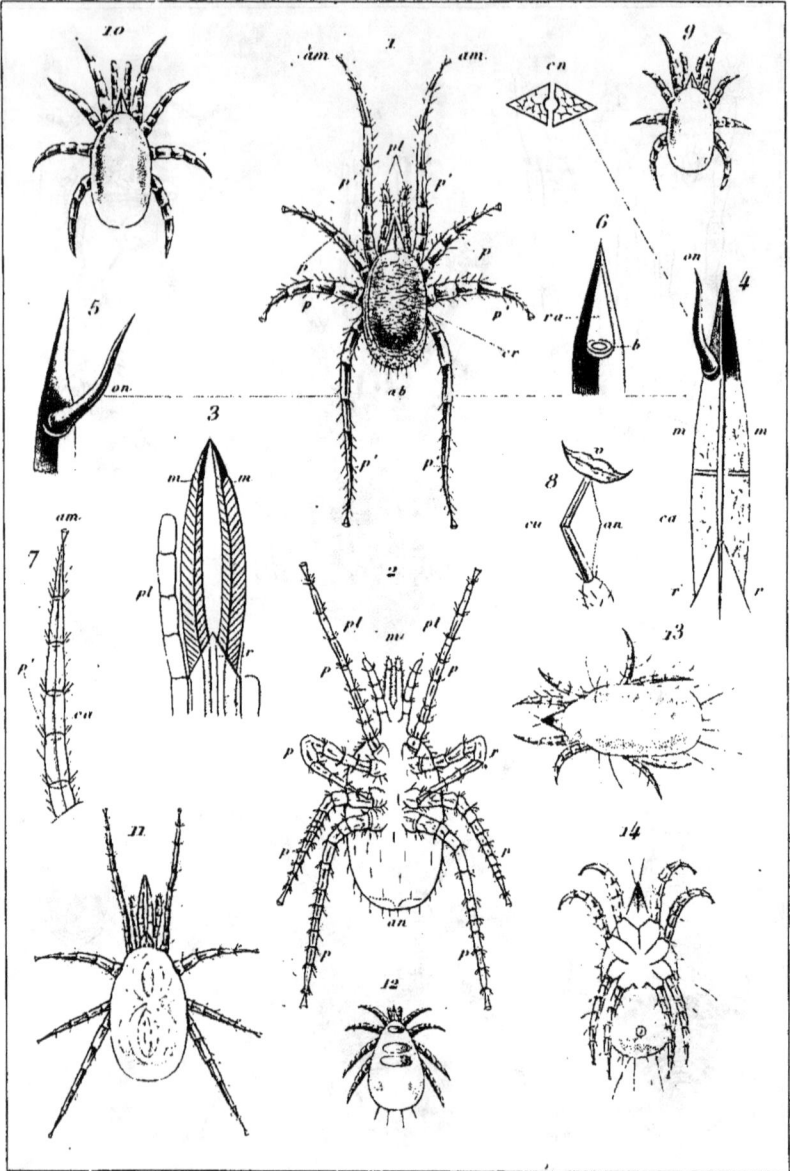

*1. Tique commençant à grossir (565) — 2. Tique trouvée sur la tête d'un enfant et vue par l'abdomen.
(606). — 3, 4, 5, 6, étude des mandibules des acares.(567). — 7, 8, ambulacre des acares (567). — 9, 10,
jeunes grises des feuilles (583) — 11, acare de la taupe (615). — 12, acare des feuilles du prunier
sauvage (596). — 13, 14, mite du fromage (684).*

Paris, Imp.te Bocénaît, R. Dauphine, 41

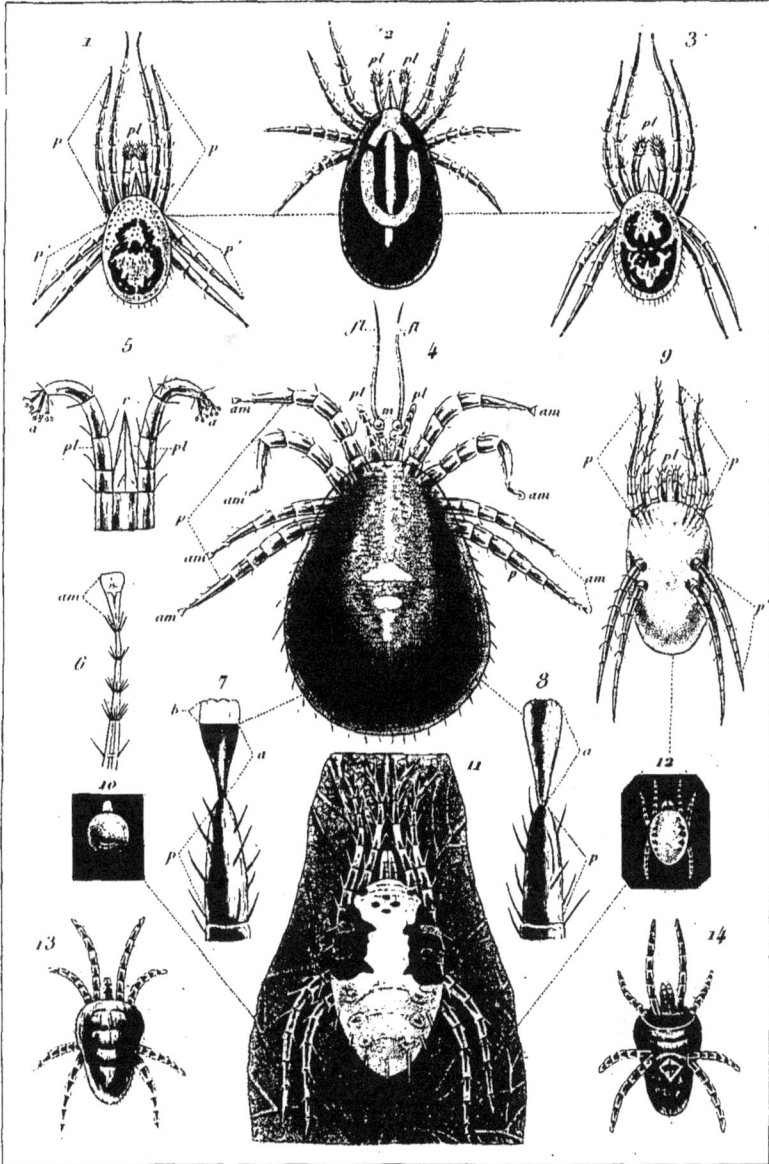

E. Beau Pr. pad Filius pinx   Jourest sculp

1. 3. tique jeune des pigeons (607) — 2. même tique adulte ibid — 4. 5. 7. 8. tique des oiseaux
en cage (613) 6. 9. 10. 11. 12. histoire complète de la grise (581 et suiv.) 13. 14. trombidium
soyeux (599).

Presse Imp.le Rostanle R. Dauphine 31

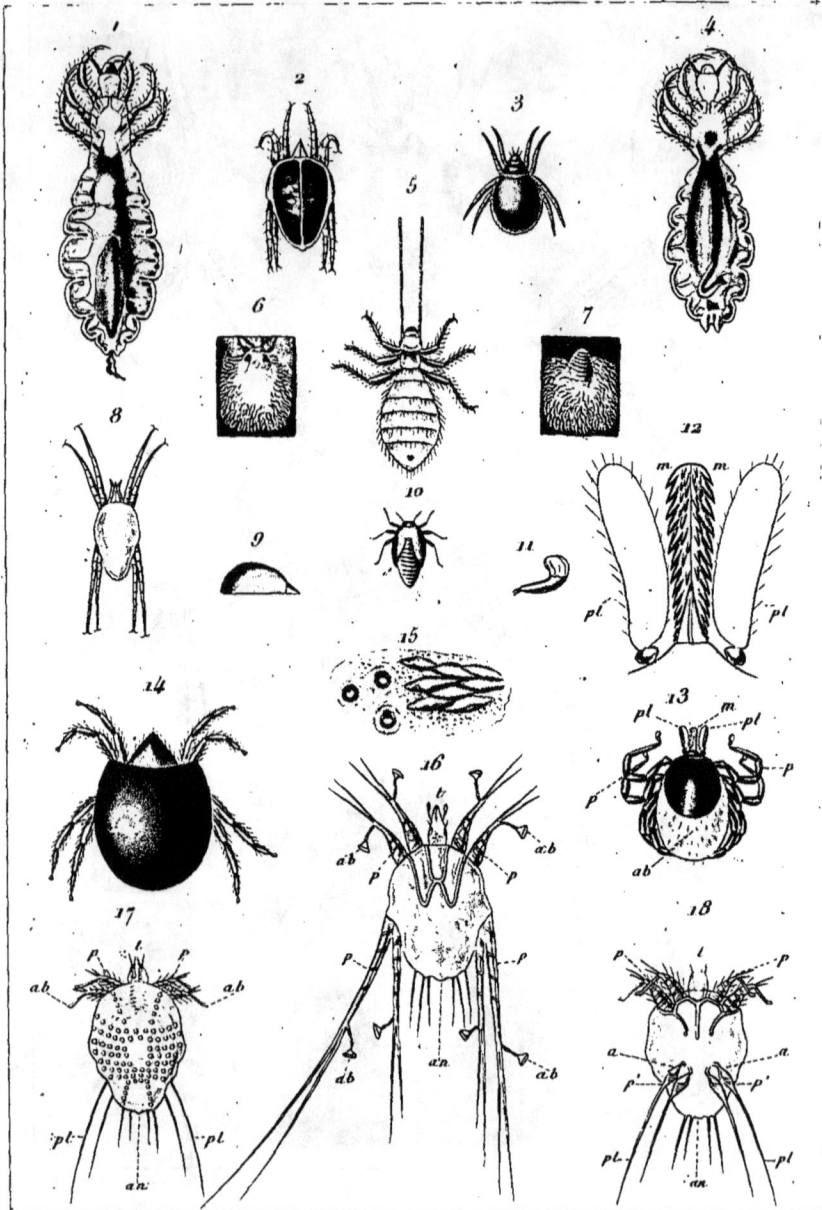

Fr. Bory. Raspail filius pinx.   Forget sc

1. pou du corps mâle (882, 2°). _ 2. acare élytrophore marin (675). _ 3. acare du faux ébénier
(616). _ 4. pou du corps femelle (882, 2°). _ 5. pou des Antiques (896). _ 6, 7. 10. puceron lanigère (757).
_ 8. acare purpurin de la mer (675). _ 9, 14. acare de l'abricot (616). _ 11, 12, 13. tique des Bestiaux
(608). _ 15. effets morbides de l'acare sur la peau de l'abricot (616). _ 16. ciron de la gale du cheval
(725). _ 17, 18. ciron de la gale humaine (723).

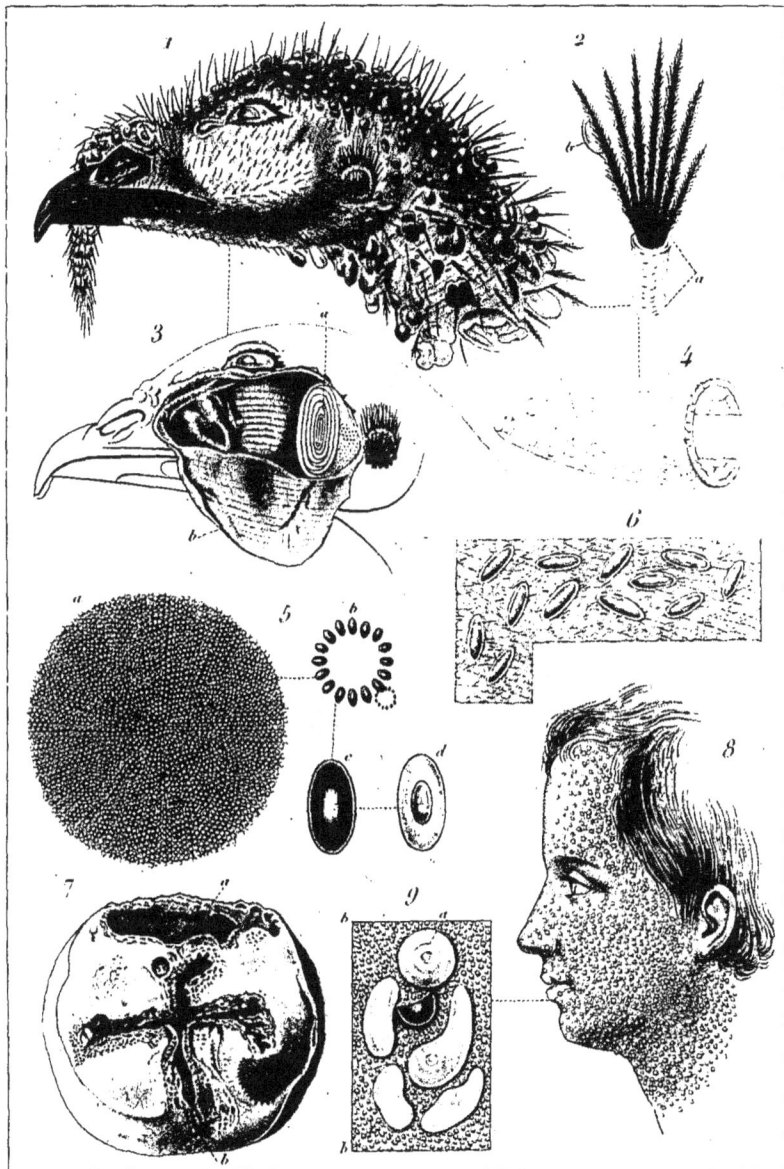

1. *Tête de jeune dindon malade (872).* — 2. *plumes imaginées (ibid).* — 3. *Anatomie de sa tumeur sous-orbiculaire (ibid).* — 4. *produit stéatomateux de sa maladie (ibid).* — 5. *analyse d'une dartre au début (1209).* — 6. *éruption produite par les acares sur la peau du bras (607).* — 7. *analyse d'une dent cariée (1203).* — 8, 9. *éruption produite par les acares sur la peau du visage (610).*

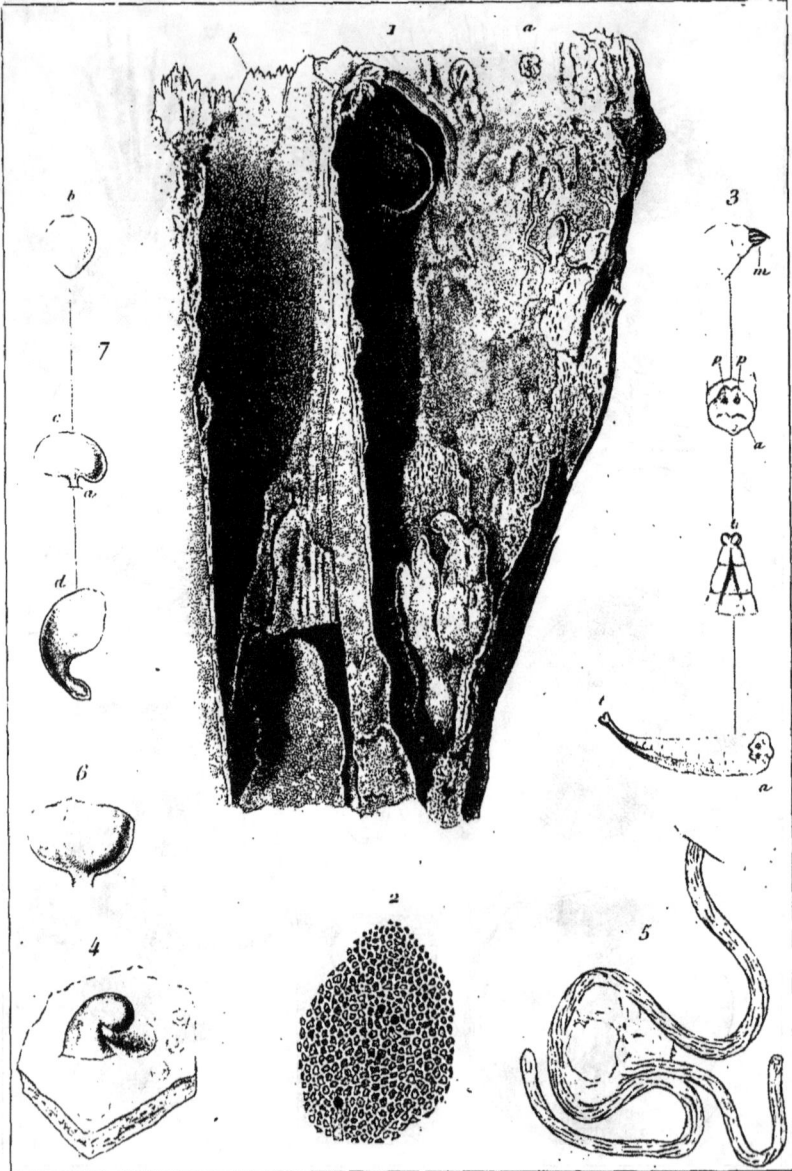

Er Very Raspail pinx   L Wolff sc.

1, 2, *Morve des chevaux (pag. 475 du 3.ᵉ vol.)* — 3, *larve de la mouche du fromage (826)* —
4, 5, 6, 7, *analyse d'un Kyste du tendon tibio-rotulien (pag. 463 du 3.ᵉ vol.)*

Paris. Imp.ᵉ Barbutt, R. Dauphine, 41.

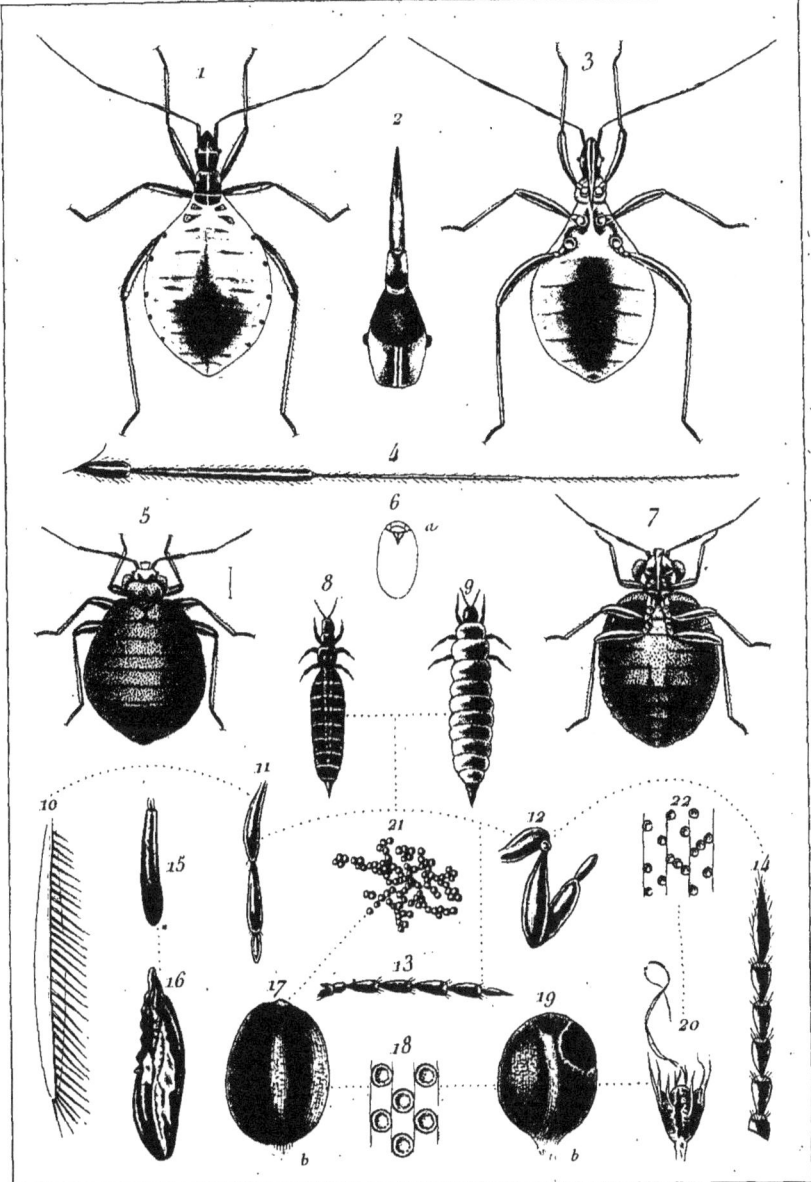

Fr.Benj.Raspail Filius pinx.

1. *Larve de la Punaise ·mouche vue par le dos (797).* — 3. *vue par le ventre (ibid.).* — 2. *son sucoir (ibid.).* — 4. *ses antennes (ibid.).* — 5 *et* 7. *Punaise des lits (795).* — 6. *œuf de la Punaise de la vigne (794).* — 8. *thrips phy.sapus (784).* — 9. *thrips jaune (782).* — 10. *ailes du thrips phy.sapus (784).* — 11.12. *ses pattes (ibid).* — 13. *antennes de la femelle (ibid).* — 14. *antennes du mâle. (ibid).* — 15. *ergot de seigle de grandeur naturelle (788).* — 16. *le même grossi (ibid).* — 17. *blé carié. (786).* — 19. *le même éventré (ibid).* — 20. *orge attaqué du charbon (787).* — 21. *granulations de la carie du blé vues à la loupe (787).* — 18. *les mêmes mesurées au micro-mètre (ibid).* — 22. *granulations du charbon de l'orge ou de l'avoine mesurées au même micromètre. (ibid.)*

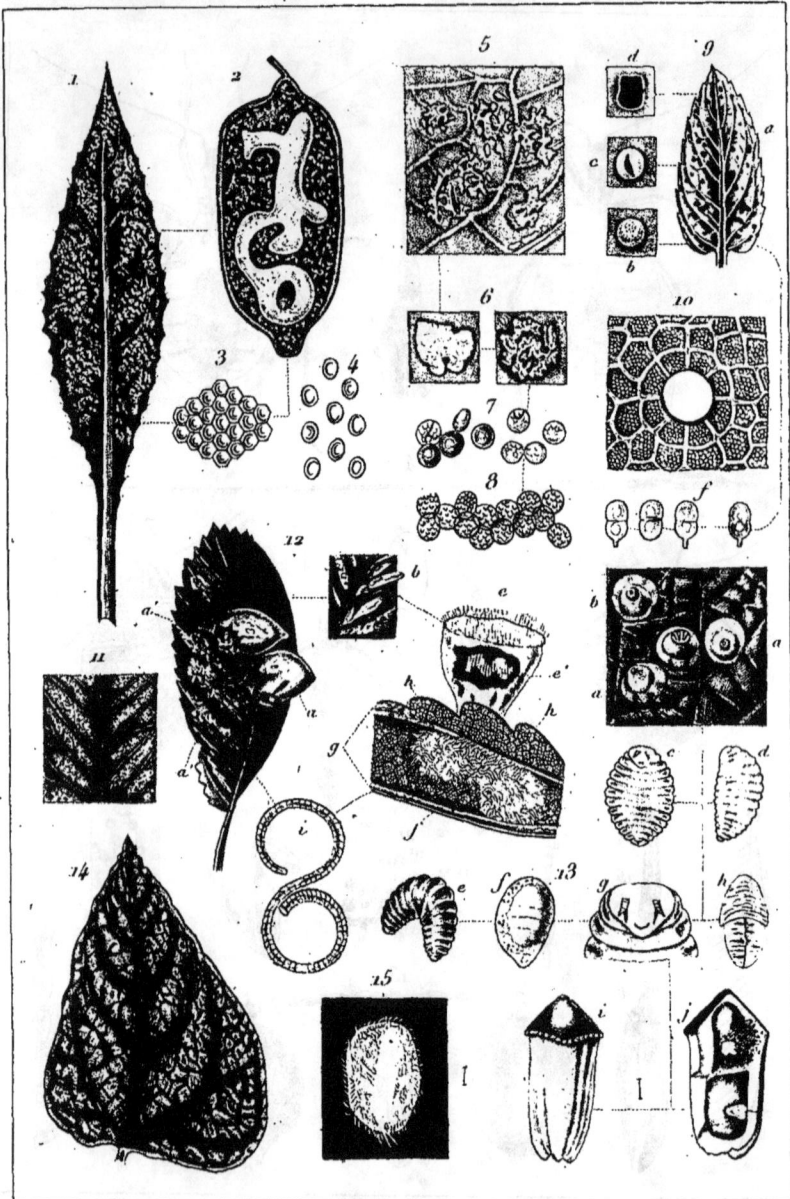

F.' Bory Raspail filius pinx.   Wolff sc.

5. 8, blanc ou meunier du chou /756/. — 9. 10. uredo des labiées /589. 766/. — 11. meunier
des feuilles de pois. — 12. histoire des galles vésiculeuses des feuilles de l'orme /759/. — 13. Cynips
des feuilles du tilleul /912/. — 14. maladie acarigène des feuilles du haricot /592/. — 15. coques
soyeuses des feuilles de l'orme /912/. — 1. 2. 3. 4. blanc ou meunier de la julienne (Hesperis),
produit par le thrips jaune /783/.

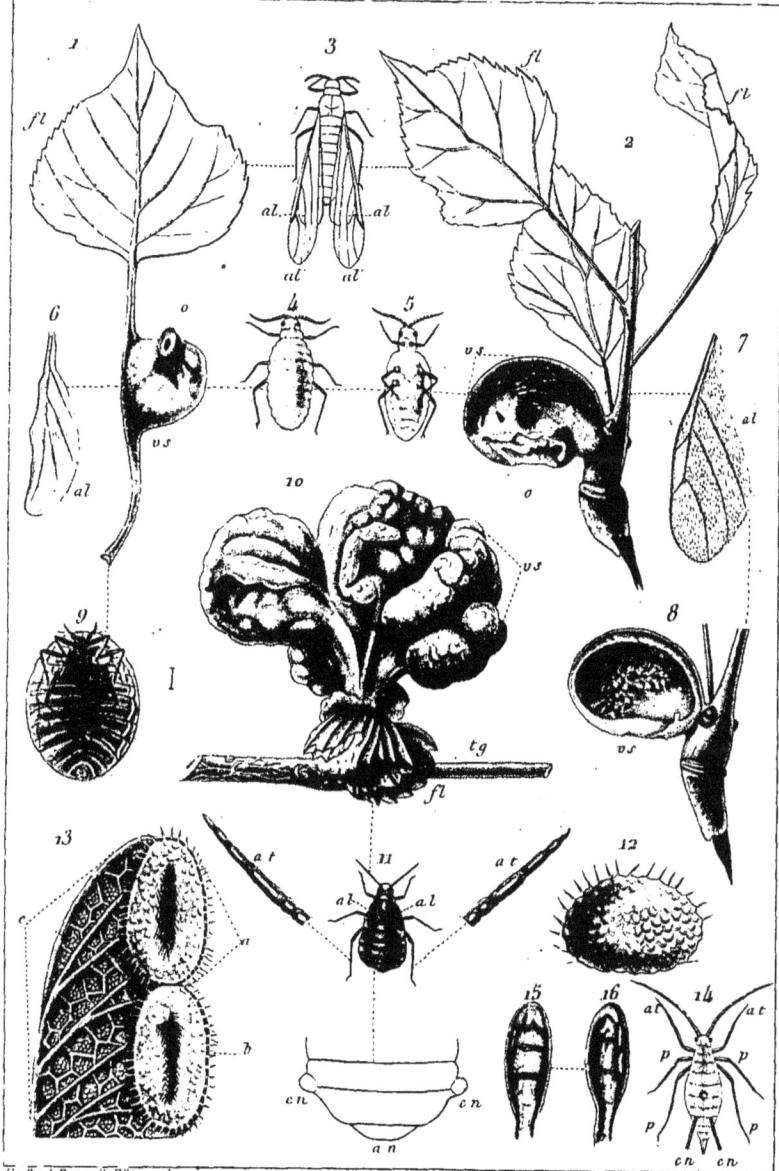

1. 2. *Galles du peuplier (758).__3. puceron mâle qui les produit (ibid.).__4. 5. pucerons jeunes (ibid.).__6. 7. ailes du mâle (ibid.).__8. Galles coupées par le milieu (ibid.).__9. femelle de ces pucerons (ibid.).__10. Vésicule de l'orme (759).__11. Puceron qui la produit (ibid.).__12. tumeur herbacée produite sur le prunier par un acare, ou un puceron (598).__13. les mêmes vues en dessous (ibid.).__15. 16. filamens qui en couvrent la cavité (ibid.).__14. puceron dévoré par un Syrphe. (855)*

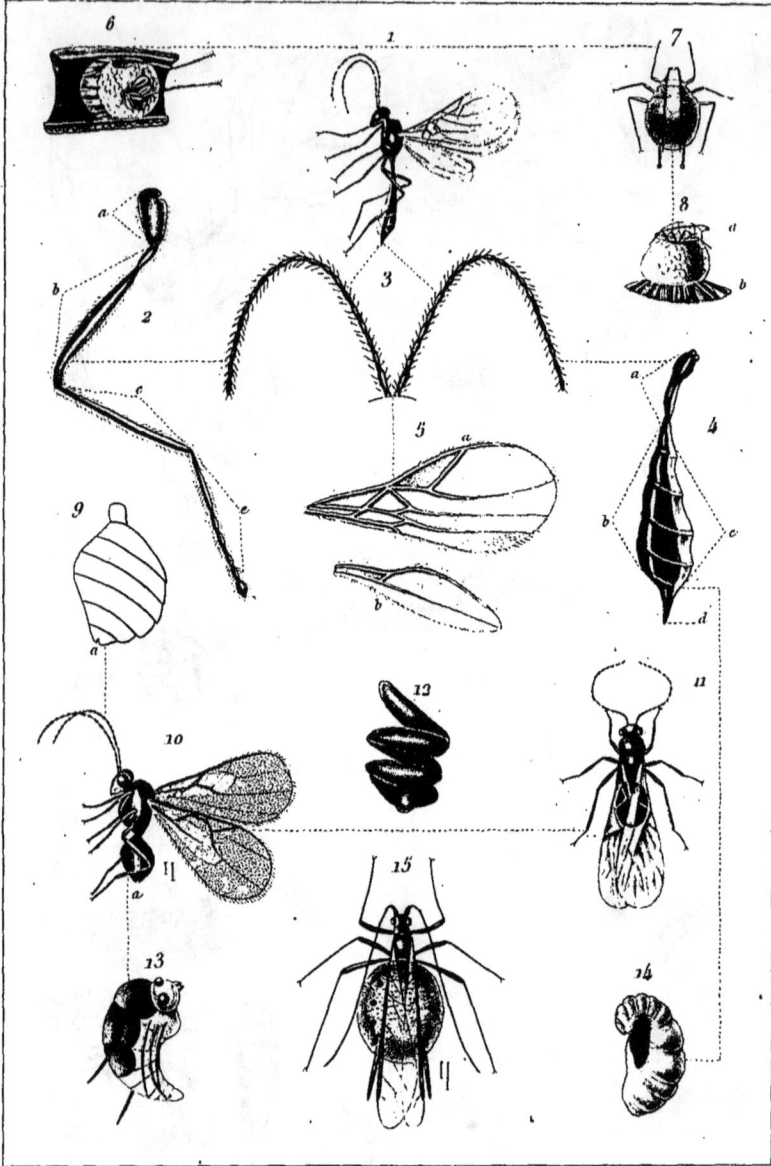

1. Ichneumon à coque vu grossi (917). — 2. une de ses pattes (ibid). — 3. ses antennes (ibid). — 4. son abdomen (ibid). — 5. ses ailes (ibid). — 6. sa coque perforée (918). — 7. puceron dans lequel sa larve vit (ibid). — 8. coque qu'elle fila, avant de se changer en nymphe (ibid). — 9. abdomen de l'ichneumon à longues ailes que représentent les Fig. 10 et 11. (919). — 12. excremens de sa larve Fig. 13. qui vit dans le ventre du puceron. Fig. 15. (ibid). — 14. larve de l'ichneumon à coque ci-dessus (918).

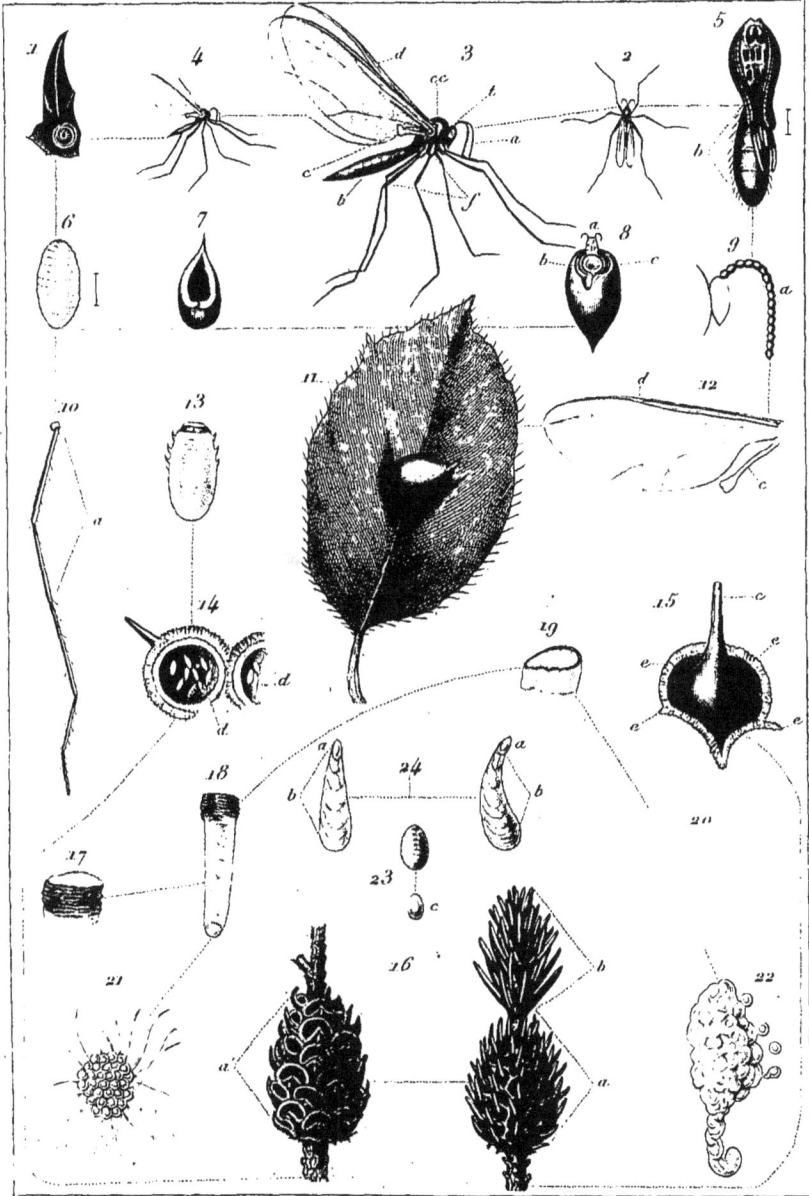

1. 12. histoire et analyse du diplolèpe auteur de la galle en noisette des feuilles du hêtre /915/. —
13. 16. histoire du puceron auteur des pseudocônes des sapins. a b. rameau vert, a' le même desséché.
/760/. — 17. 22. fourreaux de l'aglosse du beurre rendus par les selles /972, 15°/. — 23. 24. Cochenille.
des pruniers, amandiers &c /779/.

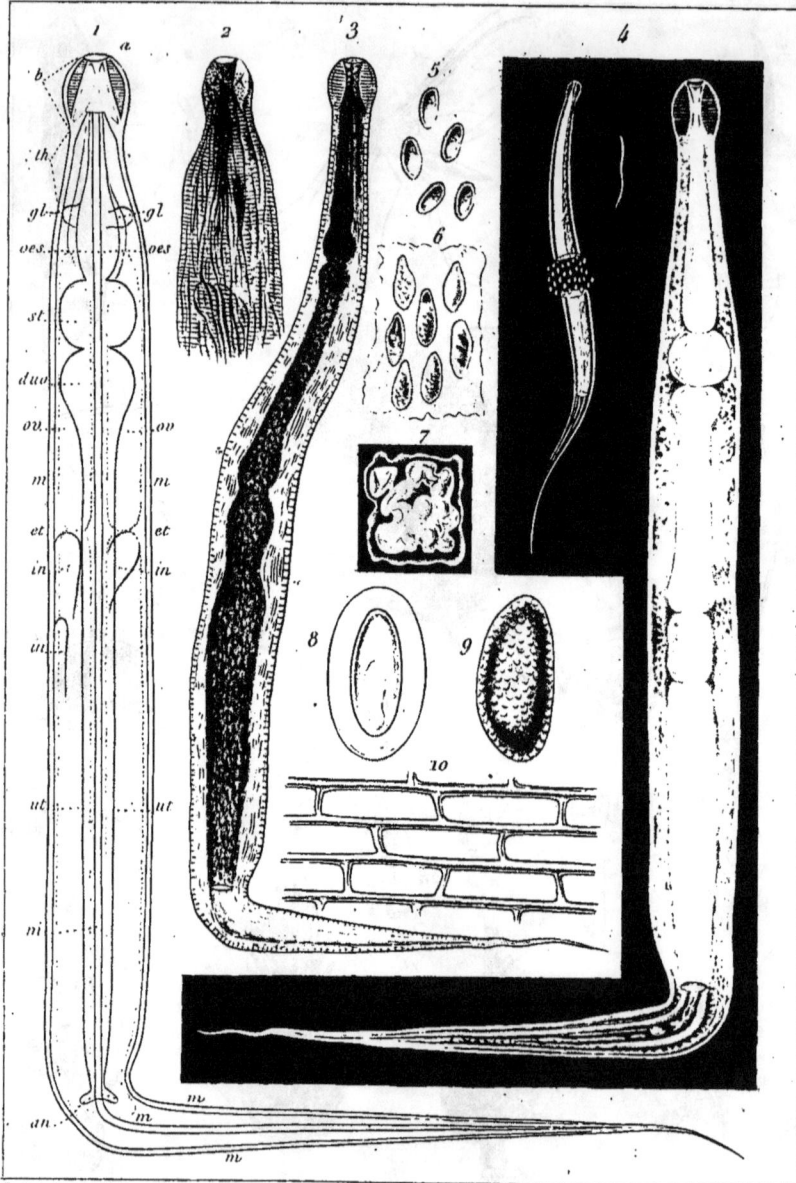

1. Topographie des organes de l'ascaride vermiculaire. (975). — 2. derme de l'ascaride (977). — 3. Ascaride desséché. (978). — 4. ascaride vivant vu par réflexion (ibid.). — 5. œufs de l'ascaride (982). — 6. analogie des granulations des mucosités avec ces œufs (1001). — 7. mucosités lobulées de la grippe (ibid.). — 8. œuf de l'ascaride dans l'acide sulfurique (982). — 9. œuf de l'ascaride vu dans l'eau (ibid.). — 10. épiderme de l'ascaride grossi au microscope (977).

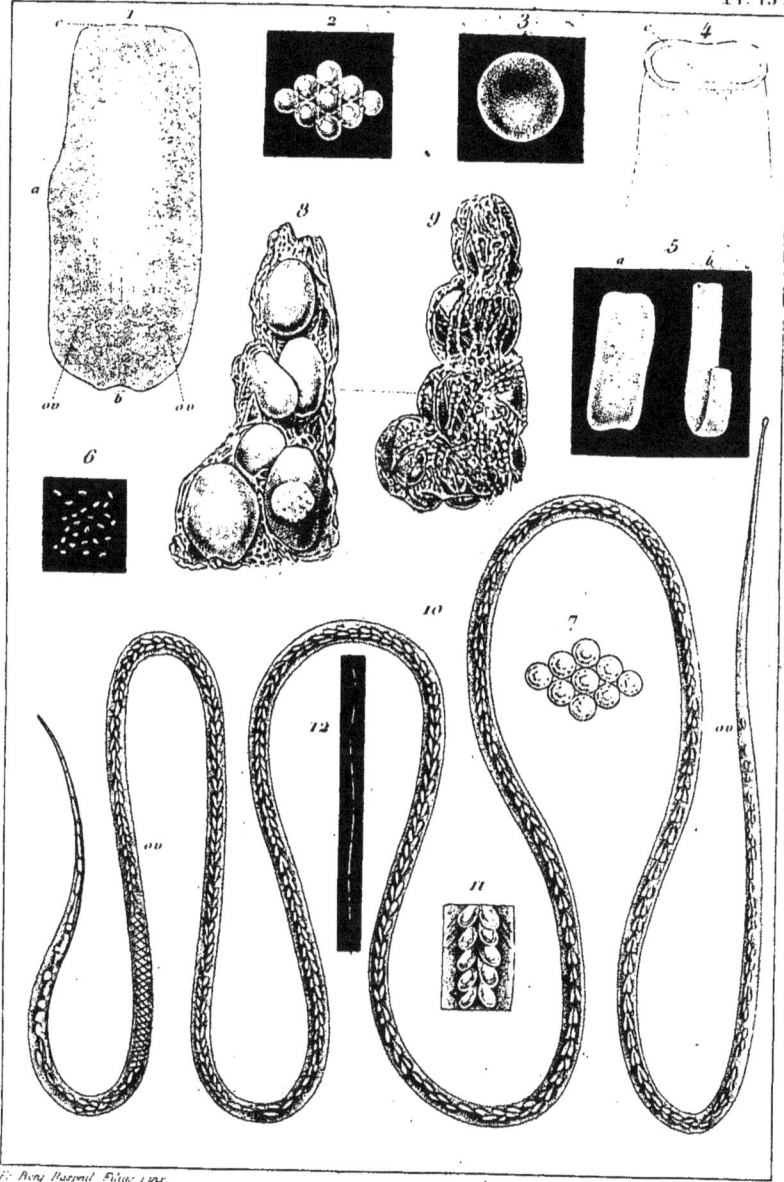

1. 2. 3. 4. 5. 6. 7. *ver cucurbitain du chien* (1054) — 8. 9. *œufs de filaire sous le derme d'une poule.* (1052) — 10. 11. 12. *filaire de la poule* (ibid).

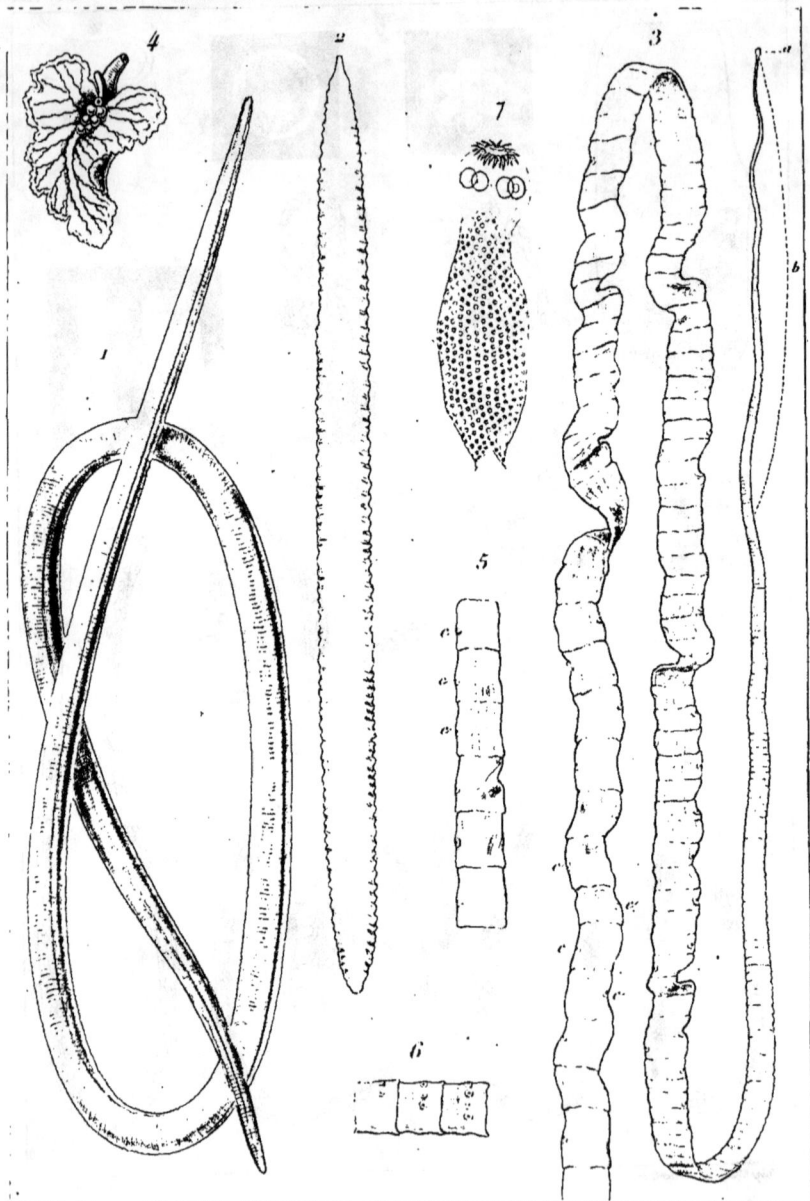

Forget sc.

1. Ascaride lombricoïde (1003). — 2. ligule des poissons (1058). — 3. ver solitaire (1070). — 4. Douve du foie dans l'esprit de vin (1047). — 5. articulations du ver solitaire à oscules. c. unilatéraux (1063). — 6. id. à deux, trois et quatre oscules (ibid). — 7. hydatide du cerveau (1073).

Paris. Imp.^{ie} Bertault R. Dauphine 41

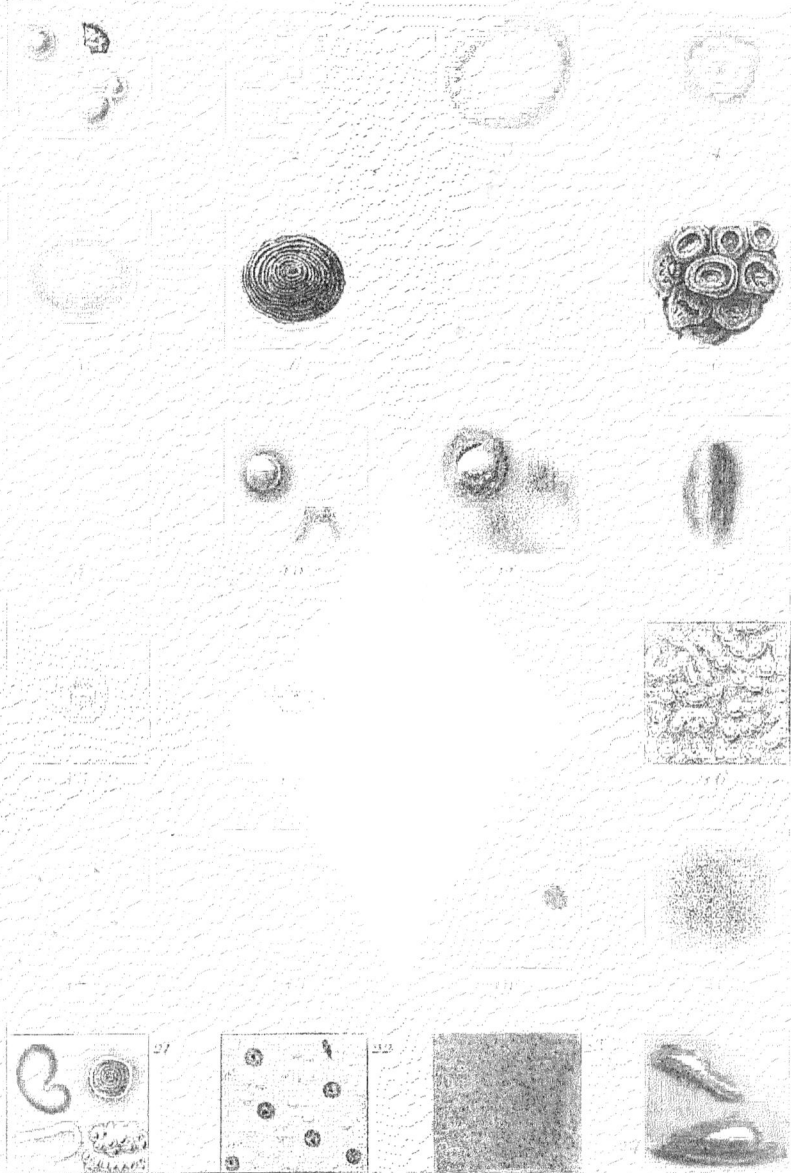

1. pustules de la gale (fig.3). — 2. herpès phlycténoïde (ibid). — 3. herpès coronoïde (ibid). — 4. herpès iris (ibid). — 5. pemphigus (ibid). — 6. Rupia simplex (ibid). — 7. suette miliaire (ibid). — 8. impetigo et favus (1209). — 9. teigne (fig.3). — 10. boutons purulens. — 11. piqûre d'araignée ou d'acarie (fig. 450). — 12. l'echymose (n°. — 13. pustules de vaccine du 8e jour (fig.3). — 14. Cow-pox des vaches (ibid). — 15. variole discrète (ibid). — 16. variole confluente (ibid). — 17. morsures de punaise et de puce (fig.). — 18. piqûre de cousin (1209). — 19. pétéchies (99°). — 20. taches mélanosiques (fig.3). — 21. Caractères Syphilitiques (ibid). — 22. maladie pédiculaire (1209). — 23. Scarlatine (fig.3). — 24. l'érisipèle (ibid).

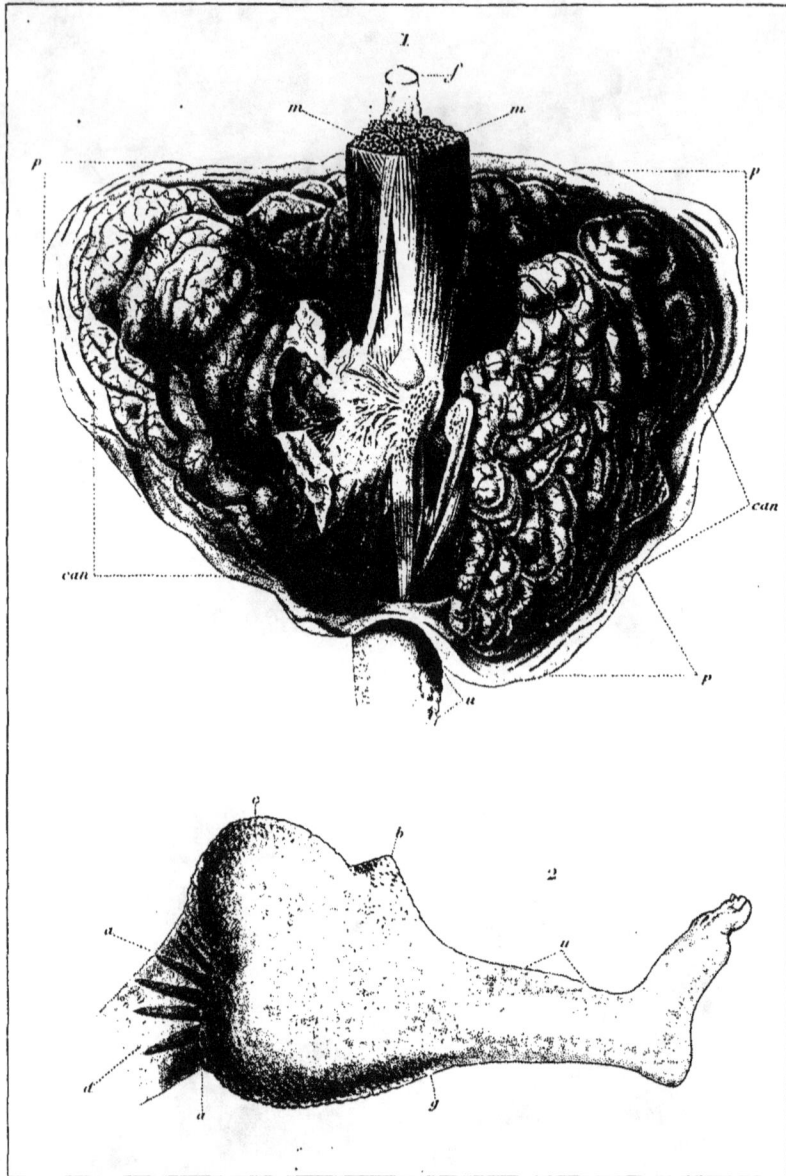

Fig. 1. Anatomie de la tumeur encéphaloïde qui a nécessité l'amputation de la cuisse (1514). — f. os du fémur.
mm, muscles de la cuisse. — pp, peau de la cuisse. — can, tumeur encéphaloïde qui part du tibia. — u, ulcère
qui a dénudé le péroné.

Fig. 2. jambe vue avant l'opération. — a, lames de couteau sur la partie saine de la cuisse (Voyez le texte)
b, lobe distinct (1514). — c g, vermiculations chagrinées que prenait la peau de la cuisse. — d, veines qui se
dessinaient en zig-zag sur la peau saine de la cuisse. — u, ulcère sur le péroné.

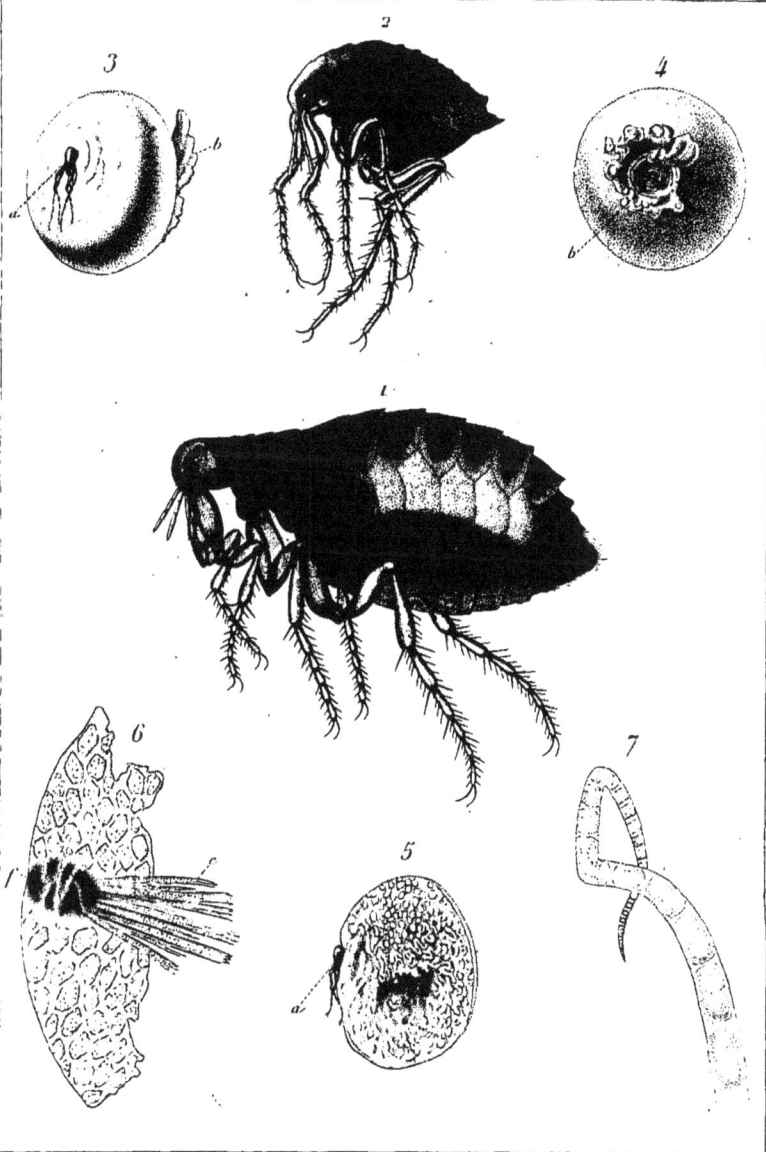

Fig. 1. Puce ordinaire (803). — 2. Puce pénétrante ou chique (64 2, 806). — 3. la même implantée dans la vésicule (807). — 4. Partie postérieure de la tumeur fig. 3 (807). — 5. Tumeur coupée verticalement (807). — 6. Épiderme et fibrilles nerveuses vues par transparence (807). — 7. Sommité d'ovaires remplie d'œufs.

www.ingramcontent.com/pod-product-compliance
Lightning Source LLC
Chambersburg PA
CBHW061958220326
41599CB00021BA/3297